工程數學

Engineering Mathematics

陳焜燦、陳緯　　編著

東華書局

國家圖書館出版品預行編目資料

工程數學 / 陳焜燦, 陳緯編著 . -- 初版 . -- 臺北市 : 臺灣東華, 民 99.09- 民 100.01

上冊 ; 19x26 公分

　ISBN 978-957-483-621-5(上冊 : 平裝). --
ISBN 978-957-483-635-2(下冊 : 平裝)

　1. 工程數學

440.1　　　　　　　　　　　　　99016833

版權所有 ・ 翻印必究

中華民國九十九年九月初版
中華民國一〇二年八月初版二刷

工程數學 上冊

著　者　　陳　焜　燦 ・ 陳　　　緯
發 行 人　　卓　劉　慶　弟
出 版 者　　臺灣東華書局股份有限公司
　　　　　　臺北市重慶南路一段一四七號三樓
　　　　　　電話：(02)2311-4027
　　　　　　傳真：(02)2311-6615
　　　　　　郵撥：0 0 0 6 4 8 1 3
　　　　　　網址：www.tunghua.com.tw
直營門市 1　臺北市重慶南路一段七十七號一樓
　　　　　　電話：(02)2371-9311
直營門市 2　臺北市重慶南路一段一四七號一樓
　　　　　　電話：(02)2382-1762
　　　　　　(外埠酌加運費匯費)

編著者序

本書主要特色與目標

　　工程數學的內容包含了七大領域：常微分方程式、拉氏變換、Fouier 分析、偏微分方程式、向量分析、矩陣理論與複變函數等，一般大學都安排一學年的課程，六學分的時間要講完這些內容，也只能蜻蜓點水式的帶過，同樣地，一本書五、六百頁，想要將這些領域內之精華，全部埋入於字裡行間，更是恨「紙短情長」。因此，對作者而言，如何用最精煉的文筆，將整個工程數學的重要內容作最大化之書寫，對讀者而言，如何用最有效的思考，將整個工程數學的重要內容作最容易之吸收，這才是目前最重要的工作。

　　因此，作者集二十餘載的學習心得與教學驗證，發現一個蠻有效率之學習方法，可應用於大學課程上之學習，必能在預定的時間內，達到令你驚奇的學習效率。本書的書寫也是照著這個概念堆砌而成，利用數學歸納法之技巧，將觀念一氣呵成的從簡而繁，從內而外，貫穿於全書，使學員易於抓重點，提綱挈領，增加學習效率。

　　工程數學的七大領域，若是視為個自獨立領域，則先念那一個領域，效率都一樣，須花七倍時間，方能完成的學習效果，若是善用本書數學歸納法之技巧，先將觀念一氣呵成的從簡而繁，從內而外，貫穿於全書，則只需三、四倍的時間就可達到同樣效果，甚至你會感覺到持久不忘。

　　同時，在學習完這些重要定義、定理之後，再練習解題技巧，才能很邏輯是的引經據典，享受逐步推導答案的過程，也就更能體會答題技巧，此時你才會體會到什麼叫做「詳細寫出其計算過程，否則不給分」，因為題目中都常會出現之字眼。

本書的範例安排、習題之精選，作者是希望至少能達到下列三大心願：

「以最少的題目，涵蓋最多常考題型之經典範例為主」。

「以最精簡的概念，去解最常見題目之精粹解法」。

「以最少時間之演練，達到最大解題的範圍」。

希望本書的安排，得到你的眷顧，若能將本書的缺失與謬誤，告訴我們，同時能將你的學習經驗，與我們分享，那是我們最大的安慰。

陳焜燦、陳緯　謹識（2010 夏）

工程數學（上冊）

目　錄

第一章　基礎數學(一)微分學

第一節	緒論	1
第二節	微分基本概念	1
第三節	差分或增量	2
第四節	微分 (單變數)	2
第五節	導函數	3
第六節	全微分 (多變數)	4
第七節	偏微分	5
第八節	導函數與偏微分之基本計算公式	7
第九節	隱函數微分	13
第十節	連鎖律	16
第十一節	極座標轉換法則	23
	考題集錦	28

第二章　基礎數學(二)積分學

第一節	積分基本概念	31
第二節	不定積分	31
第三節	定積分式之定義	32
第四節	微積分基本定理	34
第五節	一般積分式之微分	36
第六節	Leibniz 積分式之微分	39
第七節	基本積分公式法	43
第八節	分部積分法	46
第九節	分部積分速算法	50
第十節	變數代換法	53
第十一節	兩大基本公式	56
第十二節	部分分式快速展開法	58
第十三節	無理式函數之基本公式積分法	62
第十四節	無理式函數之快速積分法	64

第十五節	瑕積分	69
第十六節	Gamma 函數	72
第十七節	Beta 函數	77
第十八節	Beta 函數之三角函數形式	79
第十九節	Beta 函數之有理式形式	80
考題集錦		82

第三章　一階常微分方程式

第一節	微分方程之分類	87
第二節	常微分方程之分類	88
第三節	一階常微分方程式之分類	93
第四節	一階線性變係數非齊性常微分方程式	94
第五節	一階一次非線性常微分方程式概論	100
第六節	Bernoulli 常微分方程式	101
第七節	一階正合非線性常微分方程式	104
第八節	全微分經驗	109
第九節	積分因子型常微分方程式	112
第十節	變數可分離型常微分方程式	118
第十一節	變數代換法解常微分方程式	120
第十二節	一階常微分方程式應用題	125
考題集錦		126

第四章　二階與高階常係數線性常微分方程式

第一節	二階線性常微分方程式概論	131
第二節	歸納法（一）一階線性常微分方程式之解法經驗	132
第三節	二階線齊性常微分方程式之齊性解定理	135
第四節	二階常微分方程式之初始值問題(解存在唯一定理)	136
第五節	歸納法（二）二階常係數常微分方程齊性解求法	141
第六節	高階常係數常微分方程之齊性解	147
第七節	二階線性常微分方程式之非齊性解概論	151
第八節	參數變更法	152
第九節	待定係數法	158
第十節	逆運算子法	165

第十一節　逆運算子法（一）指數函數 167
　　第十二節　逆運算子法（二）三角函數 170
　　第十三節　逆運算子法（三）多項式函數 177
　　第十四節　逆運算子法（四）函數乘積 182
　　🔖 考題集錦 185

第五章　二階與高階變係數線性常微分方程式

　　第一節　高階變係數線性常微分方程概論 189
　　第二節　Cauchy-Eule 二階齊性常微分方程 190
　　第三節　Cauchy-Eule 高階齊性常微分方程 195
　　第四節　Cauchy-Eule 二階非齊性常微分方程 198
　　第五節　降階法 205
　　🔖 考題集錦 210

第六章　二階線性常微分方程式之級數解

　　第一節　級數法概論 215
　　第二節　Taylor 級數法之適用條件 216
　　第三節　Taylor 級數法 217
　　第四節　奇異點定義 226
　　第五節　一階線性常微分方程之 Frobenius 級數法 228
　　第六節　Frobenius 級數法之微分與指標移位 231
　　第七節　Frobenius 級數法之指標方程式 232
　　第八節　Frobenius 級數法之不等根解 234
　　第九節　Frobenius 級數法之等根解速算法 238
　　第十節　Frobenius 級數法之相差整數根速算法 243
　　🔖 考題集錦 257

第七章　Sturm-Liouville 邊界值問題

　　第一節　邊界值問題之解概論 259
　　第二節　Sturm-Liouville 微分方程式 260
　　第三節　特徵值與特徵函數 263
　　第四節　函數內積與正交 267

第五節　Sturm-Liouville 邊界值問題之特徵函數之正交式................268
第六節　正則 Sturm-Liouville 邊界值問題................271
第七節　單奇異點 Sturm-Liouville 邊界值問題................274
第八節　雙奇異點 Sturm-Liouville 邊界值問題................278
第九節　週期性 Sturm-Liouville 邊界值問題................280
第十節　Sturm-Liouville 邊界值問題之特徵值特性................281
第十一節　Sturm-Liouville 邊界值問題之特徵函數特性................284
第十二節　Sturm-Liouville 邊界值問題之正交級數................286
考題集錦................292

第八章　拉氏基本變換公式

第一節　概論................297
第二節　拉氏變換之定義................298
第三節　基本函數之拉氏變換................302
第四節　拉氏變換式移位定理................306
第五節　拉氏變換式之微分與積分................308
第六節　函數微分積分運算後之拉氏變換................314
第七節　函數指標刻度改變之拉氏變換................320
第八節　分段連續函數之拉氏變換................322
第九節　拉氏變換式之週期性分段定義函數................330
第十節　脈衝函數................334
第十一節　拉氏變換公式表................338
第十二節　有理式函數之拉氏逆變換................342
第十三節　奇異函數之拉氏逆變換................351
第十四節　拉氏逆變換................352
第十五節　其他基本函數之拉氏逆變換................356
第十六節　拉氏變換之結合積分式................359
考題集錦................364

第九章　拉氏變換之應用

第一節　拉氏變換式應用求定積分................369
第二節　解積分方程................372
第三節　解二階常係數常微分方程................377

📎 考題集錦 388

第十章　傅立葉級數與積分式

　　第一節　傅立葉級數概論 393
　　第二節　傅立葉級數定義 399
　　第三節　傅立葉級數係數公式 399
　　第四節　傅立葉級數之收斂定理 414
　　第五節　傅立葉級數之 Parsval 恆等式 422
　　第六節　傅立葉級數之全幅與半幅展開 427
　　第七節　傅立葉複數級數 434
　　第八節　傅立葉複數積分式 439
　　第九節　傅立葉三角積分式 441
　　📎 考題集錦 448

第十一章　傅立葉變換

　　第一節　傅立葉複數變換對 453
　　第二節　傅立葉三角變換對 458
　　第三節　傅立葉變換之 Parsval 恆等式 467
　　第四節　傅立葉變換之結合式積分式 474
　　第五節　傅立葉變換之對稱性 476
　　第六節　傅立葉變換之第一移位特性 482
　　第七節　傅立葉變換之第二移位特性 486
　　第八節　傅立葉變換之微分 492
　　第九節　積分函數之傅立葉變換 493
　　第十節　微分函數之傅立葉變換 494
　　第十一節　常用傅立葉變換公式表 496
　　📎 考題集錦 498

第十二章　偏微分方程之通解

　　第一節　微分方程之概論 499
　　第二節　偏微分方程式之原函數與解概念 505
　　第三節　一階偏微分方程式之 Lagrange 法 513

第四節	一階偏微分方程式之拉氏變換法	517
第五節	一階偏微分方程式之變數分離法	517
第六節	二階線性偏微分方程之分類	527
第七節	二階常係數齊次型偏微分方程	527
第八節	二階常係數偏微分方程-可因式分解型之通解	531
第九十節	二階變係數偏微分方程之降階法	535
	考題集錦	538

第十三章　熱傳方程式

第一節	工程上常用偏微分方程	541
第二節	熱傳方程式之推導	542
第三節	熱傳方程式邊界值問題	544
第四節	兩端零溫端之一維棒之熱傳問題	545
第五節	兩端為絕緣端之一維棒之熱傳問題	552
第六節	無窮長一維棒之熱傳問題	556
第七節	傅立葉變換法解無窮長一維棒之熱傳問題	562
第八節	一維棒之非齊性邊界熱傳問題	565
第九節	含穩態熱源一維棒之熱傳邊界值問題	570
第十節	含暫態熱源一維棒之熱傳邊界值問題	575
第十一節	含暫態熱源一維棒之非齊性熱傳邊界值問題	584
第十二節	一維圓柱座標之熱傳邊界值問題	586
	考題集錦	591

第十四章　拉氏方程式

第一節	偏微分方程邊界值問題之分類	597
第二節	齊性拉氏方程	598
第三節	二維浦松方程之邊界值問題	605
第四節	拉氏方程之二維極座標形式推導	613
第五節	拉氏方程之二維極座標基本解	619
第六節	拉氏方程之無限二維空洞解	622
第七節	拉氏方程之二維空心圓柱解	624
第八節	拉氏方程之二維半圓形平板解	626
第九節	拉氏方程之二維扇形平板解	629

考題集錦 634

第十五章　波動方程式

　第一節　波動邊界值問題 639
　第二節　兩端固定端之波動問題 640
　第三節　穩態負載下之細弦波動問題 645
　第四節　外力作用下細弦振動 653
　第五節　無窮長細弦波動方程式之 D'Alembert 解 659
　第六節　有限長固定端細弦波動方程式之 D'Alembert 解 665
　第七節　無限長細弦承受一定點負荷之波動問題 668
　第八節　長方形平板之波動問題 670
　　　考題集錦 677

第十六章　向量代數運算與解析幾何應用

　第一節　概論 681
　第二節　兩向量加法法則 681
　第三節　兩向量點積 685
　第四節　兩向量叉積 689
　第五節　三向量純量積 696
　第六節　三向量向量積 702
　第七節　點積與叉積有關之定律 707
　第八節　向量點積與叉積之應用 713
　第九節　空間直線方程式 713
　第十節　空間平面方程式 716
　第十一節　點到平面之距離 721
　第十二節　點到線之距離 724
　第十三節　歪斜線間之距離 727
　　　考題集錦 732

第十七章　單變數向量函數之曲率與扭率

　第一節　緒論 735
　第二節　空間曲線之位置向量 735

第三節	空間曲線長之向量形式	738
第四節	單位切線向量	742
第五節	三維空間曲線曲率	745
第六節	單位主法線向量之定義	749
第七節	單位雙法線向量之定義	752
第八節	扭率之定義	753
第九節	Frenet 公式	756
第十節	以 t 為參數之切線法線座標系統	758
第十一節	法向加速度	767
考題集錦		774

第十八章 向量微分學

第一節	向量函數之流線	777
第二節	向量偏微運算子	779
第三節	梯度運算法則	781
第四節	梯度之垂直向量	786
第五節	切平面方程式與法線方程式	790
第六節	方向導數	794
第七節	梯度之法向導數	799
第八節	散度	804
第九節	旋度	808
第十節	函數乘積之向量偏微分運算法則	812
第十一節	二階向量偏微分運算	818
第十二節	拉氏運算子	818
第十三節	零運算子 $\nabla \times (\nabla \phi)$	821
第十四節	勢能函數	824
第十五節	零運算子 $\nabla \cdot (\nabla \times \vec{A})$	828
第十六節	向量勢能函數	829
第十七節	向量偏微分運算子恆等式	836
考題集錦		838

第一章
基礎數學（一）微分學

第一節　緒論

　　所謂「工欲善其事，必先利其器」，方能事半功倍，在此，本書要先介紹攻克工程數學的兩大利器：
（1）微積分
（2）數學歸納法

　　學習工程數學的方法中，最有效率的方法之一，就是<u>數學歸納法</u>，由簡入繁，以簡馭難。本書將以<u>數學歸納法</u>，貫穿整個工數架構，達到一氣呵成的效果，這是學習工程數學最有效率的方法。
　　其<u>數學歸納法</u>中所謂的「簡」就是微積分，一切工程數學中公式推導，都是從微積分之概念開始，逐步完成整個工程數學之範疇研討。
　　以下就從工程數學中常用的幾個微積分的技巧整理開始。

第二節　微分基本概念

　　下列五個名詞，常在微積分與工程數學中出現，在概念上有何區別，若能將其細微處弄清楚，對解題將有輕鬆順暢之感覺。

1. 差分(Difference)：
2. 導函數(Derivative Function)：
3. 微分(Differential)：
4. 全微分(Total Differential)：
5. 正合微分(Exact Differential)：

詳細觀念，將整理如以下個節：(若是想詳細理解，請參考另一著作：「微積分」)

第三節　差分或增量

已知單變數連續函數 $y=f(x)$，函數在 x 處之增量(Increment)或差分(Difference)，定義如下：

$$\Delta y = \Delta f(x) = f(x+\Delta x) - f(x) \qquad (1)$$

同理，若對雙變數連續函數 $z=f(x,y)$，則該函數在 (x,y) 處之增量(Increment of z, or Increments of x and y)或差分，定義如下：

$$\Delta z = f(x+\Delta x, y+\Delta y) - f(x,y) \qquad (2)$$

第四節　微分(單變數)

接著，Leibniz 引入極限(Limit)分析之技巧，可將差分 Δx，在無窮小微量之極限下，表成符號 dx，同理，可將差分 Δy，在無窮小微量之極限下，表成符號 dy，可將差分 Δz，在無窮小微量之極限下，表成符號 dz，這些新定義之量，稱為微分(Differential)，實際上微分表無窮小之量，推導如下。

1. 微分定義：

   已知單變數連續函數 $y=f(x)$ 的差分為

   $$\Delta y = \Delta f(x) = f(x+\Delta x) - f(x)$$

   接著，上式乘上差分 Δx，同時除以 Δx，仍為恆等式，得

   $$\Delta y = \frac{f(x+\Delta x) - f(x)}{\Delta x} \cdot \Delta x$$

引入極限分析，亦即，取上式各量之極限，得

$$\lim_{\Delta x \to 0} \Delta y = \lim_{\Delta x \to 0} \left(\frac{f(x + \Delta x) - f(x)}{\Delta x} \cdot \Delta x \right)$$

由極限基本定理，得

$$\lim_{\Delta x \to 0} \Delta y = \left(\lim_{\Delta x \to 0} \frac{f(x + \Delta x) - f(x)}{\Delta x} \right) \cdot \lim_{\Delta x \to 0} \Delta x$$

利用新符號 dx 與 dy，代入上式，得

$$dy = \left(\lim_{\Delta x \to 0} \frac{f(x + \Delta x) - f(x)}{\Delta x} \right) \cdot dx \tag{3}$$

第五節　　導函數

上式中括弧內之極限式，為一不確定形極限，須另外找尋方法計算其值，為方便計，將其符號表示之演變過程，說明如下，了解它相當有助於往後偏微分連鎖律之計算，即

首先令極限式，定義為導函數(Derivative Function)，符號為 $f'(x)$：即

$$f'(x) = \lim_{\Delta x \to 0} \frac{f(x + \Delta x) - f(x)}{\Delta x}$$

再代回原式(3)，得微分

$$dy = f'(x) \cdot dx$$

若令其中分子以差分表示，即

$$f(x + \Delta x) - f(x) = \Delta f \quad \text{或} \quad f(x + \Delta x) - f(x) = \Delta y$$

得

$$f'(x) = \lim_{\Delta x \to 0} \frac{f(x + \Delta x) - f(x)}{\Delta x} = \lim_{\Delta x \to 0} \frac{\Delta f(x)}{\Delta x} = \lim_{\Delta x \to 0} \frac{\Delta y}{\Delta x}$$

這符號一開始廣泛被使用，直到 Leibniz 引入微分之符號，dx，dy，代入得

$$f'(x)=\lim_{\Delta x \to 0}\frac{f(x+\Delta x)-f(x)}{\Delta x}=\frac{df(x)}{dx}=\frac{dy}{dx} \qquad (4)$$

再代回原式(3)，得微分

$$dy=\frac{df(x)}{dx}\cdot dx \qquad (5)$$

上式符號極其簡捷方便。

【分析】在將上式以知之結果，簡化為下面恆等式：

1. 已知　$y=f(x)$
2. 取微分　$d(\ )$，得

    $$dy=df(x)$$

3. 再乘 dx，除 dx，得微分

    $$dy=\frac{df(x)}{dx}\cdot dx$$

第六節　全微分(多變數)

與上節同樣地概念推導，應用到雙變數函數之微分，其步驟如下：
已知雙變數連續函數　$z=f(x,y)$，其增量(Increment of z, or Increments of x and y)或差分定義：

$$\Delta z=f(x+\Delta x,y+\Delta y)-f(x,y)$$

將上式加一項 $f(x,y+\Delta y)$，再減一項 $f(x,y+\Delta y)$，得恆等式

$$\Delta z=f(x+\Delta x,y+\Delta y)-f(x,y+\Delta y)+f(x,y+\Delta y)-f(x,y)$$

再將前兩項除一項 Δx 及同乘一項 Δx，再將後兩項除一項 Δy，再乘一項 Δy，得

$$\Delta z = \frac{f(x+\Delta x, y+\Delta y) - f(x, y+\Delta y)}{\Delta x} \cdot \Delta x + \frac{f(x, y+\Delta y) - f(x, y)}{\Delta y} \cdot \Delta y$$

利用極限分析,即右邊取 $\Delta x \to 0$ 或 $\Delta x \to dx$;取 $\Delta y \to 0$ 或 $\Delta y \to dy$,則左邊 $\Delta z \to dz$

得雙變數函數 $z = f(x, y)$ 之微分或全微分(Total Differential)為

$$dz = \left(\lim_{\Delta x \to 0} \frac{f(x+\Delta x, y) - f(x, y)}{\Delta x}\right) \cdot dx + \left(\lim_{\Delta y \to 0} \frac{f(x, y+\Delta y) - f(x, y)}{\Delta y}\right) \cdot dy \quad (6)$$

第七節　偏微分

上式中,第一及第二括弧內之極限式,為不定形極限式,須另尋方法計算,首先以微分符號表示,如下

1. 已知差分定義,為

    $$\Delta z = \Delta f = f(x+\Delta x, y+\Delta y) - f(x, y)$$

2. 先令變數 y 保持常數,則得 $\Delta y = 0$,代入,得

    $$(\Delta z)_y = (\Delta f)_y = f(x+\Delta x, y) - f(x, y)$$

3. 則第一括弧內之極限式,可表成下列符號:

    $$\left(\frac{\Delta z}{\Delta x}\right)_y = \left(\frac{\Delta f}{\Delta x}\right)_y = \frac{f(x+\Delta x, y) - f(x, y)}{\Delta x}$$

4. 取極限,

    $$\lim_{\Delta x \to 0}\left(\frac{\Delta z}{\Delta x}\right)_y = \lim_{\Delta x \to 0}\left(\frac{\Delta f}{\Delta x}\right)_y = \lim_{\Delta x \to 0} \frac{f(x+\Delta x, y) - f(x, y)}{\Delta x}$$

5. 表成微分符號：

$$\left(\frac{dz}{dx}\right)_y = \left(\frac{df}{dx}\right)_y = \lim_{\Delta x \to 0} \frac{f(x+\Delta x, y) - f(x, y)}{\Delta x}$$

6. 一般教科書，統一表示成部分微分或偏微分(Partial Differential)之符號，為

$$\frac{\partial z}{\partial x} = \frac{\partial f}{\partial x} = \lim_{\Delta x \to 0} \frac{f(x+\Delta x, y) - f(x, y)}{\Delta x} \qquad (7)$$

表函數 $f(x, y)$，視 y 為常數，只對 x 偏微分。

7. 同理，第二刮弧內之極限式，可表成下列部分微分或偏微分符號：

$$\frac{\partial z}{\partial y} = \frac{\partial f}{\partial y} = \lim_{\Delta y \to 0} \frac{f(x, y+\Delta y) - f(x, y)}{\Delta y} \qquad (8)$$

表函數 $f(x, y)$，視 x 為常數，只對 y 偏微分。
上面兩式，稱為偏微分(Partial Differentials)

8. 代入式(6)：

$$dz = \left(\lim_{\Delta x \to 0} \frac{f(x+\Delta x, y) - f(x, y)}{\Delta x}\right) \cdot dx + \left(\lim_{\Delta y \to 0} \frac{f(x, y+\Delta y) - f(x, y)}{\Delta y}\right) \cdot dy$$

得公式

$$dz = \frac{\partial z}{\partial x} dx + \frac{\partial z}{\partial y} dy \qquad (9)$$

上式稱為全微分(Total Differential)。

9. 同理，對多變數函數 $u = f(x_1, x_2, \cdots, x_n)$，其微分或全微分為

$$du = \frac{\partial u}{\partial x_1} dx_1 + \frac{\partial u}{\partial x_2} dx_2 + \cdots + \frac{\partial u}{\partial x_n} dx_n \qquad (10)$$

第八節　導函數與偏微分之基本計算公式

計算全微分公式時，式中含有一個基本運算式，即導函數式(4)

$$f'(x) = \lim_{\Delta x \to 0} \frac{f(x+\Delta x) - f(x)}{\Delta x} \tag{4}$$

以及偏微分定義式，為式(7)

$$\frac{\partial z}{\partial x} = \frac{\partial f}{\partial x} = \lim_{\Delta x \to 0} \frac{f(x+\Delta x, y) - f(x, y)}{\Delta x} \tag{7}$$

與式(8)

$$\frac{\partial z}{\partial y} = \frac{\partial f}{\partial y} = \lim_{\Delta y \to 0} \frac{f(x, y+\Delta y) - f(x, y)}{\Delta y} \tag{8}$$

以上導函數與偏微分之計算公式，幾乎是相同，都是六大單變數函數之基本微分公式。

當函數 $f(x)$ 為冪函數(Power Function) 時，其微分公式計算如下

已知　　　　　　　$f(x) = x^n$

代入導函數定義式

$$f'(x) = \lim_{\Delta x \to 0} \frac{f(x+\Delta x) - f(x)}{\Delta x}$$

得　　　　　　　$\dfrac{d}{dx}(x^n) = \lim_{\Delta x \to 0} \dfrac{(x+\Delta x)^n - x^n}{\Delta x}$

二項式定理展開　　$(a+b)^n = a^n + \dfrac{n}{1!}a^{n-1}b + \dfrac{n(n-1)}{2!}a^{n-2}b^2 + \cdots$

得

$$\frac{d}{dx}(x^n) = \lim_{\Delta x \to 0} \frac{\left(x^n + \dfrac{n}{1!}x^{n-1}\Delta x + \dfrac{n(n-1)}{2!}x^{n-2}(\Delta x)^2 + \cdots\right) - x^n}{\Delta x}$$

消去 x^n，整理得

$$\frac{d}{dx}(x^n) = \lim_{\Delta x \to 0} \frac{\left(\frac{n}{1!}x^{n-1} + \frac{n(n-1)}{2!}x^{n-2}(\Delta x) + \cdots\right)\Delta x}{\Delta x}$$

消去公因式 Δx，最後得

$$\frac{d}{dx}(x^n) = \lim_{\Delta x \to 0}\left(\frac{n}{1!}x^{n-1} + \frac{n(n-1)}{2!}x^{n-2}(\Delta x) + \cdots\right) = nx^{n-1} \qquad (9)$$

綜合得第一個基本微分公式：

冪法則（Power Rule） $\quad d(x^n) = nx^{n-1}dx$

令 $x = u$ 取代，得連鎖律或通用冪法則

（General Power Rule） $\quad d(u^n) = nu^{n-1}du$ 或 $\dfrac{d}{dx}(u^n) = nu^{n-1}\dfrac{du}{dx}$

依此類推，茲將六大函數之基本微分公式，詳細推導過程，可參考微積分書籍，在此不再贅述，直接整理成基本微分公式，共 33 個，表列如下：

1. 冪函數 $\quad d(u^n) = nu^{n-1}du$

2. 函數積微分公式 $\quad d(f \cdot g) = df \cdot g + f \cdot dg$

3. 函數商微分公式 $\quad d\left(\dfrac{f}{g}\right) = \dfrac{df \cdot g - f \cdot dg}{g^2}$

4. 合成函數 $df(g(x)) = f'(g(x))dg(x)$

5. $d(e^u) = e^u du$

6. $d(a^u) = a^u \ln a\, du$

7. $d(\ln u) = \dfrac{1}{u}du$ 或 $d(\ln|u|) = \dfrac{1}{u}du$

8. $d\log_a|u| = \dfrac{1}{u} \cdot \dfrac{1}{\ln a} du$

三角函數之微分公式（注意：正負相間）

9. $d(\sin u) = \cos u \, du$
10. $d(\cos u) = -\sin u \, du$
11. $d(\tan u) = \sec^2 u \, du$
12. $d(\cot u) = -\csc^2 u \, du$
13. $d(\sec u) = \sec u \tan u \, du$
14. $d(\csc u) = -\csc u \cot u \, du$

雙曲線函數之微分（注意：對應項與三角函數相同，前三正，後三負）

15. $d(\sinh u) = \cosh u \, du$
16. $d(\cosh u) = \sinh u \, du$
17. $d(\tanh u) = \operatorname{sech}^2 u \, du$
18. $d(\coth u) = -\operatorname{csch}^2 u \, du$
19. $d(\operatorname{sech} u) = -\operatorname{sech} u \cdot \tanh u \, du$
20. $d(\operatorname{csch} u) = -\operatorname{csch} u \cdot \coth u \, du$

反三角微分公式

21. $d(\sin^{-1} u) = \dfrac{1}{\sqrt{1-u^2}} du$
22. $d(\cos^{-1} u) = \dfrac{-1}{\sqrt{1-u^2}} du$
23. $d(\tan^{-1} u) = \dfrac{1}{1+u^2} du$
24. $d(\cot^{-1} u) = \dfrac{-1}{1+u^2} du$

25. $d(\sec^{-1}u) = \dfrac{1}{u\sqrt{u^2-1}}du$ ，$u > 1$

26. $d(\csc^{-1}u) = \dfrac{-1}{u\sqrt{u^2-1}}du$ ，$u > 1$

反雙曲線函數之微分

27. $d(\sinh^{-1}u) = \dfrac{1}{\sqrt{u^2+1}}du$

28. $d(\cosh^{-1}u) = \dfrac{1}{\sqrt{u^2-1}}du$

29. $d(\tanh^{-1}u) = \dfrac{1}{1-u^2}du$

30. $d(\coth^{-1}u) = \dfrac{1}{1-u^2}du$

31. $d(\operatorname{sech}^{-1}u) = \dfrac{-1}{u\sqrt{1-u^2}}du$

32. $d(\operatorname{csch}^{-1}u) = \dfrac{-1}{|u|\sqrt{1+u^2}}du$

33. $d\left(f(x)^{g(x)}\right) = f(x)^{g(x)}d[g(x)\cdot \ln f(x)]$

範例 01：

已知 $f(x) = \ln|\sec x + \tan x|$ ，求 $\dfrac{df}{dx}$

解答：

利用公式　　$d\ln|u| = \dfrac{1}{u}du$

微分　　$df(x) = d\ln|\sec x + \tan x| = \dfrac{1}{\sec x + \tan x}d(\sec x + \tan x)$

再利用公式 $\quad d\sec x = \sec x \tan x\, dx$

$$d\tan x = \sec^2 x\, dx$$

整理得 $\quad df(x) = \dfrac{\sec x \tan x + \sec^2 x}{\sec x + \tan x}\, dx$

消去公因式，最後得 $\dfrac{df(x)}{dx} = \dfrac{\sec x(\sec x + \tan x)}{\sec x + \tan x} = \sec x$

範例 02：偏微分之計算亦同。

> 若 $u(x, y, z) = x^{y^z}$，求 (A) $\dfrac{\partial u}{\partial x}$ (B) $\dfrac{\partial u}{\partial y}$ (C) $\dfrac{\partial u}{\partial z}$

解答：

(a) 利用公式 $\quad dx^n = nx^{n-1}dx$

$$\dfrac{\partial u}{\partial x} = y^z \cdot x^{y^z - 1}$$

(b) 利用公式 $\quad da^u = a^u \ln a \cdot du$ 及 $dy^n = ny^{n-1}dy$

$$\dfrac{\partial u}{\partial y} = x^{y^z} \ln x \dfrac{\partial}{\partial y}\left(y^z\right) = x^{y^z} \ln x \cdot \left(z \cdot y^{z-1}\right)$$

(c) 利用公式 $\quad da^u = a^u \ln a \cdot du$ 及 $da^z = a^z \ln a \cdot dz$

$$\dfrac{\partial u}{\partial z} = x^{y^z} \ln x \cdot \dfrac{\partial}{\partial z}\left(y^z\right) = x^{y^z} \ln x \cdot \left(y^z \ln y\right)$$

範例 03：偏微分之反運算，偏積分之計算

> 若 $f(x, y, z)$ 之一階偏導數為
>
> $\dfrac{\partial f}{\partial x} = e^x \sin y + yz + 2xy + 6$
>
> $\dfrac{\partial f}{\partial y} = e^x \cos y + xz + x^2 + z^2 + 3$

$$\frac{\partial f}{\partial z} = xy + 2yz + 2$$

且 $f(0,0,0) = 8$，求 $f(x,y,z)$

北科大有機高分子所

解答：

已知 $\quad\dfrac{\partial f}{\partial x} = e^x \sin y + yz + 2xy + 6$

對 x 偏積分 $\quad f(x,y,z) = e^x \sin y + xyz + x^2 y + 6x + f(y,z)$ （1）

已知 $\quad\dfrac{\partial f}{\partial y} = e^x \cos y + xz + x^2 + z^2 + 3$

對 y 偏積分 $\quad f(x,y,z) = e^x \sin y + xyz + x^2 y + z^2 y + 3y + g(x,z)$ （2）

已知 $\quad\dfrac{\partial f}{\partial z} = xy + 2yz + 2$

對 z 偏積分 $f(x,y,z) = xyz + yz^2 + 2z + h(x,y)$ （3）

比較(1)、(2)、(3)、各項得

$$f(x,y,z) = e^x \sin y + xyz + x^2 y + yz^2 + 6x + 3y + 2z + c$$

代入條件 $\quad f(0,0,0) = 8 = c$

最後得 $\quad f(x,y,z) = e^x \sin y + xyz + x^2 y + yz^2 + 6x + 3y + 2z + 8$

範例 04：

Find all functions $\phi(x,y)$ with $\phi_x = e^{xy} + xye^{xy} + \cos x + 1$，$\phi_y = x^2 e^{xy}$

中央水文所

解答：

已知 $\quad \phi_y = \dfrac{\partial \phi}{\partial y} = x^2 e^{xy}$

對 y 偏積分 $\quad \phi = xe^{xy} + f(x)$

將上式對 x 偏微分，得

$$\dfrac{\partial \phi}{\partial x} = e^{xy} + xye^{xy} + f'(x)$$

與已知 $\phi_x = e^{xy} + xye^{xy} + \cos x + 1$ 比較

$$\dfrac{\partial \phi}{\partial x} = e^{xy} + xye^{xy} + f'(x) = e^{xy} + xye^{xy} + \cos x + 1$$

得 $\quad f'(x) = \cos x + 1$

積分 $\quad f(x) = \sin x + x + c$

最後得 $\quad \phi(x,y) = xe^{xy} + \sin x + x + c$

第九節　隱函數微分

一般函數之形態，最常見為

$y = f(x)$

稱為顯函數(Explicit Function)

若將上式中移向，會得關係方程式

$y - f(x) = 0$

或更一般函數方程式型式

$f(x, y) = 0$ 或 $\quad f(x, y(x)) = 0$ $\hspace{2em}$ (10)

則稱為隱函數形式(Implicit Function)

已知 $\quad f(x, y) = 0$

取全微分
$$df(x,y) = 0$$
或
$$df(x,y) = \frac{\partial f}{\partial x}dx + \frac{\partial f}{\partial y}dy = 0$$

移項得
$$\frac{\partial f}{\partial y}dy = -\frac{\partial f}{\partial x}dx$$

整理得
$$\frac{dy}{dx} = -\frac{\dfrac{\partial f}{\partial x}}{\dfrac{\partial f}{\partial y}} \qquad (11)$$

稱為隱函數微分公式。

同理，雙變數(顯)函數形式，如
$$z = f(x,y)$$

移項表成隱函數形式，為
$$z - f(x,y) = 0$$

或更一般函數形式，隱函數如
$$F(x,y,z) = 0$$

取全微分
$$dF(x,y,z) = 0$$
或
$$dF = \frac{\partial F}{\partial x}dx + \frac{\partial F}{\partial y}dy + \frac{\partial F}{\partial z}dz = 0$$

移項得
$$\frac{\partial F}{\partial z}dz = -\frac{\partial F}{\partial x}dx - \frac{\partial F}{\partial y}dy$$

令 y 為常數，$dy = 0$，得

$$\frac{\partial F}{\partial z}dz = -\frac{\partial F}{\partial x}dx$$

整理得隱函數微分公式：

$$\frac{\partial z}{\partial x} = -\frac{\frac{\partial F}{\partial x}}{\frac{\partial F}{\partial z}} \qquad (12)$$

同理，令 x 為常數，$dx = 0$，得

$$\frac{\partial F}{\partial z}dz = -\frac{\partial F}{\partial y}dy$$

整理得隱函數微分公式：

$$\frac{\partial z}{\partial y} = -\frac{\frac{\partial F}{\partial y}}{\frac{\partial F}{\partial z}} \qquad (13)$$

範例 05：

> z is a function x, y, that is $z = z(x,y)$. x, y, z satisfy $z(z^2 + 3x) + 3y = 0$. Show that $\dfrac{\partial^2 z}{\partial x^2} + \dfrac{\partial^2 z}{\partial y^2} = \dfrac{2z(x-1)}{(z^2+x)^3}$

交大土木所戊

解答：

已知　　$z(z^2 + 3x) + 3y = 0$

乘開得　　$f = z^3 + 3xz + 3y = 0$

利用隱函數之微分公式，對 x 偏微，得

$$\frac{\partial z}{\partial x} = -\frac{f_x}{f_z} = -\frac{3z}{3z^2 + 3x} = -\frac{z}{z^2 + x}$$

利用公式，$d\left(\dfrac{f}{g}\right)$，再對 x 偏微分，得

$$\dfrac{\partial}{\partial x}\left(\dfrac{\partial z}{\partial x}\right)=-\dfrac{\dfrac{\partial z}{\partial x}(z^2+x)-z\left(2z\dfrac{\partial z}{\partial x}+1\right)}{(z^2+x)^2}$$

其中 $\dfrac{\partial z}{\partial x}=-\dfrac{z}{z^2+x}$ 代入，得

$$\dfrac{\partial}{\partial x}\left(\dfrac{\partial z}{\partial x}\right)=-\dfrac{-\dfrac{z}{z^2+x}(z^2+x)-z\left(-\dfrac{2z^2}{z^2+x}+1\right)}{(z^2+x)^2}=\dfrac{2zx}{(z^2+x)^3} \quad (1)$$

同理，利用隱函數之微分公式，對 y 偏微，得

$$\dfrac{\partial z}{\partial y}=-\dfrac{f_y}{f_z}=-\dfrac{3}{3z^2+3x}=-\dfrac{1}{z^2+x}$$

再對偏微分，得

$$\dfrac{\partial}{\partial y}\left(\dfrac{\partial z}{\partial y}\right)=\dfrac{2z\dfrac{\partial z}{\partial y}}{(z^2+x)^2}=\dfrac{-2z}{(z^2+x)^3} \quad (2)$$

代回原式(1)+(2)，得證

$$\dfrac{\partial^2 z}{\partial x^2}+\dfrac{\partial^2 z}{\partial y^2}=\dfrac{2z(x-1)}{(z^2+x)^3}$$

第十節 連鎖律 (Chain Rule)

1. 單參數函數之連鎖律：
   若函數表成參數 t 之形式，如下：

$$x = f(t)$$
$$y = g(t)$$

先計算全微分

$$dx = f'(t)dt \quad 與 \quad dy = g'(t)dt$$

再相除，得

$$\frac{dy}{dx} = \frac{g'(t)dt}{f'(t)dt} = \frac{g'(t)}{f'(t)}$$

或

$$\frac{dy}{dx} = \frac{\frac{dy}{dt}}{\frac{dx}{dt}} = \frac{g'(t)}{f'(t)} \tag{14}$$

同理，多變數函數 $u = f(x, y, z)$，其中 $x = x(t), y = y(t), z = z(t)$

或

$$u = f(x(t), y(t), z(t))$$

先計算全微分

$$du = \frac{\partial f}{\partial x}dx + \frac{\partial f}{\partial y}dy + \frac{\partial f}{\partial z}dz$$

再除 dt

$$\frac{du}{dt} = \frac{\partial f}{\partial x}\frac{dx}{dt} + \frac{\partial f}{\partial y}\frac{dy}{dt} + \frac{\partial f}{\partial z}\frac{dz}{dt} \tag{15}$$

2. 雙參數函數之連鎖律：

已知 多變數函數

$$W = f(x, y, z)，其中 x = x(u, v), y = y(u, v), z = z(u, v)$$

u, v 為參數

或

$$W = f(x(u,v), y(u,v), z(u,v))$$

先取全微分

$$dW = \frac{\partial f}{\partial x}dx + \frac{\partial f}{\partial y}dy + \frac{\partial f}{\partial z}dz$$

除以　du，得連鎖律為

$$\frac{\partial W}{\partial u} = \frac{\partial f}{\partial x}\frac{\partial x}{\partial u} + \frac{\partial f}{\partial y}\frac{\partial y}{\partial u} + \frac{\partial f}{\partial z}\frac{\partial z}{\partial u} \tag{16}$$

除以　dv，得連鎖律為

$$\frac{\partial W}{\partial v} = \frac{\partial f}{\partial x}\frac{\partial x}{\partial v} + \frac{\partial f}{\partial y}\frac{\partial y}{\partial v} + \frac{\partial f}{\partial z}\frac{\partial z}{\partial v} \tag{17}$$

範例 06：單變數之連鎖律

已知 $y = F(x)$，$x = G(z)$，$z = H(t)$，求 $\dfrac{dy}{dt}$。

中山轉

解答：

利用公式　　$df(x) = f'(x)dx$

依序得　$dy = F'(x)dx$，$dx = G'(z)dz$，$dz = H'(t)dt$

代入，得

$$dy = \frac{dF(x)}{dx}dx = \frac{dF(x)}{dx} \cdot \frac{dG(z)}{dz} \cdot dz = \frac{dF(x)}{dx} \cdot \frac{dG(z)}{dz} \cdot \frac{dH(t)}{dt}dt$$

除以 dt，得

$$\frac{dy}{dt} = \frac{dF(x)}{dx} \cdot \frac{dG(z)}{dz} \cdot \frac{dH(t)}{dt} = F'(x) \cdot G'(z) \cdot H'(t)$$

範例 07：三變數顯函數之連鎖律

Find $\dfrac{\partial u}{\partial p}$, $\dfrac{\partial u}{\partial r}$, $\dfrac{\partial u}{\partial \theta}$ for $u = x^2 + yz$, $x = pr\cos\theta$, $y = pr\sin\theta$, $z = p + r$。

雲科大機械所

解答：

已知　　　　　　　$u = x^2 + yz$

亦即　　　　　　　$u = u(x, y, z)$

$$du = u_x dx + u_y dy + u_z dz$$

$$\dfrac{\partial u}{\partial p} = u_x \dfrac{\partial x}{\partial p} + u_y \dfrac{\partial y}{\partial p} + u_z \dfrac{\partial z}{\partial p}$$

其中　　　　　　　$x = pr\cos\theta$，$y = pr\sin\theta$，$z = p + r$

$$\dfrac{\partial x}{\partial p} = r\cos\theta,\ \dfrac{\partial y}{\partial p} = r\sin\theta,\ \dfrac{\partial z}{\partial p} = 1$$

代入得

$$\dfrac{\partial u}{\partial p} = u_x r\cos\theta + u_y r\sin\theta + u_z$$

同理

$$\dfrac{\partial u}{\partial r} = u_x \dfrac{\partial x}{\partial r} + u_y \dfrac{\partial y}{\partial r} + u_z \dfrac{\partial z}{\partial r}$$

其中

$$\dfrac{\partial x}{\partial r} = p\cos\theta,\ \dfrac{\partial y}{\partial r} = p\sin\theta,\ \dfrac{\partial z}{\partial r} = 1$$

代入得

$$\dfrac{\partial u}{\partial r} = u_x p\cos\theta + u_y p\sin\theta + u_z$$

同理

$$\dfrac{\partial u}{\partial \theta} = u_x \dfrac{\partial x}{\partial \theta} + u_y \dfrac{\partial y}{\partial \theta} + u_z \dfrac{\partial z}{\partial \theta}$$

其中 $\dfrac{\partial x}{\partial \theta} = -pr\sin\theta$ ， $\dfrac{\partial y}{\partial \theta} = pr\cos\theta$ ， $\dfrac{\partial z}{\partial \theta} = 0$

代入得 $\dfrac{\partial u}{\partial \theta} = -u_x pr\sin\theta + u_y pr\cos\theta$

範例 08：

> Differential the following functions with respect to t:
> (a) $f(x, y, z, t)$
> (b) $f(x(t), y(t), z(t), t)$
> (c) $f(x(s(t)), y, z(t), t^2)$

台大土木所

解答：

(a) $\dfrac{\partial}{\partial t} f(x, y, z, t)$ ，其中 x, y, z 都為常數，只對 t 微分。

(b) 全微分

$$df(x(t), y(t), z(t), t) = \dfrac{\partial f}{\partial x}dx + \dfrac{\partial f}{\partial y}dy + \dfrac{\partial f}{\partial z}dz + \dfrac{\partial f}{\partial t}dt$$

除 dt

$$\dfrac{d}{dt} f(x(t), y(t), z(t), t) = \dfrac{\partial f}{\partial x}\dfrac{dx}{dt} + \dfrac{\partial f}{\partial y}\dfrac{dy}{dt} + \dfrac{\partial f}{\partial z}\dfrac{dz}{dt} + \dfrac{\partial f}{\partial t}$$

(c) 全微分

$$df(x(s(t)), y, z(t), t^2) = \dfrac{\partial f}{\partial x}dx + \dfrac{\partial f}{\partial y}dy + \dfrac{\partial f}{\partial z}dz + \dfrac{\partial f}{\partial (t^2)}d(t^2)$$

除 dt

$$\dfrac{d}{dt} f(x(s(t)), y, z(t), t^2) = \dfrac{\partial f}{\partial x}\dfrac{dx}{dt} + \dfrac{\partial f}{\partial y}\dfrac{dy}{dt} + \dfrac{\partial f}{\partial z}\dfrac{dz}{dt} + \dfrac{\partial f}{\partial (t^2)}2t$$

其中 $\dfrac{dy}{dt} = 0$ ，及 $\dfrac{dx}{dt} = \dfrac{dx}{ds} \cdot \dfrac{ds}{dt}$

代入得

$$\frac{d}{dt}f\bigl(x(s(t)),y,z(t),t^2\bigr)=\frac{\partial f}{\partial x}\left(\frac{dx}{ds}\frac{ds}{dt}\right)+\frac{\partial f}{\partial z}\frac{dz}{dt}+\frac{\partial f}{\partial (t^2)}2t$$

範例 09：

已知 $Q=Q(P,V,T)$，及 $PV=RT$，其中 R 為常數，則求 $\left(\dfrac{\partial Q}{\partial T}\right)_P$；$\left(\dfrac{\partial Q}{\partial T}\right)_V$

中興應數轉

解答：

已知 $\qquad Q=Q(P,V,T)$

取全微分 $\qquad dQ=\dfrac{\partial Q}{\partial P}dP+\dfrac{\partial Q}{\partial V}dV+\dfrac{\partial Q}{\partial T}dT$

令 $P=c$，$dP=0$，代入並除以 dT

$$\left(\frac{\partial Q}{\partial T}\right)_P=\frac{\partial Q}{\partial V}\left(\frac{\partial V}{\partial T}\right)_P+\frac{\partial Q}{\partial T}$$

其中 $\qquad PV=RT$，或 $V=\dfrac{R}{P}T$，$P=c$

對 T 微分，得 $\qquad \left(\dfrac{\partial V}{\partial T}\right)_P=\dfrac{R}{P}$

代回上式，最後得 $\left(\dfrac{\partial Q}{\partial T}\right)_P=\dfrac{R}{P}\dfrac{\partial Q}{\partial V}+\dfrac{\partial Q}{\partial T}$

同理得 $\left(\dfrac{\partial Q}{\partial T}\right)_V=\dfrac{R}{V}\dfrac{\partial Q}{\partial P}+\dfrac{\partial Q}{\partial T}$

範例 10：

> Let $x = 2s + t^3$ and $y = 2t + s^2$
> (a) Compute $\dfrac{\partial x}{\partial s}$ and $\dfrac{\partial y}{\partial t}$.
> (b) Compute $\dfrac{\partial s}{\partial x}$ and $\dfrac{\partial t}{\partial x}$.
> (c) Let $u = s^2 + t^3$, compute $\dfrac{\partial u}{\partial x}$.

成大航太所

解答：

(a) 已知　　$x = 2s + t^3$，則　$\dfrac{\partial x}{\partial s} = 2$。

　　已知　　$y = 2t + s^2$，則　$\dfrac{\partial y}{\partial t} = 2$

(b) 已知　　$x = 2s + t^3$，$y = 2t + s^2$，則　$t = \dfrac{y - s^2}{2}$

代回 x，消去 t 得 $x = 2s + \left(\dfrac{y - s^2}{2}\right)^3$，或　$f = 16s + (y - s^2)^3 - 8x = 0$

$$\dfrac{\partial s}{\partial x} = -\dfrac{\dfrac{\partial f}{\partial x}}{\dfrac{\partial f}{\partial s}} = -\dfrac{-8}{16 - 6s(y - s^2)^2} = \dfrac{4}{8 - 3s(y - s^2)^2} \quad (1)$$

已知 $x = 2s + t^3$，$y = 2t + s^2$，則　$s = \dfrac{x - t^3}{2}$

代回 y，消去 s 得 $y = 2t + \left(\dfrac{x - t^3}{2}\right)^2$，或　$f = 8t + (x - t^3)^2 - 4y = 0$

$$\dfrac{\partial t}{\partial x} = -\dfrac{\dfrac{\partial f}{\partial x}}{\dfrac{\partial f}{\partial t}} = -\dfrac{2(x - t^3)}{8 - 6t^2(x - t^3)} = \dfrac{(x - t^3)}{4 - 3t^2(x - t^3)} \quad (2)$$

(c) Let $u = s^2 + t^3$, compute $\dfrac{\partial u}{\partial x}$.

先利用連鎖律，得 $\quad \dfrac{\partial u}{\partial x} = 2s\dfrac{\partial s}{\partial x} + 3t^2 \dfrac{\partial t}{\partial x}$

其中代回式(1)及(2)，得

代入得 $\quad \dfrac{\partial u}{\partial x} = 2s \dfrac{4}{8 - 3s(y - s^2)^2} + 3t^2 \dfrac{(x - t^3)}{4 - 3t^2(x - t^3)}$

第十一節　極座標轉換法則

已知一卡氏座標系內之函數為

$$z = f(x, y)$$

令座標轉換成極座標 (r, θ)

令 $\quad x = r\cos\theta，y = r\sin\theta$

消去變數 θ，得

$$x^2 + y^2 = r^2 \quad 或 \quad r = \sqrt{x^2 + y^2}$$

消去變數 r，得

$$\dfrac{y}{x} = \dfrac{r\sin\theta}{r\cos\theta} = \tan\theta \quad 或 \quad \theta = \tan^{-1}\dfrac{y}{x}$$

則其雙參數之微分連鎖律，為

$$dz = df(x, y) = \dfrac{\partial f}{\partial x}dx + \dfrac{\partial f}{\partial y}dy$$

除以 dr，得

$$\frac{\partial z}{\partial r} = \frac{\partial f}{\partial x}\frac{\partial x}{\partial r} + \frac{\partial f}{\partial y}\frac{\partial y}{\partial r} \tag{18}$$

除以 $d\theta$，得

$$\frac{\partial z}{\partial \theta} = \frac{\partial f}{\partial x}\frac{\partial x}{\partial \theta} + \frac{\partial f}{\partial y}\frac{\partial y}{\partial \theta} \tag{19}$$

範例 11：雙變數變換之偏微

已知 $x = r\cos\theta$，$y = r\sin\theta$，則求 $\dfrac{\partial x}{\partial r}$; $\dfrac{\partial r}{\partial x}$

解答：

(a) 已知 $\qquad\qquad x = r\cos\theta$

對 r 偏微 $\qquad \dfrac{\partial x}{\partial r} = \left(\dfrac{\partial x}{\partial r}\right)_\theta = \cos\theta$

(b) 已知 $\qquad\qquad r = \sqrt{x^2 + y^2}$

對 x 偏微分 $\qquad \dfrac{\partial r}{\partial x} = \dfrac{2x}{2\sqrt{x^2+y^2}} = \dfrac{x}{\sqrt{x^2+y^2}} = \dfrac{r\cos\theta}{r} = \cos\theta$

範例 12：雙變數變換之偏微

If $x = r\cos\theta$ and $x = r\sin\theta$, express each of the following as function of r and θ :

(a) $\left(\dfrac{\partial \theta}{\partial r}\right)_y$. (7%) \quad (b) $\left(\dfrac{\partial r}{\partial \theta}\right)_x$ (13%)

中央太空所

解答：

(a) 已知　　 $y = r\sin\theta$

得　　　　 $\theta = \sin^{-1}\left(\dfrac{y}{r}\right)$

對 r 偏微

$$\left(\dfrac{\partial \theta}{\partial r}\right)_y = \dfrac{1}{\sqrt{1-\left(\dfrac{y}{r}\right)^2}} \dfrac{\partial}{\partial r}\left(\dfrac{y}{r}\right) = \dfrac{1}{\sqrt{1-\left(\dfrac{y}{r}\right)^2}}\left(-\dfrac{y}{r^2}\right) = \dfrac{-y}{r\sqrt{r^2-y^2}}$$

(b) 已知　　 $x = r\cos\theta$

得　　　　 $r = \dfrac{x}{\cos\theta}$

對 θ 偏微　　 $\left(\dfrac{\partial r}{\partial \theta}\right)_x = -\dfrac{x}{\cos^2\theta} \dfrac{\partial}{\partial \theta}(\cos\theta) = \dfrac{x\sin\theta}{\cos^2\theta}$

範例 13：任意函數型之全微分連微法則公式

(10%) If ϕ is a function of either (u,v) or (u,w), and $w = v - F(u)$. Find the relation between $\dfrac{\partial \phi}{\partial u}\bigg)_v$ and $\dfrac{\partial \phi}{\partial u}\bigg)_w$

台大環工所

解：

已知　　 $\phi = \phi(u,v) = \phi(u,w)$

取　　 $\phi = \phi(u,w)$

全微分　　 $d\phi(u,w) = \dfrac{\partial \phi}{\partial u}\bigg)_w du + \dfrac{\partial \phi}{\partial w}\bigg)_u dw$

除以 du，得

$$\left.\frac{\partial \phi}{\partial u}\right)_v = \left.\frac{\partial \phi}{\partial u}\right)_w \left.\left(\frac{du}{du}\right)_v + \left.\frac{\partial \phi}{\partial w}\right)_u \left(\frac{\partial w}{\partial u}\right)_v\right.$$

或

$$\left.\frac{\partial \phi}{\partial u}\right)_v = \left.\frac{\partial \phi}{\partial u}\right)_w + \left.\frac{\partial \phi}{\partial w}\right)_u \left(\frac{\partial w}{\partial u}\right)_v$$

其中 $w = v - F(u)$，或 $dw = dv - F'(u)du$

令 $v = c$，$dv = 0$，除以 du，得

$$\left(\frac{\partial w}{\partial u}\right)_v = -F'(u)$$

代入上式

$$\left.\frac{\partial \phi}{\partial u}\right)_v = \left.\frac{\partial \phi}{\partial u}\right)_w + \left.\frac{\partial \phi}{\partial w}\right)_u (-F'(u))$$

或

$$\left.\frac{\partial \phi}{\partial u}\right)_v = \left.\frac{\partial \phi}{\partial u}\right)_w - \left.\frac{\partial \phi}{\partial w}\right)_u (F'(u))$$

範例 14：

What of the following equation is INCORRECT?

(a) $x = x(u,v)$，$y = y(u,v)$，then $\dfrac{\partial y}{\partial u} \cdot \dfrac{\partial u}{\partial y} + \dfrac{\partial y}{\partial v} \cdot \dfrac{\partial v}{\partial y} = 1$

(b) $x = x(u,v)$，$y = y(u,v)$，then $\dfrac{\partial y}{\partial u} \cdot \dfrac{\partial u}{\partial x} + \dfrac{\partial y}{\partial v} \cdot \dfrac{\partial v}{\partial x} = 0$

(c) $f(x,y,u,v) = 0$ and $x = x(u,v)$，$y = y(u,v)$，then

$$\frac{\partial f}{\partial u} + \frac{\partial f}{\partial x} \cdot \frac{\partial x}{\partial u} + \frac{\partial f}{\partial y} \cdot \frac{\partial y}{\partial u} = 0$$

(d) $x = r\cos\theta$，$y = r\sin\theta$ then $\dfrac{\partial r}{\partial x} = \cos\theta$

(e) $\dfrac{d}{dt}\int_{v(t)}^{u(t)} f(x,t)dt = \int_{v(t)}^{u(t)} \dfrac{\partial}{\partial t} f(x,t)dt + u(t)f(u(t),t) - v(t)f(v(t),t)$

清大材料所

解：(e)

正確為

$$\frac{d}{dt}\int_{v(t)}^{u(t)} f(x,t)dt = \int_{v(t)}^{u(t)} \frac{\partial}{\partial t} f(x,t)dt + \frac{du(t)}{dt} f(u(t),t) - \frac{dv(t)}{dt} f(v(t),t)$$

【分析】

(a) $x = x(u,v)$，$y = y(u,v)$，then $\dfrac{\partial y}{\partial u} \cdot \dfrac{\partial u}{\partial y} + \dfrac{\partial y}{\partial v} \cdot \dfrac{\partial v}{\partial y} = 1$ （正確）

【證明】

$y = y(u,v)$

取全微分

$$dy = \frac{\partial y}{\partial u} \cdot du + \frac{\partial y}{\partial v} \cdot dv$$

除以 dy

$$\frac{dy}{dy} = \frac{\partial y}{\partial u} \cdot \frac{\partial u}{\partial y} + \frac{\partial y}{\partial v} \cdot \frac{\partial v}{\partial y} = 1$$

(b) 同理，除以 dx

$$\frac{dy}{dx} = \frac{\partial y}{\partial u} \cdot \frac{\partial u}{\partial x} + \frac{\partial y}{\partial v} \cdot \frac{\partial v}{\partial x} = 0 \qquad\qquad\text{（正確）}$$

(c) $f(x,y,u,v)=0$ and $x=x(u,v)$,$y=y(u,v)$, then

$$\frac{\partial f}{\partial u}+\frac{\partial f}{\partial x}\cdot\frac{\partial x}{\partial u}+\frac{\partial f}{\partial y}\cdot\frac{\partial y}{\partial u}=0 \qquad (正確)$$

【證明】

$$f(x,y,u,v)=0$$

取全微分 $df(x,y,u,v)=0$

$$df=\frac{\partial f}{\partial x}\cdot dx+\frac{\partial f}{\partial y}\cdot dy+\frac{\partial f}{\partial u}\cdot du+\frac{\partial f}{\partial v}\cdot dv=0$$

令 $v=c$,$dv=0$,除 du

$$\left(\frac{df}{du}\right)_{v=c}=\frac{\partial f}{\partial x}\cdot\frac{\partial x}{\partial u}+\frac{\partial f}{\partial y}\cdot\frac{\partial y}{\partial u}+\frac{\partial f}{\partial u}\cdot\frac{du}{du}=0$$

因 $x=x(u,v)$,$y=y(u,v)$,整理,得

$$\frac{\partial f}{\partial x}\cdot\frac{\partial x}{\partial u}+\frac{\partial f}{\partial y}\cdot\frac{\partial y}{\partial u}+\frac{\partial f}{\partial u}\cdot=0$$

(d) 令 $x=r\cos\theta$,$y=r\sin\theta$,$r=\sqrt{x^2+y^2}$,$\theta=\tan^{-1}\frac{y}{x}$

$$\frac{\partial r}{\partial x}=\frac{x}{\sqrt{x^2+y^2}}=\frac{r\cos\theta}{r}=\cos\theta$$

考題集錦

1. 請解:$\frac{\partial z}{\partial x}$ 其中 $z=\frac{1}{2x^2 ay}+\frac{3x^5 abc}{y}$ (10%)。

政大科管所

2. If $z = \dfrac{f\left(\dfrac{u}{v}\right)}{v}$, Evaluate $v\left(\dfrac{\partial z}{\partial v}\right) + u\left(\dfrac{\partial z}{\partial u}\right) + z$

台科大管理技術所

3. (20%) For a function $F(x,y,z)$, if $F(\lambda x, \lambda y, z) = \lambda F(x,y,z)$, where λ is a positive, real number, prove that

   (a) $F(x,y,z) = x\left(\dfrac{\partial F}{\partial x}\right)_{y,z} + y\left(\dfrac{\partial F}{\partial y}\right)_{x,z}$

   (b) $xd\left(\dfrac{\partial F}{\partial x}\right)_{y,z} + yd\left(\dfrac{\partial F}{\partial y}\right)_{x,z} - \left(\dfrac{\partial F}{\partial z}\right)_{x,y} dz = 0$.

交大應化所

4. Find $\dfrac{\partial z}{\partial s}$ for $z = e^r \cos\theta$, $r = st$, $\theta = \sqrt{s^2 + t^2}$

雲科機械應微

5. If $u = x^4 y + y^2 z^3$, where $x = rse^t$, $y = rs^2 e^{-t}$, $z = r^2 \sin t$, find the value of $\dfrac{\partial u}{\partial s}$, when $r = 2$, $s = 1$, and $t = 0$。

理工轉

6. Consider the function $w = f(x,y)$ where $x = r\cos\theta$ and $y = r\sin\theta$. Prove that $\left(\dfrac{\partial w}{\partial x}\right)^2 + \left(\dfrac{\partial w}{\partial y}\right)^2 = \left(\dfrac{\partial w}{\partial r}\right)^2 + \dfrac{1}{r^2}\left(\dfrac{\partial w}{\partial \theta}\right)^2$

交大電物、應數、應化轉

7. (複選題) If $r^2 = x^2 + y^2$, $x = r\cos\theta$, $y = r\sin\theta$ & , $\tan\theta = \dfrac{y}{x}$, then Which statements are correct?

(a) $\dfrac{\partial r}{\partial x} = \sin\theta$ (b) $\dfrac{\partial \theta}{\partial x} = -\dfrac{\sin\theta}{r}$ (c) $\dfrac{\partial r}{\partial y} = \cos\theta$ (d) $\dfrac{\partial \theta}{\partial y} = \dfrac{\cos\theta}{r}$ (e) none of the above.

中山機械與機電所

8. 已知 $x = r\cos\theta$，$y = r\sin\theta$，則求 $\left(\dfrac{\partial r}{\partial \theta}\right)_y$; $\left(\dfrac{\partial r}{\partial \theta}\right)_x$

中央太空所

9. If $g(s,t) = f(s^2 - t^2, t^2 - s^2)$ and f is differentiable. Show the g satisfies the equation $t\dfrac{\partial g}{\partial s} + s\dfrac{\partial g}{\partial t} = 0$。(hint: use chain rule)

靜宜財金系、財管轉

10. 若 $W = f(r-s, s-t, t-r)$；且 $\dfrac{\partial W}{\partial r}$，$\dfrac{\partial W}{\partial s}$，$\dfrac{\partial W}{\partial t}$ 均存在，則

$\dfrac{\partial W}{\partial r} + \dfrac{\partial W}{\partial s} + \dfrac{\partial W}{\partial t} = ?$

第二章
基礎數學(二)積分學

第一節　積分基本概念

下列五個名詞，將在微積分及工程數學中出現，在概念上有何區別，若能將其細微處搞清楚，對解題將有輕鬆順暢之感覺。

1. 不定積分(Indefinite Integral)：
2. 定積分(Definite Integral)：
3. 瑕積分(Proper Integral)：
4. 柯西積分(Cauchy Integral)：
5. 廣義積分(Generalized Integral)：

詳細觀念，除廣義積分將在 Fourier 變換章中介紹外，其他四個積分概念與計算，將整理如以下各節。(若是想再詳細理解，請參考著作：「微積分」)

第二節　不定積分

工數中最簡單的常微分方程式，為

$$\frac{dy}{dx} = f(x), \quad y(x_0) = y_0$$

其通解(General Solution) $y(x)$ 為何？

一個未知函數 $y(x)$，微分後函數 $f(x)$ 為已知，則原函數 $y(x)$，能否被求出？

亦即，已知
$$\frac{dy}{dx} = f(x)$$

則同乘 dx
$$dy = f(x)dx$$

再定義： 微分運算子 $d(\ )$ 之逆運算子為 $\int(\ )$

其中符號 $\int$ 為和之英文字 sum 第一個字母 "S" 拉長變形後而得。

後來又稱不定積分運算
$$\int dy = \int f(x)dx \text{，得 } y = \int f(x)dx + c$$

其中 $d(\ )$ 與 $\int(\ )$ 互為正反運算，互相抵銷。

最後得不定積分定義式，如
$$y = \int f(x)dx + c = F(x) + c \quad (1)$$

不定積分（Indefinite Integral）或反導函數（Anti-derivative）定義：

『所有原函數或反導函數所成之集合』。

第三節　定積分式之定義

已知函數 $y = f(x) > 0$ 定義在區間 $[a,b]$ 內為連續函數。

　　假設 $y = f(x)$ 曲線下，$x = a$、$x = b$ 與 x 軸之間所圍面積為 A，則真正值 A 如何使用極限的技巧求得？，其步驟敘述如下：(以後工程數學的 Fourier 級數，取極限後演變成 Fourier 積分式，也是相同概念。)

首先在區間 $[a,b]$ 內取 n 個子區間，其間座標點為
$$a = x_1 < x_2 < \cdots < x_n < x_{n+1} = b$$

因上式中極限值，若存在的話，則在每一子區間內任取一點函數值或取 $f(x_i)$，當作該子區間高度，所計算得之面積，應會得相同結果，故為簡單計，定義函數定積分式如下：

Riemann 定積分定義

$$\int_a^b f(x)dx = \lim_{n \to \infty} \sum_{i=1}^{n} f(x_i) \Delta x_i \qquad (2)$$

第四節　微積分基本定理

※微積分第 I 型定理：（The First Fundamental Theorem of Calculus）

已知函數 $y = f(x)$ 定義在區間 $[a,b]$ 內為連續函數，則

$$\frac{d}{dx} \int_a^x f(t)dt = f(x) \qquad (3)$$

【證明】

利用導函數定義　　$\dfrac{d}{dx} F(x) = \lim\limits_{\Delta x \to 0} \dfrac{F(x+\Delta x) - F(x)}{\Delta x}$

令 $F(x) = \int_a^x f(t)dt$ 代入上式，得

$$\frac{d}{dx} \int_a^x f(t)dt = \lim_{\Delta x \to 0} \frac{1}{\Delta x} \left(\int_a^{x+\Delta x} f(t)dt - \int_a^x f(t)dt \right)$$

依面積之意義，得　　$\dfrac{d}{dx} \int_a^x f(t)dt = \lim\limits_{\Delta x \to 0} \dfrac{1}{\Delta x} \int_x^{x+\Delta x} f(t)dt$

利用積分均值定理　　$\int_a^b f(x)dx = f(c)(b-a)$，$a < c < b$

代入，得　　$\dfrac{d}{dx} \int_a^x f(t)dt = \lim\limits_{\Delta x \to 0} \dfrac{1}{\Delta x}\left[f(c) \cdot \Delta x\right]$，其中 $x < c < x + \Delta x$

其相鄰兩點間之差，即為各子區間之寬度

$$\Delta x_1 = x_2 - x_1 \; ; \; \Delta x_2 = x_3 - x_2 \; ; \; \cdots \; ; \; \Delta x_n = x_{n+1} - x_n$$

先取各子區間內之最小函數值，假設分別為 $f(c_1) \; ; \; f(c_2) \; ; \; \cdots \; ; \; f(c_n)$
如此可得各子區間面積和，以下式計算：

$$A_1 = f(c_1)\Delta x_1 + f(c_2)\Delta x_2 + \cdots + f(c_n)\Delta x_n = \sum_{i=1}^{n} f(c_i)\Delta x_i$$

稱之為面積之下和，且可知，$A_1 \leq A$。

若取各子區間內之最大函數值，假設分別為 $f(d_1) \; ; \; f(d_2) \; ; \; \cdots \; ; \; f(d_n)$
如此可得各子區間面積和，若以下式計算：

$$A_2 = f(d_1)\Delta x_1 + f(d_2)\Delta x_2 + \cdots + f(d_n)\Delta x_n = \sum_{i=1}^{n} f(d_i)\Delta x_i$$

稱之為面積之上和，且可知，$A \leq A_2$。

綜合上述，得 $A_1 \leq A \leq A_2$

或

$$\sum_{i=1}^{n} f(c_i)\Delta x_i \leq A \leq \sum_{i=1}^{n} f(d_i)\Delta x_i$$

因已知 $y = f(x) > 0$ 定義在區間 $[a,b]$ 內為連續函數，故當子區間個數 n，取得越大，則稱之為面積之上、下和值會越來越接近，亦即當 n 值趨近於無窮大，得

$$\lim_{n \to \infty} \sum_{i=1}^{n} f(c_i)\Delta x_i \leq A \leq \lim_{n \to \infty} \sum_{i=1}^{n} f(d_i)\Delta x_i$$

若上式中，左、右邊兩極限值存在且相等，即

$$\lim_{n \to \infty} \sum_{i=1}^{n} f(c_i)\Delta x_i = S \text{ 且 } \lim_{n \to \infty} \sum_{i=1}^{n} f(d_i)\Delta x_i = S$$

則依三明治定理或夾擠定理知，真正面積

$$A = \lim_{n \to \infty} \sum_{i=1}^{n} f(c_i)\Delta x_i = \lim_{n \to \infty} \sum_{i=1}^{n} f(d_i)\Delta x_i = S$$

得證 $$\frac{d}{dx}\int_a^x f(t)dt = \lim_{\Delta x \to 0} f(c) = f(x)$$

※微積分第 II 型定理：(The Second Fundamental Theorem of Calculus)

已知函數 $y = f(x)$ 定義在區間 $[a,b]$ 內為連續函數，且 $\frac{d}{dx}F(x) = f(x)$，則

$$\int_a^b f(x)dx = F(b) - F(a)$$

【證明】

已知 $$\frac{d}{dx}F(x) = f(x)$$

得 $F(x)$ 為 $f(x)$ 的原函數

又由微積分第 I 型定理 $\frac{d}{dx}\int_a^x f(t)dt = f(x)$

得 $\int_a^x f(x)dx$ 也為 $f(x)$ 的原函數

兩者原函數只會差一個常數，得

$$\int_a^x f(x)dx = F(x) + c$$

令 $x = a$ 代入 $\quad \int_a^a f(x)dx = 0 = F(a) + c$ 或 $c = -F(a)$

代回原式 $\quad \int_a^x f(x)dx = F(x) - F(a)$

令 $x = b$ 代入得微積分第 II 型基本定理

$$\int_a^b f(x)dx = F(b) - F(a) \tag{4}$$

第五節　一般積分式之微分

1. 已知微積分第 I 型定理：$\dfrac{d}{dx}\int_a^x f(t)dt = f(x)$

   或　　$d\left(\int_a^x f(t)dt\right) = f(x)dx$

   現在打算將其擴大應用更廣泛的積分式微分公式。

2. 先令 $x \sim u$ 代入上式，其中 $u = u(x)$，得

$$d\left(\int_a^u f(t)dt\right) = f(u)du$$

   兩邊除上 dx，得　　$\dfrac{d}{dx}\int_a^u f(t)dt = f(u)\cdot\dfrac{du}{dx}$ \hfill (5)

3. 接著，上下限對調，得　$\dfrac{d}{dx}\int_u^a f(t)dt = -f(u)\cdot\dfrac{du}{dx}$

   再令 $u \sim v$ 代入上式得　$\dfrac{d}{dx}\int_v^a f(t)dt = -f(v)\cdot\dfrac{dv}{dx}$ \hfill (6)

4. (5) 與 (6) 兩式相加得

$$\frac{d}{dx}\int_a^u f(t)dt + \frac{d}{dx}\int_v^a f(t)dt = f(u)\cdot\frac{du}{dx} - f(v)\cdot\frac{dv}{dx}$$

最後得單變數函數最一般性之積分式微分公式：

$$\boxed{\frac{d}{dx}\int_{v(x)}^{u(x)} f(t)dt = f(u)\cdot\frac{du(x)}{dx} - f(v)\cdot\frac{dv(x)}{dx}} \qquad (7)$$

範例 01：

> Let $y = \int_{3}^{x^2+x} \dfrac{1}{t^3+1} dt$. Give $\dfrac{dy}{dx}$

成大製造所

解答：

代入公式(5)

$$\frac{dy}{dx} = \frac{d}{dx}\int_{3}^{x^2+x} \frac{1}{t^3+1} dt = \frac{1}{(x^2+x)^3+1} \frac{d}{dx}(x^2+x)$$

整理得

$$\frac{dy}{dx} = \frac{1}{(x^2+x)^3+1}(2x+1)$$

範例 02：

> 設 $f(x) = \int_{2x}^{x^2} e^{t^2} dt$，求 $f'(1)$ 之值

成大交管所微積分

解答：

已知公式(7)　$\dfrac{d}{dx}\int_{v(x)}^{u(x)} f(t)dt = f(u)\dfrac{du}{dx} - f(v)\dfrac{dv}{dx}$

代入，得

$$f'(x) = \frac{d}{dx}\int_{2x}^{x^2} e^{t^2} dt = e^{x^4} 2x - e^{4x^2} 2$$

令 $x = 1$

$$f'(1) = 2e - 2e^4$$

範例 03：

$$\text{令 } f(x) = \left(\int_0^x e^{-t^2} dt \right)^2, \; g(x) = \int_0^1 \frac{e^{-x^2(t^2+1)}}{t^2+1} dt，(1) \text{ 試證 } f'(x) + g'(x) = 0。(2) \text{ 利用 (1) 證明 } f(x) + g(x) = \frac{\pi}{4} \quad (3) \text{ 利用 (2) 證 } \int_0^\infty e^{-t^2} dt = \frac{\sqrt{\pi}}{2}$$

中原資管所、成大企管所

解答：

(a) 已知　　　　　$g(x) = \int_0^1 \dfrac{e^{-x^2(t^2+1)}}{t^2+1} dt$

微分　　　　　　$g'(x) = \int_0^1 \dfrac{1}{t^2+1} \left(\dfrac{\partial}{\partial x} e^{-x^2(t^2+1)} \right) dt$

或　　　　　　　$g'(x) = \int_0^1 \dfrac{e^{-x^2(t^2+1)}}{t^2+1} \left(-2x(t^2+1) \right) dt = -2x \int_0^1 e^{-x^2(t^2+1)} dt$

又已知　　　　　$f(x) = \left(\int_0^x e^{-t^2} dt \right)^2$

微分　　　　　　$f'(x) = 2 \left(\int_0^x e^{-t^2} dt \right) \cdot \dfrac{d}{dx} \int_0^x e^{-t^2} dt = 2 e^{-x^2} \left(\int_0^x e^{-t^2} dt \right) \cdot$

令　　　　　　　$t = xu，dt = xdu$ 代入上式，得

$$f'(x) = 2xe^{-x^2} \left(\int_0^1 e^{-x^2 u^2} du \right) \cdot = 2x \left(\int_0^1 e^{-x^2(t^2+1)} dt \right)$$

得證　　　　　　$f'(x) + g'(x) = 0$

(b) 已知　　　　　$f'(x) + g'(x) = 0$

積分　　　　　　$f(x) + g(x) = C$

令 $x = 0$　　　　$f(0) + g(0) = C$

其中 $$f(0) = \left(\int_0^0 e^{-t^2} dt\right)^2 = 0$$

及 $$g(0) = \int_0^1 \frac{e^{-0(t^2+1)}}{t^2+1} dt = \int_0^1 \frac{1}{t^2+1} dt = \left(\tan^{-1} t\right]_0^1 = \frac{\pi}{4}$$

故得 $$f(0) + g(0) = C = \frac{\pi}{4}$$

得證 $$f(x) + g(x) = \frac{\pi}{4}$$

(c) 已知 $$f(x) + g(x) = \frac{\pi}{4}$$

令 $x \to \infty$ $$f(\infty) = \left(\int_0^\infty e^{-t^2} dt\right)^2$$

及 $$g(\infty) = \int_0^1 \frac{e^{-\infty(t^2+1)}}{t^2+1} dt = 0$$

代入得 $$f(\infty) + g(\infty) = \left(\int_0^\infty e^{-t^2} dt\right)^2 + 0 = \frac{\pi}{4}$$

得證 $$\int_0^\infty e^{-t^2} dt = \frac{\sqrt{\pi}}{2}$$

第六節　Leibniz 積分式之微分

若再進一步延伸到雙變數函數 $f(x,t)$ 之單重積分式之微分，就會得到 Leibniz 積分式之微分公式，證明如下：

$$\frac{d}{dx}\int_{v(x)}^{u(x)} f(x,t)dt = \int_{v(x)}^{u(x)} \frac{\partial}{\partial x} f(x,t)dt + f(x,u(x))\frac{du(x)}{dx} - f(x,v(x))\frac{dv(x)}{dx} \quad (8)$$

台大大氣所

【證明】

利用導函數之定義 $\dfrac{dF}{dx} = \lim\limits_{\Delta x \to 0} \dfrac{F(x+\Delta x) - F(x)}{\Delta x}$

令 $F(x) = \int_{v(x)}^{u(x)} f(x,t)dt$ 代入上式，得

$$\dfrac{dF}{dx} = \lim\limits_{\Delta x \to 0} \dfrac{1}{\Delta x}\left(\int_{v(x+\Delta x)}^{u(x+\Delta x)} f(x+\Delta x,t)dt - \int_{v(x)}^{u(x)} f(x,t)dt \right)$$

其中第一項，分成下列三段分段積分，得

$$\int_{v(x+\Delta x)}^{u(x+\Delta x)} f(x+\Delta x,t)dt = \int_{v(x+\Delta x)}^{v(x)} f(x+\Delta x,t)dt + \int_{v(x)}^{u(x)} f(x+\Delta x,t)dt$$
$$+ \int_{u(x)}^{u(x+\Delta x)} f(x+\Delta x,t)dt$$

代入上式

$$\dfrac{dF}{dx} = \lim\limits_{\Delta x \to 0} \dfrac{1}{\Delta x}\left(\int_{v(x+\Delta x)}^{v(x)} f(x+\Delta x,t)dt \right) + \lim\limits_{\Delta x \to 0} \dfrac{1}{\Delta x}\left(\int_{u(x)}^{u(x+\Delta x)} f(x+\Delta x,t)dt \right)$$
$$+ \lim\limits_{\Delta x \to 0} \dfrac{1}{\Delta x}\left(\int_{v(x)}^{u(x)} f(x+\Delta x,t)dt - \int_{v(x)}^{u(x)} f(x,t)dt \right)$$

其中第一項與第二項，可利用積分均值定理，得

$$\int_{u(x)}^{u(x+\Delta x)} f(x+\Delta x,t)dt = f(x+\Delta x, C_2)[u(x+\Delta x) - u(x)]$$

其中 $u(x) < C_2 < u(x+\Delta x)$

及第二項

$$\int_{v(x)}^{v(x+\Delta x)} f(x+\Delta x,t)dt = f(x+\Delta x, C_1)[v(x+\Delta x) - v(x)]$$

其中 $v(x) < C_1 < v(x+\Delta x)$

取極限，得

$$\lim_{\Delta x \to 0} \frac{1}{\Delta x}\left(\int_{v(x+\Delta x)}^{v(x)} f(x+\Delta x,t)dt\right) = -\lim_{\Delta x \to 0}\frac{1}{\Delta x}\left(\int_{v(x)}^{v(x+\Delta x)} f(x+\Delta x,t)dt\right)$$

$$= -\lim_{\Delta x \to 0}\left[f(x+\Delta x, C_1)\cdot \frac{v(x+\Delta x)-v(x)}{\Delta x}\right]$$

或

$$\lim_{\Delta x \to 0}\frac{1}{\Delta x}\left(\int_{v(x+\Delta x)}^{v(x)} f(x+\Delta x,t)dt\right) = -f(x,v)\cdot \lim_{\Delta x \to 0}\frac{v(x+\Delta x)-v(x)}{\Delta x}$$

同理

$$\lim_{\Delta x \to 0}\frac{1}{\Delta x}\left(\int_{u(x)}^{u(x+\Delta x)} f(x+\Delta x,t)dt\right) = \lim_{\Delta x \to 0}\left[f(x+\Delta x, C_2)\cdot \frac{u(x+\Delta x)-u(x)}{\Delta x}\right]$$

或

$$\lim_{\Delta x \to 0}\frac{1}{\Delta x}\left(\int_{u(x)}^{u(x+\Delta x)} f(x+\Delta x,t)dt\right) = f(x,u)\lim_{\Delta x \to 0}\frac{u(x+\Delta x)-u(x)}{\Delta x}$$

代回原式

$$\frac{dF}{dx} = f(x,u(x))\cdot \lim_{\Delta x \to 0}\frac{u(x+\Delta x)-u(x)}{\Delta x} - f(x,v(x))\cdot \lim_{\Delta x \to 0}\frac{v(x+\Delta x)-v(x)}{\Delta x}$$
$$+ \int_{v(x)}^{u(x)}\left(\lim_{\Delta x \to 0}\frac{f(x+\Delta x,t)-f(x,t)}{\Delta x}\right)dt$$

分別利用導函數與偏微分定義，得證

$$\frac{d}{dx}\int_{v(x)}^{u(x)} f(x,t)dt = f(x,u)\frac{du}{dx} - f(x,v)\frac{dv}{dx} + \int_{v(x)}^{u(x)}\frac{\partial f(x,t)}{\partial x}dt$$

若再更進一步延伸到三變數函數 $f(x,y,t)$ 之單重積分式之微分，就會得到 Leibniz 積分式之微分公式，證明如下：

$$\frac{\partial}{\partial x}\int_{v(x,y)}^{u(x,y)} f(x,y,t)dt = f(x,y,u)\frac{\partial u(x,y)}{\partial x} - f(x,y,v)\frac{\partial v(x,y)}{\partial x} + \int_{v(x,y)}^{u(x,y)}\frac{\partial f(x,y,t)}{\partial x}dt$$

及

$$\frac{\partial}{\partial y}\int_{v(x,y)}^{u(x,y)} f(x,y,t)dt = f(x,y,u)\frac{\partial u(x,y)}{\partial y} - f(x,y,v)\frac{\partial v(x,y)}{\partial y} + \int_{v(x,y)}^{u(x,y)} \frac{\partial f(x,y,t)}{\partial y}dt$$

範例 04：

> Let $f(x) = \int_0^x \frac{\sin xy}{y}dy$，求 $f'(x)$

台大財融所微積分

解答：

$$f'(x) = \frac{d}{dx}\int_0^x \frac{\sin xy}{y}dy = \frac{d}{dx}\int_0^x \frac{\sin(xt)}{t}dt$$

代入公式(8)

$$f'(x) = \frac{1}{x}\sin(x^2) + \int_0^x \frac{1}{t}\frac{\partial}{\partial x}\sin(xt)dt$$

展開

$$f'(x) = \frac{1}{x}\sin(x^2) + \int_0^x \frac{1}{t}\cdot t\cos(xt)dt$$

積分

$$f'(x) = \frac{1}{x}\sin(x^2) + \int_0^x \cos(xt)dt = \frac{1}{x}\sin(x^2) + \left[\frac{1}{x}\sin(xt)\right]_0^x$$

$$f'(x) = \frac{1}{x}\sin(x^2) + \frac{1}{x}\sin(x^2) = \frac{2}{x}\sin(x^2)$$

範例 05：

> 令 $F(x) = \int_{x-1}^{x+1} \sin t\, e^{-xt^2}dt$，求 $F'(0)$。

成大企管所

解答：

利用微分公式　$\dfrac{d}{dx}\displaystyle\int_{v(x)}^{u(x)} f(x,t)dt = \int_{v(x)}^{u(x)} \dfrac{\partial}{\partial x} f(x,t)dt + f(u)\dfrac{du}{dx} - f(v)\dfrac{dv}{dx}$

代入得　$F'(x) = \dfrac{d}{dx}\displaystyle\int_{x-1}^{x+1} \sin t\, e^{-xt^2} dt$

得　$F'(x) = \displaystyle\int_{x-1}^{x+1} \sin t\, \dfrac{\partial}{\partial x}\left(e^{-xt^2}\right)dt + \sin(x+1)e^{-x(x+1)^2} - \sin(x-1)e^{-x(x-1)^2}$

或　$F'(x) = -\displaystyle\int_{x-1}^{x+1} \sin t \cdot \left(t^2 e^{-xt^2}\right)dt + \sin(x+1)e^{-x(x+1)^2} - \sin(x-1)e^{-x(x-1)^2}$

令 $x=0$ 代入上式得　$F'(0) = -\displaystyle\int_{-1}^{+1} t^2 \sin t\, dt + \sin 1 - \sin(-1) = 2\sin 1$

其中奇函數積分項　$\displaystyle\int_{-1}^{1} t^2 \sin t\, dt = 0$

第七節　基本積分公式法

不定積分的技巧，一般在微積分書中介紹，為加強工數學習效率，在此特將工程數學中常碰到的積分技巧，整理如下：只需將其精通，即可應付自如。

不定積分的基本技巧，可歸納出下列三種積分方法：

（1）基本積分公式法。
（2）分部積分法
（3）變數代換法：換成基本積分公式與分部積分法之類型。

需要背誦的基本積分公式，共有下列 22 個，全為 33 個基本微分公式之反運算而得，為利於背誦，茲將公式分類如下：

多項式函數積分公式

1.　$\displaystyle\int x^n dx = \dfrac{x^{n+1}}{n+1} + c\ ;\quad n \neq -1$

2. $\int \dfrac{1}{x}dx = \ln|x| + c$; $n = -1$

指數函數積分公式

3. $\int e^x dx = e^x + c$

4. $\int a^x dx = \dfrac{a^x}{\ln a} + c$

三角函數積分公式

5. $\int \cos x\, dx = \sin x + c$

6. $\int \sin x\, dx = -\cos x + c$

7. $\int \sec^2 x\, dx = \tan x + c$

8. $\int \csc^2 x\, dx = -\cot x + c$

9. $\int \sec x \tan x\, dx = \sec x + c$

10. $\int \csc x \cot x\, dx = -\csc x + c$

雙曲線函數積分公式

11. $\int \cosh x\, dx = \sinh x + c$

12. $\int \sinh x\, dx = \cosh x + c$

13. $\int \operatorname{sech}^2 x\, dx = \tanh x + c$

14. $\int \operatorname{csch}^2 x\, dx = -\coth x + c$

15. $\int \operatorname{sech} x \tanh x\, dx = -\operatorname{sech} x + c$

16. $\int \csc hx \coth x\,dx = -\csc hx + c$

無理式函數積分公式

17. $\int \dfrac{1}{\sqrt{1-x^2}}\,dx = \sin^{-1}x + c$

18. $\int \dfrac{1}{\sqrt{x^2+1}}\,dx = \sinh^{-1}x + c = \ln\left(x+\sqrt{x^2+1}\right) + c$

19. $\int \dfrac{1}{\sqrt{x^2-1}}\,dx = \cosh^{-1}x + c = \ln\left(x+\sqrt{x^2-1}\right) + c$

20. $\int \dfrac{1}{x\sqrt{x^2-1}}\,dx = \sec^{-1}x + c$

21. $\int \dfrac{1}{1+x^2}\,dx = \tan^{-1}x + c$

22. $\int \dfrac{1}{1-x^2}\,dx = \tanh^{-1}x + c = \dfrac{1}{2}\ln\left|\dfrac{1+x}{1-x}\right| + c$

範例 06：基本積分公式

$$\int \dfrac{1}{x^2+1}\,dx$$

解答：

$$\int \dfrac{1}{x^2+1}\,dx = \tan^{-1}x + c$$

範例 07：基本積分公式

$$\int \dfrac{1}{\sqrt{x^2+1}}\,dx$$

解答：

$$\int \frac{1}{\sqrt{x^2+1}}dx = \sinh^{-1}x + c$$

或

$$\int \frac{1}{\sqrt{x^2+1}}dx = \ln\left(x + \sqrt{x^2+1}\right) + c$$

第八節　分部積分法

第二種基本積分技巧，為分部積分法，它是函數乘積之微分反運算公式而得，推導如下：

已知函數乘積微分公式

$$d(u \cdot v) = vdu + udv$$

移項

$$udv = d(u \cdot v) - vdu$$

不定積分 $\qquad \int u(x)dv = u(x) \cdot v(x) - \int v(x)du \qquad$ (9)

【分析】適合題型：

1. $\int x^n e^{ax}dx$; $\int x^n \sin axdx$; $\int x^n \cos axdx$

2. $\int e^{ax}\sin bxdx$; $\int e^{ax}\cos bxdx$

3. $\int (\ln x)^n dx$ ， $\int x^m (\ln x)^n dx$ ， $\int \frac{(\ln x)^n}{x^m}dx$

範例 08：標準型

$$\int x\sec^2 dx$$

解答：

$$\int x\sec^2 dx = \int x\, d(\tan x)$$

分部積分得

$$\int x\sec^2 dx = x\tan x - \int \tan x\, dx$$

$$\int x\sec^2 dx = x\tan x - \int \frac{\sin x}{\cos x} dx = x\tan x + \int \frac{1}{\cos x} d(\cos x)$$

得

$$\int x\sec^2 dx = x\tan x + \ln|\cos x| + c +$$

範例 09：

$$求 \quad \int_0^{\frac{\pi}{2}} x^2 \sin x\, dx$$

暨南電機轉學考

解答：

令　　　　　　$u = x^2$　　　　　　$dv(x) = \sin x\, dx$

　　　　　　$du = 2x\, dx$　　　　　$v(x) = -\cos x$

分部積分得　　$\int x^2 \sin x\, dx = -x^2 \cos x + \int 2x\cos x\, dx$

再令　　　　　$u = 2x$　　　　　　$dv(x) = -\cos x\, dx$

　　　　　　$du = 2\, dx$　　　　　$v(x) = -\sin x$

分部積分得　　$\int x^2 \sin x\, dx = -x^2 \cos x + 2x\sin x + \int 2(-\sin x)\, dx$

再積分得
$$\int x^2 \sin x\, dx = -x^2 \cos x + 2x \sin x + 2\cos x + c$$

$$\int_0^{\frac{\pi}{2}} x^2 \sin x\, dx = \left(-x^2 \cos x + 2x \sin x + 2\cos x\right)\Big|_0^{\frac{\pi}{2}}$$

$$\int_0^{\frac{\pi}{2}} x^2 \sin x\, dx = \pi - 2$$

範例 10：

求 $\int e^{ax} \cos(bx)\, dx$

中央水文所應數、中央地物所、成大統計所

解答：

【方法一】分部積分法

$\int e^{ax} \cos(bx)\, dx$

令　$u = e^{ax}$，$dv = \cos bx\, dx$

　　$du = ae^{ax}\, dx$，$v = \dfrac{1}{b}\sin bx$

代入，得

$$\int e^{ax} \cos(bx)\, dx = \frac{1}{b}e^{ax}\sin bx - \frac{a}{b}\int e^{ax}\sin(bx)\, dx$$

再令　$u = e^{ax}$，$dv = \sin bx\, dx$

　　　$du = ae^{ax}\, dx$，$v = -\dfrac{1}{b}\cos bx$

代入，得

$$\int e^{ax}\cos(bx)\, dx = \frac{1}{b}e^{ax}\sin bx - \frac{a}{b}\left(-\frac{1}{b}e^{ax}\cos bx + \frac{a}{b}\int e^{ax}\cos(bx)\, dx\right)$$

整理得

$$\int e^{ax}\cos(bx)dx = \frac{1}{b}e^{ax}\sin bx + \frac{a}{b^2}e^{ax}\cos bx - \frac{a^2}{b^2}\int e^{ax}\cos(bx)dx$$

移項,得

$$\left(1-\frac{a^2}{b^2}\right)\int e^{ax}\cos(bx)dx = \frac{b}{b^2}e^{ax}\sin bx + \frac{a}{b^2}e^{ax}\cos bx$$

化簡得

$$\int e^{ax}\cos(bx)dx = \frac{b}{a^2+b^2}e^{ax}\sin bx + \frac{a}{a^2+b^2}e^{ax}\cos bx + c$$

【方法二】Euler 公式法

$$\int e^{ax}e^{ibx}dx = \int e^{(a+ib)x}dx$$

$$\int e^{ax}e^{ibx}dx = \frac{1}{a+ib}e^{(a+ib)x} + c = \frac{a-ib}{a^2-(ib)^2}e^{ax}e^{ibx} + c$$

$$\int e^{ax}e^{ibx}dx = \frac{e^{ax}}{a^2+b^2}(a-ib)(\cos bx + i\sin bx) + c$$

取實部,得

$$\int e^{ax}\cos bx dx = \frac{e^{ax}}{a^2+b^2}(a\cos bx + b\sin bx) + c$$

【方法三】速算法

$$\int e^{ax}\cos(bx)dx = \frac{e^{ax}}{a^2+b^2}(a\cos bx + b\sin bx) + c$$

第九節　分部積分速算法

範例 11：第一速算法

$$\int x^2 e^{3x} dx$$

長榮轉、台大轉

解答：

【速算法】左邊冪函數，微分微到 0，右邊積分至相同項止，再交叉相乘，取正負相間後取其和，如下圖

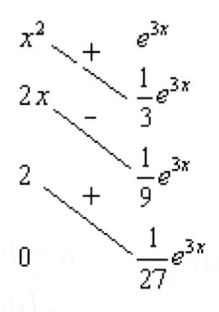

$$\begin{array}{cc} x^2 & e^{3x} \\ 2x & \dfrac{1}{3}e^{3x} \\ 2 & \dfrac{1}{9}e^{3x} \\ 0 & \dfrac{1}{27}e^{3x} \end{array}$$

分部積分得

$$\int x^2 e^{3x} dx = e^{3x}\left(\frac{x^2}{3} - \frac{2x}{9} + \frac{2}{27}\right) + c$$

範例 12：第一速算法

$$\int_0^\pi x^2 \cos(nx) dx$$

解答：

$$\int_0^\pi x^2 \cos(nx) dx = \left(\frac{x^2}{n}\sin nx + \frac{2x}{n^2}\cos nx - \frac{2}{n^3}\sin nx\right)_0^\pi$$

得

$$\int_0^\pi x^2 \cos(nx)dx = \left(\frac{2x}{n^2}\cos nx\right)_0^\pi = \frac{(-1)^n 2\pi}{n^2}$$

範例 13：第二速算法

計算 $\int_\pi^0 e^x \sin(nx)dx$ 的值，其中 $n = 1,2,3,\cdots$。

交大土木所丁

解答：

【方法一】分部積分法

令 $u = e^x$ $dv(x) = \sin nx dx$

     $du = e^x dx$ $v(x) = -\frac{1}{n}\cos nx$

分部積分得 $\int_\pi^0 e^x \sin(nx)dx = \left(-\frac{1}{n}e^x \cos nx\right)_\pi^0 + \frac{1}{n}\int_\pi^0 e^x \cos nx dx$

或 $\int_\pi^0 e^x \sin(nx)dx = \frac{1}{n}(e^\pi \cos n\pi - 1) + \frac{1}{n}\int_\pi^0 e^x \cos nx dx$

再令 $u = e^x$ $dv(x) = \cos nx dx$

     $du = e^x dx$ $v(x) = \frac{1}{n}\sin nx$

分部積分得 $\int_\pi^0 e^x \sin(nx)dx = \frac{1}{n}(e^\pi \cos n\pi - 1) + \frac{1}{n}\int_\pi^0 e^x \cos nx dx$

其中 $\frac{1}{n}\int_\pi^0 e^x \cos nx dx = \frac{1}{n}\left[\left(\frac{1}{n}e^x \sin nx\right)_\pi^0 - \frac{1}{n}\int_\pi^0 e^x \sin nx dx\right]$

或 $\frac{1}{n}\int_\pi^0 e^x \cos nx dx = -\frac{1}{n^2}\int_\pi^0 e^x \sin nx dx$

代入整理得 $\int_\pi^0 e^x \sin(nx)dx = \frac{1}{n}\left(e^\pi \cos n\pi - 1\right) - \frac{1}{n^2}\int_\pi^0 e^x \sin nx dx$

移項得 $\left(1 + \frac{1}{n^2}\right)\int_\pi^0 e^x \sin nx dx = \frac{1}{n}\left(e^\pi \cos n\pi - 1\right)$

最後得 $\int_\pi^0 e^x \sin nx dx = \frac{n}{n^2+1}\left(e^\pi \cos n\pi - 1\right)$

【速算法】左邊 $\sin nx$ 微分二次，右邊 e^x 微分兩次交差相乘，正負相間，取其和，分母為兩者係數相減，如下：

$$\begin{array}{ll} \sin nx & e^x \\ n\cos nx & e^x \\ -n^2 \sin nx & e^x \end{array}$$

分部積分得

$$\int_\pi^0 e^x \sin nx dx = \frac{1}{1-(-n^2)}\left[\sin nx \cdot e^x - n\cos nx \cdot e^x\right]_0^\pi$$

$$\int_\pi^0 e^x \sin nx dx = \frac{n}{1+n^2}\left[(-1)^n e^\pi - 1\right]$$

範例 14：第二速算法

Evaluate $\int e^{2x} \cos 3x dx$

台師大轉、政大統計轉

解答：

分部積分得 $\int e^{2x} \cos 3x dx = \frac{1}{4-(-9)}\left(2\cos 3x \cdot e^{2x} - (-3\sin 3x)e^{2x}\right) + c$

【速算法】左邊 $\cos 3x$ 微分二次，右邊 e^x 微分兩次，交差相乘，正負相間，取其和，分母為兩者係數相減

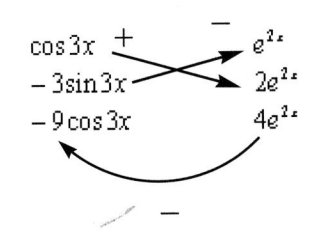

$$\begin{array}{ccc} \cos 3x & + & e^{2x} \\ -3\sin 3x & {\color{red}\diagdown} & 2e^{2x} \\ -9\cos 3x & & 4e^{2x} \\ & - & \end{array}$$

第十節　變數代換法

微分法中用的最廣最多的公式，為微分連鎖律，即

$$df(g(x)) = f'(g(x))dg(x)$$

其反運算為

$$\int df(g(x)) = \int f'(g(x))dg(x)$$

為第三種基本積分法，變數代換法，它本身不容易直接積分，而關鍵是須找出適當的函數 $g(x)$ 及其微分 $dg(x)$，其成敗視其是否能化成基本積分公式型或分部積分型，因此根本之計，在於熟習基本積分公式型或分部積分型兩種題型即可。

已知　$f(g(x)) = \int f'(g(x))dg(x) + c$

令　$u = g(x)$，$du = dg(x)$

$$f(u) = \int f'(u)du + c \tag{10}$$

範例 15：特殊變數變換法積分法

Evaluate $\int \dfrac{\left(1 + \dfrac{1}{t}\right)^{3}}{t^{2}} dt$

清大生科所

解答：

令變數代換　　　　　$u = 1 + \dfrac{1}{t}$ ， $-du = \dfrac{1}{t^2} dt$

代入得　　　　　$\displaystyle\int \dfrac{\left(1+\dfrac{1}{t}\right)^3}{t^2} dt = -\int u^3 du$

積分　　　　　$\displaystyle\int \dfrac{\left(1+\dfrac{1}{t}\right)^3}{t^2} dt = -\dfrac{u^4}{4} + c = -\dfrac{1}{4}\left(1+\dfrac{1}{t}\right)^4 + c$

範例 16：

$$\int x^{-\frac{1}{3}}(1+x)^{-5/3} dx$$

台大轉甲

解答：

提出 $x^{-\frac{5}{3}}$ 得　　　　　$\displaystyle\int x^{-\frac{1}{3}}(1+x)^{-5/3} dx = \int x^{-\frac{1}{3}} \cdot x^{-\frac{5}{3}} \cdot \left(\dfrac{1}{x}+1\right)^{-5/3} dx$

整理得　　　　　$\displaystyle\int x^{-\frac{1}{3}}(1+x)^{-5/3} dx = \int x^{-2} \cdot \left(\dfrac{1}{x}+1\right)^{-5/3} dx$

令變數代換　　　　　$u = 1 + \dfrac{1}{x}$ ， $du = -\dfrac{1}{x^2} dx$ ， $-du = x^{-2} dx$

代入得　　　　　$\displaystyle\int x^{-\frac{1}{3}}(1+x)^{-5/3} dx = -\int u^{-5/3} du$

積分　　　　　$\displaystyle\int x^{-\frac{1}{3}}(1+x)^{-5/3} dx = \dfrac{3}{2} u^{-\frac{2}{3}} + c = \dfrac{3}{2}\left(1+\dfrac{1}{x}\right)^{-\frac{2}{3}} + c$

範例 17：

$$\int \frac{1}{x^{\sqrt{3}}+x}dx \quad （8\%）$$

交大經管所

解答：

【方法一】

提出公因式
$$\int \frac{1}{x^{\sqrt{3}}+x}dx = \int \frac{1}{x^{\sqrt{3}}(1+x^{1-\sqrt{3}})}dx$$

令
$$u = 1 + x^{1-\sqrt{3}}，du = (1-\sqrt{3})x^{-\sqrt{3}}dx$$

或
$$\frac{1}{1-\sqrt{3}}du = \frac{1}{x^{\sqrt{3}}}dx$$

代入上式
$$\int \frac{1}{x^{\sqrt{3}}+x}dx = \frac{1}{1-\sqrt{3}}\int \frac{1}{u}du = \frac{1}{1-\sqrt{3}}\ln\left|1+x^{1-\sqrt{3}}\right|+c$$

【方法二】

提出 x
$$\int \frac{1}{x^{\sqrt{3}}+x}dx = \int \frac{1}{x(x^{\sqrt{3}-1}+1)}dx$$

部份分式展開
$$\int \frac{1}{x^{\sqrt{3}}+x}dx = \int \left(\frac{1}{x} - \frac{x^{\sqrt{3}-2}}{x^{\sqrt{3}-1}+1}\right)dx$$

積分
$$\int \frac{1}{x^{\sqrt{3}}+x}dx = \ln x - \frac{1}{\sqrt{3}-1}\ln\left|x^{\sqrt{3}-1}+1\right|+c$$

範例 18：變數代換法

Evaluate the integral $\int_{}^{e} \frac{e^{\frac{1}{x}}}{x^2}dx$

中央應用地質所、中興科管所微積分

解答：

變數代換，$u=\dfrac{1}{x}$，$du=-\dfrac{1}{x^2}dx$

$$\int_1^e \dfrac{e^{\frac{1}{x}}}{x^2}dx = \int_1^e e^{\frac{1}{x}}\dfrac{1}{x^2}dx = -\int_1^e e^{\frac{1}{x}}d\left(\dfrac{1}{x}\right) = \left(e^{\frac{1}{x}}\right)_1^e = e^{\frac{1}{e}} - e$$

範例 19：變數代換法

$$\int \sin^{-1} x\,dx$$

解答：

令 $u = \sin^{-1} x$，$x = \sin u$，$dx = \cos u\,du$

$$\int \sin^{-1} x\,dx = \int u\cos u\,du$$

化成可以分部積分速算法，得

$$\int \sin^{-1} x\,dx = u\sin u + \cos u + c$$

整理得

$$\int \sin^{-1} x\,dx = x\sin^{-1} x + \sqrt{1-x^2} + c$$

第十一節　兩大基本積分公式

有理式函數之積分，標準式如下：

$$\int \dfrac{P(x)}{Q(x)}dx$$，其中 $P(x)$ 比 $Q(x)$ 少一次以上之多項式函數。

只需用到的兩大基本積分公式，為：

1. 含分母一次式之積分基本積分公式

$$\int \frac{1}{1-x} dx = -\ln|1-x| + c \tag{11}$$

$$\int \frac{1}{a+bx} dx = \frac{1}{b} \ln|a+bx| + c$$

2. 含分母二次式之積分（一）（不可分解因式）基本積分公式

$$\int \frac{1}{1+x^2} dx = \tan^{-1} x + c \tag{12}$$

$$\int \frac{1}{a^2+x^2} dx = \frac{1}{a} \tan^{-1} \frac{x}{a} + c \tag{13}$$

接著，其他的有理式函數之積分，都可利用一些化簡手段，化成上述兩個基本積分公式類型。

第一種類型，分母為二次式，但無法因式分解，則都可利用配方法，化成公式(12)之積分類型。如下例：

第二種類型，分母為二次式，但可以因式分解，則都可利用部分分式法，化成公式(11)之積分類型。如下例：

範例 20：（不可分解因式）配方法

$$\text{Find } \int \frac{1}{x^2 + 2x + 3} dx$$

銘傳轉、清大工管所

解答：

須先配方

$$\int \frac{1}{x^2+2x+3}dx = \int \frac{1}{(x+1)^2 + (\sqrt{2})^2} d(x+1)$$

再利用積分公式(13) $\int \frac{1}{a^2+u^2} du = \frac{1}{a}\tan^{-1}\frac{u}{a} + c$

得 $\int \frac{1}{x^2+2x+3}dx = \frac{1}{\sqrt{2}}\tan^{-1}\frac{x+1}{\sqrt{2}} + c$

第十二節　部分分式快速展開法

　　在解微分方程與拉氏變換時，會需要將一有理函數，作部分分式展開，以化成較簡代數處理，因此需要介紹一種部分分式快速展開法，以加速工程數學之解題效率。

　　部分分式法之快速展開法，其步驟在下列各範例中再說明，只需明瞭其原理，即可快速求得。

範例 21：（二次可分解因式）部分分式

Find $\int \frac{1}{x^2+2x-3} dx$

銘傳轉、清大工管所

解答：

　　因式分解 $\int \frac{1}{x^2+2x-3}dx = \int \frac{1}{(x+3)(x-1)}dx$

　　部分分式展開，直接拆開，得

　　積分 $\int \frac{1}{x^2+2x-3}dx = \frac{1}{4}\int \left(\frac{-1}{x+3} + \frac{1}{x-1}\right)dx$

　　積分，得

$$\int \frac{1}{x^2+2x-3}dx = \frac{1}{4}(-\ln(x+3)+\ln(x-1))+c = \frac{1}{4}\ln\left(\frac{x-1}{x+3}\right)+c$$

範例 22：（可分解成一次式）部分分式

求積分 $\int_3^4 \frac{5x^2+16x-12}{x^3+x^2-6x}dx$ 為 (A) $\ln\frac{512}{21}$ (B) $\ln\frac{171}{7}$ (C) $\ln\frac{73}{3}$ (D) 以上皆非

二技

【解答】(A) $\ln\frac{512}{21}$

先將分母分解因式

得
$$\int_3^4 \frac{5x^2+16x-12}{x^3+x^2-6x}dx = \int_3^4 \frac{5x^2+16x-12}{x(x-2)(x+3)}dx$$

部分分式分開
$$\int_3^4 \frac{5x^2+16x-12}{x^3+x^2-6x}dx = \int_3^4 \left(\frac{A}{x}+\frac{B}{x-2}+\frac{C}{x+3}\right)dx$$

通分，得

$$5x^2+16x-12 = A(x-2)(x+3)+B(x)(x+3)+C(x)(x-2)$$

其中係數快速計算如下：

令 $x=0$ 代入上式，得 $A = \left\{\frac{5x^2+16x-12}{(x-2)(x+3)}\right\}_{x=0} = \frac{-12}{-6} = 2$

令 $x=2$ 代入上式，得 $B = \left\{\frac{5x^2+16x-12}{x(x+3)}\right\}_{x=2} = \frac{40}{10} = 4$

及令 $x=-3$ 代入上式，得 $C = \left\{\frac{5x^2+16x-12}{x(x-2)}\right\}_{x=-3} = \frac{-15}{15} = -1$

代回原式得
$$\int_3^4 \frac{5x^2+16x-12}{x^3+x^2-6x}dx = \int_3^4\left(\frac{2}{x}+\frac{4}{x-2}-\frac{1}{x+3}\right)dx$$

積分得
$$\int_3^4 \frac{5x^2+16x-12}{x^3+x^2-6x}dx = \left(\ln\left|\frac{x^2(x-2)^4}{x+3}\right|\right)\Bigg|_3^4 = \ln\frac{512}{21}$$

範例 23：（可分解成重複一次式）部分分式

$\int \frac{x(x-2)}{(x-1)^3}dx$ 為 (A) $\frac{1}{2(x-1)^2}+\ln|x-1|+c$ (B) $-\frac{1}{(x-1)^2}+\ln|x-1|+c$．
(C) $\frac{1}{2x^2}+\ln|x|+c$ (D) 以上皆非

交大經管所

解答：

【方法一】部分分式展開　　$\int \frac{x(x-2)}{(x-1)^3}dx = \int\left(\frac{A}{(x-1)^3}+\frac{B}{(x-1)^2}+\frac{C}{x-1}\right)dx$

通分，得

$$x(x-2) = A + B(x-1) + C(x-1)^2$$

其中係數快速求法如下：

令 $x=1$ 代入得　　$A = [x(x-2)]_{x=1} = -1$

微分一次，得　　$2x-2 = 1!B + 2C(x-1)$

令 $x=1$ 代入得　　$B = [x(x-2)]'_{x=1} = 0$

再微分一次，得　　$2 = 2!C$

令 $x=1$ 代入得　　$C = \frac{[x(x-2)]''_{x=1}}{2!} = 1$

代回得
$$\int \frac{x(x-2)}{(x-1)^3}dx = \int\left(\frac{-1}{(x-1)^3}+\frac{1}{x-1}\right)dx$$

積分得 $$\int \frac{x(x-2)}{(x-1)^3}dx = \frac{1}{2(x-1)^2} + \ln|x-1| + c$$

範例 24：（可分解成重複一次式）部分分式

Evaluate the following integral：

$\int \frac{x^2}{(x-1)^2(x+1)}dx$ （5%）

清大科技管理所

解答：

部分分式展開 $$\int \frac{x^2}{(x-1)^2(x+1)}dx = \int \left(\frac{A}{(x-1)^2} + \frac{B}{x-1} + \frac{C}{x+1} \right)dx$$

通分得

$$x^2 = A(x+1) + B(x-1)(x+1) + C(x-1)^2$$

其中 $$C = \left[\frac{x^2}{(x-1)^2} \right]_{x=-1} = \frac{1}{4}$$

$$A = \left[\frac{x^2}{(x+1)} \right]_{x=1} = \frac{1}{2}$$

$$A = \left[\frac{x^2}{(x+1)} \right]'_{x=1} = \frac{2x}{(x+1)} - \frac{x^2}{(x+1)^2} = 1 - \frac{1}{4} = \frac{3}{4}$$

得 $$\int \frac{x^2}{(x-1)^2(x+1)}dx = \int \left(\frac{\frac{1}{2}}{(x-1)^2} + \frac{\frac{3}{4}}{x-1} + \frac{\frac{1}{4}}{x+1} \right)dx$$

積分得 $$\int \frac{x^2}{(x-1)^2(x+1)}dx = -\frac{1}{2(x-1)} + \frac{3}{4}\ln|x-1| + \frac{1}{4}\ln|x+1| + c$$

範例 25：（可分解成二次式）部分分式

Evaluate $\int \dfrac{7x-4}{x^3-2x^2+x-2}dx$.

元智化工轉

解答：

分解因式
$$\int \dfrac{7x-4}{x^3-2x^2+x-2}dx = \int \dfrac{7x-4}{(x-2)(x^2+1)}dx$$

部分分式展開
$$\int \dfrac{7x-4}{(x-2)(x^2+1)}dx = \int \left(\dfrac{A}{x-2} + \dfrac{Bx+C}{x^2+1}\right)dx$$

通分得
$$\int \dfrac{7x-4}{(x-2)(x^2+1)}dx = \int \left(\dfrac{A(x^2+1)+(x-2)(Bx+C)}{(x-2)(x^2+1)}\right)dx$$

聯立解
$$7x-4 = (A+B)x^2 + (C-2B)x + (x-2)Bx + A - 2C$$

聯立解
$$A+B = 0$$
$$C-2B = 7$$
$$2C-A = 4$$

得 $A = 2$，$B = -2$，$C = 3$

得
$$\int \dfrac{7x-4}{x^3-2x^2+x-2}dx = \int \left(\dfrac{2}{x-2} - \dfrac{2x-3}{x^2+1}\right)dx$$

積分得
$$\int \dfrac{7x-4}{x^3-2x^2+x-2}dx = 2\ln|x-2| - \ln(x^2+1) + 3\tan^{-1}x + c$$

第十三節　無理式函數之基本公式積分法

工程數學中，較難積分且又常見之形式，首推無理式函數之積分，本節將

介紹一套完整有效率之無理式函數之積分題型與快速算法，以應付大部分之積分題目。

當無理式函數之根號內含二次式時，為最常見之積分題目，其有效積分方法也是最基本且標準積分方法，利用三個基本積分公式，即可解決，茲整理如下：

基本積分公式

1. $\int \dfrac{1}{\sqrt{1-x^2}} dx = \sin^{-1} x + c$ （分子為常數） (14)

$$\int \dfrac{1}{\sqrt{a^2-x^2}} dx = \sin^{-1} \dfrac{x}{a} + c$$

2. $\int \dfrac{1}{\sqrt{1+x^2}} dx = \sinh^{-1} x + c = \ln\left(x + \sqrt{x^2+1}\right) + c$ (15)

$$\int \dfrac{1}{\sqrt{a^2+x^2}} dx = \sinh^{-1} \dfrac{x}{a} + c = \ln\left(\dfrac{x}{a} + \sqrt{\left(\dfrac{x}{a}\right)^2 + 1}\right) + c$$

3. $\int \dfrac{1}{\sqrt{x^2-1}} dx = \cosh^{-1} x + c = \ln\left(x + \sqrt{x^2-1}\right) + c$ (16)

$$\int \dfrac{1}{\sqrt{x^2-a^2}} dx = \cosh^{-1} \dfrac{x}{a} + c = \ln\left(x + \sqrt{x^2-a^2}\right) + c$$

其餘的無理式函數，也都可利用一些化簡技巧，化成上述基本積分公式可積之類型。

如 $\int \dfrac{1}{\sqrt{x^2+bx+c}} dx$ ，可利用配方法化成上面三大基本積分公式型。

範例 26：變數代換法

$$\int \frac{1}{\sqrt{x^2+2x+2}} dx$$

解答：

$$\int \frac{1}{\sqrt{x^2+2x+2}} dx = \int \frac{1}{\sqrt{(x^2+2x+1)+1}} dx$$

完全平方

$$\int \frac{1}{\sqrt{x^2+2x+2}} dx = \int \frac{1}{\sqrt{(x+1)^2+1}} dx$$

令變數變換 $u = x+1$，$dx = du$，代入

$$\int \frac{1}{\sqrt{x^2+2x+2}} dx = \int \frac{1}{\sqrt{u^2+1}} du$$

利用公式(15)，得

$$\int \frac{1}{\sqrt{x^2+2x+2}} dx = \ln\left(u + \sqrt{u^2+1}\right) + c$$

或

$$\int \frac{1}{\sqrt{x^2+2x+2}} dx = \ln\left(x+1 + \sqrt{x^2+2x+2}\right) + c$$

第十四節　(常用)無理式函數之快速積分法

已知積分式：$\int \frac{P(x)}{\sqrt{a^2 \pm x^2}} dx$，其中 $P(x)$ 為 n 次多項式函數。

【解法】

1. 利用微分經驗知，假設積分後結果為

$$\int \frac{P(x)}{\sqrt{a^2 \pm x^2}} dx = A(x)\sqrt{a^2 \pm x^2} + \int \frac{P}{\sqrt{a^2 \pm x^2}} dx \quad (14)$$

其中 $A(x)$ 為 $n-1$ 次任意多項式函數。

2. 再利用微分，求出待定係數：$A(x)$ 及 P

$$\frac{P(x)}{\sqrt{a^2 \pm x^2}} = A'(x)\sqrt{a^2 \pm x^2} \pm \frac{xA(x)}{\sqrt{a^2 \pm x^2}} + \frac{P}{\sqrt{a^2 \pm x^2}}$$

3. 兩邊同乘 $\sqrt{a^2 \pm x^2}$，得

$$P(x) = A'(x)(a^2 \pm x^2) \pm xA(x) + P$$

4. 比較兩邊係數可求得 $A(x)$ 中係數及 P 值

範例 27：基本公式法

$$\int \frac{1}{\sqrt{9-x^2}} dx$$

解答：

利用基本積分公式　　$\int \frac{1}{\sqrt{a^2-x^2}} dx = \sin^{-1}\frac{x}{a} + c$

得

$$\int \frac{1}{\sqrt{9-x^2}} dx = \int \frac{1}{\sqrt{3^2-x^2}} dx = \sin^{-1}\frac{x}{3} + c$$

範例 28： 變數代換化乘基本公式法

$$\int \frac{x}{\sqrt{9-x^4}} dx$$

解答：

令 $u = x^2$，$du = 2xdx$，或 $\frac{1}{2}du = xdx$

$$\int \frac{x}{\sqrt{9-x^4}} dx = \frac{1}{2}\int \frac{1}{\sqrt{9-u^2}} du$$

利用基本積分公式　　$\int \frac{1}{\sqrt{a^2-x^2}} dx = \sin^{-1}\frac{x}{a} + c$

得

$$\int \frac{x}{\sqrt{9-x^4}} dx = \frac{1}{2}\sin^{-1}\frac{u}{3} + c$$

或

$$\int \frac{x}{\sqrt{9-x^4}} dx = \frac{1}{2}\sin^{-1}\frac{x^2}{3} + c$$

範例 29： 速算法

$$\int \frac{x^2}{\sqrt{9-x^2}} dx$$

二技

解答：

令 $\int \frac{x^2}{\sqrt{9-x^2}} dx = (Ax+B)\sqrt{9-x^2} + \int \frac{P}{\sqrt{9-x^2}} dx$

微分

$$\frac{x^2}{\sqrt{9-x^2}} = A\sqrt{9-x^2} - \frac{x(Ax+B)}{\sqrt{9-x^2}} + \frac{P}{\sqrt{9-x^2}}$$

乘上 $\sqrt{9-x^2}$，得

$$x^2 = A(9-x^2) - x(Ax+B) + P$$

展開

$$x^2 = -2Ax^2 - Bx + 9A + P$$

比較係數，得

$$1 = -2A \;;\; A = -\frac{1}{2}$$
$$0 = B$$
$$0 = P + 9A \;;\; P = \frac{9}{2}$$

代回得

$$\int \frac{x^2}{\sqrt{9-x^2}} dx = -\frac{1}{2} x\sqrt{9-x^2} + \frac{9}{2} \int \frac{1}{\sqrt{9-x^2}} dx$$

再積分得

$$\int \frac{x^2}{\sqrt{9-x^2}} dx = -\frac{x}{2}\sqrt{9-x^2} + \frac{9}{2} \sin^{-1} \frac{x}{3} + c$$

【註】此題也可用三角函數代換法，令 $x = 3\sin\theta$。惟較麻煩。

範例 30：三角代換法或速算法

Determine the following integrals. $\int \sqrt{x^2 - 4} \, dx$

交大財務金融所

解答：
【方法一】速算法

分子分母同乘 $\sqrt{x^2-4}$，先化成標準式

$$\int \sqrt{x^2-4}\,dx = \int \frac{x^2-4}{\sqrt{x^2-4}}\,dx$$

再令

$$\int \sqrt{x^2-4}\,dx = \int \frac{x^2-4}{\sqrt{x^2-4}}\,dx = (Ax+B)\sqrt{x^2-4} + \int \frac{P}{\sqrt{x^2-4}}\,dx$$

微分

$$\frac{x^2-4}{\sqrt{x^2-4}} = A\sqrt{x^2-4} + \frac{x(Ax+B)}{\sqrt{x^2-4}} + \frac{P}{\sqrt{x^2-4}}$$

乘上 $\sqrt{x^2-4}$

$$x^2-4 = A(x^2-4) + x(Ax+B) + P$$

或

$$x^2-4 = 2Ax^2 + Bx + P - 4A$$

得

$1 = 2A$，$A = \dfrac{1}{2}$

$B = 0$

$-4 = P - 4A$，$P = -2$

$$\int \sqrt{x^2-4}\,dx = \frac{1}{2}x\sqrt{x^2-4} - \int \frac{2}{\sqrt{x^2-4}}\,dx$$

利用公式 $\displaystyle \int \frac{1}{\sqrt{x^2-a^2}}\,dx = \cosh^{-1}\frac{x}{a} + c = \ln\left(x + \sqrt{x^2-a^2}\right) + c$

積分，得

$$\int \sqrt{x^2-4}\,dx = \frac{1}{2}x\sqrt{x^2-4} - 2\ln\left(x+\sqrt{x^2-4}\right) + c$$

【註】此題也可用三角函數代換法，令 $x = 2\sec\theta$。惟較麻煩。

第十五節　瑕積分

若已知 $f(x)$ 在 $[a,\infty)$ 內連續，且想知道其積分式

$$\int_a^\infty f(x)\,dx$$

因上述積分式，已不滿足定積分的條件，要在有界積分區間 $[a,b]$ 內連續，它是在無界區間 $[a,\infty)$ 內求積分，此種積分稱為瑕積分(Improper Integral)。

接著，利用現成定積分來定義上述無界區間之瑕積分-

定義：

$$\int_a^\infty f(x)\,dx = \lim_{t\to\infty}\int_a^t f(x)\,dx = \lim_{t\to\infty}[F(t)-F(a)] \quad (15)$$

其中 $F(x)$ 為 $f(x)$ 之不定積分。

同理，若已知 $f(x)$ 在 $(-\infty,b]$ 內連續，無界區間之瑕積分 $\int_{-\infty}^b f(x)\,dx$，其定義如下：

$$\int_{-\infty}^b f(x)\,dx = \lim_{t\to-\infty}\int_t^b f(x)\,dx = \lim_{t\to-\infty}[F(b)-F(t)] \quad (16)$$

其中 $F(x)$ 為 $f(x)$ 之不定積分。

若已知 $f(x)$ 在 $[a,b)$ 內連續，且 $f(b)=\pm\infty$，此時在 $x=b$ 點，不滿足定積分的條件，因此，此種無界函數之瑕積分，須重新定義如下：

$$\int_a^{b^-} f(x)\,dx = \lim_{t\to b^-}\int_a^t f(x)\,dx = \lim_{t\to b^-}[F(t)-F(a)] \quad (17)$$

其中 $F(x)$ 為 $f(x)$ 之不定積分。

同理，若已知 $f(x)$ 在 $(a,b]$ 內連續，且 $f(a) = \pm\infty$，此時在 $x = a$ 點，不滿足定積分的條件，因此，此種無界函數之瑕積分，須重新定義如下：

$$\int_{a^+}^{b} f(x)dx = \lim_{t \to a^+} \int_{t}^{b} f(x)dx = \lim_{t \to a^+}[F(b) - F(t)] \qquad (18)$$

其中 $F(x)$ 為 $f(x)$ 之不定積分。

範例 31

試求 $\int_{0}^{\infty} \dfrac{1}{1+x^2} dx$ (A) π (B) $\dfrac{3}{2}\pi$ (C) $\dfrac{\pi}{2}$ (D) ∞

二技電子、二技光電。政大風險所

解答：(C) $\dfrac{\pi}{2}$

利用瑕積分定義 $\quad \int_{0}^{\infty} \dfrac{1}{1+x^2} dx = \lim_{t \to \infty} \int_{0}^{t} \dfrac{1}{x^2+1} dx$

積分 $\quad \int_{0}^{\infty} \dfrac{1}{1+x^2} dx = \lim_{t \to \infty} \left(\tan^{-1} x\right)\Big|_{0}^{t} = \lim_{t \to \infty}(\tan^{-1} t) = \dfrac{\pi}{2}$

範例 32

試求 $\int_{-\infty}^{\infty} \sin x\, dx$

解答：

先分成兩段 $\quad \int_{-\infty}^{\infty} \sin x\, dx = \int_{-\infty}^{0} \sin x\, dx + \int_{0}^{\infty} \sin x\, dx$

分別利用瑕積分定義 $\int_{-\infty}^{\infty} \sin x\, dx = \lim_{t \to -\infty} \int_{t}^{0} \sin x\, dx + \lim_{t \to \infty} \int_{0}^{t} \sin x\, dx$

其中積分 $\quad \int_{0}^{\infty} \sin x\, dx = \lim_{t \to \infty} \int_{0}^{t} \sin x\, dx = \lim_{t \to \infty}(-\cos x)\Big|_{0}^{t}$

得 $$\int_0^\infty \sin x\, dx = 1 - \lim_{t\to\infty} \cos t$$

不存在

故 $\int_{-\infty}^\infty \sin x\, dx$ 不存在

範例 33

試求 $\int_0^1 \dfrac{1}{\sqrt{x}} dx$

解答：

利用瑕積分定義 $$\int_0^1 \frac{1}{\sqrt{x}} dx = \lim_{t\to 0^+} \int_t^1 \frac{1}{\sqrt{x}} dx = \lim_{t\to 0^+} \left(2\sqrt{x}\right)_t^1$$

得
$$\int_0^1 \frac{1}{\sqrt{x}} dx = \lim_{t\to 0^+} \left(2 - 2\sqrt{t}\right) = 2$$
$$\int_0^1 \frac{1}{\sqrt{x}} dx = 2$$

範例 34

試求 $\int_{-1}^1 \dfrac{1}{x^2} dx$

解答：

因 $x = 0$ 為奇異點，故須先分成兩段
$$\int_{-1}^1 \frac{1}{x^2} dx = \int_{-1}^0 \frac{1}{x^2} dx + \int_0^1 \frac{1}{x^2} dx$$

分別利用瑕積分定義 $$\int_{-1}^1 \frac{1}{x^2} dx = \lim_{t\to 0^-} \int_{-1}^t \frac{1}{x^2} dx + \lim_{t\to 0^+} \int_t^1 \frac{1}{x^2} dx$$

得其中一項
$$\int_0^1 \frac{1}{x^2} dx = \lim_{t\to 0^+} \left(1 - \frac{1}{t}\right)_t^1 = \infty$$

則 $\int_{-1}^{1} \frac{1}{x^2} dx$ 不存在。

第十六節　Gamma 函數

1. 定義：Euler 第二積分式

$$\Gamma(n) = \int_0^\infty x^{n-1} e^{-x} dx，n \in R^+；（可延伸適用至 n \neq 0, -1, -2, \cdots）\quad (19)$$

2. 公式：

$$\Gamma(n+1) = n \cdot \Gamma(n)，n \in R^+；（可延伸適用至 n \neq 0, -1, -2, \cdots）\quad (20)$$

【證明】分部積分法

已知　　　　　　　　$\Gamma(n+1) = \int_0^\infty x^{n+1-1} e^{-x} dx = \int_0^\infty x^n e^{-x} dx$

令 $u = x^n$, $dv = e^{-x} dx$，$du = nx^{n-1} dx$，$v = -e^{-x}$

分部積分　　　　　　$\Gamma(n+1) = \lim_{t \to \infty} \left(-x^n e^{-x}\right)_0^t - n \int_0^\infty x^{n-1} \left(-e^{-x}\right) dx$

得證　　　　　　　　$\Gamma(n+1) = n \int_0^\infty x^{n-1} e^{-x} dx = n\Gamma(n)$

常用數值　　　　　　$\Gamma(1) = 1$

【證明】

依定義　　　　　　　$\Gamma(1) = \int_0^\infty x^{1-1} e^{-x} dx = \int_0^\infty e^{-x} dx$

積分　　　　　　　　$\Gamma(1) = \int_0^\infty e^{-x} dx = \left(-e^{-x}\right)_0^\infty = 1$

第二章　基礎數學(二)積分學 | 73

| 常用數值 | $\Gamma\left(\dfrac{1}{2}\right)=\sqrt{\pi}$ | (21) |

【證明】

依定義　　　　$\Gamma\left(\dfrac{1}{2}\right)=\int_0^\infty x^{\frac{1}{2}-1}e^{-x}dx=\int_0^\infty \dfrac{e^{-x}}{\sqrt{x}}dx$

令變數變換　　$y=\sqrt{x}$，$x=y^2$，$dx=2ydy$

代入得　　　　$\Gamma\left(\dfrac{1}{2}\right)=\int_0^\infty \dfrac{e^{-y^2}}{y}\cdot 2ydy=2\int_0^\infty e^{-y^2}dy$

已知　　　　　$\int_0^\infty e^{-y^2}dy=\dfrac{\sqrt{\pi}}{2}$（另外證明）

代入上式得　　$\Gamma\left(\dfrac{1}{2}\right)=2\int_0^\infty e^{-y^2}dy=2\dfrac{\sqrt{\pi}}{2}=\sqrt{\pi}$

【分析】證明 $\int_0^\infty e^{-y^2}dy=\dfrac{\sqrt{\pi}}{2}$

令　　　　　　$I=\int_0^\infty e^{-y^2}dy$

或　　　　　　$I=\int_0^\infty e^{-x^2}dx$

兩式相乘　　　$I^2=\left(\int_0^\infty e^{-x^2}dx\right)\cdot\left(\int_0^\infty e^{-y^2}dy\right)$

或　　　　　　$I^2=\int_0^\infty\left(\int_0^\infty e^{-y^2}dy\right)e^{-x^2}dx=\int_0^\infty\int_0^\infty e^{-(x^2+y^2)}dydx$

令變數變換　　$x=r\cos\vartheta$，$y=r\sin\vartheta$，$dxdy=rdrd\vartheta$

代入得　　　　$I^2=\int_0^{\frac{\pi}{2}}\left(\int_0^\infty e^{-r^2}rdr\right)d\vartheta=\int_0^{\frac{\pi}{2}}\dfrac{1}{2}\left(-e^{-r^2}\right)_0^\infty d\vartheta$

積分得 $I^2 = \int_0^{\frac{\pi}{2}} \frac{1}{2} d\vartheta = \frac{1}{2} \cdot \frac{\pi}{2} = \frac{\pi}{4}$

開方得 $I = \int_0^\infty e^{-y^2} dy = \sqrt{\frac{\pi}{4}} = \frac{\sqrt{\pi}}{2}$

範例 35：Gamma 函數公式

> 歐拉的 Gamma 函數定義為：$\Gamma(n) = \int_0^\infty x^{n-1} e^{-x} dx$，$x > 0$
>
> (a) 證明 $\Gamma(1) = 1$
>
> (b) 當 $n > 0$ 時，證明 $\Gamma(n+1) = n\Gamma(n)$
>
> (c) 試用數學歸納法證明，當 n 為非負整數時，$\Gamma(n+1) = n!$ 恆成立，其中 $n!$ 表示的階乘。

台大生機所 J、台大 B 物理轉

解答：

(a) 依定義　　$\Gamma(1) = \int_0^\infty x^{1-1} e^{-x} dx = \int_0^\infty e^{-x} dx$

積分　　$\Gamma(1) = \int_0^\infty e^{-x} dx = \left(-e^{-x}\right)_0^\infty = 1$

(b) 利用分部積分法

已知　　$\Gamma(n+1) = \int_0^\infty x^{n+1-1} e^{-x} dx = \int_0^\infty x^n e^{-x} dx$

令 $u = x^n$, $dv = e^{-x} dx$，$du = nx^{n-1} dx$，$v = -e^{-x}$

分部積分　　$\Gamma(n+1) = \lim_{t \to \infty} \left(-x^n e^{-x}\right)_0^t - n \int_0^\infty x^{n-1} \left(-e^{-x}\right) dx$

得證　　$\Gamma(n+1) = n \int_0^\infty x^{n-1} e^{-x} dx = n\Gamma(n)$

(c) $\Gamma(n+1) = n!$

當 $n = 0$，　　$\Gamma(0+1) = \Gamma(0+1) = 0! = 1$ 成立

令 $n = n$　　$\Gamma(n+1) = n!$ 成立

乘上 $n+1$　　　　　$(n+1)\Gamma(n+1) = (n+1)\cdot n! = (n+1)!$

或　　　　　　　　$\Gamma(n+2) = (n+1)!$

故得證。

範例 36

(a) Show that $\int_0^\infty e^{-x^2}dx = \dfrac{\sqrt{\pi}}{2}$　　(b) Show that $\Gamma\left(\dfrac{1}{2}\right) = \sqrt{\pi}$

中山光電工數、北科大製造所

解答：

(a) 證明 $\int_0^\infty e^{-y^2}dy = \dfrac{\sqrt{\pi}}{2}$

令　　　　　　　　$I = \int_0^\infty e^{-y^2}dy$

或　　　　　　　　$I = \int_0^\infty e^{-x^2}dx$

兩式相乘　　　　　$I^2 = \left(\int_0^\infty e^{-x^2}dx\right)\cdot\left(\int_0^\infty e^{-y^2}dy\right)$

或　　　　　　　　$I^2 = \int_0^\infty \left(\int_0^\infty e^{-y^2}dy\right)e^{-x^2}dx = \int_0^\infty \int_0^\infty e^{-(x^2+y^2)}dydx$

令變數變換　　　　$x = r\cos\vartheta$，$y = r\sin\vartheta$，$dxdy = rdrd\vartheta$

代入得　　　　　　$I^2 = \int_0^{\frac{\pi}{2}}\left(\int_0^\infty e^{-r^2}rdr\right)d\vartheta = \int_0^{\frac{\pi}{2}}\dfrac{1}{2}\left(-e^{-r^2}\right)_0^\infty d\vartheta$

積分得　　　　　　$I^2 = \int_0^{\frac{\pi}{2}}\dfrac{1}{2}d\vartheta = \dfrac{1}{2}\cdot\dfrac{\pi}{2} = \dfrac{\pi}{4}$

開方得　　　　　　$I = \int_0^\infty e^{-y^2}dy = \sqrt{\dfrac{\pi}{4}} = \dfrac{\sqrt{\pi}}{2}$

(b)

依定義　　　　　　$\Gamma\left(\dfrac{1}{2}\right) = \int_0^\infty x^{\frac{1}{2}-1}e^{-x}dx = \int_0^\infty \dfrac{e^{-x}}{\sqrt{x}}dx$

令變數變換　　　　　$y = \sqrt{x}$，$x = y^2$，$dx = 2ydy$

代入得　　　　　$\Gamma\left(\dfrac{1}{2}\right) = \int_0^\infty \dfrac{e^{-y^2}}{y} \cdot 2y\,dy = 2\int_0^\infty e^{-y^2} dy$

已知　　　　　$\int_0^\infty e^{-y^2} dy = \dfrac{\sqrt{\pi}}{2}$

代入上式得　　　$\Gamma\left(\dfrac{1}{2}\right) = 2\int_0^\infty e^{-y^2} dy = 2\dfrac{\sqrt{\pi}}{2} = \sqrt{\pi}$

範例 37：Gamma 函數公式

若 $\Gamma(x)$ 表示 Gamma 函數
已知 $\Gamma(1.5) = 0.88623$，求 $\Gamma(-1.5) = ?$

台大生物環工所

解答：

已知　$\Gamma(n+1) = n\Gamma(n)$，$n \ne 0, -1, -2, \cdots$

$\Gamma(-0.5) = (-1.5)\Gamma(-1.5)$

$\Gamma(0.5) = (-0.5)\Gamma(-0.5) = (-0.5)(-1.5)\Gamma(-1.5)$

$\Gamma(1.5) = (0.5)\Gamma(0.5) = (0.5)(-0.5)(-1.5)\Gamma(-1.5)$

移項

$\Gamma(-1.5) = \dfrac{\Gamma(1.5)}{(0.5)(-0.5)(-1.5)} = \dfrac{0.88623}{\dfrac{3}{8}} = \dfrac{8}{3} \cdot 0.88623$

範例 38： Gamma 函數(三)

積分 $\int_0^1 x^m (\ln x)^n dx$ （8%）。

解答：

令變數變換 $\quad u = -\ln x \text{ , } x = e^{-u} \text{ , } dx = -e^{-u} du$

代入得 $\quad \int_0^1 x^m (\ln x)^n dx = -\int_\infty^0 e^{-mu}(-u)^n e^{-u} du$

或 $\quad \int_0^1 x^m (\ln x)^n dx = (-1)^n \int_0^\infty u^{(n+1)-1} e^{-(m+1)u} du$

令 $\quad t = (m+1)u \text{ , } u = \dfrac{t}{m+1} \text{ , } du = \dfrac{dt}{m+1}$

代回，得

$$\int_0^1 x^m (\ln x)^n dx = \dfrac{(-1)^n}{(m+1)^{n+1}} \int_0^\infty t^{(n+1)-1} e^{-t} dt$$

代入得 $\quad \int_0^1 x^m (\ln x)^n dx = (-1)^n \dfrac{\Gamma(n+1)}{(m+1)^{n+1}}$

第十七節　Beta 函數

定義：Euler 第一積分式

$$B(m,n) = \int_0^1 x^{m-1}(1-x)^{n-1} dx \text{ , } n, m \in R^+ \quad (22)$$

公式：

$$B(m,n) = B(n,m) \quad (23)$$

【證明】

已知 $\quad B(m,n) = \int_0^1 x^{m-1}(1-x)^{n-1} dx$

令 $\quad x = 1-y \,,\, 1-x = y \,,\, dx = -dy$

$$B(m,n) = \int_0^1 x^{m-1}(1-x)^{n-1}dx = \int_1^0 (1-y)^{m-1}y^{n-1}(-dy)$$

$$B(m,n) = \int_0^1 x^{m-1}(1-x)^{n-1}dx = \int_0^1 y^{n-1}(1-y)^{m-1}dx$$

得證 $\quad B(m,n) = B(n,m)$

公式：

$$B(m,n) = \frac{\Gamma(m) \cdot \Gamma(n)}{\Gamma(m+n)} \qquad (24)$$

【證明】

已知 $\quad \Gamma(n) = \int_0^\infty u^{n-1}e^{-u}du$

令變數變換 $\quad u = x^2 \,,\, du = 2xdx$

代入上式得 $\quad \Gamma(n) = \int_0^\infty x^{2(n-1)}e^{-x^2} \cdot 2xdx = 2\int_0^\infty x^{2n-1}e^{-x^2}dx$

或 $\quad \Gamma(m) = 2\int_0^\infty y^{2m-1}e^{-y^2}dy$

相乘 $\quad \Gamma(n) \cdot \Gamma(m) = \left(2\int_0^\infty x^{2n-1}e^{-x^2}dx\right) \cdot \left(2\int_0^\infty y^{2m-1}e^{-y^2}dy\right)$

或 $\quad \Gamma(n) \cdot \Gamma(m) = 4\int_0^\infty \int_0^\infty x^{2n-1}y^{2m-1}e^{-(x^2+y^2)}dxdy$

令座標變換 $\quad x = r\cos\vartheta \,,\, y = r\sin\vartheta \,,\, dxdy = rdrd\theta$

代入得 $\quad \Gamma(n) \cdot \Gamma(m) = 4\int_0^{\frac{\pi}{2}}\int_0^\infty (r\cos\theta)^{2n-1}(r\sin\theta)^{2m-1}e^{-r^2}rdrd\theta$

分成兩個單重積分

$$\Gamma(n) \cdot \Gamma(m) = \left(2\int_0^{\frac{\pi}{2}}(\cos\theta)^{2n-1}(\sin\theta)^{2m-1}d\theta\right) \cdot \left(2\int_0^\infty r^{2n-1}r^{2m-1}e^{-r^2}rdr\right)$$

或

$$\Gamma(n)\cdot\Gamma(m) = \left(2\int_0^{\frac{\pi}{2}}(\cos\theta)^{2n-1}(\sin\theta)^{2m-1}d\theta\right)\cdot\left(2\int_0^{\infty}r^{2(n+m)-1}e^{-r^2}dr\right)$$

代入 Beta 函數定義式(25)(在下一節推導)

$$B(m,n) = 2\int_0^{\frac{\pi}{2}}(\sin\vartheta)^{2m-1}(\cos\vartheta)^{2n-1}d\vartheta$$

及 Gamma 函數 $\quad\Gamma(n) = 2\int_0^{\infty}x^{2n-1}e^{-x^2}dx$

或 $\quad\Gamma(n+m) = 2\int_0^{\infty}x^{2(n+m)-1}e^{-x^2}dx = 2\int_0^{\infty}r^{2(n+m)-1}e^{-r^2}dr$

代回原式得 $\quad\Gamma(n)\cdot\Gamma(m) = B(m,n)\cdot\Gamma(m+n)$

移項得 $\quad B(m,n) = \dfrac{\Gamma(n)\cdot\Gamma(m)}{\Gamma(m+n)}$

第十八節　Beta 函數之三角函數形式

已知定義 $\quad B(m,n) = \int_0^1 x^{m-1}(1-x)^{n-1}dx$，$n, m \in R^+$

令變數變換 $x = \sin^2\vartheta$，$1-x = 1-\sin^2\vartheta = \cos^2\vartheta$，$dx = 2\sin\vartheta\cos\vartheta\, d\vartheta$

$$B(m,n) = \int_0^{\frac{\pi}{2}}(\sin^2\vartheta)^{m-1}(\cos^2\vartheta)^{n-1}(2\sin\vartheta\cos\vartheta)d\vartheta$$

整理得 $\quad B(m,n) = 2\int_0^{\frac{\pi}{2}}(\sin\vartheta)^{2m-1}(\cos\vartheta)^{2n-1}d\vartheta$

或得 Beta 函數之第二種形式

$$\int_0^{\frac{\pi}{2}}(\sin\vartheta)^{2m-1}(\cos\vartheta)^{2n-1}d\vartheta = \frac{1}{2}B(m,n) \qquad (25)$$

範例 39

$$\int_0^{\frac{\pi}{2}} \sin^3 \vartheta \cos^5 \vartheta d\vartheta$$

雲科大環安所

解答：

利用 Beta 函數之定義　$\int_0^{\frac{\pi}{2}} \sin^{2m-1} \vartheta \cos^{2n-1} \vartheta d\vartheta = \frac{1}{2} B(m,n)$

從原式得　　　　　　$2m-1=3$ 及 $2n-1=5$

聯立解　　　　　　　$m=2$，$n=3$

原積分式為　　　　　$\int_0^{\frac{\pi}{2}} \sin^3 \vartheta \cos^5 \vartheta d\vartheta = \frac{1}{2} B(2,3)$

Beta 函數之定義公式　$B(m,n) = \dfrac{\Gamma(m)\Gamma(n)}{\Gamma(m+n)}$

代入得　　　　　　　$\int_0^{\frac{\pi}{2}} \sin^3 \vartheta \cos^5 \vartheta d\vartheta = \frac{1}{2} \dfrac{\Gamma(2)\Gamma(3)}{\Gamma(2+3)} = \frac{1}{2} \dfrac{1! \cdot 2!}{4!} = \frac{1}{24}$

第十九節　Beta 函數之有理式形式

定義　　　　　$B(m,n) = \int_0^1 x^{m-1}(1-x)^{n-1} dx$，$n, m \in R^+$

令變數變換　$x = \dfrac{y}{1+y} = 1 - \dfrac{1}{1+y}$，$1-x = \dfrac{1}{1+y}$，$dx = \dfrac{1}{(1+y)^2} dy$

$$B(m,n) = \int_0^\infty \left(\dfrac{y}{1+y}\right)^{m-1} \left(\dfrac{1}{1+y}\right)^{n-1} \dfrac{1}{(1+y)^2} dy$$

整理得　　　$B(m,n) = \int_0^\infty \dfrac{y^{m-1}}{(1+y)^{m+n}} dy$ 　　　　　(26)

或
$$\int_0^\infty \frac{y^{m-1}}{(1+y)^n}dy = B(m, n-m)$$

計算上式時需利用下列特殊計算公式：

常用公式 $\quad\Gamma(n)\cdot\Gamma(1-n) = \dfrac{\pi}{\sin n\pi}$

【註】上式公式，可利用殘數定理證明，請參見第 36 章。

範例 40

計算積分 $\int_0^\infty \dfrac{1}{1+x^3}dx$

中山光電所

解答：

利用 Beta 函數求

令 $\quad x^3 = y$，$x = y^{\frac{1}{3}}$，$dx = \dfrac{1}{3}y^{\frac{1}{3}-1}dy$

$$\int_0^\infty \frac{dx}{1+x^3} = \frac{1}{3}\int_0^\infty \frac{y^{\frac{1}{3}-1}dy}{1+y} = \frac{1}{3}B\left(\frac{1}{3},\frac{2}{3}\right) = \frac{1}{3}\frac{\Gamma\left(\frac{1}{3}\right)\Gamma\left(\frac{2}{3}\right)}{\Gamma\left(\frac{1}{3}+\frac{2}{3}\right)}$$

$$\int_0^\infty \frac{dx}{1+x^3} = \frac{1}{3}\frac{\Gamma\left(\frac{1}{3}\right)\Gamma\left(\frac{2}{3}\right)}{1} = \frac{1}{3}\frac{\pi}{\sin\frac{\pi}{3}} = \frac{2}{3}\frac{\pi}{\sqrt{3}}$$

範例 41

Evaluate the integral $\int_{-\infty}^{\infty}\dfrac{dx}{(1+x^2)^3}$.

清大原科所

解答：
利用 Beta 函數求

令　$x^2 = y$，$x = y^{\frac{1}{2}}$，$dx = \frac{1}{2} y^{\frac{1}{2}-1} dy$

$$\int_{-\infty}^{\infty} \frac{dx}{(1+x^2)^3} = \frac{1}{2} \int_{-\infty}^{\infty} \frac{y^{\frac{1}{2}-1} dy}{(1+y)^3} = 2 \cdot \frac{1}{2} \int_{0}^{\infty} \frac{y^{\frac{1}{2}-1} dy}{(1+y)^3} = B\left(\frac{1}{2}, \frac{5}{2}\right) = \frac{\Gamma\left(\frac{1}{2}\right)\Gamma\left(\frac{5}{2}\right)}{\Gamma\left(\frac{1}{2}+\frac{5}{2}\right)}$$

$$\int_{-\infty}^{\infty} \frac{dx}{(1+x^2)^3} = \frac{\Gamma\left(\frac{1}{2}\right) \cdot \frac{3}{2} \cdot \frac{1}{2} \Gamma\left(\frac{1}{2}\right)}{\Gamma(3)} = \frac{3}{2} \cdot \frac{1}{2!} \sqrt{\pi} \cdot \frac{1}{2} \sqrt{\pi} = \frac{3\pi}{8}$$

【註】此題也可用殘數定理求，可參考第 36 章。

考題集錦

1. (20%) Find $\dfrac{d}{dx} \displaystyle\int_{1}^{x^4} \sec t\, dt$

   成大製造所微積分

2. Evaluate $\dfrac{d}{dx} \left(\displaystyle\int_{0}^{\sqrt{x}} \sin t^2\, dt \right)$

   中興環工所微積分

3. Let $f(x) = \displaystyle\int_{x}^{x^2} e^{-y^2}\, dy$, find $f'(x)$

   政大風管所微積分

4. Find $\dfrac{d}{dx} \displaystyle\int_{2x}^{x^2} \cos \sqrt{t}\, dt$

   政大風管精算微

5. Find out $\dfrac{d}{dx}\displaystyle\int_{3x^4-1}^{2x+\sin x}\dfrac{e^{\cos y}}{y}dy$。(10%)

交大統計所

6. Evaluate $\dfrac{d}{dx}\displaystyle\int_{2x}^{e^x}\ln(xt)dt$，at $x=1$

清大經濟所

7. Evaluate $\dfrac{d}{dx}\displaystyle\int_{x}^{2x}\dfrac{e^{xt}}{t}dt$

清大生科所

8. Let $f(x)=\displaystyle\int_{a}^{x^2}e^{t^2+x}dt$, Evaluate $f'(x)$

9. $\displaystyle\int xe^{-x^2}dx$

10. $\displaystyle\int x^2 e^{ax}dx$

11. 求 $\displaystyle\int\dfrac{x}{1+x^4}dx$

12. 求 $\displaystyle\int\dfrac{1+x^2}{1+x^4}dx$

13. (5%) $\displaystyle\int\dfrac{5x^2+3x-2}{x^3+2x^2}dx$

清大經濟所

14. Evaluate $\int \dfrac{x^3-x^2+2x+2}{(x-1)^5}dx$

政大國貿數學

15. 求 $\int \dfrac{5x^2+6x+7}{(x-1)^2(x^2+1)}dx$

16. Find $\int_0^a \dfrac{1}{\sqrt{a^2-x^2}}dx$

清大生科所

17. (6%) $\int \dfrac{1}{\sqrt{4x-x^2}}dx$

中興統計所基數

18. (12.5%) 求積分 $\int_4^7 \dfrac{dx}{\sqrt{x^2-8x+25}}$

中央水警所科技組

19. (a) Write down the definitions of Gamma function $\Gamma(x)$.(7%)

 (b) Evaluate the value of $\Gamma\left(\dfrac{1}{2}\right)$ (13%)

北科大製造所、中央太空所

20. 試根據 Gamma 函數之定義來推導出「Gamma 函數實際就是一般性的階乘函數（Generalized Factorial Function）」?(10%)

中央機械所戊

21. 計算 $\int_{-\infty}^{\infty} e^{-ax^2}dx$, $a>0$。

中央土木所戊

22. Evaluate the following integrals：(8%)

(1) $\int_0^\infty (x+1)^2 e^{-x^3} dx$

(2) $\int_0^\infty \dfrac{x^c}{c^x} dx$

成大機械所

23. 積分 $\int_0^1 (\ln x)^n dx$ ，$n \in N$

24. $\int_0^{\pi/2} (\sin \theta)^6 d\theta$

25. Evaluate the definite integral $\int_0^{\frac{\pi}{2}} (\sin x)^{100} dx$

中正轉

(1) $\int_0^\infty (x+1)^2 e^{-x} dx$

(2) $\int_0^\infty \dfrac{x^2}{e^x} dx$

22. 試求

23. 積分 $\int_0^1 (\ln x)^n dx$，$n \in \mathbb{N}$

24. $\int_0^{\pi/2} (\sin\theta)^n d\theta$

25. Evaluate the definite integral $\int_0^\infty \sin x^2 dx$

第三章
一階常微分方程式

第一節　微分方程之分類

　　一個含有微分項的等式，稱為微分方程 (Differential Equation). 由於微分方程式中內含自變數之多寡，可再細分如下幾種常見微分方程式，以利求解。

1. 常微分方程式 (Ordinary Differential Equations)：簡稱 O.D.E.

    含有 $\dfrac{d}{dx}(\ )$, $\dfrac{d^2}{dx^2}(\ )$, $\cdots$ 微分項之等式，稱之為常微分方程式。

    例： $\dfrac{dy}{dx}+ay=0$ 為常微分方程式。

2. 偏微分方程式 (Partial Differential Equations)：簡稱 P.D.E.

    含有 $\dfrac{\partial}{\partial x}(\ )$, $\dfrac{\partial}{\partial y}(\ )$, $\dfrac{\partial^2}{\partial x^2}(\ )$, $\cdots$ 偏微分項之等式，稱之為偏微分方程式。

    例： $a\dfrac{\partial z}{\partial x}+b\dfrac{\partial z}{\partial y}+cz=0$ 為偏微分方程式。

3. 聯立常微分方程式 (Simultaneous ordinary differential equations)：

    例：

    $\dfrac{dx}{dt}=x+y$
    $\dfrac{dy}{dt}=-2x+4y+1$; $x(0)=1,\ y(0)=0$

4. 全微分方程式（Total Differential Equations）：

含有 dx，dy，dz，… 項之等式，稱之為全微分方程式。

例：$dz = (x^2 + 2xy - y^2)dx + (x^2 - 2xy - y^2)dy$ 為全微分方程式。

一般功程數學討論的微分方程，大都集中在前三類，第四類全微分方程式，則須另外參考相關書籍。

第二節　常微分方程之分類

任何一個常微分方程，都表成下列通式：

$$f(x, y, y', y'', \cdots, y^{(n)}) = 0 \qquad (1)$$

幾個相關名詞之定義：

1. 階數（Order）：

上式微分方程中，所含 $y(x)$ 之最高階導數之階數，即上式 $y^{(n)}$ 項之階數 n，即為 n 階常微分方程。

2. 次數（Degree）：

上式微分方程中，所含 $y^{(n)}(x)$ 項之冪次方，即為此微分方程式之冪次數。

例：$\dfrac{d^2y}{dx^2} + \dfrac{dy}{dx} + x^2 y = 0$　為二階一次常微分方程式

例：$\left(\dfrac{d^2y}{dx^2}\right)^2 + \dfrac{dy}{dx} + x^2 y = 0$　為二階二次常微分方程式

3. 線性常微分方程式（Linear O.D.E.）：

凡能表成下列通式者，稱之為 n 階線性常微分方程式。

通式： $$a_n(x)y^{(n)}(x)+\cdots+a_1(x)y'(x)+a_0(x)y(x)=f(x) \quad (2)$$

上式是正面定義，或許換一下負面呈列，可加深印象，亦即，線性常微分方程式之判斷法，又可分成下列三要素討論，較易掌握!!!

1. 只能含有因變數（即：$y^{(n)}(x);\cdots;y'(x);y(x)$）之一次項存在，且不能有因變數間相互乘積項出現（如：$y'\cdot y(x);\cdots$）。
2. 不能含有因變數（即：$y^{(n)}(x);\cdots;y'(x);y(x)$）之非線性函數項存在。（如：$\sin(y);\cdots,|y|$）。
3. 所有係數均為自變數 x 之函數。

例：$\dfrac{d^2y}{dx^2}+\dfrac{dy}{dx}+x^2y=0$　為二階一次線性常微分方程式。

例：$\dfrac{d^2y}{dx^2}+y\dfrac{dy}{dx}+x^2y=0$

因式中含 $y\cdot\dfrac{dy}{dx}$ 項，故為非線性常微分方程式，又 $n=2$，且 $\dfrac{d^2y}{dx^2}$ 為一次式，故上式為二階一次非線性常微分方程式。

例：$\dfrac{d^2y}{dx^2}+\dfrac{dy}{dx}+|y|=0$

因式中含 $|y|$ 項，故為非線性常微分方程式，故上式為二階一次非線性常微分方程式

例：$\dfrac{dy}{dx}+e^y=0$　為一階一次非線性常微分方程式

因式中含 e^y 項，故為非線性常微分方程式，

例：$\dfrac{dy}{dx}+e^x=0$ 為一階一次線性常微分方程式

【分析】
- 線性常微分方程式，在工程上的重要性，在於重疊原理（Superposition Principle）是成立。
- 上述判斷法，只要拿掉 x, y，也可適用於偏微分方程式的線性與非線性之判斷。

4. 非線性常微分方程式（Nonlinear O.D.E.）：
    凡不能表成上式線性常微分方程式通式者，稱之為 n 階非線性常微分方程式。

5. 齊性常微分方程式（Homogeneous O.D.E.）：
    當線性常微分方程式(2) 中 $f(x)=0$，稱式(2) 為 n 階線性齊性常微分方程式。通式如

$$a_n(x)y^{(n)}(x)+\cdots+a_1(x)y'(x)+a_0(x)y(x)=0 \qquad (3)$$

6. 非齊性常微分方程式（Non-homogeneous O.D.E.）：
    當線性常微分方程式(2) 中 $f(x)\neq 0$，稱式(2) 為 n 階線性非齊性常微分方程式。通式如

$$a_n(x)y^{(n)}(x)+\cdots+a_1(x)y'(x)+a_0(x)y(x)=f(x)$$

其中 $f(x)$ 應稱為非齊性函數項。

範例 01：O.D.E. 之分類

> Among the following differential equations (A)~(E), which are (Multiple Choice)：
>
> (1) Linear differential equations: (   )
> (2) Homogeneous differential equations: (   )

(A) $(3xe^y + 2y)dx + (x^2e^y + x)dy = 0$

(B) $y'' + 4xy = e^{-2x^2}$

(C) $(x^2D^2 - 3xD + 4)y = \sin 5x$

(D) $x^2y'' - 5yy' + 9xy = 0$

(E) $y'' + 4y' + 4y = e^x$

交大土木丁工數

解答：

(1) Linear differential equations: ((B) , (C), (E))

(2) Homogeneous differential equations: (none)

【說明】

(A) $(3xe^y + 2y)dx + (x^2e^y + x)dy = 0$

一階非線性常微分方程式（1st order Nonlinear ODE）

(B) $y'' + 4xy = e^{-2x^2}$

二階非齊性線性常微分方程式（2nd order linear Non-homogeneous ODE）

(C) $(x^2D^2 - 3xD + 4)y = \sin 5x$

二階非齊性線性常微分方程式（2nd order linear Non-homogeneous ODE）

(D) $x^2y'' - 5yy' + 9xy = 0$

二階非線性常微分方程式（2nd order Non-linear ODE）

(E) $y'' + 4y' + 4y = e^x$

二階非齊性線性常微分方程式 (2nd order linear Non-homogeneous ODE)

範例 02：O.D.E.之分類

Determine the D.E. (a)~(e) are linear or nonlinear

(a) $\left(\dfrac{dy}{dx}\right)^2 + \cos x = 0$

(b) $\dfrac{d^2 y}{dx^2} + \cos x \dfrac{dy}{dx} = e^x$

(c) $\dfrac{dy}{dx} + \sin y = 0$

(d) $y \dfrac{dy}{dx} + 2x = 0$

(e) $\dfrac{dy}{dx} = x^2 y$

高雄大電機所微電子組工數

解答：

(a) $\left(\dfrac{dy}{dx}\right)^2 + \cos x = 0$　　　為 y 之一階二次非線性常微分方程式

(b) $\dfrac{d^2 y}{dx^2} + \cos x \dfrac{dy}{dx} = e^x$　　　為 y 之二階線性常微分方程式

(c) $\dfrac{dy}{dx} + \sin y = 0$　　　為 y 之一階非線性常微分方程式

(d) $y \dfrac{dy}{dx} + 2x = 0$　　　為 y 之一階非線性常微分方程式

(e) $\dfrac{dy}{dx} = x^2 y$ 為 y 之一階線性常微分方程式

※   ※   ※

7. 特解(Particular Solution)：

滿足一個 n 階常微分方程式

$$f(x, y, y', y'', \cdots, y^{(n)}) = 0$$

的函數，稱為常微分方程式的一個特解 (Particular Solution)。

8. 通解(General Solution)：

工程數學的目的，是能否將所有這些特解全找出來，稱這些特解所成的集合，稱為通解 (General Solution)。

對於一個 n 階線性常微分方程式，其通解是由一組 n 個線性獨立特解，所線性組合而成。

因此，對於滿足一個 n 階常微分方程式的解，定義如下：

①通解 (General Solution)：含有 n 個線性獨立任意常數之解。

②特解 (Particular Solution)：能由通解得到之解。

③奇異解 (Singular Solution)：不能由通解得到之解。

其中奇異解只會出現在非線性常微分方程式中。

第三節　一階常微分方程式之分類

為方便使用數學歸納法來推導各種形式之常微分方式通解，再將一階常微分方程，大致分類如下：

1. 一階線性常微分方程式，通式：

$$\dfrac{dy}{dx} + P(x)y = f(x)$$

通解　　$y = f(x, c_1)$　為顯函數型式。

2. 一階一次非線性常微分方程式

通式一：
$$\frac{dy}{dx} = f(x, y)$$

或通式二：
$$M(x,y)dx + N(x,y)dy = 0$$

通解　　$f(x, y, c_1) = 0$　為隱函數型式。

3. 一階高次非線性常微分方程式（變分學常得到的題型）

$$F\left(\frac{dy}{dx}, y, x\right) = 0$$

【分析】

此型較複雜，本書將省略不介紹，再行於另一本工數書「工程數學精粹」中介紹。

第四節　一階線性變係數非齊性常微分方程式

一階線性變係數常微分方程式，通式如下：

$$\frac{dy}{dx} + P(x)y = f(x)，初始條件：y(x_0) = y_0 \qquad (4)$$

其中　　$P(x)$、$f(x)$ 在含 (x_0, y_0) 在內之區域 R 內為連續函數，此時解為存在且唯一。

那通解　$y(x)$ 為何？唯一解如何求？

以下分齊性與非齊性常微分方程討論如下：

1. 一階線齊性（Linear Homogeneous）常微分方程通式如下：

$$\frac{dy}{dx} + P(x)y = 0 \qquad (5)$$

移項 $\quad \dfrac{dy}{dx} = -P(x)y$

變數分離 $\quad \dfrac{dy}{y} = -P(x)dx$

化成全微分

$$d(\ln y) = -P(x)dx$$

積分 $\quad \displaystyle\int d(\ln y) = -\int P(x)dx$

得 $\quad \ln y = -\displaystyle\int P(x)dx + c$

取指數函數，得

$$y(x) = c_1 e^{-\int P(x)dx} \qquad (6)$$

其中 $\quad c_1$ 為積分常數。可由初始條件：$y(x_0) = y_0$ 求得

範例 03：一階變係數線性 ODE

Solve the differential equation $\quad y' - 2xy = 0$

交大機械丁、交大聲音與音樂創意碩甲

解答：

已知 $\quad y' - 2xy = 0$

【方法一】變數分離

移項 $\quad \dfrac{dy}{dx} = 2xy$

變數分離 $\quad \dfrac{dy}{y} = 2xdx$

積分 $\quad \ln y = x^2 + c$

$$y = e^{x^2+c} = c_1 e^{x^2}$$

【方法二】利用式(6)

$$y' - 2xy = 0$$

其中　　$P(x) = -2x$，代入 $e^{-\int P(x)dx} = e^{-\int(-2x)dx} = e^{x^2}$

得通解

$$y(x) = c_1 e^{-\int P(x)dx} = c_1 e^{x^2}$$

　　　　　　※　　　　　　※　　　　　　※

2. 再由通解反推導一階常微分方程：

已知通解　　$y(x) = c_1 e^{-\int P(x)dx}$

乘上 $e^{\int P(x)dx}$，得

$$y(x) e^{\int P(x)dx} = c_1$$

取全微分

$$\frac{d}{dx}\left(y e^{\int P(x)dx}\right) = 0$$

展開得

$$e^{\int P(x)dx}\left(\frac{dy}{dx} + P(x)y\right) = 0$$

因 $e^{\int P(x)dx} \neq 0$，得

$$\frac{dy}{dx} + P(x)y = 0$$

亦即，得到經驗：正合微分：

$$e^{\int P(x)dx}\left(\frac{dy}{dx} + P(x)y\right) = \frac{d}{dx}\left(y(x) e^{\int P(x)dx}\right)$$

3. 一階線性常微分方程，通式如下：(The standard form of the 1st order linear differential equation)

通式：$\dfrac{dy}{dx} + P(x)y = f(x)$

其解法詳述如下：

利用上節的正合微分經驗，兩邊乘上積分因子 $\mu(x) = e^{\int P(x)dx}$，得

$$\mu(x)\left[\dfrac{dy}{dx} + P(x)y\right] = \mu(x)f(x)$$

或

$$e^{\int P(x)dx}\left(\dfrac{dy}{dx} + P(x)y\right) = e^{\int P(x)dx} f(x)$$

化成全微分
$$\dfrac{d}{dx}\left(e^{\int P(x)dx} y(x)\right) = e^{\int P(x)dx} f(x)$$

直接不定積分得通解

$$e^{\int P(x)dx} y(x) = \int e^{\int P(x)dx} f(x)dx + c$$

或

$$y \cdot \mu(x) = \int \mu(x)f(x)dx + c \qquad (7)$$

其中 $\mu(x) = e^{\int P(x)dx}$

【注意】要直接利用上式求解，記得常微分標準式：$\dfrac{dy}{dx} + P(x)y = f(x)$，其前導係數要為 1。

範例 04：一階常係數 ODE

The solution of $y' - y = e^{2x}$ is (A) $y = e^{-2x} + ce^{x}$ (B) $y = e^{2x} + ce^{-x}$ (C)

$$y = e^{2x} + ce^x \quad \text{(D)} \quad y = e^{2x} - ce^x$$

成大材科所

解答：

已知
$$y' - y = e^{2x}$$

積分因子
$$\mu = e^{-\int dx} = e^{-x}$$

通解
$$ye^{-x} = \int e^{-x} e^{2x} dx = e^x + c$$

$$y(x) = e^{2x} + ce^x \quad \text{(B)}$$

※　　　　　　　　　　※　　　　　　　　　　※

範例 05：一階常係數 ODE

Solve $\dfrac{dN}{dt} + aN = e^{-\beta t}$ ，where α, β are constants.

成大太空天文與電漿科學所

解答：

$$\frac{dN}{dt} + aN = e^{-\beta t}$$

積分因子
$$\mu = e^{\int a dt} = e^{at}$$

乘上 e^{at}
$$e^{at}\frac{dN}{dt} + ae^{at}N = e^{-\beta t}e^{at}$$

化成正合
$$d(e^{at}N) = e^{(a-\beta)t} dt$$

積分
$$e^{at}N = \frac{1}{a-\beta}e^{(a-\beta)t} + c$$

整理得解 $\quad N(t) = \dfrac{1}{\alpha - \beta} e^{-\beta t} + c e^{-\alpha t}$ ， $\alpha \neq \beta$

當 $\alpha = \beta$ $\quad \dfrac{dN}{dt} + aN = e^{-at}$

$$N(t) = e^{-at}\int e^{-at} e^{at} dt + c = t e^{-at} + c$$

得通解 $\quad N = c e^{-at} + t e^{-at}$

範例 06： 公式推導

(單選題 5%) The integration factor of $a(x)y'(x) = b(x)y(x) + f(x)$ is

(A) $e^{\int b(x)dx}$ (B) $e^{-\int \frac{b(x)}{a(x)}dx}$ (C) $e^{-\int f(x)dx}$

(D) $e^{\int \frac{f(x)}{a(x)}dx}$ (E) $e^{\int \frac{b(x)}{a(x)}dx}$

台大土木工數

解答：

$$a(x)y'(x) = b(x)y(x) + f(x)$$

$$y'(x) - \dfrac{b(x)}{a(x)} y(x) = \dfrac{f(x)}{a(x)}$$

積分因子 $\quad \mu(x) = e^{-\int \frac{b(x)}{a(x)}dx}$ (B)

範例 07：一階變係數線性 ODE

(8%) Find the general solution ： $y' + y\sin x = e^{\cos x}$

交大土木丁工數

解答：

$$y' + \sin x \cdot y = e^{\cos x}$$

積分因子 $\quad \mu = e^{\int \sin x dx} = e^{-\cos x}$

通解 $\quad ye^{-\cos x} = \int e^{-\cos x} e^{\cos x} dx = x + c$

$$y(x) = xe^{\cos x} + ce^{\cos x}$$

範例 08：一階變係數線性 ODE

> (20%) Solve the following D.E. $xy' = -2y + \sin x$

台科大機械工數

解答：

$$xy' + 2y = \sin x$$

乘上 x $\quad x^2 y' + 2xy = x \sin x$

化成正合 $\quad \dfrac{d}{dx}(x^2 y) = x \sin x$

積分 $\quad x^2 y = \int x \sin x dx = -x \cos x + \sin x + c$

通解 $\quad y = -\dfrac{\cos x}{x} + \dfrac{\sin x}{x^2} + c \dfrac{1}{x^2}$

第五節　一階一次非線性常微分方程式概論

1. 一階一次非線性常微分方程式，通式：

$$\dfrac{dy}{dx} = f(x, y)$$

或

$$\frac{dy}{dx} = -\frac{M(x,y)}{N(x,y)}$$

或交叉相乘移項，得常用標準式

$$M(x,y)dx + N(x,y)dy = 0 \qquad (8)$$

2. 常用基本解法：
   (1) 化成線性 ODE
   (2) 全微分法或正合微分法
   (3) 變數分離法，直接積分得通解。
   (4) 變數代換法，化成線性或正合微分方程型。

第六節　Bernoulli 常微分方程式（可化為線性 ODE）

已知一階線性常微分方程，通式如下：

$$\frac{dy}{dx} + P(x)y = f(x)$$

現考慮一階一次非線性常微分方程，比上式稍為複雜一點之一階常微分方程，只多一項 y^n，通式如下：

$$\frac{dy}{dx} + P(x)y = f(x)y^n，n \neq 0, 1 \qquad (9)$$

稱為 Bernoulli 常微分方程，它在 1695 年由 Bernoulli 兄弟提出，在 1697 年由 Leibniz 解出。其詳細求解過程如下

其基本概念為化成一階線性常微分方程式，接著就可直接求得通解。

已知標準式　$\dfrac{dy}{dx} + P(x)y = f(x)y^n$

除以 y^n
$$\frac{1}{y^n}\frac{dy}{dx} + P(x)\frac{y}{y^n} = f(x)$$

令變數變換
$$v(x) = y^{1-n}(x)$$

微分
$$\frac{dv(x)}{dx} = (1-n)y^{-n}(x)\frac{dy(x)}{dx}$$

或移項
$$\frac{1}{y^n}\frac{dy(x)}{dx} = \frac{1}{1-n}\frac{dv(x)}{dx}$$

代回得線性微分方程
$$\frac{1}{(1-n)}\frac{dv}{dx} + P(x)v(x) = f(x)$$

或
$$\frac{dv}{dx} + (1-n)P(x)v(x) = (1-n)f(x) \qquad (10)$$

上式為一階線性常微分方程式了，利用一階線性常微分方程之通解公式，得通解，其中積分因子

$$\mu(x) = e^{\int (1-n)P(x)dx}$$

得通解
$$v(x)\mu(x) = (1-n)\int \mu(x)f(x)dx + c$$

或
$$y^{1-n}(x) = \frac{(1-n)}{\mu(x)}\int \mu(x)f(x)dx + c\frac{1}{\mu(x)} \qquad (11)$$

範例 09：Bernoulli 常微分方程

(10%) Solve $\dfrac{dy}{dx} = -\dfrac{2y^2 + 3x}{2xy}$

高雄大電機所光電組工數

解答：

整理，得
$$\frac{dy}{dx} = -\frac{2y^2}{2xy} - \frac{3x}{2xy} = -\frac{1}{x}y - \frac{3}{2}\frac{1}{y}$$

或
$$\frac{dy}{dx} + \frac{1}{x}y = -\frac{3}{2}\frac{1}{y}$$

上式為 Bernoulli 常微分方程

乘以 y
$$y\frac{dy}{dx} + \frac{1}{x}y^2 = -\frac{3}{2}$$

乘 2
$$2y\frac{dy}{dx} + \frac{2}{x}y^2 = -3$$

令
$$v = y^2 \text{，} dv = 2y\frac{dy}{dx}$$

$$\frac{dv}{dx} + \frac{2}{x}v = -3$$

乘 x^2，化成正合
$$x^2\frac{dv}{dx} + 2xv = \frac{d}{dx}(x^2v) = -3x^2$$

積分
$$x^2v = -x^3 + c_1$$

或代回 $v = y^2$，得
$$x^2y^2 = -x^3 + c_1$$

或
$$y^2 = -x + c_1\frac{1}{x^2}$$

範例 10：Bernoulli 常微分方程

(10%) Find a general solution of $\dfrac{dy}{dx} - xy = \dfrac{x}{y}$

清大動機工數

解答：

$\dfrac{dy}{dx} - xy = \dfrac{x}{y}$ 為 Bernoulli 常微分方程

乘上 $2y$

$$2y\dfrac{dy}{dx} - 2xy^2 = 2x$$

令 $v = y^2$，$\dfrac{dv}{dx} = 2y\dfrac{dy}{dx}$

$$\dfrac{dv}{dx} - 2xv = 2x$$

積分因子

$$\mu = e^{-\int 2x\,dx} = e^{-x^2}$$

$$ve^{-x^2} = \int 2xe^{-x^2}\,dx + c_1 = -e^{-x^2} + c$$

通解

$$y^2(x) = -1 + ce^{x^2}$$

第七節　一階正合非線性常微分方程式

接著，討論其它的一階一次非線性常微分方程式，通式為

$$\dfrac{dy}{dx} = f(x, y)$$

其中　　$f(x, y)$ 為有理式函數之形式，即

$$\dfrac{dy}{dx} = -\dfrac{M(x, y)}{N(x, y)}$$

移項得通式

$$M(x,y)dx + N(x,y)dy = 0 \tag{12}$$

已知上式之通解形式為一雙變數隱函數形式，如

$$\phi = \phi(x,y) = c_1$$

全微分或正合微分

$$d\phi = \frac{\partial \phi}{\partial x}dx + \frac{\partial \phi}{\partial y}dy = 0$$

與上式(12)比較，即

$$M(x,y)dx + N(x,y)dy = \frac{\partial \phi}{\partial x}dx + \frac{\partial \phi}{\partial y}dy = 0$$

則就稱式(12)為正合常微分方程(Exact Differential Equation)

亦即
$$M(x,y) = \frac{\partial \phi}{\partial x} \, , \, N(x,y) = \frac{\partial \phi}{\partial y}$$

上式在 $\phi = \phi(x,y) = c_1$ 未知之情況下，要成立，可由下式間接判定

即
$$\frac{\partial M}{\partial y} = \frac{\partial}{\partial y}\left(\frac{\partial \phi}{\partial x}\right) \; ; \; \frac{\partial N}{\partial x} = \frac{\partial}{\partial x}\left(\frac{\partial \phi}{\partial y}\right)$$

因此得正合充要條件：
$$\frac{\partial M}{\partial y} - \frac{\partial N}{\partial x} = 0 \tag{13}$$

此時　$M(x,y)dx + N(x,y)dy = 0$ 為正合常微分方程式。

　　接著，推導其解法如下：

已知
$$M(x,y) = \frac{\partial \phi}{\partial x}$$

對 x 偏積分，得
$$\phi(x,y) = \int_{y=c} M(x,y)dx + f(y)$$

又已知
$$N(x,y) = \frac{\partial \phi}{\partial y}$$

對 y 偏積分
$$\phi(x,y) = \int_{x=c} N(x,y)dy + g(x)$$

比較上面兩式之項數後，得通解

$$\phi(x,y)=c_1$$

範例 11：正合微分方程

一微分方程 $3y^4-1+12xy^3\dfrac{dy}{dx}=0$

(1) （5%）試判斷其是否為正合方程？

(2) （10%）令 $y(2)=1$，試根據(1)之結果求微分方程之解 $y(x)$。

台科大營建工數

解答：

已知 $\qquad 3y^4-1+12xy^3\dfrac{dy}{dx}=0$

或 $\qquad (3y^4-1)dx+12xy^3dy=0$

(1) 正合充要條件：$\dfrac{\partial M}{\partial y}-\dfrac{\partial N}{\partial x}=12y^3-12y^3=0$

　　滿足，故為正合微分方程

(2) 乘開 $\qquad 3y^4dx-dx+12xy^3dy=0$

重組配成全微分 $\quad (3y^4dx+12xy^3dy)-dx=0$

化成正合微分 $\quad d(3xy^4-x)=0$

積分得 $\qquad 3xy^4-x=c$

代入 $\qquad y(2)=1$

得 $\qquad 3\cdot 2\cdot 1-2=c=4$

特解 $\quad 3xy^4 - x = 4$

範例 12：正合微分方程

> (10%) Please solve the $\left(-2xy + \cos x + \dfrac{1}{1+y^2}\right)\dfrac{dy}{dx} = (y + \sin x)y$ with boundary condition $y(0) = 1$

台大電子所 L 工數

解答：

已知 $\quad \left(-2xy + \cos x + \dfrac{1}{1+y^2}\right)\dfrac{dy}{dx} = (y + \sin x)y$

乘開 $\quad -2xy\,dy + \cos x\,dy + \dfrac{1}{1+y^2}dy - y^2 dx - y\sin x\,dx = 0$

重組 $\quad (-2xy\,dy - y^2 dx) + (\cos x\,dy - y\sin x\,dx) + \dfrac{1}{1+y^2}dy = 0$

化成正合微分

$$d(-xy^2) + d(y\cos x \cdot) + d(\tan^{-1} y) = 0$$

積分，得 $\quad -xy^2 + y\cos x + \tan^{-1} y = c_1$

代入 $\quad y(0) = 1$

$\quad 1 + \tan^{-1} 1 = c_1 = 1 + \dfrac{\pi}{4}$

特解 $\quad -xy^2 + y\cos x + \tan^{-1} y = 1 + \dfrac{\pi}{4}$

範例 13：正合微分方程

(10%) Solve the first order differential equations
$$\frac{dy}{dx} = -\frac{3x^2 + 6xy^2}{6x^2y + 4y^3}$$

交大建模所工數

解答：

化成標準式　　　$(3x^2 + 6xy^2)dx + (6x^2y + 4y^3)dy = 0$

檢查正合條件　　$\dfrac{\partial M}{\partial y} - \dfrac{\partial N}{\partial x} = 12xy - 12xy = 0$

滿足，為正合微分方程

重組整理　　　　$3x^2 dx + (6xy^2 dx + 6x^2 y dy) + 4y^3 dy = 0$

化成正合微分　　$d(x^3) + d(3x^2 y^2) + d(y^4) = 0$

積分　　　　　　$x^3 + 3x^2 y^2 + y^4 = c$

範例 14：正合微分方程

(20%) Solve the differential equation $y' = -\dfrac{2xy^3 + 2}{3x^2 y^2 + 8e^{4y}}$

中興精密所工數

解答：

已知　　$\dfrac{dy}{dx} = -\dfrac{2xy^3 + 2}{3x^2 y^2 + 8e^{4y}}$

移項，得

$$(2xy^3 + 2)dx + (3x^2 y^2 + 8e^{4y})dy = 0$$

檢查正合條件 $\dfrac{\partial M}{\partial y} - \dfrac{\partial N}{\partial x} = 6xy^2 - 6xy^2 = 0$

滿足，為正合微分方程

乘開 $2xy^3 dx + 2dx + 3x^2 y^2 dy + 8e^{4y} dy = 0$

重組 $(2xy^3 dx + 3x^2 y^2 dy) + (2dx + 8e^{4y} dy) = 0$

化成正合

$$d(x^2 y^3) + d(2x + 2e^{4y}) = 0$$

積分得

$$x^2 y^3 + 2x + 2e^{4y} = c_1$$

第八節　全微分經驗（湊合型）

若一階非線性常微分方程，不是剛好是正合微分方程，則是否可進一步化成正合微分方程，此法可憑一些微積分的微分經驗，嘗試湊合成正合微分方程，一些簡單湊合法，整理如下：

若常微分方程中含有 $xdy + ydx$ 或 $xdy - ydx$ 特殊項者，其積分因子為下列表中幾種可能：

題型	積分因子	湊合全微分
$xdy + ydx$	$\mu = 1$	$d(xy) = xdy + ydx$
	$\mu = \dfrac{1}{xy}$	$d\ln(xy) = \dfrac{xdy + ydx}{xy}$

題型	積分因子	湊合全微分
	$\mu = \dfrac{1}{1+x^2y^2}$	$d\left[\tan^{-1}(xy)\right] = \dfrac{xdy+ydx}{1+x^2y^2}$
$xdy - ydx$	$\mu = \dfrac{1}{x^2}$	$d\left(\dfrac{y}{x}\right) = \dfrac{xdy-ydx}{x^2}$
	$\mu = \dfrac{1}{y^2}$	$d\left(\dfrac{x}{y}\right) = \dfrac{ydx-xdy}{y^2} = -\left(\dfrac{xdy-ydx}{y^2}\right)$
	$\mu = \dfrac{1}{xy}$	$d\left[\ln\left(\dfrac{y}{x}\right)\right] = \dfrac{xdy-ydx}{xy}$
	$\mu = \dfrac{1}{x^2+y^2}$	$d\left[\tan^{-1}\left(\dfrac{y}{x}\right)\right] = \dfrac{xdy-ydx}{x^2+y^2}$

範例 15：化成正合微分方程

(6%) Find the solution of $y^2 dx + (2xy - x^4) dy = 0$

成大航太所

解答：

已知　　$y^2 dx + (2xy - x^4) dy = 0$

乘開重組　　$(y^2 dx + 2xy dy) = x^4 dy$

或

$d(xy^2) = x^4 dy$

還未變數分離，因此需兩邊除 x^4 及 y^8，如此兩邊同時變數分離，得

$$\frac{d(xy^2)}{(xy^2)^4} = \frac{x^4 dy}{(xy^2)^4} = \frac{dy}{y^8}$$

積分

$$-\frac{1}{3(xy^2)^3} - c = -\frac{1}{7y^7}$$

得

$$\frac{1}{7y^7} - \frac{1}{3(xy^2)^3} = c$$

範例 16：化成正合微分方程

Solve $(xy^2 + y)dx + xdy = 0$

95 中興材料所工數

解答：

【方法一】湊合法

乘開重組　　$xy^2 dx + (ydx + xdy) = 0$

得　　　　　$xy^2 dx + d(xy) = 0$

除以 $(xy)^2$

變數分離　　$\dfrac{dx}{x} + \dfrac{d(xy)}{(xy)^2} = 0$

積分　　$\ln x - \dfrac{1}{xy} = c_1$

【方法二】Bernoulli 微分方程

$(xy^2 + y)dx + xdy = 0$

還原成　$\dfrac{dy}{dx} = -\dfrac{xy^2 + y}{x} = -y^2 - \dfrac{y}{x}$

或　$\dfrac{dy}{dx} + \dfrac{2}{x}y = -y^2$ 為 Bernoulli 微分方程

除 y^2　$\dfrac{1}{y^2}\dfrac{dy}{dx} + \dfrac{1}{x}\dfrac{1}{y} = -1$

令　$v = \dfrac{1}{y}$，代入得

$-\dfrac{dv}{dx} + \dfrac{1}{x}v = -1$，或　$\dfrac{dv}{dx} - \dfrac{1}{x}v = 1$

積分因子　$\mu = e^{-\int \frac{1}{x}dx} = \dfrac{1}{x}$

$v\dfrac{1}{x} = \int \dfrac{1}{x}dx + c = \ln x + c$

或　$\dfrac{1}{xy} - \ln x = c$

第九節　積分因子型常微分方程式（可化為正合）

上述湊合法，雖然適用為分方程類型很多，但是能否湊合出適當之正合微分項，是需要經驗與運氣的，因此，本節介紹幾個特定之類型，一定可以憑公式法，找出其積分因子。此法，稱為積分因子型常微分方程。

已知一階一次非線性常微分方程式，通式為

$M(x, y)dx + N(x, y)dy = 0$

若已知上式為非正合微分方程，即　$\dfrac{\partial M}{\partial y} - \dfrac{\partial N}{\partial x} \neq 0$

假設乘上積分因子 $\mu(x,y)$，可將上式化成正合，即

$$\mu(x,y)[M(x,y)dx + N(x,y)dy] = 0$$

則上式為積分因子型常微分方程，故由正合微分之充要條件知，得

$$\frac{\partial(\mu M)}{\partial y} - \frac{\partial(\mu N)}{\partial x} = 0$$

展開得

$$M\frac{\partial \mu}{\partial y} + \mu\frac{\partial M}{\partial y} - N\frac{\partial \mu}{\partial x} - \mu\frac{\partial N}{\partial x} = 0$$

移項整理得

$$\mu\left(\frac{\partial M}{\partial y} - \frac{\partial N}{\partial x}\right) = N\frac{\partial \mu}{\partial x} - M\frac{\partial \mu}{\partial y}$$

1. 上式為一階半線性偏微分方程，其解遠比一階常微分方程複雜，其通解可由 Lagrange Method 求得。（在第十二章偏微分方程再討論）。
2. 故以下只討論兩種較簡易特殊之積分因子情況：

(1) 先假設 $\mu = \mu(x)$ 時，則 $\dfrac{\partial \mu}{\partial y} = 0$ 代入上式，得

$$\mu\left(\frac{\partial M}{\partial y} - \frac{\partial N}{\partial x}\right) = N\frac{d\mu}{dx}$$

移項變數分離

$$\left(\frac{\dfrac{\partial M}{\partial y} - \dfrac{\partial N}{\partial x}}{N}\right)dx = \frac{d\mu}{\mu}$$

若 $\dfrac{\dfrac{\partial M}{\partial y} - \dfrac{\partial N}{\partial x}}{N} = f(x)$，則上式就可以積分了，得積分因子為 $\mu = e^{\int f(x)dx}$，此時原式可化成正合。

(2) 再假設 $\mu = \mu(y)$ 時，$\dfrac{\partial \mu}{\partial x} = 0$ 代入上式，得

$$\mu\left(\dfrac{\partial M}{\partial y} - \dfrac{\partial N}{\partial x}\right) = -M\dfrac{d\mu}{dy}$$

移項變數分離 $\left(\dfrac{\dfrac{\partial M}{\partial y} - \dfrac{\partial N}{\partial x}}{-M}\right)dy = \dfrac{d\mu}{\mu}$

若 $\dfrac{\dfrac{\partial M}{\partial y} - \dfrac{\partial N}{\partial x}}{-M} = g(y)$，則上式就可以積分了，得積分因子為 $\mu = e^{\int g(y)dy}$，此時原式可化成正合。

最後再利用正合型微分方程，求通解即可。

最後整理列表如下：

判斷條件：	積分因子
$\dfrac{\partial M}{\partial y} - \dfrac{\partial N}{\partial x} = 0$	$\mu = 1$
$\dfrac{\dfrac{\partial M}{\partial y} - \dfrac{\partial N}{\partial x}}{N} = f(x)$	$\mu = e^{\int f(x)dx}$
$\dfrac{\dfrac{\partial M}{\partial y} - \dfrac{\partial N}{\partial x}}{-M} = g(y)$	$\mu = e^{\int g(y)dy}$

範例 17：化成正合微分方程

> (10%) Solve the first order differential equations
> $\left(\dfrac{y^2}{2}+2ye^x\right)dx+\left(y+e^x\right)dy=0$

交大建模工數

解答：

已知
$$\left(\dfrac{y^2}{2}+2ye^x\right)dx+\left(y+e^x\right)dy=0$$

檢查條件
$$\dfrac{\dfrac{\partial M}{\partial y}-\dfrac{\partial N}{\partial x}}{N}=\dfrac{y+2e^x-e^x}{y+e^x}=\dfrac{y+e^x}{y+e^x}=1$$

積分因子 $\mu=e^x$

(2)乘上原式
$$\left(\dfrac{y^2}{2}e^x+2ye^{2x}\right)dx+\left(ye^x+e^{2x}\right)dy=0$$

上式為正合微分方程了，乘開
$$\dfrac{y^2}{2}e^x dx+2ye^{2x}dx+ye^x dy+e^{2x}dy=0$$

重組
$$\left(\dfrac{y^2}{2}e^x dx+ye^x dy\right)+\left(2ye^{2x}dx+e^{2x}dy\right)=0$$

得正合微分方程
$$d\left(\dfrac{y^2}{2}e^x\right)+d\left(ye^{2x}\right)=0$$

積分
$$\dfrac{y^2}{2}e^x+ye^{2x}=c$$

範例 18：化成正合微分方程

(5%) Solve the first order DE
$$(3xy+y^2)+(x^2+xy)y'=0$$
By finding an integrating factor

解答：

$$(3xy+y^2)dx+(x^2+xy)dy=0$$

檢查條件 $\quad \dfrac{\dfrac{\partial M}{\partial y}-\dfrac{\partial N}{\partial x}}{N}=\dfrac{3x+2y-2x-y}{x^2+xy}=\dfrac{x+y}{x(x+y)}=\dfrac{1}{x}$

積分因子

$$\mu=e^{\int \frac{1}{x}dx}=x$$

乘上 x $\quad (3x^2y+xy^2)dx+(x^3+x^2y)dy=0$

為正合，乘開 $\quad 3x^2ydx+xy^2dx+x^3dy+x^2ydy=0$

重組 $\quad (3x^2ydx+x^3dy)+(xy^2dx+x^2ydy)=0$

得 $\quad d(x^3y)+\dfrac{1}{2}d(x^2y^2)=0$

積分 $\quad x^3y+\dfrac{1}{2}x^2y^2=c$

範例 19：化成正合微分方程

Consider the ODE $(3y^2+x+1)dx+2y(x+1)dy=0$

(1) (4%) Find an integrating factor for the ODE.

(2) (4%) Given $y(0)=1$, solve the initial value problem.

台聯大光電所工數

解答：

(1) 已知 $\quad (3y^2+x+1)dx+2y(x+1)dy=0$

檢查條件 $\quad \dfrac{\dfrac{\partial M}{\partial y}-\dfrac{\partial N}{\partial x}}{N}=\dfrac{6y-2y}{2y(x+1)}=\dfrac{2}{x+1}$

積分因子 $\quad \mu=e^{\int \frac{2}{x+1}dx}=(x+1)^2$

(2) 乘入原式 $\quad (x+1)^2(3y^2+x+1)dx+2y(x+1)^3 dy=0$

為正合重組 $\quad [(x+1)^2 3y^2 dx+2y(x+1)^3 dy]+(x+1)^3 dx=0$

正合 $\quad d[y^2(x+1)^3]+d\left[\dfrac{(x+1)^4}{4}\right]=0$

積分 $\quad y^2(x+1)^3+\dfrac{(x+1)^4}{4}=c_1$

當 $x=0$，$y(0)=1$，代入

$$y^2(0)+\dfrac{1}{4}=c_1$$

$$c_1=\dfrac{5}{4}$$

得特解 $\quad y^2(x+1)^3+\dfrac{(x+1)^4}{4}=\dfrac{5}{4}$

第十節　變數可分離型常微分方程式 (Variable-Separable Equation)

當湊合法化成正合常微分方程之努力無效後，可試著從變數分離法或變數代換法角度，尋求突破。

已知一階一次非線性常微分方程式之通式如下

$$M(x, y)dx + N(x, y)dy = 0$$

若係數可因式分解，得

$$f(x)g(y)dx + p(x)h(y)dy = 0 \quad (14)$$

則稱上式為可變數分離之常微分方程式。

其解法如下：

兩邊乘上 $\dfrac{1}{p(x)\cdot g(y)}$，得變數分離

$$\frac{f(x)}{p(x)}dx + \frac{h(y)}{g(y)}dy = 0$$

積分得通解

$$\int \frac{f(x)}{p(x)}dx + \int \frac{h(y)}{g(y)}dy = c \quad (15)$$

上述方法稱之為變數分離法(Method of Separation of Variable)。此法所得到之解可能只為參數解 (Parameter Solution)，而不是通解，因為此法存在之條件為 $p(x)\cdot g(y) \neq 0$，若要求通解，需再加上 $p(x)\cdot g(y) = 0$ 之解。

範例 20：變數可分離

Solve the ODE： $\dfrac{dy}{dx} + y^2 = 1$

台大物理所應數

解答：

移項 $\dfrac{dy}{dx} = 1 - y^2$

變數分離 $\dfrac{dy}{1-y^2} = dx$

部分分式展開 $\dfrac{dy}{1-y^2} = \dfrac{1}{2}\left(\dfrac{1}{1-y} + \dfrac{1}{1+y}\right)dy = dx$

積分得通解 $\dfrac{1}{2}\ln\left|\dfrac{1+y}{1-y}\right| = x + c$

範例 21：變數可分離

> (10%) Solve the differential equation
> $$\dfrac{dy}{dt} = y(y-\alpha)(1-y) \text{, } 0 < \alpha < 1$$
> You may express the solutions in implicit form.
> (b) (10%) Show that for an initial datum $y(0) = y_0$, the corresponding solution $y(t) \to 1$ or 0 as $t \to \infty$ dependent on $y_0 > \alpha$ or $y_0 < \alpha$

台大應數所微方

解答：

已知 $\dfrac{dy}{dt} = y(y-\alpha)(1-y)$

$$\dfrac{dy}{y(y-\alpha)(1-y)} = dt$$

部分分式

速算法求部分分式 $\left(\dfrac{\frac{1}{(-\alpha)}}{y} + \dfrac{\frac{1}{\alpha(1-\alpha)}}{y-\alpha} + \dfrac{\frac{1}{(1-\alpha)}}{1-y}\right)dy = dt$

乘 $\alpha(1-\alpha)$ $\left(\dfrac{\alpha-1}{y} + \dfrac{1}{y-\alpha} + \dfrac{\alpha}{1-y}\right)dy = \alpha(1-\alpha)dt$

積分 $\quad (\alpha-1)\ln y + \ln(y-\alpha) - \alpha\ln(1-y) = \alpha(1-\alpha)t + c_1$

或取指數 $\quad \dfrac{y^{\alpha-1}\cdot(y-\alpha)}{(1-y)^\alpha} = ce^{\alpha(1-\alpha)t}$

初始條件 $\quad y(0) = y_0$

$$\dfrac{y_0^{\alpha-1}\cdot(y_0-\alpha)}{(1-y_0)^\alpha} = c$$

當 $\quad t\to\infty$，得 $\quad y\to 1$，$y_0 > \alpha$

第十一節　變數代換法解常微分方程式 (Leibniz 型)

若前面之解法全部失效後，接著，試找看看由無適當因變數變換，化成前面之正合法或變數分離法之類型。

已知一階非線性常微分方程，如下特定形式：

$$\dfrac{dy}{dx} = f(ax+by) \tag{16}$$

令變數變換 $\quad ax+by = v$，$b\dfrac{dy}{dx} = \dfrac{dv}{dx} - a$，

代入 $\quad b\dfrac{dy}{dx} = bf(ax+by)$

得 $\quad \dfrac{dv}{dx} - a = bf(v)$

變數分離得

$$\dfrac{dv}{a+bf(v)} = dx$$

積分得通解

$$\int \frac{dv}{a+bf(v)} = x + c_1 \qquad (17)$$

若一階非線性常微分方程，如下特定形式：

$$yf(xy)dx + xg(xy)dy = 0 \qquad (18)$$

令變數變換　　　　$xy = v$，$y = \dfrac{v}{x}$，$dy = \dfrac{xdv - vdx}{x^2}$

代入得　　　　$\dfrac{v}{x}f(v)dx + xg(v)\cdot \dfrac{xdv - vdx}{x^2} = 0$

或　　　　$vf(v)dx + g(v)\cdot(xdv - vdx) = 0$

變數分離　　　　$[vf(v)dx - vg(v)\cdot dx] + xg(v)\cdot dv = 0$

移項　　　　$-[vf(v)dx - vg(v)\cdot dx] = xg(v)\cdot dv$

得　　　　$\dfrac{g(v)dv}{v[g(v) - f(v)]} = \dfrac{dx}{x}$

積分得通解　　　　$\displaystyle\int \dfrac{g(v)dv}{v[g(v) - f(v)]} = \ln x + C_1 \qquad (19)$

範例 22：變數代換

(8%) Find the general solution
$(x\sin y)y' + 2\cos y + 4x^2 = 0$

交大土木丁工數

解答：

已知　　　　$x\sin y\, y' + 2\cos y + 4x^2 = 0$

令　　　　$\cos y = v$，$\dfrac{dv}{dx} = -\sin y \dfrac{dy}{dx}$

代入上式 $\quad -x\dfrac{dv}{dx}+2v=-4x^2$

除 $(-x)$ $\quad \dfrac{dv}{dx}-\dfrac{2}{x}v=4x$

積分因子 $\quad \mu=e^{-\int\frac{2}{x}dx}=\dfrac{1}{x^2}$

通解 $\quad v\dfrac{1}{x^2}=\int\dfrac{1}{x^2}(4x)dx+c=4\ln x+c$

得 $\quad \cos y=4x^2\ln x+cx^2$

範例 23：變數代換

> (10%) Solve the following differential equation for
> $yy'+2t+y^2=0,\ y(0)=2$

台科大自動化工數

解答：

已知 $\quad yy'+2t+y^2=0$

乘上 2 $\quad 2yy'+4t+2y^2=0$

令 $y^2=u$，$du=2yy'$

$\quad \dfrac{du}{dt}+2u=-4t$

積分因子

$$\mu = e^{\int 2dt} = e^{2t}$$

$$ue^{2t} = -\int 4te^{2t}dt + c_1 = -e^{2t}(2t-1) + c$$

通解

$$u = y^2 = 1 - 2t + ce^{-2t}$$

範例 24：變數代換

> Find the general solution of $\dfrac{1}{1+y^2}y' + \dfrac{2}{x}\tan^{-1}y = \dfrac{2}{x}$。

中央光電所

解答：

已知
$$\frac{1}{1+y^2}y' + \frac{2}{x}\tan^{-1}y = \frac{2}{x}$$

$$u = \tan^{-1}y \, , \, du = \frac{1}{1+y^2}dy$$

$$\frac{1}{1+y^2}y' + \frac{2}{x}\tan^{-1}y = \frac{2}{x}$$

得
$$\frac{du}{dx} + \frac{2}{x}u = \frac{2}{x}$$

乘 x^2
$$x^2\frac{du}{dx} + 2xu = 2x$$

化成正合
$$d(x^2u) = d(x^2)$$

積分
$$x^2u = x^2 + c_1$$

或 $$u = \tan^{-1} y = 1 + c_1 \frac{1}{x^2}$$

範例 25：變數代換

> Solve the initial value problem $xy' - y = \dfrac{y}{\ln y - \ln x}$，$y(2) = 2$.

北科大機電所

解答：

已知 $$xy' - y = \frac{y}{\ln y - \ln x}$$

乘上 $\dfrac{1}{xy}$ $$\frac{1}{y}\frac{dy}{dx} - \frac{1}{x} = \frac{1}{x(\ln y - \ln x)}$$

令 $u = \ln y - \ln x$，$\dfrac{du}{dx} = \dfrac{1}{y}\dfrac{dy}{dx} - \dfrac{1}{x}$

代入得 $$\frac{du}{dx} = \frac{1}{xu}$$

再變數分離 $$u\,du = \frac{1}{x}dx$$

乘上 2 $$2u\,du = \frac{2}{x}dx$$

積分 $u^2 = 2\ln x + c_1$

或 $(\ln y - \ln x)^2 = 2\ln x + c_1$

代入 $y(2) = 2$，得 $(\ln 2 - \ln 2)^2 = 2\ln 2 + c_1 = 0$

$c_1 = -2\ln 2$

最後得解 $(\ln y - \ln x)^2 = 2\ln x - 2\ln 2$

第十二節　一階常微分方程式應用

範例 26：一階常微分方程式之應用題：牛頓冷卻定律

有一個蛋糕剛從烤箱中拿出來的溫度是 300°F，三分鐘後溫度變成 200°F，當時室溫是 70°F，請問需要多久，蛋糕的溫度會降到最接近 70.5°F (A) 32.3 分 (B) 22.8 分 (C) 33.5 分 (D) 21.4 分 (E) 34.4 分

台大電機所

解答：

設任一時刻蛋糕溫度為 $T(t)$

則熱流量與溫差成正比，得一階線性常微分方程

$$\frac{dT}{dt} = -k(T-70)$$

初始條件：$T(0) = 300$，$T(3) = 200$

移項

$$\frac{dT}{dt} + kT = 70k$$

通解為　　$T(t) = c_1 e^{-kt} + 70$

初始條件：$T(0) = 300 = c_1 + 70$，$c_1 = 230$

得溫度　　$T(t) = 70 + 230e^{-kt}$

$$T(3) = 200 = 70 + 230e^{-3k}$$

得　　$e^{-3k} = \dfrac{130}{230} = \dfrac{13}{23}$

得常數 $\quad k = -\dfrac{1}{3}\ln\dfrac{13}{23} = \dfrac{1}{3}\ln\dfrac{23}{13}$

$$T(t) = 70 + 230 e^{-\frac{1}{3}\ln\frac{23}{13}\cdot t}$$

令 $\quad T = 70.5 = 70 + 230 e^{-\frac{1}{3}\ln\frac{23}{13}\cdot t}$

$$\dfrac{1}{460} = e^{-\frac{1}{3}\ln\frac{23}{13}\cdot t}$$

$$\dfrac{1}{3}\ln\dfrac{23}{13}\cdot t = \ln 460$$

$$t = \dfrac{3\ln 460}{\ln 23 - \ln 13}$$

👉 考題集錦

1. (15%) Classify each of the following differential equation by stating the order, whether the equation is homogeneous or non-homogeneous, and it is linear or nonlinear (in which variable)

    (a) $\dfrac{d^2 y}{dx^2} + 3x^2 = 2\left(\dfrac{dy}{dx}\right)^2$

    (b) $\dfrac{dy}{dx} + \dfrac{y}{x} = xy^2$

    (c) $\dfrac{dy}{dx} = \dfrac{x+y}{x-y}$

    (d) $(3x^2 + y\cos x)dx + (\sin x)dy = 0$

    (e) $d(yu) = y^2 du$

成大機械所

一階線性 ODE

1. $y'\tan x - 2y = 4$，$y\left(\dfrac{\pi}{2}\right) = 1$, then $y(0) =$ (A) 1 (B) -1 (C) 2 (D) -2

   成大材料所工數

2. Solve $\cos x \dfrac{dy}{dx} + y = \sin x$，$y(0) = 2$

   清大生醫環科所工數

3. Solve $y' = \dfrac{2y}{t} + 1$ with the initial condition $y(1) = 0$. Calculate (a) $y(2) =$ _____，(b) $y''(2) =$ _____ 。

   中山通訊所

4. Find the general solution of each of the following equations：
   $y' + 2xy - x = 0$，$y(0) = \dfrac{3}{2}$

   中央地物所應用數學

5. (10%) Solve $\dfrac{dy}{dx} = \dfrac{y + x^4}{x}$

   成大機械所

6. Find the general solution $\dfrac{dy}{dx} = \dfrac{1}{e^y - x}$

   台大數學常微分方程

7. (10%) Solve $\dfrac{dy}{dx} = \dfrac{y}{2x + y^3 e^y}$，$x > 0$

   中興材工所乙組

8. Consider the differential equation $xy' + y = -2x^2 y^2$，$x > 0$

   (a) Transform the above differential equation into a linear first-order differential equation.
   (b) Find the general solution.

   交大電電子所甲線代常微方

9. Find the general solution for the ODE $y^2 + y - x\dfrac{dy}{dx} = 0$

   雲科電機工數

10. Find the general solution of the differential equation $\dfrac{dy}{dx} - 2y = xy^{\frac{1}{2}}$

    清大生醫環科所工數

11. Solve the ODE $y' = -\dfrac{x+y}{x+y^2}$, $y(0) = 3$

    中山資工所

12. Show the following equations are exact and solve it?

    $(xy^2 - y)dx + (x^2y - x)dy = 0$

    中央地物所應用數學

13. Solve $(\cos x \sin x - xy^2)dx + y(1 - x^2)dy = 0$, $y(0) = 2$

    成大水利與海洋所工數

14. Solve $y' - e^{-y}\cos x = 0$, $y(0) = 0$

    台科大電子乙、丙二工數

15. 解 $(1+x)dy - ydx = 0$

    台大工數 J 生機

16. (10%) Find the solution for $4xdy - ydx = x^2dy$

    台大土木所 M

17. (25%) Check exactness and/or find the integration factor to solve the equation: $y^2 + 2xy - x^2y' = 0$

    淡大工大三工數

18. (10%) Find an integrating factor of the differential

equation $(x^2+1)y' + 3x^2 y = 6xe^x$

台大工數 B

19. Find the general solution of $(x+2y)dy + y(x+y+1)dx = 0$

中興電機所工數

20. Solve the ODE $(t^2+t)\dfrac{dy}{dt} = -(3ty+2y)$

台大物理所應數

21. What is the solution of $\dfrac{dy}{dx} = 2xy^2$ for which $y(0)=1$

交大光電顯示聯招工數

22. Solve the following initial value problems：$y' = 2e^x y^3$，$y(0)=0.5$

成大電機、電通、微電子所

23. (5%) Solve the Gompertz equation

$$\dfrac{dT}{dt} = \alpha \ln\left(\dfrac{\mu}{T}\right) T$$

With $T(0)=T_0$，α and μ are constants.

台大大氣所

24. Solve the first order ordinary differential equation：

$\dfrac{dy}{dx} = \dfrac{3y^2 + 2e^x}{2y - e^{3x}}$ with initial condition $y(0)=1$ (15%) (hint: Change variable to $t=e^{-x}$)

成大光電所

25. (20%) A tank contains 200 gal of water in which 40 lb of salt are dissolved. Five gal of brine, each contains 2lb of dissolved salt, run into the tank per minute, and the mixture, kept uniform by stirring, runs out at the same rate. Find the amount of salt $y(t)$ in the tank

at any time t.

北科大車輛所

26. 一水槽中裝有 160 公克鹽量之水溶液共 1000 m^3，假設每單位時間有 40 m^3 的海水流入槽內，並攪拌均勻。海水中每立方米含後鹽量為 $(1+\cos t)$ 公克，而槽中水溶液的流出率為每單位時間 40 m^3，試問槽中水溶液在任意時間 t 的含鹽量 $y(t)$ 為何？

成大機械所

27. A tank is initially filled with 50 gal of salt solution containing 1 lb of salt per gallon. Fresh brine containing 2 lb of salt per gallon runs into the tank at the rate 5 gal/min, and the mixture, assumed to be keep uniform by stirring, runs out the same rate. Find the amount of salt in the tank at any time t and determine how long it will take for this amount to reach 75 lb. (15%).

台大工科與海洋所 F

第四章
二階與高階常係數線性常微分方程式

　　由於二階線性常微分方程之求解概念與高階線性常微分方程之求解概念，幾乎相同，因此為簡明起見，本書都以二階線性常微分方程之求解概念為主，詳述其推理過程，接著，再依此類推，而得高階線性常微分方程之通解。

第一節　二階線性常微分方程式概論

　　二階線性常微分方程式，其標準式：

　　當 $a_2(0)=0$ 時，稱 $x=0$ 為奇異點(Singular Point)，此種情況在二階常微分方程式的冪級數法時再談。

　　當 $a_2(0)\neq 0$ 時，稱 $x=0$ 為常點(Ordinary Point)，可化成下列標準式：

$$\frac{d^2y}{dx^2}+\frac{a_1(x)}{a_2(x)}\frac{dy}{dx}+\frac{a_0(x)}{a_2(x)}y=\frac{f(x)}{a_2(x)}$$

或

$$\frac{d^2y}{dx^2}+P(x)\frac{dy}{dx}+Q(x)y=f(x) \qquad (1)$$

其中係數 $P(x), Q(x), f(x)$ 均為連續函數。上式其通解是否存在?是否唯一?

※ 初始值問題（Initial Value Problem）：亦即，解存在與唯一定理

已知　　　　　　　　　$y''+P(x)y'+Q(x)y=f(x)$

給定初始條件　　　　　$y(x_0)=y_0$ ，$y'(x_0)=y'_0$ 　　　　　(2)

當 $P(x), Q(x), f(x)$ 在 $x = x_0$ 為連續，則其解存在且唯一。

因上述兩個條件中，只含一個端點，x_0，稱這兩個條件為初始條件（Initial Conditions），連同二階常微分方程，為初始值問題。

※ 邊界值問題（Boundary Value Problem）：

已知
$$y'' + P(x)y' + Q(x)y = f(x)$$

給定邊界條件
$$y(x_0) = y_0 \,(\text{或}\, y'(x_0) = y'_0)\,,\, y(x_1) = y_1 (\text{或}\, y'(x_1) = y'_1) \qquad (3)$$

上述兩個條件中，含兩個端點，x_0, x_1，稱此兩條件為邊界條件(boundary Conditions)。連同二階常微分方程，為邊界值問題。此邊界值問題，並不保證其解一定存在或唯一!!!。

本章先討論初始值問題之式 (1) 通解與式 (2) 唯一特解之求法，至於邊界值問題之解法，式 (3)，將在第七章 Sturm-Liouvile 邊界值問題再討論。

式 (1) 其通解如何求得？這必須要從一階線性常微分方程式之求解說起。

第二節　歸納法（一）一階線性常微分方程式之解法經驗

一階線性非齊性常微分方程式，通式如下：

$$\frac{dy}{dx} + P(x)y = f(x) \qquad (4)$$

已知其通解：（參閱第三章）

1. 積分因子　$\mu(x) = e^{\int P(x)dx}$

2. 通解 $y \cdot \mu(x) = \int \mu(x) f(x) dx + c$

或

$$y \cdot e^{\int P(x)dx} = \int e^{\int P(x)dx} \cdot f(x)dx + c$$

移項,得一階線性常微分方程之通解,形式如下:

$$y(x) = e^{-\int P(x)dx} \int e^{\int P(x)dx} \cdot f(x)dx + c_1 e^{-\int P(x)dx} \quad (5)$$

上式(4)中,當 $f(x) = 0$,則 $\dfrac{dy}{dx} + P(x)y = 0$,稱為一階齊性線性常微分方程式,其通解稱為齊性解(Homogeneous Solution)為

$$y_h(x) = c_1 e^{-\int P(x)dx}$$

表成 $\quad y_h(x) = c_1 y_1(x)$,其中 $\quad y_1(x) = e^{-\int P(x)dx}$

※利用歸納法之概念,推廣至二階,我們可假設二階齊性線性常微分方程式,如

$$\dfrac{d^2y}{dx^2} + P(x)\dfrac{dy}{dx} + Q(x)y = 0$$

之齊性解形式,為

$$y_h(x) = c_1 y_1(x) + c_2 y_2(x) \qquad (6)$$

式(4)中,當 $f(x) \neq 0$,則 $\dfrac{dy}{dx} + P(x)y = f(x)$,此時稱為一階線性非齊性線性常微分方程式,其通解稱為非齊性解(Non-homogeneous Solution)為

$$y(x) = e^{-\int P(x)dx} \int e^{\int P(x)dx} \cdot f(x)dx + c_1 e^{-\int P(x)dx}$$

或表成通式

$$y(x) = y_1(x) \cdot \int e^{\int P(x)dx} \cdot f(x)dx + cy_1(x)$$

或

$$y(x) = y_p(x) + y_h(x)$$

其中 $y_h(x)$ 稱為齊性解部分，$y_p(x)$ 稱為特別積分部分。且其形式為

$$y_p(x) = y_1(x) \cdot \int e^{\int P(x)dx} \cdot f(x)dx$$

或表成另一個有用形式：

$$y_p(x) = u(x)y_1(x) \tag{7}$$

其中

$$u(x) = \int e^{\int P(x)dx} \cdot f(x)dx$$

※同理，利用歸納法之概念，推廣至二階線性非齊性常微分方程式，

$$\frac{d^2y}{dx^2} + P(x)\frac{dy}{dx} + Q(x)y = f(x)$$

可假設二階線性非齊性方程式之通解，也為兩部分組成

$$y(x) = y_p(x) + y_h(x)$$

其中齊性解為

$$y_h(x) = c_1 y_1(x) + c_2 y_2(x)$$

且可假設，特別積分 $y_p(x)$ 部分解為

$$y_p(x) = u(x)y_1(x) + v(x)y_2(x) \tag{8}$$

上述概念即為參數變更法（Variation Parameters Method）之起源。

第三節 二階線齊性常微分方程式之齊性解定理

現在先探討二階線性齊性常微分方程式之齊性解求法，已知二階齊性常微分方程通式如下：

$$y'' + P(x)y' + Q(x)y = 0 \qquad (9)$$

由歸納法知，我們可假設齊性解（Homogeneous Solution）之型式，為

$$y_h(x) = c_1 y_1(x) + c_2 y_2(x)$$

其中 $y_1(x)$ 與 $y_2(x)$，如何求得？

將其代入上式齊性常微分方程通式，得

$$(c_1 y_1 + c_2 y_2)'' + P(x)(c_1 y_1 + c_2 y_2)' + Q(x)(c_1 y_1 + c_2 y_2) = 0$$

整理成

$$c_1(y_1'' + P(x)y_1' + Q(x)y_1) + c_1(y_2'' + P(x)y_2' + Q(x)y_2) = 0$$

對任意常數 c_1, c_2，上式仍成立，須得

$$y_1'' + P(x)y_1' + Q(x)y_1 = 0$$

及

$$y_2'' + P(x)y_2' + Q(x)y_2 = 0$$

亦即

$y_1(x)$ 與 $y_2(x)$ 都為原二階線齊性常微分方程式之其中一個特解即可。

一個二階線齊性常微分方程式之特解有無窮多個，若要能組成通解，$y_1(x)$ 與 $y_2(x)$ 之間是否有什麼條件要遵守？否則其通解形式就不是唯一，故其條件為何？

第四節 二階常微分方程式之初始值問題（解存在唯一定理）

解 $y_h(x) = c_1 y_1(x) + c_2 y_2(x)$，要成為齊性解，式(9)必須要能包含所有特解。從這點證明，需從二階線齊性常微分方程式之解存在唯一定理談起：

※ 解存在唯一定理（Existence and Uniqueness Theorem）

> 已知初始值問題
> $$y'' + P(x)y' + Q(x)y = 0$$
> 初始條件　　　　$y(x_0) = y_0$，$y'(x_0) = y'_0$
> 當 $P(x), Q(x)$ 在 $x = x_0$ 為可解析，則其上式通解存在且唯一。

若通解為

$$y_h(x) = c_1 y_1(x) + c_2 y_2(x) \qquad (10)$$

能包含所有特解，則下列應成立：

代入初始條件一：

$$y(x_0) = c_1 y_1(x_0) + c_2 y_2(x_0) = y_0$$

及代入初始條件二

$$y'(x_0) = c_1 y'_1(x_0) + c_2 y'_2(x_0) = y'_0$$

聯立解，依 Cramer's 法則，得

$$c_1 = \frac{\begin{vmatrix} y_0 & y_2(x_0) \\ y'_0 & y'_2(x_0) \end{vmatrix}}{\begin{vmatrix} y_1(x_0) & y_2(x_0) \\ y'_1(x_0) & y'_2(x_0) \end{vmatrix}} \text{ 及 } c_2 = \frac{\begin{vmatrix} y_1(x_0) & y_0 \\ y'_1(x_0) & y'_0 \end{vmatrix}}{\begin{vmatrix} y_1(x_0) & y_2(x_0) \\ y'_1(x_0) & y'_2(x_0) \end{vmatrix}}$$

上式中，若分母行列式不為零，則上式永遠有解，其條件為：分母不等於 0，亦即，式(10) 能包含所有特解之充要條件：

$$\begin{vmatrix} y_1(x_0) & y_2(x_0) \\ y_1'(x_0) & y_2'(x_0) \end{vmatrix} \neq 0 \text{ 或 } \begin{vmatrix} y_1(x) & y_2(x) \\ y_1'(x) & y_2'(x) \end{vmatrix} \neq 0$$

上式分母行列式定義為 Wronskian 行列式（二階），定義如下

$$W(y_1, y_2) = \begin{vmatrix} y_1(x) & y_2(x) \\ y_1'(x) & y_2'(x) \end{vmatrix} \quad (11)$$

同理，三階，定義如下

$$W(y_1, y_2, y_3) = \begin{vmatrix} y_1(x) & y_2(x) & y_3(x) \\ y_1'(x) & y_2'(x) & y_3'(x) \\ y_1''(x) & y_2''(x) & y_3''(x) \end{vmatrix}$$

Wronskian 行列式與線性獨立具有下列關係：

定理：

「若 $W(y_1, y_2) = \begin{vmatrix} y_1(x) & y_2(x) \\ y_1'(x) & y_2'(x) \end{vmatrix} \neq 0$，則 $y_1(x)$ 與 $y_2(x)$ 為線性獨立」

(1) 但若 $y_1(x)$ 與 $y_2(x)$ 為線性獨立，則 $W(y_1, y_2) = \begin{vmatrix} y_1(x) & y_2(x) \\ y_1'(x) & y_2'(x) \end{vmatrix} \neq 0$，不一定會成立。

如例：$f_1(x) = x^2$，$f_2(x) = x|x|$ 為線性獨立，但是

$$W(y_1, y_2) = \begin{vmatrix} x^2 & x|x| \\ 2x & 2|x| \end{vmatrix} = 0$$

(2) 但若再加上條件：$y_1(x)$，$y_2(x)$ 滿足 $y'' + P(x)y' + Q(x)y = 0$，則

「若 $y_1(x)$ 與 $y_2(x)$ 為線性獨立，則 $W(y_1, y_2) = \begin{vmatrix} y_1(x) & y_2(x) \\ y_1'(x) & y_2'(x) \end{vmatrix} \neq 0$」

(3) 因此，以後應用時，要判斷 $W(y_1, y_2) \neq 0$ 時，只要計算 $\dfrac{y_2(x)}{y_1(x)} \neq C$ 即可。

範例 01

Which of the following statements are true? (Proofs are not needed. Simply choose the true statements. No partial credit for this problem)

(a) The problem

$$y' = 1 + y^2(x), \quad y(0) = 0$$

has a unique solution for all x in $[0,1]$

(b) The problem

$$|y'(x)| + |y(x)| = 0, \quad y(0) = 1$$

has a unique solution for all x in $[0, 1]$

(c) The problem

$$y'(x) = \sqrt{|y(x)|}, \quad y(0) = 0$$

has a unique solution for all x in $[0,1]$.

(d) The problem

$$y''(x) + y(x) = 0, \quad y(0) = 0, \quad y(\pi) = 0$$

has a unique solution for all x in $[0, \pi]$.

(e) The problem

$$y''(x) + 4y(x) = 8x^2, \quad y(0) = 0$$

has a unique solution for all x in $[0,1]$

清大通訊所甲

解答：

(a) 依解存在唯一定理知，$y' = 1 + y^2(x)$，$y(0) = 0$，其解唯一

(b) 無解

已知 $|y'(x)| + |y(x)| = 0$，$y(0) = 1$

令 $x = 0$ $|y'(0)| + |y(0)| = 0$

或 $|y'(0)| + |1| = 0$

移項 $|y'(0)| = -1$

上式無解。

(c) 有兩組解：一個解為 $y(x) = 0$（觀察法），另一個解為 $\sqrt{y} = \dfrac{x}{2}$

【分析】求法如下：

已知 $\dfrac{dy}{\sqrt{y}} = dx$，其中須令 $y \neq 0$

積分 $\sqrt{y} = \dfrac{x}{2} + c_1$

代入 $y(0) = c_1 = 0$

(d) 通解 $y = c_1 \cos x + c_2 \sin x$

               $y(0) = c_1 = 0$

               $y(\pi) = c_2 \sin \pi = 0$，無限多解

(e) 少一個初始條件，故有無限多解。

範例 02

Let y_1 and y_2 be two solution of $y'' + P(x)y' + Q(x)y = 0$ in which $P(x), Q(x)$ are continuous functions. If $W(y_1, y_2)$ is Wronskian of y_1

and y_2, show that Abel's formula $W(y_1, y_2) = Ce^{-\int P(x)dx}$, where C is constant。

逢甲機械轉

解答：

已知 y_1 及 y_2 為微分方程之解，故

$$y_1'' + P(x)y_1' + Q(x)y_1 = 0 \quad (1)$$

及

$$y_2'' + P(x)y_2' + Q(x)y_2 = 0 \quad (2)$$

(1)乘 y_2 －（2）乘 y_1 得

$$y_1 y_2'' - y_2 y_1'' + P(x)(y_1 y_2' - y_2 y_1') = 0$$

其中第二項為

$$W(y_1, y_2) = \begin{vmatrix} y_1 & y_2 \\ y_1' & y_2' \end{vmatrix} = y_1 y_2' - y_2 y_1'$$

第一項為

$$\frac{dW}{dx}(y_1, y_2) = y_1 y_2'' - y_2 y_1''$$

故代回

$$y_1 y_2'' - y_2 y_1'' + P(x)(y_1 y_2' - y_2 y_1') = 0$$

得

$$\frac{dW}{dx} - P(x)W = 0$$

移項

$$\frac{dW}{W} = P(x)dx$$

積分

$$\ln W = \int P(x)dx + c_1$$

取指數函數得證

$$W(y_1, y_2) = Ce^{-\int P(x)dx}$$

代入初始條件

$$W(y_1, y_2) = W(x_0)e^{-\int_{x_0}^{x} P(x)dx}$$

第五節　歸納法(二)二階常係數常微分方程齊性解求法

綜合整理，得知，對一二階線齊性常微分方程式之齊性解，為

$$y_h(x) = c_1 y_1(x) + c_2 y_2(x)$$

齊中任兩個線性獨立特解：$y_1(x)$、$y_2(x)$如何求？

現在利用數學歸納法，只針對較簡化的二階常係數線齊性常微分方程，探討其特解的特質。

$$y'' + ay' + by = 0$$

先探討其再簡化成的一階常係數線齊性常微分方程，為

$$y' + ay = 0$$

移項

$$\frac{dy}{dx} = -ay$$

或

$$\frac{dy}{y} = -a\,dx$$

積分得特解

$$\ln y = -ax + c_1$$

或

$$y = ce^{-ax}$$

上式為指數函數e^{-ax}，因此可假設二階常係數線齊性常微分方程的特解，為

$$y = e^{mx}$$

代入原常係數常微分方程，去找兩個線性獨立特解即可。敘述如下

已知二階常係數線齊性常微分方程，通式

$$y'' + ay' + by = 0 \qquad (12)$$

其兩特解求法如下：

令二階常係數線齊性常微分方程之特解也為指數函數形式，即

令
$$y = e^{mx}$$
$$y' = me^{mx}$$
$$y'' = m^2 e^{mx}$$

代入上式得
$$(m^2 + am + b)e^{mx} = 0$$

因 $e^{mx} \neq 0$，得二次特徵方程 $\quad m^2 + am + b = 0$

其兩根分別為
$$m_1 = \frac{-a + \sqrt{a^2 - 4b}}{2} \;;\; m_2 = \frac{-a - \sqrt{a^2 - 4b}}{2}$$

【情況一】： 若 m_1；m_2 為兩個不等實根

$$y_1 = e^{m_1 x}$$

$$y_2 = e^{m_2 x}$$

且 $\dfrac{y_2(x)}{y_1(x)} = e^{(m_2 - m_1)x} \neq C$，故得

通解
$$y_h(x) = c_1 e^{m_1 x} + c_2 e^{m_2 x} \qquad (13)$$

【情況二】： 若 $m_1 = m_2$，相等實根

$$y_h = c_1 e^{m_1 x} + c_2 x e^{m_1 x}$$

推導方法有兩種，這些方法（尤其方法二）在冪級數法有重要應用。

【方法一】利用降階法（$m_1 = m_2 = -\dfrac{a}{2}$）

已知 $$y_1(x) = c_1 e^{m_1 x} = c_1 e^{-\frac{a}{2}x}$$

因為要組成齊性解的兩個特解，需滿足條件 $\dfrac{y_2(x)}{y_1(x)} \neq C$

故令 $\dfrac{y_2(x)}{y_1(x)} = u(x)$ ，或 $y_2(x) = u(x) y_1(x) = u(x) e^{-\frac{a}{2}x}$

代回原式，化簡得 $u'' = 0$

積分得 $u(x) = c_1 x + c_2$

得通解 $y = u(x) y_1(x) = c_1 x y_1(x) + c_2 y_1(x)$

故得 $y_2(x) = x e^{m_1 x}$

得齊性解 $$y_h = c_1 e^{m_1 x} + c_2 x e^{m_1 x} \tag{14}$$

【方法二】微分法（速算法）

為說明此方法的概念，先將原常微分方程式(12)，化成微分運算子形式，即

令微分運算子 $D = \dfrac{d}{dx}$，$D^2 = \dfrac{d^2}{dx^2}$

則二階常係數線齊性常微分方程，表為
$$(D^2 + aD + b)(y(x)) = 0$$

令 $y(x) = e^{mx}$，代入得重根時，可因式分解為
$$(D^2 + aD + b)(e^{mx}) = (m - m_1)^2 e^{mx} = 0$$

令 $m = m_1$，代入會滿足上式(滿足上式，即代表為其一特解)，得
$$(D^2 + aD + b)(e^{m_1 x}) = (m_1 - m_1)^2 e^{mx} = 0$$

故 $y_1(x) = \{e^{mx}\}_{m=m_1} = e^{m_1 x}$

為其一特解。但其他 $m \neq m_1$ 值代入都不會再等於 0，但因為式中因式 $(m_1 - m_1)$ 項為平方項，因此若將其微分後，仍有因式 $(m_1 - m_1)$ 項，還是會為 0，因此，將上式對 m 微分

$$\left(D^2 + aD + b\right)\left(\frac{d}{dm}e^{mx}\right) = 2(m-m_1)e^{mx} + (m-m_1)^2 xe^{mx} = 0$$

再令 $m = m_1$，代入，得

$$\left(D^2 + aD + b\right)\left(xe^{m_1 x}\right) = 2(m_1 - m_1)e^{mx} + (m_1 - m_1)^2 xe^{mx} = 0$$

亦即，第二個線性獨立解 $y_2(x)$，亦可從微分得到。即

$$y_2(x) = \left\{\frac{dy}{dm}\right\}_{m=m_1} = \left\{\frac{d}{dm}e^{mx}\right\}_{m=m_1} = xe^{m_1 x} \tag{15}$$

且 $\dfrac{y_2(x)}{y_1(x)} = \dfrac{xe^{m_1 x}}{e^{m_1 x}} = x \neq$ 常數。

得齊性解 $\qquad y_h = c_1 e^{m_1 x} + c_2 x e^{m_1 x}$

【情況三】若 $m_1 ; m_2 = \alpha \pm i\beta$ 共軛複根

此時，兩個線性獨立解 $y_1(x)$、$y_2(x)$，為

$$y_1(x) = e^{(\alpha+i\beta)x} = e^{\alpha x}\left(\cos(\beta x) + i\sin(\beta x)\right)$$

及

$$y_2(x) = e^{(\alpha-i\beta)x} = e^{\alpha x}\left(\cos(\beta x) - i\sin(\beta x)\right)$$

但上式為複變函數，需再進行化簡成兩實變函數特解，因此相加，消去複數項，得

$$y_3(x) = \frac{1}{2}(y_1 + y_2) = e^{\alpha x}\cos(\beta x)$$

及相減，得

$$y_4(x) = \frac{1}{2i}(y_1 - y_2) = e^{\alpha x}\sin(\beta x)$$

且 $\dfrac{y_3(x)}{y_4(x)} = \cot(\beta x) \neq$ 常數，故兩者可組成齊性解為

$$y_h = c_1 y_3(x) + c_2 y_4(x)$$

代入得

$$y_h(x) = e^{\alpha x}[c_1 \cos(\beta x) + c_2 \sin(\beta x)] \tag{16}$$

範例 03：

> (15%) Solve the initial value problem：
> $y'' + 2y' - 3y = 0$，$y(0) = 1$，$y'(0) = 1$

中山電機所工數甲乙

解答：

令 $y = e^{mx}$

特徵方程式 $m^2 + 2m - 3 = (m-1)(m+3) = 0$

得根 $m = 1$，$m = -3$

代入通解公式 $y_h(x) = c_1 e^x + c_2 e^{-3x}$

代入初始條件 $y(0) = 1 = c_1 + c_2$

及 $y'(0) = 1 = c_1 - 3c_2$

得 $c_2 = 0$，$c_1 = 1$

得特解 $y(x) = e^x$

範例 04：

(10%) Find the solution of $y'' - 4y' + 4y = 0$ with $y(0) = 3$，$y'(0) = 4$

成大製造所

解答：

$$y'' - 4y' + 4y = 0$$

令 $y = e^{mx}$

特徵方程式 $m^2 - 4m + 4 = (m-2)^2 = 0$

得重根 $m = 2$，$m = 2$

通解為 $y_h = c_1 e^{2x} + c_2 x e^{2x}$

代入初始條件 $y(0) = 3 = c_1$

及 $y'(0) = 4 = 2c_1 + c_2$

得 $c_1 = 3$，$c_2 = -2$

特解 $y(x) = 3e^{2x} - 2xe^{2x}$

範例 05：

(10%) Solve the following initial value problems:
$(D^2 + 4D + 5)y = 0$，$y(0) = 0$，$y'(0) = -3$

交大土木戊工數

解答：

$$(D^2 + 4D + 5)y = 0$$

令 $y = e^{mx}$

特徵方程式 $m^2 + 4m + 5 = 0$

共軛根 $m = \dfrac{-4 \pm \sqrt{16-20}}{2} = -2 \pm i$

通解為 $y_h(x) = e^{-2x}(c_1 \cos x + c_2 \sin x)$

代入初始條件 $y(0) = 0 = c_1$

及 $y'(0) = -3 = c_2$

得 $c_1 = 0$，$c_2 = -3$

特解 $y(x) = -3e^{-2x} \sin x$

第六節　高階（常係數）常微分方程之齊性解

同理，高階常係數齊性常微分方程，其齊性解整理如下：

通式：
$$y^{(n)} + a_{n-1} y^{(n)-1} + \cdots + a_1 y' + a_0 y = 0$$

令
$$y = e^{mx}$$

特徵方程，為
$$m^n + a_{n-1} m^{n-1} + \cdots + a_1 m + a_0 = 0$$

分成三種狀況，其通解分列如下：
齊性解 I：不等實根 $m_1；m_2；\cdots；m_n$ 均相異

通解為 $y_h(x) = c_1 e^{m_1 x} + c_2 e^{m_2 x} + \cdots + c_n e^{m_n x}$ (17)

齊性解 II：相等實根 $m_1 = m_2 = \cdots = m_n$（設有 n 個重根）

此部分通解為 $y_h(x) = c_1 e^{m_1 x} + c_2 x e^{m_1 x} + \cdots + c_n x^{n-1} e^{m_1 x}$ (18)

齊性解 III：共軛複根 $m_1；m_2；m_3；m_4 = \alpha \pm i\beta；\alpha \pm i\beta$（設只有四個根）
此部分通解為

$$y_h(x) = e^{\alpha x}[(c_1 + c_2 x)\cos\beta x + (c_3 + c_4 x)\sin\beta x] \qquad (19)$$

範例 06：

> Please solve for $y(x)$
> $y''' - 3y'' + 3y' - y = 0$，$y(0) = 2$，$y'(0) = 2$，$y''(0) = 10$

中山材料所工數丙丁

解答：

令　$y = e^{mx}$

特徵方程式　$m^3 - 3m^2 + 3m - 1 = (m-1)^3 = 0$

得根　$m = 1, 1, 1$，

齊性解　$y_h(x) = c_1 e^x + c_2 x e^x + c_3 x^2 e^x$

範例 07：

> (15%) Please solve $y^{(4)} - 4y^{(3)} + 6y'' - 4y' + y = 0$

中山環工所

解答：

令　$y = e^{mx}$

特徵方程式　$m^4 - 4m^3 + 6m^2 - 4m + 1 = (m-1)^4 = 0$

得根　$m = 1, 1, 1, 1$，

齊性解　$y_h(x) = c_1 e^x + c_2 x e^x + c_3 x^2 e^x + c_4 x^3 e^x$

範例 08：

Find the general solution
$$y^{(5)} - 3y^{(4)} + 3y''' - y'' = 0$$

成大都計所工數

解答：

令　　$y = e^{mx}$

特徵方程式　$m^5 - 3m^4 + 3m^3 - m^2 = m^2(m^3 - 3m^2 + 3m - 1) = 0$

或　　　　$m^2(m-1)^3 = 0$

得根　　　$m = 0, 0, 1, 1, 1$，

齊性解　　$y_h(x) = c_1 + c_2 x + c_3 e^x + c_4 x e^x + c_5 x^2 e^x$

範例 09：

Find the general solution
$$y^{(4)} - \alpha^4 y = 0$$

解答：

令　　$y = e^{mx}$

特徵方程式　$m^4 - \alpha^4 = (m^2 + \alpha^2)(m - \alpha)(m + \alpha) = 0$

得根　　　$m = \alpha$，$m = -\alpha$，$m = \alpha i$，$m = -\alpha i$

齊性解　　$y = c_1 e^{\alpha x} + c_2 e^{-\alpha x} + c_3 \cos(\alpha x) + c_4 \sin(\alpha x)$

範例 10：

Find the general solution

$$y^{(4)} + \alpha^4 y = 0$$

解答：

令　$y = e^{mx}$

特徵方程式　$m^4 + \alpha^4 = 0$

利用複數多值算法，得

$$m^4 = -\alpha^4 = e^{\pi i}\alpha^4 = e^{i(\pi+2n\pi)}\alpha^4$$

開四次方根，得

$$m = \alpha e^{i\left(\frac{\pi+2n\pi}{4}\right)}$$

得根

$n = 0$　　$m_1 = \alpha e^{i\left(\frac{\pi}{4}\right)} = \alpha\left(\cos\frac{\pi}{4} + i\sin\frac{\pi}{4}\right) = \frac{\alpha}{\sqrt{2}}(1+i)$

$n = 1$　　$m_1 = \alpha e^{i\left(\frac{3\pi}{4}\right)} = \alpha\left(\cos\frac{3\pi}{4} + i\sin\frac{3\pi}{4}\right) = \frac{\alpha}{\sqrt{2}}(-1+i)$

$n = 2$　　$m_1 = \alpha e^{i\left(\frac{5\pi}{4}\right)} = \alpha\left(\cos\frac{5\pi}{4} + i\sin\frac{5\pi}{4}\right) = \frac{\alpha}{\sqrt{2}}(-1-i)$

$n = 3$　　$m_1 = \alpha e^{i\left(\frac{7\pi}{4}\right)} = \alpha\left(\cos\frac{7\pi}{4} + i\sin\frac{7\pi}{4}\right) = \frac{\alpha}{\sqrt{2}}(1-i)$

齊性解

$$y = e^{\frac{\alpha}{\sqrt{2}}x}\left[c_1\cos\left(\frac{\alpha}{\sqrt{2}}x\right) + c_2\sin\left(\frac{\alpha}{\sqrt{2}}x\right)\right]$$
$$+ e^{-\frac{\alpha}{\sqrt{2}}x}\left[c_3\cos\left(\frac{\alpha}{\sqrt{2}}x\right) + c_4\sin\left(\frac{\alpha}{\sqrt{2}}x\right)\right]$$

第七節　二階線性常微分方程式之非齊性解概論

二階線性非齊性常微分方程式通式

$$y'' + P(x)y' + Q(x)y = f(x)$$

上式通解之求得，可利用數學歸納法，先由較簡的一階線性非齊性常微分方程式著手，即考慮

$$y' + P(x)y = f(x)$$

已知其通解為
$$y(x) = c_1 y_1(x) + y_p(x)$$

　　故對二階線性非齊性常微分方程式，可假設通解為

$$y(x) = c_1 y_1(x) + c_2 y_2(x) + y_p(x) \tag{20}$$

其中 $y_1(x)$ 與 $y_2(x)$ 為兩個線性獨立之齊性解，但 $y_p(x)$ 為何？如何求？

已知通解必滿足原二階線性非齊性常微分方程式，通式

$$y'' + P(x)y' + Q(x)y = f(x)$$

亦即將式(20)代入上式，應該滿足，得

$$(c_1 y_1 + c_2 y_2 + y_p)'' + P(x)(c_1 y_1 + c_2 y_2 + y_p)'$$
$$+ Q(x)(c_1 y_1 + c_2 y_2 + y_p) = f(x)$$

整理成

$$c_1(y_1'' + P(x)y_1' + Q(x)y_1) + c_1(y_2'' + P(x)y_2' + Q(x)y_2)$$
$$+ (y_p'' + P(x)y_p' + Q(x)y_p) = f(x)$$

其中尤齊性解特性知,

$$y_1'' + P(x)y_1' + Q(x)y_1 = 0 \ \text{及} \ \ y_2'' + P(x)y_2' + Q(x)y_2 = 0$$

最後得

$$y_p'' + P(x)y_p' + Q(x)y_p = f(x) \tag{21}$$

亦即 $y_p(x)$ 為原二階線性非齊性常微分方程式之一特解即可。

同時,依通解定義,知

$$y(x) = c_1 y_1(x) + c_2 y_2(x) + y_p(x)$$

能包含所有特解(通解定義)之充要條件,仍為

$$\begin{vmatrix} y_1(x_0) & y_2(x_0) \\ y_1'(x_0) & y_2'(x_0) \end{vmatrix} \neq 0 \ \text{。}$$

第八節　參數變更法(二階)

根據式(21),得二階線性非齊性常微分方程式,

$$y_p'' + P(x)y_p' + Q(x)y_p = f(x)$$

其中 $y_p(x)$ 只為上式之一特解即可,其求法可由數學歸納法,先由一階線性非齊性常微分方程式之求法概念,歸納而得,即

$$y' + P(x)y = f(x)$$

已知其通解為　　$y(x) = c_1 y_1(x) + y_p(x)$

其中特別積分之形式,可由齊性解 $y_h(x) = c_1 y_1(x)$,將其中參數 c_1 更改為 $u(x)$ 而

得，即
$$y_p(x) = u(x)y_1(x)$$

故對二階線性非齊性常微分方程式，也可由齊性解 $y_h(x) = c_1 y_1(x) + c_2 y_2(x)$，將其中參數 c_1 及 c_2 更改為 $u(x)$ 及 $v(x)$ 而得，即

假設特別積分為
$$y_p(x) = u(x)y_1(x) + v(x)y_2(x) \tag{22}$$

此法又稱參數變更法，它適合於大部分之線性常微分方程式，因此本書列為主要方法，先行介紹。

【觀念分析】

> 其中 $u(x)$ 與 $v(x)$ 不是唯一解，有無窮多組解。故在下面求特別積分過程中，可適度的假設與簡化，只要能解得其中一組解即可!!

已知通式
$$y'' + P(x)y' + Q(x)y = f(x)$$

首先求得齊性解
$$y_h(x) = c_1 y_1(x) + c_2 y_2(x)$$

利用參數變更法之觀念，假設特別積分為
$$y_p(x) = u(x)y_1(x) + v(x)y_2(x)$$

微分一次
$$y'(x) = u'(x)y_1(x) + u(x)y_1'(x) + v'(x)y_2(x) + v(x)y_2'(x)$$

簡化假設，令上式中項為 0，即
$$u'(x)y_1(x) + v'(x)y_2(x) = 0 \tag{22}$$

式(22)簡化為

$$y'(x) = u(x)y_1'(x) + v(x)y_2'(x)$$

再微分一次

$$y''(x) = u'(x)y_1'(x) + u(x)y_1''(x) + v'(x)y_2'(x) + v(x)y_2''(x)$$

代回原式

$$y'' + P(x)y' + Q(x)y = f(x)$$

整理得

$$u'y_1' + v'y_2' + u(y_1'' + Py_1' + Qy_1) + v(y_2'' + Py_2' + Qy_2) = f(x)$$

其中齊性項為 0,即

$$y_1'' + Py_1' + Qy_1 = 0 \ \text{及} \ y_2'' + Py_2' + Qy_2 = 0$$

代入上式,得

$$u'(x)y_1'(x) + v'(x)y_2'(x) = f(x) \tag{23}$$

聯立解式(22)及式(23),即下列兩個方程式

$$u'(x)y_1(x) + v'(x)y_2(x) = 0$$
$$u'(x)y_1'(x) + v'(x)y_2'(x) = f(x)$$

利用 Cramer's 法則,得

$$u'(x) = \frac{\begin{vmatrix} 0 & y_2 \\ f(x) & y_2' \end{vmatrix}}{\begin{vmatrix} y_1 & y_2 \\ y_1' & y_2' \end{vmatrix}} = \frac{-y_2(x)f(x)}{W(x)} \tag{24}$$

及

$$v'(x) = \frac{\begin{vmatrix} y_1 & 0 \\ y_1' & f(x) \end{vmatrix}}{\begin{vmatrix} y_1 & y_2 \\ y_1' & y_2' \end{vmatrix}} = \frac{y_1(x)f(x)}{W(x)} \tag{25}$$

其中分母為 Wronskian 行列式 $W(x)$。

再積分得

$$u(x) = -\int \frac{y_2(x)f(x)}{W(x)}dx \tag{26}$$

及

$$v(x) = \int \frac{y_1(x)f(x)}{W(x)}dx \tag{27}$$

須注意，上兩式 還須代回原特別積分式中，得通解

$$y_p(x) = -y_1(x)\int \frac{y_2(x)f(x)}{W(x)}dx + y_2(x)\int \frac{y_1(x)f(x)}{W(x)}dx \tag{28}$$

若二階線性非齊性常微分方程式，通式

$$P(x)y'' + Q(x)y' + R(x)y = f(x) \tag{29}$$

現想用參數變換法求解步驟如下：

1. 必須要先化成，前導係數須為 1 之標準式

$$y'' + \frac{Q(x)}{P(x)}y' + \frac{R(x)}{P(x)}y = \frac{1}{P(x)}f(x)$$

亦即標準式改表為

$$y'' + P^*(x)y' + Q^*(x)y = f^*(x)$$

2. 先求出通解為

$$y_h(x) = c_1 y_1(x) + c_2 y_2(x)$$

3. 再求出

$$W(x) = \begin{vmatrix} y_1(x) & y_2(x) \\ y'(x)_1 & y'_2(x) \end{vmatrix}$$

4. 特別積分為

$$y_p(x) = -y_1(x)\int \frac{y_2(x)f^*(x)}{W(x)}dx + y_2(x)\int \frac{y_1(x)f^*(x)}{W(x)}dx \quad (30)$$

【觀念分析】上述參數變更法，適用於下列三種狀況：

1. 常係數線性常微分方程式。
2. 變係數線性常微分方程式。
3. $f(x)$ 為任意連續函數。

範例 11：參數變更法

> (8%) 下列何者是 $y'' + y = \sec x$ 之特解？
> (A) $3\cos x$ (B) $\cos x + 2\sin x$
> (C) $x\cos x + x\sin x$ (D) $\cos x \ln|\cos x| + x\sin x$

台科大高分子、中山通訊所乙、台科大化工所

解答：

已知　　　　　　　$y'' + y = \sec x$

先求齊性解之特徵方程　$m^2 + 1 = 0$

根　　　　　　　　$m = \pm i$

齊性解　　　　　　$y_h(x) = c_1 \cos x + c_2 \sin x$

Wronskian 行列式值　$W = \begin{vmatrix} \cos x & \sin x \\ -\sin x & \cos x \end{vmatrix} = 1$

令特別積分　　　　$y_p = u(x)\cos x + v(x)\sin x$

代入式(26)　　　　$u = \int \frac{-y_2 f(x)}{W}dx = -\int \sin x(\sec x)dx$

積分得　　　　　　$u = \int \frac{1}{\cos x}d(\cos x) = \ln|\cos x|$

代入式(27)
$$v = \int \frac{y_1 f(x)}{W} dx = \int \cos x (\sec x) dx = \int \cos x \cdot \frac{1}{\cos x} dx = x$$

特解
$$y(x) = u\cos x + v\sin x = \cos x \ln|\cos x| + x \sin x \quad (D)$$

通解
$$y(x) = c_1 \cos x + c_2 \sin x + x \sin x + \cos x \ln|\cos x|$$

範例 12：參數變更法

Please find a (real) solution for following differential equations
$$y'' - 4y' + 5y = e^{2x} \csc x$$

台大工數 I 生技、中央電機所工數

解答：

已知 $y'' - 4y' + 5y = e^{2x} \csc x$

1. 先求齊性解　　$y'' - 4y' + 5y = 0$

$$m^2 - 4m + 5 = 0$$

根
$$m = \frac{4 \pm \sqrt{16-20}}{2} = 2 \pm i$$

齊性解
$$y_h(x) = e^{2x}(c_1 \cos x + c_2 \sin x)$$

2. Wronskian 行列式值
$$W = \begin{vmatrix} e^{2x}\cos x & e^{2x}\sin x \\ e^{2x}(2\cos x - \sin x) & e^{2x}(2\sin x + \cos x) \end{vmatrix} = e^{4x}$$

令
$$y_p(x) = u(x)e^{2x}\cos x + v(x)e^{2x}\sin x$$

其中
$$u = \int \frac{-y_2 f(x)}{W} dx = -\int \frac{e^{2x}\sin x \cdot e^{2x}\csc x}{e^{4x}} dx = -x$$

及
$$v = \int \frac{y_1 f(x)}{W} dx = \int \frac{e^{2x}\cos x \cdot e^{2x}\csc x}{e^{4x}} dx = \int \frac{\cos x}{\sin x} dx$$

$$v = \ln|\sin x|$$

特解 $\quad y_p = -xe^{2x}\cos x + e^{2x}\sin x \ln|\sin x|$

通解 $\quad y = e^{2x}(c_1\cos x + c_2\sin x) - xe^{2x}\cos x + e^{2x}\sin x \ln|\sin x|$

第九節　代定係數法

上節所介紹之參數變更法，為一種通用解法，只要是線性常微分方程，都可應用。但是，若碰到較簡單的常係數線性常微分方程，若使用參數變更法，有時候會很複雜。因此，對常係數線性常微分方程的求特解，可進一步利用微積分經驗，較能快速求得特解。

可利用的微積分經驗，共有兩種方法。一是待定係數法，另一個是逆運算子法。分別介紹於後。

考慮二階線性非齊性常係數常微分方程式，通式

$$y'' + ay' + by = f(x) \tag{31}$$

先求上式的齊性解　　$y_h(x) = c_1 y_1(x) c_2 y_2(x)$

接著，再求上式之一特解即可。

這裡針對待定係數法，共要介紹兩種方法：

第一種方法是利用微分經驗，列成下表格公式，以供記憶。

第二種方法是利用求通解的經驗，將上式(31)化成更高階的齊性常微分方程，再利用求出的齊性解，得到假設的 $y_p(x)$，此法最大特性不需記下列表格公式。

※ 代定係數法(一)：

第一種方法是利用微分經驗，根據 $f(x)$ 的種類，可假設特別積分 $y_p(x)$ 之可能通項，其詳細基本原則，分成如下三項：

一、基本法則：

非齊性函數 $f(x)$	假設之 $y_p(x)$
e^{ax}	$y_p(x) = c_1 e^{ax}$
$\cos bx$ 或 $\sin bx$	$y_p(x) = c_1 \cos bx + c_2 \sin bx$
x^n	$y_p(x) = c_n x^n + c_{n-1} x^{n-1} + \cdots + c_0$
上述各函數相加減	上述各對應項之聯集
上述各函數相乘	上述各對應項的乘積後各項之聯集

二、修正時機：

當上表中右邊欄位假設函數中，有與齊性解中相同項時，需修正該假設項及其相關項。

三、修正法則：

將該對應相關項乘上 x^n，其中 n 為使其與齊性解中都不相同項時之最小整數。

以下列範例說明。

範例 13：待定係數法之標準基本原則法

(15%) (a) If the roots of the characteristic equation corresponding to a 7th-order linear non-homogeneous ordinary equation with constant coefficient are：$3, 3, 3, 2 \pm 3i, 2 \pm 3i$；write down the solution corresponding to the homogeneous equation.

(b) If the equation has non-homogeneous term as $2e^{3x}+e^{2x}\cos 3x$ construct a functional form for the particular solution, if the method of undetermined coefficients is employed…

中山海下所

解答：

(a) 已知特徵方程式根　　$m = 3,3,3,\quad 2\pm 3i, 2\pm 3i$

得通解

$$y(x) = c_1 e^{3x} + c_2 x e^{3x} + c_3 x^2 e^{3x} + e^{2x}(c_4 \cos 3x + c_5 \sin 3x) + e^{2x}(c_6 x \cos 3x + c_7 x \sin 3x)$$

(b) 建構特解

已知　　$f(x) = 2e^{3x} + e^{2x}\cos 3x$

根據上列表格，假設

$$y_p(x) = c_1 e^{3x} + e^{2x}(c_2 \cos 3x + c_3 \sin 3x)$$

因齊性解中，含有 e^{3x} 項及 $e^{2x}\cos 3x$，$e^{2x}\sin 3x$，故需分別修正

先乘上 x，得

$$y_p(x) = c_1 x e^{3x} + e^{2x}(c_2 x \cos 3x + c_3 x \sin 3x)$$

仍與齊性解有相同項 xe^{3x} 及 $xe^{2x}\cos 3x$，$xe^{2x}\sin 3x$，故需再修正，再乘上 x

得修正後特解　　$y_p(x) = c_1 x^3 e^{3x} + e^{2x}(c_2 x^2 \cos 3x + c_3 x^2 \sin 3x)$

※待定係數法(二)　化成齊性微分方程

　　本方法之基本概念，是將非齊性常微分方程，化成齊性常微分方程求解，從齊性解集合中，挑出非齊性解項。其基本概念，由下面範例說明：

I：不須修正之情況：

已知 $y'' - 2y' + y = e^{2x}$

$$(D-1)^2 y(x) = e^{2x}$$

其解 $\quad y_h(x) = c_1 e^x + c_2 x e^x + y_p(x) \quad\quad$ (i)

乘上 $(D-2)$ $\quad (D-2)(D-1)^2 y(x) = (D-2)e^{2x} = 0$

上式之齊性解 為 $m=1$，$m=1$，$m=2$

得 $\quad y_h(x) = c_1 e^x + c_2 x e^x + c_3 e^{2x} \quad\quad$ (ii)

與原式解(i)，(ii)比較，得假設解 $y_p(x)$ 為

$$y_p(x) = c_3 e^{2x}$$

II：須修正之情況：

延伸至 $\quad y'' - 2y' + y = x^2 e^x$

其解 $\quad y_h(x) = c_1 e^x + c_2 x e^x + y_p(x) \quad\quad$ (iii)

乘上 $(D-1)^3$ $\quad (D-1)^5 y(x) = (D-1)^3 (x^2 e^x) = 0$

上式之齊性解 為 $m=1$，$m=1$，$m=1$，$m=1$，$m=1$

得上式通解

$$y_h(x) = c_1 e^x + c_2 x e^x + c_3 x^2 e^{2x} + c_4 x^3 e^{2x} + c_5 x^4 e^{2x} \quad\quad \text{(iv)}$$

與原式解(iii)，(iv)比較，得假設解 $y_p(x)$ 為

$$y_p(x) = c_3 x^2 e^{2x} + c_4 x^3 e^{2x} + c_5 x^4 e^{2x}$$

範例 14：待定係數法之標準法與速算法

(a) For a second-order linear D.E.
$$y'' - 3y' + 2y = x^2(e^x + e^{-x})$$
write down the correction form of this particular solution. Do not solve
(b) Do the same as in part (a) for the following equation
$$y'' + 4y = x^2 \cos 2x$$

交大電子所甲

解答：

(a) $y'' - 3y' + 2y = x^2(e^x + e^{-x}) = x^2 e^x + x^2 e^{-x}$

【方法一】標準法

(i) 先求齊性解 $y'' - 3y' + 2y = 0$

令 $y = e^{mx}$

$m^2 - 3m + 2 = (m-1)(m-2) = 0$

得根　$m_1 = 1$，$m_2 = 2$

齊性解　$y_h = c_1 e^x + c_2 e^{2x}$

(ii) $y'' - 3y' + 2y = x^2 e^x + x^2 e^{-x}$

依基本原則，首先假設

$$y_p(x) = c_1 e^x + c_2 x e^x + c_3 x^2 e^x + c_4 e^{-x} + c_5 x e^{-x} + c_6 x^2 e^{-x}$$

(iii) 因第一項 e^x 與齊性解中第一項相同，因此上述前面三項，乘上 x 修正，得最後正確

假設　$y_p(x) = c_1 x e^x + c_2 x^2 e^x + c_3 x^3 e^x + c_4 e^{-x} + c_5 x e^{-x} + c_6 x^2 e^{-x}$

【方法二】速算法

(a) $y'' - 3y' + 2y = x^2(e^x + e^{-x}) = x^2 e^x + x^2 e^{-x}$

(i) 先求齊性解 $y'' - 3y' + 2y = 0$

令 $y = e^{mx}$

$m^2 - 3m + 2 = (m-1)(m-2) = 0$

得根 $m_1 = 1$，$m_2 = 2$

齊性解 $y_h = c_1 e^x + c_2 e^{2x}$

(ii) 找出非齊性函數 $f(x) = x^2 e^x + x^2 e^{-x}$

其中 $x^2 e^x$，項所對應之齊性解根為 $m = 1, 1, 1$ 三重根

$x^2 e^{-x}$，項所對應之齊性解根為 $m = -1, -1, -1$ 三重根

(iii) 連同齊性解根，共有

$m = 1, 1, 1, 1, 2, -1, -1, -1$

其對應齊性解如下：

$y_p(x) = c_1 e^x + c_2 x e^x + c_3 x^2 e^x + c_4 x^3 e^x + c_5 e^{2x} + c_6 e^{-x} + c_7 x e^{-x} + c_8 x^2 e^{-x}$

(iv) 最後再拿掉齊性解項 $c_1 e^x, c_2 e^{2x}$ 即得，最後正確假設解：

$y_p(x) = c_1 x e^x + c_2 x^2 e^x + c_3 x^3 e^x + c_4 e^{-x} + c_5 x e^{-x} + c_6 x^2 e^{-x}$

(b) $y'' + 4y = x^2 \cos 2x$，同理，利用速算法解

(i) 先求得齊性解，根

$m = 2i$，$2i$

$$y_h = c_1 \cos 2x + c_2 \sin 2x$$

(ii) $f(x) = x^2 \cos 2x$，所對應齊性解根為

$m = 2i; 2i; 2i$ 三個重根

(iii) 連同齊性根，共四個重根

$m = 2i; 2i; 2i\, 2i$ 四個重根

其對應齊性解為

$$y_p = c_1 \cos 2x + c_2 x \cos 2x + c_3 x^2 \cos 2x + c_4 x^3 \cos 2x \\ + c_5 \sin 2x + c_6 x \sin 2x + c_7 x^2 \sin 2x + c_8 x^3 \sin 2x$$

再拿掉齊性解 $y_h = c_1 \cos 2x + c_2 \sin 2x$，得最後

$$y_p = c_1 x \cos 2x + c_2 x^2 \cos 2x + c_3 x^3 \cos 2x + c_4 x \sin 2x + c_5 x^2 \sin 2x + c_6 x^3 \sin 2x$$

範例 15：待定係數法

> Obtain the general solutions of the following problems using the method of undetermined coefficients. $y'' - 2y' + y = x^2 e^x$

成大工科所

解答：

先求齊性解　　　$y'' - 2y' + y = 0$

令　　　　　　　$y = e^{mx}$

特徵方程式　　　$(m-1)^2 = 0$

根為　　　　　　$m_1 = 1; 1$

通解　　　　　　$y_h(x) = c_1 e^x + c_2 x e^x$

假設特解　　　　$y_p(x) = Ax^2 e^x + Bx e^x + C e^x$

上式中後兩項與齊性解相同，故

修正特解為（乘上 x^2） $\quad y_p(x) = Ax^4 e^x + Bx^3 e^x + Cx^2 e^x\quad$ 代回原式

微分 $\qquad y_p'(x) = Ax^4 e^x + (4A+B)x^3 e^x + (3B+C)x^2 e^x + (2C)xe^x$

再微分

$$y_p''(x) = Ax^4 e^x + (8A+B)x^3 e^x + (12A+6B+C)x^2 e^x + (6B+4C)xe^x + (2C)e^x$$

代回原微分方程 $y'' - 2y' + y = x^2 e^x$，得

$$(A - 2A + A)x^4 e^x + (8A + B - 8A - 2B + B)x^3 e^x$$
$$+ (12A + 6B + C - 6B - 2C + C)x^2 e^x + (6B + 4C - 4C)xe^x + (2C)e^x = x^2 e^x$$

整理得

$$(12A)x^2 e^x + (6B)xe^x + (2C)e^x = x^2 e^x$$

聯立解

$$12A = 1,\ 6B = 0,\ 2C = 0$$

得係數解 $\qquad A = \dfrac{1}{12},\ B = 0,\ C = 0$

通解 $\qquad y(x) = c_1 e^x + c_2 xe^x + \dfrac{1}{12}x^4 e^x$

第十節　逆運算子法

考慮二階常係數線性常微分方程，通式

$$y'' + ay' + by = f(x)$$

當非齊性項 $f(x)$ 為指數函數、三角函數與冪函數時，可利用其微積分特性，快速的求出其特解。

令微分運算子 D：$D = \dfrac{d}{dx}$，$D^2 = \dfrac{d^2}{dx^2}$

則(1) 式可表成

$$(D^2 + aD + b)y = f(x)$$

或任意階常係數線性常微分方程，通式

$$F(D)y = f(x) \tag{32}$$

其特解，表成

$$y_P = \dfrac{1}{F(D)} f(x)$$

【分析】(運算公式之簡易推導)

已知　　$Dy = f(x)$　　　　　　　　　　　　　　(i)

積分，得

$$y = \int f(x)dx = F(x) + c \tag{ii}$$

也可利用微分運算子 D 表示，即比較 (i)，(ii)，得

$$y = \dfrac{1}{D} f(x) = \int f(x)dx = F(x) + c$$

亦即當微分運算子 D 在分子，即為微分運算，當微分運算子 D 在分母，即為微分反運算—積分，即

$$\dfrac{1}{D}(\ ) = \int (\ )dx$$

非齊性解求法(一)：逆運算公式（化成微積分法）

從微分經驗，可得下列高階微分通式：(請參考「微積分」書)

$$F(D)e^{ax} = F(a)e^{ax}$$

$$F(D^2)\cos(bx) = F(-b^2)\cos(bx)$$

$$F(D^2)\sin(bx) = F(-b^2)\sin(bx)$$

$$F(D^m)x^n = 0 \text{，} m > n$$

第十一節　逆運算子法（一）指數函數

已知二階線性非齊性常係數常微分方程式，表成微分運算子，形式如下：

$$(D^2 + aD + b)y = F(D)y = f(x)$$

由微積分特性知，指數函數具有下列高階微分特性，即

$$(D^2 + aD + b)(e^{mx}) = F(D)e^{mx} = F(m)e^{mx}$$

意即，只須將式中之 D 以 m 取代即可，同時積分此規則仍適用（證明略）。

將常係數常微分方程式(32)，移項得逆運算常微分方程式

$$y_P = \frac{1}{F(D)}f(x) = \frac{1}{F(D)}e^{mx} \tag{33}$$

公式 1：$y_P(x) = \dfrac{1}{F(D)}e^{mx} = \dfrac{1}{F(m)}e^{mx}$；$F(m) \neq 0$

公式 2：$y_P(x) = \dfrac{1}{(D-m)^n}e^{mx} = \dfrac{x^n}{n!}e^{mx}$；$F(m) = 0$

或　　　$y_P(x) = \dfrac{1}{(D-m)^n F(D)}e^{mx} = \dfrac{x^n}{n!F(m)}e^{mx}$

範例 16

(10%) Solve $y'' + 2y' + y = e^{-x}$ with $y(0) = y'(0) = 1$

台大土木工數

解答：

已知
$$(D^2 + 2D + 1)y = e^{-x}$$

$$(D+1)^2 y = e^{-x}$$

齊性解為　　　$m = -1, -1$

或　　　$y_h = c_1 e^{-x} + c_2 x e^{-x}$

特別積分　　　$y_p = \dfrac{1}{(D+1)^2} e^{-x}$

代入公式(2)，得　　　$y_p = \dfrac{1}{(D+1)^2} e^{-x} = \dfrac{x^2}{2!} e^{-x}$

範例 17

(10%) Solve $y'' - y' - 2y = 3e^{2x}$，$y(0) = 0$，$y'(0) = -2$

交大土木戊工數

解答：

已知　　　$(D^2 - D - 2)y = 3e^{2x}$

或　　　$(D-2)(D+1)y = 3e^{2x}$

齊性解為　　　$m = 2, -1$

或　　　$y_h = c_1 e^{2x} + c_2 e^{-x}$

特解代公式(1)為 $\quad y_p = \dfrac{3}{(D-2)(D+1)}e^{2x} = \dfrac{3}{(D-2)(2+1)}e^{2x}$

代公式(2) $\quad y_p = \dfrac{1}{(D-2)}e^{2x} = \dfrac{x}{1!}e^{2x}$

通解 $\quad y(x) = c_1 e^{2x} + c_2 e^{-x} + x e^{2x}$

範例 18

---
solution of the following ODE
$\ddot{x} + 4\dot{x} + 3x = 10e^{-2t}$

成大奈米所應用數學

解答：

令 $\quad y = e^{mt}$

$$m^2 + 4m + 3 = (m+3)(m+1) = 0$$

得根 $\quad m = -3, -1$，

齊性解 $\quad y_h = c_1 e^{-3t} + c_2 e^{-t}$

特解 $\quad (D^2 + 4D + 3)y = 10e^{-2t}$

$$y_p = \dfrac{10}{(D+3)(D+1)}e^{-2t} = \dfrac{10}{(-2+3)(-2+1)}e^{-2t} = -10e^{-2t}$$

通解 $\quad y(t) = c_1 e^{-3t} + c_2 e^{-t} - 10 e^{-2t}$

第十二節　逆運算子法（二）三角函數

由微積分特性知，三角函數具有下列高階微分特性，即

$$(D^2)(\cos bx) = F(D^2)(\cos bx) = F(-b^2)\cos bx$$

及

$$(D^2)(\sin bx) = F(D^2)(\sin bx) = F(-b^2)\sin bx$$

意即，只須將式中之 D^2 以 $-b^2$ 取代即可，同時積分此規則仍適用（證明略）。

已知常係數常微分方程式 $F(D)y = f(x)$

逆運算公式

$$y_P = \frac{1}{F(D)}f(x)$$

公式 3：　$y_P(x) = \dfrac{1}{F(D^2)}\cos bx = \dfrac{1}{F(-b^2)}\cos bx$ ； $F(-b^2) \neq 0$

公式 4：　$y_P(x) = \dfrac{1}{(D^2+b^2)}\cos bx = \dfrac{x}{2b}\sin bx$ ； $F(-b^2) = 0$

同理

公式 5：　$y_P(x) = \dfrac{1}{F(D^2)}\sin bx = \dfrac{1}{F(-b^2)}\sin bx$ ； $F(-b^2) \neq 0$

公式 6：　$y_P(x) = \dfrac{1}{(D^2+b^2)}\sin bx = -\dfrac{x}{2b}\cos bx$ ； $F(-b^2) = 0$

【分析】

因　$e^{imx} = \cos mx + i\sin mx$

$$y_P(x) = \frac{1}{F(D)}\sin mx = \text{Im}\left[\frac{1}{F(D)}e^{imx}\right] = \text{Im}\left[\frac{1}{F(im)}e^{imx}\right]$$

$$y_P(x) = \frac{1}{F(D)}\cos mx = \text{Re}\left[\frac{1}{F(D)}e^{imx}\right] = \text{Re}\left[\frac{1}{F(im)}e^{imx}\right]$$

範例 19

(7%) 解 $\dfrac{d^2 y}{dt^2} + y = \cos(t)$

成大資源所

解答：

已知 $(D^2 + 1)y = \cos(t)$

齊性解為 $y_h = c_1 \cos t + c_2 \sin t$

利用公式(4)，得 $y_P = \dfrac{1}{D^2 + 1}\cos(t) = \dfrac{t}{2}\sin t$

範例 20

(10%) Solve $y'' + 4y' + 20y = 23\sin t - 15\cos t$，$y(0) = 0$，$y'(0) = -1$

交大土木戊工數

解答：

已知 $(D^2 + 4D + 20)y = 23\sin t - 15\cos t$

特徵方程式 $m^2 + 4m + 20 = 0$

根 $m = \dfrac{-4 \pm \sqrt{16 - 80}}{2} = -2 \pm 4i$

齊性解
$$y_h(t) = c_1 e^{-2t}\cos 4t + c_2 e^{-2t}\sin 4t$$

特解
$$y_p = \frac{23}{D^2+4D+20}\sin t - \frac{15}{D^2+4D+20}\cos t$$

代入公式(3)、(5)
$$y_p = \frac{23}{-1+4D+20}\sin t - \frac{15}{-1+4D+20}\cos t$$

$$y_p = \frac{23}{4D+19}\sin t - \frac{15}{4D+19}\cos t$$

配方
$$y_p = \frac{23(4D-19)}{16D^2-19^2}\sin t - \frac{15(4D-19)}{16D^2-19^2}\cos t$$

代入公式(3)、(5)
$$y_p = \frac{23(4D-19)}{-377}\sin t - \frac{15(4D-19)}{-377}\cos t$$

計算分子
$$y_p = \frac{23(4\cos t - 19\sin t)}{-377} - \frac{15(-4\sin t - 19\cos t)}{-377}$$

整理得 $y_p = \sin t - \cos t$

通解為 $y(t) = c_1 e^{-2t}\cos 4t + c_2 e^{-2t}\sin 4t + \sin t - \cos t$

範例 21

(10%) Find the general solution of the differential equation $\frac{d^2x}{dt^2}+5\frac{dx}{dt}+4x = 2\cos(2t)$, and give some discussions on the physical meaning of the complementary function and the particular solution.

成大太空天文與電漿科學所

解答：

$$\frac{d^2x}{dt^2}+5\frac{dx}{dt}+4x=(D^2+5D+4)x=2\cos(2t)$$

1. 齊性解 $m^2+5m+4=(m+1)(m+4)=0$

   $m=-1$，$m=-4$

   齊性解 $x_h=c_1e^{-t}+c_2e^{-4t}$

2. 逆運算子法

   $$(D^2+5D+4)x=2\cos(2t)$$

   $$x_p=\frac{2}{D^2+5D+4}\cos(2t)=\frac{2}{-2^2+5D+4}\cos(2t)$$

   整理得

   $$x_p=\frac{2}{5}\cdot\frac{1}{D}\cos(2t)=\frac{2}{5}\frac{1}{2}\sin 2t=\frac{1}{5}\sin 2t$$

3. 通解 $x(t)=c_1e^{-t}+c_2e^{-4t}+\frac{1}{5}\sin 2t$

當 $t\to\infty$ 時，$x(t)\to\frac{1}{5}\sin 2t$，亦即，特解 x_p 為穩態解，齊性解 x_h 為暫態解。

範例 22

(15%) Find the solution of $y'''-4y'=10\cos x+5\sin x$，$y(0)=3$，$y'(0)=-2$，$y''(0)=-1$

成大系統與船機電所

解答：

已知　　$D(D^2-4)y = 10\cos x + 5\sin x$

齊性解　$m = 0, 2, -2$

或　　$y_h = c_1 + c_2 e^{2x} + c_3 e^{-2x}$

逆運算　$y_p = \dfrac{10}{D(D^2-4)}\cos x + \dfrac{5}{D(D^2-4)}\sin x$

特解　　$y_p = -\dfrac{2}{D}\cos x - \dfrac{1}{D}\sin x = -2\sin x + \cos x$

通解　　$y(x) = c_1 + c_2 e^{2x} + c_3 e^{-2x} - 2\sin x + \cos x$

代入　　$y(0) = 3 = c_1 + c_2 + c_3 + 1$ 或 $c_1 + c_2 + c_3 = 2$

　　　　$y'(0) = -2 = 2c_2 - 2c_3 - 2$ 或 $c_2 = c_3$

　　　　$y''(0) = -1 = 4c_2 + 4c_3 - 1$ 或 $c_2 = -c_3$

解得　　$c_2 = c_3 = 0$，$c_1 + c_2 + c_3 = 2$

特解為　$y(x) = 2 - 2\sin x + \cos x$

範例 23：三角

Sole $(D^2+4)y = \cos 2x + \cos 4x$

台大環工所 H

解答：

已知　　$(D^2+4)y = 0$

特徵方程式根　　$m = \pm 2i$

齊性解　$y_h = c_1 \cos 2x + c_2 \sin 2x$

逆運算　　$y_p = \dfrac{1}{D^2+4}\cos 2x + \dfrac{1}{D^2+4}\cos 4x$

代公式(4)及(3)

$$y_p = \dfrac{x}{4}\sin 2x + \dfrac{1}{-4^2+4}\cos 4x = \dfrac{x}{4}\sin 2x - \dfrac{1}{12}\cos 4x$$

特解　　　　$y(x) = c_1 \cos 2x + c_2 \sin 2x + \dfrac{x}{4}\sin 2x - \dfrac{1}{12}\cos 4x$

範例 24-高階逆運算

(10%) Solve $y^{(4)} + 8y'' + 16y = \cos x$.

交大機械所甲

解答：

已知　　$(D^4 + 8D^2 + 16)y = (D^2+4)^2 y = \cos x$

特徵方程式根　　$m = \pm 2i, \pm 2i$

齊性解　　$y_h = c_1 \cos 2x + c_2 \sin 2x + c_3 x \cos 2x + c_4 x \sin 2x$

逆運算　　$y_p = \dfrac{1}{(D^2+4)^2}\cos x = \dfrac{1}{(-1^2+4)^2}\cos x = \dfrac{1}{9}\cos x$

通解

$$y = c_1 \cos 2x + c_2 \sin 2x + c_3 x \cos 2x + c_4 x \sin 2x + \dfrac{1}{9}\cos x$$

範例 25

(10%) Solve $y^{(4)} + 8y'' + 16y = \cos 2x$.

交大機械所甲

解答：

已知 $(D^4 + 8D^2 + 16)y = (D^2 + 4)^2 y = \cos 2x$

特徵方程式根 $\quad m = \pm 2i, \pm 2i$

齊性解 $\quad y_h = c_1 \cos 2x + c_2 \sin 2x + c_3 x \cos 2x + c_4 x \sin 2x$

逆運算 $\quad y_p = \dfrac{1}{(D^2 + 4)^2} \cos 2x = \dfrac{1}{(-1^2 + 4)^2} \cos 2x$

改用逆運算公式

$$y_p = \dfrac{1}{(D^2 + 4)^2} \cos 2x = \dfrac{1}{(D - 2i)^2 (D + 2i)^2} \dfrac{1}{2}(e^{2ix} + e^{-2ix})$$

得

$$y_p = \dfrac{1}{2} \dfrac{1}{(D - 2i)^2 (2i + 2i)^2}(e^{2ix}) + \dfrac{1}{2} \dfrac{1}{(-2i - 2i)^2 (D + 2i)^2}(e^{-2ix})$$

或

$$y_p = -\dfrac{1}{32} \dfrac{1}{(D - 2i)^2}(e^{2ix}) - \dfrac{1}{32} \dfrac{1}{(D + 2i)^2}(e^{-2ix})$$

代公式(2)，得

$$y_p = -\dfrac{1}{32} \dfrac{x^2}{2!}(e^{2ix}) - \dfrac{1}{32} \dfrac{x^2}{2!}(e^{-2ix}) = -\dfrac{x^2}{32} \dfrac{1}{2!}(e^{2ix} + e^{-2ix})$$

或

$$y_p = -\dfrac{1}{32} x^2 \cos 2x$$

通解

$$y(x) = c_1 \cos 2x + c_2 \sin 2x + c_3 x \cos 2x + c_4 x \sin 2x - \dfrac{1}{32} x^2 \cos x$$

第十三節 逆運算子法（三）多項式函數

由微積分特性知，多項式函數具有下列高階微分特性，即

$$(D^n)(x^m) = m(m-1)\cdots(m-n+1)x^{m-n}，當 n < m$$

及

$$(D^n)(x^m) = n!，當 n = m$$

$$(D^n)(x^m) = 0，當 n > m$$

已知常係數常微分方程式 $\quad F(D)y = f(x)$

逆運算公式 $\quad y_P = \dfrac{1}{F(D)} f(x)$

只須將式中之 $\dfrac{1}{F(D)}$，利用綜合除法，展開成 D 之無窮級數即可，

公式 7： $\quad y_P(x) = \dfrac{1}{F(D)} x^n = (a_0 + a_1 D + \cdots + a_m D^m + \cdots) x^m$

即可得特別積分，為

$$y_P(x) = a_0 x^m + a_1 m x^{m-1} + \cdots + a_m m! + 0$$

範例 26

(10%) 解 $\dfrac{d^2 y}{dx^2} - 4y = 8x$，$y(0) = 4$，$y'(0) = 2$

高雄大電機所微電子組工數

解答：

已知 $\dfrac{d^2 y}{dx^2} - 4y = (D^2 - 4)y = 8x$

齊性解　$y_h = c_1 e^{2x} + c_2 e^{-2x}$

特解為　$y_p = \dfrac{8}{D^2 - 4} x = \left(-2 - \dfrac{1}{2} D^2 + \cdots\right) x = -2x$

通解　$y(x) = c_1 e^{2x} + c_2 e^{-2x} - 2x$

$y(0) = 4 = c_1 + c_2$

$y'(0) = 2 = 2c_1 - 2c_2 - 2$

得　$c_1 = 3$，$c_2 = 1$

最後得解　$y(x) = 3e^{2x} + e^{-2x} - 2x$

範例 27

> (8%) Determine the general solution for the following ODE：
> $\dfrac{d^2 x}{dt^2} - 6 \dfrac{dx}{dt} + 5x = t^3$

中興精密所

解答：

已知 $\dfrac{d^2 x}{dt^2} - 6 \dfrac{dx}{dt} + 5x = (D-1)(D-5)x = t^3$

齊性解　$x_h = c_1 e^t + c_2 e^{5t}$

特解 $$x_p = \frac{1}{(5-D)(1-D)}t^3 = \frac{1}{(5-D)}(1+D+D^2+D^3+\cdots)t^3$$

$$x_p = \frac{1}{5\left(1-\frac{D}{5}\right)}(t^3+3t^2+6t+6)$$

展開
$$x_p = \frac{1}{5}\left(1+\left(\frac{D}{5}\right)+\left(\frac{D}{5}\right)^2+\left(\frac{D}{5}\right)^3+\cdots\right)(t^3+3t^2+6t+6)$$

$$x_p = \frac{1}{5}\left(1+\frac{D}{5}+\frac{D^2}{25}+\frac{D^3}{125}+\cdots\right)(t^3+3t^2+6t+6)$$

得
$$x_p = \frac{1}{5}\left(t^3+3t^2+6t+6+\frac{1}{5}(3t^2+6t+6)+\frac{1}{25}(6t+6)+\frac{6}{125}\right)$$

$$x_p = \frac{1}{5}t^3+\frac{3}{5}t^2+\frac{6}{5}t+\frac{6}{5}+\frac{3}{25}t^2+\frac{6}{25}t+\frac{6}{25}+\frac{6}{125}t+\frac{6}{125}+\frac{6}{625}$$

$$x_p = \frac{1}{5}t^3+\frac{18}{25}t^2+\frac{186}{125}t+\frac{936}{625}$$

範例 28

(7%) Find the solution of $y'' - 2y' + y = e^x + x$

成大航太所

解答：

已知 $$(D-1)^2 y = e^x + x$$

齊性解 $$y_h = c_1 e^x + c_2 x e^x$$

特解　　$y = \dfrac{1}{(D-1)^2}e^x + \dfrac{1}{D^2-2D+1}x = \dfrac{x^2}{2!}e^x + (1+2D+\cdots)x$

通解　　$y = c_1 e^x + c_2 x e^x + \dfrac{x^2}{2!}e^x + x + 2$

範例 29

(10%) Solve the following differential equation for
$$\dfrac{d^2 y}{dt^2} - y = 5\sin^2 t, \quad y(0)=2, \quad y'(0)=-4$$

台科大自動化工數

解答：

已知　　$\dfrac{d^2 y}{dt^2} - y = 5\sin^2 t = \dfrac{5}{2}(1-\cos 2t)$

或　　$(D^2-1)y = (D-1)(D+1)y = \dfrac{5}{2}(1-\cos 2t)$

齊性解　$y_h = c_1 e^t + c_2 e^{-t}$

特解　　$y_p = \dfrac{5}{2}\left(\dfrac{1}{D^2-1}1 - \dfrac{1}{D^2-1}\cos 2t\right)$

$y_p = \dfrac{5}{2}\left((-1-D^2+\cdots)1 - \dfrac{1}{-2^2-1}\cos 2t\right) = -\dfrac{5}{2} + \dfrac{1}{2}\cos 2t$

通解　　$y(t) = c_1 e^t + c_2 e^{-t} - \dfrac{5}{2} + \dfrac{1}{2}\cos 2t$

代入初始條件　$y(0) = 2 = c_1 + c_2 - \dfrac{5}{2} + \dfrac{1}{2}$，或 $c_1 + c_2 = 4$

$y'(0) = -4 = c_1 - c_2$ 或 $-c_1 + c_2 = 4$

得　$c_1 = 0$，$c_2 = 4$

$$y(t) = 4e^{-t} - \frac{5}{2} + \frac{1}{2}\cos 2t$$

範例 30

> (5%) (a) Find the general solution for $y'' - 36y = 0$
> (5%) (b) Find the particular solution for $y''' + y' = 5 + \sin x$
> (5%) (c) Find the general solution for $xy' + y = 5x^5$

交大電子所微方線代

解答：　常係數

(a) $y'' - 36y = 0$

　　$m^2 = 36$，$m = -6$，$m = 6$

　　$y(x) = c_1 e^{6x} + c_2 e^{-6x}$

(b) $y''' + y' = (D^3 + D)y = 5 + \sin x$

$$y_p(x) = \frac{1}{D(D^2+1)} 5 + \frac{1}{(D^2+1)D} \sin x$$

代入 $\frac{1}{D}\sin x = -\cos x$

$$y_p(x) = \frac{1}{D} 5 - \frac{1}{(D^2+1)} \cos x$$

$$y_p(x) = 5x - \frac{x}{2}\sin x$$

(c) $xy' + y = 5x^5$

　　$d(xy) = 5x^5 dx$

積分　　$xy = \dfrac{5}{6}x^6 + c$

$y(x) = \dfrac{5}{6}x^5 + c\dfrac{1}{x}$

第十四節　逆運算子法（四）(IV：函數乘積)

由微積分特性知，指數函數具有下列高階移位特性，即

$$(D)(e^{ax}f(x)) = e^{ax}af(x) + e^{ax}Df(x) = e^{ax}(D+a)f(x)$$

及

$$(D^n)(e^{ax}f(x)) = e^{ax}(D+a)^n f(x)$$

意即，只須將式中之 e^{ax} 提出至括號外，再將微分運算子 D 移位至 $D+a$。

已知常係數常微分方程式　$F(D)y = f(x)$

逆運算公式　$y_P = \dfrac{1}{F(D)}f(x)$

公式 8：　　$y_P(x) = \dfrac{1}{F(D)}(e^{ax}f(x)) = e^{ax}\dfrac{1}{F(D+a)}f(x)$

範例 31

(10%) 解 $y'' - 2y' + 5y = e^x \cos(2x)$

高雄大電機所光電組工數

解答：

已知　　$(D^2 - 2D + 5)y = e^x \cos(2x)$

1. 先解齊性解

$$(m^2 - 2m + 5)e^{mx} = 0$$

$$m^2 - 2m + 5 = 0$$

根　$m = \dfrac{2 \pm \sqrt{4-20}}{2} = 1 \pm 2i$

$$y_h = c_1 e^x \cos(2x) + c_2 e^x \sin(2x)$$

2. 再求特解

$$y_P = \dfrac{1}{D^2 - 2D + 5}\left(e^x \cos(2x)\right)$$

代入公式(8)

$$y_P = e^x \dfrac{1}{(D+1)^2 - 2(D+1) + 5}(\cos(2x)) = e^x \dfrac{1}{D^2 + 4}(\cos(2x))$$

代入公式(4)

$$y_P = e^x \dfrac{x}{4}(\sin(2x)) = \dfrac{x}{4} e^x \sin(2x)$$

3. 通解　$y(x) = c_1 e^x \cos(2x) + c_2 e^x \sin(2x) + \dfrac{x}{4} e^x \sin(2x)$

範例 32

Find a particular real solution to $\ddot{x} + 5x = 4e^{-t}\cos(2t)$

〔交大光電顯示聯招工數〕

解答：

$$(D^2 + 5)y = 4e^{-t}\cos(2t)$$

齊性解　$y_h(t) = c_1 \cos\sqrt{5}\,t + c_2 \sin\sqrt{5}\,t$

逆運算　　$y_p = \dfrac{4}{D^2+5}\left[e^{-t}\cos(2t)\right] = 4e^{-t}\dfrac{1}{(D-1)^2+5}\left[\cos(2t)\right]$

整理　　$y_p = 4e^{-t}\dfrac{1}{D^2-2D+6}\left[\cos(2t)\right] = 2e^{-t}\dfrac{1}{1-D}\left[\cos(2t)\right]$

配方　　$y_p = 2e^{-t}\dfrac{1+D}{1-D^2}\left[\cos(2t)\right] = 2e^{-t}\dfrac{1+D}{5}\left[\cos(2t)\right]$

得　$y_p = \dfrac{2}{5}e^{-t}(\cos 2t - 2\sin 2t)$

通解　　$y(t) = c_1\cos\sqrt{5}t + c_2\sin\sqrt{5}t + \dfrac{2}{5}e^{-t}(\cos 2t - 2\sin 2t)$

範例 33

Solve $y'' + y' = te^t$ ， $y(0) = 0$ ， $y'(0) = 0$

淡大航太工數數

解答：

已知　　$D(D+1)y = te^t$

齊性解　$y_h = c_1 + c_2 e^{-t}$

逆運算　$y_p = \dfrac{1}{D(D+1)}(e^t t) = e^t\dfrac{1}{(D+1)(D+2)}(t)$

$y_p = e^t\dfrac{1}{D^2+3D+2}(t) = e^t\left(\dfrac{1}{2} - \dfrac{3}{4}D + \cdots\right)t$

特解　　$y_p = e^t\left(\dfrac{1}{2}t - \dfrac{3}{4}\right)$

通解　　$y = c_1 + c_2 e^{-t} + \dfrac{1}{2}te^t - \dfrac{3}{4}e^t$

考題集錦

1. (15%) Find the solution of the following differential equation
   $$\frac{d^2x}{dt^2} + 5\frac{dx}{dt} + 4x = 0$$
   With initial conditions $x(0) = 1$ and $x'(0) = 1$
   台大生醫所應數

2. (8%) 已知初始值問題 $y'' + 0.2y' + 4.01y = 0$，$y(0) = 0$，$y'(0) = 2$，則下列何者為其解？
   (A) $y = e^{-x}\cos 2x$ (B) $y = e^{-x}\sin 2x$
   (C) $y = e^{-0.1x}\cos 2x$ (D) $y = e^{-0.1x}\sin 2x$
   台科大高分子

3. (20%) Solve the initial value problem：
   $y'' + y' - 2y = 0$，$y(0) = 4$，$y'(0) = -5$
   中山環工所

4. Solve the following initial value problems： $y'' - 4y' + 4y = 0$，$y(0) = 0$，$y'(0) = -3$
   成大電機、電通、微電子所

5. Solve the ODE $y'' - 2y' + 5y = 0$，$y(0) = 1$，$y'(0) = 1$
   中山資工所

6. Consider a set V, consisting of all the real solution functions $y(x)$ of the ordinary differential equation $\frac{d^2y}{dx^2} - 6\frac{dy}{dx} + 9y = 0$. Is V a real linear vector space? If yes, find the dimension and a basis of the vector space V.
   台大機械所 B

7. Find complete solutions of the following equations：

$$(D^3 - 2D^2 - 3D + 10)y = 0$$

中央地物所應用數學

8. （單選）The general solution of the equation $y''' - 4y'' - y' + 4y = 0$ is
   (A) $y = c_1 e^x + c_2 e^{-4x} + c_3 e^{-x}$
   (B) $y = c_1 e^{-x} + c_2 e^{4x} + c_3 e^x$
   (C) $y = c_1 e^{-x} + c_2 e^{2x} + c_3 e^{-2x}$
   (D) $y = c_1 e^x + c_2 e^{2x} + c_3 e^{-2x}$

成大材工所

9. (15%) Find the general solution $y^{(7)} + 18y^{(5)} + 81y''' = 0$.

台科大電機甲、乙二

10. $y(x)$ 為實函數，試解下列常微分方程之一般解
$$\frac{d^4 y}{dx^4} + 4y = 0$$

成大水利海洋所

11. (10%) Solve $x^2 y'' + xy' + y = \sec(\ln x)$

中興機械所

12. (10%) 如下微分方程 $4y'' + 36y = \csc 3x$

雲科營建所、台科大電子所、成大電機所

13. Find the complete solution of the problem $y'' + y = \tan x$ （15%）

淡大化工所、91 北科大化工所

14. Consider the differential equation with constant coefficients
$$y''(x) + ay'(x) + by(x) = u(x)$$
with some unknown but fixed initial condition,
It known that $y(x) = \sin x$ with $u(x) = \sin x$.
Please calculate $y(x) = ?$ When $u(x) = \cos x$

交大電控所

15. solution of the following ODE

$\ddot{x} + 4\dot{x} + 3x = 10e^{-2t}$

成大奈米所應用數學

16. Find complete solutions of the following equations：

$y'' + 6y' + 9y = e^{-3x}$

中央地物、朝陽資工工數

17. Given an ordinary differential equation $y'' - y' - 2y = 36\cosh x$，with initial conditions $y(0) = 3$，$y'(0) = 0$. Find the solution.

台大工數 A 土木

18. Determine general solution $y''' - y'' - 8y' + 12y = 7e^{2x}$

中山光電工數

19. (10%)解微分方程：

$y'' + 5y' + 6y = 3e^{-2x} + e^{3x}$

台大生機所 J

20. (15%) Find the solution of $y''' - 4y' = 10\cos x + 5\sin x$，$y(0) = 3$，$y'(0) = -2$，$y''(0) = -1$

成大系統與船機電所

21. Sole $(D^2 + 4)y = \cos 2x + \cos 4x$

台大環工所 H

22. Solve $y'' - 3y' + 2y = \cos 3x$

雲科機械工數

23. (16%) Solve $\dfrac{d^3 y}{dt^3} - 4\dfrac{dy}{dt} = \cos t + \sin t$

中山材料所乙丙

24. Solve $y^{(4)} + 2y'' + y = \cos x$

   中山電機所

25. If y_1, y_2, and y_3 are linearly independent complementary solutions for a third-order linear differential equation, the particular solution is assumed to be $y_p = u_1 y_1 + u_2 y_2 + u_3 y_3$.

   (A) (12%) Please derive the computation equations for u_1, u_2, and u_3.

   (B) (8%) Please use the above derived formulas to find the complete solution for $\dfrac{d^3 y}{dx^3} - \dfrac{d^2 y}{dx^2} = x$

   成大環工所

26. Find the general solution to the differential equation. Express y explicitly as a function of x. $y'' - 4y = 8x^2 - 2x$

   台科大電機微方線代

27. Find the general solution to $\ddot{x} + 2\dot{x} + 2x = 2t^2 + 2$

   交大光電顯示聯招工數

28. Solve $y'' + y' = e^x \sin x$

   朝陽營建工數

29. Please solve $y'' - 2y' + y = 5xe^x + 3x$

   中山環工所

30. Find the general solution for $\dfrac{d^2 y}{dx^2} - 2\dfrac{dy}{dx} + y = x^2 e^x$

   台大醫工所 C

第五章
二階與高階變係數線性常微分方程式

第一節　高階變係數線性常微分方程概論

二階變係數線性常微分方程，其通式如下：

$$y'' + P(x)y' + Q(x)y = f(x) \tag{1}$$

或

$$P(x)y'' + Q(x)y' + R(x)y = f(x) \tag{2}$$

其通解形式為 $y(x) = y_h(x) + y_p(x)$

從前幾章對常係數常微分方程之討論中，累積了一些經驗，如齊性解 $y_h(x) = c_1 y_1(x) + c_2 y_2(x)$ 兩個特解中，只要有一個 $y_1(x)$ 被求出，則其它的解，就能利用降接法全部求得。

假設已求得一個齊性特解　$y_1(x)$

則利用降階法，可令第二個齊性解　$y_2(x) = u^*(x) y_1(x)$

最後再利用參數變更法，可求得特解　$y_P(x) = u(x) y_1(x) + v(x) y_2(x)$

因此現在對變係數線性常微分方程只剩一個問題，就是 $y_1(x)$ 如何求？

前面幾章，已經令

$$y = e^{mx}$$

去解常係數常微分方程式了，當 m 為虛數，即

$$y = e^{imx} = \cos mx + i \sin mx$$

亦即令 $y = \cos mx$ 或 $y = \sin mx$，都只能解常係數常微分方程式了剩下冪函數了，令

$$y = x^m \quad \text{（可解常點之 EuleruCauchy 變係數常微分方程式）}$$

與其線性組合了

$$y = c_0 + c_1 x + c_2 x^2 + \cdots + c_m x^m + \cdots \quad \text{（可解常點之變係數常微分方程式）}$$

兩種，分別詳述如下。

第二節　Euler-Cauchy 二階齊性常微分方程

二階線齊性變係數常微分方程中，最常見且較簡易的通式如下：

$$x^2 y'' + axy' + by = 0 \tag{3}$$

其中 a、b 為一實數常數，則稱上式為 Euler-Cauchy 常微分方程式。

利用歸納法之經驗，假設其通解為冪函數型式，亦即

令解為　$y = x^m$

$y' = mx^{m-1}$

及再微分　$y'' = m(m-1)x^{m-2}$

代入原式，得

$$m(m-1)x^m + amx^m + bx^m = 0$$

或　$[m(m-1) + am + b]x^m = 0$

上式中 $x^m \neq 0$，故得其係數為 0，得特徵方程式，

$$m(m-1) + am + b = 0$$

上式為二次代數方程，整理得

$$m^2 + (a-1)m + b = 0 \tag{4}$$

其中兩個根分別為

$$m_1 = \frac{1-a+\sqrt{(a-1)^2-4b}}{2} \; ; \; m_2 = \frac{1-a-\sqrt{(a-1)^2-4b}}{2}$$

根據式中根號項內：

$$(a-1)^2 - 4b > 0 \; ; \; (a-1)^2 - 4b = 0 \; ; \; (a-1)^2 - 4b < 0$$

可分成下列三種情形，分別討論如下：

情況 I（$(a-1)^2 - 4b > 0$）：亦即 m_1；m_2 不等實根

得 $\qquad\qquad\qquad y_1(x) = x^{m_1} \; ; \; y_2(x) = x^{m_2}$

且 $\qquad\qquad\qquad \dfrac{y_2}{y_1} = x^{m_2-m_1} \neq c$

故得齊性解 $\qquad\quad y_h(x) = c_1 x^{m_1} + c_2 x^{m_2} \tag{5}$

情況 II（$(a-1)^2 - 4b = 0$）：亦即 $m_1 = m_2$，相等實根

得 $\qquad\qquad\qquad y_1(x) = (y)_{m=m_1} = (x^m)_{m=m_1} = x^{m_1}$

如同上一章二階常係數常微分方程一樣，碰到重根時，採用微分速算法，得

$$y_2(x) = \left(\frac{dy}{dm}\right)_{m=m_1} = (x^m \ln x)_{m=m_1} = x^{m_1} \ln x$$

且 $\qquad\qquad\qquad \dfrac{y_2}{y_1} = \ln x \neq c$

故得齊性解 $\qquad\quad y_h(x) = c_1 x^{m_1} + c_2 x^{m_1} \ln x \tag{6}$

情況 III （$(a-1)^2 - 4b < 0$）：亦即 m_1；m_2 共軛複根

其中 $$m_1 = \frac{1-a+i\sqrt{4b-(a-1)^2}}{2} = \frac{1-a}{2} + \frac{\sqrt{4b-(a-1)^2}}{2} \cdot i$$

令 $\alpha = \frac{1-a}{2}$ 及 $\beta = \frac{\sqrt{4b-(a-1)^2}}{2}$，代入得

兩個根　　　　　　　$m_1 = \alpha + \beta \cdot i$；$m_2 = \alpha - \beta \cdot i$

得第一個齊性解　　　$y_1(x) = x^{\alpha+i\beta}$；$y_2(x) = x^{\alpha-i\beta}$

上式都為複變數函數，利用下面方法，可化成兩個線性獨立實變數函數特解：

利用指數與對數特性得　$y_1(x) = x^\alpha \cdot x^{i\beta} = x^\alpha e^{i\beta \ln x}$

再利用 Euler 公式　　$e^{ix} = \cos x + i \sin x$

代入得　　　　　　　$y_1(x) = x^\alpha [\cos(\beta \ln x) + i \sin(\beta \ln x)]$

同理得　　　　　　　$y_2(x) = x^\alpha [\cos(\beta \ln x) - i \sin(\beta \ln x)]$

相加得第一個齊性解　$y_3(x) = \frac{1}{2}[y_1(x) + y_2(x)] = x^\alpha \cos(\beta \ln x)$

及相減得第二個齊性解　$y_4(x) = \frac{1}{2i}[y_1(x) - y_2(x)] = x^\alpha \sin(\beta \ln x)$

且　　　　　　　　　$\frac{y_4}{y_3} = \tan(\beta \ln x) \neq c$

故得齊性解　　　　　$y_h = x^\alpha [c_1 \cos(\beta \ln x) + c_2 \sin(\beta \ln x)]$ 　　(7)

範例 01：不等實根

Solve the following initial value problems. （10%）

$x^2 y'' - 4xy' + 6y = 0$

交大電控聯微方線代

解答：

已知　　$x^2 y'' - 4xy' + 6y = 0$

令　　$y = x^m$

微分　　$y' = mx^{m-1}$，$y'' = m(m-1)x^{m-2}$

代入常微分方程，得特徵方程式

$$m(m-1) - 4m + 6 = m^2 - 5m + 6 = (m-2)(m-3) = 0$$

根為

$$m_1 = 2 \text{，} m_2 = 3$$

齊性解　$y(x) = c_1 x^2 + c_2 x^3$

範例 02：相等實根

Find a general solution $y(x)$ to the differential equation：（10%）

$x^2 y'' - xy' + y = 0$，$x > 0$

暨南電機所

解答：

已知　　$x^2 y'' - xy' + y = 0$

令　　$y = x^m$

微分　　$y' = mx^{m-1}$，$y'' = m(m-1)x^{m-2}$

代入常微分方程，得特徵方程式

$$m(m-1) - m + 1 = 0$$

或 $(m-1)^2 = 0$

根 $m_1 = 1$，$m_2 = 1$，重根

通解 $y(x) = c_1 x + c_2 x \ln x$

範例 03： 共軛複根

Solve the following initial value problem (20%)

$x^2 y'' + 2xy' + 100.25 y = 0$，$y(1) = 2$，$y'(1) = -11$

台科大機械工數

解答：

令 $y = x^m$

微分 $y' = mx^{m-1}$，$y'' = m(m-1)x^{m-2}$

代入常微分方程，得特徵方程式

$$m(m-1) + 2m + 100.25 = m^2 + m + 100.25 = 0$$

得根為 $m = \dfrac{-1 \pm \sqrt{1-401}}{2} = \dfrac{-1}{2} \pm 10i$

通解 $y(x) = x^{-\frac{1}{2}}(c_1 \cos(10\ln x) + c_2 \sin(10\ln x))$

代入初始條件：$y(1) = 2$，$y'(1) = -11$

(1) $y(1) = c_1 = 2$，得 $c_1 = 2$

(2) $y'(1) = -\dfrac{1}{2}(c_1) + 10 c_2 = -11$，得 $c_2 = -1$

得特解

$$y(x) = 2\frac{\cos(10\ln x)}{\sqrt{x}} - \frac{\sin(10\ln x)}{\sqrt{x}}$$

第三節　Euler-Cauchy 高階齊性常微分方程

同理，高階 Euler-Cauchy 常微分方程，其通式如下

$$x^n y^{(n)} + a_{n-1} x^{n-1} y^{(n-1)} + \cdots + a_2 x^2 y'' + a_1 x y' + a_0 y = 0 \tag{8}$$

其中 $a_{n-1}; \cdots; a_2; a_1; a_0$ 為一實數常數。

類似上節之推導過程，可整理通解公式如下：

假設其解為 $\quad y = x^m$

代入原微分方程得特徵方程式為

$$m(m-1)\cdots(m-n+1) + \cdots + a_2 m(m-1) + a_1 m + a_0 = 0$$

根據其根可分成下列三種情形，討論如下：

情況 I：　　　　　$m_1 ; m_2 ; \cdots ; m_n$ 為不等實根

故得齊性解 $\quad y = c_1 x^{m_1} + c_2 x^{m_2} + \cdots + c_n x^{m_n} \tag{9}$

情況 II：　　　　$m_1 = m_2 = \cdots = m_n$ 相等實根

得 $\quad y_1(x) = (y)_{m=m_1} = (x^m)_{m=m_1} = x^{m_1}$

利用微分法得 $\quad y_2(x) = \left(\dfrac{dy}{dm}\right)_{m=m_1} = (x^m \ln x)_{m=m_1} = x^{m_1} \ln x$

$\cdots$

及

$$y_n(x) = \left(\frac{d^{n-1}y}{dm^{n-1}}\right)_{m=m_1} = \left(x^m(\ln x)^{n-1}\right)_{m=m_1} = x^{m_1}(\ln x)^{n-1}$$

故得齊性解 $y_h(x) = c_1 x^{m_1} + c_2 x^{m_1} \ln x + \cdots + c_n x^{m_1}(\ln x)^{n-1}$ （10）

情況 III： $\quad m_1; m_2; m_3; m_4 = \alpha \pm i\beta; \alpha \pm i\beta$ 共軛複根（假設四個根）

故得齊性解 $y_h = x^\alpha \left[(c_1 + c_2 \ln x)\cos(\beta \ln x) + (c_3 + c_4 \ln x)\sin(\beta \ln x)\right]$ （11）

範例 04：不等實根

$$\text{解 } x\frac{d^3y}{dx^3} - 2\frac{d^2y}{dx^2} = 0$$

北科大自動化所甲

解答：

已知 $\quad x\dfrac{d^3y}{dx^3} - 2\dfrac{d^2y}{dx^2} = 0$

乘上 x^2，得 Euler-Cauchy 常微分方程

$$x^3\frac{d^3y}{dx^3} - 2x^2\frac{d^2y}{dx^2} = 0$$

令 $y = x^m$

微分 $y' = mx^{m-1}$，$\quad y'' = m(m-1)x^{m-2}$，$\quad y''' = m(m-1)(m-2)x^{m-3}$

代入常微分方程，得特徵方程式

$\quad m(m-1)(m-2) - 2m(m-1) = 0$

提出公因式 $\quad m(m-1)(m-4) = 0$

得根

$$m_1 = 0 \text{ , } m_2 = 1 \text{ , } m_3 = 4$$

通解　　$y(x) = c_1 + c_2 x + c_3 x^4$

範例 05：重根

Solve $x^4 y^{(4)} + 4x^3 y^{(3)} + x^2 y'' + xy' - y = 0$，for $x > 0$。（15%）

淡大機電所

解答：

已知　　　　　　　$x^4 y^{(4)} + 4x^3 y^{(3)} + x^2 y'' + xy' - y = 0$

令　　$y = x^m$

微分　　$y' = mx^{m-1}$

$$y'' = m(m-1)x^{m-2}$$

$$y''' = m(m-1)(m-2)x^{m-3}$$

$$y^{(4)} = m(m-1)(m-2)(m-3)x^{m-4}$$

代入常微分方程，得特徵方程式

$$m(m-1)(m-2)(m-3) + 4m(m-1)(m-2) + m(m-1) + m - 1 = 0$$

因式分解　　　　$(m-1)^3 (m+1) = 0$

$$m = 1, 1, 1, \ m = -1$$

齊性解　　$y_h(x) = c_1 x + c_2 x \ln x + c_3 x \ln^2 x + c_4 x^{-1}$

範例 06

求 $x^3 \dfrac{d^3 y}{dx^3} + 5x^2 \dfrac{d^2 y}{dx^2} + 7x \dfrac{dy}{dx} + 8y = 0$ 之一般解　(10%)

台大電機所、中正電機所

解答：

已知　　$x^3 \dfrac{d^3 y}{dx^3} + 5x^2 \dfrac{d^2 y}{dx^2} + 7x \dfrac{dy}{dx} + 8y = 0$

令　$y = x^m$

微分　　$y' = mx^{m-1}$

$$y'' = m(m-1)x^{m-2}$$

$$y''' = m(m-1)(m-2)x^{m-3}$$

代入常微分方程，得特徵方程式

$$m(m-1)(m-2) + 5m(m-1) + 7m + 8 = 0$$

因式分解　　$(m+2)(m^2 + 4) = 0$

$$m = -2,\ m = \pm 2i$$

齊性解　　$y_h(x) = c_1 \dfrac{1}{x^2} + c_2 \cos(2\ln x) + c_3 \sin(2\ln x)$

第四節　Euler-Cauchy 二階非齊性常微分方程

二階變係數非齊性常微分方程，其通式如下

$$x^2 y'' + axy' + by = f(x) \tag{12}$$

其中 a、b 為一實數常數，上式稱之為 Euler-Cauchy 非齊性常微分方程或等維線性非齊性常微分方程。

其非齊性解，可有兩種方法求，第一種方法是參數變更法，但是需注意代公式使用前，記得需先將上式，化成下列標準式

$$y'' + \frac{a}{x} y' + \frac{b}{x^2} y = \frac{f(x)}{x^2} = f^*(x)$$

方可使用參數變更法公式。

第二種方法是化成常係數常微分方程式，再利用前一章的逆運算子法求，若無法應用逆運算子法求，就不要採用此法，直接使用第一種方法參數變更法，否則換來換去，更複雜。

假設自變數變換，令 $\quad x = e^z$ 或 $z = \ln x$，$\dfrac{dz}{dx} = \dfrac{1}{x}$

一次微分項 $\quad \dfrac{dy}{dx} = \dfrac{dy}{dz} \cdot \dfrac{dz}{dx} = \dfrac{1}{x} \dfrac{dy}{dz}$

移項得 $\quad x \dfrac{dy}{dx} = \dfrac{dy}{dz} = D_z y$

二次微分項 $\quad \dfrac{d^2 y}{dx^2} = \dfrac{d}{dx}\left(\dfrac{1}{x} \dfrac{dy}{dz}\right) = \dfrac{-1}{x^2} \dfrac{dy}{dz} + \dfrac{1}{x} \dfrac{d}{dx}\left(\dfrac{dy}{dz}\right)$

簡化 $\quad \dfrac{d^2 y}{dx^2} = \dfrac{-1}{x^2} \dfrac{dy}{dz} + \dfrac{1}{x} \dfrac{d}{dz}\left(\dfrac{dy}{dz}\right) \cdot \dfrac{dz}{dx} = \dfrac{-1}{x^2} \dfrac{dy}{dz} + \dfrac{1}{x^2} \dfrac{d^2 y}{dz^2}$

移項得 $\quad x^2 \dfrac{d^2 y}{dx^2} = -\dfrac{dy}{dz} + \dfrac{d^2 y}{dz^2} = D_z(D_z - 1) y$

代回原微分方程 $\quad D_z(D_z - 1) y + a D_z y + b y = f(e^z)$

整理得 $\quad [D_z(D_z - 1) + a D_z + b] y = f^*(z) \qquad (13)$

再利用逆運算子法求解通解。

上式(13)，左邊各項，剛好與齊性 Euler-Cauchy 微分方程之特徵方程式(4)相同。

範例 07

Find the general solution of $\dfrac{d^2 y}{dx^2} - \dfrac{4}{x}\dfrac{dy}{dx} + \dfrac{4}{x^2}y = x^2 + 1$，$x > 0$ (20%)

成大機械所

解答：

已知
$$\dfrac{d^2 y}{dx^2} - \dfrac{4}{x}\dfrac{dy}{dx} + \dfrac{4}{x^2}y = x^2 + 1$$

乘上 x^2
$$x^2 \dfrac{d^2 y}{dx^2} - 4x\dfrac{dy}{dx} + 4y = x^4 + x^2$$

令
$$x = e^z \text{，} z = \ln x$$

得
$$(D_z(D_z - 1) - 4D_z + 4)y = e^{4z} + e^{2z}$$

或
$$(D_z^2 - 5D_z + 4)y = e^{4z} + e^{2z}$$

$$(D_z - 4)(D_z - 1)y = e^{4z} + e^{2z}$$

齊性解 $m_1 = 1$，$m_2 = 4$

$$y_h(x) = c_1 e^z + c_2 e^{4z} = c_1 x + c_2 x^4$$

再利用逆運算子法求解

$$y_p = \dfrac{1}{(D_z - 4)(D_z - 1)} e^{2z} + \dfrac{1}{(D_z - 4)(D_z - 1)} e^{4z}$$

利用逆運算公式 $y_p = \dfrac{1}{F(D)} e^{ax} = \dfrac{1}{F(a)} e^{ax}$

得

$$y_p = \dfrac{1}{(2-4)(2-1)} e^{2z} + \dfrac{1}{3}\dfrac{1}{(D_z - 4)} e^{4z}$$

及逆運算公式 $$y_p = \frac{1}{(D-a)^n}e^{ax} = \frac{x}{n!}e^{ax}$$

$$y_p(x) = -\frac{1}{2}e^{2z} + \frac{1}{3}\frac{z}{1!}e^{4z} = -\frac{1}{2}x^2 + \frac{1}{3}x^4 \ln x$$

通解
$$y(x) = c_1 x + c_2 x^4 + \frac{1}{3}x^4 \ln x - \frac{1}{2}x^2$$

範例 08

(10%) Find the general solution of $x^2 y'' + 3xy' + y = x^2 + 2x + 3$ 。

台科大電子所乙二、丙

解答：Euler

已知　　$x^2 y'' + 3xy' + y = x^2 + 2x + 3$

先求齊性解　$x^2 y'' + 3xy' + y = 0$

令　$y = x^m$

特徵方程式　$m(m-1) + 3m + 1 = 0$

或　$m^2 + 2m + 1 = (m+1)^2 = 0$

根　$m = -1$，$m = -1$

通解　$y_h = c_1 x^{-1} + c_2 x^{-1} \ln x$

化成常係數 ODE

令　$z = \ln x$

$(D_z(D_z - 1) + 3D_z + 1)y = (D_z + 1)^2 y = e^{2z} + 2e^z + 3$

逆運算子法　$y_p = \dfrac{1}{(D_z + 1)^2}(e^{2z}) + \dfrac{2}{(D_z + 1)^2}(e^z) + \dfrac{1}{(D_z + 1)^2}(3)$

或　　$y_p = \dfrac{1}{9}e^{2z} + \dfrac{1}{2}e^z + 3 = \dfrac{1}{9}x^2 + \dfrac{1}{2}x + 3$

通解　　$y = c_1 x^{-1} + c_2 x^{-1}\ln x + \dfrac{1}{9}x^2 + \dfrac{1}{2}x + 3$

範例 09

(15%) Solve the equation $x^2 y'' - xy' + y = \ln x$

台科大電機乙一

解答：

已知　　　　　　　　$x^2 y'' - xy' + y = \ln x$

化成常係數 ODE

　　令　　$z = \ln x$

代入得　　　　$[D_z(D_z - 1) - D_z + 1]y = z$

整理得　　　　$[(D_z - 1)^2]y = z$

得　　　　　　$y_h = c_1 x + c_2 x \ln x$

逆運算　　　　$y_p = \dfrac{1}{D_z^2 - 2D_z + 1}(z)$

　　　　　　　$y_p = (1 + 2D_z + \cdots)z$

得特解　　　　$y_p = z + 2 = \ln x + 2$

最後得通解　　$y_h = c_1 x + c_2 x \ln x + \ln x + 2$

範例 10

(10%) Find the particular solution of $x^2 y'' - 3xy' + 4y = x^2 \ln x$，$x > 0$，

$$y_1 = x^2 , \; y_2 = x^2 \ln x .$$

清大原科所生醫光電組

解答：

已知　　$x^2 y'' - 3xy' + 4y = x^2 \ln x$

化成常係數 ODE

　　令　$z = \ln x$

　　$(D_z(D_z - 1) - 3D_z + 4)y = (D_z - 2)^2 y = e^{2z} z$

得根　　$m_1 = m_2 = 2$

齊性解　$y = c_1 e^{2z} + c_2 z e^{2z} = c_1 x^2 + c_2 x^2 \ln x$

逆運算子公式　　$y_p = \dfrac{1}{F(D)}\left(e^{ax} f(x)\right) = e^{ax} \dfrac{1}{F(D+a)} f(x)$

得　$y_p = \dfrac{1}{(D_z - 2)^2}\left(e^{2z} z\right) = e^{2z} \dfrac{1}{(D_z + 2 - 2)^2}(z)$

或　$y_p = e^{2z} \dfrac{1}{D_z^2}(z) = e^{2z} \cdot \dfrac{z^3}{6} = \dfrac{x^2}{6} \ln^3 x$

通解　　$y(x) = c_1 x^2 + c_2 x^2 \ln x + \dfrac{x^2}{6} \ln^3 x$

範例 11：參數變更法

(20%) 解微分方程：

$x^2 y'' - 3xy' + 3y = 2x^4 e^x$

台大生機所 J、淡大水資所

解答：

已知 $\quad x^2y'' - 3xy' + 3y = 2x^4e^x$

(1) 先求齊性解 $\quad x^2y'' - 3xy' + 3y = 0$

令 $y = x^m$

微分 $y' = mx^{m-1}$

$$y'' = m(m-1)x^{m-2}$$

特徵方程式 $\quad m(m-1) - 3m + 3 = m^2 - 4m + 3 = 0$

得 $\quad m = 1, 3$

齊性解 $\quad y_h(x) = c_1 x + c_2 x^3$

(2) 再求特別積分：

須先化成標準式 $\quad y'' + P(x)y' + Q(x)y = f(x)$

$$y'' - \frac{3}{x}y' + \frac{3}{x^2}y = 2x^2 e^x$$

再假設特別積分 $y_p = u(x)x + v(x)x^3$，其中 u、v 為待定參數

Wronskian 行列式值 $W = \begin{vmatrix} x & x^3 \\ 1 & 3x^2 \end{vmatrix} = 2x^3$

其中(a) $\quad u(x) = \int \frac{-y_2 f(x)}{W}dx = -\int \frac{x^3}{2x^3}(2x^2 e^x)dx = -\int x^2 e^x dx$

或 $\quad u = -e^x(x^2 - 2x + 2)$

其中(b) $\quad v = \int \frac{y_1 f(x)}{W}dx = \int \frac{x}{2x^3}(2x^2 e^x)dx = \int e^x dx = e^x$

通解 $\quad y(x) = c_1 x + c_2 x^3 + xe^x(-x^2 + 2x - 2) + x^3 e^x$

或整理得 $y(x) = c_1 x + c_2 x^3 + 2x^2 e^x - 2x e^x$

第五節　降階法

考慮二階線性變係數常微分方程式，通式

$$y'' + P(x)y' + Q(x)y = 0 \tag{14}$$

其中係數 $P(x)$；$Q(x)$ 為連續函數。

假設現在已經求得一個齊性解 $y_1(x)$，因為 $y_1(x)$、$y_2(x)$ 要能組成通解之條件為 $\dfrac{y_2(x)}{y_1(x)} = u(x) \neq c$。此時可假設第二個齊性解為下列形式

$$y(x) = u(x) y_1(x)$$

微分

$$y'(x) = u'(x) y_1(x) + u(x) y_1'(x)$$

二次微分　$y''(x) = u''(x) y_1(x) + 2u'(x) y_1'(x) + u(x) y_1''(x)$

代入原微分方程得

$$[u''(x) y_1(x) + 2u'(x) y_1'(x) + u(x) y_1''(x)] + P(x)[u'(x) y_1(x) + u(x) y_1'(x)] \\ + Q(x) u(x) y_1(x) = 0$$

整理得

$$y_1(x) u''(x) + [2 y_1'(x) + P(x) y_1(x)] u'(x) \\ + [y_1''(x) + P(x) y_1'(x) + Q(x) y_1(x)] u(x) = 0$$

其中第一個齊性解 $y_1(x)$ 滿足

$$y_1''(x) + P(x) y_1'(x) + Q(x) y_1(x) = 0$$

代入化簡得

$$y_1(x)u''(x) + [2y_1'(x) + P(x)y_1(x)]u'(x) = 0$$

或　$$u'' + \left[\frac{2y_1'(x) + P(x)y_1(x)}{y_1(x)}\right]u' = 0$$

整理得

$$u'' + \left[\frac{2y_1'(x)}{y_1(x)} + P(x)\right]u' = 0 \tag{15}$$

令 $u'(x) = v(x)$ 代入得

$$\frac{dv(x)}{dx} + \left[\frac{2y_1'(x)}{y_1(x)} + P(x)\right]v(x) = 0$$

其通解為

$$v(x) = e^{-\int\left[\frac{2y_1'(x)}{y_1(x)} + P(x)\right]dx} = e^{-\int\frac{2y_1'(x)}{y_1(x)}dx} \cdot e^{-\int P(x)dx}$$

其中

$$e^{-\int\frac{2y_1'(x)}{y_1(x)}dx} = e^{-2\ln(y_1)} = \frac{1}{y_1^2(x)}$$

得

$$v(x) = \frac{du}{dx} = \frac{1}{y_1^2(x)} \cdot e^{-\int P(x)dx}$$

再積分一次得

$$u(x) = \int \frac{1}{y_1^2(x)} \cdot e^{-\int P(x)dx} dx \tag{16}$$

亦即第二個齊性解為

$$y_2(x) = u(x)y_1(x) = y_1(x) \cdot \int \frac{1}{y_1^2(x)} \cdot e^{-\int P(x)dx} dx \qquad (17)$$

一般應用降階法在解微分方程時,有兩種作法,一種式直接代公式(17),因此要背公式,另一種方法是不必背公式(17),分別利用下列兩個範例,作說明。

範例 12:降階法(一)之公式法

(10%) Given that $y_1 = \dfrac{1}{x}$ is a solution of $2x^2 y'' + 3xy' - y = 0$. Find the second linear independent solution.

清大原科所生醫光電組

解答:

已知　$2x^2 y'' + 3xy' - y = 0$

第一種方法為代公式(17),此法需要先將原微分方程,化成標準式如下:

$$y'' + \frac{3}{2x}y' - \frac{1}{2x^2}y = 0$$

已知　$y_1 = \dfrac{1}{x}$

代入$y_2(x)$之公式(17)　$y_2(x) = y_1(x) \int \dfrac{1}{y_1^2(x)} e^{-\int P(x)dx} dx$

得

$$y_2(x) = \frac{1}{x}\int x^2 e^{-\int \frac{3}{2x}dx} dx = \frac{1}{x}\int x^2 x^{-\frac{3}{2}} dx = \frac{1}{x}\frac{2}{3}x^{\frac{3}{2}}$$

整理得

$$y_2 = \frac{2}{3}x^{\frac{1}{2}} = \frac{2}{3}\sqrt{x}$$

範例 13：降階法(二)之代入法

(15%)(a) Verify that $y = x$ is a solution to

$$x^2 \frac{d^2y}{dx^2} - x(x+2)\frac{dy}{dx} + (x+2)y = 0$$

(b) Find the general solution to the same differential equation

---

〈交大電控聯微方線代、交大應化所丙〉

解答：

(a) 已知一個齊性解　$y_1 = x$

　　微分　　$\dfrac{dy_1}{dx} = 1$ ，$\dfrac{d^2 y_2}{dx^2} = 0$

　　代回原式　$x^2 \dfrac{d^2y}{dx^2} - x(x+2)\dfrac{dy}{dx} + (x+2)y = 0$

$$x^2 \cdot 0 - x(x+2) \cdot 1 + (x+2)x = 0$$

　　得證　　$y = x$ 滿足原常微分方程

(b) 假設第二個齊性解

$$y = u(x)y_1 = xu(x)$$

微分

$$\frac{dy}{dx} = xu'(x) + u(x)$$

$$\frac{d^2y}{dx^2} = xu''(x) + 2u'(x)$$

代回原式

$$x^2\big(xu''(x) + 2u'(x)\big) - x(x+2)\big(xu'(x) + u(x)\big) + (x+2)xu(x) = 0$$

整理得

$$x^3u''(x)+2x^2u'(x)-\left(x^3u'(x)+x^2u(x)\right)-\left(2x^2u'(x)+2xu(x)\right)+\left(x^2u(x)+2xu(x)\right)=0$$

得 $u'(x)$ 之一階線性常係數常微分方程

$$u''(x)-u'(x)=0$$

得

$$u(x)=c_1+c_2e^x$$

最後，得通解　　　$y(x)=xu(x)=c_1x+c_2xe^x$

※　　　　　　　　　※　　　　　　　　　※

若一個二階變係數線性常微分方程，尚未得到任何一個齊性解 $y_1(x)$，可先用觀察法，看否能猜到一個齊性解 $y_1(x)$。

比較容易得第一個齊性解 $y_1(x)$ 的有下列幾種較簡易常微分方程：

已知標準式　　　　　$y''+P(x)y'+Q(x)y=0$

1. 若 $P(x)+xQ(x)=0$　　　則　有一個齊性解 $y_1(x)=x$
2. 若 $1+P(x)+Q(x)=0$　則　有一個齊性解 $y_1(x)=e^x$
3. 若 $1-P(x)+Q(x)=0$　則　有一個齊性解 $y_1(x)=e^{-x}$

詳細解法，如下範例所示：

範例 14：須先猜出一特解（公式法）

(20%) 若 $y''+\left(\dfrac{2}{x}-2\right)y'=\left(\dfrac{2}{x}-1\right)y$，$x\neq 0$．試問 $y(x)=?$（須列出解題過程，否則不予計分）

中央土木所工數甲丙

解答：

(1) 已知 $y'' + \left(\dfrac{2}{x} - 2\right)y' - \left(\dfrac{2}{x} - 1\right)y = 0$

因 滿足條件 $1 + P(x) + Q(x) = 0$

可先猜得一特解 $y_1 = e^x$，代入

滿足 $e^x + \left(\dfrac{2}{x} - 2\right)e^x - \left(\dfrac{2}{x} - 1\right)e^x = 0$

(2) 再利用降階法，令 $y_2(x) = u(x) \cdot y_1(x)$，求第二個齊性解，代入公式

$$y_2(x) = y_1(x)\int \dfrac{1}{y_1^2(x)} e^{-\int P(x)dx} dx$$

得

$$y_2(x) = e^x \int \dfrac{1}{e^{2x}} e^{-\int\left(\frac{2}{x}-2\right)dx} dx = e^x \int \dfrac{1}{e^{2x}} e^{-2\ln x + 2x} dx$$

或積分得

$$y_2(x) = e^x \int \dfrac{1}{x^2 e^{2x}} e^{2x} dx = e^x \int \dfrac{1}{x^2} dx = -\dfrac{1}{x} e^x$$

通解 $y(x) = c_1 e^x + c_2 \dfrac{1}{x} e^x$

考題集錦

1. (10%) 解 $4x^2 y'' + 4xy' - y = 0$， $y(1) = 6$， $y'(1) = 1$

   高雄大電機所微電子組工數

2. (10%) The initial conditions, $y(0) = y_0$， $y'(0) = y_1$, apply to the following differential equation：

$x^2 y'' - 4xy' + 4y = 0$

For what values of y_0 and y_1 does the initial value problem have a solution?

台大機械B工數

3. (8%) Determine the general solution for the following ODE：

$$\frac{d}{dt}\left(3t^2 \frac{dx}{dt}\right) - 6t \frac{dx}{dt} - \alpha^2 x = 0$$

中興精密所

4. (a) Show that $y_1 = x$ and $y_2 = x^2$ are both linearly independent solutions of $x^2 y'' - 2xy' + 2y = 0$.
   (b) Find the particular solution for which $y(1) = 3$，$y'(0) = 5$

中央機械所工數甲乙丙丁戊

5. Solve $x^2 y'' - 7xy' + 16y = 0$

中興土木所工數乙

6. 解 $x^2 y'' - 5xy' + 10y = 0$，$y(1) = 6$，$y'(1) = 20$

成大製造所工數

7. （10%）Please find the complete solution of $x^2 y'' + xy' + 9y = 0$

中山通訊所乙

8. （15%）Find the solution of $t^2 \frac{d^2 y}{dt^2} - t\frac{dy}{dt} - y = 0$，$y(1) = 0$，$y'(1) = 5$

台科大化工所、93成大資源所

9. Consider the ODE $x^3 y''' + 8x^2 y'' + 9xy' - 9y = 0$ for $x > 0$

   (5%) Find a basis of solutions $\{y_1(x), y_2(x), y_3(x)\}$ for the ODE
   (4%) Given initial conditions $y(1) = 0$，$y'(1) = -2$，$y''(1) = 2$, solve the initial value problem.

台聯大光電所工數

10. Find a differential equation having the given functions as
$$y(x) = \left[c_1 \frac{\cos(\ln x)}{x} + c_2 \frac{\sin(\ln x)}{x} \right]$$

11. (10%) $x^2 y'' - xy' + y = \ln x$, 解 $y(x)$

　　　　　　　　　　　　　　　　　　　　　　　高雄大電機所光電組工數

12. (10%) Find the solution of $x^2 y'' - xy' + y = x^3$

　　　　　　　　　　　　　　　　　　　　　　　成大製造所甲

13. (25%) Find the solution of $x^3 \dfrac{d^3 y}{dx^3} - 8x^2 \dfrac{d^2 y}{dx^2} + 55x \dfrac{dy}{dx} - 123 y = x^3$

　　　　　　　　　　　　　　　　　　　　　　　成大工科所

14. Solve $x^3 y''' + xy' - y = x \ln x$

　　　　　　　　　　　　　　　　　　　　　　　中興材料所工數

15. Find the general solution of $t^3 y''' + t^2 y'' - 2ty' + 2y = t^{-2}$.

　　　　　　　　　　　　　　　　　　　　　　　成大船機電所

16. (8%) Solve the differential equation of $4x^2 \dfrac{d^2 y}{dx^2} + 4x \dfrac{dy}{dx} - y = \dfrac{12}{x}$

　　　　　　　　　　　　　　　　　　　　　　　中央電機所

17. Find the solution of $x^2 y'' - 2xy' + 2y = 2x^3 \cos x$

　　　　　　　　　　　　　　　　　　　　　　　雲科光電工數

18. (a) Find one solution to the equation $x \dfrac{d^2 y}{dx^2} + 2(x-1) \dfrac{dy}{dx} + (x-2) y = 0$

　　(b) Find a second solution to the equation by the method of reduction of order.

　　　　　　　　　　　　　　　　　　　　　　　成大微機電所

19. (20%) Solve $(x^2 - 2x)y'' + 2(1-x)y' + 2y = 6(x^2 - 2x)^2$

台科大高分子所

20. Solve the ODE: $\dfrac{d^2 y}{dx^2} - \dfrac{2x}{1+x^2}\dfrac{dy}{dx} + \dfrac{2}{1+x^2} y = 0$

19. (20%) Solve $(x^2-2x)y''+2(1-x)y'+2y=6(x^2-2x)^2$

20. Solve the ODE: $\dfrac{d^2y}{dx^2}+\dfrac{2x}{1+x^2}\dfrac{dy}{dx}+\dfrac{2}{1+x^2}y=0$

第六章
二階線性常微分方程式之級數解

第一節 級數法概論

前兩章考慮的二階線性變係數常微分方程式，通式：

$$y'' + P(x)y' + Q(x)y = f(x) \qquad (1)$$

其第一項之係數為 1，且 $P(x), Q(x), f(x)$ 為連續函數，現在考慮更一般性之二階線性變係數常微分方程式，通式：

$$P(x)y'' + Q(x)y' + R(x)y = f(x) \qquad (2)$$

其第一項之係數不為 1。

根據前兩章之概念，上式(2)其通解形式若存在的話，應仍為

$$y(x) = c_1 y_1(x) + c_2 y_2(x) + y_p(x)$$

只要能得到其中一個齊性特解 $y_1(x)$，即可推得其他解。

根據前兩章之解題經驗，猜齊性解所用的試算函數有指數、三角函數、冪函數等已使用過了，接著我們是否可採用試算函數為各階冪函數的線性組合，亦即

$$令 \quad y(x) = \sum_{n=0}^{\infty} c_n x^n = c_0 + c_1 x + c_2 x^2 + \cdots + c_n x^n + \cdots$$

代入式( )求解，若可行，則稱此法維 Taylor 級數法。

但是假設 $y(x)$ 為 Taylor 級數形式，亦即 $y(x)$ 須滿足 Taylor 級數存在的

條件：

「$y(x)$ 在 $x = 0$ 為 n 次可微分，或可解析(Analytic)」

但 $y(x)$ 尚未求得，如何判定其是否可解析？

只好藉由式(2) 方程式，即

$$P(x)y'' + Q(x)y' + R(x)y = f(x)$$

移項

$$y'' = -\frac{Q(x)}{P(x)}y' - \frac{R(x)}{P(x)}y + \frac{f(x)}{P(x)}$$

上式中若分母為零，$P(0) = 0$，則 $x = 0$ 就不是解析點，為奇異點。因此，當 $x = 0$ 為奇異點時，Taylor 級數法不適用。

這時，需再修正 Taylor 級數法，成為 Frobenuis 級數法，這兩種情況是本章討論的重點。

第二節　Taylor 級數法之適用條件

已知二階線性常微分方程(2)，如下

$$P(x)y'' + Q(x)y' + R(x)y = 0$$

假設解

$$y(x) = c_0 + c_1(x-a) + c_2(x-a)^2 + c_3(x-a)^3 + \cdots$$

若上式假設要成立的話，$y(x)$ 除需要滿足常微分方程式外，還要在 $x = a$ 處要可解析，要討論這點，需進一步分析，即原常微分方程

$$P(x)y'' + Q(x)y' + R(x)y = 0$$

移項

$$y''(x) = -\frac{Q(x)}{P(x)}y'(x) - \frac{R(x)}{P(x)}y(x)$$

上式分母若 $P(a)=0$，則上式在 $x=a$ 處不可解析，稱 $x=a$ 為奇異點（Singular Point）。

若 $P(a) \neq 0$，稱 $x=a$ 為常點（Ordinary Point）。因此當 $x=a$ 為常點的話，假設 $y(x)$ 為 Taylor 級數形式，應是可以解的。

※Taylor 級數法存在定理：

已知二階線性常微分方程

$$P(x)y'' + Q(x)y' + R(x)y = 0$$

若滿足條件 $P(a) \neq 0$ 且 $P(x); Q(x); R(x)$ 在 $x=a$ 為可解析

則假設解 $y(x) = c_0 + c_1(x-a) + c_2(x-a)^2 + c_3(x-a)^3 + \cdots$

或 $y(x) = \sum_{n=0}^{\infty} c_n(x-a)^n = c_0 y_1(x) + c_1 y_2(x)$

為其通解，且上述解滿足 $|x-a| < R$ 內收斂，其中 R 為 $x=a$ 到最近奇異點之距離。

第三節　Taylor 級數法

已知二階線性常微分方程

$$P(x)y'' + Q(x)y' + R(x)y = 0$$

假設解

$$y(x) = c_0 + c_1(x-a) + c_2(x-a)^2 + c_3(x-a)^3 + \cdots$$

或　$y(x) = \sum_{n=0}^{\infty} c_n (x-a)^n$

　　利用 Taylor 級數法，進行求解其中係數 c_n，本書介紹兩種方法，第一種方法，較標準，但較繁雜，我們稱它為直接 Taylor 級數直接代入法。第二種方法，較簡單，因為它直接從微積分之級數展開，所得 Taylor 公式直接應用求解，較簡易、快速。

　　先介紹第一種 Taylor 級數直接代入法，要進行此級數解之前，需先注意級數之微分運算特性：

1. 已知 $y(x) = c_0 + c_1(x-a) + c_2(x-a)^2 + c_3(x-a)^3 + \cdots = \sum_{n=0}^{\infty} c_n (x-a)^n$

2. 微分一次

$$y'(x) = c_1 + 2c_2(x-a) + 3c_3(x-a)^2 + \cdots = \sum_{n=1}^{\infty} nc_n (x-a)^{n-1}$$

3. 再微分一次

$$y''(x) = 2!c_2 + 3 \cdot 2c_3(x-a) + \cdots = \sum_{n=2}^{\infty} n(n-1)c_n (x-a)^{n-2}$$

【觀念分析】注意連加號內之指標下界已經改變。

4. $y''(x) = 2!c_2 + 3 \cdot 2c_3(x-a) + \cdots = \sum_{n=2}^{\infty} n(n-1)c_n (x-a)^{n-2}$

此式可以利用指標變數變換，將其連加號內之指標下界再調整成原來的起始點，亦即

令 $n = m + 2$ 代入上式得

$$y''(x) = \sum_{n=2}^{\infty} n(n-1)c_n (x-a)^{n-2} = \sum_{m=0}^{\infty} (m+2)(m+1)c_{m+2} (x-a)^m$$

再將上式中 m 改為 n，得

$$y''(x) = \sum_{n=0}^{\infty} (n+2)(n+1)c_{n+2} (x-a)^n$$

5. 如此就可進行相加、減運算，如

$$y''(x) + y(x) = \sum_{n=0}^{\infty}(n+2)(n+1)c_{n+2}(x-a)^n + \sum_{n=0}^{\infty}c_n(x-a)^n$$

式中通式項 $(x-a)^n$ 相同，此時係數直接相加，即

$$y''(x) + y(x) = \sum_{n=0}^{\infty}[(n+2)(n+1)c_{n+2} + c_n](x-a)^n$$

再介紹第二種 Taylor 公式速算法，此級數法乃直接應用微積分 Taylor 公式，如下：

$$y(x) = c_0 + c_1(x-a) + c_2(x-a)^2 + c_3(x-a)^3 + \cdots = \sum_{n=0}^{\infty}c_n(x-a)^n$$

令 $x = a$，得 $y(a) = c_0$

微分一次，得

$$y'(x) = 1!c_1 + 2c_2(x-a) + 3c_3(x-a)^2 + \cdots$$

令 $x = a$，得 $y'(a) = 1!c_1$

再微分一次，得

$$y''(x) = 2!c_2 + 3 \cdot 2c_3(x-a) + \cdots$$

令 $x = a$，得 $y''(a) = 2!c_2$

依此類推，得

$$y(x) = y(a) + \frac{y'(a)}{1!}(x-a) + \frac{y''(a)}{2!}(x-a)^2 + \frac{y'''(a)}{3!}(x-a)^3 + \frac{y^{(4)}(a)}{4!}(x-a)^4 + \cdots$$

當 $a = 0$，最常用

$$y(x) = y(0) + \frac{y'(0)}{1!}x + \frac{y''(0)}{2!}x^2 + \frac{y'''(0)}{3!}x^3 + \frac{y^{(4)}(0)}{4!}x^4 + \cdots$$

範例 01：一階 Taylor 級數法(比較)

> Solve $\dfrac{dy}{dx} - y = 1$ by a series method. (20%)

成大工科所乙

解答：

【方法一】解析法：

$$\dfrac{dy}{dx} - y = 1$$

利用第三章求解公式

$$y = c_1 e^{-\int P(x)dx} + e^{-\int P(x)dx} \int e^{\int P(x)dx} f(x)dx$$

代入得

$$y = c_1 e^{\int dx} + e^{\int dx} \int e^{-\int dx} dx$$

得通解　　$y = c_1 e^x - 1$

【方法二】用 Taylor 級數法：

已知 Taylor 公式　　$y(x) = y(0) + \dfrac{y'(0)}{1!}x + \dfrac{y''(0)}{2!}x^2 + \dfrac{y'''(0)}{3!}x^3 + \cdots$

上式中只要能求出各項導數值　　$y(0), y'(0), y''(0), y'''(0), \cdots$

其快速求法如下：

已知移項　　　　　$y'(x) = y(x) + 1$

先假設初始條件　　$y(0) = c_0$

令 $x = 0$ 代入上式　$y'(0) = y(0) + 1 = c_0 + 1$

微分一次　　　　　$y''(x) = y'(x)$

令 $x=0$ 代入上式　　$y''(0) = y'(0) = c_0 + 1$

再微分一次　　　　$y'''(x) = y''(x)$

令 $x=0$ 代入上式　　$y'''(0) = y''(0) = c_0 + 1$

　　　　　　…

通解　　$y(x) = c_0 + (c_0+1)\left(\dfrac{1}{1!}x + \dfrac{1}{2!}x^2 + \dfrac{1}{3!}x^3 + \cdots\right)$

或　　$y(x) = c_0\left(1 + \dfrac{1}{1!}x + \dfrac{1}{2!}x^2 + \dfrac{1}{3!}x^3 + \cdots\right) + \left(\dfrac{1}{1!}x + \dfrac{1}{2!}x^2 + \dfrac{1}{3!}x^3 + \cdots\right)$

或　　$y(x) = c_0 e^x + \left(1 + \dfrac{1}{1!}x + \dfrac{1}{2!}x^2 + \dfrac{1}{3!}x^3 + \cdots\right) - 1$

$y(x) = c_0 e^x + e^x - 1 = c_1 e^x - 1$

【驗證】：兩種答案相同。

範例 02

(5%)（複選題）The solution of the initial value problem：
$(x^2+1)y'' + 2xy' = 0$, $y(0)=0$ and $y'(0)=1$ has the form $y = \sum\limits_{n=0}^{\infty} a_n x^n$.
Which of the following items are correct?
(A) $a_0 = 0$　(B) $a_1 + a_3 = 2/3$　(C) $a_2 + a_4 = 1/3$　(D) $\sum\limits_{n=0}^{\infty} a_{2n} = 0$　(E) none of above

---

台大電子所 L 工數

解答：(A)、(B)、(D)

已知　　$(x^2+1)y'' + 2xy' = 0$, $y(0)=0$, $y'(0)=1$

利用 Taylor 公式，求解

$$y(x) = y(0) + \frac{y'(0)}{1!}x + \frac{y''(0)}{2!}x^2 + \frac{y'''(0)}{3!}x^3 + \frac{y^{(4)}(0)}{4!}x^4 + \cdots$$

其中　　$y(0) = 0$，$y'(0) = 1$

原式　　$(x^2 + 1)y'' = -2xy'$

令 $x = 0$，代入上式，$y''(0) = 0$

微分一次，整理　$(x^2 + 1)y''' = -4xy'' - 2y'$

令 $x = 0$，$y'''(0) = -2y'(0) = -2$

微分，整理　$(x^2 + 1)y^{(4)} = -6xy''' - 6y''$

令 $x = 0$，$y^{(4)}(0) = -6y''(0) = 0$

微分　$(x^2 + 1)y^{(5)} = -8xy^{(4)} - 12y'''$

令 $x = 0$，$y^{(5)}(0) = -12y'''(0) = 24$

代入得　$y(x) = 0 + x + 0x^2 + \frac{-2}{3!}x^3 + 0x^4 + \frac{24}{5!}x^5 + \cdots$

或　$y(x) = x - \frac{1}{3}x^3 + \frac{1}{5}x^5 + \cdots$

比較係數得

(A) $a_0 = 0$

(B) $a_1 + a_3 = 1 - \frac{1}{3} = \frac{2}{3}$　(C) $a_2 + a_4 = 0$　(D) $\sum_{n=0}^{\infty} a_{2n} = 0$

範例 03

> Consider the following Differential equation $y' + 2y = 3x + 1$
> (1) (10%) Find the general solution
> (2) (10%) Verify your answer in (1) by using power series method at point $x = 0$.

逢甲 IC 產碩工數

解答：

(1) $y' + 2y = 3x + 1$ 為線性 ODE

   積分因子　$\mu = e^{\int 2dx} = e^{2x}$

   通解　$ye^{2x} = \int (3x+1)e^{2x}dx = e^{2x}\left(\dfrac{3x+1}{2} - \dfrac{3}{4}\right) + c$

   或　$y(x) = \dfrac{3}{2}x - \dfrac{1}{4} + ce^{-2x}$

(2) 冪級數法

   令　$y(x) = y(0) + \dfrac{y'(0)}{1!}x + \dfrac{y''(0)}{2!}x^2 + \dfrac{y'''(0)}{3!}x^3 + \cdots$

   令　$y(0) = c_1$

   原式　$y' + 2y = 3x + 1$

   移項　$y'(x) = -2y + 3x + 1$，$y'(0) = -2c_1 + 1$

   微分　$y''(x) = -2y'(x) + 3$，$y''(0) = -2(-2c_1 + 1) + 3 = 4c_1 + 1$

   微分　$y'''(x) = -2y''(x)$，$y'''(0) = -2y''(0) = -8c_1 - 2$

   依此類推

   $y(x) = c_1 + \dfrac{-2c_1 + 1}{1!}x + \dfrac{4c_1 + 1}{2!}x^2 + \dfrac{-8c_1 - 2}{3!}x^3 + \cdots$

   整理得

$$y(x) = c_1 - \frac{2}{1!}c_1 x + \frac{1}{1!}x + \frac{4}{2!}c_1 x^2 + \frac{1}{2!}x^2 - \frac{-8}{3!}c_1 x^3 - \frac{2}{3!}x^3 + \cdots$$

或

$$y(x) = c_1\left(1 - \frac{2}{1!}x + \frac{2^2}{2!}x^2 - \frac{2^3}{3!}x^3 + \cdots\right) + \left(\frac{1}{1!}x + \frac{1}{2!}x^2 - \frac{2}{3!}x^3 + \cdots\right)$$

得 $$y(x) = c_1 e^{-2x} + \frac{1}{4}\left(\frac{2^2}{1!}x + \frac{2^2}{2!}x^2 - \frac{2^3}{3!}x^3 + \cdots\right)$$

$$y(x) = c_1 e^{-2x} + \frac{1}{4}\left(6x - 1 + 1 - \frac{1}{1!}(2x) + \frac{1}{2!}(2x)^2 - \frac{1}{3!}(2x)^3 + \cdots\right)$$

$$y(x) = c_1 e^{-2x} + \frac{1}{4}\left(6x - 1 + e^{-2x}\right)$$

最後得證 $$y(x) = \left(c_1 + \frac{1}{4}\right)e^{-2x} + \frac{1}{4}(6x-1) = ce^{-2x} + \frac{3}{2}x - \frac{1}{4}$$

範例 04：直接法

(10%) 以下的答案中，哪些是 $\dfrac{d^2 y}{dx^2} - (1+x)y = 0$ 的解（複選）

(A) $y(x) = 1 + \dfrac{1}{2}x^2 + \dfrac{1}{6}x^3 + \dfrac{1}{18}x^4 + \dfrac{1}{36}x^5 + \cdots$

(B) $y(x) = x + \dfrac{1}{6}x^3 + \dfrac{1}{12}x^4 + \dfrac{1}{120}x^5 + \cdots$

(C) $y(x) = \displaystyle\sum_{n=0}^{\infty} c_n x^n$，$c_1 = 0$，$c_{k+2} = \dfrac{c_k + c_{k-1}}{(k+1)(k+2)}$，$k = 1, 2, 3, \cdots$

(D) $y(x) = x + \dfrac{1}{3}x^3 + \dfrac{1}{15}x^4 + \dfrac{1}{60}x^5 + \cdots$

(E) $y(x) = \sum_{n=0}^{\infty} c_n x^n$, $c_0 = 0$, $c_{k+2} = \dfrac{c_k + c_{k-1}}{(k+1)(k+2)}$, $k = 1, 2, 3, \cdots$

(F) 以上皆非

台大電機所

解答：(B)、(E)。【註】(C)中少 $c_2 = \dfrac{1}{2} c_0$ 項。

令　$y(x) = \sum_{n=0}^{\infty} c_n x^n$

微分　　　　　　$y'(x) = \sum_{n=1}^{\infty} n c_n x^{n-1}$

再微分　　　　　$y''(x) = \sum_{n=2}^{\infty} n(n-1) c_n x^{n-2}$

代回原微分方程，得　$\sum_{n=2}^{\infty} n(n-1) c_n x^{n-2} - \sum_{n=0}^{\infty} c_n x^n - \sum_{n=0}^{\infty} c_n x^{n+1} = 0$

指標移位至 x^k 通項　$\sum_{k=0}^{\infty} (k+2)(k+1) c_{k+2} x^k - \sum_{k=0}^{\infty} c_k x^k - \sum_{k=1}^{\infty} c_{k-1} x^k = 0$

整理指標上下限，$k=0$ 提出

$$(2)(1) c_2 + \sum_{k=1}^{\infty} (k+2)(k+1) c_{k+2} x^k - c_0 - \sum_{k=1}^{\infty} c_k x^k - \sum_{k=1}^{\infty} c_{k-1} x^k = 0$$

或　$(2c_2 - c_0) + \sum_{k=1}^{\infty} [(k+2)(k+1) c_{k+2} - c_k - c_{k-1}] x^k = 0$

或　$2c_2 - c_0 = 0$　或　$c_2 = \dfrac{1}{2} c_0$

及　$(k+2)(k+1) c_{k+2} - c_k - c_{k-1} = 0$, $k = 1, 2, \cdots$

或　$c_{k+2} = \dfrac{c_k + c_{k-1}}{(k+2)(k+1)}$

令 $k = 1$ $\quad c_3 = \dfrac{c_1 + c_0}{3 \cdot 2} = \dfrac{1}{3!}c_0 + \dfrac{1}{3!}c_1 = \dfrac{1}{6}c_0 + \dfrac{1}{6}c_1$

令 $k = 2$ $\quad c_4 = \dfrac{c_2 + c_1}{4 \cdot 3} = \dfrac{1}{4!}c_0 + \dfrac{1}{12}c_1 = \dfrac{1}{24}c_0 + \dfrac{1}{12}c_1$

令 $k = 3$ $\quad c_5 = \dfrac{c_3 + c_2}{5 \cdot 4} = \dfrac{1}{5!}c_0 + \dfrac{1}{120}c_1 = \dfrac{1}{30}c_0 + \dfrac{1}{120}c_1$

最後得

$$y(x) = c_0\left(1 + \frac{1}{2}x^2 + \frac{1}{6}x^3 + \frac{1}{24}x^4 + \frac{1}{30}x^5 + \cdots\right) + c_1\left(x + \frac{1}{6}x^3 + \frac{1}{12}x^4 + \frac{1}{120}x^5 + \cdots\right)$$

第四節　奇異點定義

若二階線性常微分方程，通式

$$P(x)y'' + Q(x)y' + R(x)y = 0$$

或

$$y'' + \frac{Q(x)}{P(x)}y' + \frac{R(x)}{P(x)}y = 0$$

(1) 若滿足條件：$P(0) \neq 0$ 且 $P(x); Q(x); R(x)$ 在 $x = 0$ 為可解析

則可假設解

$$y(x) = c_0 + c_1 x + c_2 x^2 + c_3 x^3 + \cdots = \sum_{n=0}^{\infty} c_n x^n$$

此為 Taylor 級數法。

(2) 若 $P(0) = 0$，此時 $x = 0$ 為奇異點，此時 Taylor 級數法可能不適用，那我們如何假設 $y(x)$ 之級數形式？或如何修正 Taylor 級數法，使其可解這種含奇異點的問題。

同樣擁有奇異點 $x = 0$ 之 Euler-Cauchy 常微分方程式討論起：

Euler-Cauchy 常微分方程式 $x^2 y'' + axy' + by = 0$

假設其解為　　$y = x^m$

可得　　$y = c_1 x^{m_1} + c_2 x^{m_2}$

若 $m_1; m_2$ 都為整數時，表示此時其解 $y(x)$ 仍為 Taylor 級數形式。

若 $m_1; m_2$ 有一為實數時，表示此時其解 $y(x)$ 不全為 Taylor 級數形式。

Frobenius 就作一些修正，使其也能處理 $m_1; m_2$ 都為整數或實數之情況，其修正解如下所示：

$$y(x) = x^r \left(c_0 + c_1 x + c_2 x^2 + c_3 x^3 + \cdots \right) = x^r \left(\sum_{n=0}^{\infty} c_n x^n \right) = \sum_{n=0}^{\infty} c_n x^{r+n} \quad (3)$$

其中 $r \in R$，上式稱之為 Frobenius 級數

上式修正後之級數，所能應用之常微分方程，應該也與 Euler-Cauchy 常微分方程式同一類奇異點的微分方程式，已知 Euler-Cauchy 常微分方程式，為

$$x^2 y'' + axy' + by = 0$$

或

$$y'' + \frac{a}{x} y' + \frac{b}{x^2} y = 0$$

第二項係數，分子分母差一次方，第三項係數，分子分母差二次方，此類的奇異點稱為正則異常點(Regular Singular Point)，其定義式可寫成下列：

已知　　　　$y'' + \dfrac{Q(x)}{P(x)} y' + \dfrac{R(x)}{P(x)} y = 0$

若 $\displaystyle\lim_{x \to 0} \left(x \dfrac{Q(x)}{P(x)} \right)$ 與 $\displaystyle\lim_{x \to 0} \left(x^2 \dfrac{R(x)}{P(x)} \right)$ 都存在，則稱 $x = 0$ 為正則異常點 (Regular Singular Point)。

含有正則異常點(Regular Singular Point)的二階常微分方程之最一般性

標準式為

$$y'' + x(a_0 + a_1x + a_2x^2 + \cdots)y' + (b_0 + b_1x + b_2x^2 + \cdots)y = 0 \quad (4)$$

亦即，只要是上式標準式之微分方程，一定可用 Frobenius 級數求解。方法詳述如下。

第五節　一階線性常微分方程之 Frobenius 級數法

級數法在解一階線性常微分方程時，其概念可由下列範例說明：

範例 05：一階之 Frobenius 解

Solve $x\dfrac{dy}{dx} + y = 0$ by a series method.（20%）

成大工科所

解答：

【方法一】一階線性常微分方程式之變數分離法

已知　　$x\dfrac{dy}{dx} + y = 0$

移項變數分離，得　　$\dfrac{dy}{y} = -\dfrac{1}{x}$

積分　　$\ln y = -\ln x + c$

取指數函數，得通解　　$y(x) = c_1 x^{-1}$

【方法二】一階線性常微分方程式之 Cauchy 法

已知 $x\dfrac{dy}{dx}+y=0$ 為 Euler-Cauchy 常微分方程

令 $y=x^m$

得特徵方程式 $m+1=0$

根 $m=-1$

通解為 $y(x)=c_1 x^{-1}$

【方法三】Taylor 級數法

已知 $x\dfrac{dy}{dx}+y=0$

假設其解為 Taylor 級數，如

$$y=c_0+c_1 x+c_2 x^2+\cdots$$

微分

$$y'=c_1+2c_2 x+\cdots$$

代入原微分方程 $x\dfrac{dy}{dx}+y=0$

$$\left(c_1 x+2c_2 x^2+\cdots\right)+\left(c_0+c_1 x+c_2 x^2+\cdots\right)=0$$

整理得 $c_0+(2c_1)x+3c_2 x^2+\cdots=0$

得所有係數為 0

$$c_0=c_1=\cdots=0$$

亦即 $y=0$ 為零解。

【分析】

此題，利用 Taylor 級數法，無法求得非零解，因為此題 $x\dfrac{dy}{dx}+y=0$ 在 $x=0$ 為奇異點，因此 Taylor 級數不一定存在。

【方法四】Frobenius 級數法

已知 $\qquad x\dfrac{dy}{dx}+y=0$

假設其解為 Frobenius 級數 $\quad y=\sum\limits_{n=0}^{\infty}c_n x^{r+n}$

為了減少調整指標起點之困擾，將上式修正為

$$y=\sum_{n=-\infty}^{\infty}c_n x^{r+n}, \text{ 其中 } c_{-n}=0;\ n=1,2,\cdots$$

其中多出來的有負數下標之係數，令其為 0，即可

微分 $\qquad y'=\sum\limits_{n=-\infty}^{\infty}(r+n)c_n x^{r+n-1}$

代入上式 $\qquad \sum\limits_{n=-\infty}^{\infty}(r+n)c_n x^{r+n}+\sum\limits_{n=-\infty}^{\infty}c_n x^{r+n}=0$

$$\sum_{n=-\infty}^{\infty}(r+n+1)c_n x^{r+n}=0$$

得循環公式 $\qquad (r+n+1)c_n=0$

令 $n=0$ $\qquad (r+1)c_0=0$

得指標方程 $\qquad r+1=0$，$r=-1$，c_0 為任意常數。

代回循環公式 $\qquad (-1+n+1)c_n=nc_n=0$

令 $n=1$ $\qquad (1)c_1=0$，$c_1=0$

令 $n=2$ $\qquad (2)c_2=0$，$c_2=0$

$$\vdots$$

代回得通解 $\quad y(x) = c_0 x^{-1}$

第六節　Frobenius 級數法之微分與指標移位

已知 Frobenius 級數形式為

$$y(x) = x^r \left(c_0 + c_1 x + c_2 x^2 + c_3 x^3 + \cdots \right) = \sum_{n=0}^{\infty} c_n x^{r+n} = c_0 y_1(x) + c_2 y_2(x)$$

【分析】要進行級數解之前，需先注意級數之微分運算特性：

1. 已知 $y(x) = c_0 x^r + c_1 x^{r+1} + c_2 x^{r+2} + \cdots = \sum_{n=0}^{\infty} c_n x^{r+n}$

2. 微分一次

$$y'(x) = rc_0 x^{r-1} + (r+1)c_1 x^r + (r+2)c_2 x^{r+1} + \cdots = \sum_{n=0}^{\infty} (r+n) c_n x^{r+n-1}$$

3. 再微分一次

$$y''(x) = r(r-1)c_0 x^{r-2} + (r+1)rc_1 x^{r-1} + \cdots = \sum_{n=0}^{\infty} (r+n)(r+n-1) c_n x^{r+n-2}$$

【觀念分析】注意連加號內之指標下界仍沒改變。

此式可以利用指標變數變換，將其通式項調整，亦即

令 $n = m + 2$ 代入上式得

$$y''(x) = \sum_{m=-2}^{\infty} (r+m+2)(r+m+1) c_{m+2} x^{r+m}$$

再將上式中 m 改為 n，得

$$y''(x) = \sum_{n=-2}^{\infty} (r+n+2)(r+n+1) c_{n+2} x^{r+n}$$

【觀念分析】注意連加號內之指標下界已改變。

4. 如此就進行相加運算，如

$$y''(x)+y(x)=\sum_{n=0}^{\infty}c_n x^{r+n}+\sum_{n=-2}^{\infty}(r+n+2)(r+n+1)c_{n+2}x^{r+n}$$

需將指標下界調整成一樣，即

$$y''(x)+y(x)=\sum_{n=0}^{\infty}c_n x^{r+n}+r(r-1)c_0+(r+1)(r)c_1+\sum_{n=0}^{\infty}(r+n+2)(r+n+1)c_{n+2}x^{r+n}$$

或

$$y''(x)+y(x)=r(r-1)c_0+(r+1)(r)c_1+\sum_{n=0}^{\infty}[c_n+(r+n+2)(r+n+1)c_{n+2}]x^{r+n}$$

5. 為了減少連加號內之指標下界之起點問題，修正 Frobenius 級數形式為

$$y=\sum_{n=-\infty}^{\infty}c_n x^{r+n},\ \text{其中}\ c_{-n}=0\ ;\ n=1,2,\cdots$$

其中多出來的有負數下標之係數 c_{-n}，令其為 0，即可

第七節　Frobenius 級數法之指標方程式

考慮二階 Frobenius 常微分方程式(4)

$$y''+x(a_0+a_1 x+a_2 x^2+\cdots)y'+(b_0+b_1 x+b_2 x^2+\cdots)y=0$$

當只需要求得其指標方程式(Indical Equation)，則可利用下例中簡易速算法，其結果是相同，如下例所示：

範例 06：指標方程速算法與通式法

Find the indicial equation of

$$x^2 y'' + xe^x y' + (x^3 - 1)y = 0$$

If the solution is required near $x = 0$

交大電子所線微

解答：

【方法一】速算法

已知　　$x^2 y'' + xe^x y' + (x^3 - 1)y = 0$

其中　　$e^x = 1 + \dfrac{1}{1!}x + \dfrac{1}{2!}x^2 + \cdots$

化成 Frobenius 標準式(4)得

$$x^2 y'' + x\left(1 + \dfrac{1}{1!}x + \dfrac{1}{2!}x^2 + \cdots\right)y' + (x^3 - 1)y = 0$$

只取括號內之常數項即可，得簡化 Euler-Cauchy 常微分方程

$$x^2 y'' + x(1)y' + (-1)y = 0$$

令　$y = x^r$，代入得指標方程式

$$r(r-1) + r - 1 = 0$$

或

$$r^2 - 1 = 0$$

【分析】此法與原微分方程式之兩根相同，證明如下面直接代入法

【方法二】通式法

$$\sum_{n=0}^{\infty}(r+n)(r+n-1)c_n x^{r+n} + \left(\sum_{n=0}^{\infty}\dfrac{1}{n!}x^n\right) \cdot \left(\sum_{n=0}^{\infty}(r+n)c_n x^{r+n}\right) + (x^3 - 1)\sum_{n=0}^{\infty}c_n x^{r+n} = 0$$

$$\sum_{n=0}^{\infty}(r+n)(r+n-1)c_n x^{r+n} + \cdot\sum_{n=0}^{\infty}\left(\sum_{i=0}^{n}\frac{1}{i!}(r+n-i)c_{n-i}\right)x^{r+n}$$

$$+\sum_{n=0}^{\infty}c_n x^{r+n+3} - \sum_{n=0}^{\infty}c_n x^{r+n} = 0$$

指標移位

$$\sum_{n=0}^{\infty}(r+n)(r+n-1)c_n x^{r+n} + \cdot\sum_{n=0}^{\infty}\left(\sum_{i=0}^{n}\frac{1}{i!}(r+n-i)c_{n-i}\right)x^{r+n}$$

$$+\sum_{n=3}^{\infty}c_{n-3} x^{r+n} - \sum_{n=0}^{\infty}c_n x^{r+n} = 0$$

令 $n = i = 0$

$$(r)(r-1)c_0 x^r + \cdot\frac{1}{0!}(r)c_0 x^r - c_0 x^r = 0$$

得指標方程式

$$[r(r-1)+\cdot r -1]c_0 = 0$$

或

$$r^2 - 1 = 0$$

第八節　Frobenius 級數法之不等根解

現在考慮指標方程式中之兩根為不等實根時，其通解求法，其詳細過程，由範例直接說明。

範例 07：不等實根時之通式法

Find the power series solution about point $x = 0$ of the following equation. (15%)

$$x^2 y'' + xy' + \left(x^2 - \frac{1}{9}\right)y = 0$$

解答：

【方法一】標準公式法（Bessel 微分方程解）

已知 $$x^2 y'' + xy' + \left(x^2 - \frac{1}{9}\right)y = 0$$

為 $v = \frac{1}{3}$ 階 Bessel 常微分方程標準式，利用其標準 Bessel 函數解，得

$$y(x) = c_1 J_{\frac{1}{3}}(x) + c_1 J_{-\frac{1}{3}}(x)$$

【分析】Bessel 函數解，在下一章 Sturm-Liouville 邊界值問題中再討論。

【方法二】Frobenius Method

已知 $$x^2 y'' + xy' + \left(x^2 - \frac{1}{9}\right)y = 0$$

令修正級數 $$y = \sum_{n=-\infty}^{\infty} c_n x^{r+n}, \quad 其中 c_{-n} = 0 \,;\, n = 1, 2, \cdots$$

微分 $$y' = \sum_{n=-\infty}^{\infty} (r+n) c_n x^{r+n-1}$$

微分 $$y'' = \sum_{n=-\infty}^{\infty} (r+n)(r+n-1) c_n x^{r+n-2}$$

代回微分方程

$$\sum_{n=-\infty}^{\infty}(r+n)(r+n-1)c_n x^{r+n} + \sum_{n=-\infty}^{\infty}(r+n)c_n x^{r+n} + \sum_{n=-\infty}^{\infty} c_n x^{r+n+2} - \frac{1}{9}\sum_{n=-\infty}^{\infty} c_n x^{r+n} = 0$$

第三項指標移位，得 $\sum_{n=-\infty}^{\infty} c_n x^{r+n+2} = \sum_{n'=-\infty}^{\infty} c_{n'-2} x^{r+n'}$

代回得循環公式 (Recurrence Equation)

$$(r+n)(r+n-1)c_n + (r+n)c_n + c_{n-2} - \frac{1}{9}c_n = 0$$

或整理得循環公式 $\left[(r+n)^2 - \frac{1}{9}\right]c_n + c_{n-2} = 0$

或 $c_n = -\dfrac{c_{n-2}}{(r+n)^2 - \dfrac{1}{9}}$

令 $n = 0$ $\quad \left(r^2 - \dfrac{1}{9}\right)c_0 = 0$

指標方程式 $\quad r^2 - \dfrac{1}{9} = 0$，其根為 $r_1 = \dfrac{1}{3}$ 及 $r_2 = -\dfrac{1}{3}$

(1) $r_1 = \dfrac{1}{3}$，代入循環公式，得 $c_n = -\dfrac{c_{n-2}}{\left(\dfrac{1}{3}+n\right)^2 - \dfrac{1}{9}} = -\dfrac{c_{n-2}}{\left(\dfrac{2}{3}n + n^2\right)}$

或 $c_n = -\dfrac{c_{n-2}}{n\left(n+\dfrac{2}{3}\right)}$，$n = 1, 2, \cdots$

當 $n = 1$ 時，$c_1 = 0$

當 $n = 2$ 時，$c_2 = -\dfrac{c_0}{2\left(2+\dfrac{2}{3}\right)}$，

當 $n = 3$ 時，得 $c_3 = 0$

當 $n=4$ 時，得 $c_4 = -\dfrac{c_2}{4\left(4+\dfrac{2}{3}\right)} = \dfrac{c_0}{4\cdot 2\left(4+\dfrac{2}{3}\right)\left(2+\dfrac{2}{3}\right)}$

得第一個齊性解

$$y_1(x) = c_0 x^{\frac{1}{3}}\left\{1 - \dfrac{1}{2\left(2+\dfrac{2}{3}\right)}x^2 + \dfrac{1}{4\cdot 2\left(4+\dfrac{2}{3}\right)\left(2+\dfrac{2}{3}\right)}x^4 + \cdots\right\}$$

(2) $r_2 = -\dfrac{1}{3}$，代入循環公式，得 $c_n = -\dfrac{c_{n-2}}{\left(-\dfrac{1}{3}+n\right)^2 - \dfrac{1}{9}} = -\dfrac{c_{n-2}}{\left(-\dfrac{2}{3}n + n^2\right)}$

或 $c_n = -\dfrac{c_{n-2}}{n\left(n-\dfrac{2}{3}\right)}$，$n = 1, 2, \cdots$

當 $n=1$ 時，$c_1 = 0$

當 $n=2$ 時，$c_2 = -\dfrac{c_0}{2\left(2-\dfrac{2}{3}\right)}$，

當 $n=3$ 時，得 $c_3 = 0$

當 $n=4$ 時，得 $c_4 = -\dfrac{c_2}{4\left(4-\dfrac{2}{3}\right)} = \dfrac{c_0}{4\cdot 2\left(4-\dfrac{2}{3}\right)\left(2-\dfrac{2}{3}\right)}$

得第二個齊性解

$$y_2(x) = c_0 x^{-\frac{1}{3}}\left\{1 - \dfrac{1}{2\left(2-\dfrac{2}{3}\right)}x^2 + \dfrac{1}{4\cdot 2\left(4-\dfrac{2}{3}\right)\left(2-\dfrac{2}{3}\right)}x^4 + \cdots\right\}$$

通解為 $y(x) = c_1 y_1(x) + c_2 y_2(x)$

第九節　Frobenius 級數法之等根解速算法

　　現在考慮指標方程式中之兩根為相等實根時，其通解求法，其詳細過程，由範例直接說明。

範例 08：等根或重根時

(15%) Find the solution of D.E. in power series，$x \neq 0$：
$xy'' + y' - y = 0$

成大機械所

解答：

　　已知　$xy'' + y' - y = 0$

　　令　$y(x) = \sum_{n=0}^{\infty} c_n x^{r+n}$

　　$y'(x) = \sum_{n=0}^{\infty} (r+n) c_n x^{r+n-1}$

　　$y''(x) = \sum_{n=0}^{\infty} (r+n)(r+n-1) c_n x^{r+n-2}$

　　$\sum_{n=0}^{\infty} (r+n)(r+n-1) c_n x^{r+n-1} + \sum_{n=0}^{\infty} (r+n) c_n x^{r+n-1} - \sum_{n=0}^{\infty} c_n x^{r+n} = 0$

　　$\sum_{n=0}^{\infty} [(r+n)(r+n-1) + (r+n)] c_n x^{r+n-1} - \sum_{n=2}^{\infty} c_{n-1} x^{r+n-1} = 0$

　　得循環公式

$$(r+n)^2 c_n - c_{n-1} = 0$$

令 $n=0$，得指標方程式

$$r^2 c_0 = 0$$

得根　$r_1 = 0$，$r_2 = 0$

本題因為重根，因此可利用前兩章所用過的微分法，比較簡單快速，其詳細過程，如下所述：

(1) 首先將待定係數 $c_0, c_1, \cdots c_n, \cdots$ 表成 r 的函數，亦即

利用循環公式　$(r+n)^2 c_n - c_{n-1} = 0$

或　$c_n = \dfrac{c_{n-1}}{(r+n)^2}$

令 $n=1$，代入　$c_1 = \dfrac{c_0}{(r+1)^2}$

令 $n=2$，代入　$c_2 = \dfrac{c_1}{(r+2)^2} = \dfrac{c_0}{(r+2)^2 (r+1)^2}$

代回

$$y(x) = x^r \left(1 + \frac{1}{(r+1)^2} x + \frac{1}{(r+1)^2 (r+2)^2} x^2 + \cdots \right)$$

對 r 微分一次

$$\frac{dy(x)}{dr} = x^r \ln r \left(1 + \frac{1}{(r+1)^2} x + \frac{1}{(r+1)^2 (r+2)^2} x^2 + \cdots \right)$$

$$+ x^r \left(-\frac{2}{(r+1)^3} x - \frac{2}{(r+1)^3 (r+2)^2} x^2 - \frac{2}{(r+1)^2 (r+2)^3} x^2 + \cdots \right)$$

1. 令 $r_1 = 0$ 代入上式，得第一個齊性解

$$y_1(x) = \{y(x)\}_{r=0} = 1 + x + \frac{1}{2^2}x^2 + \cdots$$

2. 令 $r_2 = 0$，得第二個齊性解

$$y_2(x) = \left\{\frac{dy(x)}{dr}\right\}_{r=0} = \ln x\left(1 + x + \frac{1}{2^2}x^2 + \cdots\right) - \left(2x + \frac{3}{4}x^2 + \cdots\right)$$

範例 09：重根微分速算法與降階法

Find one power series solution of the 2nd order ordinary differential equation $xy'' + y' + y = 0$ write down the 2nd independent solution in function from without actually determine the recurrence formula.(15%)

台科大化工所

解答：

【方法一】Frobenius 微分法

已知　$xy'' + y' + y = 0$

令 $y(x) = \sum_{n=0}^{\infty} c_n x^{r+n}$

$y'(x) = \sum_{n=0}^{\infty} (r+n) c_n x^{r+n-1}$

$y''(x) = \sum_{n=0}^{\infty} (r+n)(r+n-1) c_n x^{r+n-2}$

$\sum_{n=0}^{\infty} (r+n)(r+n-1) c_n x^{r+n-1} + \sum_{n=0}^{\infty} (r+n) c_n x^{r+n-1} + \sum_{n=0}^{\infty} c_n x^{r+n} = 0$

指標移位，得

$$\sum_{n=0}^{\infty}[(r+n)(r+n-1)+(r+n)c_n]x^{r+n-1}+\sum_{n=1}^{\infty}c_{n-1}x^{r+n-1}=0$$

得循環公式

$$(r+n)^2 c_n + c_{n-1} = 0$$

令 $n=0$，得指標方程式

$$r^2 c_0 = 0$$

得根　$r_1 = 0$，$r_2 = 0$

　　本題因為重根，因此可利用前兩章所用過的微分法，比較簡單快速，其詳細過程，如下所述：

(1) 首先將待定係數 $c_0, c_1, \cdots c_n, \cdots$ 表成 r 的函數，亦即

利用循環公式　　$(r+n)^2 c_n + c_{n-1} = 0$

或　$c_n = -\dfrac{c_{n-1}}{(r+n)^2}$

令 $n=1$，代入　$c_1 = -\dfrac{c_0}{(r+1)^2}$

令 $n=2$，代入　$c_2 = -\dfrac{c_1}{(r+2)^2} = \dfrac{c_0}{(r+2)^2 (r+1)^2}$

代回，得

$$y(x) = x^r \left(1 - \frac{1}{(r+1)^2} x + \frac{1}{(r+1)^2 (r+2)^2} x^2 - + \cdots \right)$$

對 r 微分

$$y(x) = x^r \ln x \left(1 - \frac{1}{(r+1)^2}x + \frac{1}{(r+1)^2(r+2)^2}x^2 - +\cdots\right)$$
$$+ x^r \left(\frac{2}{(r+1)^3}x - \frac{2}{(r+1)^3(r+2)^2}x^2 - \frac{2}{(r+1)^2(r+2)^3}x^2 + \cdots\right)$$

1. 令 $r_1 = 0$，得第一個齊性解

$$y_1(x) = \{y\}_{r=0} = 1 - x + \frac{1}{2^2}x^2 - +\cdots$$

2. 令 $r_2 = 0$，得第一個齊性解

$$y_2(x) = \left\{\frac{dy}{dr}\right\}_{r=0} = \ln x\left(1 - x + \frac{1}{4}x^2 + \cdots\right) + \left(2x - \frac{3}{4}x^2 + \cdots\right)$$

【方法二】再利用降階法求解第二個齊性解 $y_2(x)$，藉以比較兩者方法之異同與驗證速算法之正確性

已知第一個齊性解

$$y_1(x) = \left(1 - x + \frac{1}{4}x^2 + \cdots\right)$$

代入降階法公式

$$u(x) = \int \frac{1}{y_1^2} e^{-\int \frac{1}{x}dx} dx = \int \frac{1}{xy_1^2} dx$$

或

$$u(x) = \int \frac{1}{x\left(1 - x + \frac{1}{4}x^2 + \cdots\right)^2} dx$$

平方項展開後，相除

$$u(x) = \int \left(\frac{1}{x} + 2 + \frac{5}{2}x + \cdots\right)dx$$

積分

$$u(x) = \left(\ln x + 2x + \frac{5}{4}x^2 + \cdots\right)$$

得第二個齊性解

$$y_2(x) = y_1(x)\left(\ln x + 2x + \frac{5}{4}x^2 + \cdots\right)$$

或

$$y_2(x) = \left(1 - x + \frac{1}{4}x^2 + \cdots\right)\left(\ln x + 2x + \frac{5}{4}x^2 + \cdots\right)$$

乘開得

$$y_2(x) = \left(1 - x + \frac{1}{4}x^2 + \cdots\right)\ln x + \left(2x - \frac{3}{4}x^2 + \cdots\right)$$

第十節　Frobenius 級數法之相差整數根速算法

現在考慮指標方程式中之兩根為相差為整數時，此時兩齊性解 $y_1(x)$ 與 $y_2(x)$ 不一定會線性獨立，因此當 $y_1(x)$ 與 $y_2(x)$ 是線性相關時，需另外求第二個齊性解 $y_2(x)$，此時，利用上一節之微分法，經修正後之微分法，仍可應用於此狀況，其詳細過程，由範例直接說明。

範例 10：相差整數根解（兩者已線性獨立）

(12%) Find the power series solution for ODE $xy'' + (x-1)y' - y = 0$ near

$x = 0.$

台科大化工工數

解答：

【方法一】Frobenius 級數法

令　　$y = \sum_{n=0}^{\infty} c_n x^{r+n}$，其中 $c_{-n} = 0$；$n = 1, 2, \cdots$

微分　　　　　　　　　　$y' = \sum_{n=0}^{\infty} (r+n) c_n x^{r+n-1}$

微分　　　　　　　　　　$y'' = \sum_{n=0}^{\infty} (r+n)(r+n-1) c_n x^{r+n-2}$

代回微分方程 $xy'' + (x-1)y' - y = 0$

$$\sum_{n=0}^{\infty} (r+n)(r+n-1) c_n x^{r+n-1} + \sum_{n=0}^{\infty} (r+n) c_n x^{r+n} - \sum_{n=0}^{\infty} (r+n) c_n x^{r+n-1} - \sum_{n=0}^{\infty} c_n x^{r+n} = 0$$

第一項指標移位，得

$$\sum_{n=0}^{\infty} (r+n)(r+n-1) c_n x^{r+n-1} = \sum_{n=-1}^{\infty} (r+n+1)(r+n) c_{n+1} x^{r+n}$$

$$\sum_{n=0}^{\infty} (r+n) c_n x^{r+n-1} = \sum_{n=-1}^{\infty} (r+n+1) c_{n+1} x^{r+n}$$

代回得

$(r+n+1)(r+n) c_{n+1} + (r+n) c_n - (r+n+1) c_{n+1} - c_n = 0$

或　$(r+n+1)(r+n-1) c_{n+1} + (r+n-1) c_n = 0$

指標方程式為 $n = -1$ 代入，得

　　　　$r(r-2) c_0 = 0$，得根 $r = 2$，$r = 0$，兩者相差為整數。

(1) $r=0$ 代入循環公式

$$(r+n+1)(r+n-1)c_{n+1} + (r+n-1)c_n = 0$$

得

$$(n+1)(n-1)c_{n+1} + (n-1)c_n = 0$$

令 $n=0$ 代入上式，$c_1 = -c_0$

令 $n=1$ 代入上式，$0 \cdot c_2 + 0 \cdot c_1 = 0$，$c_2$ 為任意常數。

令 $n=2$ 代入上式，$3c_3 = -c_2$，$c_3 = -\frac{1}{3}c_2$

令 $n=3$ 代入上式，$8c_4 + 2c_3 = 0$，$c_4 = -\frac{1}{4}c_3 = \frac{1}{12}c_2$

得通解

$$y(x) = c_0(1-x) + c_2\left(x^2 - \frac{1}{3}x^3 + \frac{1}{12}x^4 - + \cdots\right)$$

【注意】此題只代 $r=0$，就解出兩個線性獨立解了，$r=2$ 沒用到。亦即，其訣竅就是先代兩根值較小那個去解。

範例 11：相差整數根解（線性獨立時）

(10%) 以 Frobenius method 解微分方程：
$$x^2 y'' + 6xy' + (6-4x^2)y = 0$$

台大生機所 J

解答：

$$x^2 y'' + 6xy' + 6y = 0$$

令 $y(x) = \sum_{n=0}^{\infty} c_n x^{r+n}$

$$y'(x) = \sum_{n=0}^{\infty}(r+n)c_n x^{r+n-1}$$

$$y''(x) = \sum_{n=0}^{\infty}(r+n)(r+n-1)c_n x^{r+n-2}$$

$$\sum_{n=0}^{\infty}(r+n)(r+n-1)c_n x^{r+n} + 6\sum_{n=0}^{\infty}(r+n)c_n x^{r+n} + 6\sum_{n=0}^{\infty}c_n x^{r+n} - 4\sum_{n=0}^{\infty}c_n x^{r+n+2} = 0$$

$$\sum_{n=0}^{\infty}[(r+n)(r+n-1)+6(r+n)+6]c_n x^{r+n} - 4\sum_{n=2}^{\infty}c_{n-2} x^{r+n} = 0$$

得循環公式

$$(r+n+2)(r+n+3)c_n - 4c_{n-2} = 0$$

令　$n = 0$　　$(r+2)(r+3)c_0 - 4c_{-2} = 0$，$(r+2)(r+3)c_0 = 0$

得　$r_1 = -2$，$r_2 = -3$

$$(r+n+2)(r+n+3)c_n = 4c_{n-2}$$

令　$r = -3$，代入　　　$(n-1)(n)c_n = 4c_{n-2}$

令　$n = 1$　　$0 \cdot (1)c_1 = 0$　，c_1 為任意常數

令　$n = 2$　　$2!c_2 = 4c_0$　，$c_2 = \dfrac{4}{2!}$

令　$n = 3$　　$3 \cdot 2 c_3 = 4c_1$　，$c_3 = \dfrac{4}{3!}$

依此類推，得

$$y(x) = c_0 x^{-3}\left(1 + \frac{4}{2!}x^2 + \frac{4^2}{4!}x^4 + \cdots\right) + c_2 x^{-3}\left(x + \frac{4}{3!}x^3 + \frac{4^2}{5!}x^5 + \cdots\right)$$

範例 12：相差整數根（線性相關時：需微分速算法得通解）

Find the power series solution about point $x=0$ of the following equation. (15%)
$$x^2 y'' + xy' + (x^2 - 1)y = 0$$

解答：

【方法一】Frobenius Method 微分法比較

令　$y = \sum_{n=-\infty}^{\infty} c_n x^{r+n}$，其中 $c_{-n} = 0$；$n = 1, 2, \cdots$

微分　　　　　　　　$y' = \sum_{n=-\infty}^{\infty} (r+n) c_n x^{r+n-1}$

微分　　　　　　　　$y'' = \sum_{n=-\infty}^{\infty} (r+n)(r+n-1) c_n x^{r+n-2}$

代回微分方程　　$x^2 y'' + xy' + (x^2 - 1)y = 0$

$$\sum_{n=-\infty}^{\infty} (r+n)(r+n-1) c_n x^{r+n} + \sum_{n=-\infty}^{\infty} (r+n) c_n x^{r+n} + \sum_{n=-\infty}^{\infty} c_n x^{r+n+2} - \sum_{n=-\infty}^{\infty} c_n x^{r+n} = 0$$

第三項指標移位，得

$$\sum_{n=-\infty}^{\infty} c_n x^{r+n+2} = \sum_{n=-\infty}^{\infty} c_{n-2} x^{r+n}$$

代回得循環公式

$$(r+n)(r+n-1) c_n + (r+n) c_n - c_n + c_{n-2} = 0$$

或　$[(r+n)^2 - 1] c_n + c_{n-2} = 0$

或　$(r+n+1)(r+n-1) c_n + c_{n-2} = 0$

指標方程式為 $n=0$ 代入，得

$$(r^2-1)c_0 = 0 \text{，得} r_1=1 \text{，} r_2=-1 \text{，兩者相差為整數} 2$$

視 r 為常數，$(r+n+1)(r+n-1)c_n + c_{n-2} = 0$；或 $c_n = -\dfrac{c_{n-2}}{(r+n+1)(r+n-1)}$

當 $n=1$ 時，$c_1 = -\dfrac{c_{-1}}{(r+2)(r)}$ ，得 $c_1 = 0$

當 $n=2$ 時，$c_2 = -\dfrac{c_0}{(r+3)(r+1)}$

當 $n=3$ 時，得 $c_3 = 0$

當 $n=4$ 時，得 $c_4 = -\dfrac{c_2}{(r+5)(r+3)} = \dfrac{c_0}{(r+5)(r+3)^2(r+1)}$

當 $n=5$ 時，得 $c_5 = 0$

當 $n=6$ 時，得 $c_6 = -\dfrac{c_4}{(r+7)(r+5)} = -\dfrac{c_0}{(r+7)(r+5)^2(r+3)^2(r+1)}$

...

$$y(x) = c_0 x^r \left(1 - \dfrac{x^2}{(r+3)(r+1)} + \dfrac{x^4}{(r+5)(r+3)^2(r+1)} - \dfrac{x^6}{(r+7)(r+5)^2(r+3)^2(r+1)} + \cdots \right)$$

令 $c_0 = (r+1)a_0$，代入修正上式解，將分母因式 $(r+1)$ 除掉，得

$$y^*(x) = a_0 x^r \left((r+1) - \dfrac{x^2}{(r+3)} + \dfrac{x^4}{(r+5)(r+3)^2} - \dfrac{x^6}{(r+7)(r+5)^2(r+3)^2} + \cdots \right)$$

(1) 令 $r=-1$，代入上式

$$y_1 = \{y^*(x)\}_{r=-1} = x^{-1}\left(-\dfrac{1}{2}x^2 + \dfrac{1}{4\cdot 2^2}x^4 - \dfrac{x^6}{6\cdot 4^2\cdot 2^2} + \cdots\right)$$

或　$y_1 = \left(-\dfrac{1}{2}x + \dfrac{1}{4\cdot 2^2}x^3 - \dfrac{1}{6\cdot 4^2\cdot 2^2}x^5 + \cdots \right)$

或

$$y_1(x) = -\dfrac{1}{2}\left(x - \dfrac{1}{4\cdot 2}x^3 + \dfrac{1}{6\cdot 4^2\cdot 2}x^5 - \dfrac{1}{8\cdot 6^2\cdot 4^2\cdot 2}x^7 + \cdots \right)$$

(2) 利用微分，求第二個線性獨立獨立解

$$y_2 = \left\{ \dfrac{dy^*(x)}{dr} \right\}_{r=-1}$$

其中 $\dfrac{dy^*(x)}{dr} = \dfrac{d}{dr}\left[x^r\left((r+1) - \dfrac{x^2}{(r+3)} + \dfrac{x^4}{(r+5)(r+3)^2} - + \cdots \right) \right]$

得

$$\begin{aligned}\dfrac{dy^*}{dr} &= x^r \ln x \left((r+1) - \dfrac{x^2}{(r+3)} + \dfrac{x^4}{(r+5)(r+3)^2} - + \cdots \right) \\ &\quad + x^r\left(1 + \dfrac{x^2}{(r+3)^2} - \left[\dfrac{1}{(r+5)^2(r+3)^2} + \dfrac{2}{(r+5)(r+3)^3} \right]x^4 - + \cdots \right)\end{aligned}$$

代入得

$$y_2 = x^{-1}\ln x\left(-\dfrac{x^2}{2} + \dfrac{x^4}{4\cdot 2^2} - + \cdots \right) + x^{-1}\left(1 + \dfrac{x^2}{2^2} - \left[\dfrac{1}{4^2\cdot 2^2} + \dfrac{2}{4\cdot 2^3} \right]x^4 - + \cdots \right)$$

或

$$y_2 = \ln x\left(-\dfrac{x}{2} + \dfrac{x^3}{4\cdot 2^2} - + \cdots \right) + \left(\dfrac{1}{x} + \dfrac{x}{4} - \dfrac{5}{64}x^3 - + \cdots \right)$$

【方法二】為驗證上述微分速算法之正確性，接著利用一般教科書所用的標準 Frobenius 法再求一次，過程如下：

前面都相同，從得到循環公式開始：

$$(r+n+1)(r+n-1)c_n + c_{n-2} = 0$$

(1) $r_1 = 1$ 代入上式，得 $(n+2)(n)c_n + c_{n-2} = 0$；或 $c_n = -\dfrac{c_{n-2}}{(n+2)n}$

當 $n=1$ 時，$c_1 = 0$

當 $n=2$ 時，$c_2 = -\dfrac{c_0}{4 \cdot 2}$

當 $n=3$ 時，得 $c_3 = 0$

當 $n=4$ 時，得 $c_4 = -\dfrac{c_2}{6 \cdot 4} = \dfrac{c_0}{6 \cdot 4^2 \cdot 2}$

當 $n=5$ 時，得 $c_5 = 0$

當 $n=6$ 時，得 $c_6 = -\dfrac{c_4}{8 \cdot 6} = -\dfrac{c_0}{8 \cdot 6^2 \cdot 4^2 \cdot 2}$

…

$$y_1(x) = c_0 x \left(1 - \frac{1}{4 \cdot 2} x^2 + \frac{1}{6 \cdot 4^2 \cdot 2} x^4 - \frac{1}{8 \cdot 6^2 \cdot 4^2 \cdot 2} x^6 + \cdots \right)$$

或

$$y_1(x) = \left(x - \frac{1}{4 \cdot 2} x^3 + \frac{1}{6 \cdot 4^2 \cdot 2} x^5 - \frac{1}{8 \cdot 6^2 \cdot 4^2 \cdot 2} x^7 + \cdots \right)$$

(2) 令 $y_2 = \displaystyle\sum_{n=-\infty}^{\infty} c_n x^{r_2+n} + A \cdot \ln x \cdot y_1(x)$

微分　$y' = \displaystyle\sum_{n=-\infty}^{\infty} (r+n)c_n x^{r+n-1} + A \cdot x^{-1} \cdot y_1(x) + A \cdot \ln x \cdot y_1'(x)$

微分　$y'' = \displaystyle\sum_{n=-\infty}^{\infty} (r+n)(r+n-1)c_n x^{r+n-2} - A \cdot x^{-2} \cdot y_1(x) + 2A \cdot x^{-1} \cdot y_1'(x) + A \cdot \ln x \cdot y_1''(x)$

代回微分方程 $x^2 y'' + xy' + (x^2 - 1)y = 0$

$$\sum_{n=-\infty}^{\infty}(r+n)(r+n-1)c_n x^{r+n} + \sum_{n=-\infty}^{\infty}(r+n)c_n x^{r+n} + \sum_{n=-\infty}^{\infty}c_n x^{r+n+2} - \sum_{n=-\infty}^{\infty}c_n x^{r+n}$$
$$- A \cdot y_1(x) + 2A \cdot x \cdot y_1'(x) + A \cdot \ln x \cdot x^2 y_1''(x) + A \cdot y_1(x) + A \cdot \ln x \cdot xy_1'(x)$$
$$+ A \cdot \ln x \cdot (x^2 - 1)y_1(x) = 0$$

或

$$\sum_{n=-\infty}^{\infty}(r+n)(r+n-1)c_n x^{r+n} + \sum_{n=-\infty}^{\infty}(r+n)c_n x^{r+n} + \sum_{n=-\infty}^{\infty}c_n x^{r+n+2} - \sum_{n=-\infty}^{\infty}c_n x^{r+n}$$
$$+ 2A \cdot x \cdot y_1'(x) + A \cdot \ln x \cdot \left[x^2 y_1''(x) + xy_1'(x) + (x^2 - 1)y_1(x)\right] = 0$$

其中 $\qquad x^2 y_1''(x) + xy_1'(x) + (x^2 - 1)y_1(x) = 0$

$$\sum_{n=-\infty}^{\infty}(r+n)(r+n-1)c_n x^{r+n} + \sum_{n=-\infty}^{\infty}(r+n)c_n x^{r+n} + \sum_{n=-\infty}^{\infty}c_n x^{r+n+2} - \sum_{n=-\infty}^{\infty}c_n x^{r+n}$$
$$+ 2A \cdot x \cdot y_1'(x) = 0$$

上式第三項指標移位，得

$$\sum_{n=-\infty}^{\infty}c_n x^{r+n+2} = \sum_{n=-\infty}^{\infty}c_{n-2} x^{r+n}$$

上式第五項指標移位，得

已知 $\quad y_1 = \left(-\dfrac{1}{2}x + \dfrac{1}{4 \cdot 2^2}x^3 - \dfrac{1}{6 \cdot 4^2 \cdot 2^2}x^5 + \cdots\right)$，代入

$$2A \cdot x \cdot y_1'(x) = 2Ax\left(-\dfrac{1}{2} + \dfrac{3}{4 \cdot 2^2}x^2 - \dfrac{5}{6 \cdot 4^2 \cdot 2^2}x^4 + \cdots\right)$$

或

$$2A \cdot x \cdot y_1'(x) = \left(-Ax + \dfrac{3A}{4 \cdot 2}x^3 - \dfrac{5A}{6 \cdot 4^2 \cdot 2}x^5 + \cdots\right)$$

$$\sum_{n=-\infty}^{\infty}\{[(r+n)(r+n-1)+(r+n)-1]c_n+c_{n-2}\}x^{r+n}+2A\cdot x\cdot y_1'(x)=0$$

或

$$\sum_{n=-\infty}^{\infty}[(r+n+1)(r+n-1)c_n+c_{n-2}]x^{r+n}+2A\cdot x\cdot y_1'(x)=0$$

令 $r=-1$

$$\sum_{n=-\infty}^{\infty}[(n)(n-2)c_n+c_{n-2}]x^{n-1}+\left(-Ax+\frac{3A}{4\cdot 2}x^3-\frac{5A}{6\cdot 4^2\cdot 2}x^5+\cdots\right)=0$$

當 $n=1$ 時，$c_1=0$

當 $n=2$ 時，$0\cdot c_2+c_0-A=0$，得 $A=c_0$

當 $n=3$ 時，得 $3\cdot 1\cdot c_3+c_1=0$，得 $c_3=0$

當 $n=4$ 時，得 $4\cdot 2\cdot c_4+c_2+\frac{3A}{4\cdot 2}=0$，$c_4=-\frac{1}{8}c_2-\frac{3}{4^2\cdot 2^2}c_0$

當 $n=5$ 時，得 $c_5=0$

當 $n=6$ 時，得 $6\cdot 4\cdot c_6+c_4-\frac{5A}{6\cdot 4^2\cdot 2}=0$，$c_6=-\frac{1}{6\cdot 4}c_4+\frac{5}{6^2\cdot 4^3\cdot 2}c_0$

或　$c_6=-\frac{1}{6\cdot 4}\left(-\frac{1}{8}c_2-\frac{3}{4\cdot 2}c_0\right)+\frac{5}{6^2\cdot 4^3\cdot 2}c_0=\frac{1}{6\cdot 4\cdot 8}c_2+\frac{7}{3^2\cdot 8^2\cdot 4}c_0$

$$y_2(x)=c_0\ln x\cdot y_1(x)+c_0 x^{-1}\left(1-\frac{3}{64}x^4+\frac{7}{3^2\cdot 8^2\cdot 4}x^6+\cdots\right)$$

$$+c_2 x^{-1}\left(x^2-\frac{1}{8}x^4+\frac{1}{6\cdot 4\cdot 8}x^6+\cdots\right)$$

或

$$y_2(x) = c_0 \ln x \cdot y_1(x) + c_0 \left(x^{-1} - \frac{3}{64}x^3 + \frac{7}{2304}x^5 + \cdots \right)$$
$$+ c_2 \left(x - \frac{1}{8}x^3 + \frac{1}{192}x^5 + \cdots \right)$$

(i) 可令 $c_2 = 0$

得

$$y_2(x) = c_0 \ln x \cdot y_1(x) + c_0 \left(x^{-1} - \frac{3}{64}x^3 + \frac{7}{2304}x^5 + \cdots \right)$$

(ii) 若令 $c_2 = \frac{1}{4}c_0$，代入

$$y_2(x) = c_0 \ln x \cdot y_1(x) + c_0 \left(x^{-1} - \frac{3}{64}x^3 + \frac{7}{2304}x^5 + \cdots \right)$$
$$+ c_0 \frac{1}{4} \left(x - \frac{1}{8}x^3 + \frac{1}{192}x^5 + \cdots \right)$$

或

$$y_2(x) = c_0 \ln x \cdot y_1(x) + c_0 \left(x^{-1} + \frac{1}{4}x - \left(\frac{3}{64} + \frac{1}{32}\right)x^3 + \left(\frac{7}{2304} + \frac{1}{192 \cdot 4}\right)x^5 + \cdots \right)$$

或

$$y_2(x) = c_0 \ln x \cdot y_1(x) + c_0 \left(x^{-1} + \frac{1}{4}x - \frac{5}{64}x^3 + \frac{1}{1152}x^5 + \cdots \right)$$

【註】第二個方法遠比第一個方法繁與難多了。

範例 13：級數法與降階法

解微分方程式 $xy'' + 3y' - y = 0$

解答：

令　$y = \sum_{n=-\infty}^{\infty} c_n x^{r+n}$，其中 $c_{-n} = 0$；$n = 1, 2, \cdots$

代入整理得

循環公式　　　　　　　$(r+n)(r+n+2)c_n - c_{n-1} = 0$

令 $n = 0$，得指標方程式　$r(r+2)c_0 = 0$

得根　　　　　　　　　$r_1 = 0$，$r_2 = -2$

【方法一】降階法

先令 $r_1 = 0$，代入循環公式，得　　$n(n+2)c_n = c_{n-1}$，或 $c_n = \dfrac{c_{n-1}}{n(n+2)}$

令 $n = 1$　　　　　$c_1 = \dfrac{c_0}{1 \cdot 3}$

令 $n = 2$　　　　　$c_2 = \dfrac{c_1}{2 \cdot 4} = \dfrac{c_0}{4!}$

令 $n = 3$　　　　　$c_3 = \dfrac{c_2}{3 \cdot 5} = \dfrac{c_0}{3 \cdot 5!}$

　…

得　$y_1(x) = c_0 \left(1 + \dfrac{1}{3}x + \dfrac{1}{4!}x^2 + \dfrac{1}{3 \cdot 5!}x^2 + \cdots \right)$

再利用降階公式　　　$y_2(x) = y_1(x) \int \dfrac{1}{y_1^2(x)} e^{-\int \frac{3}{x} dx} dx$

代入得　　$y_2(x) = y_1(x) \int \dfrac{1}{\left(1 + \dfrac{1}{3}x + \dfrac{1}{4!}x^2 + \dfrac{1}{3 \cdot 5!}x^2 + \cdots \right)^2} e^{-3 \ln x} dx$

展開得
$$y_2(x) = y_1(x) \int \frac{1}{x^3 \left(1 + \frac{2}{3}x + \frac{7}{36}x^2 + \cdots\right)} dx$$

綜合除法得
$$y_2(x) = y_1(x) \int \frac{1}{x^3} \left(1 - \frac{2}{3}x + \frac{1}{4}x^2 - + \cdots\right) dx$$

積分得
$$y_2(x) = y_1(x) \left(-\frac{1}{2x^2} + \frac{2}{3x} + \frac{1}{4}\ln x - + \cdots\right)$$

或 $\quad y_2(x) = \frac{1}{4}\ln x \, y_1(x) + y_1(x)\left(-\frac{1}{2x^2} + \frac{2}{3x} - \frac{19}{270}x + \cdots\right)$

【方法二】Frobenius 級數法

先利用循環公式 $\quad (r+n)(r+n+2)c_n - c_{n-1} = 0$

移項 $\quad c_n = \dfrac{c_{n-1}}{(r+n)(r+n+2)}$

求出所有係數 $c_n(r)$ 之形式，即

令 $n=1 \quad c_1 = \dfrac{c_0}{(r+1)(r+3)}$

令 $n=2 \quad c_2 = \dfrac{c_1}{(r+2)(r+4)} = \dfrac{c_0}{(r+1)(r+2)(r+3)(r+4)}$

令 $n=3 \quad c_3 = \dfrac{c_2}{(r+3)(r+5)} = \dfrac{c_0}{(r+1)(r+2)(r+3)^2(r+4)(r+5)}$

…

得

$$y(x) = c_0 x^r \left(1 + \frac{1}{(r+1)(r+3)}x + \frac{1}{(r+1)(r+2)(r+3)(r+4)}x^2 + \cdots\right)$$

再修正上式解，令 $c_0 = a_0(r+2)$，代入上式得

$$y(x) = c_0 x^r \left((r+2) + \frac{r+2}{(r+1)(r+3)} x + \frac{1}{(r+1)(r+3)(r+4)} x^2 \right.$$
$$\left. + \frac{1}{(r+1)(r+3)^2(r+4)(r+5)} x^3 + \cdots \right)$$

令 $r = -2$，代入上式

得 $\quad y_1(x) = \{y\}_{r=-2} = c_0 x^{-2} \left(-\frac{1}{2!} x^2 - \frac{1}{3!} x^3 + \cdots \right)$

或 $\quad y_1(x) = -c_0 \dfrac{1}{2!} \left(1 + \dfrac{1}{3} x + \cdots \right)$

第二個齊性解

$$\frac{d}{dr} y(x) = c_0 x^r \ln x \left((r+2) + \frac{r+2}{(r+1)(r+3)} x + \frac{1}{(r+1)(r+3)(r+4)} x^2 \right.$$
$$\left. + \frac{1}{(r+1)(r+3)^2(r+4)(r+5)} x^3 + \cdots \right) + x^r \left(1 + \frac{1}{(r+1)(r+3)} x - \frac{r+2}{(r+1)^2(r+3)} x \right.$$
$$\left. - \frac{r+2}{(r+1)(r+3)^2} x + \cdots \right)$$

代入 $r = -2$，得

$$y_2(x) = \left\{ \frac{dy}{dr} \right\}_{r=-2} = c_0 \left(-\frac{1}{2!} \right) \ln x \left(1 + \frac{1}{3} x + \cdots \right) + x^{-2} (1 - x + \cdots)$$

或

$$y_2(x) = \frac{1}{4} \ln x\, y_1(x) + y_1(x) \left(-\frac{1}{2x^2} + \frac{2}{3x} - \frac{19}{270} x + \cdots \right)$$

考題集錦

1. (10%) Find the first (5) nonzero terms in the series for the general solution for the following D.E. $\dfrac{d^2y}{dx^2} + xy = 0$

   中興精密所工數

2. (15%) Apply the power series method to solve $\dfrac{d^2y}{dx^2} - e^x y = 0$.

   中興材料所工數

3. Find the general solution of the following differential equation using power series method. $y'' - 4xy' + (4x^2 - 2)y = 0$. (15%)

   清大工程與系統所

4. (12%) (單選題) For the IVP

   $(x^2 - 2x + 3)y^{(2)} - 3y^{(1)} + (x-2)y = 0$, $y(2) = -20$, $y^{(1)}(2) = -2$

   the power series solution shout the initial point is

   $y(x) = \sum_{n=0}^{\infty} a_n (x-2)^n$. Then

   (1) $a_0 =$ (a) 1 (b) -1 (c) 2 (d) -2 (e) none
   (2) $a_1 =$ (a) 1 (b) -1 (c) 2 (d) -2 (e) none
   (3) $a_2 =$ (a) 1 (b) -1 (c) 2 (d) -2 (e) none
   (4) $a_3 =$ (a) 1 (b) -1 (c) 2 (d) -2 (e) none

   交大電資聯招

5. Find the first three nonzero terms of a Taylor series expansion about $x = 1$ of the solution of the initial value problem $xy'' - y' + y = 0$; $y(1) = 2$, $y'(1) = -4$

   雲科大機械所

6. (15%) Find the power series solution for ODE

$x^2 y'' + 5xy' + (x+4)y = 0$.

台科大化工所

7. Solve $x^2 y'' + xy' + x^2 y = 0$ for the Bessel function of first kind of order zero by series expansion（10%）

台大物理所、清大物理所

8. Find the general solution in power series of $x^2 y'' + xy' + \left(x^2 - \dfrac{1}{4}\right)y = 0$

成大數學所

9. Find the power series solution near $x = 0$ of $xy'' + (x-1)y' - y = 0$。

台大化工所 E

10. Find the power series solution about point $x = 0$ of the following equation.（15%）

$x^2 y'' + xy' - \left(x^2 + \dfrac{1}{4}\right)y = 0$

清大工程與系統所

11. (a) Find the solution of $(x - x^2)y'' - 3xy' - y = 0$ by the method of power series expressed as $y = c_1 y_1 + c_2 y_2$.

(b) Show that $y_1; y_2$ in (a) are linear independent.

交大電子所

第七章
Sturm-Liouville 邊界值問題

第一節　邊界值問題之解概論

已知二階線性常微分方程式：

$$P(x)\frac{d^2y}{dx^2} + Q(x)\frac{dy}{dx} + R(x)y = 0$$

給定任一組邊界條件：$\begin{cases} y(x_0) = y_0 \\ or \\ y'(x_0) = y'_0 \end{cases}$ 與 $\begin{cases} y(x_1) = y_1 \\ or \\ y'(x_1) = y'_1 \end{cases}$

※上式可能情況如下：

1. 無解？
2. 有解？（唯一或無窮多解）——需什麼條件？

範例 01：

（複選題 5%）Consider the equation $\ddot{x}(t) + 16x(t) = 0$

(A) There are infinite many solutions.

(B) There are no solutions

(C) There are two independent solutions

(D) There are no solutions for $x(0) = 0$，and $x\left(\dfrac{\pi}{2}\right) = 0$

(E) There are infinite many solutions for $x(0)=0$, and $x\left(\dfrac{\pi}{2}\right)=1$

台大土木工數

解答：(A)、(C)、

$$x(t) = c_1 \cos 4t + c_2 \sin 4t$$
$$x(0) = c_1 = 0 \text{，}$$
$$x(t) = c_2 \sin 4t$$

(D) $x\left(\dfrac{\pi}{2}\right) = c_2 \sin 2\pi = 0$，$c_2 \cdots$為任意常數

　　　有無　線多解

(E) $x\left(\dfrac{\pi}{2}\right) = c_2 \sin 2\pi = 0 \neq 1$，無解

第二節　Sturm-Liouville 微分方程式

已知二階線性變係數常微分方程，通式如下：
$$a_2(x)y''(x) + a_1(x)y'(x) + a_0(x)y(x) = f(x)$$

表成微分運算子型式：
$$[a_2(x)D^2 + a_1(x)D + a_0(x)]y(x) = L(D)y(x) = f(x)$$

如同矩陣特徵值定義：

　　　$AX = \lambda X$

其中　X 稱為特徵向量。

定義：

$$L(D)y(x) = -\lambda y(x)$$

代入二階線性變係數常微分方程，通式如下：

$$a_2(x)y''(x) + a_1(x)y'(x) + a_0(x)y(x) = -\lambda y(x)$$

移項

$$a_2(x)y''(x) + a_1(x)y'(x) + [a_0(x) + \lambda]y(x) = 0$$

除以 $a_2(x)$，得

$$y''(x) + \frac{a_1(x)}{a_2(x)}y'(x) + \left[\frac{a_0(x)}{a_2(x)} + \lambda\frac{1}{a_2(x)}\right]y(x) = 0$$

乘上積分因子 $e^{\int \frac{a_1(x)}{a_2(x)}dx}$

得

$$e^{\int \frac{a_1(x)}{a_2(x)}dx}\left[y''(x) + \frac{a_1(x)}{a_2(x)}y'(x)\right] + \left[\frac{a_0(x)}{a_2(x)}e^{\int \frac{a_1(x)}{a_2(x)}dx} + \lambda\frac{1}{a_2(x)}e^{\int \frac{a_1(x)}{a_2(x)}dx}\right]y(x) = 0$$

化成正合微分

$$\frac{d}{dx}\left[e^{\int \frac{a_1(x)}{a_2(x)}dx}y'(x)\right] + \left[\frac{a_0(x)}{a_2(x)}e^{\int \frac{a_1(x)}{a_2(x)}dx} + \lambda\frac{1}{a_2(x)}e^{\int \frac{a_1(x)}{a_2(x)}dx}\right]y(x) = 0$$

令各項係數如下：

$$P(x) = e^{\int \frac{a_1(x)}{a_2(x)}dx} \,,\; Q(x) = \frac{a_0(x)}{a_2(x)}e^{\int \frac{a_1(x)}{a_2(x)}dx} \,,\; R(x) = \frac{1}{a_2(x)}e^{\int \frac{a_1(x)}{a_2(x)}dx}$$

代入得 Sturm-Liouville 常微分方程標準式，通式如下：

$$\frac{d}{dx}\left[P(x)\frac{dy}{dx}\right]+[Q(x)+\lambda R(x)]y(x)=0$$

展開得

$$P(x)\frac{d^2y}{dx^2}+P'(x)\frac{dy}{dx}+[Q(x)+\lambda R(x)]y(x)=0$$

範例 02：Sturm-Liouville 常微分方程標準式

Consider the differential equation $(1-x^2)\dfrac{d^2y}{dx^2}-2x\dfrac{dy}{dx}+\lambda y=0$ in which λ is a constant and $-1\le x\le 1$. Does the above equation constitute a Sturm-Liouville problem?

成大機械所

解答：

已知
$$(1-x^2)\frac{d^2y}{dx^2}-2x\frac{dy}{dx}+\lambda y=0$$

化成標準式
$$\frac{d}{dx}\left[(1-x^2)\frac{dy}{dx}\right]+\lambda y=0$$

比較得
$$P(x)=1-x^2,\ Q(x)=0,\ R(x)=1$$

範例 03：Sturm-Liouville 常微分方程標準式

Consider the differential equation $x^2\dfrac{d^2y}{dx^2}+x\dfrac{dy}{dx}+\lambda(x^2-n^2)y=0$ in which λ is a constant and $0\le x\le\infty$. Does the above equation constitute a Sturm-Liouville problem?

成大機械所

解答：

已知
$$x^2\frac{d^2y}{dx^2}+x\frac{dy}{dx}+\left(\lambda x^2-n^2\right)y=0$$

除以 x
$$x\frac{d^2y}{dx^2}+\frac{dy}{dx}+\left(\lambda x-\frac{n^2}{x}\right)y=0$$

化成標準式
$$\frac{d}{dx}\left[x\frac{dy}{dx}\right]+\left(\lambda x-\frac{n^2}{x}\right)y=0$$

比較得
$$P(x)=x\text{ , }Q(x)=-\frac{n^2}{x}\text{ , }R(x)=x$$

第三節　求特徵值與特徵函數

考慮 Sturm-Liouville 常微分方程標準式，通式如下：

$$\frac{d}{dx}\left[P(x)\frac{dy}{dx}\right]+[Q(x)+\lambda R(x)]y(x)=0$$

給定任一組邊界條件：$\begin{cases} y(x_0)=y_0 \\ or \\ y'(x_0)=y'_0 \end{cases}$ 與 $\begin{cases} y(x_1)=y_1 \\ or \\ y'(x_1)=y'_1 \end{cases}$

得非零解（Nontrival Solution），稱為特徵函數（Eigenfunction）。

範例 04： 最常見特徵函數

(10%) Solve the following eigenvalue and eigenvector problem.
$\frac{d^2u}{dx^2}=-n^2u$，With $u(0)=u(\pi)=0$

台大大氣所

解答：

$$\frac{d^2u}{dx^2}+n^2u=0$$

通解

(1) $n=0$，$u(x)=c_1+c_2 x$

　　$u(0)=0=c_1$

　　$u(\pi)=c_2\pi=0$，$c_2=0$

　　$u(x)=0$ 為零解。

(2) $n>0$，$u(x)=c_1\cos nx+c_2\sin nx$

　　$u(0)=0=c_1$

　　$u(\pi)=c_2\sin n\pi=0$，c_2 為常數

　　$\sin n\pi=0$，$n=1,2,3,\cdots$

得特徵函數　$u_n(x)=\sin nx$，$n=1,2,3,\cdots$

範例 05：最常見特徵函數

> (15%) Find the eigenvalues and eigenfunctions of the differential equation $y''+\lambda y=0$ with the boundary conditions $y(0)=y(1)$，$y'(0)=y'(1)$

台大工科與海洋 F 工數

解答：

已知　　　　　　　$y''+\lambda y=0$

令　　　　　　　　$y=e^{mx}$

特徵方程式　　　　$m^2+\lambda=0$ 或 $m=\pm\sqrt{-\lambda}$

(1) $\lambda=0$　　　通解　$y(x)=c_1 x+c_2$

代入邊界條件　　　$y(0)-y(1)=c_2-c_1-c_2=0$

得　　　　　　　　$c_1=0$

$$y'(0) - y'(1) = c_1 - c_1 = 0 \text{，滿足}$$

得解 $\quad y = c_2$

得特徵值 $\quad \lambda = 0$，特徵函數 $y_0(x) = 1$

(2) $\lambda < 0$，取（$\lambda = -p^2$） 通解 $y(x) = c_1 e^{px} + c_2 e^{-px}$

代入邊界條件 $\quad y(0) - y(1) = c_1(1 - e^p) + c_2(1 - e^{-p}) = 0$

及 $\quad y'(0) - y'(1) = c_1 p(1 - e^p) - pc_2(1 - e^{-p}) = 0$

聯立解 $\quad$ 得 $c_1 = 0$，$c_2 = 0$

得零解 $\quad y(x) = 0$

(3) $\lambda > 0$，取（$\lambda = p^2$）

通解 $\quad y(x) = c_1 \cos(px) + c_2 \sin(px)$

$$y'(x) = -pc_1 \sin(px) + pc_2 \cos(px)$$

代入邊界條件

$$y(0) - y(1) = c_1[1 - \cos(p)] - c_2 \sin(p) = 0$$

$$y'(0) - y'(1) = pc_1 \sin(p) + pc_2[1 - \cos(p)] = 0$$

有非零解充要條件：

$$\begin{vmatrix} 1 - \cos(p) & -\sin(p) \\ p\sin(p) & p[1 - \cos(p)] \end{vmatrix} = 0$$

得 $\quad p(1 - \cos(p))^2 + p\sin^2(p) = 0$

或 $\quad 2 - 2\cos(p) = 0$

得 $\quad \cos(p) = 1$

或 $p = 2n\pi$，$n = 1, 2, \cdots$，或 $p_n = 2n\pi$，$n = 1, 2, \cdots$

得特徵值 $\quad \lambda_n = 4n^2\pi^2$，$n = 1, 2, 3, \cdots$

代回原式

$$c_2 \sin(p) = c_2 \sin(2n\pi) = 0，得 c_2 為常數$$

$$pc_1 \sin(p) = 0，得 c_1 為常數$$

得特徵函數 $\quad y_n(x) = c_1 \cos(2n\pi x) + c_2 \sin(2n\pi x)$，$n = 1, 2, 3, \cdots$

範例 06：四階

Consider the differential equation

$$\frac{d^4 y}{dx^4} + \alpha^2 \frac{d^2 y}{dx^2} = 0, \quad 0 < x < L，\alpha > 0$$

Subject to boundary conditions

$$y(0) = 0 \; ; \; y'(0) = 0$$
$$y(L) = 0 \; ; \; y''(L) = 0$$

(a) (8%) Find the general solution $y(x)$
(b) (9%) Derive the characteristic equation in terms of α and L. Do not solve it.

交大機械丙工數

解答：

$$\frac{d^4 y}{dx^4} + \alpha^2 \frac{d^2 y}{dx^2} = 0$$

$$y(0) = 0 \; ; \; y'(0) = 0$$
$$y(L) = 0 \; ; \; y''(L) = 0$$

(a) 令 $y = e^{mx}$

$$m^4 + \alpha^2 m^2 = m^2(m^2 + \alpha^2) = 0$$

$$m = 0, 0, \alpha i, -\alpha i$$

$$y(x) = c_1 x + c_2 + c_3 \cos\alpha x + c_4 \sin\alpha x$$

$$y(0) = 0 = c_2 + c_3 \text{，} c_3 = -c_2$$

$$y'(0) = 0 = c_1 + c_4\alpha \text{，} c_1 = -c_4\alpha$$

$$y(L) = 0 = c_1 L + c_2 + c_3 \cos\alpha L + c_4 \sin\alpha L \quad (3)$$

$$y''(L) = 0 = -\alpha^2 c_3 \cos\alpha L - \alpha^2 c_4 \sin\alpha L \quad (4)$$

由(3)，(4) 得

$$c_1 L + c_2 = 0 \text{，} c_2 = -c_1 L = c_4\alpha L \text{，} \text{及} c_3 = -c_4\alpha L \text{，} c_1 = -c_4\alpha$$

代入

$$c_3 \cos\alpha L + c_4 \sin\alpha L = 0$$

得

$$-c_4\alpha L \cos\alpha L + c_4 \sin\alpha L = c_4(-\alpha L \cos\alpha L + \sin\alpha L) = 0$$

或

$$\alpha L = \tan\alpha L$$

其中利用圖解法得 α_n 為上式之解，此為特徵值，$n = 1, 2, \cdots$

特徵函數 $y(x) = c_4(-\alpha_n x + \alpha_n L - \alpha_n L \cos\alpha_n x + \sin\alpha_n x)$，$n = 1, 2, \cdots$

第四節　函數內積與正交

1. 實變函數內積(Inner Product)定義：

   若已知非零函數 $y = f(x)$，$a \leq x \leq b$ 及 $y = g(x)$，$a \leq x \leq b$

   『$\langle f, g \rangle = \int_a^b f(x) \cdot g(x) dx$』，稱為 $f(x), g(x)$ 之內積。

2. 函數評量內積定義：

$$\ulcorner \langle f(x), g(x) \rangle_{W(x)} = \int_a^b W(x) f(x) \cdot g(x) dx \lrcorner$$

其中 $W(x)$ 為評量函數（Weighting Function）

3. 複變函數內積(Inner Product)定義：

若已知非零函數 $y = f(x)$

$\ulcorner \langle f, f \rangle = \int_a^b f(x) \cdot \overline{f(x)} dx \lrcorner$，稱為 $f(x)$ 之內積。

4. 正交函數(Orthogonal Function)定義：

$$\ulcorner 若 \int_a^b f(x) \cdot g(x) dx \begin{cases} = 0; & f \neq g \\ \neq 0; & f = g \end{cases} \lrcorner$$

或

若已知非零函數 $y = f(x)$，$a \leq x \leq b$ 及 $y = g(x)$，$a \leq x \leq b$

$\ulcorner 若 \int_a^b f(x) \cdot g(x) dx = 0 \lrcorner$，則 $f(x), g(x)$ 為正交。

5. 歸一化正交函數(Orthonormal Function)定義：

$$\ulcorner 若 \int_a^b f(x) \cdot g(x) dx \begin{cases} = 0; & f \neq g \\ = 1; & f = g \end{cases} \lrcorner$$

6. 評量正交函數定義：

$$\ulcorner 若 \int_a^b W(x) f(x) g(x) dx \begin{cases} = 0; & f \neq g \\ \neq 0; & f = g \end{cases} \lrcorner$$

第五節　Sturm-Liouville 邊界值問題之特徵函數之正交式

已知 Sturm-Liouville 常微分方程標準式

$$\frac{d}{dx}\left[P(x)\frac{dy}{dx}\right] + [Q(x) + \lambda R(x)] y(x) = 0$$

若給定某邊界條件（先假設已給定，其詳細形式在後面再詳述）後，得特徵值

$$\lambda_1, \lambda_2, \lambda_3 \cdots$$

特徵函數為

$$y_1(x), y_2(x), y_3(x), \cdots$$

假設其中任兩個特徵值 λ_n 及 λ_m，其分別所對應之特徵函數為 $y_n(x)$ 與 $y_m(x)$ 應滿足原 Sturm-Liouville 常微分方程式，即

(1) $$\frac{d}{dx}\left[P(x)\frac{dy_n}{dx}\right] + [Q(x) + \lambda_n R(x)]y_n(x) = 0$$

及

(2) $$\frac{d}{dx}\left[P(x)\frac{dy_m}{dx}\right] + [Q(x) + \lambda_m R(x)]y_m(x) = 0$$

將 $y_m(x)$ 乘上式 (1)

$$y_m(x)\frac{d}{dx}\left[P(x)\frac{dy_n}{dx}\right] + [Q(x) + \lambda_n R(x)]y_n(x)y_m(x) = 0$$

$y_n(x)$ 乘上式 (2)，得

$$y_n(x)\frac{d}{dx}\left[P(x)\frac{dy_m}{dx}\right] + [Q(x) + \lambda_m R(x)]y_m(x)y_n(x) = 0$$

兩式相減，得

$$y_m(x)\frac{d}{dx}\left[P(x)\frac{dy_n}{dx}\right] - y_n(x)\frac{d}{dx}\left[P(x)\frac{dy_m}{dx}\right] + (\lambda_n - \lambda_m)R(x)y_n(x)y_m(x) = 0$$

移項得

$$(\lambda_n - \lambda_m)R(x)y_n(x)y_m(x) = y_n(x)\frac{d}{dx}\left[P(x)\frac{dy_m}{dx}\right] - y_m(x)\frac{d}{dx}\left[P(x)\frac{dy_n}{dx}\right]$$

化成正合

$$(\lambda_n - \lambda_m)R(x)y_n(x)y_m(x) = \frac{d}{dx}\left[y_n(x)\cdot P(x)\frac{dy_m}{dx} - y_m(x)\cdot P(x)\frac{dy_n}{dx}\right]$$

將上式兩邊積分，從 a 積分積至 b，得

$$(\lambda_n - \lambda_m)\int_a^b R(x)y_n(x)y_m(x)dx = \left[y_n(x)\cdot P(x)\frac{dy_m}{dx} - y_m(x)\cdot P(x)\frac{dy_n}{dx}\right]_a^b$$

代入邊界點

$$右邊 = P(b)\left[y_n(b)\frac{dy_m}{dx}(b) - y_m(b)\frac{dy_n}{dx}(b)\right] - P(a)\left[y_n(a)\frac{dy_m}{dx}(a) - y_m(a)\frac{dy_n}{dx}(a)\right]$$

若上式為 0，則依評量正交函數之定義知

$$(\lambda_n - \lambda_m)\int_a^b R(x)y_n(x)y_m(x)dx = 0$$

或依 n 與 m 之值，代入化簡

1. 當 $n \neq m$，及 $\lambda_n \neq \lambda_m$，代入得

$$\int_a^b R(x)y_n(x)y_m(x)dx = 0 , \quad n \neq m$$

2. 當 $n = m$，及 $\lambda_n = \lambda_m$，代入得

$$0 \cdot \int_a^b R(x)[y_n(x)]^2 dx = 0 , \quad n = m$$

但上式中因特徵函數 $y_n(x)$ 為非零函數，及

$$\int_a^b R(x)[y_n(x)]^2 dx \neq 0$$

最後綜合得

$$\int_a^b R(x)y_n(x)y_m(x)dx \begin{cases} = 0; & n \neq m \\ \neq 0; & n = m \end{cases}$$

上式表示特徵函數集 $y_n(x)$，$n = 1, 2, 3, \cdots$，以 $R(x)$ 為評量函數，成正交集合。

第六節　　正則 Sturm-Liouville 邊界值問題

已知 Sturm-Liouville 常微分方程標準式

$$\frac{d}{dx}\left[P(x)\frac{dy}{dx}\right] + [Q(x) + \lambda R(x)]y(x) = 0$$

給定邊界條件

(1) $a_1 y(a) + a_2 y'(a) = 0$，a_1，a_2 為任意常數。

及

(2) $b_1 y(b) + b_2 y'(b) = 0$，b_1，b_2 為任意常數。

上式又稱為分離式邊界條件。（亦即：一個邊界條件只含一個端點）

若令滿足上述方程式及其邊界條件之解為當特徵值 λ_n，其所對應之特徵函數為 $y_n(x)$，亦即代回原方程組之邊界條件，得

$$a_1 y_n(a) + a_2 y'_n(a) = 0$$

移項得

$$y'_n(a) = -\frac{a_1}{a_2} y_n(a)$$

及

$$b_1 y_n(b) + b_2 y'_n(b) = 0$$

移項得

$$y'_n(b) = -\frac{b_1}{b_2} y_n(b)$$

再令滿足上述方程式及其邊界條件之另一解為當特徵值 λ_m，其所對應之特徵函數為 $y_m(x)$，亦即代回原方程組之邊界條件，得

$$a_1 y_m(a) + a_2 y'_m(a) = 0$$

移項得

$$y'_m(a) = -\frac{a_1}{a_2} y_m(a)$$

及

$$b_1 y_m(b) + b_2 y'_m(b) = 0$$

移項得

$$y'_m(b) = -\frac{b_1}{b_2} y_m(b)$$

將上述結果代回上節 Sturm-Liouville 邊界值問題

$$右邊 = P(b)\left[y_n(b)\frac{dy_m}{dx}(b) - y_m(b)\frac{dy_n}{dx}(b)\right] - P(a)\left[y_n(a)\frac{dy_m}{dx}(a) - y_m(a)\frac{dy_n}{dx}(a)\right]$$

分別得

$$y_n(b)\frac{dy_m}{dx}(b) - y_m(b)\frac{dy_n}{dx}(b) = y_n(b)\left(-\frac{b_1}{b_2}y_m(b)\right) - y_m(b)\left(-\frac{b_1}{b_2}y_n(b)\right) = 0$$

及

$$y_n(a)\frac{dy_m}{dx}(a) - y_m(a)\frac{dy_n}{dx}(a) = y_n(a)\left(-\frac{a_1}{a_2}y_m(a)\right) - y_m(a)\left(-\frac{a_1}{a_2}y_n(a)\right) = 0$$

亦即會滿足正交函數之定義

$$\int_a^b R(x) y_n(x) y_m(x) dx \begin{cases} = 0; & n \neq m \\ \neq 0; & n = m \end{cases}$$

上式表示特徵函數集 $y_n(x)$，$n = 1,2,3,\cdots$，以 $R(x)$ 為評量函數，成正交集合。

【分析】

此種狀況，$P(a) \neq 0$ 及 $P(b) \neq 0$，亦即 $x = a$ 及 $x = b$ 不是此微分方程之其奇異點，而是正則點。

範例 07

> Consider the problem $y'' + \lambda y = 0$，$y(0) = 0$，$y'(L) = 0$，Show that if ϕ_m and ϕ_n are eigenfunctions, corresponding to the eigenvalues λ_m and λ_n, respectively, with $\lambda_m \neq \lambda_n$, then $\int_0^L \phi_m(x)\phi_n(x)dx = 0$

成大數學所

證明：

已知
$$y'' + \lambda y = 0$$

化成標準式
$$\frac{d}{dx}\left(\frac{dy}{dx}\right) + \lambda y = 0$$

$$\frac{d}{dx}\left(\frac{d\phi_n}{dx}\right) + \lambda_n \phi_n = 0$$

$$\frac{d}{dx}\left(\frac{d\phi_m}{dx}\right) + \lambda_m \phi_m = 0$$

$$\phi_m \frac{d}{dx}\left(\frac{d\phi_n}{dx}\right) - \phi_n \frac{d}{dx}\left(\frac{d\phi_m}{dx}\right) + (\lambda_n - \lambda_m)\phi_n \phi_m = 0$$

$$(\lambda_n - \lambda_m)\phi_n \phi_m = \frac{d}{dx}\left(\phi_n \frac{d\phi_m}{dx} - \phi_m \frac{d\phi_n}{dx}\right)$$

積分
$$(\lambda_n - \lambda_m)\int_0^L \phi_n \phi_m dx = \left(\phi_n \frac{d\phi_m}{dx} - \phi_m \frac{d\phi_n}{dx}\right)\Big|_0^L = 0$$

代入邊界條件

$$y_n(0) = \phi_n(0) = 0 \,;\, y_m(0) = \phi_m(0) = 0$$

$$y_n'(L) = \frac{d\phi_n}{dx}(L) = 0,\, y_m'(L) = \frac{d\phi_m}{dx}(L) = 0$$

$$\lambda_m \neq \lambda_n, \qquad \int_0^L \phi_m(x)\phi_n(x)dx = 0$$

第七節　單奇異點 Sturm-Liouville 邊界值問題

已知 Sturm-Liouville 常微分方程標準式

$$\frac{d}{dx}\left[P(x)\frac{dy}{dx}\right] + [Q(x) + \lambda R(x)]y(x) = 0$$

或

$$P(x)\frac{d^2 y}{dx^2} + P'(x)\frac{dy}{dx} + [Q(x) + \lambda R(x)]y(x) = 0$$

若已知 $P(a)=0$，但 $P(b) \neq 0$，亦即 $x=a$ 為奇異點，而 $x=b$ 是正則點。
給定邊界條件

(1) $y(a)$，$y'(a)$ 為有限值。

及

(2) $b_1 y(b) + b_2 y'(b) = 0$ ，b_1，b_2 為任意常數。

若令滿足上述方程式及其邊界條件之解為當特徵值 λ_n，其所對應之特徵函數為 $y_n(x)$，亦即代回原方程組之邊界條件，得

$$b_1 y_n(b) + b_2 y'_n(b) = 0$$

移項得

$$y'_n(b) = -\frac{b_1}{b_2} y_n(b)$$

再令滿足上述方程式及其邊界條件之另一解為當特徵值 λ_m，其所對應之特徵函數為 $y_m(x)$，亦即代回原方程組之邊界條件，得

$$b_1 y_m(b) + b_2 y'_m(b) = 0$$

移項得

$$y'_m(b) = -\frac{b_1}{b_2} y_m(b)$$

將上述結果代回上節 Sturm-Liouville 邊界值問題

右邊 $= P(b)\left[y_n(b)\dfrac{dy_m}{dx}(b) - y_m(b)\dfrac{dy_n}{dx}(b)\right] - P(a)\left[y_n(a)\dfrac{dy_m}{dx}(a) - y_m(a)\dfrac{dy_n}{dx}(a)\right]$

先代入 $P(a) = 0$，得

右邊 $= P(b)\left[y_n(b)\dfrac{dy_m}{dx}(b) - y_m(b)\dfrac{dy_n}{dx}(b)\right]$

其中得

$$y_n(b)\frac{dy_m}{dx}(b) - y_m(b)\frac{dy_n}{dx}(b) = y_n(b)\left(-\frac{b_1}{b_2}y_m(b)\right) - y_m(b)\left(-\frac{b_1}{b_2}y_n(b)\right) = 0$$

亦即本節邊界條件會滿足正交函數之定義

$$\int_a^b R(x)y_n(x)y_m(x)dx \begin{cases} = 0; & n \neq m \\ \neq 0; & n = m \end{cases}$$

上式表示特徵函數集 $y_n(x)$，$n = 1, 2, 3, \cdots$，以 $R(x)$ 為評量函數，成正交集合。

【分析】

此種狀況，$P(a) = 0$ 及 $P(b) \neq 0$，亦即 $x = a$ 為奇異點，故此類問題稱之為單奇異點邊界值問題。

範例 08：

If $J_v(x)$ is a solution of the Bessel's equation

$x^2 y'' + xy' + (x^2 - v^2)y = 0$，$|x| < \infty$

show that

(a) $J_v(\alpha t)$ satisfies the equation

$$\frac{d}{dt}\left(t\frac{d}{dt}J_v(\alpha t)\right)+\left(\alpha^2 t-\frac{v^2}{t}\right)J_v(\alpha t)=0$$

(b) $\int_0^1 tJ_v(\alpha t)J_v(\beta t)dt=0$, where α and β are two distinct roots of $J_v(x)=0$ (i.e. $J_v(\alpha)=J_v(\beta)=0$, and $\alpha\neq\beta$)

清大工科所

解答：
(a) 令 $y(x)=J_v(x)$ 代入 Bessel 方程式

$$x^2 y''+xy'+(x^2-v^2)y=0$$

令 $x=\alpha t$，

$$\frac{dy}{dt}=\frac{dy}{dx}\cdot\frac{dx}{dt}=\alpha\frac{dy}{dx} \text{ 或 } \frac{dy}{dx}=\frac{1}{\alpha}\frac{dy}{dt}$$

$$\frac{d}{dx}\left(\frac{dy}{dx}\right)=\frac{1}{\alpha^2}\frac{d}{dt}\left(\frac{dy}{dt}\right)$$

$$\alpha^2 t^2\left(\frac{1}{\alpha^2}\frac{d}{dt}\left(\frac{dy}{dt}\right)\right)+\alpha t\frac{1}{\alpha}\frac{dy}{dt}+(\alpha^2 t^2-v^2)y=0$$

或

$$t^2\left(\frac{d}{dt}\left(\frac{dy}{dt}\right)\right)+t\frac{dy}{dt}+(\alpha^2 t^2-v^2)y=0$$

除以 t，得

$$t\left(\frac{d}{dt}\left(\frac{dy}{dt}\right)\right)+\frac{dy}{dt}+\left(\alpha^2 t-\frac{v^2}{t}\right)y=0$$

或

$$\frac{d}{dt}\left(t\frac{d}{dt}y\right)+\left(\alpha^2 t-\frac{v^2}{t}\right)y=0$$

其中　　$y = J_v(x) = J_v(\alpha t)$ 代入得證

$$\frac{d}{dt}\left(t\frac{dJ_v(\alpha t)}{dt}\right) + \left(\alpha^2 t - \frac{v^2}{t}\right)J_v(\alpha t) = 0$$

(b)

已知　　$\dfrac{d}{dt}\left(t\dfrac{dJ_v(\alpha t)}{dt}\right) + \left(\alpha^2 t - \dfrac{v^2}{t}\right)J_v(\alpha t) = 0$　　(1)

及　　$\dfrac{d}{dt}\left(t\dfrac{dJ_v(\beta t)}{dt}\right) + \left(\beta^2 t - \dfrac{v^2}{t}\right)J_v(\beta t) = 0$　　(2)

$(1) \times J_v(\beta t) - (2) \times J_v(\alpha t)$，得

$$\frac{d}{dt}\left(t\frac{dJ_v(\alpha t)}{dt}\right)J_v(\beta t) - \frac{d}{dt}\left(t\frac{dJ_v(\beta t)}{dt}\right)J_v(\alpha t) + (\alpha^2 - \beta^2)tJ_v(\alpha t)J_v(\beta t) = 0$$

移項

$$(\alpha^2 - \beta^2)tJ_v(\alpha t)J_v(\beta t) = \frac{d}{dt}\left(t\frac{dJ_v(\beta t)}{dt}\cdot J_v(\alpha t) - t\frac{dJ_v(\alpha t)}{dt}\cdot J_v(\beta t)\right)$$

積分，得

$$(\alpha^2 - \beta^2)\int_0^1 tJ_v(\alpha t)J_v(\beta t)dt = \left(t\frac{dJ_v(\beta t)}{dt}\cdot J_v(\alpha t) - t\frac{dJ_v(\alpha t)}{dt}\cdot J_v(\beta t)\right)\Bigg|_0^1$$

代入得

$$(\alpha^2 - \beta^2)\int_0^1 tJ_v(\alpha t)J_v(\beta t)dt = \left(\frac{dJ_v(\beta t)}{dt}\bigg|_{t=1}\cdot J_v(\alpha) - \frac{dJ_v(\alpha t)}{dt}\bigg|_{t=1}\cdot J_v(\beta)\right)$$

其中 $J_v(\alpha) = J_v(\beta) = 0$，$\alpha \neq \beta$
得

$$(\alpha^2 - \beta^2)\int_0^1 tJ_v(\alpha t)J_v(\beta t)dt = 0，\alpha \neq \beta$$

得證　　$\int_0^1 tJ_v(\alpha t)J_v(\beta t)dt = 0$

第八節 雙奇異點 Sturm-Liouville 邊界值問題

已知 Sturm-Liouville 常微分方程標準式

$$\frac{d}{dx}\left[P(x)\frac{dy}{dx}\right] + [Q(x) + \lambda R(x)]y(x) = 0$$

或

$$P(x)\frac{d^2y}{dx^2} + P'(x)\frac{dy}{dx} + [Q(x) + \lambda R(x)]y(x) = 0$$

若已知 $P(a) = 0$，但 $P(b) = 0$，亦即 $x = a$ 及 $x = b$ 為兩個奇異點。

給定邊界條件

(1) $y(a)$，$y'(a)$ 為有限值。

及

(2) $y(b)$，$y'(b)$ 為有限值。

將上述結果代回上節 Sturm-Liouville 邊界值問題

$$右邊 = P(b)\left[y_n(b)\frac{dy_m}{dx}(b) - y_m(b)\frac{dy_n}{dx}(b)\right] - P(a)\left[y_n(a)\frac{dy_m}{dx}(a) - y_m(a)\frac{dy_n}{dx}(a)\right]$$

先代入 $P(a) = 0$，得

$$右邊 = P(b)\left[y_n(b)\frac{dy_m}{dx}(b) - y_m(b)\frac{dy_n}{dx}(b)\right]$$

再代入 $P(b) = 0$，得

$$右邊 = 0$$

亦即本節邊界條件會滿足正交函數之定義

$$\int_a^b R(x)y_n(x)y_m(x)dx \begin{cases} = 0; & n \neq m \\ \neq 0; & n = m \end{cases}$$

上式表示特徵函數集 $y_n(x)$，$n = 1, 2, 3, \cdots$，以 $R(x)$ 為評量函數，成正交集合。

【分析】

此種狀況，$P(a) = 0$ 及 $P(b) = 0$，亦即 $x = a$ 及 $x = b$ 為兩個奇異點，故此類問題稱之為雙奇異點邊界值問題。

範例 10

> The following differential equation
> $$(1-x^2)\frac{d^2y}{dx^2} - 2x\frac{dy}{dx} + \lambda y = 0$$
> exists on the interval $-1 \le x \le 1$ and λ is a real eigenvalue. Is it always true for $y_i(x) \ne y_j(x)$, that $\int_{-1}^{1} y_i(x) y_j(x) dx = 0$? Why?

成大土木所丁

證明：

$$(1-x^2)\frac{d^2y}{dx^2} - 2x\frac{dy}{dx} + \lambda y = 0$$

$$\frac{d}{dx}\left[(1-x^2)\frac{dy}{dx}\right] + \lambda y = 0$$

$$\frac{d}{dx}\left[(1-x^2)\frac{dy_i}{dx}\right] + \lambda_i y_i = 0$$

$$\frac{d}{dx}\left[(1-x^2)\frac{dy_j}{dx}\right] + \lambda_j y_j = 0$$

$$(\lambda_i - \lambda_j) y_j y_i = \frac{d}{dx}\left[y_i(1-x^2)\frac{dy_j}{dx} - y_j(1-x^2)\frac{dy_i}{dx}\right]$$

積分

$$(\lambda_i - \lambda_j)\int_{-1}^{1} y_j y_i \, dx = \left[y_i(1-x^2)\frac{dy_j}{dx} - y_j(1-x^2)\frac{dy_i}{dx}\right]_{-1}^{1}$$

$$y_i(x) \neq y_j(x), \qquad \int_{-1}^{1} y_i(x) y_j(x) dx = 0$$

第九節　週期性 Sturm-Liouville 邊界值問題

已知 Sturm-Liouville 常微分方程標準式

$$\frac{d}{dx}\left[P(x)\frac{dy}{dx}\right] + [Q(x) + \lambda R(x)]y(x) = 0$$

或

$$P(x)\frac{d^2 y}{dx^2} + P'(x)\frac{dy}{dx} + [Q(x) + \lambda R(x)]y(x) = 0$$

若已知 $P(a) = P(b)$，給定邊界條件為

(1) $y(a) = y(b)$。

及

(2) $y'(a) = y'(b)$。

若令滿足上述方程式及其邊界條件之解為當特徵值 λ_n，其所對應之特徵函數為 $y_n(x)$，亦即代回原方程組之邊界條件，得

$$y_n(a) = y_n(b)$$

及

$$y'_n(a) = y'_n(b)$$

再令滿足上述方程式及其邊界條件之另一解為當特徵值 λ_m，其所對應之特徵函數為 $y_m(x)$，亦即代回原方程組之邊界條件，得

$$y_m(a) = y_m(b)$$

及

$$y'_m(a) = y'_m(b)$$

將上述結果代回上節 Sturm-Liouville 邊界值問題

$$\text{右邊} = P(b)\left[y_n(b)\frac{dy_m}{dx}(b) - y_m(b)\frac{dy_n}{dx}(b)\right] - P(a)\left[y_n(a)\frac{dy_m}{dx}(a) - y_m(a)\frac{dy_n}{dx}(a)\right]$$

得

$$\text{右邊} = P(b)\left\{\left[y_n(b)\frac{dy_m}{dx}(b) - y_m(b)\frac{dy_n}{dx}(b)\right] - \left[y_n(a)\frac{dy_m}{dx}(a) - y_m(a)\frac{dy_n}{dx}(a)\right]\right\}$$

得

$$\text{右邊} = 0$$

亦即本節邊界條件會滿足正交函數之定義

$$\int_a^b R(x)y_n(x)y_m(x)dx \begin{cases} = 0; & n \neq m \\ \neq 0; & n = m \end{cases}$$

上式表示特徵函數集 $y_n(x)$，$n = 1, 2, 3, \cdots$，以 $R(x)$ 為評量函數，成正交集合。

範例 11

> What is orthogonality of function important? How is it defined? What is a Sturm-Liouville problem? What does it have to do with orthogonality?

中央大氣物理所

第十節 Sturm-Liouville 邊界值問題之特性(一) 特徵值特性

已知 Sturm-Liouville 常微分方程標準式

$$\frac{d}{dx}\left[P(x)\frac{dy}{dx}\right] + [Q(x) + \lambda R(x)]y(x) = 0$$

若給定之邊界條件為下列四種類型中任一種，則它們會具有哪些特性呢？

Case I： 給定邊界條件

(1) $a_1 y(a) + a_2 y'(a) = 0$，a_1，a_2 為任意常數。

及

(2) $b_1 y(b) + b_2 y'(b) = 0$，b_1，b_2 為任意常數。

上式又稱為分離式邊界條件。（亦即：一個邊界條件只含一個端點）

Case II： 若已知 $P(a) = 0$，但 $P(b) \neq 0$，亦即 $x = a$ 為奇異點，而 $x = b$ 是正則點。

給定邊界條件

(1) $y(a)$，$y'(a)$ 為有限值。

及

(2) $b_1 y(b) + b_2 y'(b) = 0$，b_1，b_2 為任意常數。

Case III： 若已知 $P(a) = 0$，但 $P(b) = 0$，亦即 $x = a$ 及 $x = b$ 為兩個奇異點。

給定邊界條件

(1) $y(a)$，$y'(a)$ 為有限值。

及

(2) $y(b)$，$y'(b)$ 為有限值。

Case IV： 若已知 $P(a) = P(b)$，給定邊界條件為

(1) $y(a) = y(b)$。

及

(2) $y'(a) = y'(b)$。

上述四種類型之解常微分方程問題，稱之為 Sturm-Liouville 邊界值問題。

四種類型中任一種，都會具有下列特性：

1. 有關特徵值之性質：

    (1) 特徵值必為實數。

    (2) 特徵值有無限多個 $\lambda_1, \lambda_2, \cdots, \lambda_n, \cdots$，且沒有重根。

    (3) $\lim\limits_{n \to \infty} \lambda_n = \infty$

範例 12

Show that the eigenvalues of Sturm-Liouville problem are real.

中央機械所

【證明】

已知

$$\frac{d}{dx}\left[P(x)\frac{dy}{dx}\right] + Q(x)y + \lambda R(x)y = 0$$

取共軛

$$\frac{d}{dx}\left[P(x)\frac{d\bar{y}}{dx}\right] + Q(x)\bar{y} + \bar{\lambda} R(x)\bar{y} = 0$$

第一式乘 $\bar{y}(x)$

$$\bar{y}(x)\frac{d}{dx}\left[P(x)\frac{dy}{dx}\right] + Q(x)y(x)\bar{y}(x) + \lambda R(x)y(x)\bar{y}(x) = 0$$

第二式乘 $y(x)$

$$y(x)\frac{d}{dx}\left[P(x)\frac{d\bar{y}}{dx}\right] + Q(x)\bar{y}(x)y(x) + \bar{\lambda} R(x)\bar{y}(x)y(x) = 0$$

相減得

$$\bar{y}(x)\frac{d}{dx}\left[P(x)\frac{dy}{dx}\right] - y(x)\frac{d}{dx}\left[P(x)\frac{d\bar{y}}{dx}\right] + (\lambda - \bar{\lambda})R(x)\bar{y}(x)y(x) = 0$$

移項

$$(\lambda - \bar{\lambda})R(x)\bar{y}(x)y(x) = y(x)\frac{d}{dx}\left[P(x)\frac{d\bar{y}}{dx}\right] - \bar{y}(x)\frac{d}{dx}\left[P(x)\frac{dy}{dx}\right]$$

化成正合

$$(\lambda - \bar{\lambda})R(x)\bar{y}(x)y(x) = \frac{d}{dx}\left[y(x)P(x)\frac{d\bar{y}}{dx} - \bar{y}(x)P(x)\frac{dy}{dx}\right]$$

積分得

$$(\lambda - \bar{\lambda})\int_a^b R(x)\bar{y}(x)y(x)dx = \left[y(x)P(x)\frac{d\bar{y}}{dx} - \bar{y}(x)P(x)\frac{dy}{dx}\right]_a^b$$

代入 Sturm-Liouville 之四種邊界條件 $(\lambda - \bar{\lambda})\int_a^b R(x)\bar{y}(x)y(x)dx = 0$

因 $y(x)$ 為非零函數，其複數評量內積

$$\int_a^b R(x)\bar{y}(x)y(x)dx = \int_a^b R(x)|\bar{y}(x)|^2 dx \neq 0$$

故得 $(\lambda - \bar{\lambda}) = 0$ 或 $\lambda = \bar{\lambda}$

故　　　　特徵值為實數

第十一節　Sturm-Liouville 邊界值問題之特性 (二) 特徵函數特性

已知 Sturm-Liouville 常微分方程標準式

$$\frac{d}{dx}\left[P(x)\frac{dy}{dx}\right] + [Q(x) + \lambda R(x)]y(x) = 0$$

若給定之邊界條件為下列四種類型中任一種，則它們會具有哪些特性呢？

2. 有關特徵函數之性質：

Strurm-Liouville 邊界值問題，所得之特徵函數解 $y_n(x)$; $n = 1, 2, \cdots$，必具有下列正交性

$$\int_a^b R(x)y_n(x)y_m(x)dx \begin{cases} = 0; & n \neq m \\ \neq 0; & n = m \end{cases}$$

上式表示特徵函數集 $y_n(x)$，$n = 1, 2, 3, \cdots$，以 $R(x)$ 為評量函數，成正交集合。

範例 13

1. Consider the following Sturm-Liouville problem defined on $[-1, 1]$

$$(1-x^2)y'' - xy' + \lambda y = 0$$

(a) Is this a regular, periodic, or singular Sturm-Liouville problem? Why?

(b) Express the differential equation in Sturm-Liouville standard form.

(c) Let the eigenfunctions of the problem be denoted by $\phi_1(x), \phi_2(x), \cdots, \phi_n(x), \cdots$ Please discuss the orthogonality of these functions.

台大機械所

解答：

(a) 令 $P(x)=0$，得異點 $1-x^2=0$ 或 $x=1$ 及 $x=-1$

依正則異點之定義　　$\lim\limits_{x\to 1}(x-1)\dfrac{-x}{1-x^2} = \lim\limits_{x\to 1}\dfrac{-x}{1+x} = -\dfrac{1}{2}$

及　　　　　　　　$\lim\limits_{x\to 1}(x-1)^2\dfrac{\lambda}{1-x^2} = \lim\limits_{x\to 1}\dfrac{(x-1)\lambda}{1+x} = 0$

故　　　　　　　　$x=1$ 為正則異點

同理得證　　　　　$x=-1$ 為正則異點

(b) 已知　　　　　$(1-x^2)y'' - xy' + \lambda y = 0$

除以 $(1-x^2)$　　$y'' - \dfrac{x}{1-x^2}y' + \dfrac{\lambda}{1-x^2}y = 0$

乘上積分因子　　$\mu = e^{\int \frac{-x}{1-x^2}dx} = e^{\frac{1}{2}\ln|1-x^2|} = \sqrt{1-x^2}$

得　　　　　　　$\sqrt{1-x^2}\,y'' - \dfrac{x}{\sqrt{1-x^2}}y' + \dfrac{\lambda}{\sqrt{1-x^2}}y = 0$

化成正合　　　　$\dfrac{d}{dx}\left(\sqrt{1-x^2}\,\dfrac{dy}{dx}\right) + \dfrac{\lambda}{\sqrt{1-x^2}}y = 0$

其中 $P(x)=\sqrt{1-x^2}$，$Q(x)=0$，$R(x)=\dfrac{1}{\sqrt{1-x^2}}$

(c) 正交式　$\displaystyle\int \dfrac{1}{\sqrt{1-x^2}}\phi_n(x)\phi_m(x)dx \begin{cases}=0; & n\neq m\\ \neq 0; & n=m\end{cases}$

第十二節　Sturm-Liouville 邊界值問題之特性(三)　正交級數

已知 Sturm-Liouville 常微分方程標準式

$$\frac{d}{dx}\left[P(x)\frac{dy}{dx}\right]+[Q(x)+\lambda R(x)]y(x)=0$$

若給定之邊界條件為下列四種類型中任一種，則它們會具有哪些特性呢？

已知特徵函數之性質：

Strurm-Liouville 邊界值問題，所得之特徵函數解 $y_n(x)$；$n=1,2,\cdots$，必具有下列正交性

$$\int_a^b R(x)y_n(x)y_m(x)dx \begin{cases}=0; & n\neq m\\ \neq 0; & n=m\end{cases}$$

上式表示特徵函數集 $y_n(x)$，$n=1,2,3,\cdots$，以 $R(x)$ 為評量函數，成正交集合。

有關特徵函數之應用到正交級數之展開：

已知函數 $f(x)$ 為定義在 $[a,b]$ 內之分段平滑函數，且 $y_n(x)=\phi_n(x)$；$n=y_n(x)=\phi_n(x)$；$n=1,2,\cdots$ 為一組特徵函數，則 $f(x)$ 可表成下列正交級數：

$$f(x)=\sum_{n=1}^{\infty}c_n\phi_n(x)$$

若特徵函數 $\varphi_1(x)$，$\varphi_2(x)$，$\cdots$，$\varphi_n(x)$，$\cdots$，在區間 $[a,b]$ 內以 $W(x)$ 為評量函數呈

正交性,亦即滿足下列積分式:

$$\int_a^b W(x)\varphi_n(x)\varphi_m(x)dx \begin{cases} = 0; & n \neq m \\ \neq 0; & n = m \end{cases}$$

已知函數 $f(x)$ 為定義在 $[a,b]$ 內之分段平滑函數,則可利用上述特徵函數 $\varphi_1(x), \varphi_2(x), \cdots, \varphi_n(x), \cdots$,將 $f(x)$ 展開成正交級數(Orthogonal Series)

$$f(x) = \sum_{n=1}^{\infty} c_n \varphi_n(x) = c_1\varphi_1(x) + c_2\varphi_2(x) + \cdots + c_n\varphi_n(x) + \cdots$$

將上式兩邊乘上 $W(x)\varphi_m(x)$ 後,並從 a 積分到 b,得

$$\int_a^b W(x)f(x)\varphi_m(x)dx = \sum_{n=1}^{\infty}\left[c_n\left(\int_a^b W(x)\varphi_n(x)\varphi_m(x)dx\right)\right]$$

代入上述正交性積分式,得

$$\int_a^b W(x)f(x)\varphi_m(x)dx = c_m \int_a^b W(x)\varphi_m^2(x)dx$$

或

$$c_n = \frac{\int_a^b W(x)f(x)\varphi_n(x)dx}{\int_a^b W(x)\varphi_n^2(x)dx}$$

範例 14

Represent the function $f(x) = 1$ for $0 < x < 1$ as a series of eigenfunctions of Sturm-Liouville problem $y'' + \lambda y = 0$,$0 < x < 1$; $y(0) = 0$,$y'(1) = 0$ (10%)

交大電子工程所甲

解答:

已知 $\qquad y'' + \lambda y = 0$

令 $\qquad y = e^{mx}$

特徵方程式 $\qquad m^2 + \lambda = 0$ 或 $m = \pm\sqrt{-\lambda}$

(1) $\lambda = 0$ 通解 $y(x) = c_1 + c_2 x$

代入邊界條件 $y(0) = 0 = c_1$

$y'(1) = 0 = c_2$

得零解 $y(x) = 0$

(2) $\lambda < 0$，取（$\lambda = -p^2$） 通解 $y(x) = c_1 e^{px} + c_2 e^{-px}$

代入邊界條件 $y(0) = 0 = c_1 + c_2$ 或 $c_2 = -c_1$

$y'(1) = 0 = c_1 p e^p - c_2 p e^{-p}$ 或 $c_1 p(e^p + e^{-p}) = 0$

聯立解 得 $c_1 = 0$，$c_2 = 0$

得零解 $y(x) = 0$

(3) $\lambda > 0$，取（$\lambda = p^2$） 通解 $y(x) = c_1 \cos(px) + c_2 \sin(px)$

代入邊界條件 $y(0) = 0 = c_1$

$y'(1) = 0 = c_2 p \cos(p)$

得非零解 $\cos p = 0$

即 $p = \dfrac{(2n-1)\pi}{2}$，$n = 1, 2, \cdots$

得特徵值 $\lambda_n = p_n^2 = \left(\dfrac{(2n-1)\pi}{2}\right)^2$，$n = 1, 2, 3, \cdots$

得特徵函數 $y_n(x) = \sin\left(\dfrac{(2n-1)\pi}{2} x\right)$，$n = 1, 2, 3, \cdots$

討論其正交積分式 $\displaystyle\int_0^1 \sin\left(\dfrac{(2n-1)\pi}{2} x\right) \sin\left(\dfrac{(2m-1)\pi}{2} x\right) dx$

當 $n \neq m$，利用積化和差公式得

$$\int_0^1 \sin\left(\frac{(2n-1)\pi}{2}x\right)\sin\left(\frac{(2m-1)\pi}{2}x\right)dx$$

$$= \frac{1}{2}\int_0^1 [\cos((n-m)\pi x) - \cos((n+m-1)\pi x)]dx = 0$$

當 $n = m$，利用積化和差公式得

$$\int_0^1 \sin^2\left(\frac{(2n-1)\pi}{2}x\right)dx = \frac{1}{2}\int_0^1 [1 - \cos((2n-1)\pi x)]dx = \frac{1}{2}$$

最後得正交積分公式

$$\int_0^1 \sin\left(\frac{(2n-1)\pi}{2}x\right)\sin\left(\frac{(2m-1)\pi}{2}x\right)dx = \begin{cases} 0; & n \neq m \\ \frac{1}{2}; & n = m \end{cases}$$

令 $f(x) = 1$ 正交級數展開

$$f(x) = 1 = \sum_{n=1}^{\infty} c_n \sin\left(\frac{(2n-1)\pi}{2}x\right)$$

兩邊乘上 $\sin\left(\frac{(2m-1)\pi}{2}x\right)$，從 0 積到 1，得

$$\int_0^1 1 \cdot \sin\left(\frac{(2m-1)\pi}{2}x\right)dx = \sum_{n=1}^{\infty} c_n \int_0^1 \sin\left(\frac{(2n-1)\pi}{2}x\right)\sin\left(\frac{(2m-1)\pi}{2}x\right)dx$$

代入正交積分公式，得

$$\int_0^1 1 \cdot \sin\left(\frac{(2m-1)\pi}{2}x\right)dx = \frac{1}{2}c_m$$

移項 $\quad c_n = 2\int_0^1 1 \cdot \sin\left(\frac{(2n-1)\pi}{2}x\right)dx = \left[\frac{-4}{(2n-1)\pi}\cos\left(\frac{(2m-1)\pi}{2}x\right)\right]_0^1$

得 $\quad c_n = \dfrac{4}{(2n-1)\pi}$

最後得

$$1 = \sum_{n=1}^{\infty} \frac{4}{(2n-1)\pi} \sin\left(\frac{(2n-1)\pi}{2}x\right)$$

範例 15

> (15%) Consider the eigenvalues (Sturm-Liouville) problem
> $$x^2 y'' + xy' + \lambda y = 0 \quad (1 \le x \le 3)$$
> $$y(1) = 0 \,,\, y(3) = 0$$
> (a) Find out the eigenvalues (λ_m) and related eigenfunction (ϕ_m)
> (b) Find out the eigenfunction expansion coefficient a_n for general function $f(x)$ as follows. $f(x) = \sum_{n=1}^{\infty} a_n \phi_n(x)$

交大機械所乙

解答：

(a) 令 $y = x^m$

$$m(m-1) + m + \lambda = m^2 + \lambda = 0 \,,\, m = \pm\sqrt{-\lambda}$$

(1) $\lambda = 0$, $y = c_1 + c_2 \ln x$

$y(1) = 0 = c_1$, $y(3) = c_2 \ln 3 = 0$, $c_2 = 0$

$y = 0$

(2) $\lambda < 0$, $\lambda = -p^2$, $y = c_1 x^p + c_2 x^{-p}$

$y(1) = 0 = c_1 + c_2 \quad c_1 = -c_2$

$y(3) = c_1(1 - \ln 3) = 0$, $c_1 = c_2 = 0$

$y = 0$

(3) $\lambda > 0$，$\lambda = p^2$，$y = c_1 \cos(p \ln x) + c_2 \sin(p \ln x)$

$y(1) = 0 = c_1$　$c_1 = 0$

$y(3) = c_2 \sin(p \ln 3) = 0$，$p \ln 3 = n\pi$；$n = 1, 2, \cdots$

特徵值　$p_n = \dfrac{n\pi}{\ln 3}$

$\lambda_n = p_n^2 = \left(\dfrac{n\pi}{\ln 3}\right)^2$，$n = 1, 2, \cdots$

$y_n = \sin(p_n \ln x) = \sin\left(\dfrac{n\pi}{\ln 3} \ln x\right)$

(b) $f(x) = \sum\limits_{n=1}^{\infty} a_n \sin\left(\dfrac{n\pi}{\ln 3} \ln x\right)$

已知　$x^2 y'' + xy' + \lambda y = 0$

除以 x　$xy'' + y' + \dfrac{\lambda}{x} y = 0$

$\dfrac{d}{dx}(xy') + \dfrac{\lambda}{x} y = 0$

正交性

$\displaystyle\int_1^3 R(x)\phi_n(x)\phi_m(x)dx = \int_1^3 \dfrac{1}{x} \sin\left(\dfrac{n\pi}{\ln 3}\ln x\right)\sin\left(\dfrac{m\pi}{\ln 3}\ln x\right)dx = \begin{cases} 0, n \neq m \\ \dfrac{\ln 3}{2}, n \neq m \end{cases}$

$\displaystyle\int_1^3 \dfrac{1}{x}\sin^2\left(\dfrac{n\pi}{\ln 3}\ln x\right)dx = \dfrac{\ln 3}{n\pi}\int_0^{n\pi} \sin^2(u)du = \dfrac{\ln 3}{2n\pi}\int_0^{n\pi}(1-\cos 2u)du$

$\displaystyle\int_1^3 \dfrac{1}{x}\sin^2\left(\dfrac{n\pi}{\ln 3}\ln x\right)dx = \dfrac{\ln 3}{2n\pi}\left(n\pi - \dfrac{1}{2}(\cos 2n\pi - 1)\right) = \dfrac{\ln 3}{2}$

$$f(x) = \sum_{n=1}^{\infty} a_n \sin\left(\frac{n\pi}{\ln 3} \ln x\right)$$

$$a_n = \frac{\int_1^3 \frac{1}{x} f(x) \sin\left(\frac{n\pi}{\ln 3} \ln x\right) dx}{\int_1^3 \frac{1}{x} \sin^2\left(\frac{n\pi}{\ln 3} \ln x\right) dx} = \frac{2}{\ln 3} \int_1^3 \frac{1}{x} f(x) \sin\left(\frac{n\pi}{\ln 3} \ln x\right) dx$$

考題集錦

1. 試解 $(1-x^2)y'' - 2xy' + 2y = 0$

2. Legendre differential equation $(1-x^2)y'' - 2xy' + n(n+1)y = 0$，One of the solution is a polynomial of degree n, known as Legendre polynomial $P_n(x)$，$P_n(x) = \frac{1}{2^n n!} D^n\left[(x^2-1)^n\right]$，$n=0,1,2,\cdots$，It is known that Legendre polynomials are orthogonal in the interval of $(-1,1)$, namely, $\int_{-1}^{1} P_n(x) P_m(x) dx = \frac{2}{2n+1} \delta_{mn}$，where δ_{mn} being the Kronecker's delta, defined as $\delta_{mn} = \begin{cases} 1, & m=n \\ 0, & m \neq n \end{cases}$，Write down the expressions of $P_0(x)$; $P_1(x)$; $P_2(x)$; and $P_3(x)$;

成大土木所

3. (1) By assuming $y(x) = ax^2 + bx + c$. Find a particular solution of the following ordinary differential equation

$$(1-x^2)\frac{d^2 y}{dx^2} - 2x\frac{dy}{dx} + 2y = 0$$

8. (10%) The Bessel function $J_0(x)$ is a solution of

$$x^2 \frac{d^2 y}{dx^2} + x \frac{dy}{dx} + x^2 y = 0$$

We write $J_0(x) = 1 + a_1 x^2 + a_2 x^4 + a_3 x^6 + \cdots$, Find a_1, a_2 and a_3. Use this to evaluate the first zero of $J_0(x)$ to one decimal place.

台師大物理所

9. Find the general solution about point $x = 0$of the following equation.

$$x^2 y'' + xy' + \left(x^2 - \frac{1}{4}\right) y = 0$$

10. Solve $x^2 y'' + xy' + (\lambda^2 x^2 - v^2) y = 0$

成大造船所

11. Given $J_v(x) = x^v \sum_{m=0}^{\infty} \frac{(-1)^m x^{2m}}{2^{v+2m} m! \Gamma(v+m+1)}$. Where $J_v(x)$ is known to be the Bessel function of first kind of order v, and Γ the Gamma function. Show that $J_{\frac{1}{2}}(x) = \sqrt{\frac{2}{\pi x}} \sin x$. Note that you may directly use $\Gamma\left(\frac{1}{2}\right) = \sqrt{\pi}$ without proof.

中央機械、光機電、能源所、北科大電腦通訊所丙

12. The Bessel function of the first kind is as follows：

$$J_n(x) = \sum_{m=0}^{\infty} \frac{(-1)^m x^{n+2m}}{2^{n+2m} m! \Gamma(n+m+1)}$$

Prove that 若當n為整數時，$J_n(x)$ 與 $J_{-n}(x)$ 滿足下列關係：

(2) Find the general solution of the following ordinary differential equation in (1)

台大機械所 B

4. Given that Legendre polynomial satisfy the following two properties: $nP_n(x)=(2n-1)xP_{n-1}(x)-(n-1)P_{n-2}(x)$, $P_0(x)=1$, $P_1(x)=x$, $n \geq 2$ $\int_{-1}^{1} P_m(x)P_n(x)dx = \begin{cases} 0; & n \neq m \\ \dfrac{2}{2n+1}; & n=m \end{cases}$

Please derive $R(n)$, where $\int_{-1}^{1} xP_n(x)P_{n-1}(x)dx = R(n)$. (15%)

成大電機所

5. The solution of Legendre's equation $(1-x^2)y'' - 2xy' + n(n+1)y = 0$ is called the Legendr polynomial $P_n(x)$ and $P_n(x) = \dfrac{1}{2^n n!} D^n\left[(x^2-1)^n\right]$, then to evaluate (a) $\int_{-1}^{1} xP_3(x)dx$ (b) $\int_{-1}^{1} (5x^3 - 3x)P_3(x)dx$

中興土木所

6. Given a function $f(x)=x^3$, we wish to expand it as a series of Legendre polynomial $f(x) = \sum_{n=0}^{\infty} a_n P_n(x)$. Find the coefficients of a_0 , a_1 , a_2 , and a_3

成大土木所、清大動機所

7. $f(x) = \begin{cases} 1; & 0<x<1 \\ -1; & -1<x<0 \end{cases}$ can be expanded in the form $f(x) = \sum_{n=0}^{\infty} A_n P_n(x)$, where the Legendre polynomial is given by

$P_n(x) = \sum_{m=0}^{\left[\frac{n}{2}\right]} \dfrac{(-1)^m (2n-2m)!}{2^n m!(n-m)!(n-2m)!} x^{n-2m}$, Find A_1 , A_2 , A_3

嘉義光電與固態電子所

$$J_{-n}(x) = (-1)^n J_n(x) \ ; \ n = 0,1,2,\cdots$$

成大土木所工數乙、丁、成大化工

13. （16%）Solve $\dfrac{d^2y}{dt^2} + \dfrac{1}{t}\dfrac{dy}{dt} + y = 0$

中山材料所

14. Use the change of variables $y(x) = x^{\frac{1}{2}} u\left(\dfrac{x^2}{2}\right)$ to obtain the general solution of the equation $y'' + x^2 y = 0$ in terms of Bessel function.

台大環工 H、台科大高分子所

$J_{-n}(x) = (-1)^n J_n(x)$; $n = 0,1,2,...$

【成大土木department乙組、丙、成大化工】

13. (185) Solve $\dfrac{d^2y}{dx^2} + \dfrac{1}{x}\dfrac{dy}{dx} + y = 0$ 。

【中山機械所】

14. Use the change of variables $y(x) = x^{\frac{1}{2}} u\left(\dfrac{x^2}{2}\right)$ to obtain the general solution of the equation $y'' + x^2 y = 0$ in terms of Bessel function.

【台大應力所、台科大高分子所】

第八章
拉氏變換公式

第一節　概論

當討論工程上一些電子元件,如;振盪器、交流信號等之動態響應時,會得到一個二階常係數線性常微分方程式,如

$$y'' + ay' + by = f(t)$$

其中 $f(t)$ 為分段連續函數。

當非齊性函數 $f(t)$ 為連續函數時,才可利用前幾章所介紹的解析法,求通解。

若當 $f(t)$ 為分段連續函數 (Piecewise continuous Function) 或奇異函數 (Singular Function) 時,則可利用拉氏變換法求通解,較為簡易有效率。

首先討論分段連續函數(Piecewise continuous function)定義。下列定義是基於使其積分式存在為先決條件,而定出來的,敘述如下:

定義:
　　若 $f(t)$ 在 $[0, \infty)$,滿足下列兩條件:

(1) 在 $[0, N]$ (or $[0, \infty)$)內只含有 n 個(有限個)斷點($t = a_i$,$i = 1, 2, \cdots, n$)。
(2) 在每一斷點處之左極限 $\lim_{t \to a_i^-} f(t)$ 及右極限 $\lim_{t \to a_i^+} f(t)$ 都存在,(可為不相同值)

則稱 $f(t)$ 在 $[0, N]$ 內為分段連續函數。

圖例：

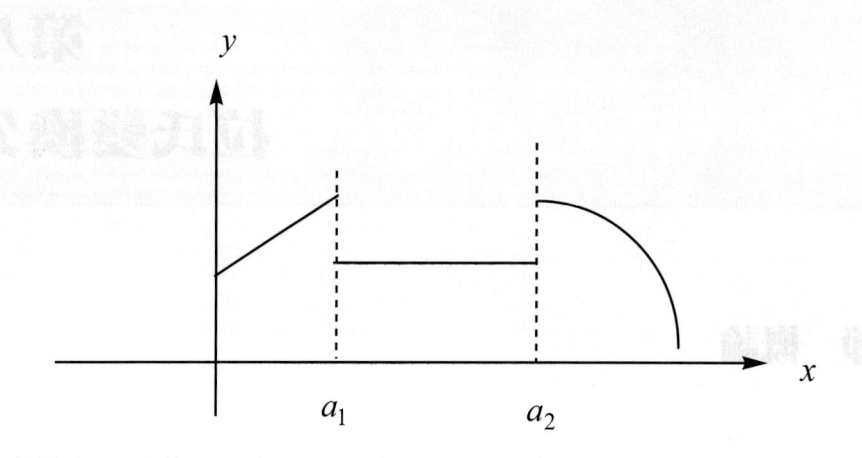

注意，在斷點處，兩邊之極限值，不可為無界值。

接著介紹此種題型的解題工具，拉氏變換法，原則上他是一種藉著積分的變換法，它主要將一個常係數線性常微分方程，透過拉氏變換法，變換成一個代數方程式，然後化簡及拉氏逆變換，而得一解析解。

第二節　拉氏變換之定義

拉氏變換 (Laplace Transform) 法是積分變換 (Integral Transform) 中一種，針對一些電子信號，大都是分段連續函數信號，將其轉換成代數方程，在進行分析化簡。

※拉氏變換定義：(Laplace Transform)

已知 $f(t)$ 為定義在 $t \geq 0$ 內之分段連續函數，則取 e^{-st} 為收斂因子，所得之積分變換式，定義如下：

$$L[f(t)] = \int_0^\infty f(t)e^{-st}dt = \lim_{t \to \infty} \int_0^t f(t)e^{-st}dt \tag{1}$$

稱為拉氏變換法，或表成 $L[f(t)] = F(s)$。

應用拉氏變換法解常微分方程，須先將各種函數取拉氏變換，亦即，代入變換積分式，直接積分即可，即

$$L[f(t)] = \int_0^\infty f(t)e^{-st}dt$$

上式積分收斂的條件，討論如下：

因上式為一瑕積分，因此為使上式積分收斂，則 $f(t)$ 須滿足下列兩條件：

(1) $f(t)$ 在 $[0, N]$ 為分段連續函數。
(2) $f(t)$ 在 $[N, \infty)$ 為指數冪階函數。

※指數冪階函數 (Exponential Order function) 定義：保證在 $t \to \infty$ 處不會發散。

(1) 定義：指數冪階函數

在 $t > N$ 內，$|f(t)| < Me^{ct}$，$M, c \in R^+$

則稱 $f(t)$ 為指數冪階函數。

(2) 指數冪階函數之判別法：

若 $\lim\limits_{t \to \infty} \dfrac{f(t)}{e^{ct}} \leq M$，則 $f(t)$ 為指數冪階函數。

※總結前面的討論，得一分段連續函數 $f(t)$ 之拉氏變換存在定理如下

> 若函數 $f(t)$ 滿足下列兩條件：
>
> (1) 在 $[0, N]$ 內 $f(t)$ 分段連續函數。
> (2) 在 $t > N$ 內 $f(t)$ 為指數冪階函數。
>
> 則其(1) 拉氏變換 $L[f(t)]$ 存在，且(2) $\lim\limits_{s \to \infty} L[f(t)] = \lim\limits_{s \to \infty} F(s) = 0$。

【證明】

(1) 已知拉氏變換定義 $L[f(t)] = F(s) = \int_0^\infty f(t)e^{-st}dt$

分成兩段積分 $L[f(t)] = \int_0^N f(t)e^{-st}dt + \int_N^\infty f(t)e^{-st}dt$

其中第一項積分 $\int_0^N f(t)e^{-st}dt$

式中函數 $f(t)$ 在 $[0, N]$ 內為分段連續函數，故依瑕積分定義知

$$\int_0^N f(t)e^{-st}dt \text{ 存在}。$$

其中第二項積分 $\int_N^\infty f(t)e^{-st}dt \leq \int_N^\infty |f(t)|e^{-st}dt$

因 $f(t)$ 為指數冪階函數，故

$$\int_N^\infty f(t)e^{-st}dt \leq M\int_N^\infty e^{-(s-c)t}dt$$

或 $\int_N^\infty f(t)e^{-st}dt \leq M\left(\dfrac{e^{-(s-c)N}}{s-c}\right)$ 存在

故得證拉氏變換 $L[f(t)]$ 存在。

【分析】上式定理式充分，但非必要。

(2) $\lim\limits_{s \to \infty} L[f(t)] = \lim\limits_{s \to \infty} F(s) = 0$

【證明】已知拉氏變換定義 $L[f(t)] = F(s) = \int_0^\infty f(t)e^{-st}dt$

分成 $L[f(t)] = \int_0^N f(t)e^{-st}dt + \int_N^\infty f(t)e^{-st}dt$

其中 $L[f(t)] \leq \int_0^N f(t)e^{-st}dt + \int_N^\infty |f(t)|e^{-st}dt$

因 $f(t)$ 為指數冪階函數，故

$$L[f(t)] \leq \int_0^N f(t)e^{-st}dt + M\int_N^\infty e^{-(s-c)t}dt$$

或
$$L[f(t)] \leq \int_0^N f(t)e^{-st}dt + M\left(\frac{e^{-(s-c)N}}{s-c}\right)$$

兩邊取極限
$$\lim_{s\to\infty} F(s) = \lim_{s\to\infty}\left(\int_0^N f(t)e^{-st}dt + M\left(\frac{e^{-(s-c)N}}{s-c}\right)\right) = 0$$

【分析】

反之，若 $\lim_{s\to\infty} F(s) \neq 0$，則 $f(t)$ 必為奇異函數。

範例 01：基本觀念

(8%)(a) State the existence conditions for the Laplace transform
(8%)(b) Show an example of the time function $f(t)$ which has no Lapalce transform to exist.

交大奈米科技所

解答：

(a) 若函數 $f(t)$ 滿足下列兩條件：

(1) 在 $[0, N]$ (or $[0, \infty)$) 內 $f(t)$ 分段連續函數。

(2) 在 $t > N$ 內 $f(t)$ 為指數冪階函數。

則其拉氏變換 $L[f(t)]$ 存在。

(b) $f(t) = e^{t^2}$，

依指數冪階函數判定法知 $\lim_{t\to\infty}\dfrac{f(t)}{e^{ct}} \leq M$

代入 $f(t) = e^{t^2}$ 得
$$\lim_{t\to\infty}\frac{f(t)}{e^{ct}} = \lim_{t\to\infty}\frac{e^{t^2}}{e^{ct}} = \lim_{t\to\infty}e^{t(t-c)} = \infty$$

故 $L\left[e^{t^2}\right]$ 不存在

第三節　基本函數之拉氏變換

接著,已知拉氏變換已存在了,但是如何有效率的求出其變換值,常用方法中,首推第一種拉氏變換定義法。

當 $f(t)$ 為基本函數時,其拉氏變換式,可直接利用拉氏定義式直接積分得到,常見基本函數之變換氏,整理為基本拉氏變換公式,如下

1. 常數函數

$$L[1] = \frac{1}{s} \qquad (2)$$

成大電腦通訊所

【證明】

$$L[1] = \int_0^\infty 1 \cdot e^{-st} dt = \lim_{t \to \infty} \left(-\frac{1}{s} e^{-st} \right)_0^t = \frac{1}{s}$$

2. 指數函數

$$L[e^{at}] = \frac{1}{s-a} \text{,} \quad s > a > 0 \qquad (3)$$

$$L[e^{-at}] = \frac{1}{s+a} \text{,} \quad s > 0 \qquad (4)$$

【證明】

$$L[e^{at}] = \int_0^\infty e^{at} e^{-st} dt = \int_0^\infty e^{-(s-a)t} dt = \left(\frac{-e^{-(s-a)t}}{s-a} \right)_0^\infty = \frac{1}{s-a}$$

同理,令 $-a$ 取代上式中之 a,得

$$L[e^{-at}] = \int_0^\infty e^{-at} e^{-st} dt = \int_0^\infty e^{-(s+a)t} dt = \left(\frac{-e^{-(s+a)t}}{s+a}\right)_0^\infty = \frac{1}{s+a}$$

3. 三角函數

$$L[\sin bt] = \frac{b}{s^2+b^2} \; ; \; L[\cos bt] = \frac{s}{s^2+b^2} \qquad (5)$$

【證明】

$$L[\sin bt] = \int_0^\infty \sin bt \, e^{-st} dt = \left(\frac{-e^{-st}}{s^2+b^2}(s\sin bt + b\cos bt)\right)_0^\infty = \frac{b}{s^2+b^2}$$

4. 雙曲線函數

$$L[\sinh bt] = \frac{b}{s^2-b^2} \; ; \; L[\cosh bt] = \frac{s}{s^2-b^2} \qquad (6)$$

【證明】

已知 $L[\cosh bt] = L\left[\dfrac{e^{bt}+e^{-bt}}{2}\right] = \dfrac{1}{2}\left(\dfrac{1}{s-b}+\dfrac{1}{s+b}\right) = \dfrac{s}{s^2-b^2}$

$L[\sinh bt] = L\left[\dfrac{e^{bt}-e^{-bt}}{2}\right] = \dfrac{1}{2}\left(\dfrac{1}{s-b}-\dfrac{1}{s+b}\right) = \dfrac{b}{s^2-b^2}$

5. 多項式函數

多項式函數 $\quad L[t^n] = \dfrac{\Gamma(n+1)}{s^{n+1}}$ ， $n \neq -1, -2, \cdots$ \qquad (7)

【證明】

已知拉氏變換基本公式　　$L[t^n] = \int_0^\infty t^n e^{-st} dt$

令　$st = u$，$t = \dfrac{u}{s}$，$dt = \dfrac{du}{s}$，代入

$$L[t^n] = \int_0^\infty \left(\dfrac{u}{s}\right)^n e^{-u} \dfrac{du}{s}$$

利用 Gamma 函數之定義式　$\Gamma(n) = \int_0^\infty u^{n-1} e^{-u} du$，$n \neq 0, -1, -2, \cdots$

整理得　$L[t^n] = \dfrac{1}{s^{n+1}} \int_0^\infty u^{(n+1)-1} e^{-u} du = \dfrac{\Gamma(n+1)}{s^{n+1}}$，$n \neq -1, -2, \cdots$

範例 02：基本公式

Find the Laplace transform of　$f(t) = \cos^2(t)$

成大系統船機電所

解答：

利用三角恆等式　$\cos^2 t = \dfrac{1 + \cos 2t}{2}$

得　$L[\cos^2 t] = L\left[\dfrac{1 + \cos 2t}{2}\right] = \dfrac{1}{2}(L[1] + L[\cos 2t])$

$$L[\cos^2 t] = \dfrac{1}{2}\left(\dfrac{1}{s} + \dfrac{s}{s^2 + 4}\right)$$

範例 03：基本公式

求拉氏變換　$f(t) = \cos^3(t)$

解答：

$$L[\cos^3 t] = L[\cos^2 t \cos t] = \frac{1}{2}L[\cos t(1+\cos 2t)]$$

整理得
$$L[\cos^3 t] = \frac{1}{2}L[\cos t + \cos t \cos 2t]$$

其中積化和差 $\cos t \cos 2t = \frac{1}{2}(\cos 3t + \cos t)$

代回 $L[\cos^3 t] = \frac{1}{4}L[3\cos t + \cos 3t]$

得 $L[\cos^3 t] = \frac{1}{4}\left(\frac{3s}{s^2+1} + \frac{s}{s^2+3^2}\right)$

範例 04：基本公式

請求出 $\{t\}$ 的 Laplace transformation.

交大機械甲

解答：
$$L[t] = \frac{\Gamma(2)}{s^2} = \frac{1}{s^2}$$

範例 05：基本公式

請求 Laplace transformation. $L\left[\dfrac{1}{\sqrt{t}}\right]$

解答：
$$L\left[\frac{1}{\sqrt{t}}\right] = \frac{\Gamma\left(\frac{1}{2}\right)}{s^{-\frac{1}{2}+1}} = \frac{\sqrt{\pi}}{\sqrt{s}}$$

第四節　拉氏變換式移位定理

討論完四個基本函數：t^n、e^{at}、$\sin bt$、$\cos bt$ 之基本拉氏變換公式，接著探討兩函數乘積之拉氏變換性質及其物理意義，本節討論：$e^{at}f(t)$、$tf(t)$、$\dfrac{f(t)}{t}$ 之特性。

已知原拉氏變換定義式，令 $F(s)$ 表拉氏空間

$$F(s) = L[f(t)] = \int_0^\infty f(t)e^{-st}dt \qquad (8)$$

當 $f(t)$ 乘上指數函數 e^{at} 時，依拉氏變換定義，得

$$L[e^{at}f(t)] = \int_0^\infty e^{at}f(t)e^{-st}dt$$

與原式(8)比較，得

$$L[e^{at}f(t)] = \int_0^\infty f(t)e^{-(s-a)t}dt = F(s-a)$$

亦即，原 s 空間內圖形 $F(s)$，會往右移位 a 距離，即 $\{F(s)\}_{s=s-a}$

或表成基本公式

$$L[e^{at}f(t)] = \{L[f(t)]\}_{s=s-a} \qquad (9)$$

此公式又稱為拉氏變換之第一移位特性。

範例 06：當 $f(t)$ 乘上指數函數時

(3%)　Which of the following Laplace transform is INCORRECT：

(A) $L\{t\} = \dfrac{1}{s^2}$　(B) $L\{e^{at}\} = \dfrac{1}{s-a}$　(C) $L\{\cos\omega t\} = \dfrac{s}{s^2+\omega^2}$

(D) $L\{e^{at}\sin\omega t\} = \dfrac{s-a}{(s-a)^2+\omega^2}$

成大材科所

解答：(D)

$$L\{e^{at}\sin\omega t\} = \{L[\sin\omega t]\}_{s=s-a} = \left\{\dfrac{\omega}{s^2+\omega^2}\right\}_{s=s-a}$$

得 $L\{e^{at}\sin\omega t\} = \dfrac{\omega}{(s-a)^2+\omega^2}$

範例 07：

求 $f(t)=e^{-2t}\sin 3t$ 之 Laplace transform

嘉義土木與水資源所

解答：

已知 $\qquad f(t)=e^{-2t}\sin 3t$

$$L[f(t)] = L[e^{-2t}\sin 3t]$$

$$L[f(t)] = \{L[\sin 3t]\}_{s=s+2}$$

代入得 $\qquad L[f(t)] = \left\{\dfrac{3}{s^2+3^2}\right\}_{s=s+2} = \dfrac{3}{(s+2)^2+9}$

範例 08

求 $L[e^{3t}t^2]$ 之拉氏變換

中正機械所

解答：

已知第一移位定理 $\quad L[e^{at}f(t)] = F(s-a)$

代入得 $\quad L[e^{3t}t^2] = \{L[t^2]\}_{s=s-3}$

已知 $\quad L[t^2] = \dfrac{\Gamma(3)}{s^3} = \dfrac{2!}{s^3}$

代入得 $\quad L[e^{3t}t^2] = \left\{\dfrac{2!}{s^3}\right\}_{S=S-3} = \dfrac{2}{(s-3)^3}$

範例 09：

Find the Laplace transform for the following function
$$f(t) = e^t[1 - \cosh 2t] \quad (10\%)$$

雲科大電機所

解答：

$$L[f(t)] = L\{e^t[1-\cosh 2t]\} = \{L[1-\cosh 2t]\}_{s=s-1}$$

代入得 $\quad L[f(t)] = \left\{\dfrac{1}{s} - \dfrac{s}{s^2 - 2^2}\right\}_{s=s-1} = \dfrac{1}{s-1} - \dfrac{s-1}{(s-1)^2 - 4}$

第五節　拉氏變換式之微分與積分

當冪函數 t 乘上任意函數 $f(t)$ 時，依拉氏變換定義

$$L[tf(t)] = \int_0^\infty tf(t)e^{-st}dt$$

上式積分內含三個函數：t、$f(t)$、e^{-st}，一般很難積分，因此需要間接方法，先從原拉氏變換定義式

$$F(s) = L[f(t)] = \int_0^\infty f(t)e^{-st}dt$$

兩邊對 s 微分

$$\frac{d}{ds}L[f(t)] = \frac{d}{ds}F(s) = \frac{d}{ds}\int_0^\infty f(t)e^{-st}dt$$

微分、積分次序對調，得

$$\frac{d}{ds}L[f(t)] = \frac{d}{ds}F(s) = \int_0^\infty f(t)\left[\frac{d}{ds}e^{-st}\right]dt$$

或整理得

$$\frac{d}{ds}L[f(t)] = \frac{d}{ds}F(s) = \int_0^\infty f(t)(-t)e^{-st}dt$$

得公式

$$\frac{d}{ds}L[f(t)] = \frac{d}{ds}F(s) = -L[t \cdot f(t)]$$

因此，移項得基本拉氏變換公式

$$L[tf(t)] = -\frac{d}{ds}F(s) \tag{10}$$

稱為拉氏變換式之微分。

同理，當任意函數 $f(t)$ 除上冪函數 t 時，依拉氏變換定義

$$L\left[\frac{f(t)}{t}\right] = \int_0^\infty \frac{f(t)}{t}e^{-st}dt$$

兩邊對 s 積分，從 s 積到 ∞

$$\int_s^\infty L[f(t)]ds = \int_s^\infty \left(\int_0^\infty f(t)e^{-st}dt\right)ds$$

變換積分次序

$$\int_s^\infty L[f(t)]ds = \int_0^\infty f(t)\left(\int_s^\infty e^{-st}ds\right)dt$$

得

$$\int_s^\infty L[f(t)]ds = \int_0^\infty f(t)\left(-\frac{1}{t}e^{-st}\right)_s^\infty dt = \int_0^\infty \frac{f(t)}{t}e^{-st}dt$$

得公式

$$L\left[\frac{1}{t}f(t)\right] = \int_s^\infty L[f(t)]ds = \int_s^\infty F(s)ds \tag{11}$$

稱為拉氏變換式之積分。

同理，若乘上冪函數 t^2，得變換式微分二次，即基本變換公式

$$L[t^2 f(t)] = \frac{d^2}{ds^2}F(s)$$

乘上冪函數 t^n，得變換式微分 n 次，即基本變換公式

$$L[t^n f(t)] = (-1)^n \frac{d^n}{ds^n}F(s) \tag{12}$$

範例 10

Find the Laplace transform of $f(t) = t\sin 3t$.

台科大自控所

解答：

已知 Laplace 公式　　$L[tf(t)] = -\dfrac{d}{ds}\{L[f(t)]\}$

代入 $f(t) = \sin t$ 得　　$L[t\sin 3t] = -\dfrac{d}{ds}\{L[\sin 3t]\} = -\dfrac{d}{ds}\left(\dfrac{3}{s^2 + 3^2}\right)$

微分，得 $$L[t\sin t] = \frac{6s}{(s^2+9)^2}$$

範例 11：基本公式

(5%) L represent the Laplace transform operator.

$$L[t\cos 2t] = (\underline{\quad(1)\quad} - 4) \cdot \underline{\quad(2)\quad}.$$

Please find (1) and (2) from the following. Both have to be correct to receive full grade.

(A) s^2 (B) s^{-2} (C) $s-1$ (D) $(s-1)^2$
(E) $(s-1)^{-2}$ (F) s^2-1 (G) s^2-2 (H) $(s-2)^2$
(I) $(s-2)^{-2}$ (J) $(s^2+4)^{-2}$ (K) $(s^2+4)^2$

清大電機領域

解答：(1) (A) s^2 (2) (J) $(s^2+4)^{-2}$

已知 Laplace 公式 $L[tf(t)] = -\dfrac{d}{ds}\{L[f(t)]\}$

代入 $f(t) = \cos 2t$ 得 $L[t\cos 2t] = -\dfrac{d}{ds}\{L[\cos 2t]\} = -\dfrac{d}{ds}\left(\dfrac{s}{s^2+2^2}\right)$

微分 $L[t\cos 2t] = -\dfrac{s^2+4-2s^2}{(s^2+4)^2} = \dfrac{s^2-4}{(s^2+4)^2}$

$$L[t\cos 2t] = (s^2-4) \cdot \dfrac{1}{(s^2+4)^2}$$

範例 12

(20%) Find the Laplace transform of the following function: $te^{-t}\sinh 2t$

中山電機乙

解答：

$$L[te^{-t}\sinh 2t] = L\left[te^{-t}\frac{1}{2}(e^{2t}-e^{-2t})\right] = \frac{1}{2}L[e^{t}t] - \frac{1}{2}L[e^{-3t}t]$$

第一移位特性

$$L[te^{-t}\sinh 2t] = \frac{1}{2}\{L[t]\}_{s=s-1} - \frac{1}{2}\{L[t]\}_{s=s+3}$$

$$L[te^{-t}\sinh 2t] = \frac{1}{2}\left\{\frac{1}{s^2}\right\}_{s=s-1} - \frac{1}{2}\left\{\frac{1}{s^2}\right\}_{s=s+3} = \frac{1}{2(s-1)^2} - \frac{1}{2(s+3)^2}$$

範例 13

Find $L\left[\dfrac{\sin at}{t}\right]$

義守電機轉、清大數學所、逢甲大三轉(C)、中正地科所

解答：

已知變換式積分　　　$L\left[\dfrac{1}{t}f(t)\right] = \int_{s}^{\infty} L[f(t)]ds$

代入得　　　$L\left[\dfrac{\sin at}{t}\right] = \int_{s}^{\infty} L[\sin(at)]ds = \int_{s}^{\infty}\dfrac{a}{s^2+a^2}ds$

積分得　　　$L\left[\dfrac{\sin at}{t}\right] = \left(\tan^{-1}\dfrac{s}{a}\right)_{0}^{\infty} = \dfrac{\pi}{2} - \tan^{-1}\dfrac{s}{a}$

已知公式　　　$\tan^{-1}x + \tan^{-1}\dfrac{1}{x} = \dfrac{\pi}{2}$

代入得 $$L\left[\frac{\sin at}{t}\right] = \tan^{-1}\frac{a}{s}$$

範例 14

（單選）Find the Laplace transform of function $\frac{\sinh t}{t}$
(A) $\ln\frac{s-1}{s+1}$ (B) $\frac{1}{2}\ln\frac{s-1}{s+1}$ (C) $\frac{1}{3}\ln\frac{s-1}{s+1}$ (D) $\frac{1}{4}\ln\frac{s-1}{s+1}$ (E) 以上皆非

台大工數 L 國企

解答：

$$L\left[\frac{\sinh t}{t}\right] = \int_s^\infty L[\sinh t]\,ds$$

$$L\left[\frac{\sinh t}{t}\right] = \int_s^\infty \frac{1}{s^2-1}\,ds = \frac{1}{2}\ln\left(\frac{s-1}{s+1}\right)\Big|_s^\infty$$

積分得

$$L\left[\frac{\sinh t}{t}\right] = \frac{1}{2}\ln\left(\frac{s+1}{s-1}\right)$$

範例 15

Find the Laplace transform of function $\frac{1-\cos t}{t}$

中山電機所乙

解答：

代入變換式積分公式 $L\left[\dfrac{1-\cos t}{t}\right] = \int_s^\infty L[1-\cos t]\,ds$

$$L\left[\frac{1-\cos t}{t}\right] = \int_s^\infty \left(\frac{1}{s} - \frac{s}{s^2+1}\right)ds$$

$$L\left[\frac{1-\cos t}{t}\right] = \left(\ln s - \frac{1}{2}\ln(s^2+1)\right)\Big|_s^\infty$$

積分得

$$L\left[\frac{1-\cos t}{t}\right] = \frac{1}{2}\left(\ln\left(\frac{s^2}{s^2+1}\right)\right)\Big|_s^\infty = \frac{1}{2}\ln\left(\frac{s^2+1}{s^2}\right)$$

第六節　函數微分積分運算後之拉氏變換

當拉氏變換應用於解常微分方程時，需要對一微分函數 $\dfrac{df(t)}{dt}$ 進行變換，即

依定義，得

$$L\left[\frac{df(t)}{dt}\right] = \int_0^\infty \frac{df(t)}{dt}e^{-st}dt$$

當 $f(t)$ 為連續函數，可利用分部積分法進行化簡，取 $u = e^{-st}$，$dv = \dfrac{df(t)}{dt}dt$；$du = -se^{-st}dt$，$v = f(t)$

代入分部積分公式，得

$$L\left[\frac{df(t)}{dt}\right] = \left[(f(t))(-se^{-st})\right]_0^\infty + s\int_0^\infty f(t)e^{-st}dt$$

其中因 $f(t)$ 為指數冪階函數，故 $\lim_{t\to\infty}\left[(f(t))(-se^{-st})\right] = 0$，代入得基本變換公式

$$L\left[\frac{df(t)}{dt}\right] = s\int_0^\infty f(t)e^{-st}dt - f(0) = sF(s) - f(0)$$

或

$$L\left[\frac{df(t)}{dt}\right] = sL[f(t)] - f(0) \tag{13}$$

同理，當一微分兩次函數 $\frac{d^2 f(t)}{dt^2}$ 之拉氏變換，$f'(t)$ 為連續函數時，可利用上式(13)中 $f(t)$ 以 $\frac{df(t)}{dt}$ 取代，得

$$L\left[\frac{d^2 f(t)}{dt^2}\right] = s\left\{L\left[\frac{df(t)}{dt}\right]\right\} - f'(0)$$

其中 $L\left[\frac{df(t)}{dt}\right]$ 再代入式(13)，得

$$L\left[\frac{d^2 f(t)}{dt^2}\right] = s\left\{sL\left[\frac{d}{dt}f(t)\right] - f(0)\right\} - f'(0)$$

乘開整理得

$$L\left[\frac{d^2 f(t)}{dt^2}\right] = s^2 L[f(t)] - sf(0) - f'(0) \tag{14}$$

台大應力所、中正地物所

當函數 $f(t)$，在 $x = a$ 為不連續時，此時積本拉氏變換公式(13)不適用，因位依拉氏定義

$$L\left[\frac{df(t)}{dt}\right] = \int_0^\infty \frac{df(t)}{dt}e^{-st}dt = \int_0^{a^-}\frac{df(t)}{dt}e^{-st}dt + \int_{a^+}^\infty \frac{df(t)}{dt}e^{-st}dt$$

利用分部積分法，取 $u = e^{-st}$，$dv = \frac{df(t)}{dt}dt$；$du = -se^{-st}dt$，$v = f(t)$

分別分部積分得

$$L\left[\frac{df(t)}{dt}\right] = \left[(f(t)e^{-st})\right]_0^{a^-} - s\int_0^{a^-} f(t)e^{-st}dt$$
$$+ \left(\left[(f(t)e^{-st})\right]_{a^+}^\infty - s\int_{a^+}^\infty f(t)e^{-st}dt\right)$$

代入得

$$L\left[\frac{df(t)}{dt}\right] = s\int_0^\infty f(t)e^{-st}dt + e^{-as}\left[f(a^-) - f(a^+)\right] - f(0)$$

或

$$L\left[\frac{df(t)}{dt}\right] = sL[f(t)] - f(0) + e^{-as}\left[f(a^-) - f(a^+)\right] \tag{15}$$

台大機械所

同理，當討論一積分函數 $\int_0^t f(t)dt$ 之拉氏變換時，依拉氏定義

$$L\left[\int_0^t f(t)dt\right] = \int_0^\infty \left(\int_0^t f(t)dt\right)e^{-st}dt$$

利用分部積分，取 $u = \int_0^t f(t)dt$，$dv = e^{-st}dt$；$du = f(t)dt$，$v = -\frac{1}{s}e^{-st}$

代入得

$$L\left[\int_0^t f(t)dt\right] = \left[\left(\int_0^t f(t)dt\right)\left(-\frac{1}{s}e^{-st}\right)\right]_0^\infty + \frac{1}{s}\int_0^\infty f(t)e^{-st}dt$$

因 $f(t)$ 為指數冪階函數，代入瑕積分為 0，得

$$L\left[\int_0^t f(t)dt\right] = \frac{1}{s}\int_0^\infty f(t)e^{-st}dt = \frac{1}{s}L[f(t)] \tag{16}$$

同理，將上式中 $f(t)$ 以 $\int_0^t f(t)dt$ 取代，得

$$L\left[\int_0^t\left(\int_0^t f(t)dt\right)dt\right]=\frac{1}{s}L\left[\int_0^t f(t)dt\right]=\frac{1}{s^2}L[f(t)] \qquad (17)$$

中興土木、成大機械所

但是若積分函數之積分下限是從 a 開始，即 $\int_a^t f(t)dt$，則其拉氏變換

$$L\left[\int_a^t f(t)dt\right]=\int_0^\infty\left(\int_a^t f(t)dt\right)e^{-st}dt$$

分部積分，取 $u=\int_0^t f(t)dt$，$dv=e^{-st}dt$；$du=f(t)dt$，$v=-\frac{1}{s}e^{-st}$

代入分部積分公式

$$L\left[\int_a^t f(t)dt\right]=\left[\left(\int_a^t f(t)dt\right)\left(-\frac{1}{s}e^{-st}\right)\right]_0^\infty+\frac{1}{s}\int_0^\infty f(t)e^{-st}dt$$

因 $f(t)$ 為指數冪階函數，代入瑕積分為 0，得

$$L\left[\int_a^t f(t)dt\right]=\frac{1}{s}\int_0^\infty f(t)e^{-st}dt+\frac{1}{s}\int_a^0 f(t)dt$$

或得基本拉氏變換公式

$$L\left[\int_a^t f(t)dt\right]=\frac{1}{s}L[f(t)]+\frac{1}{s}\int_a^0 f(t)dt \qquad (18)$$

同理，將上式中 $f(t)$ 以 $\int_0^t f(t)dt$ 取代，得

$$L\left[\int_a^t\left(\int_a^t f(t)dt\right)dt\right]=\frac{1}{s}L\left[\int_a^t f(t)dt\right]+\frac{1}{s}\int_a^0\left(\int_a^t f(t)dt\right)dt$$

再代一次式(18)，得

$$L\left[\int_a^t\left(\int_a^t f(t)dt\right)dt\right]=\frac{1}{s^2}L[f(t)]+\frac{1}{s^2}\int_a^0 f(t)dt+\frac{1}{s}\int_a^0\left(\int_a^t f(t)dt\right)dt \quad (19)$$

範例 18：拉氏變換解初始值問題概論

> Use the Laplace transform to find the particular solutions of the following problems.
> $y'' + y = 1$，$y(0) = 1$, $y'(0) = 1$

成大工科所

解答：$y(t) = 1 + \sin t$

取拉氏變換　　　$L[y''] + L[y] = L[1]$

代入變換公式　　$s^2 L[y] - sy(0) - y'(0) + L[y] = \dfrac{1}{s}$

或　　　　　　　$(s^2 + 1)L[y] = s + 1 + \dfrac{1}{s}$

移項　　　$L[y] = \dfrac{s}{s^2 + 1} + \dfrac{1}{s^2 + 1} + \dfrac{1}{s(s^2 + 1)} = \dfrac{1}{s} + \dfrac{1}{s^2 + 1}$

逆變換　　　　　$y(t) = 1 + \sin t$

範例 19

> Find the Laplace transform of the function：$f(t) = \displaystyle\int_0^t e^{-4z} \sin(3z)\, dz$

中央光電所應用數學

解答：

已知　　$L\left[\displaystyle\int_0^t f(t)\,dt\right] = \dfrac{1}{s} L[f(t)]$

得　$L[f(t)] = L\left[\displaystyle\int_0^t e^{-4z} \sin(3z)\, dz\right] = \dfrac{1}{s} L\left[e^{-4t} \sin(3t)\right]$

已知第一移位特性

$L[e^{at} f(t)] = \{L[f(t)]\}_{s = s - a}$

$$L[f(t)] = \frac{1}{s}\{L[\sin(3t)]\}_{s=s+4} = \frac{1}{s}\left\{\frac{3}{s^2+3^2}\right\}_{s=s+4}$$

整理得

$$L[f(t)] = \frac{1}{s}\left(\frac{3}{(s+4)^2+9}\right)$$

範例 20

Find the Laplace transform of the following function：
$e^{-2t}\int_0^t e^{-2\tau}\cos(3\tau)d\tau$．（10%）

台科大電機所甲

解答：

已知第一移位特性

$$L\left[e^{-2t}\int_0^t e^{-2\tau}\cos(3\tau)d\tau\right] = \left\{L\left[\int_0^t e^{-2\tau}\cos(3\tau)d\tau\right]\right\}_{s=s+2}$$

代入積分函數變換公式

$$L\left[e^{-2t}\int_0^t e^{-2\tau}\cos(3\tau)d\tau\right] = \left\{\frac{1}{s}L\left[e^{-2t}\cos(3t)\right]\right\}_{s=s+2}$$

再代第一移位特性

$$L\left[e^{-2t}\int_0^t e^{-2\tau}\cos(3\tau)d\tau\right] = \left\{\frac{1}{s}[L[\cos(3t)]]_{s=s+2}\right\}_{s=s+2}$$

基本公式

$$L\left[e^{-2t}\int_0^t e^{-2\tau}\cos(3\tau)d\tau\right] = \left\{\frac{1}{s}\left[\frac{s}{s^2+9}\right]_{s=s+2}\right\}_{s=s+2}$$

$$L\left[e^{-2t}\int_0^t e^{-2\tau}\cos(3\tau)d\tau\right] = \left\{\frac{1}{s}\left[\frac{s+2}{(s+2)^2+9}\right]\right\}_{s=s+2}$$

$$L\left[e^{-2t}\int_0^t e^{-2\tau}\cos(3\tau)d\tau\right] = \frac{1}{s+2}\left[\frac{s+4}{(s+4)^2+9}\right]$$

第七節　函數指標刻度改變之拉氏變換

當一連續函數 $f(t)$ 之指標變數之刻度改變為 $f(at)$，則相對應於拉氏空間 $F(s)$ 之指標變數之刻度其變化推導如下

已知原 Laplace 變換式

$$F(s) = L[f(t)] = \int_0^\infty f(t)e^{-st}dt$$

將 $f(at)$ 代入上式，得

$$L[f(at)] = \int_0^\infty f(at)e^{-st}dt$$

令變數變換　$at = u$，$t = \dfrac{u}{a}$，$dt = \dfrac{1}{a}du$

代入得

$$L[f(at)] = \int_0^\infty f(u)e^{-s\frac{u}{a}}\frac{1}{a}du$$

整理得　$L[f(at)] = \dfrac{1}{a}\int_0^\infty f(u)e^{-\left(\frac{s}{a}\right)u}du = \dfrac{1}{a}F\left(\dfrac{s}{a}\right)$

或得基本拉氏變換公式

$$L[f(at)] = \left\{\frac{1}{a} L[f(t)]\right\}_{s=\frac{s}{a}} \tag{20}$$

範例 16

已知 $L[J_0(t)] = \dfrac{1}{\sqrt{s^2+1}}$ ，求 $L[J_0(at)]$ 之拉氏變換

解答：

已知 $\qquad L[J_0(t)] = \dfrac{1}{\sqrt{s^2+1}}$

利用標度因子改變定理 $\qquad L[f(at)] = \dfrac{1}{a} F\left(\dfrac{s}{a}\right)$

代入得 $\qquad L[J_0(at)] = \dfrac{1}{a} \dfrac{1}{\sqrt{\left(\dfrac{s}{a}\right)^2+1}} = \dfrac{1}{\sqrt{s^2+a^2}}$

範例 17

已知 $L[J_0(t)] = \dfrac{1}{\sqrt{s^2+1}}$ ，求 $L[J_0(\sqrt{t})]$ 之拉氏變換

解答：

已知 $\qquad J_0(t) = \displaystyle\sum_{n=0}^{\infty} \dfrac{(-1)^n t^{2n}}{2^{2n}(n!)^2}$

取拉氏變換 $\qquad L[J_0(t)] = \displaystyle\sum_{n=0}^{\infty} \dfrac{(-1)^n}{2^{2n}(n!)^2} L[t^{2n}]$

展開得 $\qquad L[J_0(t)] = (s^2+1)^{-\frac{1}{2}}$

或 $\qquad L[J_0(t)] = \dfrac{1}{\sqrt{s^2+1}}$

代入
$$J_0(\sqrt{t}) = \sum_{n=0}^{\infty} \frac{(-1)^n t^n}{2^{2n}(n!)^2}$$

取拉氏變換
$$L[J_0(\sqrt{t})] = \sum_{n=0}^{\infty} \frac{(-1)^n}{2^{2n}(n!)^2} L[t^n]$$

代入得
$$L[J_0(\sqrt{t})] = \frac{1}{s} e^{-\frac{1}{4s}}$$

第八節 分段連續函數之拉氏變換

當 $f(t)$ 為分段連續函數，且由其定義，知道分段連續函數之瑕積分必存在，因此可直接利用拉氏變換的定義，直接積分得。

例：已知 $f(t) = \begin{cases} 1; & 0 < t < 1 \\ 0; & 1 < t \end{cases}$, $L[f(t)] = ?$

解答：

利用定義
$$L[f(t)] = \int_0^{\infty} f(t) e^{-st} dt = \int_0^1 1 e^{-st} dt$$

$$L[f(t)] = \left(-\frac{1}{s} e^{-st} \right)_0^1 = \frac{1}{s} - \frac{1}{s} e^{-s}$$

處理分段連續函數之拉氏變換時，除上例直接積分之外，還有一個間接處理法。

亦即，若能先將分段連續函數 $f(t)$，表成單一表示式，然後再取拉氏變換，較方便於拉氏逆變換。

首先介紹幾個非常重要時用的特殊函數。

1. 單位梯階函數（Unit Step Function or Heaviside Function）：定義

$$u(t) = H(t) = \begin{cases} 0, & t < 0 \\ 1, & t > 0 \end{cases}$$

圖形：

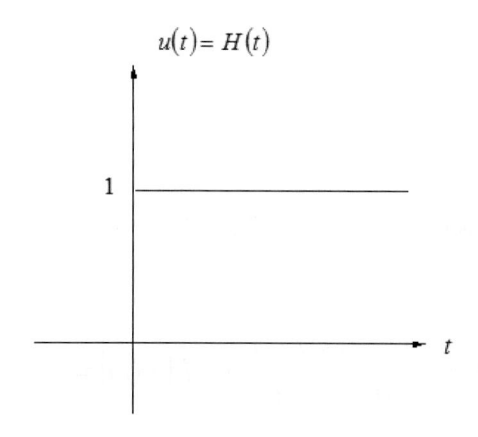

或　單位梯階函數定義：

$$u(t-a) = H(t-a) = \begin{cases} 0, & t < a \\ 1, & t > a \end{cases}, \quad a > 0$$

圖形：

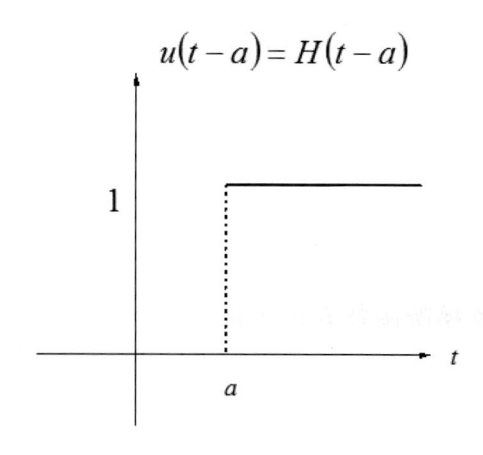

2. 單位方塊波函數（Pulse 函數；unit Pulse Function）：

$$u(t-a)-u(t-b)=\begin{cases} 1, & a<t<b \\ 0, & t<a; t>b \end{cases}, \quad b>a$$

【分析】表區間 $[a,b]$

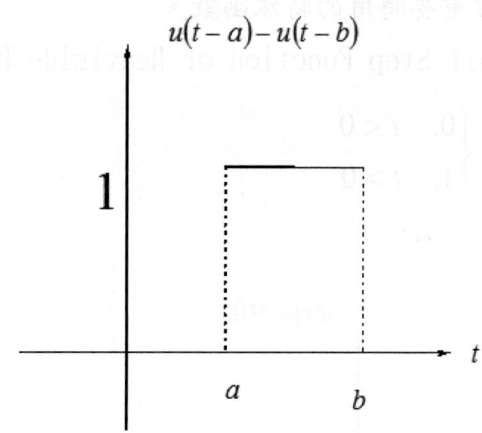

利用單位方塊波函數以及單位梯階函數，即可將任意一個分段連續函數 $f(t)$ 表成一單一表示式，如

續上例：已知 $f(t)=\begin{cases} 1; & 0<t<1 \\ 0; & 1<t \end{cases}$, $L[f(t)]=?$

解答：
利用 Heaviside Function 表示

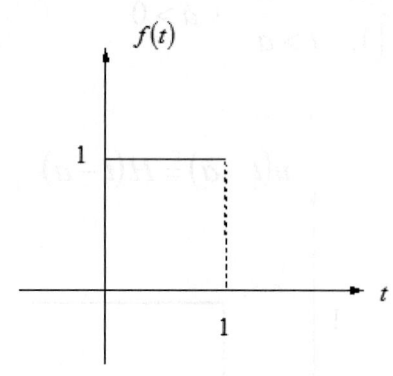

首先將函數 $f(t)$ 以單位梯階函數表示，得

$$f(t) = u(t) - u(t-1) = \begin{cases} 1; & 0 < t < 1 \\ 0; & 1 < t \end{cases}$$

接著,再對上式單位梯階函數取拉氏變換,即

$$u(t-a) = \begin{cases} 1; & t > a \\ 0; & t < a \end{cases}$$

代入 Laplace 變換式,得

$$L[u(t-a)] = \int_0^\infty u(t-a)e^{-st}dt$$

代入上式化簡,得

$$L[u(t-a)] = \int_a^\infty e^{-st}dt$$

積分得

$$L[u(t-a)] = \left(-\frac{1}{s}e^{-st}\right)_a^\infty = \frac{1}{s}e^{-as}$$

得基本拉氏變換公式

$$L[u(t-a)] = L[H(t-a)] = \frac{1}{s}e^{-as} \qquad (21)$$

當 $a = 0$ 代入,可得常用單位梯階函數之拉氏變換公式:

$$L[u(t)] = L[H(t)] = \frac{1}{s} \qquad (22)$$

清大物理所

當單位梯階函數 $u(t-a)$ 乘上任意連續函數 $f(t-a)$ 時之拉氏變換公式,利用原 Laplace 變換,代入得

$$L[u(t-a)f(t-a)] = \int_0^\infty u(t-a)f(t-a)e^{-st}dt$$

代入 $u(t-a)$ 定義，得

$$L[u(t-a)f(t-a)] = \int_a^\infty f(t-a)e^{-st}dt$$

令變數變換　　　$t-a=u$，$t=u+a$，$dt=du$
代入得

$$L[u(t-a)f(t-a)] = \int_0^\infty f(u)e^{-s(u+a)}du$$

整理得

$$L[u(t-a)f(t-a)] = e^{-as}\int_0^\infty f(u)e^{-su}du = e^{-as}F(s)$$

或得基本拉氏變換公式

$$L[u(t-a)f(t-a)] = e^{-as}F(s) \quad , a > 0 \qquad (23)$$

上式稱為拉氏變換第二移位定理。

未完整性，再討論當單位梯階函數 $u(t-a)$ 乘上任意連續函數 $f(t)$ 時之拉氏變換公式，利用原 Laplace 變換，代入得

$$L[u(t-a)f(t)] = \int_0^\infty u(t-a)f(t)e^{-st}dt$$

令變數代換，$\tau = t-a$，$d\tau = dt$，代入得

$$L[u(t-a)f(t)] = \int_{-a}^\infty u(\tau)f(\tau+a)e^{-s(\tau+a)}d\tau$$

代入 $u(\tau)$ 定義，得

$$L[u(t-a)f(t)] = e^{-as}\int_0^\infty f(\tau+a)e^{-s\tau}d\tau$$

得

$$L[u(t-a)f(t)] = e^{-as}L[f(t+a)] \qquad (24)$$

上式稱第三移位特性。此公式較少應用。

範例 21

(8%) Compute by direct evaluation of the integral the Laplace transform $L[f(x)]$

(a) $f(x) = \sin 3x$

(b) $f(x) = \begin{cases} 1, & 0 \leq t < 1 \\ 0, & t > 1 \end{cases}$

中央機械所工數甲乙丙丁戊

解答：

(a) $L[\sin 3x] = \dfrac{3}{s^2 + 9}$

(b) $L[f(x)] = \int_0^\infty f(x) e^{-st} dt = \int_0^1 e^{-st} dt = \left(-\dfrac{1}{s} e^{-st} \right)_0^1 = \dfrac{1}{s}(1 - e^{-s})$

範例 22

求 $L[(2t+2)u(t-4)]$。

解答：

先整理

$$L[(2t+2)u(t-4)] = L[(2(t-4)+10)u(t-4)]$$

使用變換公式 $L[u(t-a)f(t-a)] = e^{-as}F(s)$，得

$$L[(2t+2)u(t-4)] = L[u(t-4)(2(t-4)+10)] = e^{-4s}L[2t+10]$$

得

$$L[(2t+2)u(t-4)] = e^{-4s}\left(\dfrac{2}{s^2} + \dfrac{10}{s} \right)$$

範例 23

（單選） Find the Laplace transform of the function shown in Fig.

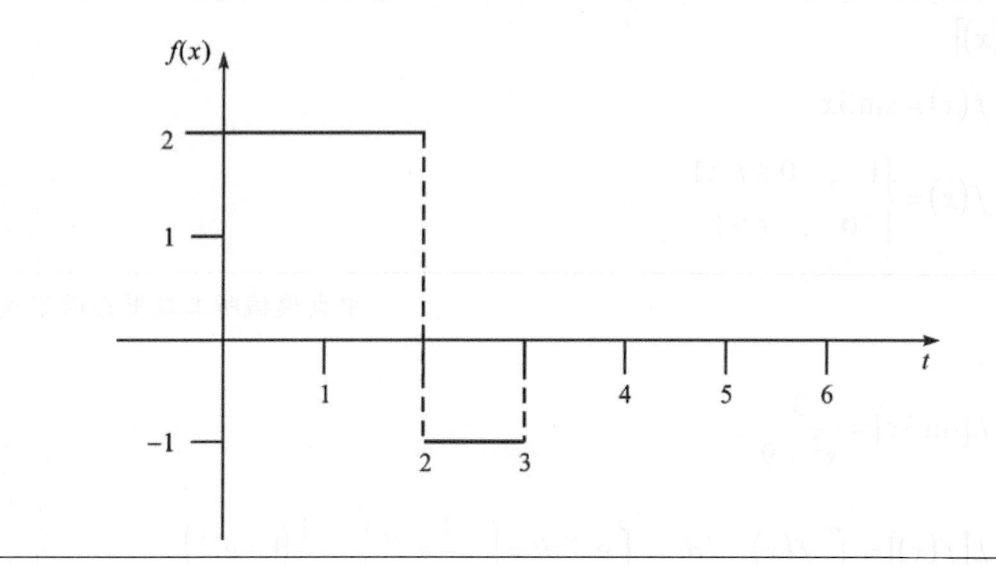

成大水利與海洋所工數

解答：

先將函數 $f(t)$ 表成單位梯階函數之表示式，即

$$f(t) = 2[u(t) - u(t-2)] - 1[u(t-2) - u(t-3)]$$

乘開整理得

$$f(t) = 2u(t) - 2u(t-2) - u(t-2) + u(t-3)$$

或

$$f(t) = 2u(t) - 3u(t-2) + u(t-3)$$

取拉氏變換 $L[u(t-a)] = \dfrac{1}{s} e^{-as}$

$$L[f(t)] = 2L[u(t)] - 3L[u(t-2)] + L[u(t-3)]$$

得

$$L[f(t)] = \frac{2}{s} - \frac{3}{s}e^{-2s} + \frac{1}{s}e^{-3s}$$

範例 24：分段連續

(10%) 下圖函數 $f(t)$，在 $4 < t < 6$ 時為拋物線，其他時為 0，求其拉氏變換。

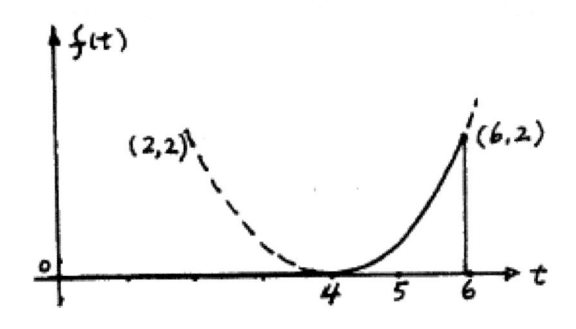

北科大光電所

解答：

【方法一】定義法

$$L[f(t)] = \int_0^\infty f(t)e^{-st}dt = \frac{1}{2}\int_4^6 (t-4)^2 e^{-st}dt$$

【方法二】

先將函數 $f(t)$ 表成單位梯階函數之表示式，即

$$f(t) = \frac{1}{2}(t-4)^2 [u(t-4) - u(t-6)]$$

載整理成標準式

$$f(t) = \frac{1}{2}(t-4)^2 u(t-4) - \frac{1}{2}u(t-6)[(t-6)^2 + 4(t-6) + 4]$$

代入變換公式 $L[u(t-a)f(t-a)] = e^{-as}F(s)$

$$L[f(t)] = \frac{1}{2}e^{-4s}L[t^2] - \frac{1}{2}e^{-6s}(L[t^2] + 4L[t] + L[4])$$

得

$$L[f(t)] = e^{-4s}\frac{1}{s^3} - e^{-6s}\left(\frac{1}{s^3} + \frac{2}{s^2} + \frac{2}{s}\right)$$

第九節　拉氏變換式之週期性分段定義函數

當一函數 $f(t)$ 有無限多個斷點，就不是分段連續函數了，其拉氏變換可能就不存在了。若函數 $f(t)$ 有週期性，且在其一周期內又滿足分段連續函數的定義，則其拉氏變換仍存在，推導如下

所謂週期分段連續，其定義可表為

$$f(t+T) = f(t) \quad ; T\text{ 為週期}。$$

此週期分段連續之拉氏變換，為

$$L[f(t)] = \int_0^\infty f(t)e^{-st}dt = F(s)$$

分成兩段積分，第一個週期與其餘後面區段，得

$$L[f(t)] = \int_0^T f(t)e^{-st}dt + \int_T^\infty f(t)e^{-st}dt$$

其中第二項積分項 $\quad \int_T^\infty f(t)e^{-st}dt$

再令變數變換 $\quad t = u+T，dt = du$

代入第二項積分，得

$$\int_T^\infty f(t)e^{-st}dt = \int_0^\infty f(u+T)e^{-s(u+T)}du$$

利用週期函數定義 $\quad f(u+T) = f(u) \quad ; T\text{ 為週期}。$

代入得

$$\int_T^\infty f(t)e^{-st}dt = e^{-sT}\int_0^\infty f(u)e^{-su}du = e^{-sT}L[f(t)]$$

代回原拉氏定義式

$$L[f(t)] = \int_0^T f(t)e^{-st}dt + e^{-sT}L[f(t)]$$

移項得

$$(1-e^{-sT})L[f(t)] = \int_0^T f(t)e^{-st}dt$$

整理得拉氏變換公式

$$L[f(t)] = \frac{1}{1-e^{-sT}}\int_0^T f(t)e^{-st}dt \tag{25}$$

台科大自控所

範例 25：

(15%) Find the Laplace transform of the following function $f(t)$ in figure.

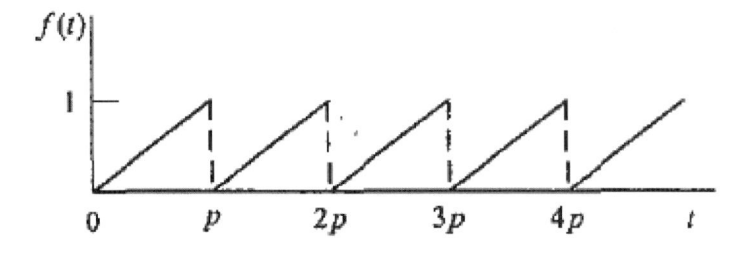

台大工科與海洋 F 工數

解答：

已知周期 $T = p$，代入公式 $L[f(t)] = \dfrac{1}{1-e^{-sT}}\int_0^T f(t)e^{-st}dt$

得

$$L[f(t)] = \frac{1}{1-e^{-ps}}\int_0^p \frac{1}{p}te^{-st}dt = \frac{1}{ps^2} - \frac{1}{s}\frac{e^{-ps}}{1-e^{-ps}}$$

範例 26：長方形波之週期分段連續

(15%) Find the Lapalce transform of the following periodic square wave

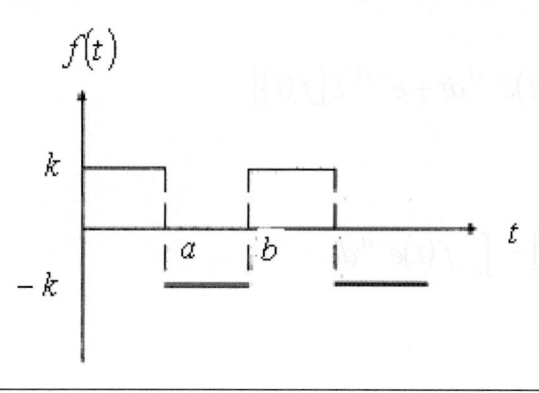

台科大高分子所

解答：

$$f(t) = \begin{cases} k, & 0 < t < a \\ -k, & a < t < b \end{cases} \text{且} f(t+b) = f(t)$$

令周期 $T = b$，代入變換公式 $L[f(t)] = \dfrac{1}{1-e^{-sT}} \displaystyle\int_0^T f(t)e^{-st}dt$

得

$$L[f(t)] = \frac{1}{1-e^{-bs}}\left(\int_0^a ke^{-st}dt + \int_a^b (-k)e^{-st}dt\right)$$

積分得

$$L[f(t)] = \frac{k}{s} \cdot \frac{1+e^{-bs}-2e^{-as}}{1-e^{-bs}}$$

【分析】

令 $b = 2a$，代入上式，得

$$L[f(t)] = \frac{k}{s} \cdot \frac{1+e^{-2as}-2e^{-as}}{1-e^{-2as}} = \frac{k}{s} \cdot \frac{(1-e^{-as})^2}{1-e^{-2as}} = \frac{k}{s} \cdot \frac{(1-e^{-as})^2}{(1-e^{-as})(1+e^{-as})}$$

$$L[f(t)] = \frac{k}{s} \cdot \frac{1-e^{-as}}{1+e^{-as}}$$

範例 27：三角形波之週期分段連續

Please find the Laplace transform of the periodic function $f(t)$ in figure

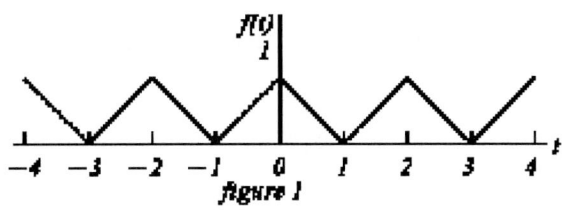

中興化工、成大醫工所

解答：

由圖形知
$$f(t)=\begin{cases}1-t, & 0<t<1\\ t-1, & 1<t<2\end{cases}, \quad f(t+2)=f(t)$$

週期 $T=2$

利用公式
$$L[f(t)]=\frac{1}{1-e^{-Ts}}\int_0^T f(t)e^{-st}dt$$

代入得
$$L[f(t)]=\frac{1}{1-e^{-2s}}\int_0^2 e^{-st}dt$$

如圖得函數方程式，代入
$$L[f(t)]=\frac{1}{1-e^{-2s}}\left(\int_0^1 (1-t)e^{-st}dt+\int_1^2 (t-1)e^{-st}dt\right)$$

積分得
$$L[f(t)]=\frac{1}{s}\frac{1-e^{-2s}}{1-e^{-2s}}-\frac{1}{s^2}\cdot\frac{(1-e^{-s})^2}{(1+e^{-s})(1-e^{-s})}$$

$$L[f(t)]=\frac{1}{s}-\frac{1}{s^2}\cdot\frac{1-e^{-s}}{1+e^{-s}}$$

第十節　脈衝函數

當工程上電子元件中常會有雜訊（Noise）出現，因此如何分析雜訊信號。也變得很重要。

首先要能利用函數去描述雜訊，通常雜訊信號之作用時間非常短，且隨機出現，因此，定義此類特性的數學函數，通常無法由一般正則函數（Regular Function）來描述，要描述此類雜訊信號之數學，稱為奇異函數（Singular Function）或廣義函數（Generalized Function）。

首先利用極限來定義第一個最簡單的奇異函數（Singular Function），Dirac 提出的 Delta 脈衝函數。先從方塊波函數定義談起：

1. 單位方塊波函數定義：

$$d_\tau(t) = \begin{cases} \dfrac{1}{\tau}, & 0 < t < \tau \\ 0, & t < 0;\ t > \tau \end{cases}$$

或

$$d_\tau(t) = \frac{1}{\tau}[u(t) - u(t-\tau)] = \frac{u(t) - u(t-\tau)}{\tau}$$

【分析】圖中方塊波函數之圖形面積為 1，表單位方塊波函數。

由於雜訊信號作用時間非常短，因此將上述單位方塊波函數，對作用時間區間 τ 取極限值，得單位脈衝函數。

2. 單位脈衝函數定義

$$\delta(t) = \lim_{\tau \to 0} d_\tau(t) = \lim_{\tau \to 0} \frac{u(t) - u(t-\tau)}{\tau} \qquad (26)$$

如圖：

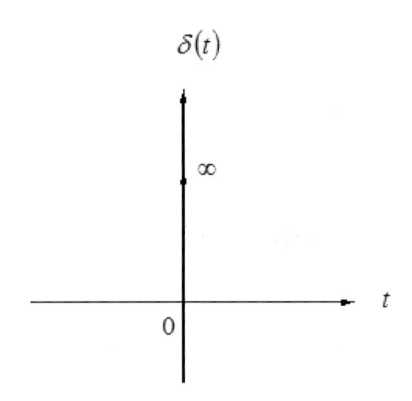

【分析】

取極限結果，函數在 $t = 0$ 時，會無窮大，故此極限是不存在，但上述定義式，在進行更進一步處理之前，如積分，不可直接取極限，因此又稱此極限為廣義極限。

3. **脈衝函數 $\delta(t-a)$ 定義**

   (1) 方塊波函數定義 $d_\tau(t-a) = \begin{cases} \dfrac{1}{\tau}, & a < t < a+\tau \\ 0, & t < a; \ t > a+\tau \end{cases}$

   或 $\qquad d_\tau(t-a) = \dfrac{1}{\tau}(u(t-a) - u(t-(a+\tau)))$

   (2) 脈衝函數定義 $\quad \delta(t-a) = \lim_{\tau \to 0} d_\tau(t-a) = \lim_{\tau \to 0} \dfrac{u(t-a) - u(t-a-\tau)}{\tau}$

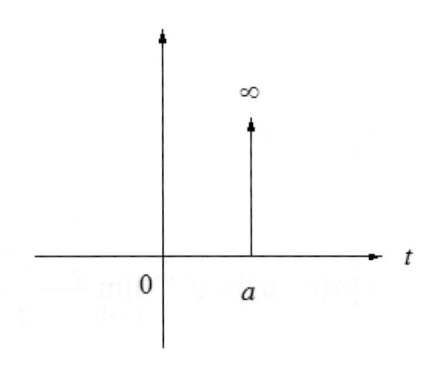

4. 脈衝函數之拉氏變換公式

$$L[\delta(t)] = 1 \qquad (27)$$

【證明】

依定義式
$$\delta(t) = \lim_{\tau \to 0} \frac{u(t) - u(t-\tau)}{\tau}$$

取拉氏變換
$$L[\delta(t)] = \lim_{\tau \to 0} \frac{L[u(t)] - L[u(t-\tau)]}{\tau}$$

利用公式
$$L[u(t-\tau)] = \frac{1}{s}e^{-\tau s} \ \text{及} \ L[u(t)] = \frac{1}{s}$$

代入
$$L[\delta(t)] = \lim_{\tau \to 0} \frac{\frac{1}{s} - \frac{1}{s}e^{-s\tau}}{\tau} = \lim_{\tau \to 0} \frac{1 - e^{-s\tau}}{s\tau}$$

羅必達法則
$$L[\delta(t)] = \lim_{\tau \to 0} \frac{-(-s)e^{-s\tau}}{s} = \lim_{\tau \to 0} e^{-s\tau} = 1$$

5. 脈衝函數之拉氏變換公式

$$L[\delta(t-a)] = e^{-as} \qquad (28)$$

北科大機電所、台大機械所

【證明】

依定義式
$$\delta(t-a) = \lim_{\tau \to 0} \frac{u(t-a) - u(t-a-\tau)}{\tau}$$

取拉氏變換
$$L[\delta(t-a)] = \lim_{\tau \to 0} \frac{L[u(t-a)] - L[u(t-a-\tau)]}{\tau}$$

利用公式
$$L[u(t-a)] = \frac{1}{s}e^{-\tau s} \ \text{及} \ L[u(t)] = \frac{1}{s}$$

代入
$$L[\delta(t-a)] = e^{-as} \lim_{\tau \to 0} \frac{\frac{1}{s} - \frac{1}{s}e^{-s\tau}}{\tau} = e^{-as} \lim_{\tau \to 0} \frac{1 - e^{-s\tau}}{s\tau}$$

羅必達法則 $\qquad L[\delta(t-a)] = e^{-as} \lim_{\tau \to 0} \dfrac{-(-s)e^{-s\tau}}{s} = e^{-as}$

6. 單位脈衝函數圖形下之總面積為 1。

$$\int_0^\infty \delta(t-a)dt = 1$$

7. 單位脈衝函數圖形下之面積從 $-\infty$ 到 t，得單位梯階函數，即

$$\int_0^t \delta(t-a)dt = u(t-a)$$

亦即，單位梯階函數之微分，為單位脈衝函數，表為

$$\dfrac{d}{dt}u(t-a) = \delta(t-a)$$

8. 單位脈衝函數乘上任意連續函數 $f(t)$，得 $t = t_0$ 點的函數值 $f(t_0)$，得

$$\int_{-\infty}^\infty f(t)\delta(t-t_0)dt = f(t_0) \qquad (29)$$

中山海下技術所

【證明】

利用脈衝函數之極限定義式

$$\delta(t-a) = \lim_{\tau \to 0} d_\tau(t-t_0) = \lim_{\tau \to 0} \dfrac{u(t-a) - u(t-a-\tau)}{\tau}$$

代入積分式

$$\int_{-\infty}^\infty \delta(t-t_0)f(t)dt = \int_{-\infty}^\infty \left[\lim_{\tau \to 0} d_\tau(t-t_0)\right] f(t)dt$$

或

$$\int_{-\infty}^\infty \delta(t-t_0)f(t)dt = \lim_{\tau \to 0} \int_{-\infty}^\infty d_\tau(t-t_0)f(t)dt$$

代入 $d_\tau(t-t_0)$ 之定義，得

$$\int_{-\infty}^\infty \delta(t-t_0)f(t)dt = \lim_{\tau \to 0} \dfrac{1}{\tau} \int_0^{t_0+\tau} f(t)dt$$

利用積分均值定理：

$$\int_{-\infty}^{\infty}\delta(t-t_0)f(t)dt = \lim_{\tau \to 0}\frac{1}{\tau}f(c)\int_{0}^{t_0+\tau}dt \text{ , } t_0 < c < t_0+\tau$$

得

$$\int_{-\infty}^{\infty}\delta(t-t_0)f(t)dt = \lim_{\tau \to 0}\frac{1}{\tau}f(c)\cdot\tau$$

或

$$\int_{-\infty}^{\infty}\delta(t-t_0)f(t)dt = f(t_0)$$

【分析】此積分特性非常重要，它是以後廣義函數的定義根據式。

第十一節　拉氏變換公式表

現在將以上所介紹之 Laplace 變換公式結果，整理成表，便於查閱記憶。

Laplace 變換公式簡表

陳緯老師製作

原函數 $f(t)$	Laplace 變換 $F(s)$
$c_1 f(t) + c_2 g(t)$	$c_1 F(s) + c_2 G(s)$
1	$\dfrac{1}{s}$
t^n ， $n \neq -1, -2, \cdots$	$\dfrac{\Gamma(n+1)}{s^{n+1}}$ ， $n \neq -1, -2, \cdots$
$\dfrac{1}{\sqrt{\pi t}}$	$\dfrac{1}{\sqrt{s}}$

原函數 $f(t)$	Laplace 變換 $F(s)$
e^{at}	$\dfrac{1}{s-a}$
e^{-at}	$\dfrac{1}{s+a}$
$\sin bt$	$\dfrac{b}{s^2+b^2}$
$\cos bt$	$\dfrac{s}{s^2+b^2}$
$\sinh bt$	$\dfrac{b}{s^2-b^2}$
$\cosh bt$	$\dfrac{s}{s^2-b^2}$
$f(at)$	$\dfrac{1}{a}F\left(\dfrac{s}{a}\right)$
移位特性	
$e^{at}f(t)$	$F(s-a)$
$e^{-at}f(t)$	$F(s+a)$
$u(t-a)f(t-a)$	$e^{-as}F(s)$

原函數 $f(t)$	Laplace 變換 $F(s)$
變換微分	
$tf(t)$	$-\dfrac{d}{ds}F(s)$
$t^2 f(t)$	$\dfrac{d^2}{ds^2}F(s)$
$t^n f(t)$	$(-1)^n \dfrac{d^n}{ds^n}F(s)$
變換積分	
$\dfrac{1}{t}f(t)$	$\int_s^\infty L[f(t)]ds$
$\dfrac{1}{t^2}f(t)$	$\int_s^\infty \left(\int_s^\infty L[f(t)]ds\right)ds$
微分函數	
$f'(t)$	$sF(s)-f(0)$
$\dfrac{d^2 f(t)}{dt^2}$	$s^2 F(s)-sf(0)-f'(0)$
$f^{(n)}(t)$	$s^n F(s)-s^{n-1}f(0)-s^{n-2}f'(0)-\cdots-f^{(n-1)}(0)$
積分函數	
$\int_0^t f(t)dt$	$\dfrac{1}{s}F(s)$
$\int_0^t \left(\int_0^t f(t)dt\right)dt$	$\dfrac{1}{s^2}F(s)$

原函數 $f(t)$	Laplace 變換 $F(s)$
$\int_a^t f(t)dt$	$\dfrac{1}{s}F(s)+\int_a^0 f(t)dt$
$\int_a^t \left(\int_a^t f(t)dt\right)dt$	$\dfrac{1}{s^2}F(s)+\dfrac{1}{s^2}\int_a^0 f(t)dt+\dfrac{1}{s}\int_a^0\left(\int_a^t f(t)dt\right)dt$
奇異函數：	
$u(t)=H(t)$	$\dfrac{1}{s}$
$\delta(t)$	1
$D(t)$	s
$T(t)$	s^2
$u(t-a)=H(t-a)$	$\dfrac{1}{s}e^{-as}$
$\delta(t-a)$	e^{-as}
$f(t+T)=f(t)$	$\dfrac{1}{1-e^{-sT}}\int_0^T f(t)e^{-st}dt$
結合式積分、摺積：	
$f(t)$	$F(s)$
$g(t)$	$G(s)$
$f(t)*g(t)=$ $\int_0^t f(t-\tau)g(\tau)d\tau$	$F(s)\cdot G(s)$

原函數 $f(t)$	Laplace 變換 $F(s)$
特殊函數：(可供參考)	
$J_0(t)$	$\dfrac{1}{\sqrt{s^2+1}}$
$J_0(at)$	$\dfrac{1}{\sqrt{s^2+a^2}}$
$J_n(at)$	$\dfrac{\left(\sqrt{s^2+a^2}-s\right)^n}{a^n\sqrt{s^2+a^2}}$
$\ln t$	$\dfrac{\Gamma'(1)-\ln s}{s}$
$S_i(t)=\int_0^t \dfrac{\sin t}{t}dt$	$\dfrac{1}{s}\tan^{-1}\dfrac{1}{s}$
$C_i(t)=\int_t^\infty \dfrac{\cos t}{t}dt$	$\dfrac{\ln(s^2+1)}{2s}$
$E_i(t)=\int_t^\infty \dfrac{e^t}{t}dt$	$\dfrac{\ln(s+1)}{s}$
$erf(t)=\dfrac{2}{\sqrt{\pi}}\int_0^t e^{-x^2}dx$	$\dfrac{1}{s}e^{\frac{s^2}{4}}erf_c\left(\dfrac{s}{2}\right)$

第十二節　有理式函數之拉氏逆變換

已知拉氏變換函數 $F(s)$，其拉氏逆變換的求法，較難，現在介紹幾種較常見的解析法，其餘就查拉氏變換公式表，求原函數 $f(t)$

在工程數學書中最常見的 $F(s)$，都為有理式函數型態，大致上可分成下列幾種：

(1) 分母為一次多項式
(2) 分母為高次多項式，且可因次分解，採用部分分式法。
(3) 分母為高次多項式，且不可因次分解。

1. 分母一次式函數之 Laplace 逆變換

當 $F(s)$ 之分母為一次式多項式時，直接利用基本拉氏變換公式法求，列如下表：

$F(s)$，$s>0$	$f(t)$，$t>0$
$\dfrac{1}{\sqrt{s}}$	$\dfrac{1}{\sqrt{\pi t}}$
$\dfrac{1}{s}$	1 或 $u(t)$
$\dfrac{1}{s-a}$	e^{at}
$\dfrac{1}{s+a}$	e^{-at}
$\dfrac{1}{s^2}$	t
$\dfrac{1}{s^3}$	$\dfrac{t^2}{2!}$
$\dfrac{1}{s^n}$	$\dfrac{t^{n-1}}{(n-1)!}$
$\dfrac{1}{(s+a)^n} = \left\{\dfrac{1}{s^n}\right\}_{s\sim s+a}$	$e^{-at}\dfrac{t^{n-1}}{(n-1)!}$

2. 分母二次式函數之 Laplace 逆變換

當 $F(s)$ 的分母為二次式，$s^2 \pm a^2$，則直接利用下列拉氏變換公式法

$\dfrac{s}{s^2+a^2}$	$\cos at$
$\dfrac{a}{s^2+a^2}$	$\sin at$
$\dfrac{s}{s^2-a^2}$	$\cosh at$
$\dfrac{a}{s^2-a^2}$	$\sinh at$
$\dfrac{1}{\sqrt{s^2+1}}$	$J_0(t)$
$\dfrac{1}{\sqrt{s^2+a^2}}$	$J_0(at)$

3. 分母二次式函數之 Laplace 逆變換 配方法

若當 $F(s)$ 的分母為二次式，s^2+as+b，則需配方成 $s^2 \pm a^2$ 型式，在直接利用第一移位定理與基本拉氏變換公式法，可求得原函數 $f(t)$

Laplace 逆變換（第一移位定理）

$F(s-a) \sim e^{at}f(t)$

---

4. 分母三次式以上函數之 Laplace 逆變換

有理式函數 $F(s)$ 之分母高於三次式以上時，須先利用本書第二章所介紹之部分分式速算法，化成分母只有一次式或二次式，再利用前面之技巧取逆變換。

範例 28：基本公式法

Find inverse Laplace transform of $\dfrac{1}{s^4}$

解答：

已知 $L[t^n] = \dfrac{\Gamma(n+1)}{s^{n+1}}$，得逆變換公式 $L^{-1}\left[\dfrac{1}{s^n}\right] = \dfrac{t^{n-1}}{(n-1)!}$

逆變換 $L^{-1}\left[\dfrac{1}{s^4}\right] = \dfrac{t^3}{3!} = \dfrac{t^3}{6}$

範例 29：基本公式法（移位公式）

(10%) Find the Inverse Laplace transform of $\dfrac{1}{(s+1)^2}$

成大系統與船機電所

解答：

先代移位定理 $F(s) = \dfrac{1}{(s+1)^2} = \left\{\dfrac{1}{s^2}\right\}_{s=s+1}$

其中有理式函數再代 $L^{-1}\left[\dfrac{1}{s^n}\right] = \dfrac{t^{n-1}}{(n-1)!}$

$\dfrac{1}{(s+1)^2} = \left\{\dfrac{1}{s^2}\right\}_{s=s+1} = \{L[t]\}_{s=s+1} = L[e^{-t}t]$

得逆變換函數 $f(t) = e^{-t}t$

範例 30

Find inverse Laplace transform of $\dfrac{3s+5}{s^2+7}$

台大電機、光電所

解答：

整理成基本變換公式形式

$$\frac{3s+5}{s^2+7} = 3\frac{s}{s^2+\left(\sqrt{7}\right)^2} + \frac{5}{\sqrt{7}}\frac{\sqrt{7}}{s^2+\left(\sqrt{7}\right)^2}$$

利用基本變換公式，得

逆變換　　$f(t) = 3\cos\left(\sqrt{7}t\right) + \dfrac{5}{\sqrt{7}}\sin\left(\sqrt{7}t\right)$

範例 31：配方法

試求 $L^{-1}\left[\dfrac{s}{s^2+4s+20}\right]$。

台科大營建所

解答：

配方法　$L^{-1}\left[\dfrac{s}{s^2+4s+20}\right] = L^{-1}\left[\dfrac{s+2-2}{(s+2)^2+4^2}\right]$

或　$L^{-1}\left[\dfrac{s}{s^2+4s+20}\right] = L^{-1}\left\{\left[\dfrac{s}{s^2+4^2} - \dfrac{1}{2}\dfrac{4}{s^2+4^2}\right]_{s=s+2}\right\}$

其中　$\dfrac{s}{s^2+4^2} - \dfrac{1}{2}\dfrac{4}{s^2+4^2} = L\left[\cos 4t - \dfrac{1}{2}\sin 4t\right]$

再由第一移位特性得逆變換

$$f(t) = e^{-2t}\left(\cos 4t - \frac{1}{2}\sin 4t\right)$$

範例 32：配方法

(10%) Please find the inverse Laplace transform of the function $\dfrac{3s+4}{s^2+4s+5}$

中山光電所

解答：

配方法　　$\dfrac{3s+4}{s^2+4s+5} = \dfrac{3(s+2)-2}{(s+2)^2+1} = \left\{\dfrac{3s-2}{s^2+1}\right\}_{s=s+2}$

或　　$\dfrac{3s+4}{s^2+4s+5} = \left\{3\dfrac{s}{s^2+1} - 2\dfrac{1}{s^2+1}\right\}_{s=s+2}$

逆變換得　　$f(t) = e^{-2t}(3\cos t - 2\sin t)$

範例 33：部分分式法

(15%) Find the inverse Laplace transform of $Y(s) = \dfrac{2}{s^3(s+2)^2}$

台科大電機工數

解答：

首先部分分式展開

$$Y(s) = \dfrac{2}{s^3(s+2)^2} = \dfrac{A_1}{s^3} + \dfrac{A_2}{s^2} + \dfrac{A_3}{s} + \dfrac{B_1}{(s+2)^2} + \dfrac{B_2}{s+2}$$

其中

$$A_1 = \left(\frac{2}{(s+2)^2}\right)_{s=0} = \frac{1}{2}$$

$$A_2 = \left(\frac{d}{ds}\frac{2}{(s+2)^2}\right)_{s=0} = \left(\frac{-4}{(s+2)^3}\right)_{s=0} = -\frac{1}{2}$$

$$A_3 = \frac{1}{2!}\left(\frac{d^2}{ds^2}\frac{2}{(s+2)^2}\right)_{s=0} = \frac{1}{2!}\left(\frac{12}{(s+2)^4}\right)_{s=0} = \frac{6}{16} = \frac{3}{8}$$

$$B_1 = \left(\frac{2}{s^3}\right)_{s=-2} = -\frac{1}{4}$$

$$B_2 = \frac{d}{ds}\left(\frac{2}{s^3}\right)_{s=-2} = \left(\frac{-6}{s^4}\right)_{s=-2} = -\frac{6}{16} = -\frac{3}{8}$$

代入得

$$Y(s) = \frac{2}{s^3(s+2)^2} = \frac{\frac{1}{2}}{s^3} - \frac{\frac{1}{2}}{s^2} + \frac{\frac{3}{8}}{s} - \frac{\frac{1}{2}}{(s+2)^2} - \frac{\frac{3}{8}}{s+2}$$

整理

$$Y(s) = \frac{1}{4}\frac{2!}{s^3} - \frac{1}{2}\frac{1}{s^2} + \frac{3}{8}\frac{1}{s} - \left\{\frac{1}{2}\frac{1}{s^2}\right\}_{s=s+2} - \frac{3}{8}\frac{1}{s+2}$$

再利用基本變換公式逆變換得

$$y(t) = \frac{1}{4}t^2 - \frac{1}{2}t + \frac{3}{8} - \frac{1}{4}te^{-2t} - \frac{3}{8}e^{-2t}$$

範例 34：部分分式

(12%) Determine the inverse Laplace transform of the function

$$X(s)=\frac{2s^2+9s+1}{(s+1)^2(s-2)}$$

交大資訊聯招工數

解答：

首先部分分式展開，得

$$X(s)=\frac{2s^2+9s+1}{(s+1)^2(s-2)}=\frac{2}{(s+1)^2}+\frac{-1}{s+1}+\frac{3}{s-2}$$

整理

$$X(s)=\left\{2\frac{1}{s^2}\right\}_{s=s+1}-\frac{1}{s+1}+3\frac{1}{s-2}$$

逆變換

$$x(t)=2te^{-t}-e^{-t}+3e^{2t}$$

範例 35

(20%) (a) Find the inverse Laplace transform of the function
$$F(s)=\frac{s^2-5s+4}{s(s^2+1)}$$

(b) Find the Laplace transform of the function
$$g(t)=\begin{cases}2t,&t<3\\1,&t\geq 3\end{cases}$$

清大動機工數

解答：

(a) 部分分式展開，得

$$F(s) = \frac{s^2 - 5s + 4}{s(s^2 + 1)} = \frac{4}{s} - \frac{3s + 5}{s^2 + 1}$$

整理得

$$F(s) = 4\frac{1}{s} - 3\frac{s}{s^2 + 1} - 5\frac{1}{s^2 + 1}$$

逆變換得

$$f(t) = 4 - 3\cos t - 5\sin t$$

(b) 先表成梯階函數表示式

$$g(t) = 2t[u(t) - u(t-3)] + u(t-3)$$

整理得

$$g(t) = 2tu(t) - (2t - 1)u(t-3)$$

會

$$g(t) = 2tu(t) - (2(t-3) + 5)u(t-3)$$

取拉氏變換

$$L[g(t)] = \frac{2}{s^2} - e^{-3s}\left(\frac{2}{s^2} + \frac{5}{s}\right)$$

範例 36

Use the inverse Laplace transform of the function:
$$\frac{s}{(s^2 + a^2)(s^2 + b^2)}$$

中央光電所應用數學

解答：

部分分式展開

$$\frac{s}{(s^2 + a^2)(s^2 + b^2)} = \frac{1}{b^2 - a^2}\left[\frac{s}{(s^2 + a^2)} - \frac{s}{(s^2 + b^2)}\right]$$

利用變換公式

$$f(t) = \frac{1}{b^2 - a^2}[\cos at - \cos bt]$$

第十三節　奇異函數之拉氏逆變換

當已知一函數 $F(s)$ 為有理式函數，且其極限值 $\lim\limits_{s \to \infty} F(s) \neq 0$，則依拉氏變換定理知，其原函數必為奇異函數或脈衝函數。

範例 37：分母大於等於二次式（能因式分解）（奇異函數）

試求 $L^{-1}\left[\dfrac{s}{s+1}\right]$。

台科大營建所

解答：

【分析】因 $\lim\limits_{s \to \infty} \dfrac{s}{s+1} = 1 \neq 0$，故其原函數必為奇異函數或脈衝函數。

$$L^{-1}\left[\frac{s}{s+1}\right] = L^{-1}\left[1 - \frac{1}{s+1}\right]$$

利用公式　$L[\delta(t)] = 1$ 及 $L[e^{-t}] = \dfrac{1}{s+1}$，得

逆變換　$f(t) = \delta(t) - e^{-t}$

範例 38

（單選題）$L^{-1}\left[\dfrac{2s^3}{(s+1)(s+2)(s+3)}\right] = ?$

(a) $e^{-t} + 16e^{-2t} + 27e^{-3t}$

(b) $-e^{-t} + 16e^{-2t} - 27e^{-3t}$

(c) $e^{-t} - 16e^{-2t} + 27e^{-3t}$

(d) none

交大電控所

解答： (d) none

【分析】因 $\lim_{s \to \infty} \dfrac{2s^3}{(s+1)(s+2)(s+3)} = 2 \neq 0$，故其原函數必為奇異函數或脈衝函數。因此上題中(a)、(b)、(c)都沒有脈衝函數 $\delta(t)$，故直接得答為(d)。

【標準解法】
先化成真分式

$$\frac{2s^3}{(s+1)(s+2)(s+3)} = 2 - \frac{12s^2 + 22s + 12}{(s+1)(s+2)(s+3)}$$

部分分式展開

$$\frac{2s^3}{(s+1)(s+2)(s+3)} = 2 - \left(\frac{1}{s+1} - \frac{16}{s+2} + \frac{27}{s+3} \right)$$

分別逐項逆變換

$$f(t) = 2\delta(t) - e^{-t} + 16e^{-2t} - 27e^{-3t}$$

第十四節　拉氏逆變換（第二移位定理）（含 e^{-as}）

當拉氏變換函數 $F(s)$，乘上指數函數 e^{-as} 時，類似原函數 $f(t)$ 乘上指數函數 e^{-as} 時之特性類似，都有圖形移位之特性，故分別稱為第一與第二移位特性。

Laplace 逆變換 $e^{-as}F(s)$（第二移位定理）

$$e^{-as}F(s) = L[u(t-a)f(t-a)]$$

範例 39

> Find the inverse Laplace transform of $\dfrac{e^{-5s}}{s(s^2+12)}$

清大工程系統工數

解答：
部分分式展開

$$\frac{e^{-5s}}{s(s^2+12)} = e^{-5s}\frac{1}{12}\left(\frac{1}{s} - \frac{1}{s^2+12}\right) = e^{-5s}\frac{1}{12}\left(\frac{1}{s} - \frac{1}{\sqrt{12}}\frac{\sqrt{12}}{s^2+(\sqrt{12})^2}\right)$$

逆變換得

$$\frac{e^{-5s}}{s(s^2+12)} = e^{-5s}\frac{1}{12}L\left[1 - \frac{1}{\sqrt{12}}\sin\sqrt{12}\,t\right]$$

第二移位特性得逆變換

$$f(t) = \frac{1}{12}u(t-5)\left(1 - \frac{1}{\sqrt{12}}\sin\sqrt{12}(t-5)\right)$$

範例 40

> (17%) Find the inverse Laplace transform $x(t)$ for $X(s) = \dfrac{e^{-3s}}{(s-1)^3}$

交大機械丁工數

解答：

$$X(s) = \frac{e^{-3s}}{(s-1)^3} = e^{-3s}\left\{\frac{1}{s^3}\right\}_{s=s-1} = \frac{1}{2}e^{-3s}\left\{\frac{2!}{s^3}\right\}_{s=s-1}$$

$$X(s) = \frac{e^{-3s}}{(s-1)^3} = \frac{1}{2}e^{-3s}\left\{L[t^2]\right\}_{s=s-1}$$

第一移位定理

$$X(s) = \frac{e^{-3s}}{(s-1)^3} = \frac{1}{2}e^{-3s}\left\{L[e^t t^2]\right\}$$

第二移位定理

$$X(s) = \frac{e^{-3s}}{(s-1)^3} = \frac{1}{2}\left\{L[u(t-3)e^{t-3}(t-3)^2]\right\}$$

得

$$x(t) = \frac{1}{2}u(t-3)e^{t-3}(t-3)^2$$

範例 41

> Compute the inverse of the given Laplace transform $\dfrac{e^{-\pi s}}{1+s^2}$

中央企管所工數乙

解答：

$$\frac{e^{-\pi s}}{1+s^2} = e^{-\pi s}\frac{1}{1+s^2} = e^{-\pi s}L[\sin t]$$

第二移位特性，逆變換得

$$f(t) = u(t-\pi)\sin(t-\pi)$$

範例 44

(單選) The inverse Laplace transform of the function $\dfrac{se^{-3s}}{s^2+4}$ is

(A) $u(t-3)\sin 2(t-3)$ (B) $u(t-4)\cos 2(t-4)$
(C) $u(t-4)\sin 2(t-4)$ (D) $u(t-3)\cos 2(t-3)$

成大材工所

解答：(D)

已知

$$\frac{se^{-3s}}{s^2+4} = e^{-3s}\frac{s}{s^2+4}$$

$$\frac{se^{-3s}}{s^2+4} = e^{-3s}L[\cos 2t]$$

第二移位特性，得

$$\frac{se^{-3s}}{s^2+4} = L[u(t-3)\cos 2(t-3)]$$

逆變換為

$$f(t) = u(t-3)\cos 2(t-3)$$

範例 45

(12%)（單選題）Let $h(t) = L^{-1}\left\{\dfrac{(s^2+8)(e^{-s}-e^{-2s})}{s^3-2s^2-8s}\right\}$, $\lim\limits_{t\to 1^+} h(t)=?$

(a) 0 (b) 1 (c) 2 (d) 3 (e) none.

交大電資聯招

解答：(b) 1

先部分分式展開

$$\frac{s^2+8}{s^3-2s^2-8s}=\frac{s^2+8}{s(s+2)(s-4)}=\frac{-1}{s}+\frac{1}{s+2}+\frac{1}{s-4}$$

基本公式

$$\frac{s^2+8}{s^3-2s^2-8s}=L\left[-1+e^{-2t}+e^{4t}\right]$$

逆變換

$$h(t)=L^{-1}\left\{e^{-s}\frac{s^2+8}{s^3-2s^2-8s}-e^{-2s}\frac{s^2+8}{s^3-2s^2-8s}\right\}$$

得

$$h(t)=\left(-1+e^{-2(t-1)}+e^{4(t-1)}\right)u(t-1)-\left(-1+e^{-2(t-2)}+e^{4(t-2)}\right)u(t-2)$$

$$\lim_{t\to 1^+}u(t-1)=1\,,\ \lim_{t\to 1^+}u(t-2)=0$$

代入得 $\lim_{t\to 1^+}h(t)=(-1+1+1)\cdot 1-0=1$

第十五節 其他基本函數之拉氏逆變換

凡拉氏變換函數 $F(s)$，含有其他基本函數，如：$F(s)\sim\tan^{-1}(s)$，$\ln(s)$，$F(s)\sim\cot^{-1}(s)$，$F(s)\sim\tanh^{-1}(s)$ 等等，利用這些函數之微分以後都會變成有理式函數的逆變換，因此需分兩段逆變換，一是微分運算的逆運算公式

$$\frac{d}{ds}F(s)=L[-tf(t)]$$

其中 $f(t)$ 再利用前面有理式函數逆變換之技巧求。

【分析】化簡時，會用到 $\ln x$ 之五大特性：

1. $\ln(xy) = \ln x + \ln y$

2. $\ln\left(\dfrac{x}{y}\right) = \ln x - \ln y$

3. $\ln(x^y) = y \ln x$

4. $d \ln x = \dfrac{1}{x} dx$ 或 $d(\ln u) = \dfrac{1}{u} du$

5. $\int \ln x\, dx = x \ln x - x + c$

範例 46：對數

(10%) Find ： $L^{-1}\left[\ln\left(\dfrac{s+2}{s+1}\right)\right]$

北科大電機所

解答：

已知　　$F(s) = \ln\left(\dfrac{s+2}{s+1}\right) = \ln(s+2) - \ln(s+1)$

微分　　$\dfrac{d}{ds} F(s) = \dfrac{1}{s+2} - \dfrac{1}{s+1}$

基本公式　　$-L[tf(t)] = L[e^{-2t}] - L[e^{-t}]$

逆變換　　$f(t) = \dfrac{e^{-2t} - e^{-t}}{-t} = \dfrac{e^{-t} - e^{-2t}}{t}$

範例 47：對數

函數 $f(t)$ 的 Lapalce transform 為 $F(s)=\ln\left(1+\dfrac{\omega^2}{s^2}\right)$，請求解 $f(t)$。

台大環工 H、中央土木所甲丙、中央電機所

解答：

已知 $\quad F(s)=\ln\left(1+\dfrac{\omega^2}{s^2}\right)=\ln\left(\dfrac{s^2+\omega^2}{s^2}\right)=\ln(s^2+\omega^2)-2\ln s$

微分 $\quad \dfrac{d}{ds}F(s)=2\dfrac{s}{s^2+\omega^2}-2\dfrac{1}{s}$

基本公式 $\quad -L[tf(t)]=L[2\cos(\omega t)]-L[2]$

逆變換 $\quad f(t)=\dfrac{2\cos(\omega t)-2}{-t}=\dfrac{2-2\cos(\omega t)}{t}$

範例 48

Find the inverse Laplace transform of the function：$H(s)=\dfrac{1}{s}\tan^{-1}\left(\dfrac{1}{s}\right)$

解

令 $\quad H(s)=\dfrac{1}{s}G(s)$

則逆變換為積分式 $\quad h(t)=\displaystyle\int_0^t g(t)dt$

其中 $\quad G(s)=L[g(t)]=\tan^{-1}\left(\dfrac{1}{s}\right)$

微分

$$\frac{dG(s)}{ds} = \frac{1}{1+\left(\frac{1}{s}\right)^2}\left(-\frac{1}{s^2}\right) = \frac{-1}{1+s^2}$$

得變換式微分

$$-L[tg(t)] = -L[\sin t]$$

得

$$g(t) = \frac{\sin t}{t}$$

代回原式

$$h(t) = \int_0^t \frac{\sin t}{t} dt$$

第十六節　拉氏變換之結合積分式

當拉氏變換函數 $H(s)$ 非常複雜時，一時沒辦法利用前面的解法，求得其原函數 $h(t)$ 時，我們就將其分成兩個較小函數之乘積，如：

$$H(s) = F(s)G(s)$$

再分別求其逆變換，亦即　$F(s) = L[f(t)]$ 及 $G(s) = L[g(t)]$

則此時，原函數 $h(t)$ 可由者兩個小函數 $f(t)$ 及 $g(t)$ 依某種乘積法則的方式得到，此特殊乘積法則，稱為結合式積分 (Convolution Integral)

表成

$$h(t) = f(t) * g(t)$$

上式之定義式為何？

已知 Laplace 變換

$$L[f(t)] = \int_0^\infty f(\tau)e^{-s\tau}d\tau$$

及

$$L[g(t)] = \int_0^\infty g(u)e^{-su}du$$

相乘得

$$L[f(t)] \cdot L[g(t)] = \left(\int_0^\infty f(\tau)e^{-s\tau}d\tau\right)\left(\int_0^\infty g(u)e^{-su}du\right)$$

整理得雙重積分

$$L[f(t)] \cdot L[g(t)] = \int_0^{+\infty}\left(\int_0^\infty f(\tau)g(u)e^{-s(u+\tau)}du\right)d\tau$$

令變數變換 $t = u + \tau$，$u = t - \tau$，$dt = du$

代入

$$L[f(t)] \cdot L[g(t)] = \int_0^\infty \left(\int_\tau^\infty f(\tau)g(t-\tau)e^{-st}dt\right)d\tau$$

變換積分次序，得

$$L[f(t)] \cdot L[g(t)] = \int_0^\infty \left(\int_0^t f(\tau)g(t-\tau)d\tau\right)e^{-st}dt$$

上式為

$$L[f(t)] \cdot L[g(t)] = L\left[\int_0^t f(\tau)g(t-\tau)d\tau\right] \qquad (30)$$

亦即

$$h(t) = \int_0^t f(\tau)g(t-\tau)d\tau = f(t) * g(t) \qquad (31)$$

意即

$$L[f(t) * g(t)] = L[f(t)]L[g(t)]$$

範例 49

(10%) Find the Laplace transform of $f(t) = \int_0^t (t-\tau)^2 \cos(2\tau) d\tau$

清大原科所生醫光電組

解答：

代入拉氏變換

$$L[f(t)] = L\left[\int_0^t (t-\tau)^2 \cos(2\tau) d\tau\right]$$

利用結合式積分

$$L[f(t)] = L[t^2]L[\cos 2t]$$

代入得

$$L[f(t)] = \frac{2}{s^3} \cdot \frac{s}{s^2+4} = \frac{2}{s^2} \cdot \frac{1}{s^2+4}$$

範例 50

「*」represents the convolution operator

$(e^{-t} - e^{-2t}) * e^{-t} = \underline{\quad(1)\quad} + (t-1)\underline{\quad(2)\quad}$

Please find (1) and (2) from the following. Both have to be correct to receive full grade.

(A) e^t　　(B) e^{t-1}　　(C) e^{-t}　　(D) $e^{-(t-1)}$　　(E) e^{-2t}
(F) $e^{-2(t-1)}$　　(G) e^{2t}　　(H) $e^{2(t-1)}$　　(I) e^{-3t}　　(J) $e^{-3(t-1)}$
(K) e^{3t}　　(L) $e^{3(t-1)}$　　(M) t　　(N) $t-1$　　(O) $\dfrac{1}{t-1}$
(P) $(t-1)^2$　　(Q) $(t-1)^3$

清大電機領域所

解答：(1) E　(2) C

【方法一】直接積分

$$(e^{-t} - e^{-2t}) * e^{-t} = \int_0^t (e^{-\tau} - e^{-2\tau}) e^{-(t-\tau)} d\tau$$

$$(e^{-t} - e^{-2t}) * e^{-t} = e^{-t} \int_0^t (e^{-\tau} - e^{-2\tau}) e^{\tau} d\tau$$

$$(e^{-t} - e^{-2t}) * e^{-t} = e^{-t} \int_0^t (1 - e^{-\tau}) d\tau = e^{-t} (\tau + e^{-\tau})\Big|_0^t = e^{-t}(t + e^{-t} - 1)$$

$$(e^{-t} - e^{-2t}) * e^{-t} = e^{-2t} + e^{-t}(t-1)$$

【方法二】利用結合式積分

$$L[(e^{-t} - e^{-2t}) * e^{-t}] = L[(e^{-t} - e^{-2t})] L[e^{-t}]$$

得 $$L[(e^{-t} - e^{-2t}) * e^{-t}] = \left(\frac{1}{s+1} - \frac{1}{s+2}\right) \frac{1}{s+1}$$

$$L[(e^{-t} - e^{-2t}) * e^{-t}] = \frac{1}{(s+1)^2(s+2)} = \frac{-1}{s+1} + \frac{1}{(s+1)^2} + \frac{1}{s+2}$$

再逆變換

$$(e^{-t} - e^{-2t}) * e^{-t} = -e^{-t} + e^{-t}t + e^{-2t} = e^{-2t} + (t-1)e^{-t}$$

範例 51

Find the inverse Laplace transform $\dfrac{s^2}{(s^2 + \beta^2)^2}$

台大工數 H 環工

解答：

分解

$$\frac{s^2}{\left(s^2+\beta^2\right)^2} = \frac{s}{\left(s^2+\beta^2\right)}\frac{s}{\left(s^2+\beta^2\right)} = L[\cos(\beta t)] \cdot L[\cos(\beta t)]$$

利用結合式積分

$$\frac{s^2}{\left(s^2+\beta^2\right)^2} = L\left[\int_0^t \cos(\beta\tau)\cos(\beta(t-\tau))d\tau\right]$$

積化和差，得

$$f(t) = \int_0^t \cos(\beta\tau)(\cos(\beta t)\cos(\beta\tau)+\sin(\beta t)\sin(\beta\tau))d\tau$$

或

$$f(t) = \cos(\beta t)\int_0^t \cos(\beta\tau)(\cos(\beta\tau))d\tau + \sin(\beta t)\int_0^t \cos(\beta\tau)(\sin(\beta\tau))d\tau$$

積分得

$$f(t) = \cos(\beta t)\int_0^t \frac{1+\cos(2\beta\tau)}{2}d\tau + \sin(\beta t)\frac{1}{\beta}\int_0^t (\sin(\beta\tau))d(\sin(\beta\tau))$$

$$f(t) = \cos(\beta t)\left(\frac{\tau + \frac{1}{2\beta}\sin(2\beta\tau)}{2}\right)_0^t + \sin(\beta t)\frac{1}{2\beta}\left(\sin^2(\beta\tau)\right)_0^t$$

$$f(t) = \frac{1}{2}\cos(\beta t)\left(t+\frac{1}{2\beta}\sin(2\beta t)\right) + \frac{1}{2\beta}\left(\sin^3(\beta t)\right)$$

範例 52：結合式積分

Find the inverse Laplace Transform of $\dfrac{s}{\left(s^2+a^2\right)^2}$

交大機械所

解答：
【方法一】

已知 $f(s) = \dfrac{s}{(s^2+a^2)^2} = -\dfrac{1}{2}\dfrac{d}{ds}\left(\dfrac{1}{s^2+a^2}\right)$

整理 $f(s) = \dfrac{s}{(s^2+a^2)^2} = -\dfrac{1}{2a}\dfrac{d}{ds}(L[\sin at])$

由變換式微分得 $L[t\sin at] = -\dfrac{d}{ds}(L[\sin at])$

比較得 $f(t) = \dfrac{t}{2a}\sin at$

【方法二】

分解 $f(s) = \dfrac{s}{(s^2+a^2)^2} = \dfrac{s}{s^2+a^2}\cdot\dfrac{1}{a}\dfrac{a}{s^2+a^2}$

整理 $f(s) = L[\cos at]\cdot L\left[\dfrac{1}{a}\sin at\right]$

由結合式積分得 $f(t) = \dfrac{1}{a}\int_0^t \cos a(t-\tau)\cdot\sin a\tau\, d\tau$

展開 $f(t) = \dfrac{1}{a}\left[\cos at \int_0^t \cos a\tau\cdot\sin a\tau\, d\tau + \sin at \int_0^t \sin a\tau\cdot\sin a\tau\, d\tau\right]$

積分得 $f(t) = \dfrac{t}{2a}\sin at$

考題集錦

1. Find the Laplace transform of $f(t) = \cosh(at)$

淡大財融工數

2. Find Laplace transform $f(t)=\sin(\omega t+v)$, where ω and v are constants.

中央電機所

3. Find the Laplace transform of $f(t)=e^{at}\cos(\omega t)$

淡大財融工數

4. Find the Laplace transform for the following function $f(t)=e^{t}[1-\cosh 2t]$ (10%)

雲科大電機所

5. (10%) Find Laplace transforms of (a) $t\sin at$ (b) $te^{at}\cos bt$

清大生醫工程丙應數

6. Find the Laplace transform of $f(t)=t^2\sinh at$.

7. Find the Laplace transform of $\dfrac{\sin kt}{t}$

中央企管所工數乙

8. (單選) Find the Laplace transform of function $\dfrac{\sinh t}{t}$

　(A) $\ln\dfrac{s-1}{s+1}$　(B) $\dfrac{1}{2}\ln\dfrac{s-1}{s+1}$　(C) $\dfrac{1}{3}\ln\dfrac{s-1}{s+1}$　(D) $\dfrac{1}{4}\ln\dfrac{s-1}{s+1}$　(E) 以上皆非

台大工數L國企

9. 求 $L\left[\int_0^t \sin 2\tau d\tau\right]$ 之拉氏變換

中正機械所

10. If function $f(t)=t^2+3t+2$ is given, please determine the Laplace transform of the following functions, Where $u(t)$ is the unit-step function.

(a) $g(t) = f(t)u(t-1)$
(b) $g(t) = f(t-1)u(t-1)$
(c) $g(t) = f(t-1)$

逢甲 IC 產碩工數

11. Find the Laplace transform of the function：

$$g(t) = \begin{cases} 0, & 0 \leq t < 6 \\ (t-6)^2, & t > 6 \end{cases}$$

中山環工所

12. (10%) Let $u(t)$ denote the unit step function, find the Lapalce transform for the following function $f(t) = \sin\left[3\left(4t - \dfrac{\pi}{6}\right)\right] u(4t - 6\pi)$.

台科大電機甲、乙二

13. Find $L[e^{-2t}f(t)]$, where $f(t) = \begin{cases} 0, & t < 4 \\ t^2 - 4, & t > 4 \end{cases}$

清大光電所

14. Given $f(t) = \begin{cases} 0, & t < 5 \\ t^2 + 2t + 1, & t \geq 5 \end{cases}$. Find the Laplace transform of $f(t)$

北科大電機所

15. (15%) Find the Lapalce transform of the following periodic square wave $(p = 2a)$

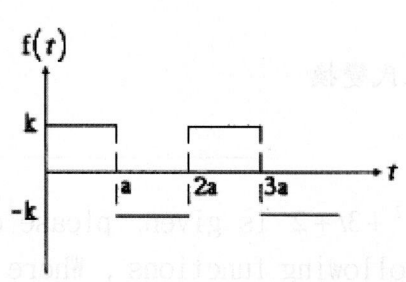

台科大高分子所

16. Please find the Laplace transform of the periodic function $f(t)$ in figure

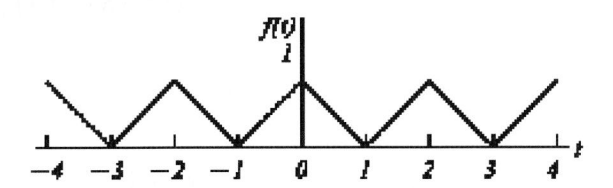

中興化工、成大醫工所

17. 週期函數之 Laplace 變換
    (a) 請證明，一個週期為 b 的片段連續函數 $f(t)$ 之 Laplace 變換為
    $$L[f]=\frac{1}{1-e^{-bs}}\int_0^b e^{-st}f(t)dt \quad (15\%)$$
    (b) 求出如圖所示之週期函數之 Laplace 變換（10%）

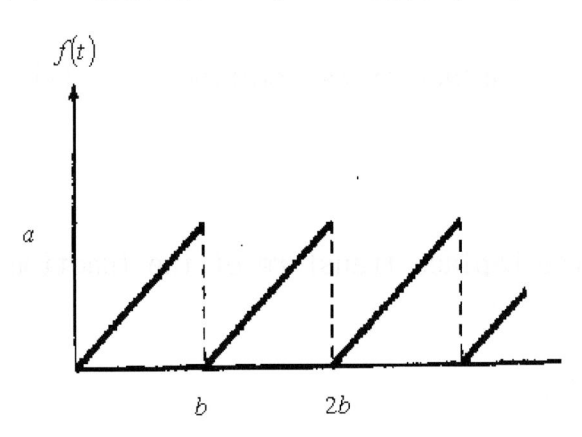

北科大電腦通訊所丙、崑山科大電子所

18. （10%）Please find the inverse Laplace transform of the function
    $$\frac{3s+4}{s^2+4s+5}$$

中山光電所

19. Find the inverse Laplace transform
    $$\frac{s}{(s+1)^2(s^2+2s+5)}$$

雲科電機工數

20. Find the inverse Lapalce transform $L^{-1}\left[\dfrac{3s+1}{(s-1)(s^2+1)}\right]$. (20%)

清大微機電所

21. Find the inverse Laplace Transform of $\dfrac{s^2+1}{(s-1)^2}$

成大土木所

22. 試求反拉氏 $L^{-1}\left[\dfrac{e^{-2s}}{s^3+4s^2+5s+2}\right]$

23. Find the inverse Laplace Transformation for $F(s)=\dfrac{1}{s(1-e^s)}$ (5%)

清大動機所

24. Find the inverse Laplace transform of the function:

$$H(s)=\ln\left(1-\dfrac{a^2}{s^2}\right)$$

中央電機所工數

25. Evaluate the inverse of the following Lapalce Transform

$$L^{-1}\left[\dfrac{\pi}{2}-\tan^{-1}\dfrac{s}{2}\right]$$

北科化工所

第九章 拉氏變換之應用

第一節　拉氏變換式應用求定積分

　　由於拉氏變換式由瑕積分所定義，因此可利用上一章所推導的一些變換公式，來解一些特殊實變瑕積分式，如

　　已知拉氏變換式積分公式

$$L\left[\frac{1}{t}f(t)\right] = \int_0^\infty \frac{1}{t}f(t)e^{-st}dt = \int_s^\infty F(s)ds$$

兩邊取極限

$$\lim_{s\to 0}\int_0^\infty \frac{f(t)}{t}e^{-st}dt = \lim_{s\to 0}\int_s^\infty F(s)ds$$

當 $\int_0^\infty \frac{f(t)}{t}dt$ 收斂實，則上式極限、積分次序可對調

$$\int_0^\infty \frac{f(t)}{t}\left(\lim_{s\to 0}e^{-st}\right)dt = \int_0^\infty F(s)ds$$

最後得定積分

$$\int_0^\infty \frac{f(t)}{t}dt = \int_0^\infty L[f(t)]ds \tag{1}$$

【分析】若 $\int_0^\infty \frac{f(t)}{t}dt$ 不存在，則上述定理可能不成立。

反例：

【方法一】瑕積分

$$\int_0^\infty \sin t\, dt = \lim_{s\to\infty}\int_0^s \sin t\, dt = \lim_{s\to\infty}(-\cos t)\Big|_0^s = 1 - \lim_{s\to\infty}\cos s$$

因 $\lim_{s\to\infty}\cos s$ 不存在

故 $\int_0^\infty \sin t\, dt$ 不存在

【方法二】拉氏變換

已知　　$L[\sin t] = \dfrac{1}{s^2+1}$

即：　　$L[\sin t] = \int_0^\infty \sin t\, e^{-st} dt = \dfrac{1}{s^2+1}$

取極限 $s \to 0$

$$\lim_{s\to 0}\int_0^\infty \sin t\, e^{-st} dt = \lim_{s\to 0}\dfrac{1}{s^2+1}$$

得

$$\int_0^\infty \sin t\left(\lim_{s\to 0} e^{-st}\right) dt = \int_0^\infty \sin t\, dt = 1$$

故拉氏變換不適用。

【方法三】廣義積分

$$\int_0^\infty \cos(\omega t)\, dt = \pi\delta(\omega)$$

$$\int_0^\infty \sin(\omega t)\, dt = \left[-\dfrac{\cos(\omega t)}{\omega}\right]_0^\infty = \dfrac{1}{\omega} \text{ 存在}$$

【分析】 廣義積分超出本書範圍，不在此討論。（見高等工程數學）

範例 01

(12%) $\int_0^\infty \frac{\sin x}{x} dx = ?$

(a) 0.4π (b) π (c) $2\pi - 4$ (d) $2.5\pi - 5$ (e) 0.6π
(f) 0.8π (g) $\pi - 2$ (h) 0.5π (i) none of the above.
(You may use the residue theorem .)

中央太空所、清大天文所應數、清大電機領域

解答：(h) 0.5π

利用公式　　　$\int_0^\infty \frac{f(t)}{t} dt = \int_0^\infty L[f(t)]ds$

$$\int_0^\infty \frac{\sin x}{x} dx = \int_0^\infty \frac{\sin t}{t} dt = \int_0^\infty L[\sin t]ds = \int_0^\infty \frac{1}{s^2+1} ds$$

$$\int_0^\infty \frac{\sin x}{x} dx = \left(\tan^{-1} s\right)_0^\infty = \frac{\pi}{2}$$

範例 02

Evaluate the integral by using the Laplace transform or an appropriate method

$$\int_0^\infty t e^{-2t} dt$$

成大水利海洋所

解答：

已知　　　　$L(t) = \frac{1}{s^2}$

$\frac{1}{s^2} = \int_0^\infty t e^{-st} dt$

令　　　　$s = 2$，

得　　　　$\int_0^\infty t e^{-2t} dt = \frac{1}{4}$

第二節　解積分方程(二)

本書到目前為止，介紹的都是常微分方程式之各種解法，但是積分方程式較常見的兩種，都可由拉氏變換法來解，或者化成常微分方程式求解。

含有定積分式之等式，稱為積分方程式，其中兩種定積分式之形式。有下列兩種：

1. $\int_0^t y(t)dt$

2. $\int_0^t y(t-\tau)f(\tau)d\tau$

若積分方程式中，含 $\int_0^t y(t)dt$ 積分項時，可取拉氏變換法求解：

代入拉氏變換公式，得

$$L\left[\int_0^t y(t)dt\right] = \frac{1}{s}L[y(t)]$$

或者利用微積分基本定理，代入得

$$\frac{d}{dt}\int_0^t y(t)dt = y(t)$$

化成微分方程式求解。

第二種含有 $\int_0^t y(t-\tau)f(\tau)d\tau$ 的積分方程，稱為 Volterra 積分方程式，其標準式如下：

$$y(t) = g(t) + \int_0^t y(t-\tau)f(\tau)d\tau \tag{2}$$

取拉氏變換，得

$$L[y(t)] = L[g(t)] + L\left[\int_0^t y(t-\tau)f(\tau)d\tau\right]$$

利用結合積分式,得

$$L[y(t)] = L[g(t)] + L[y(t)] \cdot L[f(t)]$$

移項

$$(1 - L[f(t)])L[y(t)] = L[g(t)]$$

整理得

$$L[y(t)] = \frac{L[g(t)]}{1 - L[f(t)]}$$

再取其逆變換,即得

$$y(t) = L^{-1}\left\{\frac{L[g(t)]}{1 - L[f(t)]}\right\} \tag{3}$$

範例 03

(15%) The current $i(t)$ in an RC-series circuit can be determined from the integral equation

$$Ri(t) + \frac{1}{C}\int_0^t i(\tau)d\tau = E(t)$$

Where $E(t)$ is the impressed voltage. Determine $i(t)$ where $R = 20\Omega$,$C = 0.25f$,and $E(t) = 4(t^2 + t)$

中興機械所

解答:

已知 $Ri(t) + \dfrac{1}{C}\int_0^t i(\tau)d\tau = E(t)$

拉氏變換

$$RL[i(t)] + \frac{1}{Cs}L[i(t)] = L[E(t)] = L[4(t^2+t)]$$

$$\left(R + \frac{1}{Cs}\right)L[i(t)] = 4\frac{2}{s^3} + \frac{4}{s^2}$$

令 $R = 20\Omega$，$C = 0.25f$

$$\left(20 + \frac{1}{0.25s}\right)L[i(t)] = \frac{8}{s^3} + \frac{4}{s^2}$$

$$\left(5 + \frac{1}{s}\right)L[i(t)] = \frac{2}{s^3} + \frac{1}{s^2}$$

整理，部分分式展開，得

$$L[i(t)] = \frac{2+s}{s^2(5s+1)} = \frac{2}{s^2} - \frac{9}{s} + \frac{45}{5s+1} = \frac{2}{s^2} - \frac{9}{s} + \frac{9}{s+\frac{1}{5}}$$

逆變換，得

$$i(t) = 2t - 9 + 9e^{-\frac{t}{5}}$$

範例 04

(20%) Use Laplace transform to solve the integro-differential equation
$$f(t) + 2\int_0^t f(\tau)\cos(t-\tau)d\tau = 4e^{-t} + \sin t$$

成大製造所甲

解答：

已知 $f(t) + 2\int_0^t f(\tau)\cos(t-\tau)d\tau = 4e^{-t} + \sin t$

取拉氏變換

$$L[f(t)] + 2L\left[\int_0^t f(\tau)\cos(t-\tau)d\tau\right] = L[4e^{-t} + \sin t]$$

得
$$L[f(t)] + 2\frac{s}{s^2+1}L[f(t)] = \frac{4}{s+1} + \frac{1}{s^2+1}$$

移項整理得
$$\left(1 + \frac{2s}{s^2+1}\right) \cdot L[f(t)] = \frac{4}{s+1} + \frac{1}{s^2+1}$$

通分
$$\left(\frac{(s+1)^2}{s^2+1}\right) \cdot L[f(t)] = \frac{4}{s+1} + \frac{1}{s^2+1}$$

得
$$L[f(t)] = \frac{4s^2+4}{(s+1)^3} + \frac{1}{(s+1)^2} = \frac{4s^2+s+5}{(s+1)^3}$$

部分分式展開
$$L[f(t)] = \frac{4s^2+s+5}{(s+1)^3} = \frac{8}{(s+1)^3} - \frac{7}{(s+1)^2} + \frac{4}{s+1}$$

變換得
$$f(t) = e^{-t}(4t^2 - 7t + 4)$$

範例 05

(10%) Solve the Volterra integral equation by using Laplace transform
$$y(t) = 2e^{-t} + \int_0^t \sin(t-\tau)y(\tau)d\tau$$

清大生醫工程應數

解答：

已知
$$y(t) = 2e^{-t} + \int_0^t \sin(t-\tau)y(\tau)d\tau$$

取拉氏變換
$$L[y(t)] = 2L[e^{-t}] + L\left[\int_0^t \sin(t-\tau)y(\tau)d\tau\right]$$

得
$$L[y(t)] = \frac{2}{s+1} + \frac{1}{s^2+1}L[y(t)]$$

移項整理 $\left(1-\dfrac{1}{s^2+1}\right)\cdot L[y(t)]=\dfrac{2}{s+1}$

得 $L[y(t)]=\dfrac{2(s^2+1)}{s^2(s+1)}$

部分分式展開

$$L[y(t)]=\dfrac{2(s^2+1)}{s^2(s+1)}=\dfrac{2}{s^2}+\dfrac{1}{s}+\dfrac{4}{s+1}$$

逆變換得 $y(t)=2t+1+4e^{-t}$

範例 06：微分積分方程

Solve the integro-differential equation for $f(t)$
$$\dfrac{dy}{dt}+6y(t)+9\int_0^t y(\tau)d\tau=1\text{，}y(0)=0$$

中正電機所

解答：

【方法一】拉氏變換法

已知 $\dfrac{dy}{dt}+6y(t)+9\int_0^t y(\tau)d\tau=1\text{，}y(0)=0$

取拉氏變換 $sL[y]-y(0)+6L[y]+9\dfrac{1}{s}L[y]=\dfrac{1}{s}$

整理 $\left(s+6+\dfrac{9}{s}\right)L[y]=\dfrac{1}{s}$

移項得 $L[y]=\dfrac{1}{s^2+6s+9}=\dfrac{1}{(s+3)^2}=\left\{\dfrac{1}{s^2}\right\}_{s=s+3}$

逆變換得解 $y(t)=te^{-3t}$

【方法二】化成微分方程法

已知
$$\frac{dy}{dt} + 6y(t) + 9\int_0^t y(\tau)d\tau = 1 \text{，} y(0) = 0$$

令 $t = 0$ 代入上式，得 $y'(0) = 1$

微分，得

$$\frac{d^2 y}{dt^2} + 6\frac{dy}{dt} + 9y = 0 \text{，} y(0) = 0 \text{，} y'(0) = 1$$

為二階常微分方程

令 $y = e^{mt}$ $\quad e^{mt}(m^2 + 6m + 9) = 0$

得根 $\quad m = -3, -3$

通解 $\quad y = c_1 e^{-3t} + c_2 t e^{-3t}$

代入初始條件 $\quad y(0) = 0 = c_1$

及 $\quad y'(0) = 1 = c_2$

代回得解 $\quad y(t) = t e^{-3t}$

第三節　解一階常係數常微分方程

一階常係數常微分方程式，通式如下

$$\frac{dy}{dt} + ay = f(t)$$

二階常係數常微分方程式，通式如下

$$\frac{d^2y}{dt^2} + a\frac{dy}{dt} + by = f(t), \quad y(0) = y_0, \quad y'(0) = y'_0$$

當 $f(t)$ 為連續函數，可利用第三章所介紹之解析法求通解，當 $f(t)$ 為分段連續函數時，可利用分段解析法求解，但是稍微繁雜一點，此時可利用拉氏變換法，將其化成代數方程式，比較簡捷。

其中一次微分項之基本拉氏變換公式，為

$$L\left[\frac{dy}{dt}\right] = sL[y(t)] - y(0)$$

及二次微分項之基本拉氏變換公式，為

$$L\left[\frac{d^2y}{dt^2}\right] = s^2L[y(t)] - sy(0) - y'(0)$$

代回原式，得拉氏變換

$$s^2L[y] - sy(0) - y'(0) + a(sL[y] - y(0)) + bL[y] = L[f(t)]$$

整理得

$$L[y] = \frac{1}{s^2 + as + b}L[f(t)] + \frac{sy(0) + (a+1)y'(0)}{s^2 + as + b}$$

令初始條件 $\quad y(0) = 0, \quad y'(0) = 0$

代入得

$$Y(s) = \frac{1}{s^2 + as + b}F(s)$$

令轉移函數

$$G(s) = \frac{1}{s^2 + as + b}$$

得 $$Y(s) = G(s) \cdot F(s)$$

利用結合式積分得逆變換

$$y(t) = \int_0^t f(\tau)g(t-\tau)d\tau$$

範例 07：一階常微分方程之兩種解法

> (7%) 解 $x'(t) + x(t) = \begin{cases} 0, & 0 \leq t < 1 \\ 1, & 1 \leq t < \infty \end{cases}$, $x(0) = 0$?

成大資源所

解答：

【方法一】Laplace 變換法

已知 $x'(t) + x(t) = u(t-1)$, $x(0) = 0$

取拉氏變換

$$L[x'(t)] + L[x(t)] = L[u(t-1)]$$

得

$$(s+1)L[x(t)] = \frac{1}{s}e^{-s}$$

或

$$L[x(t)] = \frac{1}{s(s+1)}e^{-s}$$

部分分式展開

$$L[x(t)] = \left(\frac{1}{s} - \frac{1}{s+1}\right)e^{-s} = e^{-s}\left(L[1-e^{-t}]\right)$$

逆變換

$$x(t) = u(t-1)\left(1 - e^{-(t-1)}\right)$$

【方法二】分段解析解 x

$$x'(t)+x(t)=\begin{cases}0, & 0\le t<1\\1, & 1\le t<\infty\end{cases},\quad x(0)=0$$

(1) $0\le t<1$,　　$x'(t)+x(t)=0$

　　通解　　$x(t)=c_1 e^{-t}$

(2) $1<t$,　　$x'(t)+x(t)=1$

　　通解　　$x(t)=c_2 e^{-t}+1$

亦即，得解

$$x(t)=\begin{cases}c_1 e^{-t}, & 0\le t<1\\c_2 e^{-t}+1, & 1\le t<\infty\end{cases}$$

先代諧和條件：　$x(1)=c_1 e^{-1}=c_2 e^{-1}+1$

$$c_2=c_1-e$$

$$x(t)=\begin{cases}c_1 e^{-t}, & 0\le t<1\\(c_1-e)e^{-t}+1, & 1\le t<\infty\end{cases}$$

代入初始條件

$$x(0)=c_1=0$$

最後得解

$$x(t)=\begin{cases}0, & 0\le t<1\\1-ee^{-t}, & 1\le t<\infty\end{cases}$$

或

$$x(t)=\begin{cases}0, & 0\le t<1\\1-e^{-(t-1)}, & 1\le t<\infty\end{cases}$$

或

$$x(t) = u(t-1)\left(1 - e^{-(t-1)}\right)$$

範例 08－二階齊性常微分方程

Obtain and compare the solution to
$y'' + 2y' + 5y = 0$，$y(0) = 0$，$y'(0) = 1$

清大工程系統工數

解答：

已知　　$y'' + 2y' + 5y = 0$

取拉氏變換，得　$(s^2 + 2s + 5)L[y] = 1$

移項　　$L[y] = \dfrac{1}{s^2 + 2s + 5} = \dfrac{1}{2} \dfrac{2}{(s+1)^2 + 2^2}$

逆變換，得解　$y(t) = \dfrac{1}{2} e^{-t} \sin(2t)$

範例 09

(20%) Use Laplace transform to solve the initial－value problem：
$y'' - y' = e^t \cos t$，$y(0) = 0$，$y'(0) = 0$

成大製造所甲

解答：

已知　$y'' - y' = e^t \cos t$，$y(0) = 0$，$y'(0) = 0$

取拉氏變換　$(s^2 - s)L[y] = \dfrac{s-1}{(s-1)^2 + 1}$

移項　　$L[y] = \dfrac{s-1}{(s-1)[(s-1)^2 + 1]} = \dfrac{1}{s[(s-1)^2 + 1]}$

部分分式展開　　$L[y] = \dfrac{A}{s} + \dfrac{Bs+C}{(s-1)^2+1}$

$A = \dfrac{1}{2}$，$B = -\dfrac{1}{2}$，$C = 1$

得　　$L[y] = \dfrac{1}{2}\left(\dfrac{1}{s} - \dfrac{s-1}{(s-1)^2+1} + \dfrac{1}{(s-1)^2+1}\right)$

得　　$L[y] = \dfrac{1}{2}\left(\dfrac{1}{s} + \left\{-\dfrac{s}{s^2+1} + \dfrac{1}{s^2+1}\right\}_{s=s-1}\right)$

逆變換　　$y = \dfrac{1}{2}(1 - e^t \cos t + e^t \sin t)$

範例 10

(25%) Use Laplace Transform to solve the following initial value problem：
$2y'' + 5y' + y = 1 + 2t$，$y(0) = 1$，$y'(0) = 0$

淡大工大三工數

解答：

$2y'' + 5y' + y = 1 + 2t$，$y(0) = 1$，$y'(0) = 0$

取拉氏變換，得

$2(s^2 Y - sy(0) - y'(0)) + 5(sY - y(0)) + Y = \dfrac{1}{s} + \dfrac{2}{s^2}$

代入　　$y(0) = 1$，$y'(0) = 0$，得

$(2s^2 + 5s + 1)Y = 2s + 5 + \dfrac{1}{s} + \dfrac{2}{s^2}$

通分　　$(2s^2 + 5s + 1)Y = \dfrac{2s^3 + 5s^2 + s + 2}{s^2}$

移項

$$Y = \frac{2s(s^2+5s+1)+2}{s^2(2s^2+5s+1)} = \frac{2}{s} + \frac{2}{s^2(2s^2+5s+1)}$$

部分分式展開

$$Y = \frac{2}{s} + \frac{2}{s^2} - \frac{10}{s} + \frac{As+B}{2s^2+5s+1}$$

其中

$$\frac{2}{s^2(2s^2+5s+1)} = \frac{2}{s^2} - \frac{10}{s} + \frac{As+B}{2s^2+5s+1}$$

得

$$2 = 2(2s^2+5s+1) - 10s(2s^2+5s+1) + (As+B)s^2$$

$s^3 : 0 = -20 + A，A = 20$

$s^2 : 0 = 4 - 50 + b，B = 46$

最後得

$$Y = \frac{2}{s} + \frac{2}{s^2} - \frac{10}{s} + \frac{20s+46}{2s^2+5s+1}$$

配方

$$Y = -\frac{8}{s} + \frac{2}{s^2} + \frac{10s+23}{\left(s+\frac{5}{4}\right)^2 + \frac{1}{2} - \frac{25}{16}} = -\frac{8}{s} + \frac{2}{s^2} + \frac{10\left(s+\frac{5}{4}\right) + \frac{21}{2}}{\left(s+\frac{5}{4}\right)^2 - \frac{17}{16}}$$

逆變換

$$y(t) = -8 + 2t + 10e^{-\frac{5}{4}t}\cosh\left(\frac{\sqrt{17}}{4}t\right) + \frac{42}{\sqrt{17}}e^{-\frac{5}{4}t}\sinh\left(\frac{\sqrt{17}}{4}t\right)$$

範例 11

Express the solution of the initial value problem
$y'' - 3y' + 2y = \sin(x^2)$, $y(0) = 2$, $y'(0) = 3$
in term of integrals of the form $\int_0^x e^{-st} \sin t^2 dt$

交大電信所

解答：

已知 $\quad y'' - 3y' + 2y = \sin(x^2)$, $y(0) = 2$, $y'(0) = 3$

取拉氏變換 $\quad L[y''] - 3L[y'] + 2L[y] = L[\sin(x^2)]$

代入變換公式

$$s^2 L[y] - sy(0) - y'(0) - 3sL[y] + 3y(0) + 2L[y] = L[\sin(x^2)]$$

代入 $y(0) = 2$，

整理得 $\quad (s^2 - 3s + 2)L[y] = L[\sin(x^2)] + 2s - 3$

移項得 $\quad L[y] = \dfrac{1}{(s-1)(s-2)} L[\sin(x^2)] + \dfrac{2s-3}{(s-1)(s-2)}$

或 $\quad L[y] = \left(\dfrac{1}{s-2} - \dfrac{1}{s-1}\right) L[\sin(x^2)] + \dfrac{1}{s-2} + \dfrac{1}{s-1}$

逆變換 $\quad y = e^{2x} + e^x + \int_0^x \left(e^{2(x-t)} - e^{(x-t)}\right) \sin(t^2) dt$

或 $\quad y = e^{2x} + e^x + e^{2x} \int_0^x e^{-2t} \sin(t^2) dt - e^x \int_0^x e^{-t} \sin(t^2) dt$

範例 12

(12%) Find Laplace Transform of $y(t)$ that satisfies the equation as follows： $\dfrac{d^2 y}{dt^2} + y = e^{-t} \int_0^t t \sin 2t \, dt$

成大機械所

解答：

已知　　$\dfrac{d^2 y}{dt^2} + y = e^{-t} \int_0^t t \sin 2t \, dt$

積分式直接積分　$e^{-t} \int_0^t t \sin 2t \, dt = \dfrac{1}{4} e^{-t} \sin 2t - \dfrac{1}{2} t e^{-t} \cos 2t$

代回　　$L\left[\dfrac{d^2 y}{dt^2}\right] + L[y] = L\left[e^{-t} \int_0^t t \sin 2t \, dt\right]$

令　$y(0) = c_1$，$y'(0) = c_2$　代入

拉氏變換　　$(s^2 + 1) Y(s) - c_1 s - c_2 = L\left[e^{-t} \int_0^t t \sin 2t \, dt\right]$

或

$$Y(s) = c_1 \dfrac{s}{s^2 + 1} + c_2 \dfrac{1}{s^2 + 1} + \dfrac{s}{s^2 + 1} L\left[e^{-t} \int_0^t t \sin 2t \, dt\right]$$

逆變換得

$$y(t) = c_1 \cos t + c_2 \sin t + \dfrac{1}{2} \int_0^t \sin(t - \tau) \left(e^{-\tau} \int_0^\tau t \sin 2t \, dt\right) d\tau$$

範例 13

Use Lapalce transform to solve
$y''' - y' = \sin t$　where,　$y(0) = 2$，$y'(0) = 0$ and $y''(0) = 1$.

成大航太所、清大微機電所

解答：

已知　　　$y''' - y' = \sin t$

拉氏變換　　$L[y'''] - L[y'] = L[\sin t]$

$$s^3 L[y] - s^2 y(0) - sy'(0) - y''(0) - sL[y] + y(0) = \frac{1}{s^2+1}$$

整理得　$s^3 L[y] - sL[y] = 2s^2 - 1 + \dfrac{1}{s^2+1}$

移項　　$L[y] = \dfrac{2s^2-1}{s(s+1)(s-1)} + \dfrac{1}{s(s+1)(s-1)(s^2+1)} = \dfrac{2s^4+s^2}{s(s+1)(s-1)(s^2+1)}$

部分分式　$L[y] = \dfrac{2s^3+s}{(s+1)(s-1)(s^2+1)} = \dfrac{\frac{3}{4}}{s+1} + \dfrac{\frac{3}{4}}{s-1} + \dfrac{\frac{1}{2}}{s^2+1}$

逆變換得　$y = \dfrac{3}{4} e^{-t} + \dfrac{3}{4} e^{t} + \dfrac{1}{2} \sin t$

範例 14：

(10%) Solve the following initial value problem

$\dfrac{d^2 y}{dt^2} + 4y = \begin{cases} 0 & 0 < t < \pi \\ 1 & \pi < t < 2\pi \\ 0 & t > 2\pi \end{cases}$

With $y = 0$ and $\dfrac{dy}{dt} = 2$ at $t = 0$

清大動機工數

解答：

已知　　$\dfrac{d^2 y}{dt^2} + 4y = u(t-\pi) - u(t-2\pi)$

取拉氏變換

$$s^2 L[y] - sy(0) - y'(0) + 4L[y] = L[u(t-\pi)] - L[u(t-2\pi)]$$

$$(s^2+4)L[y] = 2 + \frac{1}{s}e^{-\pi s} - \frac{1}{s}e^{-2\pi s}$$

移項

$$L[y] = \frac{2}{(s^2+4)} + \frac{1}{s(s^2+4)}\left(e^{-\pi s} - e^{-2\pi s}\right)$$

或

$$L[y] = \frac{2}{(s^2+4)} + \frac{1}{4}\left(\frac{1}{s} - \frac{s}{s^2+4}\right)\left(e^{-\pi s} - e^{-2\pi s}\right)$$

逆變換得解

$$y(t) = \sin 2t + u(t-\pi)\frac{1}{4}(1-\cos 2(t-\pi)) - u(t-2\pi)\frac{1}{4}(1-\cos 2(t-2\pi))$$

範例 16：奇異函數

(20%) Find the solution of $\dfrac{d^2y}{dx^2} + 2\dfrac{dy}{dx} + 2y = \delta(x-3)$

成大機械所

解答：

已知

$$\frac{d^2y}{dx^2} + 2\frac{dy}{dx} + 2y = \delta(x-3)$$

拉氏變換

$$L\left[\frac{d^2y}{dx^2}\right] + 2L\left[\frac{dy}{dx}\right] + 2L[y] = L[\delta(x-3)]$$

$$(s^2 + 2s + 2)L[y] = c_1 s + c_2 + e^{-3s}$$

移項

$$L[y] = c_1 \frac{s}{s^2+2s+2} + c_2 \frac{1}{s^2+2s+2} + e^{-3s}\frac{1}{s^2+2s+2}$$

整理

$$L[y] = c_1 \frac{s+1}{(s+1)^2+1} + c_2 \frac{1}{(s+1)^2+1} + e^{-3s}\frac{1}{(s+1)^2+1}$$

逆變換得解

$$y(t) = c_1 e^{-t}\cos t + (c_2 + c_1)e^{-t}\sin t + u(t-3)\left(e^{-(t-3)}\sin(t-3)\right)$$

範例 17：解二階非齊性 ODE（高階脈衝函數）

Solve $y'' + 16y = \delta'''(t)$

解答：

已知　　　　　　　　$y'' + 16y = \delta'''(t)$

取拉氏變換求特解　　$(s^2 + 16)L[y] = L[\delta'''(t)] = s^3$

移項　　　　　　　　$L[y] = \dfrac{s^3}{s^2+16} = s - 16\dfrac{s}{s^2+16}$

逆變換　　　　　　　$y_p(t) = \delta'(t) - 16\cos(4t)$

通解　　　　　　　　$y(t) = c_1\cos(4t) + c_2\sin(4t) + \delta'(t) - 16u(t)\cos(4t)$

考題集錦

1. (a) Find the Laplace transform of the given function $\int_0^\infty \dfrac{\cos xt}{1+x^2}dx$ (b) Use (a) to evaluate $\int_0^\infty \dfrac{\cos x}{1+x^2}dx$

　　中山機械所

2. Evaluate the integral by using the Laplace transform or an appropriate method

$$\int_0^\infty t\sin t\, e^{-2t}dt$$

3. Solve the given equation $\int_0^t (\tau)f(t-\tau)d\tau = 6t^3$
   (A) $f(t)=6t$ (B) $f(t)=3\sqrt{2}t$ (C) $f(t)=\sqrt{6}t$
   (D) $f(t)=-6t$ (E) $f(t)=-2t$

   台大工數 C 電機

4. (10%) Solve $f(t) + \int_0^t (t-\tau)f(\tau)d\tau = t$ for $f(t)$

   台聯大大三轉工數

5. (15%) Solve the following equation $y(t) = t - \int_0^t y(\tau)\sinh(t-\tau)d\tau$

   台科大高分子所

6. Solve $f(t) = 3t^2 - e^{-t} - \int_0^\infty f(\tau)e^{t-\tau}dt$ for $f(t)$。(20%)

   淡大水資所

7. Find the general solution of the following equations

   $$\frac{d^2y}{dt^2} + \frac{dy}{dt} - 2y = f(t)$$

   Where $f(t) = 1 - \sinh t + \int_0^t (1+\tau)f(t-\tau)d\tau$

   台科大自控所

8. 試以 Laplace transform 解 $y'(t) - 4y(t) = 1$，$y(1) = 0$。

   台科大營建所

9. Use the Laplace transform to find the particular solutions of the following problems.
   $x'' - 3x' + 2x = 0$，$x(0)=3$，$x'(0)=1$

   成大工科所

10. (10%) Solve the initial value problem by Laplace transform method：
$y'' + y = t^2 + 4\sin 2t$，with initial conditions $y(0) = 0$，$y'(0) = 0$

中正光機電整合所工數

11. (20%) 試利用 Laplace transform 求

$y'' + 4y' + 6y = 1 + e^{-t}$，$y(0) = 0$，$y'(0) = 0$

中原轉工數

12. Solve the initial value problem of $y(x)$ in terms of the given function $f(x)$：$y''(x) + 4y(x) = f(x)$，$y(0) = 0$，$y'(0) = 0$

台大應力所 G

13. Solve the first initial value probem：$y'' + 9y = f(t)$，$y(0) = y'(0) = 1$；

$f(t) = \begin{cases} 0; & 0 \leq t < \pi \\ \cos t; & t \geq \pi \end{cases}$ (18%)

成大電機、微電子、電通

14. Solve the following equation.

$y'' + 4y = f(t)$ with $y(0) = y'(0) = 0$ and $f(t) = \begin{cases} 0, & t < 3 \\ t, & t > 3 \end{cases}$

交大機械所乙

15. Using the Laplace transform to solve $\dfrac{d^4 y}{dt^4} + (a^2 + b^2)\dfrac{d^2 y}{dt^2} + a^2 b^2 y = h(t)$, with initial condition $y(0) = 0$；$y'(0) = 0$；$y''(0) = 0$；$y'''(0) = 0$

成大工科所

16. (a) (5%) 求 $L[f_k(t)] = F_k(s) = ?$

    (b) (10%) $\lim\limits_{k \to 0} F_k(s) = ?$

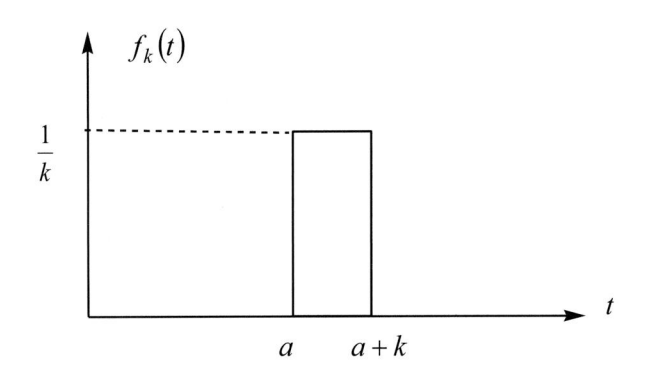

中央環工所工數

17. 以 Laplace Transformation 解 下列聯立常微分方程(10%)

$$y_1' + y_1 + 3y_2' = 1$$
$$3y_1 + y_2' + 2y_2 = t$$
, $y_1(0) = 0$，$y_2(0) = 0$

台大生物機電所 J

17.以 Laplace Transformation 解下列聯立常微分方程 (105)

$$\begin{cases} y_1'' + y_2' + 3y_1 = t \\ 3y_1' + y_2' + 2y_2 = t \end{cases}, \quad y_1(0) = 0, y_2(0) = 0$$

第十章
傅立葉級數與積分式

第一節　傅立葉級數概論

在處理邊界值問題時,知道若能求得一組無窮多個正交集合的特徵函數,則其解可由此組特徵函數之線性組合而得,本章將介紹其中一種工程上最常碰到也是最基本的正交集合的特徵三角函數組合,此正交級數稱為 Fourier 級數。

特徵三角函數集合,為 $\left\{\cos\left(\dfrac{n\pi x}{l}\right)\right\}_{n=0}^{\infty}$ 及 $\left\{\sin\left(\dfrac{n\pi x}{l}\right)\right\}_{n=1}^{\infty}$,其周期性與正交性介紹如下:

1. 三角函數之周期性:

已知三角基本函數 $\sin x$ 之周期為 2π,或表成

$$\sin(x+2\pi) = \sin x$$

假設 $f(x) = \sin\left(\dfrac{n\pi x}{l}\right)$ 之周期為 T,則依周期函數之定依義知

$$f(x+T) = \sin\left(\dfrac{n\pi(x+T)}{l}\right) = f(x) = \sin\left(\dfrac{n\pi x}{l}\right)$$

得　　$\sin\left(\dfrac{n\pi x}{l} + \dfrac{n\pi T}{l}\right) = \sin\left(\dfrac{n\pi x}{l}\right)$

令 $t = \dfrac{n\pi x}{l}$，代入得 $\sin\left(t + \dfrac{n\pi T}{l}\right) = \sin(t)$

其中 $\dfrac{n\pi T}{l} = 2\pi$ 或 $T = \dfrac{2l}{n}$

故得 $f(x) = \sin\left(\dfrac{n\pi x}{l}\right)$ 之周期為 $T = \dfrac{2l}{n}$

2. 三角函數之正交性：

已知一函數集合：$\left\{\sin\dfrac{\pi x}{l};\sin\dfrac{2\pi x}{l};\cdots;\sin\dfrac{n\pi x}{l};\cdots\right\}$，具有下列正交性：

$$\int_{-l}^{l}\sin\dfrac{n\pi x}{l}\sin\dfrac{m\pi x}{l}dx = \begin{cases} 0; & n \neq m \\ l; & n = m \end{cases} \qquad (1)$$

【證明】

依三角函數之積化和差公式

$$\sin A \cdot \sin B = \dfrac{1}{2}[\cos(A-B) - \cos(A+B)]$$

代入內積積分式得

$$\int_{-l}^{l}\sin\dfrac{n\pi x}{l}\sin\dfrac{m\pi x}{l}dx = \dfrac{1}{2}\int_{-l}^{l}\left[\cos\left(\dfrac{n-m}{l}\pi x\right) - \cos\left(\dfrac{n+m}{l}\pi x\right)\right]dx$$

其中第一項積分，得

$$\dfrac{1}{2}\int_{-l}^{l}\cos\left(\dfrac{n-m}{l}\pi x\right)dx = \left[\dfrac{l}{(n-m)\pi}\sin\left(\dfrac{n-m}{l}\pi x\right)\right]_{-l}^{l} = 0\ ;\ n \neq m$$

及

$$\dfrac{1}{2}\int_{-l}^{l}\cos\left(\dfrac{n-m}{l}\pi x\right)dx = \dfrac{1}{2}\int_{-l}^{l}dx = l\ ;\ n = m$$

其中第二項積分，得

$$\frac{1}{2}\int_{-l}^{l}\cos\left(\frac{n+m}{l}\pi x\right)dx = \left[\frac{l}{(n+m)\pi}\sin\left(\frac{n+m}{l}\pi x\right)\right]_{-1}^{1} = 0$$

代回原式，得證

$$\int_{-l}^{l}\sin\frac{n\pi x}{l}\sin\frac{m\pi x}{l}dx = \begin{cases} 0; & n \neq m \\ l; & n = m \end{cases}$$

同理，餘弦函數據下列正交性

已知一函數集合：$\left\{1,\cos\frac{\pi x}{l};\cos\frac{2\pi x}{l};\cdots;\cos\frac{n\pi x}{l};\cdots\right\}$，具有下列正交性：

$$\int_{-l}^{l}\cos\frac{n\pi x}{l}\cos\frac{m\pi x}{l}dx = \begin{cases} 0; & n \neq m \\ l; & n = m \end{cases} \qquad (2)$$

【證明】

依三角函數之積化和差公式

$$\cos A \cdot \cos B = \frac{1}{2}[\cos(A-B)+\cos(A+B)]$$

代入積分式得

$$\int_{-l}^{l}\cos\frac{n\pi x}{l}\cos\frac{m\pi x}{l}dx = \frac{1}{2}\int_{-l}^{l}\left[\cos\left(\frac{n-m}{l}\pi x\right)+\cos\left(\frac{n+m}{l}\pi x\right)\right]dx$$

其中第一項積分，得

$$\frac{1}{2}\int_{-l}^{l}\cos\left(\frac{n-m}{l}\pi x\right)dx = \left[\frac{l}{(n-m)\pi}\sin\left(\frac{n-m}{l}\pi x\right)\right]_{-1}^{1} = 0\,;\quad n \neq m$$

及

$$\frac{1}{2}\int_{-l}^{l}\cos\left(\frac{n-m}{l}\pi x\right)dx = \frac{1}{2}\int_{-l}^{l}dx = l\,;\ n = m$$

其中第二項積分，得

$$\frac{1}{2}\int_{-l}^{l}\cos\left(\frac{n+m}{l}\pi x\right)dx = \left[\frac{l}{(n+m)\pi}\sin\left(\frac{n+m}{l}\pi x\right)\right]_{-1}^{1} = 0$$

代回原式，得證

$$\int_{-l}^{l}\cos\frac{n\pi x}{l}\cos\frac{m\pi x}{l}dx = \begin{cases} 0; & n \neq m \\ l; & n = m \end{cases}$$

正弦函數與餘弦函數互相具正交：

$$\left\{\cos\frac{\pi x}{l};\cos\frac{2\pi x}{l};\cdots;\cos\frac{n\pi x}{l};\cdots\right\} \text{與} \left\{\sin\frac{\pi x}{l};\sin\frac{2\pi x}{l};\cdots;\sin\frac{n\pi x}{l};\cdots\right\}$$

互為正交集合，即對所有 $n, m = 1, 2, \cdots$

$$\int_{-l}^{l}\sin\frac{n\pi x}{l}\cos\frac{m\pi x}{l}dx = 0 \qquad (3)$$

【證明】

依三角函數之積化和差公式

$$\sin A \cdot \cos B = \frac{1}{2}[\sin(A-B) + \sin(A+B)]$$

代入積分式得

$$\int_{-l}^{l}\sin\frac{n\pi x}{l}\cos\frac{m\pi x}{l}dx = \frac{1}{2}\int_{-l}^{l}\left[\sin\left(\frac{n-m}{l}\pi x\right) + \sin\left(\frac{n+m}{l}\pi x\right)\right]dx$$

其中第一項積分，得

$$\frac{1}{2}\int_{-l}^{l}\sin\left(\frac{n-m}{l}\pi x\right)dx = \left[\frac{-l}{(n-m)\pi}\cos\left(\frac{n-m}{l}\pi x\right)\right]_{-1}^{1} = 0\,; \quad n \neq m$$

及

$$\frac{1}{2}\int_{-l}^{l}\sin\left(\frac{n-m}{l}\pi x\right)dx = \frac{1}{2}\int_{-l}^{l}0\,dx = 0 \;;\; n = m$$

其中第二項積分，得

$$\frac{1}{2}\int_{-l}^{l}\sin\left(\frac{n+m}{l}\pi x\right)dx = \left[\frac{-l}{(n+m)\pi}\cos\left(\frac{n+m}{l}\pi x\right)\right]_{-1}^{1} = 0$$

代回原式，得證

$$\int_{-l}^{l}\sin\frac{n\pi x}{l}\cos\frac{m\pi x}{l}dx = 0$$

範例 01

Please show that the given set is orthogonal on the given interval I and determine the corresponding orthonormal set.

$$\sin\frac{\pi x}{L},\quad \sin\frac{2\pi x}{L},\quad \sin\frac{3\pi x}{L},\cdots$$

台大工數 H 環工

解答：

先求模數　　$\int_{-l}^{l}\sin\frac{n\pi x}{l}\sin\frac{m\pi x}{l}dx = \begin{cases}0;\; n \neq m \\ l;\; n = m\end{cases}$

歸一化正交集合：

$$\left\{\frac{1}{\sqrt{L}}\sin\frac{\pi x}{L},\; \frac{1}{\sqrt{L}}\sin\frac{2\pi x}{L},\; \frac{1}{\sqrt{L}}\sin\frac{3\pi x}{L},\cdots\right\}$$

範例 02

(10%) Show that the set of function $\{1,\cos nx\}, n = 1,2,3,\cdots$ is orthogonal on the interval $[-\pi,\pi]$

台聯大大三轉工數

解答：
已知一函數集合：$\{1, \cos x; \cos 2x; \cdots; \cos nx; \cdots\}$，具有下列正交性：

$$\int_{-\pi}^{\pi} \cos nx \cos mx \, dx = \begin{cases} 0; & n \neq m \\ \pi; & n = m \end{cases}$$

【證明】

依三角函數之積化和差公式

$$\cos A \cdot \cos B = \frac{1}{2}[\cos(A-B) + \cos(A+B)]$$

代入積分式得

$$\int_{-\pi}^{\pi} \cos nx \cos mx \, dx = \frac{1}{2} \int_{-\pi}^{\pi} [\cos(n-m)x + \cos(n+m)x] dx$$

其中第一項積分，得

$$\frac{1}{2} \int_{-\pi}^{\pi} \cos(n-m)x \, dx = \left[\frac{1}{(n-m)} \sin(n-m)x\right]_{-1}^{1} = 0 \; ; \quad n \neq m$$

及

$$\frac{1}{2} \int_{-\pi}^{\pi} \cos(n-m)x \, dx = \frac{1}{2} \int_{-\pi}^{\pi} dx = \pi \; ; \quad n = m$$

其中第二項積分，得

$$\frac{1}{2} \int_{-\pi}^{\pi} \cos(n+m)x \, dx = \left[\frac{1}{(n+m)} \sin(n+m)x\right]_{-1}^{1} = 0$$

代回原式，得證

$$\int_{-\pi}^{\pi} \cos nx \cos mx \, dx = \begin{cases} 0; & n \neq m \\ \pi; & n = m \end{cases}$$

第二節　傅立葉級數定義

已知特徵三角函數集合，$\left\{\cos\left(\dfrac{n\pi x}{l}\right)\right\}_{n=0}^{\infty}$ 及 $\left\{\sin\left(\dfrac{n\pi x}{l}\right)\right\}_{n=1}^{\infty}$，為週期 $T = 2l$ 之正交函數集合，亦即，取其線性組合，可得 Fourier 正交級數。

假設有一個函數 $y = f(x)$ 以 $T = 2l$ 為週期之週期函數，且在一個週期區間：$(-l, l)$ 或 $(0, 2l)$ 內，為分段連續函數，則可將其表成三角正交函數的線性組合，得

$$f(x) = \sum_{n=0}^{\infty}\left(a_n \cos\frac{n\pi x}{l} + b_n \sin\frac{n\pi x}{l}\right)$$

提出 $n = 0$，得

$$f(x) = a_0 + \sum_{n=1}^{\infty}\left(a_n \cos\frac{n\pi x}{l} + b_n \sin\frac{n\pi x}{l}\right) \tag{4}$$

上式定義式中係數 a_0 與 a_n 計算公式不能共用（計算公式會差 $\dfrac{1}{2}$），因此較不方便，因此有些書採用下列定義式：

$$f(x) = \frac{a_0}{2} + \sum_{n=1}^{\infty}\left(a_n \cos\frac{n\pi x}{l} + b_n \sin\frac{n\pi x}{l}\right) \tag{5}$$

兩種定義式中常數項，$\dfrac{a_0}{2}$ 與 a_0 差了一個因子 $\dfrac{1}{2}$，本書採用式(5)之定義。

第三節　傅立葉級數係數公式

若 $y = f(x)$ 為在定義 $(-l, l)$ 內，並以 $T = 2l$ 的週期函數，則令 Fourier

級數為

$$f(x) = \frac{a_0}{2} + \sum_{n=1}^{\infty}\left(a_n \cos\frac{n\pi x}{l} + b_n \sin\frac{n\pi x}{l}\right) \qquad (5)$$

首先將上式兩邊從 $-l$ 到 l 積分，得

$$\int_{-l}^{l} f(x)dx = \frac{a_0}{2}\int_{-l}^{l} dx + \sum_{n=1}^{\infty}\left(a_n \int_{-l}^{l}\cos\frac{n\pi x}{l}dx + b_n \int_{-l}^{l}\sin\frac{n\pi x}{l}dx\right)$$

其中將三角函數之正交特性

$$\int_{-l}^{l} \cos\frac{n\pi x}{l}dx = \left[\frac{l}{n\pi}\left(\sin\frac{n\pi x}{l}\right)\right]_{-l}^{l} = 0 \ ; \ n \neq 0$$

及

$$\int_{-l}^{l} \sin\frac{n\pi x}{l}dx = \left[\frac{-l}{n\pi}\left(\cos\frac{n\pi x}{l}\right)\right]_{-l}^{l} = 0 \ ; \ n \neq 0$$

代入得

$$\int_{-l}^{l} f(x)dx = \frac{a_0}{2} \cdot 2l = a_0 \cdot l$$

移項，得係數公式

$$a_0 = \frac{1}{l}\int_{-l}^{l} f(x)dx \qquad (6)$$

將上式(5)兩邊乘上 $\cos\frac{m\pi x}{l}$，再從 $-l$ 到 l 積分，得

$$\int_{-l}^{l} f(x)\cos\frac{m\pi x}{l}dx = \frac{a_0}{2}\int_{-l}^{l}\cos\frac{m\pi x}{l}dx$$
$$+ \sum_{n=1}^{\infty}\left(a_n \int_{-l}^{l}\cos\frac{n\pi x}{l}\cos\frac{m\pi x}{l}dx + b_n \int_{-l}^{l}\sin\frac{n\pi x}{l}\cos\frac{m\pi x}{l}dx\right)$$

代入三角函數之正交積分式

$$\int_{-l}^{l}\cos\frac{n\pi x}{l}\cos\frac{m\pi x}{l}dx = \begin{cases} 0; & n \neq m \\ l; & n = m \end{cases}$$

及 $\int_{-l}^{l}\sin\frac{n\pi x}{l}\cos\frac{m\pi x}{l}dx = 0$

代入化簡得

$$\int_{-l}^{l}f(x)\cos\frac{m\pi x}{l}dx = \frac{a_0}{2}\cdot 0 + \sum_{n=1}^{\infty}(a_n\cdot 0 + b_n\cdot 0) \text{ , } n \neq m$$

及

$$\int_{-l}^{l}f(x)\cos\frac{m\pi x}{l}dx = a_m\cdot l \text{ , } n = m$$

移項，得係數

$$a_m = \frac{1}{l}\int_{-l}^{l}f(x)\cos\left(\frac{m\pi x}{l}\right)dx \text{ ; } n = 1,2,\cdots$$

得係數公式

$$a_n = \frac{1}{l}\int_{-l}^{l}f(x)\cos\left(\frac{n\pi x}{l}\right)dx \text{ ; } n = 1,2,\cdots \qquad (7)$$

將上式(5)兩邊乘上 $\sin\frac{m\pi x}{l}$，再從 $-l$ 到 l 積分，得

$$\int_{-l}^{l}f(x)\sin\frac{m\pi x}{l}dx = \frac{a_0}{2}\int_{-l}^{l}\sin\frac{m\pi x}{l}dx$$
$$+\sum_{n=1}^{\infty}\left(a_n\int_{-l}^{l}\cos\frac{n\pi x}{l}\sin\frac{m\pi x}{l}dx + b_n\int_{-l}^{l}\sin\frac{n\pi x}{l}\sin\frac{m\pi x}{l}dx\right)$$

代入三角函數之正交性，化簡得

$$\int_{-l}^{l}f(x)\sin\frac{m\pi x}{l}dx = \frac{a_0}{2}\cdot 0 + \sum_{n=1}^{\infty}(a_n\cdot 0 + b_n\cdot 0) \text{ , } n \neq m$$

及

$$\int_{-l}^{l} f(x)\sin\frac{m\pi x}{l}dx = b_m \cdot l \quad , \quad n = m$$

移項，得係數

$$b_m = \frac{1}{l}\int_{-l}^{l} f(x)\sin\left(\frac{m\pi x}{l}\right)dx$$

得係數公式

$$b_n = \frac{1}{l}\int_{-l}^{l} f(x)\sin\left(\frac{n\pi x}{l}\right)dx \quad ; \quad n = 1,2,\cdots \qquad (8)$$

當 $f(x)$ 為定義在 $(-l,l)$ 內之周期 $T=2l$ 之偶函數，則其 Euler-Fourier 計算公式，可因函數 $y=f(x)$ 之對稱性，而可得較簡計算式，亦即滿足

$$f(-x) = f(x)$$

由餘弦函數 $\cos\left(\dfrac{n\pi x}{l}\right)$ 也為偶函數，即

故 $f(x)\cos\left(\dfrac{n\pi x}{l}\right)$ 也為偶函數，代入係數計算公式得

$$a_0 = \frac{1}{l}\int_{-l}^{l} f(x)dx = \frac{2}{l}\int_{0}^{l} f(x)dx$$

及

$$a_n = \frac{1}{l}\int_{-l}^{l} f(x)\cos\left(\frac{n\pi x}{l}\right)dx = \frac{2}{l}\int_{0}^{l} f(x)\cos\left(\frac{n\pi x}{l}\right)dx \quad ; \quad n = 1,2,\cdots$$

但因為正弦函數 $\sin\left(\dfrac{n\pi x}{l}\right)$ 為奇函數，即

故 $f(x)\sin\left(\dfrac{n\pi x}{l}\right)$ 項為奇函數，代入係數計算公式得

$$b_n = \frac{1}{l}\int_{-l}^{l} f(x)\sin\left(\frac{n\pi x}{l}\right)dx = 0 \quad ; \quad n = 1,2,\cdots$$

代回得　　Fourier cosine 級數：

$$f(x) = \frac{a_0}{2} + \sum_{n=1}^{\infty}\left(a_n \cos\frac{n\pi x}{l}\right) \tag{9}$$

其中

$$a_0 = \frac{2}{l}\int_0^l f(x)dx$$

$$a_n = \frac{2}{l}\int_0^l f(x)\cos\frac{n\pi x}{l}dx\ ;\ n = 1,2,\cdots$$

同理，可得若 $f(x)$ 定義在 $(-l,l)$ 內週期性之奇函數，$f(x)\cos\left(\dfrac{n\pi x}{l}\right)$ 為奇函數，代入係數計算公式得

$$a_0 = \frac{1}{l}\int_{-l}^{l} f(x)dx = 0$$

及

$$a_n = \frac{1}{l}\int_{-l}^{l} f(x)\cos\left(\frac{n\pi x}{l}\right)dx = 0\ ;\ n = 1,2,\cdots$$

$f(x)\sin\left(\dfrac{n\pi x}{l}\right)$ 為偶函數，代入係數計算公式得

$$b_n = \frac{1}{l}\int_{-l}^{l} f(x)\sin\left(\frac{n\pi x}{l}\right)dx = \frac{2}{l}\int_0^l f(x)\sin\left(\frac{n\pi x}{l}\right)dx\ ;\ n = 1,2,\cdots$$

代回得 Fourier Sine 級數

$$f(x) = \sum_{n=1}^{\infty} b_n \sin\frac{n\pi x}{l} \tag{10}$$

其中

$$b_n = \frac{2}{l}\int_0^l f(x)\sin\frac{n\pi x}{l}dx\ ;\ n = 1,2,\cdots$$

範例 03：Fourier 全三角級數

（20%） $f(x)=|x|-x$，where $-1\leq x\leq 1$，expand in a Fourier series.

高雄大電機所光電組工數

解答：

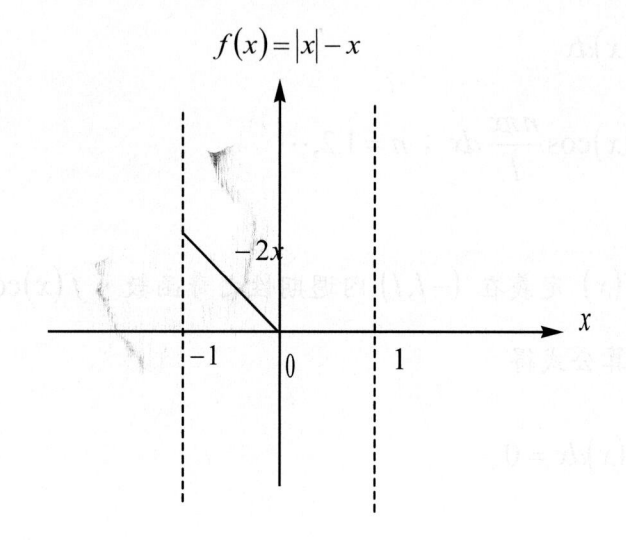

週期 $T=2=2l$，令 $l=1$ 代入 Fourier 級數定義式，得

$$f(x)=\frac{a_0}{2}+\sum_{n=1}^{\infty}(a_n\cos n\pi x+b_n\sin n\pi x)$$

其中係數 $\quad a_0=\frac{1}{1}\int_{-1}^{1}f(x)dx=\int_{-1}^{0}(-2x)dx=1$

$a_n=\frac{1}{1}\int_{-1}^{1}f(x)\cos(n\pi x)dx=-2\int_{-1}^{0}x\cos(n\pi x)dx=-\frac{2}{n^2\pi^2}\left(1-(-1)^n\right)$

$b_n=\frac{1}{1}\int_{-1}^{1}f(x)\sin(n\pi x)dx=-2\int_{-1}^{0}x\sin(n\pi x)dx=-\frac{2}{n\pi}(-1)^n$

最後得

$$f(x)=\frac{1}{2}-\sum_{n=1}^{\infty}\left(\frac{2}{n^2\pi^2}\left(1-(-1)^n\right)\cos n\pi x+\frac{2}{n\pi}(-1)^n\sin n\pi x\right)$$

範例 04：一般函數之 Fourier 全三角級數

(15%) If a function is given by $f(x) = x + \pi$, $-\pi < x < \pi$, $f(x + 2\pi) = f(x)$, please find its Fourier series.

中山光電所工數、交大土木丙（一般）工數

解答：

已知 $T = 2\pi = 2l$，令 $l = \pi$ 代入 Fourier 級數定義式，得

$$f(x) = \frac{a_0}{2} + \sum_{n=1}^{\infty} [a_n \cos(nx) + b_n \sin(nx)]$$

其中係數
$$a_0 = \frac{1}{\pi} \int_{-\pi}^{\pi} f(x) dx = \frac{1}{\pi} \int_{-\pi}^{\pi} (x + \pi) dx$$

得
$$a_0 = \frac{1}{\pi} \int_{-\pi}^{\pi} (\pi) = 2\pi$$

及
$$a_n = \frac{1}{\pi} \int_{-\pi}^{\pi} f(x) \cos(nx) dx = \frac{1}{\pi} \int_{-\pi}^{\pi} (x + \pi) \cos(nx) dx$$

得
$$a_n = \int_{-\pi}^{\pi} \cos(nx) dx = 0$$

及
$$b_n = \frac{1}{\pi} \int_{-\pi}^{\pi} f(x) \sin(nx) dx = \frac{1}{\pi} \int_{-\pi}^{\pi} (x + \pi) \sin(nx) dx$$

得
$$b_n = \frac{1}{\pi} \int_{-\pi}^{\pi} (x) \sin(nx) dx = -\frac{2}{n}(-1)^n$$

範例 05：Fourier 全三角級數

(15%) Expand $f(x) = \begin{cases} 0, & -\pi < x < 0 \\ 2, & 0 < x < \pi \end{cases}$ in a Fourier series.

中山電機所工數甲

解答：

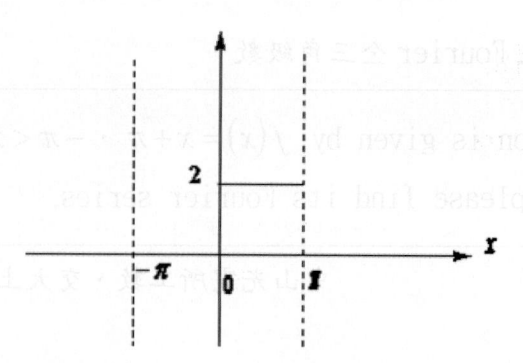

已知 $T=2\pi=2l$，令 $l=\pi$ 代入 Fourier 級數定義式，得

$$f(x)=\frac{a_0}{2}+\sum_{n=1}^{\infty}(a_n\cos nx+b_n\sin nx)$$

其中係數

$$a_0=\frac{1}{\pi}\int_{-\pi}^{\pi}f(x)dx=\frac{2}{\pi}\int_0^{\pi}dx=2$$

$$a_n=\frac{1}{\pi}\int_{-\pi}^{\pi}f(x)\cos nxdx=\frac{2}{\pi}\int_0^{\pi}\cos nxdx=0$$

$$b_n=\frac{1}{\pi}\int_{-\pi}^{\pi}f(x)\sin nxdx=\frac{2}{\pi}\int_0^{\pi}\sin nxdx=\frac{2}{n\pi}\left(1-(-1)^n\right)$$

代回　$f(x)=\dfrac{1}{2}+\sum_{n=1}^{\infty}\left(\dfrac{2}{n\pi}\left(1-(-1)^n\right)\sin nx\right)$

或　$f(x)=\dfrac{1}{2}+\sum_{n=1}^{\infty}\left(\dfrac{4}{(2n-1)\pi}\sin(2n-1)x\right)$

範例 06：Fourier 全三角級數

(10%) Find the Fourier series of
$$f(x)=\begin{cases}0 & -2<x<0\\ x & 0<x<1\\ 1 & 1\le x<2\end{cases}$$

中央機械所工數甲乙丙丁戊

解答：

已知 $T = 4 = 2l$，令 $l = 2$ 代入 Fourier 級數定義式，得

$$f(x) = \frac{a_0}{2} + \sum_{n=1}^{\infty}\left[a_n \cos\left(\frac{n\pi x}{2}\right) + b_n \sin\left(\frac{n\pi x}{2}\right)\right]$$

其中係數

$$a_0 = \frac{1}{2}\int_{-2}^{2} f(x)dx = \frac{1}{2}\left(\int_0^1 x\,dx + \int_1^2 dx\right)$$

及

$$a_n = \frac{1}{2}\int_{-2}^{2} f(x)\cos\left(\frac{n\pi}{2}x\right)dx = \frac{1}{2}\left(\int_0^1 x\cos\left(\frac{n\pi}{2}x\right)dx + \int_1^2 \cos\left(\frac{n\pi}{2}x\right)dx\right)$$

代入

$$b_n = \frac{1}{2}\int_{-2}^{2} f(x)\sin\left(\frac{n\pi}{2}x\right)dx = \frac{1}{2}\left(\int_0^1 x\sin\left(\frac{n\pi}{2}x\right)dx + \int_1^2 \sin\left(\frac{n\pi}{2}x\right)dx\right)$$

範例 07：Fourier 全三角級數

(15%) Expand $f(x) = x^2$，$0 < x < L$，in a Fourier series.

北台科大土木防災所

解答：

已知 $T = 2\pi = L$，令 $l = \frac{L}{2}$ 代入 Fourier 級數定義式，得

$$f(x) = \frac{a_0}{2} + \sum_{n=1}^{\infty}\left[a_n \cos\left(\frac{2n\pi x}{L}\right) + b_n \sin\left(\frac{2n\pi x}{L}\right)\right]$$

其中係數

$$a_0 = \frac{2}{L}\int_0^L f(x)dx = \frac{2}{L}\int_0^L x^2\,dx = \frac{2}{3}L^2$$

代入

$$a_n = \frac{2}{L}\int_0^L f(x)\cos\left(\frac{2n\pi}{L}x\right)dx = \frac{2}{L}\int_0^L x^2\cos\left(\frac{2n\pi}{L}x\right)dx$$

得

$$a_n = \frac{L^2}{n^2\pi^2}$$

代入

$$b_n = \frac{2}{L}\int_0^L f(x)\sin\left(\frac{2n\pi}{L}x\right)dx = \frac{2}{L}\int_0^L x^2\sin\left(\frac{2n\pi}{L}x\right)dx$$

$$b_n = -\frac{L^2}{n\pi}$$

最後得

$$f(x) = \frac{L^2}{3} + \sum_{n=1}^{\infty}\left[\frac{L^2}{n^2\pi^2}\cos\left(\frac{2n\pi}{L}x\right) - \frac{L^2}{n\pi}\sin\left(\frac{2n\pi}{L}x\right)\right]$$

範例 08：Fourier 全三角級數

> Find the Fourier series o the following periodic functions：
> $f(x) = e^{-x}$, $-1 < x < 1$

北科大環境規劃與管理所

解答：

已知 $T = 2 = 2l$，令 $l = 1$ 代入 Fourier 級數定義式，得

$$f(x) = \frac{a_0}{2} + \sum_{n=1}^{\infty}(a_n\cos n\pi x + b_n\sin n\pi x)$$

其中係數 $a_0 = \frac{1}{1}\int_{-1}^{1}f(x)dx = \frac{1}{1}\int_{-1}^{1}e^{-x}dx = e - e^{-1}$

$$a_n = \frac{1}{1}\int_{-1}^{1}f(x)\cos(n\pi x)dx = \frac{1}{1}\int_{-1}^{1}e^{-x}\cos(n\pi x)dx$$

$$b_n = \frac{1}{1}\int_{-1}^{1}f(x)\sin(n\pi x)dx = \frac{1}{1}\int_{-1}^{1}e^{-x}\sin(n\pi x)dx$$

範例 09：Fourier Cosine 級數

（8%）Find the Fourier series of $f(x)=|x|$, where $-1 \leq x \leq 1$

清大生醫工程應數、成大機械所

解答：

週期 $T=2=2l$，令 $l=1$ 代入 Fourier Cosine 級數定義式，得

$$f(x) = \frac{a_0}{2} + \sum_{n=1}^{\infty}\left(a_n \cos n\pi x\right)$$

其中係數　　$a_0 = \frac{2}{1}\int_0^1 f(x)dx = \frac{2}{1}\int_0^1 x\,dx = 1$

$$a_n = \frac{2}{1}\int_0^1 (x)\cos(n\pi x)dx = -\frac{2}{n^2\pi^2}\left(1-(-1)^n\right)$$

得 $f(x) = \frac{1}{2} - \sum_{n=1}^{\infty}\left(\frac{4}{(2n-1)^2\pi^2}\cos(2n-1)\pi x\right)$

範例 10：Fourier Cosine 級數

（15%）A time signal distribution is shown in the figure. Find the frequencies and the corresponding amplitudes contained in the signal.

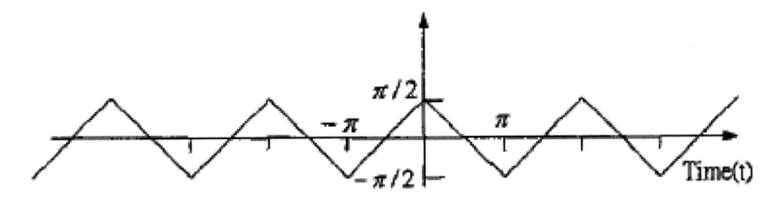

台大工科海洋所 F

解答：

$$f(t) = \begin{cases} t + \dfrac{\pi}{2}; & -\pi < t < 0 \\ \dfrac{\pi}{2} - t; & 0 < t < \pi \end{cases}$$

週期 $T = 2\pi = 2l$，令 $l = \pi$ 代入 Fourier Cosine 級數定義式，得

$$f(t) = \frac{a_0}{2} + \sum_{n=1}^{\infty} a_n \cos(nt)$$

其中係數 $a_0 = \dfrac{2}{\pi} \int_0^{\pi} f(t)dt = \dfrac{2}{\pi} \int_0^{\pi} \left(\dfrac{\pi}{2} - t\right)dt = 0$

$$a_n = \frac{2}{\pi} \int_0^{\pi} f(t) \cos nt\, dt = \frac{2}{\pi} \int_0^{\pi} \left(\frac{\pi}{2} - t\right) \cos nt\, dt$$

得 $a_n = \dfrac{2}{n^2 \pi}(1 - \cos n\pi)$

得 $f(t) = \displaystyle\sum_{n=1}^{\infty} \dfrac{2}{(2n-1)^2 \pi} \cos((2n-1)t)$

範例 11：Fourier Sine 級數

> (10%) Find the Fourier coefficients of the periodic function $f(x)$
>
> $f(x) = \begin{cases} -k; & -\pi < x < 0 \\ k; & 0 < x < \pi \end{cases}$ and $f(x + 2\pi) = f(x)$.

清大動機所

解答：

週期 $T = 2\pi = 2l$，令 $l = \pi$ 代入 Fourier Sine 級數定義式，得

$$f(x) = \sum_{n=1}^{\infty} b_n \sin(nx)$$

其中係數 $\quad b_n = \dfrac{2}{\pi}\int_0^\pi f(x)\sin(nx)dx$

或 $\quad b_n = \dfrac{2k}{\pi}\int_0^\pi \sin(nx)dx = \dfrac{2k}{\pi}\left(\dfrac{-\cos(nx)}{n}\right)_0^\pi$

$$b_n = \dfrac{2k}{\pi}\left(\dfrac{1-\cos(n\pi)}{n}\right)$$

最後得 $\quad f(x) = \displaystyle\sum_{n=1}^\infty \dfrac{2k}{\pi}\left(\dfrac{1-\cos(n\pi)}{n}\right)\sin(nx)$

或 $\quad f(x) = \displaystyle\sum_{n=1}^\infty \dfrac{2k}{\pi}\left(\dfrac{2}{2n-1}\right)\sin((2n-1)x)$

範例 12：簡易 Fourier 級數

(10%) $f(x) = x^4 + \cos 3x + x + 5$，for $-\pi \le x \le \pi$。

若以 Fourier 級數表示為 $\dfrac{1}{2}a_0 + \displaystyle\sum_{n=1}^\infty\left(a_n\cos\dfrac{n\pi x}{L} + b_n\sin\dfrac{n\pi x}{L}\right)$，試求 b_5

北科大光電所

解答：

週期 $T = 2\pi = 2l$，令 $l = \pi$ 代入 Fourier 級數定義式，得

$$f(x) = \dfrac{a_0}{2} + \sum_{n=1}^\infty (a_n\cos nx + b_n\sin nx)$$

其中 $\quad b_n = \dfrac{1}{\pi}\int_{-\pi}^\pi f(x)\sin(nx)dx$

令 $n = 5$ $\quad b_5 = \dfrac{1}{\pi}\int_{-\pi}^\pi (x^4 + \cos 3x + x + 5)\sin(5x)dx$

奇函數積分為 0

$$b_5 = \frac{1}{\pi}\int_{-\pi}^{\pi} x\sin(5x)dx = \frac{2}{5}$$

範例 13：簡易 Fourier 級數

Find the Fourier series expansion of the function：
$f(x) = (1+2\sin 2x)^2$

台大工數 F 工科海

解答：

已知　　$f(x) = (1+2\sin 2x)^2 = 1 + 4\sin 2x + 4\sin^2 2x$

化簡　　$f(x) = 1 + 4\sin 2x + 2 - 2\cos 4x$

週期為　$T = \pi$，$l = \dfrac{\pi}{2}$

得 Fourier 級數

$$f(x) = 3 + 4\sin 2x - 2\cos 4x = \frac{a_0}{2} + \sum_{n=1}^{\infty}(a_n\cos(2nx) + b_n\sin(2nx))$$

比較得

$a_0 = 6$，$b_1 = 4$，$a_2 = -2$，其餘係數為 0

範例 14：簡化題

Find the Fourier series o the following periodic functions：
$f(x) = 1 + \sin^2 x$

北科大環境規劃與管理所

解答：

先化簡　$f(x) = 1 + \sin^2 x = 1 + \frac{1}{2}(1 - \cos 2x) = \frac{3}{2} - \frac{1}{2}\cos 2x$

週期為　$T = \pi$，$l = \frac{\pi}{2}$

得 Fourier 級數

$$f(x) = \frac{3}{2} - \frac{1}{2}\cos 2x = \frac{a_0}{2} + \sum_{n=1}^{\infty}(a_n \cos(2nx) + b_n \sin(2nx))$$

比較得

$a_0 = 3$，$a_1 = -\frac{1}{2}$，其餘係數為 0

範例 15：簡化題

Is $\cos^3 x$ even or odd ? $\sin^3 x$? Find the Fourier series of these two functions ?

成大機械所

解答：

(a) $\cos^3 x$ 為偶函數

$$\cos^3 x = \cos x \cos^2 x = \cos x \left(\frac{1 + \cos 2x}{2}\right)$$

$$\cos^3 x = \frac{1}{2}\cos x + \frac{1}{2}\cos x \cos 2x$$

$$\cos^3 x = \frac{1}{2}\cos x + \frac{1}{4}\cos x + \frac{1}{4}\cos 3x$$

$$\cos^3 x = \frac{3}{4}\cos x + \frac{1}{4}\cos 3x$$

(b) $\sin^3 x$ 為奇函數

$$\sin^3 x = \sin x \sin^2 x = \sin x \left(\frac{1-\cos 2x}{2}\right)$$

$$\sin^3 x = \frac{1}{2}\sin x - \frac{1}{2}\sin x \cos 2x$$

$$\sin^3 x = \frac{1}{2}\sin x - \frac{1}{4}\sin(-x) - \frac{1}{4}\sin 3x$$

$$\sin^3 x = \frac{3}{4}\sin x - \frac{1}{4}\sin 3x$$

第四節 傅立葉級數之收斂定理

由於 Fourier 級數在通訊、量子力學、手機基地台方面之信號處理，日益普遍，因此這些特性，變得非常重要。因此討論到無窮級數，就必須探討此級數之收斂性與可微分、積分特性，方便於工程應用。

依目前所知，Fourier 級數之收斂性與可微分、積分特性，非常複雜與艱深，至目前為止，仍為數學家探討之主題之一。

下面介紹 Fourier 級數之 Dirichlet 收斂定理：

定理：

若 $f(x)$ 為一個以 $T = 2l$ 為週期之週期函數，且在一個週期區間：$(-l, l)$ 或 $(0, 2l)$ 內，$f(x)$ 為分段平滑函數（，亦即 $f'(x)$ 為分段連續函數），且 Euler-Fourier 級數係數公式如下：

$$f(x) = \frac{a_0}{2} + \sum_{n=1}^{\infty}\left(a_n \cos\frac{n\pi x}{l} + b_n \sin\frac{n\pi x}{l}\right)$$

其中

$$a_0 = \frac{1}{l}\int_{-l}^{l} f(x)dx$$

$$a_n = \frac{1}{l}\int_{-l}^{l} f(x)\cos\left(\frac{n\pi x}{l}\right)dx \; ; \; n=1,2,\cdots$$

$$b_n = \frac{1}{l}\int_{-l}^{l} f(x)\sin\left(\frac{n\pi x}{l}\right)dx \; ; \; n=1,2,\cdots$$

或

$$a_0 = \frac{1}{l}\int_{0}^{2l} f(x)dx$$

$$a_n = \frac{1}{l}\int_{0}^{2l} f(x)\cos\left(\frac{n\pi x}{l}\right)dx \; ; \; n=1,2,\cdots$$

$$b_n = \frac{1}{l}\int_{0}^{2l} f(x)\sin\left(\frac{n\pi x}{l}\right)dx \; ; \; n=1,2,\cdots$$

則上述 Fourier 級數其收斂性質如下：

1. 當 $x=a$ 為連續點時，上式右邊之 Fourier 級數和會收斂至該點函數值 $f(a)$。

2. 當 $x=a$ 為斷點時，上式右邊之 Fourier 級數和會收斂至

$$\frac{1}{2}\left[f(a^+)+f(a^-)\right]。 \tag{11}$$

範例 16：Fourier 級數之收斂性

If in the interval $[-2,2]$, $f(x)$ is defined as

$$f(x)=\begin{cases} 5, & x=-2 \\ -x, & -2<x\leq 0 \\ x^2-1, & 0<x\leq 2 \end{cases}$$, then the Fourier series at $x=2$ converge to

(a) $\frac{7}{2}$ (b) 3 (c) 0 (d) 4 (e) $\frac{5}{2}$

台大機械所 B

解答：(e) $\frac{5}{2}$

在斷點處，級數會收斂至該函數斷點左右極限之平均值，即

$$f(2)=\frac{1}{2}\left[f(2^-)+f(2^+)\right]=\frac{1}{2}[3+2]=\frac{5}{2}$$

範例 17：Dirichlet 收斂定理

(複選題 5%) Suppose that $f(x)=0$，for $0<x<1$，$f(x)=-x+3$，for $1<x<2$，$g(x)=\frac{a_0}{2}+\sum_{n=1}^{\infty}a_n\cos\left(\frac{n\pi}{2}x\right)$，$a_0=\int_0^2 f(x)dx$

What statements in the following are correct?

(A) $g(x)=g(-x)$ (B) $g(1)=1$ (C) $g(x)=g(x+2)$

(D) $g\left(-\frac{3}{2}\right)=0$ (E) $g\left(\frac{7}{2}\right)=0$

台大土木工數

解答：(A)

$$g(x)=\frac{a_0}{2}+\sum_{n=1}^{\infty}a_n\cos\left(\frac{n\pi}{2}x\right) \text{ 為偶函數，故 } g(x)=g(-x)。$$

範例 18

A periodic function $f(x)$ is sketched below.

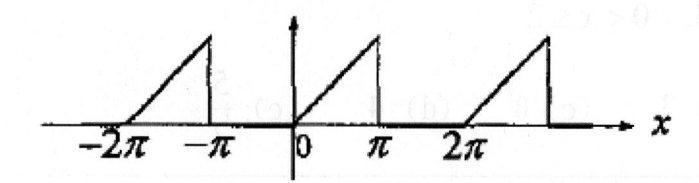

(1) (2%) Write a mathematical description for the function.
(2) (3%) Determine the Fourier series representation,

$$f(x) = a_0 + \sum_{n=1}^{\infty} a_n \cos(\lambda_n x) + b_n \sin(\lambda_n x)$$

Of the function :explicitly write out a_0、a_n、b_n、λ_n

(3) (3%) Determine the fundamental periodic ω_0 of the Fourier series. Sketch the amplitude spectrum of the Fourier coefficients over the frequency range of $[0, 4\omega_0]$

台大機械 B 工數

解答：

(1) $f(x) = \begin{cases} 0 &, -\pi < x < 0 \\ x &, 0 < x < \pi \end{cases}$

(2) $f(x) = a_0 + \sum_{n=1}^{\infty} a_n \cos(\lambda_n x) + b_n \sin(\lambda_n x)$

其中 $\lambda_n = n$

$$f(x) = a_0 + \sum_{n=1}^{\infty} a_n \cos(nx) + b_n \sin(nx)$$

$$a_0 = \frac{1}{2\pi} \int_{-\pi}^{\pi} f(x) dx = \frac{1}{2\pi} \int_{0}^{\pi} x dx = \frac{\pi}{4}$$

$$a_n = \frac{1}{\pi} \int_{-\pi}^{\pi} f(x) \cos nx dx = \frac{1}{\pi} \int_{0}^{\pi} x \cos nx dx$$

$$a_n = -\frac{1}{n^2 \pi} \left[1 - (-1)^n\right]$$

$$b_n = \frac{1}{\pi} \int_{-\pi}^{\pi} f(x) \sin nx dx = \frac{1}{\pi} \int_{0}^{\pi} x \sin nx dx = \frac{1}{\pi}(-1)^{n+1}$$

(3) $\omega_n = \sqrt{a_n^2 + b_n^2}$

$$\omega_0 = \sqrt{(2a_0)^2} = 2a_0 = \frac{\pi}{2}$$

$$\omega_1 = \sqrt{\left(\frac{2}{\pi}\right)^2 + 1} = 1.2$$

$$\omega_2 = \sqrt{\left(\frac{1}{2}\right)^2} = 0.5$$

$$\omega_3 = \sqrt{\left(\frac{2}{3\pi}\right)^2 + \left(\frac{1}{3}\right)^2} = 0.34$$

$$\omega_4 = \sqrt{0 + \left(\frac{1}{4}\right)^2} = 0.25$$

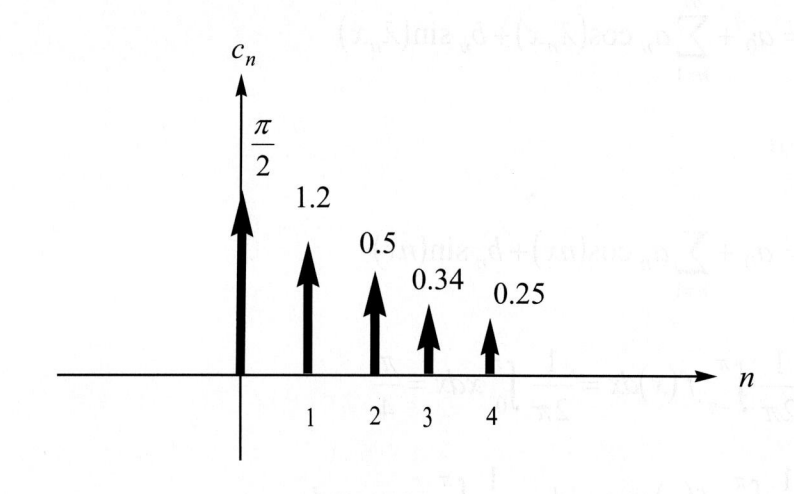

範例 19：應用求級數和

Show that the Fourier series of $f(x) = x$, $-\pi < x < \pi$ leads to
$$\frac{\pi}{4} = \sum_{n=1}^{\infty} \frac{(-1)^{n+1}}{2n-1} = 1 - \frac{1}{3} + \frac{1}{5} - \frac{1}{7} + \frac{1}{9} - \cdots$$

中央機械所工數

解答：

$f(x) = x$,$-\pi < x < \pi$ 為奇函數,展開成 Fourier Sine 級數

$$f(x) = x = \sum_{n=1}^{\infty} b_n \sin(nx)$$

其中係數
$$b_n = \frac{2}{\pi} \int_0^{\pi} x \sin(nx) dx = \frac{2(-1)^{n+1}}{n}$$

代回得
$$f(x) = \sum_{n=1}^{\infty} \frac{2(-1)^{n+1}}{n} \sin(nx)$$

令 $x = \frac{\pi}{2}$(連續點),代入上述級數,得

$$f\left(\frac{\pi}{2}\right) = \sum_{n=1}^{\infty} \frac{2(-1)^{n+1}}{n} \sin\left(\frac{n\pi}{2}\right)$$

$$\frac{\pi}{2} = \sum_{n=1}^{\infty} \frac{2(-1)^{n+1}}{2n-1}$$

得證
$$\sum_{n=1}^{\infty} \frac{(-1)^{n+1}}{2n-1} = 1 - \frac{1}{3} + \frac{1}{5} - \frac{1}{7} + \frac{1}{9} - \cdots = \frac{\pi}{4}$$

範例 20:應用求級數和

(15%) Let $f(x) = \frac{x^2}{2}$ for $0 \le x \le \pi$. Find the Fourier series of $f(x)$ and evaluate the sum of the series $\sum_{n=1}^{\infty} \frac{1}{n^2}$

成大機械所

解答:

$f(x) = \frac{x^2}{2}$ for $0 \le x \le \pi$ 為 Fourier 級數展開

得

$$f(x) = \frac{a_0}{2} + \sum_{n=1}^{\infty}(a_n \cos(2nx) + b_n \sin(2nx))$$

係數

$$a_0 = \frac{2}{\pi}\int_0^{\pi} f(x)dx = \frac{2}{\pi}\int_0^{\pi} \frac{x^2}{2}dx = \frac{\pi^2}{3}$$

$$a_n = \frac{2}{\pi}\int_0^{\pi} f(x)\cos(2nx)dx = \frac{2}{\pi}\int_0^{\pi} \frac{x^2}{2}\cos(2nx)dx = \frac{1}{2n^2}$$

$$b_n = \frac{2}{\pi}\int_0^{\pi} f(x)\sin(2nx)dx = \frac{2}{\pi}\int_0^{\pi} \frac{x^2}{2}\sin(2nx)dx = \frac{-\pi}{2n}$$

代回得

$$f(x) = \frac{\pi^2}{6} + \sum_{n=1}^{\infty}\left(\frac{1}{2n^2}\cos(2nx) - \frac{\pi}{2n}\sin(2nx)\right)$$

令 $x = 0$，代入上式

$$f(0) = \frac{\pi^2}{6} + \sum_{n=1}^{\infty}\left(\frac{1}{2n^2}\right)$$

依 Dirichlet 收斂定理知，為斷點，故

$$f(0) = \frac{1}{2}[f(0^-) + f(0^+)] = \frac{1}{2}\left[\frac{\pi^2}{2} + 0\right] = \frac{\pi^2}{4}$$

代入上式，得

$$\frac{\pi^2}{4} = \frac{\pi^2}{6} + \sum_{n=1}^{\infty}\left(\frac{1}{2n^2}\right)$$

移項得

$$\sum_{n=1}^{\infty}\frac{1}{n^2} = \frac{\pi^2}{6}$$

範例 21：應用求級數和

(a) Find the Fourier series of a periodic function $f(x) = \frac{x^2}{2}$ for $-\pi \leq x \leq \pi$.

(b) Evaluate $\sum_{n=1}^{\infty}\frac{1}{n^2}$ and $\sum_{n=1}^{\infty}\frac{(-1)^n}{n^2}$

清大動機所、中興材料所、台大化工所 E

解答：

(a) $f(x)=\dfrac{x^2}{2}$ for $-\pi \le x \le \pi$ 為偶函數，故取

Fourier 級數公式 $\quad f(x)=\dfrac{a_0}{2}+\sum_{n=1}^{\infty}[a_n \cos(nx)]$

其中係數 $\quad a_0=\dfrac{2}{\pi}\int_0^{\pi}f(x)dx=\dfrac{2}{\pi}\int_0^{\pi}\dfrac{x^2}{2}dx=\dfrac{\pi^2}{3}$

或 $\quad a_0=\dfrac{2}{\pi}\int_0^{\pi}f(x)\cos nx\,dx=\dfrac{2}{\pi}\int_0^{\pi}\dfrac{x^2}{2}\cos nx\,dx=\dfrac{2(-1)^n}{n^2}$

代回得 $\quad f(x)=\dfrac{\pi^2}{6}+\sum_{n=1}^{\infty}\left[\dfrac{2(-1)^n}{n^2}\cos(nx)\right]$

(b) 令 $x=\pi$，為連續點，得

$$f(\pi)=\dfrac{\pi^2}{2}=\dfrac{\pi^2}{6}+\sum_{n=1}^{\infty}\left[\dfrac{2(-1)^n}{n^2}\cos(n\pi)\right]=\dfrac{\pi^2}{6}+\sum_{n=1}^{\infty}\dfrac{2}{n^2}$$

$$2\sum_{n=1}^{\infty}\dfrac{1}{n^2}=\dfrac{\pi^2}{2}-\dfrac{\pi^2}{6}$$

$$\sum_{n=1}^{\infty}\dfrac{1}{n^2}=\dfrac{\pi^2}{6}$$

(c) 令 $x=0$（連續點）。代入級數，得

$$f(0) = 0 = \frac{\pi^2}{6} + \sum_{n=1}^{\infty}\left[\frac{2(-1)^n}{n^2}\right] = \frac{\pi^2}{6} + 2\sum_{n=1}^{\infty}\frac{(-1)^n}{n^2}$$

$$\sum_{n=1}^{\infty}\left[\frac{(-1)^n}{n^2}\right] = -\frac{\pi^2}{12}$$

第五節　傅立葉級數之 Parsval 恆等式

若 $f(x)$ 定義在 $(-l,l)$ 或 $(0,2l)$ 內，且以 $T=2l$ 為週期之週期分段連續函數，即

$$f(x) = \frac{a_0}{2} + \sum_{n=1}^{\infty}\left(a_n \cos\frac{n\pi x}{l} + b_n \sin\frac{n\pi x}{l}\right) \quad (12)$$

其中

$$a_0 = \frac{1}{l}\int_{-l}^{l} f(x)dx$$

$$a_n = \frac{1}{l}\int_{-l}^{l} f(x)\cos\left(\frac{n\pi x}{l}\right)dx \;;\; n = 1,2,\cdots$$

$$b_n = \frac{1}{l}\int_{-l}^{l} f(x)\sin\left(\frac{n\pi x}{l}\right)dx \;;\; n = 1,2,\cdots \quad (13)$$

若將上式(12)兩邊乘上 $f(x)$，再從 $-l$ 到 l 積分，得

$$\int_{-l}^{l} f^2(x)dx = \frac{a_0}{2}\int_{-l}^{l} f(x)dx$$

$$+ \sum_{n=1}^{\infty}\left(a_n \int_{-l}^{l} f(x)\cos\frac{n\pi x}{l}dx + b_n \int_{-l}^{l} f(x)\sin\frac{n\pi x}{l}dx\right)$$

再將上式兩邊乘上 $\dfrac{1}{l}$，得

$$\dfrac{1}{l}\int_{-l}^{l}f^2(x)dx = \dfrac{a_0}{2}\dfrac{1}{l}\int_{-l}^{l}f(x)dx$$
$$+ \sum_{n=1}^{\infty}\left(a_n\dfrac{1}{l}\int_{-l}^{l}f(x)\cos\dfrac{n\pi x}{l}dx + b_n\dfrac{1}{l}\int_{-l}^{l}f(x)\sin\dfrac{n\pi x}{l}dx\right)$$

代入 Euler_Fourier 係數公式(13)，化簡得 Fourier-Parsval 恆等式

$$\dfrac{1}{l}\int_{-l}^{l}f^2(x)dx = \dfrac{1}{2}a_0^2 + \sum_{n=1}^{\infty}\left(a_n^2 + b_n^2\right) \tag{14}$$

大同通訊所

上式公式，可簡化成幾個特殊狀況：

1. 對 Fourier Cosine 級數而言，

$$f(x) = \dfrac{a_0}{2} + \sum_{n=1}^{\infty}\left(a_n\cos\dfrac{n\pi x}{l}\right)$$

Fourier Parsval 恆等式形式，可簡化為

$$\dfrac{2}{l}\int_0^l f^2(x)dx = \dfrac{1}{2}a_0^2 + \sum_{n=1}^{\infty}a_n^2 \tag{15}$$

2. 對 Fourier Sine 級數而言

$$f(x) = \sum_{n=1}^{\infty}b_n\sin\dfrac{n\pi x}{l}$$

Fourier Parsval 恆等式型式，可簡化為

$$\dfrac{2}{l}\int_0^l f^2(x)dx = \sum_{n=1}^{\infty}b_n^2 \tag{16}$$

範例 23：應用求級數和

Let $f(x) = \cos^2\left(\dfrac{\pi x}{2}\right)$ in the interval $[-2, 2]$, then which of the following statements is true?

(a) $a_n = 0$, for all n (b) $\displaystyle\sum_{n=1}^{\infty}\left(a_n^2 + b_n^2\right) = \dfrac{1}{4}$ (c) $a_0 = \dfrac{1}{4}$

(d) $a_1 = 1$ (e) $\displaystyle\sum_{n=1}^{\infty}\left(a_n^2 + b_n^2\right) = \dfrac{1}{2}$

台大機械所 B

解答：(b)

已知　　$f(x) = \cos^2\left(\dfrac{\pi x}{2}\right)$

三角恆等式，化簡為　$f(x) = \dfrac{1}{2}\left[1 + \cos\left(2\dfrac{\pi x}{2}\right)\right] = \dfrac{1}{2}[1 + \cos(\pi x)]$

得級數展開　$f(x) = \dfrac{1}{2}[1 + \cos(\pi x)] = \dfrac{a_0}{2} + \displaystyle\sum_{n=1}^{\infty}\left[a_n \cos\left(\dfrac{n\pi x}{2}\right) + b_n \sin\left(\dfrac{n\pi x}{2}\right)\right]$

比較得係數　$a_0 = 1$，$a_2 = \dfrac{1}{2}$，其餘 $a_n = 0$

$$\sum_{n=1}^{\infty}\left(a_n^2 + b_n^2\right) = a_2^2 = \left(\dfrac{1}{2}\right)^2 = \dfrac{1}{4} \qquad (B)$$

範例 22：應用求級數和

(a) Find the Fourier series for the periodic function:

$$f(t) = \begin{cases} -1, & -\pi < t < 0 \\ 1, & 0 < t < \pi \end{cases}, \quad f(t + 2\pi) = f(t)$$

(b) $1+\dfrac{1}{9}+\dfrac{1}{25}+\cdots$

中興物理所應用數學

解答：

已知 $f(t)=\begin{cases}-1, & -\pi<t<0\\ 1, & 0<t<\pi\end{cases}$ 為奇函數

Fourier Sine 級數 $f(t)=\displaystyle\sum_{n=1}^{\infty}b_n\sin(2n-1)t$

得 $b_n=\dfrac{2}{\pi}\displaystyle\int_0^{\pi}f(t)\sin nt\,dt=\dfrac{2}{\pi}\int_0^{\pi}\sin nt\,dt=\dfrac{2\left[1-(-1)^n\right]}{n\pi}$

或 $b_n=\dfrac{2\left[1-(-1)^n\right]}{n\pi}=\begin{cases}\dfrac{4}{n\pi}, & n\text{為奇數}\\ \dfrac{4}{n\pi}, & n\text{為偶數}\end{cases}$

代回級數 $f(t)=\displaystyle\sum_{n=1,3,\cdots}^{\infty}\dfrac{4}{\pi}\cdot\dfrac{1}{n}\sin nt$

或 $f(t)=\displaystyle\sum_{n=1}^{\infty}\dfrac{4}{\pi}\cdot\dfrac{1}{2n-1}\sin(2n-1)t$

令 $t=\dfrac{\pi}{2}$（連續點），$f\left(\dfrac{\pi}{2}\right)=\displaystyle\sum_{n=1}^{\infty}\dfrac{4}{\pi}\cdot\dfrac{1}{2n-1}\sin\dfrac{(2n-1)\pi}{2}$

$1=\dfrac{4}{\pi}\cdot\displaystyle\sum_{n=1}^{\infty}\dfrac{1}{2n-1}(-1)^{n+1}$

$$\sum_{n=1}^{\infty} \frac{1}{2n-1}(-1)^{n+1} = \frac{1}{1} - \frac{1}{3} + \frac{1}{5} - + \cdots = \frac{\pi}{4}$$

再利用 Fourier Parsval 恆等式，得

$$\frac{2}{l}\int_0^l f^2(t)dt = \sum_{n=1}^{\infty} b_n^2$$

代入

$$\frac{2}{\pi}\int_0^\pi 1 dt = \sum_{n=1}^{\infty}\left(\frac{4}{\pi}\cdot\frac{1}{2n-1}\right)^2 = 2$$

或

$$\frac{16}{\pi^2}\cdot\sum_{n=1}^{\infty}\left(\frac{1}{2n-1}\right)^2 = 2$$

得

$$\sum_{n=1}^{\infty}\left(\frac{1}{2n-1}\right)^2 = 1 + \frac{1}{9} + \frac{1}{25} + \cdots = \frac{\pi^2}{8}$$

【分析】常考級數和

1. $1 - \frac{1}{2} + \frac{1}{3} - \frac{1}{4} + \cdots = \ln 2$

2. $1 - \frac{1}{3} + \frac{1}{5} - \frac{1}{7} + \cdots = \frac{\pi}{4}$

3. $\frac{1}{1^2} - \frac{1}{2^2} + \frac{1}{3^2} - + \cdots = \frac{\pi^2}{12}$

4. $\frac{1}{1^2} + \frac{1}{2^2} + \frac{1}{3^2} + \cdots = \frac{\pi^2}{6}$

5. $1 + \dfrac{1}{3^2} + \dfrac{1}{5^2} + \dfrac{1}{7^2} \cdots = \dfrac{\pi^2}{8}$

6. $1 - \dfrac{1}{3^3} + \dfrac{1}{5^3} - \dfrac{1}{7^3} \cdots = \dfrac{\pi^3}{32}$

7. $1 + \dfrac{1}{2^4} + \dfrac{1}{3^4} + \cdots = \dfrac{\pi^4}{90}$

8. $1 + \dfrac{1}{3^4} + \dfrac{1}{5^4} + \dfrac{1}{7^4} \cdots = \dfrac{\pi^4}{96}$

第六節　傅立葉級數之全幅與半幅展開

當函數 $f(x)$ 為一個具有週期 $T = 2l$ 之週期函數，則可展開為 Fourier 級數，若函數 $f(x)$ 為一個只定義在有限區間 $(0, N)$ 內之非週期函數，則理論上式無法對 $f(x)$ 作 Fourier 級數展開，除非再將其延伸補充為週期函數，才可以全域展開為 Fourier 級數，但有效區域仍只為 $(0, N)$。

若已知 $y = f(x)$ 不是週期函數，而是只定義在有限區間 $(0, N)$ 內之一分段連續函數，如下圖所示：

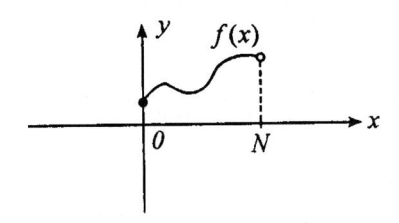

若現在欲將 $y = f(x)$ 展開成各種不同週期之週期函數（如：$\cos\dfrac{n\pi x}{l}$ 或 $\sin\dfrac{n\pi x}{l}$）之線性組合，那要如何展開成 Fourier 級數，因為 $y = f(x)$ 已經不

是週期函數了，故不同前幾節之情況，若要直接利用前幾節的結果，就需要將 $y = f(x)$ 化成週期函數，其方法有三種化法：

第一種方法，將定義在有限區間 $(0, N)$ 內的 $y = f(x)$ 之，延伸定義成如下圖所示週期函數：

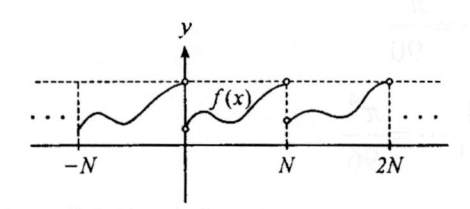

上圖形，週期 $T = N$，亦即 $l = \dfrac{N}{2}$，將函數 $y = f(x)$ 擴大為週期函數，並將其展開成下列 Fourier 級數：

$$f(x) = \frac{a_0}{2} + \sum_{n=1}^{\infty}\left(a_n \cos\frac{2n\pi x}{N} + b_n \sin\frac{2n\pi x}{N}\right) \tag{17}$$

其中

$$a_0 = \frac{2}{N}\int_0^N f(x)dx$$

$$a_n = \frac{2}{N}\int_0^N f(x)\cos\left(\frac{2n\pi x}{N}\right)dx \;;\; n = 1, 2, \cdots$$

$$b_n = \frac{2}{N}\int_0^N f(x)\sin\left(\frac{2n\pi x}{N}\right)dx \;;\; n = 1, 2, \cdots$$

上述展開是將定義區間 $(0, N)$，當作整個週期，展開成 Fourier 級數，故稱此方法為 Fourier 全幅（Full Range）展開式。

此 Fourier 全幅展開式，不等同於原定義有限區間函數 $y = f(x)$，只有當 $x \in (0, N)$ 時，兩者才會相等，且依 Dirichlet 收斂定理相等。

第二種方法，乃是將定義在有限區間 $(0, N)$ 內之 $y = f(x)$，再延伸至區間 $(-N, 0)$，並令函數 $y = f(x)$ 在區間 $(-N, N)$ 內對 y 軸對稱，亦即 $y = f(x)$ 在區

間 $(-N, N)$ 內為偶函數。如下圖所示：

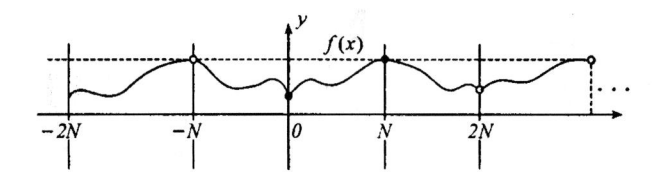

接著再取週期 $T = 2N$，亦即 $l = N$，將函數 $y = f(x)$ 展開成下列 Fourier Cosine 級數：

$$f(x) = \frac{a_0}{2} + \sum_{n=1}^{\infty} \left(a_n \cos \frac{n\pi x}{N} \right) \tag{18}$$

其中

$$a_0 = \frac{2}{N} \int_0^N f(x) dx$$

$$a_n = \frac{2}{N} \int_0^N f(x) \cos \frac{n\pi x}{N} dx \; ; \; n = 1, 2, \cdots$$

上述展開是將定義區間 $(0, N)$，當作半個週期，且湊成偶函數，展開成 Fourier Cosine 級數，故稱此方法為 Fourier 半幅偶函數展開式(Half-Range Even Expansion)。

此 Fourier 半幅偶函數展開式，也不等同於原定義有限區間函數 $y = f(x)$，只有當 $x \in (0, N)$ 時，兩者才會相等，且依 Dirichlet 收斂定理相等。

第三種方法是乃是將定義在有限區間 $(0, N)$ 內之 $y = f(x)$，再延伸至區間 $(-N, 0)$，並令函數 $y = f(x)$ 在區間 $(-N, N)$ 內對原點對稱，亦即 $y = f(x)$ 在區間 $(-N, N)$ 內為奇函數。如下圖所示：

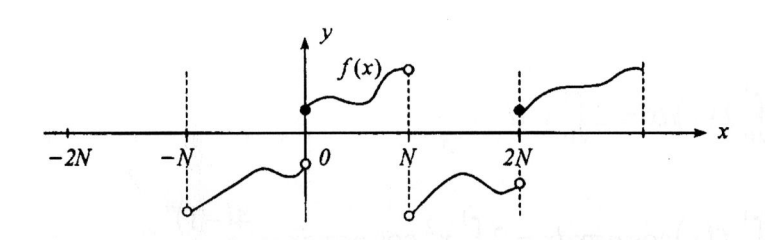

接著再取週期 $T = 2N$，亦即 $l = N$，將函數 $y = f(x)$ 展開成下列 Fourier Sine 級數：

$$f(x) = \sum_{n=1}^{\infty} b_n \cos\frac{n\pi x}{N} \qquad (19)$$

其中

$$b_n = \frac{2}{N}\int_0^N f(x)\sin\frac{n\pi x}{N}dx \ ; \ n=1,2,\cdots$$

上述展開是將定義區間 $(0, N)$，當作半個週期，且湊成奇函數，展開成 Fourier Sine 級數，故稱此方法為 Fourier 半幅奇函數展開式（Half Range Fourier Odd Expansion）。

此 Fourier 半幅奇函數展開式，也不等同於原定義有限區間函數 $y = f(x)$，只有當 $x \in (0, N)$ 時，兩者才會相等，且依 Dirichlet 收斂定理相等。

此三種展開的級數對原函數 $f(x)$ 而言，在 $x \in (0, N)$ 內，其值都相同，只有在兩端點處，即 $x = 0$ 及 $x = N$，其函數值不相同。

範例 24：全幅展開

(15%) Expand $f(x) = x^2$，$0 < x < 1$，(a) in a Cosine Series, (b) in a Sine Series, (c) in a Fourier Series,

交大光電、顯示聯工數

解答：

(a) 已知 $f(x) = x^2$，$0 < x < 1$，展開成 Cosine 級數

$$f(x) = \frac{a_0}{2} + \sum_{n=1}^{\infty}(a_n \cos n\pi x)$$

其中

$$a_0 = 2\int_0^1 f(x)dx = 2\int_0^1 x^2 dx = \frac{2}{3}$$

$$a_n = 2\int_0^1 f(x)\cos n\pi x\,dx = 2\int_0^1 x^2 \cos n\pi x\,dx = \frac{4(-1)^n}{n^2\pi^2}$$

代入得　$f(x) = \dfrac{1}{3} + \sum_{n=1}^{\infty} \dfrac{4(-1)^n}{n^2 \pi^2} \cos(n\pi x)$

(b) $f(x) = \sum_{n=1}^{\infty} b_n \sin(n\pi x)$

其中

$$b_n = 2\int_0^1 f(x)\sin n\pi x\, dx = 2\int_0^1 x^2 \sin n\pi x\, dx = \dfrac{2(-1)^{n+1}}{n\pi} + \dfrac{4[(-1)^n - 1]}{n^3 \pi^3}$$

代入得　$f(x) = \sum_{n=1}^{\infty} \left(\dfrac{2(-1)^{n+1}}{n\pi} + \dfrac{4[(-1)^n - 1]}{n^3 \pi^3} \right) \sin(n\pi x)$

(c) $f(x) = \dfrac{a_0}{2} + \sum_{n=1}^{\infty} a_n \cos(n\pi x) + b_n \sin(n\pi x)$

$a_0 = 2\int_0^1 f(x)\,dx = 2\int_0^1 x^2\, dx = \dfrac{2}{3}$

$a_n = 2\int_0^1 f(x)\cos 2n\pi x\, dx = 2\int_0^1 x^2 \cos 2n\pi x\, dx = \dfrac{1}{n^2 \pi^2}$; $n = 1,2,\cdots$

$b_n = 2\int_0^1 f(x)\sin(2n\pi x)\, dx = 2\int_0^1 x^2 \sin(2n\pi x)\, dx = -\dfrac{1}{n\pi}$; $n = 1,2,\cdots$

代入得　$f(x) = \dfrac{2}{3} + \sum_{n=1}^{\infty} \left[\dfrac{1}{n^2 \pi^2} \cos(n\pi x) - \dfrac{1}{n\pi} \sin(n\pi x) \right]$

範例 25

(a) (10%) Expand $f(x) = \sin x$，$0 < x < \pi$，in a Fourier cosine series

(b) (5%) If $f(x)$ is an even function show that the Fourier transform of $f(x)$ is $F(\omega) = \sqrt{\dfrac{2}{\pi}} \int_0^{\infty} f(u)\cos(\omega u)\, du$

(c) (5%) Show that $\int_0^\infty \frac{\cos(\omega x)}{\omega^2+1}d\omega = \frac{\pi}{2}e^{-x}$

中正光機電整合所工數

解答：

(a) 依半幅偶函數展開

$$f(x) = \sin x = \frac{a_0}{2} + \sum_{n=1}^{\infty}(a_n \cos nx)$$

其中 $a_0 = \frac{2}{\pi}\int_0^\pi f(x)dx = \frac{2}{\pi}\int_0^\pi \sin x\,dx = \frac{4}{\pi}$

代入 $a_n = \frac{2}{\pi}\int_0^\pi f(x)\cos nx\,dx = \frac{2}{\pi}\int_0^\pi \sin x \cos nx\,dx$

$a_n = \frac{1}{\pi}\int_0^\pi (\sin(1+n)x + \sin(1-n)x)dx$

得 $a_n = \frac{2}{\pi(1-n^2)}\left[1-(-1)^{n+1}\right]$，$n \neq 1$

或

$a_n = \begin{cases} \dfrac{4}{\pi(1-n^2)}; & n=2,4,6,\cdots \\ 0; & n=3,5,7,\cdots \end{cases}$

當 $n=1$ $\quad a_1 = \frac{2}{\pi}\int_0^\pi f(x)\cos x\,dx = \frac{2}{\pi}\int_0^\pi \sin x \cos x\,dx = 0$

$$f(x) = \frac{2}{\pi} + \sum_{n=2,4,6,\cdots}^{\infty} \frac{4}{\pi(1-n^2)}\cos(n\pi x)$$

或 $$f(x) = \frac{2}{\pi} + \sum_{n=1}^{\infty} \frac{4}{\pi(1-4n^2)}\cos(2n\pi x)$$

(b) 當 $f(x)$ 為偶函數

$$F(\omega) = \frac{1}{\sqrt{2\pi}} \int_{-\infty}^{\infty} f(x) e^{-i\omega x} dx$$

$$F(\omega) = \frac{1}{\sqrt{2\pi}} \int_{-\infty}^{\infty} f(x)(\cos\omega x - i\sin\omega x) dx$$

因 $f(x)$ 為偶函數

$$F(\omega) = \frac{2}{\sqrt{2\pi}} \int_{0}^{\infty} f(x)\cos\omega x\, dx$$

或

$$F(\omega) = \sqrt{\frac{2}{\pi}} \int_{0}^{\infty} f(u)\cos(\omega u)\, du$$

(c) Show that $\int_{0}^{\infty} \frac{\cos(\omega x)}{\omega^2 + 1} d\omega = \frac{\pi}{2} e^{-x}$

令 $f(x) = \frac{\pi}{2} e^{-x}$,取 Fourier Cosine 積分式展開

$$f(x) = \frac{\pi}{2} e^{-x} = \frac{2}{\pi} \int_{0}^{\infty} \left(\int_{0}^{\infty} f(x)\cos\omega x\, dx \right) \cos\omega x\, d\omega$$

代入

$$f(x) = \frac{2}{\pi} \int_{0}^{\infty} \left(\int_{0}^{\infty} \frac{\pi}{2} e^{-x} \cos\omega x\, dx \right) \cos\omega x\, d\omega$$

$$f(x) = \int_{0}^{\infty} \left(\int_{0}^{\infty} e^{-x} \cos\omega x\, dx \right) \cos\omega x\, d\omega$$

$$f(x) = \frac{\pi}{2} e^{-x} = \int_{0}^{\infty} \frac{\cos\omega x}{1 + \omega^2} d\omega$$

$$f(x)=\frac{1}{\pi}\int_0^\infty \left(\int_{-\infty}^\infty f(s)\cos\omega s\,ds\right)\cos\omega x\,d\omega = 0$$

第二項積分式內對變數 s 是偶函數，故得 Fourier Sine 積分式

$$f(x)=\frac{2}{\pi}\int_0^\infty \left[\left(\int_0^\infty f(s)\sin\omega s\,ds\right)\sin\omega x\right]d\omega \qquad (26)$$

範例 27

Find the Fourier integral representation of the following function：
$$f(t)=\begin{cases}1-t & 0<t<1 \\ 0 & others\end{cases}$$

中央地物所應用數學

解答：

已知 $\quad f(t)=\begin{cases}1-t & 0<t<1 \\ 0 & others\end{cases}$

Fourier 全三角積分式

$$f(t)=\frac{1}{\pi}\int_0^\infty\left[\left(\int_{-\infty}^\infty f(s)\cos\omega s\,ds\right)\cos\omega t + \left(\int_{-\infty}^\infty f(s)\sin\omega s\,ds\right)\sin\omega t\right]d\omega$$

代入得

$$f(t)=\frac{1}{\pi}\int_0^\infty\left[\left(\int_0^1 (1-t)\cos\omega t\,dt\right)\cos\omega t + \left(\int_0^1(1-t)\sin\omega t\,dt\right)\sin\omega t\right]d\omega$$

積分得

$$f(t)=\frac{1}{\pi}\int_0^1\frac{(1-\cos\omega)\cos\omega t + (\omega-\sin\omega)\sin\omega t}{\omega^2}d\omega$$

範例 28

Find the Fourier integral of the given function

(b) 當 $f(x)$ 為偶函數

$$F(\omega) = \frac{1}{\sqrt{2\pi}} \int_{-\infty}^{\infty} f(x) e^{-i\omega x} dx$$

$$F(\omega) = \frac{1}{\sqrt{2\pi}} \int_{-\infty}^{\infty} f(x)(\cos\omega x - i\sin\omega x) dx$$

因 $f(x)$ 為偶函數

$$F(\omega) = \frac{2}{\sqrt{2\pi}} \int_{0}^{\infty} f(x)\cos\omega x\, dx$$

或

$$F(\omega) = \sqrt{\frac{2}{\pi}} \int_{0}^{\infty} f(u)\cos(\omega u) du$$

(c) Show that $\int_{0}^{\infty} \frac{\cos(\omega x)}{\omega^2 + 1} d\omega = \frac{\pi}{2} e^{-x}$

令 $f(x) = \frac{\pi}{2} e^{-x}$, 取 Fourier Cosine 積分式展開

$$f(x) = \frac{\pi}{2} e^{-x} = \frac{2}{\pi} \int_{0}^{\infty} \left(\int_{0}^{\infty} f(x)\cos\omega x\, dx \right) \cos\omega x\, d\omega$$

代入

$$f(x) = \frac{2}{\pi} \int_{0}^{\infty} \left(\int_{0}^{\infty} \frac{\pi}{2} e^{-x} \cos\omega x\, dx \right) \cos\omega x\, d\omega$$

$$f(x) = \int_{0}^{\infty} \left(\int_{0}^{\infty} e^{-x} \cos\omega x\, dx \right) \cos\omega x\, d\omega$$

$$f(x) = \frac{\pi}{2} e^{-x} = \int_{0}^{\infty} \frac{\cos\omega x}{1 + \omega^2} d\omega$$

第七節　傅立葉複數級數

Fourier 級數除了三角函數的特徵函數形式之外，還可改表成指數複變函數形式，在推導之前，先介紹下面 Euler 公式。

定理：Euler 公式

$$e^{ix} = \cos x + i\sin x$$

【證明】

已知 Taylor 級數　$e^x = 1 + \dfrac{1}{1!}x + \dfrac{1}{2!}x^2 + \dfrac{1}{3!}x^3 + \dfrac{1}{4!}x^4 + \cdots$

代入　$e^{ix} = 1 + \dfrac{1}{1!}(ix) + \dfrac{1}{2!}(ix)^2 + \dfrac{1}{3!}(ix)^3 + \dfrac{1}{4!}(ix)^4 + \cdots$

代入 $i = \sqrt{-1}$，$i^2 = -1$，$i^3 = -i$，$i^4 = 1$，代入得

$$e^{ix} = \left(1 - \dfrac{1}{2!}x^2 + \dfrac{1}{4!}x^4 + \cdots\right) + i\left(\dfrac{1}{1!}x - \dfrac{1}{3!}x^3 + \cdots\right)$$

代入三角函數之 Taylor 級數

$$\cos x = 1 - \dfrac{1}{2!}x^2 + \dfrac{1}{4!}x^4 + \cdots \text{ 及 } \sin x = \dfrac{1}{1!}x - \dfrac{1}{3!}x^3 + \cdots$$

代入得證　$e^{ix} = \cos x + i\sin x$

再利用 Euler 公式　$e^{ix} = \cos x + i\sin x$

將上式中 x 以 $-x$ 取代得　$e^{-ix} = \cos x - i\sin x$

兩式相加得　$\cos x = \dfrac{1}{2}\left(e^{ix} + e^{-ix}\right)$

相減得　$\sin x = \dfrac{1}{2i}\left(e^{ix} - e^{-ix}\right)$

再將上式中 x 以 $\dfrac{n\pi x}{l}$ 取代得

$$\cos\left(\frac{n\pi x}{l}\right) = \frac{1}{2}\left[e^{i\left(\frac{n\pi}{l}x\right)} + e^{-i\left(\frac{n\pi}{l}x\right)}\right]$$

及

$$\sin\left(\frac{n\pi x}{l}\right) = \frac{1}{2i}\left[e^{i\left(\frac{n\pi}{l}x\right)} - e^{-i\left(\frac{n\pi}{l}x\right)}\right]$$

接著將上式代入 Fourier 全三角級數式中，得

$$f(x) = \frac{a_0}{2} + \sum_{n=1}^{\infty}\left(\frac{a_n}{2}\left[e^{i\left(\frac{n\pi}{l}x\right)} + e^{-i\left(\frac{n\pi}{l}x\right)}\right] + \frac{b_n}{2i}\left[e^{i\left(\frac{n\pi}{l}x\right)} - e^{-i\left(\frac{n\pi}{l}x\right)}\right]\right)$$

整理得

$$f(x) = \frac{a_0}{2} + \sum_{n=1}^{\infty}\left[\left(\frac{a_n}{2} + \frac{b_n}{2i}\right)e^{i\left(\frac{n\pi}{l}x\right)} + \left(\frac{a_n}{2} - \frac{b_n}{2i}\right)e^{-i\left(\frac{n\pi}{l}x\right)}\right]$$

或

(2) $$f(x) = \frac{a_0}{2} + \sum_{n=1}^{\infty}\left[\left(\frac{a_n}{2} - i\frac{b_n}{2}\right)e^{i\left(\frac{n\pi}{l}x\right)} + \left(\frac{a_n}{2} + i\frac{b_n}{2}\right)e^{-i\left(\frac{n\pi}{l}x\right)}\right]$$

上式(2)中等號右邊第二項之係數令其為

$$c_n = \frac{a_n}{2} - i\frac{b_n}{2} = \frac{1}{2}(a_n - ib_n)$$

利用 Euler-Fourier 係數計算公式，得

$$c_n = \frac{1}{2}\cdot\left[\frac{1}{l}\int_{-l}^{l}f(x)\cos\left(\frac{n\pi x}{l}\right)dx - i\cdot\frac{1}{l}\int_{-l}^{l}f(x)\sin\left(\frac{n\pi x}{l}\right)dx\right]$$

或

$$c_n = \frac{1}{2l}\int_{-l}^{l} f(x)\left[\cos\left(\frac{n\pi x}{l}\right) - i\sin\left(\frac{n\pi x}{l}\right)\right]dx$$

或

$$c_n = \frac{1}{2l}\int_{-l}^{l} f(x) e^{-i\left(\frac{n\pi}{l}x\right)} dx$$

同理，上式(2)中第三項之係數

$$\frac{a_n}{2} + i\frac{b_n}{2} = \frac{1}{2}(a_n + ib_n)$$

利用 Euler-Fourier 係數計算公式，得

$$\frac{1}{2}(a_n + ib_n) = \frac{1}{2l}\int_{-l}^{l} f(x)\left[\cos\left(\frac{n\pi x}{l}\right) + i\sin\left(\frac{n\pi x}{l}\right)\right]dx$$

或

$$\frac{1}{2}(a_n + ib_n) = \frac{1}{2l}\int_{-l}^{l} f(x) e^{i\left(\frac{n\pi x}{l}\right)} dx$$

上式可表為 c_n 之通式形式，亦即

$$\frac{1}{2}(a_n + ib_n) = \frac{1}{2l}\int_{-l}^{l} f(x) e^{-i\left(\frac{(-n)\pi}{l}x\right)} dx = c_{-n}$$

上式(2)中第一項之係數，利用 Euler-Fourier 係數計算公式，得

$$\frac{a_0}{2} = \frac{1}{2}\cdot\frac{1}{l}\int_{-l}^{l} f(x)dx$$

上式可表為 c_n 之通式形式中令 $n = 0$ 而得，亦即

$$c_0 = \frac{a_0}{2} = \frac{1}{2l}\int_{-l}^{l} f(x)dx$$

最後，得 Fourier 複數級數，公式如下

若 $y = f(x)$ 為定義在 $(-l, l)$ 內，且以 $T = 2l$ 之週期函數，則可得 Fourier 複

數級數，標準式如下：

$$f(x) = \sum_{n=-\infty}^{\infty} c_n e^{i\frac{n\pi x}{l}} \quad (20)$$

其中係數公式為 $\quad c_n = \frac{1}{2l} \int_{-l}^{l} f(x) e^{-i\frac{n\pi x}{l}} dx$

或

$$f(x) = \sum_{n=-\infty}^{\infty} \left(\frac{1}{2l} \int_{-l}^{l} f(x) e^{-i\frac{n\pi x}{l}} dx \right) e^{i\frac{n\pi x}{l}} \quad (21)$$

範例 26

$$f(x) = \begin{cases} -1, & -2 < x < 0 \\ 1, & 0 < x < 2 \end{cases}$$

(a) (5%) Find the Fourier series of $f(x)$.
(b) (5%) Find the Fourier cosine or sine series of $f(x)$.
(c) (5%) Find the complex Fourier series and plot frequency spectrum of $f(x)$.
(d) (5%) From part (c), please use $a_n = c_n + c_{-n}$ and $b_n = i(c_n - c_{-n})$ to find a_n and b_n agreed with the solutions found in part (a).

中興機械所

解答：

(a) $f(x) = \frac{a_0}{2} + \sum_{n=1}^{\infty} a_n \cos\left(\frac{n\pi x}{2}\right) + b_n \sin\left(\frac{n\pi x}{2}\right)$

$a_0 = \frac{1}{2} \int_{-2}^{2} f(x) dx = 0$

$a_n = \frac{1}{2} \int_{-2}^{2} f(x) \cos\left(\frac{n\pi x}{2}\right) dx = 0$

$$b_n = \frac{1}{2}\int_{-2}^{2} f(x)\sin\left(\frac{n\pi x}{2}\right)dx = \begin{cases} \dfrac{4}{n\pi}, & n=1,3,5,\cdots \\ 0, & n=2,4,6,\cdots \end{cases}$$

$$f(x) = \sum_{n=1}^{\infty} \frac{4}{(2n-1)\pi} \sin\left(\frac{(2n-1)\pi x}{2}\right)$$

(b) $f(x) = \sum_{n=1}^{\infty} b_n \sin\left(\dfrac{n\pi x}{2}\right)$

$$b_n = \frac{2}{2}\int_{0}^{2} f(x)\sin\left(\frac{n\pi x}{2}\right)dx = \begin{cases} \dfrac{4}{n\pi}, & n=1,3,5,\cdots \\ 0, & n=2,4,6,\cdots \end{cases}$$

$$f(x) = \sum_{n=1}^{\infty} \frac{4}{(2n-1)\pi} \sin\left(\frac{(2n-1)\pi x}{2}\right)$$

(c) $f(x) = \sum_{n=-\infty}^{\infty} c_n e^{i\frac{n\pi x}{2}}$

$$c_n = \frac{1}{2\cdot 2}\int_{-2}^{2} f(x) e^{-i\frac{n\pi x}{2}} dx = \frac{1}{4}\int_{-2}^{2} f(x)\left(\cos\frac{n\pi x}{2} - i\sin\frac{n\pi x}{2}\right)dx$$

$$c_n = -\frac{2}{4}\int_{0}^{2} i\sin\left(\frac{n\pi x}{2}\right)dx = \left\{\frac{i}{2}\frac{2}{n\pi}\cos\left(\frac{n\pi x}{2}\right)\right\}_{0}^{2}$$

$$c_n = \left\{\frac{i}{n\pi}(\cos(n\pi) - 1)\right\} = \frac{((-1)^n - 1)i}{n\pi}$$

當 $n=0$，$c_0 = \dfrac{1}{2\cdot 2}\int_{-2}^{2} f(x)dx = 0$

$$f(x) = \sum_{\substack{n=-\infty \\ n \neq 0}}^{\infty} \frac{i}{n\pi}\left((-1)^n - 1\right)e^{i\frac{n\pi x}{2}}$$

$$|c_n| = \left|\frac{((-1)^n - 1)i}{n\pi}\right| = \frac{2}{n\pi}$$

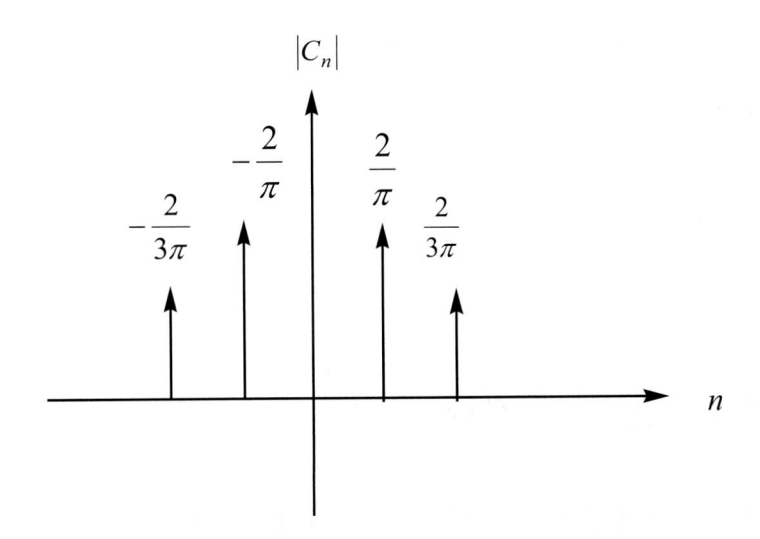

(d) $a_n = c_n + c_{-n} = \begin{cases} \dfrac{2i}{n\pi} - \dfrac{2i}{n\pi} = 0, & n = 1,3,5,\cdots \\ 0, & n = 2,4,6,\cdots \end{cases}$

$b_n = i(c_n - c_{-n}) = \begin{cases} i\left(\dfrac{2i}{n\pi} + \dfrac{2i}{n\pi}\right) = \dfrac{4}{n\pi}, & n = 1,3,5,\cdots \\ 0, & n = 2,4,6,\cdots \end{cases}$

a_n 與 b_n 均與(a) 中結果相同

第八節　傅立葉複數積分式

若 $y = f(x)$ 為週期函數時，已如前幾節所述，可表成 Fourier 三角級數以及 Fourier 複指數函數形式。

若 $y=f(x)$ 為非週期函數，且定義在無限大區間 $(-\infty,\infty)$ 內之分段連續函數，若欲對 $y=f(x)$ 作 Fourier 分析，則它不再是 Fourier 三角級數形式，可先將 $y=f(x)$ 視為一個周期函數，然後再利用極限分析，將週期區間長度 l 取極限至無窮大，亦即，對 Fourier 三角級數作極限分析，最後會將 Fourier 級數化成 Fourier 積分式，其分析過程如下：

首先討論一近似週期函數，定義如下：
$$y=f*(x)=f(x)，當 -l<x<l$$
且
$$y=f*(x+2l)=f*(x)$$

接著先將上述函數展開成 Fourier 複數級數，由式(21)得：

$$f*(x)=\sum_{n=-\infty}^{\infty}\left(\frac{1}{2l}\int_{-l}^{l}f(x)e^{-i\frac{n\pi x}{l}}dx\right)e^{i\frac{n\pi x}{l}}$$

在作極限分析之前，先變數組合調整一下，乘上 π，除以 π

$$f*(x)=\sum_{n=-\infty}^{\infty}\left(\frac{1}{2}\cdot\frac{1}{\pi}\cdot\frac{\pi}{l}\int_{-l}^{l}f(x)e^{-i\frac{n\pi}{l}x}dx\right)e^{i\frac{n\pi}{l}x}$$

將 $\frac{\pi}{l}$ 移至最後，得

$$f*(x)=\sum_{n=-\infty}^{\infty}\left(\frac{1}{2\pi}\cdot\int_{-l}^{l}f(x)e^{-i\frac{n\pi}{l}x}dx\right)e^{i\frac{n\pi}{l}x}\cdot\frac{\pi}{l}$$

取新變數 $\omega_n=\frac{n\pi}{l}$，則其增量為 $\Delta\omega_n=\frac{\pi}{l}$，代入上式，得

$$f*(x)=\frac{1}{2\pi}\sum_{n=-\infty}^{\infty}\left(\int_{-l}^{l}f(x)e^{-i\omega_n x}dx\right)e^{i\omega_n x}\Delta\omega_n$$

接著再取極限 l 趨近於 ∞，此時 $f*(x)$ 之定義區間會拉長到趨近於整個區

域的函數 $f(x)$，且離散變數 ω_n 會趨近於連續變數 ω，增量 $\Delta\omega_n$ 會趨近於微分 $d\omega$，亦即

$$f(x) = \frac{1}{2\pi} \int_{-\infty}^{\infty} \left(\int_{-\infty}^{\infty} f(x) e^{-i\omega x} dx \right) e^{i\omega x} d\omega$$

或

$$f(x) = \frac{1}{2\pi} \int_{-\infty}^{\infty} \left(\int_{-\infty}^{\infty} f(s) e^{-i\omega(s-x)} ds \right) d\omega \tag{22}$$

稱上式為 Fourier 複數積分式。

如同 Fourier 級數之收斂特性，Fourier 複數積分式存在條件及收斂定理，敘述如下

若函數 $f(x)$ 在全區間 $(-\infty, \infty)$ 內，滿足下列兩個條件：

1. $f(x)$ 在任意有限區間 $[a,b]$ 上，滿足 Dirichlet 條件。
2. $f(x)$ 在 $(-\infty, \infty)$ 上絕對可積分，即 $|f(x)|$ 在 $(-\infty, \infty)$ 上廣義積分收斂。

則　$F(\omega) = \int_{-\infty}^{\infty} f(x) e^{-i\omega x} dx$　收斂，且　$f(x) = \frac{1}{2\pi} \int_{-\infty}^{\infty} F(\omega) e^{i\omega x} d\omega$

意即

$$f(x) = \frac{1}{2\pi} \int_{-\infty}^{\infty} \left(\int_{-\infty}^{\infty} f(s) e^{-i\omega s} ds \right) e^{i\omega x} d\omega$$

在 $f(x)$ 在斷點或連續點 x 處，則上式右邊值應會收斂於

$$f(x) = \frac{1}{2} \left[f(x^+) + f(x^-) \right]$$

第九節　傅立葉三角積分式

若 $y = f(x)$ 為非週期函數，且定義在 $(-\infty, \infty)$ 內之分段連續函數，則

Fourier 複數積分式如下：

$$f(x) = \frac{1}{2\pi}\int_{-\infty}^{\infty}\left(\int_{-\infty}^{\infty} f(x)e^{-i\omega x}dx\right)e^{i\omega x}d\omega$$

或式(22)

$$f(x) = \frac{1}{2\pi}\int_{-\infty}^{\infty}\left(\int_{-\infty}^{\infty} f(s)e^{-i\omega(s-x)}ds\right)d\omega$$

已知 Euler 公式

$$e^{-i\omega(s-x)} = \cos\omega(s-x) - i\sin\omega(s-x)$$

代入上式得

$$f(x) = \frac{1}{2\pi}\int_{-\infty}^{\infty}\left[\int_{-\infty}^{\infty} f(s)(\cos\omega(s-x) - i\sin\omega(s-x))ds\right]d\omega$$

或

$$f(x) = \frac{1}{2\pi}\int_{-\infty}^{\infty}\left[\int_{-\infty}^{\infty} f(s)\cos\omega(s-x)ds\right]d\omega$$
$$-i\frac{1}{2\pi}\int_{-\infty}^{\infty}\left[\int_{-\infty}^{\infty} f(s)\sin\omega(s-x)ds\right]d\omega$$

上式積分式中餘弦函數 $\cos\omega(s-x)$ 對變數 ω 而言，是偶函數，正弦函數 $\sin\omega(s-x)$ 對變數 ω 而言，是奇函數，故若 $f(x)$ 之 Fourier 積分式存在的話，上式第一項積分，由於對變數 ω 是偶函數，故得

$$\frac{1}{2\pi}\int_{-\infty}^{\infty}\int_{-\infty}^{\infty} f(s)\cos\omega(s-x)dsd\omega = \frac{1}{\pi}\int_{0}^{\infty}\left[\int_{-\infty}^{\infty} f(s)\cos\omega(s-x)ds\right]d\omega$$

第二項積分，由於對變數 ω 是奇函數，故得

$$\frac{1}{2\pi}\int_{-\infty}^{\infty}\left[\int_{-\infty}^{\infty} f(s)\sin\omega(s-x)ds\right]d\omega = 0$$

故 Fourier 複數積分式可進一步簡化成 Fourier 全三角積分式，其形式如下：

若 $y=f(x)$ 為非週期函數，且定義在 $(-\infty,\infty)$ 內之分段連續函數，則 Fourier 全三角積分式如下：

$$f(x)=\frac{1}{\pi}\int_0^\infty \left(\int_{-\infty}^\infty f(s)\cos\omega(s-x)ds\right)d\omega \qquad (23)$$

再用積化和差展開成

$$f(x)=\frac{1}{\pi}\int_0^\infty \left[\left(\int_{-\infty}^\infty f(s)\cos\omega s\,ds\right)\cos\omega x+\left(\int_{-\infty}^\infty f(s)\sin\omega s\,ds\right)\sin\omega x\right]d\omega \quad (24)$$

若已知 $y=f(x)$ 再滿足下列特性：

$$f(-x)=f(x)$$

亦即 $y=f(x)$ 為偶函數，此時上式積分中第一項積分式內對變數 s 是偶函數，故得

$$f(x)=\frac{2}{\pi}\int_0^\infty \left[\left(\int_0^\infty f(s)\cos\omega s\,ds\right)\cos\omega x\right]d\omega$$

第二項積分式內對變數 s 是奇函數，故得

$$f(x)=\frac{1}{\pi}\int_0^\infty \left(\int_{-\infty}^\infty f(s)\sin\omega s\,ds\right)\sin\omega x\,d\omega=0$$

代回得 Fourier Cosine 積分式，其形式整理如下：

若已知 $y=f(x)$ 為非週期函數，且定義在 $(-\infty,\infty)$ 內之分段連續函數，且 $y=f(x)$ 為偶函數，得 Fourier Cosine 積分式如下：

$$f(x)=\frac{2}{\pi}\int_0^\infty \left(\int_0^\infty f(s)\cos\omega s\,ds\right)\cos\omega x\,d\omega \qquad (25)$$

若已知 $y=f(x)$ 滿足下列特性：

$$f(-x)=-f(x)$$

亦即 $y=f(x)$ 為奇函數，此時上式積分中第一項積分式內對變數 s 是奇函數，故得

$$f(x) = \frac{1}{\pi}\int_0^\infty \left(\int_{-\infty}^\infty f(s)\cos\omega s\, ds\right)\cos\omega x\, d\omega = 0$$

第二項積分式內對變數 s 是偶函數，故得 Fourier Sine 積分式

$$f(x) = \frac{2}{\pi}\int_0^\infty \left[\left(\int_0^\infty f(s)\sin\omega s\, ds\right)\sin\omega x\right]d\omega \qquad (26)$$

範例 27

Find the Fourier integral representation of the following function：
$$f(t) = \begin{cases} 1-t & 0 < t < 1 \\ 0 & others \end{cases}$$

中央地物所應用數學

解答：

已知 $f(t) = \begin{cases} 1-t & 0 < t < 1 \\ 0 & others \end{cases}$

Fourier 全三角積分式

$$f(t) = \frac{1}{\pi}\int_0^\infty \left[\left(\int_{-\infty}^\infty f(s)\cos\omega s\, ds\right)\cos\omega t + \left(\int_{-\infty}^\infty f(s)\sin\omega s\, ds\right)\sin\omega t\right]d\omega$$

代入得

$$f(t) = \frac{1}{\pi}\int_0^\infty \left[\left(\int_0^1 (1-t)\cos\omega t\, dt\right)\cos\omega t + \left(\int_0^1 (1-t)\sin\omega t\, dt\right)\sin\omega t\right]d\omega$$

積分得

$$f(t) = \frac{1}{\pi}\int_0^1 \frac{(1-\cos\omega)\cos\omega t + (\omega - \sin\omega)\sin\omega t}{\omega^2}d\omega$$

範例 28

Find the Fourier integral of the given function

$$f(x) = \begin{cases} e^{-x}; & x > 0 \\ 0; & x < 0 \end{cases}$$

use result to evaluate $\int_0^\infty \dfrac{\cos\omega x + x\sin\omega x}{1+x^2}dx$. (10%)

逢甲電機所、清大原科所丙

解答：

(a)已知 Fourier 全三角積分式

$$f(x) = \frac{1}{\pi}\int_0^\infty \left[\left(\int_{-\infty}^\infty f(x)\cos\omega x\,dx\right)\cos\omega x + \left(\int_{-\infty}^\infty f(x)\sin\omega x\,dx\right)\sin\omega x\right]d\omega$$

代入

$$f(x) = \frac{1}{\pi}\int_0^\infty \left[\left(\int_0^\infty e^{-x}\cos\omega x\,dx\right)\cos\omega x + \left(\int_0^\infty e^{-x}\sin\omega x\,dx\right)\sin\omega x\right]d\omega$$

或 $\quad f(x) = \dfrac{1}{\pi}\int_0^\infty \left[\dfrac{1}{1+\omega^2}\cos\omega x + \dfrac{\omega}{1+\omega^2}\sin\omega x\right]d\omega$

(b) 已知 $\quad f(x) = \dfrac{1}{\pi}\int_0^\infty \left[\dfrac{1}{1+\omega^2}\cos\omega x + \dfrac{\omega}{1+\omega^2}\sin\omega x\right]d\omega$

移項 $\quad \pi f(x) = \int_0^\infty \left[\dfrac{\cos\omega x}{1+\omega^2} + \dfrac{\omega\cdot\sin\omega x}{1+\omega^2}\right]d\omega$

$x \sim t \quad \int_0^\infty \left[\dfrac{\cos\omega t}{1+\omega^2} + \dfrac{\omega\cdot\sin\omega t}{1+\omega^2}\right]d\omega = \pi f(t) =$

$\omega \sim x \quad \int_0^\infty \left[\dfrac{\cos xt}{1+x^2} + \dfrac{x\cdot\sin xt}{1+x^2}\right]dx = \pi f(t)$

$$t \sim \omega \qquad \int_0^\infty \left[\frac{\cos x\omega}{1+x^2} + \frac{x \cdot \sin x\omega}{1+x^2} \right] dx = \pi f(\omega) = \begin{cases} \pi e^{-\omega}; & \omega > 0 \\ \dfrac{\pi}{2}; & \omega = 0 \\ 0; & \omega < 0 \end{cases}$$

範例 29：Fourier Cosine 積分式與定積分

(1). 函數 $f(x) = \begin{cases} 1, & |x| < 1 \\ 0, & |x| > 1 \end{cases}$ 之 Fourier 積分式為何？ （15分）

(2). 由 1. 推求 $\int_0^\infty \dfrac{\sin x}{x} dx = ?$

(3). 由 1. 推求 $\int_0^\infty \dfrac{\sin x \cos x}{x} dx = ?$

清大微機電系統所、交大土木所丁、嘉義土木水資源

解答：

$y = f(x)$ 為偶函數，Fourier Cosine 積分式

$$f(x) = \frac{2}{\pi} \int_0^\infty \left[\left(\int_0^\infty f(s) \cos \omega s\, ds \right) \cos \omega x \right] d\omega$$

其中 $\displaystyle\int_0^\infty f(s) \cos \omega s\, ds = \int_0^1 \cos \omega s\, ds = \frac{\sin \omega}{\omega}$

代回得 $\displaystyle f(x) = \frac{2}{\pi} \int_0^\infty \frac{\sin \omega}{\omega} \cos \omega x\, d\omega$

(b) 令 $x = 0$，為斷點，由 Dirichlet 收斂定理知

代入得 $\displaystyle f(0) = 1 = \frac{2}{\pi} \int_0^\infty \frac{\sin \omega}{\omega} d\omega$

移項得 $\displaystyle \int_0^\infty \frac{\sin x}{x} dx = \frac{\pi}{2}$

(c) 令 $x = 1$，為斷點，由 Dirichlet 收斂定理知

代入得 $f(1) = \dfrac{1}{2} = \dfrac{2}{\pi} \int_0^\infty \dfrac{\sin\omega \cos\omega}{\omega} d\omega$

移項得 $\int_0^\infty \dfrac{\sin x \cos x}{x} dx = \dfrac{\pi}{4}$

範例 30

函數 $f(x) = e^{-kx}$，$(x > 0, k > 0)$，試求其 Fourier Cosine Integral。

雲科營建工數、中央電機所

解答：

已知 $$f(x) = \dfrac{2}{\pi} \int_0^\infty \left(\int_0^\infty f(s) \cos\omega s\, ds \right) \cos\omega x\, d\omega$$

代入 $$e^{-kx} = \dfrac{2}{\pi} \int_0^\infty \left(\int_0^\infty e^{-kx} \cos\omega x\, dx \right) \cos\omega x\, d\omega$$

或 $$e^{-kx} = \dfrac{2}{\pi} \int_0^\infty \dfrac{k \cos\omega x}{k^2 + \omega^2} d\omega$$

範例 31

Let $f(x) = e^{-b|x|}$, compute the Fourier Integral of f.

淡大電機所、中央電機所、成大機械所

解答：

已知 $f(x) = e^{-b|x|}$ 為偶函數

Fourier Cosine Integral $f(x) = \dfrac{2}{\pi} \int_0^\infty \left(\int_0^\infty f(s) \cos\omega s\, ds \right) \cos\omega x\, d\omega$

其中

$$F(\varpi) = \int_0^\infty f(x) \cos\omega x\, dx = \int_0^\infty e^{-bx} \cos\omega x\, dx = \dfrac{b}{b^2 + \omega^2}$$

代入得
$$f(x) = \frac{2}{\pi} \int_0^\infty \frac{b\cos\omega x}{b^2+\omega^2} d\omega$$

【分析】

移項
$$\int_0^\infty \frac{b\cos\omega x}{b^2+\omega^2} d\omega = \frac{\pi}{2} f(x) = \frac{\pi}{2} e^{-b|x|}$$

範例 32

(10%) Find the complex Fourier integral of $f(x) = xe^{-|x|}$

清大動機工數

解答：

已知　　$f(x) = xe^{-|x|}$ 為奇函數，展開成 Fourier Sine 積分式

$$f(x) = \frac{2}{\pi}\int_0^\infty \left(\int_0^\infty f(x)\sin(\omega x)dx\right)\sin(\omega x)d\omega$$

代入得
$$f(x) = \frac{2}{\pi}\int_0^\infty \left(\int_0^\infty xe^{-x}\sin(\omega x)dx\right)\sin(\omega x)d\omega$$

積分
$$f(x) = \frac{2}{\pi}\int_0^\infty \left(\frac{2\omega}{(1+\omega^2)^2}\right)\sin(\omega x)d\omega$$

考題集錦

1. Let $f(x) = a_0 + \sum_{n=1}^{\infty}\left(a_n\cos\frac{n\pi x}{L} + b_n\sin\frac{n\pi x}{L}\right)$ be the Fourier series representation of the function $f(x)$ over the interval $-L \leq x \leq L$. Which of the following statements regarding to the above Fourier series is true?

(a) $a_0 = \dfrac{1}{L}\int_{-L}^{L} f(x)dx$;

(b) If $f(x)$ is odd function in $[-L, L]$, then $b_n = 0$ for all n ;

(c) $b_n = \dfrac{1}{L}\int_{-L}^{L} f(x)\sin\left(\dfrac{n\pi x}{L}\right)dx$; (d) $a_n = \dfrac{2}{L}\int_{-L}^{L} f(x)\cos\left(\dfrac{n\pi x}{L}\right)dx$

(e) $\dfrac{1}{2L}\int_{-L}^{L} f^2(x)dx = a_0^2 + \sum\limits_{n=1}^{\infty}\left(a_n^2 + b_n^2\right)$

台大機械所 B

2. （20%）Find the Fourier series of $f(x)=\begin{cases} 0, & -\pi < x < 0 \\ 1, & 0 < x < \pi \end{cases}$.

高雄大電機所微電子組工數

3. （10%）Find the Fourier series representation of the function

$$f(t)=\begin{cases} 0, & -\pi \le \omega t < 0 \\ \sin \omega t, & 0 \le \omega t < \pi \end{cases}$$

成大太空天文與電漿科學所

4. （10%） $f(x) = x^4 + \cos 3x + x + 5$ ，for $-\pi \le x \le \pi$ 。

若以 Fourier 級數表示為 $\dfrac{1}{2}a_0 + \sum\limits_{n=1}^{\infty}\left(a_n \cos\dfrac{n\pi x}{L} + b_n \sin\dfrac{n\pi x}{L}\right)$，試求 b_5

北科大光電所

5. （25%）設 $f(t)=\begin{cases} -\cos(\pi t), & -1 < t < 0 \\ \cos(\pi t), & 0 < t < 1 \end{cases}$ ，而且 $f(t)$ 為週期函數，其週期為 2，請計算出此週期函數的 Fourier 級數的係數。

中央環工所工數

6. (10%) Find the Fourier coefficients of the periodic function $f(x)$

$$f(x)=\begin{cases}-k; & -\pi<x<0\\ k; & 0<x<\pi\end{cases} \text{ and } f(x+2\pi)=f(x).$$

清大動機所

7. (1)請找出下列函數(週期為2π)之 Fourier Series. (20%).

$$f(x)=\frac{x^2}{4}, \quad -\pi<x<\pi$$

(2) 試證

$$1+\frac{1}{4}+\frac{1}{9}+\frac{1}{16}+\cdots=\frac{\pi^2}{6}$$

$$1-\frac{1}{4}+\frac{1}{9}-\frac{1}{16}+\frac{1}{25}-+\cdots=\frac{\pi^2}{12}$$

清大動機所、中興材料所、台大化工所 E

8. (單選題) Let $f(x)=3x^2-1$ and let the Fourier series representation $f(x)$ in the interval $[-1,1]$ be $\sum_{n=0}^{\infty}[a_n\cos(n\pi x)+b_n\sin(n\pi x)]$, then which of the following statements is true ?

(a) $\sum_{n=0}^{\infty}b_n^2=1$ (b) $\sum_{n=0}^{\infty}(a_n^2+b_n^2)=\frac{9}{5}$ (c) $\sum_{n=0}^{\infty}(a_n^2+b_n^2)=\frac{18}{5}$

(d) $\sum_{n=0}^{\infty}a_n^2=\frac{4}{5}$ (e) $\sum_{n=0}^{\infty}a_n^2=\frac{8}{5}$

台大機械所 B

9. (15%) Expand $f(x)=x^2$, $0<x<L$, in a Fourier series.

北台科大土木防災所、義守材料轉、屏科大研

10. (5%)Find the sine half-range expansion of

$$f(x) = \begin{cases} \dfrac{2k}{L}x , & 0 < x < \dfrac{L}{2} \\ \dfrac{2k}{L}(L-x) , & \dfrac{L}{2} < x < L \end{cases}.$$

(A) $\dfrac{4k}{\pi^2}\left(\dfrac{1}{1^2}\sin\dfrac{\pi x}{L} + \dfrac{1}{3^2}\sin\dfrac{3\pi x}{L} + \dfrac{1}{5^2}\sin\dfrac{5\pi x}{L} + \cdots\right)$

(B) $\dfrac{4k}{\pi^2}\left(\dfrac{1}{1^2}\sin\dfrac{\pi x}{L} - \dfrac{1}{2^2}\sin\dfrac{2\pi x}{L} + \dfrac{1}{3^2}\sin\dfrac{3\pi x}{L} - \cdots\right)$

(C) $\dfrac{8k}{\pi^2}\left(\dfrac{1}{1^2}\sin\dfrac{\pi x}{L} - \dfrac{1}{3^2}\sin\dfrac{3\pi x}{L} + \dfrac{1}{5^2}\sin\dfrac{5\pi x}{L} - + \cdots\right)$

(D) $\dfrac{8k}{\pi^2}\left(\dfrac{1}{1^2}\sin\dfrac{\pi x}{L} + \dfrac{1}{2^2}\sin\dfrac{2\pi x}{L} + \dfrac{1}{3^2}\sin\dfrac{3\pi x}{L} + \cdots\right)$

(E) $\dfrac{4k}{\pi^2}\left(\dfrac{1}{1^2}\sin\dfrac{\pi x}{L} - \dfrac{1}{3^2}\sin\dfrac{3\pi x}{L} + \dfrac{1}{5^2}\sin\dfrac{5\pi x}{L} - + \cdots\right)$

(F) $\dfrac{6k}{\pi^2}\left(\dfrac{1}{1^2}\sin\dfrac{\pi x}{L} - \dfrac{1}{3^2}\sin\dfrac{3\pi x}{L} + \dfrac{1}{5^2}\sin\dfrac{5\pi x}{L} - + \cdots\right)$

(G) $\dfrac{2k}{\pi^2}\left(\dfrac{1}{1^2}\sin\dfrac{\pi x}{L} - \dfrac{1}{3^2}\sin\dfrac{3\pi x}{L} + \dfrac{1}{5^2}\sin\dfrac{5\pi x}{L} - + \cdots\right)$

(H) none of the above

清大電機領域聯招 A

11. (7%) Express the periodic function $f(x) = |\cos x|$ in its Fourier series $f(x) = \sum_{n=-\infty}^{\infty} c_n \exp(i2nx)$. Work out $c_n = ?$

清大工程系統工數

12. Compute the complex Fourier series of $f(x)$. Note that $f(x)$ has period 2 and $f(x) = \begin{cases} x^2 + x; & 0 \leq x < 1 \\ x^2 - x + 2; & 1 \leq x < 2 \end{cases}$ (15%)

成大電機、微電子、電通

13. (12%) Find a formal Fourier series solution of the endpoint value problem：

$x'' + x = t$，$x'(0) = x'(1) = 0$

交大電子所微方線代

14. (12%) (a) A saw tooth wave can be expressed by a function as $f(t) = t$，$0 < t < 2\pi$，$f(t) = f(t + 2\pi)$. Find the Fourier series of the function. (b) If the function is taken as the driving force for $y'' + 4y = f(t)$, please find the solution with initial conditions of $y(0) = 0$，$y'(0) = 0$.

交大土木丙工數

第十一章 傅立葉變換

第一節　傅立葉複數變換對

若 $y = f(x)$ 為定義在 $(-\infty, \infty)$ 內之分段連續函數，且絕對可積分，其 Fourier 複數積分式展開，為

$$f(x) = \frac{1}{2\pi} \int_{-\infty}^{\infty} \left(\int_{-\infty}^{\infty} f(x) e^{-i\omega x} dx \right) e^{i\omega x} d\omega$$

現將上式中積分式提出，令其為 $F(\omega)$，即

$$F(\omega) = \int_{-\infty}^{\infty} f(x) e^{-i\omega x} dx$$

此式相當於一 Fourier 變換式，代回原式，可得

$$f(x) = \frac{1}{2\pi} \int_{-\infty}^{\infty} F(\omega) e^{i\omega x} d\omega$$

上式積分式得原函數 $f(x)$，此式可視為一個逆變換，故綜合整理得下列變換式：

Fourier 變換對之第一種定義：（本書採用）

已知 $y = f(x)$ 為定義在 $(-\infty, \infty)$ 內之分段連續函數，且絕對可積分，則 Fourier 複數變換

$$F[f(x)] = \int_{-\infty}^{\infty} f(x) e^{-i\omega x} dx = F(\omega) \qquad (1)$$

逆變換

$$f(x) = \frac{1}{2\pi} \int_{-\infty}^{\infty} F(\omega) e^{i\omega x} d\omega \qquad (2)$$

上式Fourier複數變換對存在之條件為：$f(x)$ 在 $(-\infty,\infty)$ 為絕對可積分，亦即，$\int_{-\infty}^{\infty}|f(x)|dx$ 存在。

當 $\int_{-\infty}^{\infty}|f(x)|dx$ 不存在，往往Fourier複數變換對會不存在，故需再進一步延伸至廣義積分（Generalized Integral）之概念，以求更多的Fourier複數變換對。

Fourier 變換對之第二種定義為

$$F[f(x)] = \frac{1}{\sqrt{2\pi}}\int_{-\infty}^{\infty}f(x)e^{-i\omega x}dx$$

$$f(x) = \frac{1}{\sqrt{2\pi}}\int_{-\infty}^{\infty}F(\omega)e^{i\omega x}d\omega$$

兩者差別在於常數項 $\frac{1}{\sqrt{2\pi}}$ 而已。

範例01：絕對可積分(一)（可直接積分者）

(a) Fourier 變換的條件為何？

(b) 求 $f(x)=\begin{cases}0; & x<0\\ e^{-x}; & x>0\end{cases}$，之Fourier 變換？

成大資源所、成大航太所

解答：

(a) Fourier 變換的條件為：

$f(x)$ 要絕對可積分，亦即 $\int_{-\infty}^{\infty}|f(x)|dx$ 存在。

(b) 已知 $f(x)=\begin{cases}0; & x<0\\ e^{-x}; & x>0\end{cases}$

或表成 $f(x)=e^{-x}u(x)$

依定義知

$$F(\omega) = \int_0^\infty e^{-x} e^{-i\omega x} dx = \int_0^\infty e^{-x} \cos(\omega x) dx - i \int_0^\infty e^{-x} \sin(\omega x) dx$$

其中等號右邊第一項 $F_1(\omega) = \int_0^\infty e^{-t} \cos(\omega t) dt = \{L[\cos(\omega t)]\}_{s=1}$

代入得
$$F_1(\omega) = \left\{\frac{s}{s^2+\omega^2}\right\}_{s=1} = \frac{1}{1+\omega^2}$$

等號右邊第二項 $\quad F_2(\omega) = \int_0^\infty e^{-t} \sin(\omega t) dt = \{L[\sin(\omega t)]\}_{s=1}$

代入得
$$F_2(\omega) = \left\{\frac{\omega}{s^2+\omega^2}\right\}_{s=1} = \frac{\omega}{1+\omega^2}$$

最後得
$$F(\omega) = \frac{1}{1+\omega^2} - i\frac{\omega}{1+\omega^2} = \frac{1-i\omega}{1+\omega^2} = \frac{1}{1+i\omega}$$

【分析】

傅氏基本變換公式 $\quad F[e^{-x}u(x)] = \dfrac{1}{1+i\omega}$

範例 02：逆變換

已知 $F(\omega) = \dfrac{1}{ia\omega + b}$，求 Fourier 逆變換 $f(t)$？

解答：

已知
$$F(\omega) = \frac{1}{ia\omega + b} = \frac{1}{a}\left(\frac{1}{i\omega + \dfrac{b}{a}}\right)$$

$$f(x) = \frac{1}{a} e^{-\frac{b}{a}x} u(x) = \begin{cases} \dfrac{1}{a} e^{-\frac{b}{a}x}, & x \geq 0 \\ 0, & x \leq 0 \end{cases}$$

範例 03：逆變換

Find the inverse Fourier transform solutions for the following equs.
$$F^{-1}\left\{\frac{1}{(1+i\omega)(2+i\omega)}\right\}$$

中原醫工系轉

解答：

令
$$F(\omega)=\frac{1}{(1+i\omega)(2+i\omega)}$$

部分分式展開
$$F(\omega)=\frac{1}{1+i\omega}-\frac{1}{2+i\omega}$$

【方法一】

已知
$$F^{-1}\left(\frac{1}{\alpha+i\omega}\right)=e^{-\alpha x}u(x)$$

代入得
$$f(x)=u(x)\left[e^{-x}-e^{-2x}\right]$$

範例 04

Find the Fourier transform of the function $x(t)$ shown below.

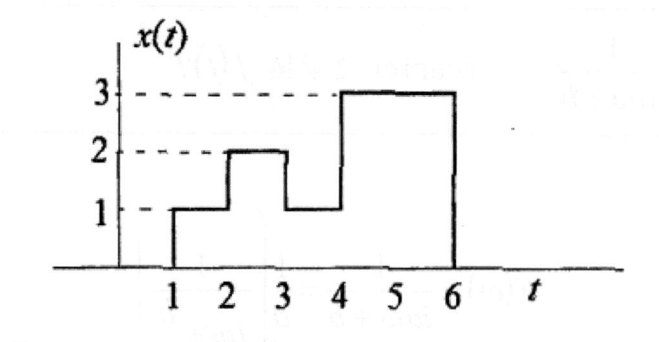

清大電機領域所

解答：

Fourier 變換式
$$F[x(t)]=\int_{-\infty}^{\infty}x(t)e^{-i\omega t}dt=F(\omega)$$

代入圖中函數，得分段積分

$$F[x(t)] = \int_1^2 e^{-i\omega t} dt + 2\int_2^3 e^{-i\omega t} dt + \int_3^4 e^{-i\omega t} dt + 3\int_4^6 x(t) e^{-i\omega t} dt$$

得 $F(\omega) = \dfrac{1}{i\omega}\left(e^{-i\omega} + e^{-2i\omega} - e^{-3i\omega} + 2e^{-4i\omega} - 3e^{-6i\omega}\right)$

範例 05

(20%) Let $f(t) = \begin{cases} 2 & -1 \le t \le 1 \\ 0 & otherwise \end{cases}$. Find the Fourier transform of the following functions.

(1) $f(t)\cos(10t)$

(2) $f(t)\cos^2(10t)$

淡大電機所

解答：

Fourier 變換式 $\quad F[f(t)] = \int_{-\infty}^{\infty} f(t) e^{-i\omega t} dt = F(\omega)$

(a) $F[f(t)\cos(10t)] = \int_{-\infty}^{\infty} f(t)\cos(10t) e^{-i\omega t} dt$

得 $F[f(t)\cos(10t)] = 2\int_{-1}^{1} \cos(10t) e^{-i\omega t} dt = 4\int_0^1 \cos(10t)\cos(\omega t) dt$

其中 $\int_{-1}^{1} \cos(10t)(-i\sin\omega t) dt = 0$ 為奇函數

$F[f(t)\cos(10t)] = 2\int_0^1 [\cos(\omega+10)t + \cos(\omega-10)t] dt$

$F[f(t)\cos(10t)] = \dfrac{2}{\omega+10}\sin(\omega+10) + \dfrac{2}{\omega-10}\sin(\omega-10)$

(b) $F[f(t)\cos^2(10t)] = \int_{-\infty}^{\infty} f(t)\cos^2(10t)e^{-i\omega t}dt$

得 $F[f(t)\cos(10t)] = 2\int_{-1}^{1}[1+\cos(20t)]e^{-i\omega t}dt = 4\int_{0}^{1}[1+\cos(20t)]\cos(\omega t)dt$

其中 $\int_{-1}^{1}[1+\cos(20t)](-i\sin\omega t)dt = 0$ 為奇函數

$F[f(t)\cos(10t)] = 4\int_{0}^{1}[\cos(\omega t)+\cos(\omega+20)t+\cos(\omega-20)t]dt$

$F[f(t)\cos(10t)] = \dfrac{2\sin\omega}{\omega} + \dfrac{1}{\omega+20}\sin(\omega+20) + \dfrac{1}{\omega-20}\sin(\omega-20)$

第二節　傅立葉三角變換對

若已知 $y = f(x)$ 為非週期函數，且定義在 $(-\infty,\infty)$ 內之分段連續函數，且 $y = f(x)$ 為偶函數，得 Fourier Cosine 積分式如下：

$$f(x) = \dfrac{2}{\pi}\int_{0}^{\infty}\left(\int_{0}^{\infty}f(x)\cos\omega x dx\right)\cos\omega x\, d\omega$$

現將上式中積分式提出，而得到所謂之 Fourier Cosine 變換對，如下

$$F_c(\omega) = \int_{0}^{\infty}f(x)\cos(\omega x)dx \qquad (3)$$

此式相當於一 Fourier 變換式，代回原式，可得逆變換

$$f(x) = \dfrac{2}{\pi}\int_{0}^{\infty}F_c(\omega)\cos(\omega x)d\omega \qquad (4)$$

若已知 $y = f(x)$ 為非週期函數，且定義在 $(-\infty,\infty)$ 內之分段連續函數，且 $y = f(x)$ 為奇函數，得 Fourier Sine 積分式如下：

$$f(x) = \dfrac{2}{\pi}\int_{0}^{\infty}\left(\int_{0}^{\infty}f(x)\sin\omega x dx\right)\sin\omega x\, d\omega$$

現將上式中積分式提出，而得到所謂之 Fourier Sine 變換對，如下

$$F_s(\omega) = \int_0^\infty f(x)\sin(\omega x)dx \qquad (5)$$

此式相當於一 Fourier Sine 變換式，代回原式，可得逆變換

$$f(x) = \frac{2}{\pi}\int_0^\infty F_s(\omega)\sin(\omega x)d\omega \qquad (6)$$

【補充】
1. Fourier Cosine 變換對之第二種定義：（又稱對稱式）

$$F_c(\omega) = \sqrt{\frac{2}{\pi}} \int_0^\infty f(x)\cos(\omega x)dx$$

$$f(x) = \sqrt{\frac{2}{\pi}} \int_0^\infty F_c(\omega)\cos(\omega x)d\omega$$

2. Fourier Sine 變換對之第二種定義：（又稱對稱式）

$$F_s(\omega) = \sqrt{\frac{2}{\pi}} \int_0^\infty f(x)\sin(\omega x)dx$$

$$f(x) = \sqrt{\frac{2}{\pi}} \int_0^\infty F_s(\omega)\sin(\omega x)d\omega$$

第一種與第二種定義，只差一個常數 $\sqrt{\frac{2}{\pi}}$。

範例 06：應用

Solve the integral equation $\int_0^\infty f(x)\cos(\beta x)dx = e^{-\beta}$

解答：

利用 Fourier Cosine 變換對，如下

$$F_c[f(x)] = \int_0^\infty f(x)\cos(\omega x)dx = F_c(\omega) \quad \text{(i)}$$

$$f(x) = \frac{2}{\pi}\int_0^\infty F_c(\omega)\cos(\omega x)d\omega \quad \text{(ii)}$$

已知原式

$$\int_0^\infty f(x)\cos(\beta x)dx = F_c(\beta) = e^{-\beta}$$

令 $F_c(\beta) = e^{-\beta}$ 代入逆變換(ii)

$$f(x) = \frac{2}{\pi}\int_0^\infty F_c(\beta)\cos(\beta x)d\beta = \frac{2}{\pi}\int_0^\infty e^{-\beta}\cos(\beta x)d\beta$$

積分得解

$$f(x) = \frac{2}{\pi}\frac{1}{1+x^2}$$

範例 07

(12%)對 $f(x) = \begin{cases} 1, & |x| < 1 \\ 0, & |x| > 1 \end{cases}$，分別進行(a) Fourier 變換？(b) Fourier 積分？

成大資源所

解答：
(a) Fourier 變換

$$F(\omega) = \int_{-\infty}^\infty f(x)e^{i\omega x}dx = \int_{-\infty}^\infty f(x)\cos\omega x\, dx$$

偶函數，得

$$F(\omega) = 2\int_0^\infty f(x)\cos(\omega x)dx = 2\frac{\sin\omega}{\omega}$$

(b) Fourier 積分

$$f(x) = \frac{2}{\pi}\int_0^\infty \left(\int_0^\infty f(x)\cos(\omega x)dx\right)\cos(\omega x)d\omega$$

$$f(x) = \frac{2}{\pi} \int_0^\infty \left(\int_0^1 \cos(\omega x) dx \right) \cos(\omega x) d\omega$$

$$f(x) = \frac{2}{\pi} \int_0^\infty \left(\frac{\sin \omega}{\omega} \right) \cos(\omega x) d\omega$$

範例 08

(15%) Given the Fourier transform pair: $x(t) \leftrightarrow X(\omega)$, derive the Fourier transform of $x(at)$. Also find $X(\omega)$ when $x(t) = e^{-c|t|}$ where $c > 0$.

台科大電機工數

解答：

已知　　　　　　$x(t) = e^{-c|t|}$ 為偶函數

傅氏 Cosine 變換，為

$$X(\omega) = 2 \int_0^\infty x(t) \cos(\omega t) dt$$

$$X(\omega) = 2 \int_0^\infty e^{-ct} \cos(\omega t) dt = \frac{2c}{c^2 + \omega^2}$$

範例 09

(10%) Find the Fourier transform for the function $f(x) = e^{-a|x|}$, where a is real and $a > 0$, $-\infty < x < \infty$.

台大大氣所

解答：

已知　　　　　　$f(x) = e^{-a|x|}$ 為偶函數

傅氏 Cosine 變換，為

$$F(\omega) = 2 \int_0^\infty f(x) \cos(\omega x) dx$$

$$F(\omega)=2\int_0^\infty e^{-ax}\cos(\omega x)dx=\frac{2\alpha}{\alpha^2+\omega^2}$$

範例 10

(20%) Let $f(t)=e^{-|t|}$, and $g(t)=\begin{cases}1, & |t|<1\\ 0, & |t|>1\end{cases}$

(a) Compute $y(t)=f(t)*g(t)$, where * denotes convolution.
(b) Find the Fourier transform of $y(t)$.

成大微電子所

解答：

$$y(t)=f(t)*g(t)=\int_0^t f(t-\tau)g(\tau)d\tau$$

或

$$y(t)=\int_0^t e^{t-\tau}g(\tau)d\tau=e^t\int_0^t e^{-\tau}g(\tau)d\tau$$

$$y(t)=e^t\int_0^t e^{-\tau}g(\tau)d\tau=\begin{cases}e^t\int_0^t e^{-\tau}d\tau=e^t-1, & 0<t<1\\ 0, & 1<t\end{cases}$$

(b) $\quad F[f(t)]=F[e^{-|t|}]=\int_0^\infty e^{-t}\cos(\omega t)dt=\dfrac{1}{1+\omega^2}$

範例 11

The Fourier sine transform of the function $f(x)=\begin{cases}k & 0<x<a\\ 0 & x>a\end{cases}$ is

(A) $\sqrt{\dfrac{2}{\pi}}k\left(\dfrac{1-\sin a\omega}{\omega}\right)$ \quad (B) $\sqrt{\dfrac{2}{\pi}}k\left(\dfrac{1+\sin a\omega}{\omega}\right)$

(C) $\sqrt{\dfrac{2}{\pi}}k\left(\dfrac{1-\cos a\omega}{\omega}\right)$　　(D) $\sqrt{\dfrac{2}{\pi}}k\left(\dfrac{1+\cos a\omega}{\omega}\right)$

成大材料所工數

解答：(C)

Fourier Sine 變換第二種對稱式

$$F_s(\omega)=\sqrt{\dfrac{2}{\pi}}\int_0^\infty f(x)\sin(\omega x)dx$$

代入　　$F_s(\omega)=\sqrt{\dfrac{2}{\pi}}\int_0^a k\sin(\omega x)dx=\left[-\dfrac{k\cos(\omega x)}{\omega}\right]_0^a$

得　　$F_s(\omega)=\sqrt{\dfrac{2}{\pi}}k\left(\dfrac{1-\cos a\omega}{\omega}\right)$

範例 12

Find the Fourier Sine Transform of $f(x)=e^{-kx}$，also evaluate

$$\int_0^\infty \dfrac{\mu\sin(m\mu)}{\mu^2+\pi^2}d\mu$$

高雄一科大電腦通訊所、中興應數所、交大光電

解答：

(a) 依定義知當 $f(x)$ 為奇函數時

$$F_s(e^{-kx})=\int_0^\infty e^{-kx}\sin(\omega x)dx$$

或　　$F_s(e^{-kx})=\int_0^\infty e^{-kt}\sin(\omega t)dt=\{L[\sin(\omega t)]\}_{s=k}$

得　　$F_s(e^{-kx})=\left\{\dfrac{\omega}{s^2+\omega^2}\right\}_{s=k}=\dfrac{\omega}{k^2+\omega^2}$

(b) 代入逆變換

$$e^{-kx} = \frac{2}{\pi}\int_0^\infty \frac{\omega \sin(\omega x)}{k^2+\omega^2}d\omega$$

令 $x = m$ 代入得

$$e^{-km} = \frac{2}{\pi}\int_0^\infty \frac{\omega \sin(\omega m)}{k^2+\omega^2}d\omega$$

$$\int_0^\infty \frac{\mu \sin(m\mu)\cdot}{\mu^2+\pi^2}d\mu = \int_0^\infty \frac{\omega \sin(m\omega)\cdot}{\omega^2+\pi^2}d\omega$$

令 $k = \pi$ 代入得

$$\int_0^\infty \frac{\mu \sin(m\mu)\cdot}{\mu^2+\pi^2}d\mu = \int_0^\infty \frac{\omega \sin(m\omega)\cdot}{\omega^2+\pi^2}d\omega = \frac{\pi}{2}e^{-m\pi}$$

或

$$\int_0^\infty \frac{\mu}{\pi^2+\mu^2}\sin(m\mu)d\mu = \begin{cases} \dfrac{\pi}{2}e^{-\pi m}; & m > 0 \\ 0 & ; m = 0 \\ -\dfrac{\pi}{2}e^{\pi m}; & m < 0 \end{cases}$$

範例 13 $f(x) = Ae^{-ax^2}$; $A > 0, a > 0$

(15%) Find the Fourier Transform of $f(x)$

$f(x) = e^{-ax^2}$, $a > 0$

中山光電所、台師大光電所、中央電機所

解答：

依 Fourier Transform 定義知

$$F\left(e^{-ax^2}\right) = F(\omega) = \int_{-\infty}^{\infty} e^{-ax^2} e^{-i\omega x}dx = 2\int_0^\infty e^{-ax^2}\cos(\omega x)dx$$

其中因 e^{-ax^2} 為偶函數，故

$$F(e^{-ax^2}) = F(\omega) = 2\int_0^\infty e^{-ax^2}\cos(\omega x)dx$$

兩邊微分 $\qquad \dfrac{d}{d\omega}F(\omega) = 2\dfrac{d}{d\omega}\int_0^\infty e^{-ax^2}\cos(\omega x)dx$

得 $\qquad \dfrac{d}{d\omega}F(\omega) = 2\int_0^\infty e^{-ax^2}\dfrac{d}{d\omega}[\cos(\omega x)]dx$

或 $\qquad \dfrac{d}{d\omega}F(\omega) = \int_0^\infty e^{-ax^2}(-2x)\sin(\omega x)dx$

整理 $\qquad \dfrac{d}{d\omega}F(\omega) = \dfrac{1}{a}\int_0^\infty \sin(\omega x)\cdot e^{-ax^2}(-2ax)dx$

令 $u = \sin(\omega x)$，$dv = e^{-ax^2}(-2ax)dx$，分部積分

得 $\qquad \dfrac{d}{d\omega}F(\omega) = \dfrac{1}{a}\left\{\left[\sin(\omega x)e^{-ax^2}\right]_0^\infty - \int_0^\infty \omega\cos(\omega x)\cdot e^{-ax^2}dx\right\}$

或 $\qquad \dfrac{d}{d\omega}F(\omega) = -\dfrac{2}{2}\cdot\dfrac{\omega}{a}\int_0^\infty \cos(\omega x)\cdot e^{-ax^2}dx = -\dfrac{\omega}{2a}F(\omega)$

移項 $\qquad \dfrac{dF(\omega)}{F(\omega)} = -\dfrac{\omega}{2a}d\omega$

積分得 $\qquad \ln(F(\omega)) = -\dfrac{\omega^2}{4a} + c_1$

取指數 $\qquad F(\omega) = ce^{-\frac{\omega^2}{4a}}$

其中常數求法如下

已知 $\qquad F(\omega) = 2\int_0^\infty e^{-ax^2}\cos(\omega x)dx$

令 $\omega = 0$ 代入 $\qquad F(0) = 2\int_0^\infty e^{-ax^2}\cos(0)dx = 2\int_0^\infty e^{-ax^2}dx = \dfrac{\sqrt{\pi}}{\sqrt{a}} = c$

最後得 $\qquad F(\omega) = \int_{-\infty}^\infty e^{-ax^2}\cos(\omega x)dx = \sqrt{\dfrac{\pi}{a}}e^{-\frac{\omega^2}{4a}}$

範例 14

Find the Fourier transforms of e^{-ax^2} and xe^{-x^2} respectively, where $a > 0$

中央電機所

解答：

(a) 由前例知
$$\int_0^\infty e^{-ax^2}\cos(\omega x)\cdot dx = \frac{1}{2}\sqrt{\frac{\pi}{a}}e^{-\frac{\omega^2}{4a}}$$

(b) 計算 Fourier 變換

依定義知 $F(\omega) = \int_{-\infty}^\infty xe^{-ax^2}e^{-i\omega x}dx$

因 xe^{-x^2} 為奇函數，故 $F(\omega) = -2i\int_0^\infty xe^{-ax^2}\sin(\omega x)dx$

整理 $F(\omega) = \frac{i}{a}\int_0^\infty \sin(\omega x)\cdot e^{-ax^2}(-2ax)dx$

令 $u = \sin(\omega x)$，$dv = e^{-ax^2}(-2ax)dx$，分部積分

得 $F(\omega) = \frac{i}{a}\left\{\left[\sin(\omega x)e^{-ax^2}\right]_0^\infty - \int_0^\infty \omega\cos(\omega x)\cdot e^{-ax^2}dx\right\}$

或 $F(\omega) = -\frac{\omega i}{a}\int_0^\infty \cos(\omega x)\cdot e^{-ax^2}dx$

由(a)得 $F(\omega) = -\frac{i\omega}{a}\int_0^\infty \cos(\omega x)\cdot e^{-ax^2}dx = -\frac{i\omega}{2a}\sqrt{\frac{\pi}{a}}e^{-\frac{\omega^2}{4a}}$

範例 15

$$\int_0^\infty ye^{-y^2}\sin 2y\,dy$$

成大機械所

解答：

已知 $\int_0^\infty ye^{-y^2}\sin 2y\,dy$

分部積分，令 $u = \sin 2y$， $dv = ye^{-y^2}dy$

$du = 2\cos 2y$ $v = -\dfrac{1}{2}e^{-y^2}$

分部積分得 $\int_0^\infty ye^{-y^2}\sin 2y\,dy = \left[-\dfrac{1}{2}e^{-y^2}\sin 2y\right]_0^\infty + \int_0^\infty e^{-y^2}\cos 2y\,dy$

或 $\int_0^\infty ye^{-y^2}\sin 2y\,dy = \int_0^\infty e^{-y^2}\cos 2y\,dy$

已知 $F(\omega) = 2\int_0^\infty \cos(\omega x)\cdot e^{-ax^2}dx = \sqrt{\dfrac{\pi}{a}}e^{-\frac{\omega^2}{4a}}$

或 $\int_0^\infty \cos(\omega x)\cdot e^{-ax^2}dx = \dfrac{1}{2}\sqrt{\dfrac{\pi}{a}}e^{-\frac{\omega^2}{4a}}$

令 $a = 1$，$\omega = 2$，代入得

$$\int_0^\infty ye^{-y^2}\sin 2y\,dy = \int_0^\infty e^{-y^2}\cos 2y\,dy = \dfrac{\sqrt{\pi}}{2e}$$

第三節　傅立葉變換之 Parsval 恆等式

已知 Fourier Cosine 變換對，如下所示：

Fourier Cosine 變換

$$F_c[f(x)] = \int_0^\infty f(x)\cos(\omega x)dx = F_c(\omega)$$

逆變換

$$f(x) = \frac{2}{\pi} \int_0^\infty F_c(\omega)\cos(\omega x)d\omega$$

兩邊乘上 $f(x)$ 後積分 $\int_0^\infty f^2(x)dx = \frac{2}{\pi}\int_0^\infty F_c(\omega)\left(\int_0^\infty f(x)\cos(\omega x)dx\right)d\omega$

代入 $F_c(\omega) = \int_0^\infty f(x)\cos(\omega x)dx$

Fourier Cosine 變換之 Parsval 恆等式

$$\int_0^\infty f^2(x)dx = \frac{2}{\pi}\int_0^\infty F_c^2(\omega)d\omega \qquad (7)$$

同理，已知 Fourier Sine 變換對，如下所示

Fourier Sine 變換

$$F_s[f(x)] = \int_0^\infty f(x)\sin(\omega x)dx = F_s(\omega)$$

逆變換

$$f(x) = \frac{2}{\pi}\int_0^\infty F_s(\omega)\sin(\omega x)d\omega$$

兩邊乘上 $f(x)$ 後積分

$$\int_0^\infty f^2(x)dx = \frac{2}{\pi}\int_0^\infty F_s(\omega)\left(\int_0^\infty f(x)\sin\omega x dx\right)d\omega$$

代入 $F_s(\omega) = \int_0^\infty f(x)\sin(\omega x)dx$

Fourier Sine 變換之 Parsval 恆等式

$$\int_0^\infty f^2(x)dx = \frac{2}{\pi}\int_0^\infty F_s^2(\omega)d\omega \qquad (8)$$

若採用第二種 Fourier Cosine 變換對，即

$$F_c(\omega) = \sqrt{\frac{2}{\pi}} \int_0^\infty f(x)\cos(\omega x)dx$$

$$f(x) = \sqrt{\frac{2}{\pi}} \int_0^\infty F_c(\omega)\cos(\omega x)d\omega$$

則其對應之 Fourier Parsval 恆等式變成

$$\int_0^\infty f^2(x)dx = \int_0^\infty F_c^2(\omega)d\omega \qquad (9)$$

若採用第二種 Fourier Sine 變換對，即

$$F_s(\omega) = \sqrt{\frac{2}{\pi}} \int_0^\infty f(x)\sin(\omega x)dx$$

$$f(x) = \sqrt{\frac{2}{\pi}} \int_0^\infty F_s(\omega)\sin(\omega x)d\omega$$

則其對應之 Fourier Parsval 恆等式變成

$$\int_0^\infty f^2(x)dx = \int_0^\infty F_s^2(\omega)d\omega \qquad (10)$$

Fourier 變換之 Parsval 恆等式

已知 Fourier 變換對，如下所示

$$F(\omega) = \int_{-\infty}^\infty f(x)e^{-i\omega x}dx$$

$$f(x) = \frac{1}{2\pi} \int_{-\infty}^\infty F(\omega)e^{i\omega x}d\omega$$

則 Fourier 變換之 Parsval 恆等式，如下

$$\int_{-\infty}^\infty f^2(x)dx = \frac{1}{2\pi} \int_{-\infty}^\infty |F(\omega)|^2 d\omega \qquad (11)$$

若採用第二種Fourier 變換對定義，如下所示

$$F(\omega) = \frac{1}{\sqrt{2\pi}} \int_{-\infty}^{\infty} f(x)e^{-i\omega x}dx$$

$$f(x) = \frac{1}{\sqrt{2\pi}} \int_{-\infty}^{\infty} F(\omega)e^{i\omega x}d\omega$$

則 Fourier 變換之Parsval 恆等式，變成如下形式

$$\int_{-\infty}^{\infty} f^2(x)dx = \int_{-\infty}^{\infty}|F(\omega)|^2 d\omega \quad (12)$$

其推導詳見下例

範例 16

Show that $\int_{-\infty}^{\infty}|f(x)|^2 dx = \frac{1}{2\pi}\int_{-\infty}^{\infty}|F(\omega)|^2 d\omega$ （20%）.

北科大電腦通訊所、台師大電機所、台大造船所

【證明】

已知 $\qquad F(\omega) = \int_{-\infty}^{\infty} f(x)e^{-i\omega x}dx$

及 $\qquad f(x) = \frac{1}{2\pi}\int_{-\infty}^{\infty} F(\omega)e^{i\omega x}d\omega$

兩邊共軛 $\qquad \overline{f(x)} = \frac{1}{2\pi}\int_{-\infty}^{\infty} \overline{F(\omega)}e^{-i\omega x}d\omega$

再乘上 $f(x)$ 後積分 $\quad \int_{-\infty}^{\infty}\overline{f(x)}f(x)dx = \frac{1}{2\pi}\int_{-\infty}^{\infty} \overline{F(\omega)}\left(\int_{-\infty}^{\infty} f(x)e^{-i\omega x}dx\right)d\omega$

因 $\overline{f(x)} = f(x)$，及 $\quad F(\omega) = \int_{-\infty}^{\infty} f(x)e^{-i\omega x}dx$

代入得 $\qquad \int_{-\infty}^{\infty} f^2(x)dx = \frac{1}{2\pi}\int_{-\infty}^{\infty} \overline{F(\omega)}F(\omega)d\omega$

利用複變函數之內積特性，得

$$\int_{-\infty}^{\infty} f^2(x)dx = \frac{1}{2\pi}\int_{-\infty}^{\infty}|F(\omega)|^2 d\omega$$

範例 17

> (10%) $f(x)=\begin{cases} 1 & |x|<a \\ 0 & |x|>a \end{cases}$，where a is constant.
>
> (a) Find the Fourier transform of $f(x)$
>
> (b) Use the result (a) to evaluate $\int_0^{\infty}\frac{\sin x}{x}dx$
>
> (c) Use the result (a) to evaluate $\int_0^{\infty}\frac{\sin x \cos x}{x}dx$
>
> (d) Use the result (a) to evaluate $\int_{-\infty}^{\infty}\frac{\sin\alpha a\cos\alpha x}{\alpha}d\alpha$
>
> (e) 利用 FourierParsval 恆等式，求 $\int_0^{\infty}\frac{\sin^2\omega}{\omega^2}d\omega$

清大微機電系統所、台師大光電所

解答：

(a) $y = f(x)$ 為偶函數，Fourier Cosine 變換式

$$F_c(\omega) = \int_0^{\infty} f(x)\cos(\omega x)\,dx = \int_0^1 \cos(\omega x)dx = \frac{\sin\omega}{\omega}$$

逆變換

$$f(x) = \frac{2}{\pi}\int_0^{\infty} F_c(\omega)\cos(\omega x)d\omega$$

代回得 Fourier 積分式 $\quad f(x) = \frac{2}{\pi}\int_0^{\infty}\frac{\sin\omega\cos(\omega x)}{\omega}d\omega$

(b) 令 $x = 0$，

代入得 $f(0) = \dfrac{2}{\pi}\int_0^\infty \dfrac{\sin\omega}{\omega}d\omega$

由 Dirichlet 收斂定理知：$f(0) = 1$

移項得 $\int_0^\infty \dfrac{\sin\omega}{\omega}d\omega = \dfrac{\pi}{2}$

或 $\int_0^\infty \dfrac{\sin x}{x}dx = \dfrac{\pi}{2}$

(c) 令 $x = 1$ 代入得

$$f(1) = \dfrac{2}{\pi}\int_0^\infty \dfrac{\sin\omega\cos\omega}{\omega}d\omega$$

由 Dirichlet 收斂定理知：$f(1) = \dfrac{1}{2}$

移項得 $\dfrac{1}{2} = \dfrac{2}{\pi}\int_0^\infty \dfrac{\sin\omega\cos\omega}{\omega}d\omega$

$$\int_0^\infty \dfrac{\sin x \cos x}{x}dx = \dfrac{\pi}{4}$$

(d) 由(a)得 $f(x) = \dfrac{2}{\pi}\int_0^\infty \dfrac{\sin\omega\cos(\omega x)}{\omega}d\omega$

移項 $\int_0^\infty \dfrac{\sin\omega\cos(\omega x)}{\omega}d\omega = \dfrac{\pi}{2}f(x) = \begin{cases} \dfrac{\pi}{2}, & |x| < a \\ \dfrac{\pi}{4}, & x = a, x = -a \\ 0, & |x| > a \end{cases}$

(e) 利用 FourierParsval 恆等式 $\int_0^\infty f^2(x)dx = \dfrac{2}{\pi}\int_0^\infty F_c^2(\omega)d\omega$

代入 $\int_0^1 dx = 1 = \dfrac{2}{\pi}\int_0^\infty \dfrac{\sin^2\omega}{\omega^2}d\omega$

或 $\int_0^\infty \dfrac{\sin^2\omega}{\omega^2}d\omega = \dfrac{\pi}{2}$

範例 18

Compute the Fourier transform of the function $f(t)$. Find also $\int_{-\infty}^{\infty} f^2(x)dx$. $f(t) = \int_0^2 \frac{\sqrt{\omega}}{1+\omega} e^{j\omega t} d\omega$

大同通訊所

解答：

已知
$$F(\omega) = \int_{-\infty}^{\infty} f(x)e^{-i\omega x}dx$$

及逆變換
$$f(x) = \frac{1}{2\pi}\int_{-\infty}^{\infty} F(\omega)e^{i\omega x}d\omega$$

(a) 已知
$$f(t) = \int_0^2 \frac{\sqrt{\omega}}{1+\omega} e^{j\omega t} d\omega$$

若取
$$F(\omega) = \begin{cases} \dfrac{2\pi\sqrt{\omega}}{1+\omega}; & 0 < \omega < 2 \\ 0; & 0 > \omega; 2 < \omega \end{cases}$$

代入逆變換式，得證 $f(t) = \int_0^2 \dfrac{\sqrt{\omega}}{1+\omega} e^{j\omega t} d\omega$

(b) Fourier 變換之 Parsval 恆等式

$$\int_{-\infty}^{\infty} f^2(x)dx = \frac{1}{2\pi}\int_{-\infty}^{\infty} |F(\omega)|^2 d\omega$$

$$\int_{-\infty}^{\infty} f^2(x)dx = \frac{1}{2\pi}\int_0^2 \left(\frac{2\pi\sqrt{\omega}}{1+\omega}\right)^2 d\omega = 2\pi\int_0^2 \frac{\omega}{(1+\omega)^2} d\omega$$

$$\int_{-\infty}^{\infty} f^2(x)dx = 2\pi\int_1^3 \frac{u-1}{u^2} du = 2\pi\left(\ln 3 - \frac{2}{3}\right)$$

第四節　傅立葉變換之結合式積分式

已知 Fourier 變換對，如下所示

$$F(\omega) = \int_{-\infty}^{\infty} f(x)e^{-i\omega x}dx$$

$$f(x) = \frac{1}{2\pi}\int_{-\infty}^{\infty} F(\omega)e^{i\omega x}d\omega$$

已知結合積分式　$f*g = \int_{-\infty}^{\infty} f(x-\xi)g(\xi)d\xi$

取 Fourier 變換　$F(f*g) = \int_{-\infty}^{\infty}\left[\int_{-\infty}^{\infty} f(x-\xi)g(\xi)d\xi\right]e^{-i\omega x}dx$

$$F(f*g) = \int_{-\infty}^{\infty}\left[\int_{-\infty}^{\infty} f(x-\xi)g(\xi)e^{-i\omega x}dx\right]d\xi$$

乘上恆等式　$e^{i\omega\xi}\cdot e^{-i\omega\xi}$，得

$$F(f*g) = \int_{-\infty}^{\infty}\left[\int_{-\infty}^{\infty} f(x-\xi)g(\xi)e^{-i\omega(x-\xi)}dx\right]e^{-i\omega\xi}d\xi$$

令 $x-\xi = t$,　$dx = dt$

$$F(f*g) = \int_{-\infty}^{\infty}\left[\int_{-\infty}^{\infty} f(t)g(\xi)e^{-i\omega t}dt\right]e^{-i\omega\xi}d\xi$$

或

$$F(f*g) = \int_{-\infty}^{\infty}\left[\int_{-\infty}^{\infty} f(t)e^{-i\omega t}dt\right]g(\xi)e^{-i\omega\xi}d\xi$$

分開得證

$$F(f*g) = \left(\int_{-\infty}^{\infty} f(t)e^{-i\omega t}dt\right)\cdot\left(\int_{-\infty}^{\infty} g(\xi)e^{-i\omega\xi}d\xi\right) = F[f(x)]\cdot F[g(x)] \quad (13)$$

北科大電腦通訊所丙、交大機械所乙

若採用 Fourier 變換對之第二種定義為

$$F[f(x)] = \frac{1}{\sqrt{2\pi}} \int_{-\infty}^{\infty} f(x)e^{-i\omega x} dx$$

$$f(x) = \frac{1}{\sqrt{2\pi}} \int_{-\infty}^{\infty} F(\omega)e^{i\omega x} d\omega$$

則結合積分式 $\quad f * g = \int_{-\infty}^{\infty} f(x-\xi)g(\xi)d\xi$

取 Fourier 變換得 $\quad F(f*g) = \frac{1}{\sqrt{2\pi}} \int_{-\infty}^{\infty} \left[\int_{-\infty}^{\infty} f(x-\xi)g(\xi)d\xi \right] e^{-i\omega x} dx$

或

$$F(f*g) = \frac{1}{\sqrt{2\pi}} \int_{-\infty}^{\infty} \left[\int_{-\infty}^{\infty} f(x-\xi)g(\xi)e^{-i\omega x} dx \right] d\xi$$

乘上恆等式 $e^{i\omega\xi} \cdot e^{-i\omega\xi}$,得

$$F(f*g) = \frac{1}{\sqrt{2\pi}} \int_{-\infty}^{\infty} \left[\int_{-\infty}^{\infty} f(x-\xi)g(\xi)e^{-i\omega(x-\xi)} dx \right] e^{-i\omega\xi} d\xi$$

令 $x - \xi = t, \quad dx = dt$

$$F(f*g) = \frac{1}{\sqrt{2\pi}} \int_{-\infty}^{\infty} \left[\int_{-\infty}^{\infty} f(t)g(\xi)e^{-i\omega t} dt \right] e^{-i\omega\xi} d\xi$$

或

$$F(f*g) = \frac{1}{\sqrt{2\pi}} \int_{-\infty}^{\infty} \left[\int_{-\infty}^{\infty} f(t)e^{-i\omega t} dt \right] g(\xi)e^{-i\omega\xi} d\xi$$

分開得

$$F(f*g) = \sqrt{2\pi} \left(\frac{1}{\sqrt{2\pi}} \int_{-\infty}^{\infty} f(t)e^{-i\omega t} dt \right) \cdot \left(\frac{1}{\sqrt{2\pi}} \int_{-\infty}^{\infty} g(\xi)e^{-i\omega\xi} d\xi \right)$$

得證 $\quad F(f*g) = \sqrt{2\pi} F[f(x)] \cdot F[g(x)] \hfill (14)$

第五節　傅立葉變換之對稱性

已知 Fourier 變換式，在廣義積分之定義下，存在收斂，則 Fourier 變換之特性，推導如下所示。

依 Fourier 變換
$$F(\omega) = \int_{-\infty}^{\infty} f(x) e^{-ix\omega} dx$$

其逆變換對
$$f(x) = \frac{1}{2\pi} \int_{-\infty}^{\infty} F(\omega) e^{i\omega x} d\omega$$

直接將上式中變數 ω 換成變數 t，得 Fourier 變換對如下：

$$F(t) = \int_{-\infty}^{\infty} f(x) e^{-itx} dx$$

其逆變換對
$$f(x) = \frac{1}{2\pi} \int_{-\infty}^{\infty} F(t) e^{ixt} dt$$

再將上式中變數 x 換成變數 ω，得 Fourier 變換對如下：

$$F(t) = \int_{-\infty}^{\infty} f(\omega) e^{-it\omega} d\omega$$

其逆變換對
$$f(\omega) = \frac{1}{2\pi} \int_{-\infty}^{\infty} F(t) e^{i\omega t} dt$$

再將上式中變數 t 換成變數 x，得 Fourier 變換對如下：

$$F(x) = \int_{-\infty}^{\infty} f(\omega) e^{-ix\omega} d\omega$$

其逆變換對
$$f(\omega) = \frac{1}{2\pi} \int_{-\infty}^{\infty} F(x) e^{i\omega x} dx$$

最後再將上式中變數 ω 換成變數 $-\omega$，得 Fourier 變換對如下：

$$F(x) = \int_{-\infty}^{\infty} f(-\omega) e^{ix\omega} d\omega$$

其逆變換對 $$f(-\omega) = \frac{1}{2\pi}\int_{-\infty}^{\infty} F(x)e^{-i\omega x}dx$$

乘上 2π $$\int_{-\infty}^{\infty} F(x)e^{-i\omega x}dx = 2\pi f(-\omega) \qquad (15)$$

上式為 $F(x)$ 之 Fourier 變換，表成 $F[F(x)] = 2\pi f(-\omega)$

其逆變換，得 $$F(x) = \frac{1}{2\pi}\int_{-\infty}^{\infty} 2\pi f(-\omega)e^{ix\omega}d\omega$$

整理如下表

定理：Fourier 變換之對稱性

原函數	Fourier 變換
$f(x)$	$F(\omega)$
$F(x)$	$2\pi f(-\omega)$

範例 19：Fourier 變換之對稱性

Find the Fourier Transform of $f(x) = \delta(x)$

解答：

依定義知 $$F(\delta(x)) = \int_{-\infty}^{\infty} \delta(x)e^{-i\omega x}dx$$

利用特性 $$\int_{-\infty}^{\infty} \delta(x)h(x)dx = h(0)$$

代入得 $$F(\delta(x)) = \left(e^{-i\omega x}\right)_{x=0} = 1 = F(\omega)$$

範例 20：

Find the Fourier Transform of $f*(x) = 1$

解答：

已知 Fourier 變換 $F(\delta(x)) = F(\omega) = 1$

利用 Fourier 變換之對稱性，得

$$F[1] = F^*(\omega) = 2\pi f(-\omega) = 2\pi\delta(-\omega) = 2\pi\delta(\omega)$$

【分析】

$$F[1] = \int_{-\infty}^{\infty} e^{-i\omega t} dt = \int_{-\infty}^{\infty} \cos(\omega t) dt - \int_{-\infty}^{\infty} \sin(\omega t) dt = 2\pi\delta(\omega)$$

或

$$F[1] = 2\int_{0}^{\infty} \cos(\omega t) dt = 2\pi\delta(\omega)$$

得

$$F[\delta(x)] = 1$$
$$F[1] = 2\pi\delta(\omega)$$

【分析】利用廣義積分之定義與證明：

$$\int_{0}^{\infty} \cos(\omega t) dt = \pi\delta(\omega)$$

$$\int_{0}^{\infty} \sin(\omega t) dt = \left[-\frac{\cos(\omega t)}{\omega} \right]_{0}^{\infty} = \frac{1}{\omega}$$

範例 21：

用 Fourier 轉換或其他方法求以下積分：

$$\int_{-\infty}^{\infty} e^{i\omega x} d\omega，\quad (-\infty < x < \infty)，\quad i = \sqrt{-1}$$

中央土木所工數甲丙

解答：$\int_{-\infty}^{\infty} e^{i\omega x} d\omega = 2\pi\delta(x)$

【方法一】

已知 Fourier 變換 $F(\delta(x)) = F(\omega) = 1$

代入逆變換

$$f(x) = \frac{1}{2\pi} \int_{-\infty}^{\infty} F(\omega) e^{i\omega x} d\omega$$

代入得

$$\delta(x) = \frac{1}{2\pi} \int_{-\infty}^{\infty} e^{i\omega x} d\omega$$

得

$$\int_{-\infty}^{\infty} e^{i\omega x} d\omega = 2\pi\delta(x)$$

【方法二】

已知 Fourier 變換 $F(\delta(x)) = F(\omega) = 1$

利用 Fourier 變換之對稱性，得

$$F[1] = F^*(\omega) = 2\pi f(-\omega) = 2\pi\delta(-\omega) = 2\pi\delta(\omega)$$

【分析】

$$F[1] = \int_{-\infty}^{\infty} e^{-i\omega t} dt = \int_{-\infty}^{\infty} \cos(\omega t) dt - \int_{-\infty}^{\infty} \sin(\omega t) dt = 2\pi\delta(\omega)$$

或

$$F[1] = 2\int_{0}^{\infty} \cos(\omega t) dt = 2\pi\delta(\omega)$$

範例 22：

Let $\delta(t)$ denote Dirac delta function and $f(t) = \cos t$ Then the Fourier transform of $\delta(t-2)f(t)$ is

(a) 0 ； (b) $e^{-2i\omega}$ ； (c) $\dfrac{e^{-i(\omega+2)}}{\omega}$ ； (d) $e^{-2i\omega}\cos 2$ ； (e) 1

台大機械所 B

解答：(d) $e^{-2i\omega}\cos 2$

直接利用 Fourier 變換之定義，得

$$F[\delta(t-2)f(t)] = \int_{-\infty}^{\infty} \delta(t-2)f(t)e^{-i\omega t}dt = f(2)e^{-i2\omega} = \cos 2\, e^{-i2\omega}$$

範例 23：

試證　　$\displaystyle\int_0^\infty \sin(\omega x)dx = \dfrac{1}{\omega}$

證明：

利用 Riemann-Lebesgue Lemma：

若函數 $\phi(t)$ 在區間 $[a,b]$ 內為絕對可積分，則

$$\lim_{\omega\to\infty}\int_a^b e^{-i\omega t}\phi(t)dt = 0$$

其中區間可為 $[a,b]$ 或 $(-\infty,\infty)$

亦即

$$\lim_{\omega\to\infty}\int_a^b e^{-i\omega t}\phi(t)dt = \lim_{\omega\to\infty}\dfrac{1}{i\omega}\left\{e^{-i\omega a}\phi(a) - e^{-i\omega b}\phi(b) + \int_a^b e^{-i\omega t}\phi'(t)dt\right\} = 0$$

得

$$\lim_{\omega\to\infty}\int_a^b (\cos\omega t - i\sin\omega t)\phi(t)dt = 0$$

利用廣義極限之定義，由上式，可得下列結果：

$$\lim_{\omega\to\infty}\cos\omega t = 0$$

及 $\displaystyle\lim_{\omega\to\infty}\sin\omega t = 0$

代入

$$\int_0^\infty \sin(\omega x)dx = \lim_{t\to\infty}\int_0^t \sin(\omega x)dx = \lim_{t\to\infty}\frac{1-\cos(\omega t)}{\omega} = \frac{1}{\omega}$$

範例 24：

Find the Fourier Transform of unit step function $f(x) = u(t)$

解答：

已知 Fourier 變換 $F(\delta(x)) = F(\omega) = 1$

【分析】

已知 $F[1] = \int_{-\infty}^{\infty} e^{-i\omega x}dx = 2\pi\delta(\omega)$

或 $F[1] = \int_{-\infty}^{\infty} \cos(\omega x)dx - i\int_{-\infty}^{\infty}\sin(\omega x)dx = 2\pi\delta(\omega)$

又 $\int_{-\infty}^{\infty}\sin(\omega x)dx = 0$

得 $2\int_0^\infty \cos(\omega x)dx = 2\pi\delta(\omega)$

或廣義積分 $\int_0^\infty \cos(\omega x)dx = \pi\delta(\omega)$

$$F[u(t)] = \int_{-\infty}^{\infty} u(t)e^{-i\omega x}dx = \int_0^\infty e^{-i\omega x}dx$$

或 $F[u(t)] = \int_{-\infty}^{\infty} u(t)e^{-i\omega x}dx = \int_0^\infty \cos(\omega x)dx - i\int_0^\infty \sin(\omega x)dx$

其中 $\int_0^\infty \sin(\omega x)dx = \frac{1}{\omega}$

得 $F[u(t)] = \int_0^\infty \cos(\omega x)dx - i\int_0^\infty \sin(\omega x)dx = \pi\delta(\omega) - i\frac{1}{\omega}$

或 $F[u(t)] = \pi\delta(\omega) + \dfrac{1}{i\omega}$

第六節　傅立葉變換之第一移位特性

已知 Fourier 變換　　$F(\omega) = \displaystyle\int_{-\infty}^{\infty} f(x) e^{-ix\omega} dx$

其逆變換對　　$f(x) = \dfrac{1}{2\pi} \displaystyle\int_{-\infty}^{\infty} F(\omega) e^{i\omega x} d\omega$

將上述變換對中 $f(x)$ 以 $e^{iax} f(x)$ 取代，得

$$F[e^{iax} f(x)] = \int_{-\infty}^{\infty} e^{iax} f(x) e^{-ix\omega} dx = \int_{-\infty}^{\infty} f(x) e^{-ix(\omega-a)} dx$$

或表成　　$F[e^{iax} f(x)] = F(\omega - a)$ 　　　　　(16)

稱為 Fourier 變換之第一移位特性，整理如下表：

Laplace 變換		Fourier 變換	
$f(t)$	$F(s)$	$f(x)$	$F(\omega)$
$e^{at} f(t)$	$F(s-a)$	$e^{iax} f(x)$	$F(\omega - a)$

範例 25：

Show that if $F(\omega)$ is the Fourier transform of $f(x)$, then $F(\omega - a)$ is the Fourier transform of $e^{iax} f(x)$

嘉義光電與固態電子所

解答：公式推導

已知 $$F(\omega) = \int_{-\infty}^{\infty} f(x)e^{-ix\omega}dx$$

其逆變換對 $$f(x) = \frac{1}{2\pi}\int_{-\infty}^{\infty} F(\omega)e^{i\omega x}d\omega$$

依定義 $$F[e^{iax}f(x)] = \int_{-\infty}^{\infty} e^{iax}f(x)e^{-ix\omega}dx = \int_{-\infty}^{\infty} f(x)e^{-ix(\omega-a)}dx$$

代入得 $$F[e^{iax}f(x)] = \int_{-\infty}^{\infty} f(x)e^{-ix(\omega-a)}dx = F(\omega - a)$$

範例 26：

Find the Fourier Transform of $f(x) = \cos ax$ and $f(x) = \sin ax$

台科大電子所

解答：

依定義知 $$F(f(x)) = \int_{-\infty}^{\infty} f(x)e^{-i\omega x}dx = F(\omega)$$

利用第一移位特性 $$F[e^{iax}f(x)] = \int_{-\infty}^{\infty} f(x)e^{-ix(\omega-a)}dx = F(\omega - a)$$

令 $f(x) = \delta(x)$ $\quad F(\delta(x)) = 1 = F(\omega)$

利用 Fourier 變換之對稱性，得

$$F[1] = F*(\omega) = 2\pi f(-\omega) = 2\pi\delta(-\omega) = 2\pi\delta(\omega)$$

代入移位特性 $$F[1 \cdot e^{iax}] = 2\pi\delta(\omega - a)$$

及 $$F[1 \cdot e^{-iax}] = 2\pi\delta(\omega + a)$$

由 Euler 公式知 $\quad e^{iax} = \cos ax + i\sin ax$ 及 $e^{-iax} = \cos ax - i\sin ax$

得 $\cos ax = \frac{1}{2}(e^{iax} + e^{-iax})$ 及 $\sin ax = \frac{1}{2i}(e^{iax} - e^{-iax})$

代入 Fourier 變換 $F[\cos ax] = \frac{1}{2}(F[e^{iax}] + F[e^{-iax}])$

代入得 $F[\cos ax] = \frac{1}{2}(F[e^{iax}] + F[e^{-iax}]) = \pi[\delta(\omega - a) + \delta(\omega + a)]$

代入 Fourier 變換 $F[\sin ax] = \frac{1}{2i}(F[e^{iax}] - F[e^{-iax}])$

代入得 $F[\sin ax] = \frac{1}{2i}(F[e^{iax}] - F[e^{-iax}]) = \frac{\pi}{i}[\delta(\omega - a) - \delta(\omega + a)]$

或 $F[\sin ax] = i\pi[\delta(\omega + a) - \delta(\omega - a)]$

範例 27：

(4%) Find the inverse Fourier transform: $X(j\omega) = 2 + 2\cos(\omega)$

中山材料所工數

解答：

利用對稱性

已知 $F(f(x)) = F(\omega) = 2 + 2\cos(\omega)$

則 $F(F(x)) = 2\pi f(-\omega)$

$F[F(x)] = F[2 + 2\cos x] = 2F[1] + 2F[\cos x]$

$F[F(x)] = 2 \cdot 2\pi\delta(\omega) + 2\pi\delta(\omega - 1) + 2\pi\delta(\omega + 1) = 2\pi f(-\omega)$

得

$f(-\omega) = 2 \cdot \delta(\omega) + \delta(\omega - 1) + \delta(\omega + 1)$

或

$f(\omega) = 2 \cdot \delta(-\omega) + \delta(-\omega - 1) + \delta(-\omega + 1)$

或

$f(\omega) = 2 \cdot \delta(\omega) + \delta(\omega + 1) + \delta(\omega - 1)$

最後得
$$f(x) = 2 \cdot \delta(x) + \delta(x+1) + \delta(x-1)$$

範例 28：

(4%) Find the Fourier transform for: $x(t) = \sin(4\pi t)\sin(50\pi t)$

中山材料所工數

解答：

$$x(t) = \sin(4\pi t)\sin(50\pi t) = \frac{1}{2}[\cos(46\pi t) - \cos(54\pi t)]$$

$$F[\cos 46\pi t] = \pi[\delta(\omega - 46\pi) + \delta(\omega + 46\pi)]$$

$$F[\cos 54\pi t] = \pi[\delta(\omega - 54\pi) + \delta(\omega + 54\pi)]$$

$$F[x(t)] = \frac{\pi}{2}[\delta(\omega - 46\pi) + \delta(\omega + 46\pi) - \delta(\omega - 54\pi) - \delta(\omega + 54\pi)]$$

範例 29：

Assuming that $f(x) = e^{i\omega_1 x} + e^{-i\omega_2 x}$ and $H(\omega)$ is the Fourier Transform of $h(t)$, evaluate the convolution integral $g(x) = \int_{-\infty}^{\infty} f(\tau)h(x-\tau)d\tau$

交大奈米科技所

解答：

已知 $f(x) = e^{i\omega_1 x} + e^{-i\omega_2 x}$

Fourier Transform 為

$$F[f(x)] = F[e^{i\omega_1 x}] + F[fe^{-i\omega_2 x}] = 2\pi[\delta(\omega - \omega_1) + \delta(\omega + \omega_2)]$$

又 $g(x) = \int_{-\infty}^{\infty} f(\tau)h(x-\tau)d\tau$

Fourier Transform 為

$$F[g(x)] = F\left[\int_{-\infty}^{\infty} f(\tau)h(x-\tau)d\tau\right] = F[f(x)]F[h(x)]$$

代入

$$F[g(x)] = 2\pi[\delta(\omega-\omega_1)+\delta(\omega+\omega_2)]H(\omega)$$

逆變換

$$g(x) = \frac{2\pi}{2\pi}\int_{-\infty}^{\infty}[\delta(\omega-\omega_1)+\delta(\omega+\omega_2)]H(\omega)e^{i\omega x}d\omega$$

已知積分式 $\int_{-\infty}^{\infty}\delta(t-a)f(t)dt = f(a)$,代入得

$$g(x) = H(\omega_1)e^{i\omega_1 x} + H(-\omega_2)e^{-i\omega_2 x}$$

第七節　傅立葉變換之第二移位特性

已知 Fourier 變換　　$F(\omega) = \int_{-\infty}^{\infty} f(x)e^{-ix\omega}dx$

其逆變換對　　$f(x) = \frac{1}{2\pi}\int_{-\infty}^{\infty} F(\omega)e^{i\omega x}d\omega$

將上述變換對中 $f(x)$ 以 $f(x-a)$ 取代,得

$$F[f(x-a)] = \int_{-\infty}^{\infty} f(x-a)e^{-ix\omega}dx$$

令變數變換　　$t = x-a$ 或 $x = t+a$ 及 $dx = dt$

代入得　　$F[f(x-a)] = \int_{-\infty}^{\infty} f(t)e^{-i(a+t)\omega}dt$

展開得　　$F[f(x-a)] = e^{-ia\omega}\int_{-\infty}^{\infty} f(t)e^{-it\omega}dt = e^{-ia\omega}F(\varpi)$

$$F[f(x-a)] = e^{-ia\omega}F(\varpi) \tag{17}$$

稱為 Fourier 變換之第二移位特性，整理如下表。

Laplace 變換		Fourier 變換	
$f(t)$	$F(s)$	$f(x)$	$F(\omega)$
$u(t-a)f(t-a)$	$e^{-as}F(s)$	$f(x-a)$	$e^{-ia\omega}F(\omega)$

範例 30：

(5%) Find the Fourier transform of $f(x) = e^{-|x+3|} - 2e^{-|x|}$.

(A) $\dfrac{1}{\sqrt{2\pi}(\omega+1)}\left(e^{-i3\omega} - 2\right)$ (B) $\dfrac{2}{\sqrt{2\pi}(\omega+1)}\left(e^{i3\omega} - 2\right)$

(C) $\dfrac{2}{\sqrt{2\pi}(\omega^2+1)}\left(e^{-i3\omega} - 2\right)$ (D) $\dfrac{2}{\sqrt{2\pi}(\omega^2+1)}\left(e^{i3\omega} - 2\right)$

(E) $\dfrac{1}{\sqrt{2\pi}(\omega^2-1)}\left(e^{i3\omega} - 2\right)$ (F) $\dfrac{1}{\sqrt{2\pi}(\omega^2+1)}\left(e^{i3\omega} - 2\right)$

(G) $\dfrac{1}{\sqrt{2\pi}(\omega^2-1)}\left(e^{-i2\omega} - 3\right)$ (H) none of the above

---

清大電機領域聯招 A

解答：(D) $\dfrac{2}{\sqrt{2\pi}(\omega^2+1)}\left(e^{i3\omega} - 2\right)$

$f(x) = e^{-|x+3|} - 2e^{-|x|}$

其中 $F\left[e^{-|x|}\right] = \dfrac{1}{\sqrt{2\pi}} \displaystyle\int_{-\infty}^{\infty} e^{-|x|} e^{-i\omega x} dx$

偶函數 $F\left[e^{-|x|}\right] = \dfrac{2}{\sqrt{2\pi}} \displaystyle\int_{0}^{\infty} e^{-x} \cos(\omega x) dx$

$F\left[e^{-|x|}\right] = \dfrac{2}{\sqrt{2\pi}} \dfrac{1}{1+\omega^2}$

第二移位特性 $F\left[f(x-a)\right] = e^{-ia\omega} F(\omega)$

代入 $f(x) = e^{-|x+3|}$

得 $F\left[e^{-|x+3|}\right] = e^{i3\omega} F\left[e^{-|x|}\right] = \dfrac{2}{\sqrt{2\pi}} \dfrac{1}{1+\omega^2} e^{i3\omega}$

最後得 $F\left[e^{-|x+3|} - 2e^{-|x|}\right] = \dfrac{2}{\sqrt{2\pi}} \dfrac{1}{1+\omega^2} e^{i3\omega} - 2 \dfrac{2}{\sqrt{2\pi}} \dfrac{1}{1+\omega^2}$

或

$F\left[e^{-|x+3|} - 2e^{-|x|}\right] = \dfrac{2}{\sqrt{2\pi}(\omega^2+1)} \left(e^{i3\omega} - 2\right)$

範例 31：

For $f(x) = \begin{cases} xe^{-x}; & x \geq 0 \\ 0; & x < 0 \end{cases}$

(a) Find the Fourier transform of $f(x)$.

> (b) Find the Fourier transform of $f(x-a)$

清大原科所、清大原科所、成大醫工所

解答：

(a) 依定義知 $\quad F(f(x)) = \int_{-\infty}^{\infty} f(x) e^{-i\omega x} dx = \int_{0}^{\infty} x e^{-x} e^{-i\omega x} dx$

【方法一】直接積分

已知 $\quad f(x) = x e^{-x} u(t)$

Fourier transform $\quad F(f(x)) = \int_{0}^{\infty} x e^{-(1+i\omega)x} dx$

得 $\quad F(f(x)) = \left\{ e^{-(1+i\omega)x} \left[-\dfrac{x}{1+i\omega} - \dfrac{1}{(1+i\omega)^2} \right] \right\}_{0}^{\infty}$

代入得 $\quad F(f(x)) = \dfrac{1}{(1+i\omega)^2} = \dfrac{1-\omega^2 - 2i\omega}{(1+\omega^2)^2}$

【方法二】

分成兩項積分 $\quad F(f(x)) = \int_{0}^{\infty} x e^{-x} \cos(\omega x) dx - i \int_{0}^{\infty} x e^{-x} \sin(\omega x) dx$

或 $\quad F(f(x)) = \int_{0}^{\infty} t e^{-t} \cos(\omega t) dt - i \int_{0}^{\infty} t e^{-t} \sin(\omega t) dt$

利用拉氏變換求 $\quad F(f(x)) = \{ L[t \cos(\omega t)] - i L[t \sin(\omega t)] \}_{s=1}$

其中 $\quad L[t \cos(\omega t)] = -\dfrac{d}{ds} L[\cos(\omega t)] = -\dfrac{d}{ds} \left(\dfrac{s}{s^2 + \omega^2} \right)$

或 $\quad L[t \cos(\omega t)] = \dfrac{s^2 - \omega^2}{(s^2 + \omega^2)^2}$

及 $\quad L[t \sin(\omega t)] = -\dfrac{d}{ds} L[\sin(\omega t)] = -\dfrac{d}{ds} \left(\dfrac{\omega}{s^2 + \omega^2} \right)$

或 $$L[t\sin(\omega t)] = \frac{2s\omega}{(s^2+\omega^2)^2}$$

代入原式得 $$F(f(x)) = \left\{\frac{s^2-\omega^2}{(s^2+\omega^2)^2} - i\frac{2s\omega}{(s^2+\omega^2)^2}\right\}_{s=1}$$

得 $$F(f(x)) = \frac{1-\omega^2-i2\omega}{(1+\omega^2)^2} = \frac{1}{(1+i\omega)^2}$$

(b) 接著利用公式 $$F[f(x-a)] = e^{-ia\omega}\int_{-\infty}^{\infty} f(t)e^{-it\omega}dt = e^{-ia\omega}F(\varpi)$$

代入得 $$F[f(x-a)] = e^{-ia\omega}\frac{1-\omega^2-i2\omega}{(1+\omega^2)^2} = e^{-ia\omega}\frac{1}{(1+i\omega)^2}$$

範例 32：(二)(不可直接積分者)第二移位

(單選題) If the Fourier transform of the function $f(t) = e^{-at^2}$ is $F(\omega) = \sqrt{\frac{\pi}{a}}e^{-\frac{\omega^2}{4a}}$, then the the Fourier transform of the function $g(t) = (t+2)e^{-a(t+2)^2}$ is ?

(a) $-\sqrt{\frac{\pi}{a}}\,e^{-i\omega}\cdot e^{-\frac{\omega^2}{4a}}$ (b) $-i\omega\sqrt{\frac{\pi}{a}}\,e^{-2i\omega}\cdot e^{-\frac{\omega^2}{4a}}$ (c) $\sqrt{\frac{\pi}{a}}\,e^{2i\omega}\cdot e^{-\frac{\omega^2}{4a}}$

(d) $\frac{-i\omega}{2a}\sqrt{\frac{\pi}{a}}\,e^{2i\omega}\cdot e^{-\frac{\omega^2}{4a}}$ (e) $\frac{-i\omega}{2a}\sqrt{\frac{\pi}{a}}\,e^{-2i\omega}\cdot e^{-\frac{\omega^2}{4a}}$

台大機械所 B

解答：(D) $G(\omega) = \frac{-i\omega}{2a}\sqrt{\frac{\pi}{a}}\,e^{2i\omega}\cdot e^{-\frac{\omega^2}{4a}}$

已知 $F(\omega) = \sqrt{\dfrac{\pi}{a}} e^{-\dfrac{\omega^2}{4a}}$

及 $h(t) = te^{-at^2}$，$g(t) = (t+2)e^{-a(t+2)^2} = h(t+2)$

(b) 計算 Fourier 變換

依定義知 $H(\omega) = \int_{-\infty}^{\infty} xe^{-ax^2} e^{-i\omega x} dx$

因 xe^{-x^2} 為奇函數，故 $H(\omega) = -2i \int_0^{\infty} xe^{-ax^2} \sin(\omega x) dx$

整理 $H(\omega) = \dfrac{i}{a} \int_0^{\infty} \sin(\omega x) \cdot e^{-ax^2}(-2ax) dx$

令 $u = \sin(\omega x)$，$dv = e^{-ax^2}(-2ax)dx$，分部積分

得 $H(\omega) = \dfrac{i}{a}\left\{ \left[\sin(\omega x)e^{-ax^2}\right]_0^{\infty} - \int_0^{\infty} \omega \cos(\omega x) \cdot e^{-ax^2} dx \right\}$

或 $H(\omega) = -\dfrac{\omega i}{a} \int_0^{\infty} \cos(\omega x) \cdot e^{-ax^2} dx$

由(a)得 $H(\omega) = -\dfrac{i\omega}{a} \int_0^{\infty} \cos(\omega x) \cdot e^{-ax^2} dx = -\dfrac{i\omega}{2a} \sqrt{\dfrac{\pi}{a}} e^{-\dfrac{\omega^2}{4a}}$

再利用第二移位特性，得

$$F[g(t)] = \{F[h(t+2)]\} = e^{2i\omega} H(\omega)$$

或 $G(\omega) = \dfrac{-i\omega}{2a} \sqrt{\dfrac{\pi}{a}} e^{2i\omega} \cdot e^{-\dfrac{\omega^2}{4a}}$ (D)

第八節　傅立葉變換之微分

已知 Fourier 變換　　　$F(\omega) = \int_{-\infty}^{\infty} f(x) e^{-ix\omega} dx$

將上式對 ω 微分　　$\dfrac{d}{d\omega} F(\omega) = \dfrac{d}{d\omega} \int_{-\infty}^{\infty} f(x) e^{-ix\omega} dx = \int_{-\infty}^{\infty} f(x) \dfrac{d}{d\omega}\left(e^{-ix\omega}\right) dx$

得　　　　　　　　　　$\dfrac{d}{d\omega} F(\omega) = \int_{-\infty}^{\infty} f(x)(-ix) e^{-ix\omega} dx = F[(-ix)f(x)]$

依此類推得　　　　　　$\dfrac{d^2}{d\omega^2} F(\omega) = \int_{-\infty}^{\infty} f(x)(-ix)^2 e^{-ix\omega} dx = F[(-ix)^2 f(x)]$

及　　　　　　　　　　$\dfrac{d^n}{d\omega^n} F(\omega) = \int_{-\infty}^{\infty} f(x)(-ix)^n e^{-ix\omega} dx = F[(-ix)^n f(x)]$

稱為 Fourier 變換之微分特性，整理如下表：

Laplace 變換		Fourier 變換	
$f(t)$	$F(s)$	$f(x)$	$F(\omega)$
$-tf(t)$	$\dfrac{d}{ds} F(s)$	$-ixf(x)$	$\dfrac{d}{d\omega} F(\omega)$
$(-t)^2 f(t)$	$\dfrac{d^2}{ds^2} F(s)$	$(-ix)^2 f(x)$	$\dfrac{d^2}{d\omega^2} F(\omega)$

範例 33：

> Find the Fourier Transform of $(ix)^n f(x)$

交大土木所

解答：

$$F[(-ix)^n f(x)] = \frac{d^n}{d\omega^n} F(\omega)$$

$$F[(ix)^n f(x)] = (-1)^n \frac{d^n}{d\omega^n} F(\omega)$$

第九節　積分函數之傅立葉變換

依 Fourier 變換 $F(f(x)) = \int_{-\infty}^{\infty} f(x)e^{-i\omega x} dx = F(\omega)$

將上述變換對中 $f(x)$ 以 $\int_{-\infty}^{x} f(\tau)d\tau$ 取代，得

代入得
$$F\left[\int_{-\infty}^{x} f(\tau)d\tau\right] = \int_{-\infty}^{\infty} \left(\int_{-\infty}^{x} f(\tau)d\tau\right) e^{-i\omega x} dx$$

分部積分　　令 $u = \int_{-\infty}^{x} f(\tau)d\tau$，$dv = e^{-i\omega t} dt$

$$du = d\left(\int_{-\infty}^{x} f(\tau)d\tau\right) = f(x)dx，v = -\frac{1}{i\omega} e^{-i\omega t}$$

代入變換式得

$$F\left[\int_{-\infty}^{x} f(\tau)d\tau\right] = \left(\int_{-\infty}^{x} f(\tau)d\tau \cdot \frac{1}{i\omega}\right)_{-\infty}^{\infty} + \frac{1}{i\omega} \int_{-\infty}^{\infty} f(x)e^{-i\omega x} dx$$

當 $\lim_{x \to \infty} \int_{-\infty}^{x} f(\tau)d\tau = 0$，則上式為 $F\left[\int_{-\infty}^{x} f(\tau)d\tau\right] = \frac{1}{i\omega} F(\omega)$

台科大電機甲、乙二、台科大電子所

稱為 Fourier 變換之積分函數特性，整理如下表：

Laplace 變換		Fourier 變換	
$f(t)$	$F(s)$	$f(x)$	$F(\omega)$
$\int_0^t f(t)dt$	$\dfrac{1}{s}F(s)$	$\int_{-\infty}^x f(t)dt$	$\dfrac{1}{i\omega}F(\omega)$

第十節　　微分函數之傅立葉變換

已知　　　　　　　$F(\omega) = \int_{-\infty}^{\infty} f(x)e^{-ix\omega}dx$

其逆變換對　　　　$f(x) = \dfrac{1}{2\pi}\int_{-\infty}^{\infty} F(\omega)e^{i\omega x}d\omega$

依定義　　　　　　$F\left[\dfrac{df}{dx}\right] = \int_{-\infty}^{\infty}\dfrac{df}{dx}e^{-ix\omega}dx$

分部積分　　　　　$F\left[\dfrac{df}{dx}\right] = \left[e^{-ix\omega} \cdot f(x)\right]_{-\infty}^{\infty} - \int_{-\infty}^{\infty} f(x)(-i\omega)e^{-ix\omega}dx$

條件　　　　　　　$\lim\limits_{x\to\infty} f(x) = 0$ 及 $\lim\limits_{x\to-\infty} f(x) = 0$

代入得　　　　　　$F\left[\dfrac{df}{dx}\right] = (i\omega)\int_{-\infty}^{\infty} f(x)e^{-ix\omega}dx = (i\omega)F(\omega)$

依此類推可得　　　$F\left[\dfrac{d^2 f}{dx^2}\right] = (i\omega)^2 F(\omega)$

及　　　　　　　　$F\left[\dfrac{d^n f}{dx^n}\right] = (i\omega)^n F(\omega)$

稱為微分函數之 Fourier 變換特性，整理如下表：

Laplace 變換		Fourier 變換	
$f(t)$	$F(s)$	$f(x)$	$F(\omega)$
$\dfrac{df}{dt}$	$sF(s)-f(0)$	$\dfrac{df}{dx}$	$(i\omega)F(\omega)$
$\dfrac{d^2f}{dt^2}$	$s^2F(s)-sf(0)-f'(0)$	$\dfrac{d^2f}{dx^2}$	$(i\omega)^2 F(\omega)$

範例 34：

> If the Fourier transform of the function $f(t)=\dfrac{1}{a^2+t^2}$, $a>0$ is $F(\omega)=\dfrac{\pi}{a}e^{-a|\omega|}$, then what is the Fourier transform of the function $g(t)=\dfrac{t}{(a^2+t^2)^2}$?
>
> (a) $-\pi\omega e^{-a|\omega|}$ (b) $-i\pi\omega e^{-a|\omega|}$ (c) $\pi\omega e^{-a|\omega|}$
>
> (d) $\dfrac{i\pi\omega}{2a}e^{-a|\omega|}$ (e) $\dfrac{-i\pi\omega}{2a}e^{-a|\omega|}$

台大工數 B

解答：(e) $\dfrac{-i\pi\omega}{2a}e^{-a|\omega|}$

$$f(t)=\dfrac{1}{a^2+t^2}$$

微分

$$f'(t)=\dfrac{-2t}{(a^2+t^2)^2}$$

$$g(t) = -\frac{1}{2}f'(t)$$

$$F[g(t)] = -\frac{1}{2}F[f'(t)] = -\frac{1}{2}i\omega F[f(t)] = -i\frac{\omega}{2}\frac{\pi}{a}e^{-a|\omega|}$$

第十一節　常用傅立葉變換公式表

常用 Fourier 變換公式表：

原函數	Fourier 變換
$c_1 f(x) + c_2 g(x)$	$c_1 F(\omega) + c_2 G(\omega)$
$f(x) = \begin{cases} 1; & \|x\| < 1 \\ 0; & \|x\| > 1 \end{cases}$	$F(\omega) = \dfrac{2\sin\omega}{\omega}$
$f(x) = e^{-kx}$	$F_c(e^{-kx}) = \dfrac{k}{k^2 + \omega^2}$
$f(x) = e^{-kx}$	$F_s(e^{-kx}) = \dfrac{\omega}{k^2 + \omega^2}$
$f(x) = e^{-k\|x\|}$	$F(e^{-k\|x\|}) = \dfrac{2k}{k^2 + \omega^2}$
$f(x) = e^{-ax^2}, a > 0$	$F(\omega) = \sqrt{\dfrac{\pi}{a}} e^{-\frac{\omega^2}{4a}}$
$f(x) = \delta(x)$	$F(\omega) = 1$
$f(x) = 1$	$F(\omega) = 2\pi\delta(\omega)$
$f(x) = \delta(x - a)$	$F(\omega) = e^{-ia\omega}$
$f(x) = e^{-\alpha x}u(x)$	$F(\omega) = \dfrac{1}{\alpha + i\omega}$

原函數	Fourier 變換
$f(x) = xe^{-\alpha x}u(x)$	$F(\omega) = \dfrac{1}{(\alpha + i\omega)^2}$
$f(x) = \dfrac{1}{\alpha + ix}$	$F(\omega) = 2\pi e^{\alpha\omega}u(-\omega)$
$e^{iax}f(x)$	$F(\omega - a)$
$e^{-iax}f(x)$	$F(\omega + a)$
e^{iax}	$2\pi\delta(\omega - a)$
e^{-iax}	$2\pi\delta(\omega + a)$
$\cos ax$	$F[\cos ax] = \pi[\delta(\omega + a) + \delta(\omega - a)]$
$\sin ax$	$F[\sin ax] = i\pi[\delta(\omega + a) - \delta(\omega - a)]$
$f * g = \displaystyle\int_{-\infty}^{\infty} f(x-\xi)g(\xi)d\xi$	$F(f * g) = F(\omega) \cdot G(\omega)$
$\displaystyle\int_{-\infty}^{t} f(t)dt$	$\dfrac{1}{i\omega}F(\omega)$
Unit-step function $u(x)$	$\pi\delta(\omega) + \dfrac{1}{i\omega}$
$f(ax)$	$F[f(ax)] = \dfrac{1}{|a|}F\left(\dfrac{\omega}{a}\right)$
$f^{(n)}(x)$	$F[f^{(n)}(x)] = (i\omega)^n F(\omega)$
$x^n f(x)$	$F[x^n f(x)] = i^n \dfrac{d^n}{d\omega^n}F(\omega)$

考題集錦

1. Find the Fourier transform of the following function
$$f(t) = 4e^{-3t^2} \sin 2t$$
台科大電子所

2. A periodic function whose definition in one period is
$$f(t) = 3\sin\frac{\pi t}{2} + 5\sin 3\pi t, \quad -2 < t < 2$$
(a) Find the Fourier series of $f(t)$.
(b) Find the Fourier transform of $f(t)$.
台大機械所

3. Find the Fourier Transform of $(ix)^n f(x)$
交大土木所

4. (15%) Evaluate $F^{-1}\left\{\dfrac{1}{1+\omega^2}\right\}$, which F^{-1} is the inverse Fourier transform. (Hint: 附 Fourier transform 表)
交大機械所乙

5. Find the inverse Fourier transform for the following function
$$\frac{1}{(1+\omega^2)(4+\omega^2)}$$
雲科電機工數

6. 已知 $F(\omega) = \dfrac{1}{(i\omega+1)(i\omega+4)}$,求 Fourier 逆變換 $f(t)$?

7. 請解:$\dfrac{\partial z}{\partial x}$ 其中 $z = \dfrac{1}{2x^2 ay} + \dfrac{3x^5 abc}{y}$ (10%)。
政大科管所

第十二章
偏微分方程之通解

第一節　微分方程之概論

一個含有微分項的等式，稱為微分方程式，此方程式中又依所含自變數數目之多寡，有可分為下列兩種：

1. 常微分方程式（Ordinary Differential Equation）：

   含有單自變數函數 $y(x)$ 的微分運算子之等式，稱之為常微分方程式

   如：$f\left(x, y, \dfrac{dy}{dx}, \cdots, \dfrac{d^n y}{dx^n}\right) = 0$

2. 偏微分方程（Partial Differential Equation）

   含有雙（或多）自變數函數 $u(x, y)$ 的偏微分符號之等式，如

   $$f\left(x, y, u, \dfrac{\partial u}{\partial x}, \dfrac{\partial u}{\partial y}, \dfrac{\partial^2 u}{\partial x^2}, \cdots\right) = 0$$

稱之為雙自變數之偏微分方程。

常微分方程式，已在前面介紹完畢，接著數章將介紹偏微分方程的幾種較簡易通解求法，其一般性偏微分方程的求解，則在高等工程數學中再行介紹。

為討論方便，首先將偏微分方程作依分類：

※定義：偏微分方程之階數（Order）

偏微分方程式中，所含 $u(x, y)$ 之偏微分的最高階數，即為此偏微分方程之階數。

※定義：線性偏微分方程（Linear Partial Differential）：

線性偏微分方程式之判斷法，又可分成下列三要素討論，較易掌握!!!
當一偏微分方程式化成有理式函數後，滿足下列條件者：

1. 只能含有因變數及其偏微分項（即：$u; \frac{\partial u}{\partial x}; \frac{\partial u}{\partial y}; \cdots$）之一次項存在，且不能有各因變數間相互乘積項出現（如：$u\frac{\partial u}{\partial x}; \frac{\partial u}{\partial y} \cdot \frac{\partial u}{\partial x}; \cdots$）。

2. 不能含有各因變數項之非線性函數項存在（如：$\sin u; \left|\frac{\partial u}{\partial x}\right|; \cdots$）。

3. 所有係數均為自變數（x, y）之函數。

則稱之為線性偏微分方程式。

例：$x\frac{\partial u}{\partial x} + y\frac{\partial u}{\partial y} = x$ ：為雙變數一階線性偏微分方程。

例：$\frac{\partial^2 u}{\partial x^2} + \frac{\partial^2 u}{\partial y^2} = 0$ ：為雙變數二階線性偏微分方程。

※定義：非線性偏微分方程（Nonlinear Partial D.E.）：

凡不滿足上式線性偏微分方程之各條件者，稱之為非線性偏微分方程（Nonlinear Partial Differential Equation）。

非線性偏微分方程中又有一類稱之為準線性（或半線性）偏微分方程（Quasi-linear Partial Differential），定義如下：

※定義：準線性（或半線性）偏微分方程：

凡非線性偏微分方程中，只有最高階偏導數項為一次式，且不含最高階偏導數間乘積項者，稱之為準線性（或半線性）偏微分方程

例：$y\dfrac{\partial u}{\partial x}+\dfrac{\partial u}{\partial y}=x$　　：為一階線性偏微分方程。

例：$u\dfrac{\partial u}{\partial x}+\dfrac{\partial u}{\partial y}=x$　　：為一階準線性（或半線性）偏微分方程。

例：$\dfrac{\partial^2 u}{\partial x^2}\cdot\dfrac{\partial^2 u}{\partial x\partial y}+\dfrac{\partial u}{\partial y}=0$：為二階非線性偏微分方程。（不是半線性偏微分方程）

範例 01：填空題

方程式	自變數	因變數	幾階	幾元	常？	線性	幾次
$y^{(iv)}+4x^2 y=y^3$	x	y					
$u_x+v_y=x^2$ $u_y-v_x=\cos y$	x,y	u,v					
$v_x+xv_y=v_{tt}$	x,y,t	v					

成大資源所

解答：

方程式	自變數	因變數	幾階	幾元	常？	線性	幾次
$y^{(iv)}+4x^2 y=y^3$	x	y	4	1	常	NonLinear	1
$u_x+v_y=x^2$ $u_y-v_x=\cos y$	x,y	u,v	1	2	聯立偏	Linear	1
$v_x+xv_y=v_{tt}$	x,y,t	v	2	1	偏	Linear	1

範例 02：

> (a) 下列偏微分方程式是否線性？為什麼？
> $$\frac{\partial V}{\partial t} = \frac{\partial}{\partial x}\left(k\frac{\partial V}{\partial x}\right)$$
> (b) 這兩種方程式，在求解方法間有什麼區別？

成大工科所

解答：

(a) 1. 當 k 為常數時，

$$\frac{\partial V}{\partial t} = \frac{\partial}{\partial x}\left(k\frac{\partial V}{\partial x}\right) = k\frac{\partial^2 V}{\partial x^2}$$ 為二階線性偏微分方程式。

2. 當 $k = k(x,t)$ 時，

$$\frac{\partial V}{\partial t} = \frac{\partial}{\partial x}\left(k\frac{\partial V}{\partial x}\right) = k\frac{\partial^2 V}{\partial x^2} + \frac{\partial k}{\partial x}\cdot\frac{\partial V}{\partial x}$$ 為二階線性偏微分方程式。

3. 當 $k = k(x,t,V)$ 時，

$$\frac{\partial V}{\partial t} = \frac{\partial}{\partial x}\left(k\frac{\partial V}{\partial x}\right) = \frac{\partial k}{\partial V}\cdot\left(\frac{\partial V}{\partial x}\right)^2 + k\frac{\partial^2 V}{\partial x^2}$$ 為二階非線性偏微分方程式。

(b) 線性偏微分方程式，求解時，重疊原理可使用。非線性偏微分方程式，求解時則否。

第二節　偏微分方程式之原函數與解定義

在解偏微分方程之解前，先比較一下，常微分方程式與偏微分方程式之原函數或通解之差異。

以下面幾個簡單範例，較容易看出它們通解之區別：

※ 一階常微分方程式：　$\dfrac{du}{dx} = 2x$

滿足上式所有原函數或解所成集合或通解，為 $u(x) = x^2 + c$，其通解中含有一個任意常數。

※一階偏微分方程式 $\dfrac{\partial u}{\partial x} = 2x$

滿足上式所有原函數或解所成集合或通解，為 $u(x,y) = x^2 + f(y)$，其通解中含有一個任意函數。

同理，已知一雙變數函數 $u = u(x,y)$，為內含有任意函數之原始形式，稱此原始函數為泛函數（Functional）或通解，現在利用偏微分，將其中之任意函數消去，會得到一個唯一形式之偏微分方程式，如下例說明

例：已知泛函數 $u = f(ax+by)$，其中 f 為任意函數，

對 x 偏微分，得 $\dfrac{\partial u}{\partial x} = f'(ax+by) \cdot a$ 或 $\dfrac{1}{a}\dfrac{\partial u}{\partial x} = f'(ax+by)$

對 y 偏微分，得 $\dfrac{\partial u}{\partial y} = f'(ax+by) \cdot b$ 或 $\dfrac{1}{b}\dfrac{\partial u}{\partial y} = f'(ax+by)$

消去任意函數或 $f'(ax+by)$，得一階偏微分方程式

$$\dfrac{1}{b}\dfrac{\partial u}{\partial y} = \dfrac{1}{a}\dfrac{\partial u}{\partial x}$$
或
$$b\dfrac{\partial u}{\partial x} - a\dfrac{\partial u}{\partial y} = 0 \text{。}$$

或者說一個一階偏微分方程，其通解會含有一個任意函數。

例：已知泛函數 $u = f_1(x) + f_2(y)$，其中 f_1, f_2 為兩個任意函數，

對 x 偏微分，得 $\dfrac{\partial u}{\partial x} = f_1'(x)$

再對 y 偏微分，得 $\dfrac{\partial^2 u}{\partial x^2} = 0$

得一二階偏微分方程。或者說一個二階偏微分方程，其通解會含有兩個任意

函數。

【分析】

1. 由上述推導，可知泛函數 $u = f_1(x) + f_2(y)$ 為二階偏微分方程 $\dfrac{\partial^2 u}{\partial x^2} = 0$ 之通解。

2. 由上述推導，可知泛函數中任意函數之數目，與所得到之偏微分方程式之階數相同。亦即 階數 = 任意函數之數目。

綜合以上結果，可作為求解偏微分方程之前，一個概念之整理，如此，要如何去猜解，也比較有成功機會。

定義：一個 n 階偏微分方程之解，大致上分成三種解之定義：

通解（General Solutiopn）：

含有 n 個獨立任意函數之泛函數稱之為偏微分方程之通解。

全解（Complete Solutiopn）：

含有 n 個獨立任意常數之函數稱之為偏微分方程之全解。

特解（Particular Solutiopn）：

不含有任意函數與任意常數，且滿足此偏微分方程的解，稱之為偏微分方程之特解。

範例 03：

> Write a partial differential equation that has the solution $y(x,t) = (4x+8) \cdot \left(-\dfrac{t}{4}+1\right)$. Note that $\dfrac{\partial y}{\partial x}$ and $\dfrac{\partial y}{\partial t}$ must be included in the equation. Also note that you have to give a reason for bring up your answer, i.e. you have to show how you derive your answer. (15%)

清大光電所

解答：

已知　　$y(x,t) = (4x+8) \cdot \left(-\dfrac{t}{4}+1\right)$

$\dfrac{\partial y}{\partial x} = 4 \cdot \left(-\dfrac{t}{4}+1\right)$

或　$\dfrac{1}{4}\dfrac{\partial y}{\partial x} = \left(-\dfrac{t}{4}+1\right)$

$\dfrac{\partial y}{\partial t} = (4x+8) \cdot \left(-\dfrac{1}{4}\right)$

或　$-4\dfrac{\partial y}{\partial t} = (4x+8) \cdot$

代入　　$y(x,t) = -4\dfrac{\partial y}{\partial t} \cdot \dfrac{1}{4}\dfrac{\partial y}{\partial x} = -\dfrac{\partial y}{\partial t} \cdot \dfrac{\partial y}{\partial x}$

或　$\dfrac{\partial y}{\partial t} \cdot \dfrac{\partial y}{\partial x} + y(x,t) = 0$

第三節　一階偏微分方程式之 Lagrange 法 (雙變數)

首先，先從作簡單之一階線性或半線性偏微分方程之求通解工作介紹起。已知有自變數為 (x, y) 之一階半線性偏微分方程式，標準式如下：

$$P(x,y,z)\dfrac{\partial z}{\partial x} + Q(x,y,z)\dfrac{\partial z}{\partial y} = R(x,y,z) \tag{1}$$

則上式之通解如何求得？

已知上式之通解形式為一個含三變數 (x, y, z) 之隱函數 $F(x, y, z) = 0$，其意義為曲面族。

假設曲面族中一個已知曲面 (或解) $u = f(x, y)$ 或隱函數形式，$\phi(x, y, z) = u - f(x, y) = 0$，為通式 (1) 偏微分方程式一特定積分曲面，亦即

為此偏微分方程式的一特解，則其必滿足此通式。

因此利用隱函數微分公式

$$\frac{\partial z}{\partial x} = -\frac{\frac{\partial \phi}{\partial x}}{\frac{\partial \phi}{\partial z}}, \quad \frac{\partial z}{\partial y} = -\frac{\frac{\partial \phi}{\partial y}}{\frac{\partial \phi}{\partial z}}$$

代回原式(1) 應會滿足，即

$$P(x,y,z)\left(-\frac{\frac{\partial \phi}{\partial x}}{\frac{\partial \phi}{\partial z}}\right) + Q(x,y,z)\left(-\frac{\frac{\partial \phi}{\partial y}}{\frac{\partial \phi}{\partial z}}\right) = R(x,y,z)$$

移項整理，得

$$P(x,y,z)\frac{\partial \phi}{\partial x} + Q(x,y,z)\frac{\partial \phi}{\partial y} + R(x,y,z)\frac{\partial \phi}{\partial z} = 0$$

表成向量點積形式，即為

$$\left[P(x,y,z)\vec{i} + Q(x,y,z)\vec{j} + R(x,y,z)\vec{k}\right] \cdot \left(\frac{\partial \phi}{\partial x}\vec{i} + \frac{\partial \phi}{\partial y}\vec{j} + \frac{\partial \phi}{\partial z}\vec{k}\right) = 0$$

或

$$\left[P(x,y,z)\vec{i} + Q(x,y,z)\vec{j} + R(x,y,z)\vec{k}\right] \cdot \nabla \phi = 0 \quad (2)$$

亦即，該曲面上一點 (x,y,z) 處之垂直向量 $\nabla \phi = \frac{\partial \phi}{\partial x}\vec{i} + \frac{\partial \phi}{\partial y}\vec{j} + \frac{\partial \phi}{\partial z}\vec{k}$，與微分方程式中各係數，所組成之向量 $P(x,y,z)\vec{i} + Q(x,y,z)\vec{j} + R(x,y,z)\vec{k}$ 呈正交，換句話說，方向線 $P(x,y,z)\vec{i} + Q(x,y,z)\vec{j} + R(x,y,z)\vec{k}$ 必為曲面上切線方向向量，亦即沿 $P(x,y,z)\vec{i} + Q(x,y,z)\vec{j} + R(x,y,z)\vec{k}$ 方向移動在積分曲面上留下之軌跡線，稱之為特徵曲線。

同時，利用全微分

$$d\phi = \nabla\phi \cdot d\vec{r} = \nabla\phi \cdot \left(dx\vec{i} + dy\vec{j} + dz\vec{k}\right) \quad (3)$$

比較(2)與(3)，可得下列特徵方程式：

$$\frac{dx}{P(x,y,z)} = \frac{dy}{Q(x,y,z)} = \frac{dz}{R(x,y,z)} \quad (4)$$

上式所定義之所有特徵曲線，共有兩組獨立常微分方程式，其通解分別為

$$u(x,y,z) = c_1 \text{ 及 } v(x,y,z) = c_2$$

因此由上面兩式特徵曲線族，所形成之積分曲面族為

$$f(u,v) = 0 \text{ 或 } u = f(v) \quad (5)$$

上式含有一個任意函數，故為式(1)之通解。以上的通解求法稱之為 Lagrange 法。

範例 04：

通式：$a\dfrac{\partial z}{\partial x} + b\dfrac{\partial z}{\partial y} + cz = 0 \qquad (6)$

解答：

特徵方程式(4) $\qquad \dfrac{dx}{a} = \dfrac{dy}{b} = \dfrac{dz}{-cz}$

取第一組(1) $\qquad \dfrac{dx}{a} = \dfrac{dy}{b}$，即，$bdx = ady$

積分得 $\qquad bx - ay = c_1$

再取第二組(2) $\qquad \dfrac{dx}{a} = \dfrac{dz}{-cz}$

移項 $\qquad \dfrac{dz}{z} = -\dfrac{cdx}{a}$

積分得 $\qquad z = c_2 e^{-\frac{c}{a}x}$

得通解 $\quad z = e^{-\frac{c}{a}x} f(bx - ay)$, $a \neq 0$

或取第二組(2) $\quad \dfrac{dy}{b} = \dfrac{dz}{-cz}$

移項 $\quad \dfrac{dz}{z} = -\dfrac{cdy}{b}$

積分得 $\quad z = c_2 e^{-\frac{c}{b}y}$

得通解 $\quad z = e^{-\frac{c}{b}y} f(bx - ay)$, $b \neq 0$ (7)

【觀念分析】此題需當基本公式記住。

範例 05：

試證明初始條件為 $u(x,0) = g(x)$ 的偏微分方程

$$\frac{\partial u}{\partial t} + c\frac{\partial u}{\partial x} = 0$$

其解為 $g(x - ct)$。討論此解之意義。

台大應用數學 B 大氣物理

解答：

特徵方程式 $\quad \dfrac{dt}{1} = \dfrac{dx}{c} = \dfrac{du}{0}$

取第一組 (1) $du = 0$，$u = c_1$

取第二組 (2) $\dfrac{dt}{1} = \dfrac{dx}{c}$

移項 $\quad dx = cdt$

積分 $\quad x - ct = c_2$

通解 $\quad u = f(x - ct)$

$$u(x,0)=g(x)=f(x)$$

得 $u(x,t)=g(x-ct)$

以 c 的速度，$g(x)$ 為函數圖形，向右移動。

範例 06：

Solve the following Partial differential equation.
$\dfrac{\partial u}{\partial t}+\dfrac{\partial u}{\partial x}+2u=0$，$-\infty<x<\infty$，$t>0$
with initial condition $u(x,0)=\sin x$

成大水利所

解答：

特徵方程式 $\quad\dfrac{dx}{1}=\dfrac{dt}{1}=\dfrac{du}{-2u}$

取第一組　（1）$dx=dt$，$x-t=c_1$

取第二組　（2）$\dfrac{du}{-2u}=dx$，或 $\dfrac{du}{u}=-2dx$，得 $u=c_2 e^{-2x}$

得通解　$\quad u=e^{-2x}f(x-t)$

代入條件　$u(x,0)=\sin x=e^{-2x}f(x)$

移項得　$\quad f(x)=e^{2x}\sin x$

代回得特解　$u=e^{-2x}e^{2(x-t)}\sin(x-t)=e^{-2t}\sin(x-t)$

範例 07： 一階變係數偏微分方程之 Largange 通解：

請解下列偏微分方程之通解
$$x\dfrac{\partial z}{\partial x}+y\dfrac{\partial z}{\partial y}=z-1$$

交大機械甲

解答：

特徵方程式 $\dfrac{dx}{x} = \dfrac{dy}{y} = \dfrac{dz}{z-1}$

(1) $\dfrac{dx}{x} = \dfrac{dy}{y}$

積分 $\ln y = \ln x + c_1$，得 $y = c_1 x$ 或 $c_1 = \dfrac{y}{x}$

(2) $\dfrac{dy}{y} = \dfrac{dz}{z-1}$

積分 $\ln(z-1) = \ln y + c_1$，得 $z = 1 + c_2 y$

通解 $z = 1 + f\left(\dfrac{y}{x}\right) y$

範例 08：

> Find all solution of the differential equation $x\dfrac{\partial u}{\partial x} = 2y\dfrac{\partial u}{\partial y}$

台大土木所 A

解答：

特徵方程式 $\dfrac{dx}{x} = \dfrac{dy}{-2y} = \dfrac{du}{0}$

取第一組 (a) $du = 0$ 或 $u = c_1$

取第二組 (b) $\dfrac{dx}{x} = \dfrac{dy}{-2y}$

積分 $\ln|x| + \dfrac{1}{2}\ln y = c_2$

或 $x\sqrt{y} = c_2$，

通解　　$u = f(c_2) = f(x\sqrt{y})$

範例 09：

(15%) Find a solution for $f(x,y)$ that satisfies the partial differential equation $x\dfrac{\partial f}{\partial x} + 2y\dfrac{\partial f}{\partial y} = 0$.

北科大機電整合所

解答：

特徵方程式　　$\dfrac{dx}{x} = \dfrac{dy}{2y} = \dfrac{df}{0}$

由(1)　　$df = 0$

得　　$f = c_1$

由(2)　　$\dfrac{dx}{x} = \dfrac{dy}{2y}$

$2\ln x - \ln y = c$

$\dfrac{x^2}{y} = c_2$

通解　　$f = g\left(\dfrac{x^2}{y}\right)$

範例 10：

(15%) Given a partial differential equation $\dfrac{\partial u}{\partial x} + 2\dfrac{\partial u}{\partial y} = 2u + 5\sin x$

(1) Find the general solution of this P.D.E.

(2) Provided that $u(x,0) = e^x$, find the exact solution of this P.D.E.

台大工數 A 土木

解答：

特徵方程式 $\dfrac{dx}{1} = \dfrac{dy}{2} = \dfrac{du}{2u+5\sin x}$

第一組 （1） $\dfrac{dx}{1} = \dfrac{dy}{2}$ ， $x - \dfrac{y}{2} = c_1$

第二組 （2） $\dfrac{dx}{1} = \dfrac{du}{2u+5\sin x}$

$2udx + 5\sin xdx = du$ 或 $du - 2udx = 5\sin xdx$

乘上積分因子 e^{-2x}

$$e^{-2x}(du - 2udx) = 5e^{-2x}\sin xdx$$

$$d(e^{-2x}u) = 5e^{-2x}\sin xdx$$

積分 $e^{-2x}u = 5\int e^{-2x}\sin xdx$

得 $e^{-2x}u = e^{-2x}(-2\sin x - \cos x) + c_2$

通解 $e^{-2x}u = e^{-2x}(-2\sin x - \cos x) + f(c_1)$

或

$$u = (-2\sin x - \cos x) + f\!\left(x - \dfrac{y}{2}\right)e^{2x}$$

$$u(x,0) = (-2\sin x - \cos x) + f(x)e^{2x} = e^x$$

得

$$f(x) = e^{-x} + e^{-2x}(2\sin x + \cos x)$$

最後得解

$$u = (-2\sin x - \cos x) + e^{2x}e^{-\left(x-\frac{y}{2}\right)} + e^{2x}e^{-2\left(x-\frac{y}{2}\right)}\left(2\sin\left(x-\frac{y}{2}\right) + \cos\left(x-\frac{y}{2}\right)\right)$$

$$u = (-2\sin x - \cos x) + e^{\left(x+\frac{y}{2}\right)} + e^{y}\left(2\sin\left(x-\frac{y}{2}\right) + \cos\left(x-\frac{y}{2}\right)\right)$$

第四節　一階偏微分方程式之拉氏變換法

已知一階常係數線性偏微分方程式，如下

$$a\frac{\partial u}{\partial x} + b\frac{\partial u}{\partial t} = 0$$

及初始條件：$u(x,0) = f(x)$，$u(0,t) = g(t)$

此形式偏微分方程式，除了上依節所介紹之 Lagrange 法，可求得通解之外，為滿足某休特定之初始條件，常需要利用拉氏變換求，會較簡且有效。其拉氏變換法之求解步驟，整理如下：

利用 Laplace 變換公式：

$$L[u(x,t)] = \int_0^\infty u(x,t)e^{-st}dt = \bar{u}(x,s)$$

一階偏微分 $\dfrac{\partial u}{\partial x}$ 之 Laplace 變換，為

$$L\left[\frac{\partial u}{\partial x}(x,t)\right] = \int_0^\infty \frac{\partial u}{\partial x}(x,t)e^{-st}dt = \frac{d}{dx}\int_0^\infty u(x,t)e^{-st}dt = \frac{d}{dx}\bar{u}(x,s)$$

及

一階偏微分 $\dfrac{\partial u}{\partial t}$ 之 Laplace 變換，為

$$L\left[\frac{\partial u}{\partial t}(x,t)\right] = s\bar{u}(x,s) - u(x,0)$$

代入原一階偏微分方程，得

$$aL\left[\frac{\partial u}{\partial x}\right] + bL\left[\frac{\partial u}{\partial t}\right] = 0$$

或

$$a\frac{d\bar{u}}{dx} + bs\bar{u} - bu(x,0) = 0$$

或

$$a\frac{d\bar{u}}{dx} + bs\bar{u} = bf(x)$$

為一階線性常微分方程，可得解

$$\bar{u}(x,s) = c_1 e^{-\frac{bsx}{a}} + \frac{b}{aD+b}f(x)$$

再拉氏逆變換即可得解。

範例 11：

> Solve the following partial differential equations by Laplace transforms
> $\frac{\partial v}{\partial x} + 2x\frac{\partial v}{\partial t} = 2x$，$v(x,0)=1$，$v(0,t)=1$。(20%)

北科大化工所

解答：

【方法一】Laplace 變換法

取拉氏變換
$$\frac{d\bar{v}}{dx} + 2x(s\bar{v} - v(x,0)) = 2x\frac{1}{s}$$

整理得一階常微方
$$\frac{d\bar{v}}{dx} + 2xs\bar{v} = 2x\left(\frac{1}{s}+1\right)$$

代入求得通解　　　　　$\bar{v} = \dfrac{1}{s^2} + \dfrac{1}{s} - \dfrac{1}{s^2}e^{-x^2 s}$

逆變換　　　　　　　$v(x,t) = t + 1 - (t-x^2)u(t-x^2)$

【方法二】Lagrange 法

特徵方程式　　　　　$\dfrac{dx}{1} = \dfrac{dt}{2x} = \dfrac{dv}{2x}$

第一組(1)　　　　　$\dfrac{dt}{2x} = \dfrac{dv}{2x}$　或　$dv = dt$

得　　　　　　　　　$v = t + c_1$

第二組(2)　　　　　$\dfrac{dx}{1} = \dfrac{dt}{2x}$　或　$2xdx = dt$

　　　　　　　　　　$t - x^2 = c_2$

通解　　　　　　　　$v = t + g(t - x^2)$

$v(x,0) = 1$　　　　$v(x,0) = g(-x^2) = 1$

$v(0,t) = 1$　　　　$v(0,t) = t + g(t) = 1$

得　　　　　　　　　$g(t) = 1 - tu(t)$

得通解　　　　　　　$v(x,t) = t + 1 - (t-x^2)u(t-x^2)$

範例 12：

> U is a function of x and satisfied $\dfrac{\partial U}{\partial x} = 2\dfrac{\partial U}{\partial t} + U$，$U(x,0) = 6e^{-3x}$，$x > 0$，and $t > 0$. Please calculate the possible solution $U(x,t)$. (You can use Lapalce transform and Inverse Lapalce transform)

〔中央天文所〕

解答：

取拉氏變換　$L\left[\dfrac{\partial U}{\partial x}\right] = 2L\left[\dfrac{\partial U}{\partial t}\right] + L[U]$

得　$\dfrac{d\overline{U}(x,s)}{dx} = 2s\overline{U}(x,s) - 2U(x,0) + \overline{U}(x,s)$

代入　$U(x,0) = 6e^{-3x}$

得　$\dfrac{d\overline{U}(x,s)}{dx} - (2s+1)\overline{U}(x,s) = -12e^{-3x}$

通解　$\overline{U}(x,s) = c_1 e^{(2s+1)x} + \dfrac{6}{2+s}e^{-3x}$

當 $x \to \infty$，$\overline{U}(x,s)$ 為有界，得 $c_1 = 0$

得解　$\overline{U}(x,s) = \dfrac{6}{2+s}e^{-3x}$

逆變換　$U(x,t) = 6e^{-3x}e^{-2t}$

【方法二】Lagrange Method

已知　　　　　　　$\dfrac{\partial U}{\partial x} = 2\dfrac{\partial U}{\partial t} + U$

或　　　　　　　　$\dfrac{\partial U}{\partial x} - 2\dfrac{\partial U}{\partial t} = U$

特徵方程式　　　　$\dfrac{dx}{1} = \dfrac{dt}{-2} = \dfrac{dU}{U}$

取(a)　　$\dfrac{dx}{1} = \dfrac{dt}{-2}$ 得 $t + 2x = c_1$，或 $x + \dfrac{t}{2} = c_1$

取(b)　　$\dfrac{dx}{1} = \dfrac{dU}{U}$ 得 $\ln U = x + c_1$

或　　　　　　　　$U = c_2 e^x$

通解　　　　　　　$U = f(c_1)e^x = f\left(x + \dfrac{t}{2}\right)e^x$

$$U(x,0) = 6e^{-3x} = f(x)e^x$$

得 $f(x) = 6e^{-4x}$

最後得通解 $U = f\left(x + \dfrac{t}{2}\right)e^x = 6e^{-4\left(x+\frac{t}{2}\right)}e^x = 6e^{-4x-2t}e^x$

或 $U = 6e^{-3x}e^{-2t}$

第五節　一階偏微分方程式之變數分離法

自變數為 (x, y) 時之一階線性偏微分方程式，標準式如下：

通式　　$P(x,y)\dfrac{\partial z}{\partial x} + Q(x,y)\dfrac{\partial z}{\partial y} = R(x,y)$

令變數分離　　$z(x, y) = X(x)Y(y)$ 　　　　　(13)

代入得　　$P(x,y)X'(x)Y(y) + Q(x,y)X(x)Y'(y) = R(x,y)$

將上式再分解成兩組常微分方程式，利用此法得到之解，沒有包含忍任意函數，只含任意常數，因此稱為全解。

範例 13：一階偏微分方程式之變數分離法

試利用變數分離法解偏微分方程 $y\dfrac{\partial u}{\partial x} - x\dfrac{\partial u}{\partial y} = 0$，$u = f(x,y)$

嘉義土木與水資源所

解答：

【方法一】變數分離法

令變數分離　$u(x, y) = X(x)Y(y)$

代入　　　　　　$yX'Y - xXY' = 0$

移項　　　　　　$\dfrac{yX'Y}{xyXY} = \dfrac{xXY'}{xyXY}$

或　　　　　　　$\dfrac{X'}{xX} = \dfrac{Y'}{yY} = p$

(1)得　　　　　$\dfrac{dX}{dx} - PxX = 0$

或解　　　　　　$X = c_1 e^{P\frac{x^2}{2}}$

(2)得　　　　　$\dfrac{dY}{dy} - pyY = 0$

或　　　　　　　$Y = c_2 e^{p\frac{y^2}{2}}$

代回原式得　$u(x,y) = X(x)Y(y) = ce^{\frac{p}{2}(x^2+y^2)}$

【方法二】Lagrange 法

　　特徵方程式　$\dfrac{dx}{y} = -\dfrac{dy}{x} = \dfrac{du}{0}$

(a) $\dfrac{du}{0}$ 或 $du = 0$

積分　　$u = c_1$

(b) $\dfrac{dx}{y} = -\dfrac{dy}{x}$ 或 $xdx = -ydy$

積分　　$x^2 + y^2 = c_2$

通解　　$u = f(c_2) = f(x^2 + y^2)$

或　$u = f(x^2 + y^2)$

範例 14

Solve $z = z(x, y)$ for $\left(\dfrac{\partial z}{\partial x}\right)^2 + \left(\dfrac{\partial z}{\partial y}\right)^2 = z^2(x+y)$

交大奈米科技所

解答：

令變數分離　　$z = X(x)Y(y)$

代入原式　　$(X'Y)^2 + (XY')^2 = X^2 Y^2 (x+y)$

變數分離　　$\left(\dfrac{X'}{X}\right)^2 + \left(\dfrac{Y'}{Y}\right)^2 = x + y$

得第一組　(a) $\left(\dfrac{X'}{X}\right)^2 = x$

開方　　$\dfrac{dX}{dx} = \pm\sqrt{x}\, X$

變數分離　　$\dfrac{dX}{X} = \pm\sqrt{x}\, dx$

積分　　$\ln X = \pm\dfrac{2}{3} x^{\frac{3}{2}} + c_1$ 或 $X = c e^{\pm\frac{2}{3} x^{\frac{3}{2}}}$

第二組　(b) $\left(\dfrac{Y'}{Y}\right)^2 = y$

開方　　$\dfrac{dY}{dy} = \pm\sqrt{y}\, Y$

變數分離　　$\dfrac{dY}{Y} = \pm\sqrt{y}\, dy$

積分　　$\ln Y = \pm\frac{2}{3}y^{\frac{3}{2}} + c_2$ 或 $Y = ce^{\pm\frac{2}{3}y^{\frac{3}{2}}}$

全解　　$z(x,y) = ce^{\frac{2}{3}\left(\pm x^{\frac{3}{2}} \pm y^{\frac{3}{2}}\right)}$

第六節　二階線性偏微分方程之分類

接著，介紹二階線性偏微分方程式之通解求法。

二階雙自變數偏微分方程式，標準通式(General Form)如下：

$$A\frac{\partial^2 u}{\partial x^2} + B\frac{\partial^2 u}{\partial y \partial x} + C\frac{\partial^2 u}{\partial y^2} + E\frac{\partial u}{\partial x} + F\frac{\partial u}{\partial y} + Gu = f(x,y) \quad (14)$$

其中 A, B, C, E, F, G 為常數或自變數 (x, y) 的函數，則稱上式為二階線性偏微分方程式。

將上式表成微分運算子的形式，比較簡潔好說明。令微分運算子符號意義如下：

$$D_x = \frac{\partial}{\partial x} \;,\; D_y = \frac{\partial}{\partial y} \;,\; D_x^2 = \frac{\partial^2}{\partial x^2} \;,\; D_x D_y = \frac{\partial^2}{\partial y \partial x} \text{ 等等}$$

代入簡化上式為

$$\left(AD_x^2 + BD_x D_y + CD_y^2 + ED_x + FD_y + G\right)u = f(x,y)$$

或

$$F(D_x, D_y)u = f(x,y) \quad (15)$$

如同常微分方程式特性，二階非齊性線性偏微分方程式，也是有下列特性：

1. 上式之解可分成兩部分組成：一是齊性解u_h，令一是特別積分u_p，亦即

$$u(x,y) = u_h(x,y) + u_p(x,y)$$

2. 上式中齊性解$u_h(x,y)$為齊性偏微分方程($f(x,y)=0$)之解

   或 $F(D_x, D_y)u = 0$

※二階偏微分方程之分類

為方便討論通解的求法，現將常見的二階偏微分方程，稍為分類說明如下：

※分類法一：(此種分法，最適合討論變換分離法的三大題型用)

1. 波動方程式(Wave Equation) $a^2 \dfrac{\partial^2 u}{\partial x^2} - \dfrac{\partial^2 u}{\partial t^2} = 0$

2. 熱傳方程式(Heat Equation) $\alpha^2 \dfrac{\partial^2 u}{\partial x^2} - \dfrac{\partial u}{\partial t} = 0$

3. 拉氏方程式(Laplace Equation) $\dfrac{\partial^2 u}{\partial x^2} + \dfrac{\partial^2 u}{\partial y^2} = 0$

※分類法二：

若將上述三大常見偏微分方程，與圓錐截面方程式比較：(Compare with the conic section equation)，剛好有下列三大類型對應：

$x^2 - y^2 = K$ 雙曲線(hyperbola)

$x^2 - y = K$ 拋物線(parabola)

$x^2 + y^2 = K$ 橢圓線(ellipse)

※分類法三：(此種分法，最適合討論變換代換法的三大題型用)

另外雙變數二階偏微分方程式通式：

$$A\frac{\partial^2 u}{\partial x^2} + B\frac{\partial^2 u}{\partial y \partial x} + C\frac{\partial^2 u}{\partial y^2} + D\frac{\partial u}{\partial x} + E\frac{\partial u}{\partial y} + Fu = f$$

特徵方程式：

$$A\left(\frac{dy}{dx}\right)^2 - B\frac{dy}{dx} + C = 0$$

其根

$$\frac{dy}{dx} = \frac{B \pm \sqrt{B^2 - 4AC}}{2A}$$

1. 若 $B^2 - 4AC > 0$，稱之為雙曲線型（Hperbolic）偏微分方程式。
   如波動方程式。

2. 若 $B^2 - 4AC = 0$，稱之為拋物線型（Parabolic）偏微分方程式。
   如熱傳方程式

3. 若 $B^2 - 4AC < 0$，稱之為橢圓型（Elliptic）偏微分方程式
   如拉氏方程式

例：試判別拉氏方程式 $\dfrac{\partial^2 u}{\partial x^2} + \dfrac{\partial^2 u}{\partial y^2} = 0$ 之類型

解答：

因 $B^2 - 4AC = 0 - 4 \cdot 1 \cdot 1 < 0$，故 Laplace 方程式為橢圓型偏微分方程式。

例：試判別熱傳方程式 $\alpha^2 \dfrac{\partial^2 u}{\partial x^2} = \dfrac{\partial u}{\partial t}$ 之類型

解答：

因 $B^2 - 4AC = 0$，故 $\alpha^2 \dfrac{\partial^2 u}{\partial x^2} = \dfrac{\partial u}{\partial t}$ 為拋物線型偏微分方程式。

例：試判別波動方程式 $a^2 \dfrac{\partial^2 u}{\partial x^2} = \dfrac{\partial^2 u}{\partial t^2}$ 之類型

解答：

移項

$$a^2 \dfrac{\partial^2 u}{\partial x^2} - \dfrac{\partial^2 u}{\partial t^2} = 0$$

因 $B^2 - 4AC = 0 - 4 \cdot a^2 \cdot (-1) = 4 \cdot a^2 > 0$，故 $\alpha^2 \dfrac{\partial^2 u}{\partial x^2} = \dfrac{\partial u}{\partial t}$ 為雙曲線型偏微分方程式。

範例 15：

（單選題）For the partial differential equation.

$$A(x,y)\dfrac{\partial^2 u}{\partial x^2} + B(x,y)\dfrac{\partial^2 u}{\partial x \partial y} + C(x,y)\dfrac{\partial^2 u}{\partial y^2} = D(x,y)$$

The PDE is a
(a) homogeneous linear first-order PDE.
(b) homogeneous non-linear first-order PDE.
(c) Non-homogeneous linear first-order PDE.
(d) Non-homogeneous non-linear first-order PDE.
(e) homogeneous linear second-order PDE.
(f) homogeneous non-linear second-order PDE.
(g) Non-homogeneous linear second-order PDE.
(h) Non-homogeneous non-linear second-order PDE.

中山機電所

解答：(g)

範例 16：

> （單選題）For the partial differential equation.
>
> $$A(x,y)\frac{\partial^2 u}{\partial x^2} + B(x,y)\frac{\partial^2 u}{\partial x \partial y} + C(x,y)\frac{\partial^2 u}{\partial y^2} = D(x,y)$$
>
> The PDE is called an elliptic type PDE if
> (a) $B^2 - AC > 0$.
> (b) $B^2 - AC = 0$.
> (c) $B^2 - AC < 0$.
> (d) $B^2 - 4AC > 0$.
> (e) $B^2 - 4AC = 0$.
> (f) $B^2 - 4AC < 0$.
> (g) $B^2 + AC > 0$.
> (h) $B^2 + AC = 0$.
> (i) $B^2 + AC < 0$

〈中山機電所〉

解答：(f) $B^2 - 4AC < 0$.

特徵方程式 $\quad A\left(\dfrac{dy}{dx}\right)^2 - B\dfrac{dy}{dx} + C = 0$

$$\frac{dy}{dx} = \frac{B \pm \sqrt{B^2 - 4AC}}{2A}$$

當 $B^2 - 4AC < 0$，為橢圓型偏微分方程式。

範例 17：

> （單選題）Which of the following statements is correct?
> (a) The elliptic type PDE has 2 real characteristics.
> (b) The elliptic type PDE has no real characteristics.
> (c) The parabolic type PDE has 2 real characteristics.
> (d) The parabolic type PDE has no real characteristics.
> (e) The hyperbolic type PDE has no real characteristics.
> (f) The elliptic type PDE has 1 real characteristics.
> (g) The hyperbolic type PDE has 1 real characteristics.

中山機電所

解答：. (b)

特徵方程式 $A\left(\dfrac{dy}{dx}\right)^2 - B\dfrac{dy}{dx} + C = 0$

$$\dfrac{dy}{dx} = \dfrac{B \pm \sqrt{B^2 - 4AC}}{2A}$$

當 $B^2 - 4AC < 0$（兩複數根），為橢圓型偏微分方程式。

當 $B^2 - 4AC = 0$（一實數根），為拋物線型偏微分方程式。

當 $B^2 - 4AC > 0$（兩實數根），為雙曲線型偏微分方程式。

範例 18：

> （單選題）For the partial differential equation.
> $\dfrac{\partial^2 u}{\partial x^2} - 4x\dfrac{\partial^2 u}{\partial x \partial y} + 4x^2\dfrac{\partial^2 u}{\partial y^2} = 2\dfrac{\partial u}{\partial y}$

Which of the following is an equation of characteristics of the PDE?

(a) $y = 2x + C$.
(b) $y = -2x + C$.
(c) $y = x^2 + C$.
(d) $y = -x^2 + C$.
(e) $y = x^2 + 2x + C$.
(f) $y = -x^2 + 2x + C$.
(g) $y = x^2 - 2x + C$.
(h) $y = -x^2 - 2x + C$.

中山機電所

解答：(d)

已知 $\dfrac{\partial^2 u}{\partial x^2} - 4x\dfrac{\partial^2 u}{\partial x \partial y} + 4x^2 \dfrac{\partial^2 u}{\partial y^2} = 2\dfrac{\partial u}{\partial y}$

特徵方程式 $\quad A\left(\dfrac{dy}{dx}\right)^2 - B\dfrac{dy}{dx} + C = 0$

$$\dfrac{dy}{dx} = \dfrac{B \pm \sqrt{B^2 - 4AC}}{2A}$$

代入 $\quad A = 1$，$B = -4x$，$C = 4x^2$ 代入得

$$\dfrac{dy}{dx} = \dfrac{-4x \pm \sqrt{16x^2 - 16x^2}}{2} = -2x$$

積分 $\quad y = -x^2 + c \qquad$ (d)

第七節　二階常係數齊次型偏微分方程

現在先介紹最簡單的二階常係數齊次二階線性偏微分方程式，其標準通式如下：

$$A\frac{\partial^2 u}{\partial x^2} + B\frac{\partial^2 u}{\partial y \partial x} + C\frac{\partial^2 u}{\partial y^2} = 0 \quad (16)$$

其中 A, B, C 為常數。表成偏微分運算子形式為

$$\left(AD_x^2 + BD_x D_y + CD_y^2\right)u = F\left(D_x^2, D_x D_y, D_y^2\right)u = 0$$

上式中 $F\left(D_x^2, D_x D_y, D_y^2\right)$ 內，每一項都為偏微分運算子之二次式，故稱上式為齊次型偏微分方程式。其通解求法如下：

可假設齊次型偏微分方程式之解形式為

$$u = f(y + mx)$$

對 x 偏微分

$$\frac{\partial u}{\partial x} = f'(y + mx) \cdot m$$

及

$$\frac{\partial^2 u}{\partial x^2} = f''(y + mx) \cdot m^2$$

對 y 偏微分

$$\frac{\partial u}{\partial y} = f'(y + mx) \cdot 1$$

及

$$\frac{\partial^2 u}{\partial y^2} = f''(y + mx) \cdot 1$$

及 $\dfrac{\partial^2 u}{\partial y \partial x} = f''(y+mx) \cdot m \cdot 1$

代入原式得 $\quad f''(y+mx)(Am^2 + Bm + C) = 0$

特徵方程式 $\quad Am^2 + Bm + C = 0$

其根為 $\quad m = \dfrac{-B \pm \sqrt{B^2 - 4AC}}{2A}$

根據根之狀況,可分成下列三種情況討論:

1. 不等根(實根或複根): $m_1 \neq m_2$ 時

通解 $\quad u = f(y + m_1 x) + g(y + m_2 x) \qquad (17)$

2. 重根(實根): $m_1 = m_2$ 時

通解 $\quad u = f(y + m_1 x) + xg(y + m_1 x) \qquad (18)$

【證明】與下一節介紹因式分解法時一起證明。

與範例 19:

(15%) Solve $\quad u_{xx} + 6u_{xy} + 9u_{yy} = 0$

中央大物所應用數學

解答:齊次型

令解為 $\quad u = f(y + mx)$

微分 $\quad \dfrac{\partial u}{\partial x} = f'(y+mx) \cdot m$ 及 $\dfrac{\partial^2 u}{\partial x^2} = f''(y+mx) \cdot m^2$

微分 $\quad \dfrac{\partial u}{\partial y} = f'(y+mx) \cdot 1$ 及 $\dfrac{\partial^2 u}{\partial y^2} = f''(y+mx) \cdot 1$

及 $$\frac{\partial^2 u}{\partial y \partial x} = f''(y+mx) \cdot m \cdot 1$$

代入原式 $$u_{xx} + 6u_{xy} + 9u_{yy} = 0$$

得 $$f''(y+mx)(m^2 + 6m + 9) = 0$$

特徵方程式 $$m^2 + 6m + 9 = (m+3)^2 = 0$$

其根為 $m = -3; -3$

通解 $u = f(y-3x) + xg(y-3x)$

範例 20：

Find the general solution of partial differential equation
$$\frac{\partial^2 z}{\partial x^2} - 2\frac{\partial^2 z}{\partial x \partial y} + \frac{\partial^2 z}{\partial y^2} = 0$$

中央太空所應用數學

解答：齊次型

令解為 $u = f(y+mx)$

微分 $$\frac{\partial u}{\partial x} = f'(y+mx) \cdot m \text{ 及 } \frac{\partial^2 u}{\partial x^2} = f''(y+mx) \cdot m^2$$

微分 $$\frac{\partial u}{\partial y} = f'(y+mx) \cdot 1 \text{ 及 } \frac{\partial^2 u}{\partial y^2} = f''(y+mx) \cdot 1$$

及 $$\frac{\partial^2 u}{\partial y \partial x} = f''(y+mx) \cdot m \cdot 1$$

代入原式 $$\frac{\partial^2 z}{\partial x^2} - 2\frac{\partial^2 z}{\partial x \partial y} + \frac{\partial^2 z}{\partial y^2} = 0$$

得 $$f''(y+mx)(m^2-2m+1)=0$$

特徵方程式 $$m^2-2m+1=(m-1)^2=0$$

其根為 $m=1;1$

通解 $u=f(y+x)+xg(y+x)$

範例 21：

解偏微分方程 $\dfrac{\partial^2 z}{\partial x \partial y}=\dfrac{\partial^2 z}{\partial y^2}$.

解答：

【錯解】

假設解為 $z=f(y+mx)$

特徵方程式 $m-1=0$

得 $m=1$

通解 $u=f(x+y)$ 不是通解(只含一任意函數)

【修正解一】

已知 $\dfrac{\partial^2 z}{\partial x \partial y}=\dfrac{\partial^2 z}{\partial y^2}$

假設解為 $u=f(x+my)$

特徵方程式 $m(m-1)=0$

得 $m=1 \quad m=0$

通解 $u=f(x+y)+g(x)$

【修正解二】因式分解法

已知 $$\frac{\partial^2 z}{\partial x \partial y} = \frac{\partial^2 z}{\partial y^2}$$

或 $$D_y(D_x - D_y)z = 0$$

通解 $$u = f(x+y) + g(x)$$

範例 22：

試解：$\dfrac{\partial^4 u}{\partial x^4} + 2\dfrac{\partial^4 u}{\partial x^2 \partial y^2} + \dfrac{\partial^4 u}{\partial y^4} = 0$

雲科大環安所

解答：

已知 $$\frac{\partial^4 u}{\partial x^4} + 2\frac{\partial^4 u}{\partial x^2 \partial y^2} + \frac{\partial^4 u}{\partial y^4} = 0$$

假設解為 $$u = f(y + mx)$$

特徵方程式 $$m^4 + 2m^2 + 1 = (m^2 + 1)^2 = 0$$

得 $$m = i \; , \; m = i \; , \; m = -i \; , \; m = -i$$

通解 $$u = f_1(y + ix) + x f_2(y + ix) + f_3(y - ix) + x f_4(y - ix)$$

第八節　二階常係數偏微分方程-可因式分解型之通解

若二階常係數線性偏微分方程式，除了前三個齊次項之外，還有其它一次偏微分項存在，即二階常係數線性偏微分方程式，標準通式如下：

$$A\frac{\partial^2 u}{\partial x^2} + B\frac{\partial^2 u}{\partial y \partial x} + C\frac{\partial^2 u}{\partial y^2} + E\frac{\partial u}{\partial x} + F\frac{\partial u}{\partial y} + Gu = 0$$

或表成 $$F(D_x, D_y)u = 0$$

1. 若 $F(D_x, D_y)$ 可因式分解乘兩個為不重複一次因式乘積，如：

$$F(D_x, D_y)u = (a_1 D_x + b_1 D_y + c_1)(a_2 D_x + b_2 D_y + c_2)u = 0 \quad (19)$$

則其通解為

$$u = e^{-\frac{c_1}{a_1}x} f(b_1 x - a_1 y) + e^{-\frac{c_2}{a_2}x} g(b_2 x - a_2 y)$$

2. 若 $F(D_x, D_y)$ 可分解成重複一次因式積，如

$$F(D_x, D_y)u = (aD_x + bD_y + c)^2 u = 0$$

則其通解為

$$u = e^{-\frac{c}{a}x} [f(bx - ay) + xg(bx - ay)] \quad (20)$$

【證明】

若 $F(D_x, D_y)u = (aD_x + bD_y + c)^2 u = 0$

或 $F(D_x, D_y)u = (aD_x + bD_y + c)(aD_x + bD_y + c)u = 0$

令 $z = (aD_x + bD_y + c)u \quad (21)$

代入 $F(D_x, D_y)u = (aD_x + bD_y + c)z = 0 \quad (22)$

上式(22)為一階常係數偏微分方程，從前一節 Lagrange 法，得其通解為

$$z = e^{-\frac{c}{a}x} g(bx - ay)$$

或 $z = (aD_x + bD_y + c)u = e^{-\frac{c}{a}x} g(bx - ay)$

代回式(21)，得一階 PDE

$$a\frac{\partial u}{\partial x}+b\frac{\partial u}{\partial y}=-cu+e^{-\frac{c}{a}x}g(bx-ay)$$

再利用 Lagrange 法，得特徵方程式

$$\frac{dx}{a}=\frac{dy}{b}=\frac{du}{-cu+e^{-\frac{c}{a}x}g(bx-ay)}$$

取兩組常微分方程

(1) 第一組：$\dfrac{dx}{a}=\dfrac{dy}{b}$

積分得　$bx-ay=c_1$　　　(23)

(2) 第二組：$\dfrac{dx}{a}=\dfrac{du}{-cu+e^{-\frac{c}{a}x}g(bx-ay)}$

移項　$\left(-cu+e^{-\frac{c}{a}x}g(bx-ay)\right)dx=adu$

或

$$adu+cudx=e^{-\frac{c}{a}x}g(bx-ay)dx$$

乘上積分因子，得

$$e^{\frac{c}{a}x}(adu+cudx)=g(bx-ay)dx$$

化成正合微分，並由第一組解 $bx-ay=c_1$，代入

$$d\left(ae^{\frac{c}{a}x}u\right)=g(c_1)dx$$

積分

$$ae^{\frac{c}{a}x}u = xg(c_1) + c_2 = xg(c_1) + f(c_1)$$

再令 $bx - ay = c_1$，代回，得通解

$$ae^{\frac{c}{a}x}u = xg(bx-ay) + f(bx-ay)$$

移項，得

$$u(x) = \frac{1}{a}e^{-\frac{c}{a}x}[xg(bx-ay) + f(bx-ay)]$$

可得證

$$u(x) = e^{-\frac{c}{a}x}[f(bx-ay) + xg(bx-ay)]$$

【註】若令 $c = 0$，則上設偏微分方程會簡化為齊次型之情況。

範例 23：

> Find the general solution of the differential equation
> $$\frac{\partial^2 z}{\partial x^2} - \frac{\partial^2 z}{\partial y^2} - \frac{\partial z}{\partial x} + \frac{\partial z}{\partial y} = 0$$

雲科光電工數

解答：

$$\frac{\partial^2 z}{\partial x^2} - \frac{\partial^2 z}{\partial y^2} - \frac{\partial z}{\partial x} + \frac{\partial z}{\partial y} = 0$$

$$(D_x^2 - D_y^2 - D_x + D_y)z = 0$$

$$(D_x - D_y)(D_x + D_y + 1)z = 0$$

通解　　$z = f(x+y) + e^{-x}g(x-y)$

範例 24：

> Using Lagrange method, find the solution of $\dfrac{\partial^2 u}{\partial x^2} - \dfrac{\partial^2 u}{\partial y^2} - 2\dfrac{\partial u}{\partial x} + u = 0$

解答：

已知
$$\frac{\partial^2 u}{\partial x^2} - \frac{\partial^2 u}{\partial y^2} - 2\frac{\partial u}{\partial x} + u = 0$$

表成
$$\left(D_x^2 - D_y^2 - 2D_x + 1\right)u = 0$$

$$\left((D_x^2 - 2D_x + 1) - D_y^2\right)u = 0$$

$$(D_x - D_y - 1)(D_x + D_y - 1)u = 0$$

代公式(19)得通解 $x = e^x f_1(x+y) + e^x f_2(x-y)$

第九節 二階變係數偏微分方程之降階法

接著，介紹二階變係數線性偏微分方程式之求解，此種方程式之求解，較為複雜，本書只介紹其中幾種較為特殊之偏微分方程式求解即可，第一種式可化成一階變係數線性偏微分方程式的類型。

若二階變係數線性偏微分方程式，通式如下

$$A\frac{\partial^2 u}{\partial x^2} + B\frac{\partial^2 u}{\partial y \partial x} + E\frac{\partial u}{\partial x} = 0 \tag{23}$$

則令共通項 $\dfrac{\partial u}{\partial x} = v$

代入上式(23)，得

$$A\frac{\partial v}{\partial x}+B\frac{\partial v}{\partial y}+Ev=0 \qquad (24)$$

得一階變係數偏微分方程

$$(AD_x+BD_y+E)v=0$$

利用 Lagrange 法求其通解，得 $\quad v=v(x,y)$

再代回得一階偏微分方程 $\quad \dfrac{\partial u}{\partial x}=v(x,y)$

偏積分求其通解 $\quad u=u(x,y)$

範例 25：

解偏微分方程式 $x\dfrac{\partial^2 u}{\partial y\partial x}=y\dfrac{\partial^2 u}{\partial y^2}+\dfrac{\partial u}{\partial y}$

清大電機所

解答：

已知 $\qquad x\dfrac{\partial}{\partial x}\left(\dfrac{\partial u}{\partial y}\right)-y\dfrac{\partial}{\partial y}\left(\dfrac{\partial u}{\partial y}\right)-\left(\dfrac{\partial u}{\partial y}\right)=0$

令 $\qquad v=\dfrac{\partial u}{\partial y}$

代入上式 $\qquad x\dfrac{\partial v}{\partial x}-y\dfrac{\partial v}{\partial y}-v=0$

特徵方程式 $\qquad \dfrac{dx}{x}=\dfrac{dy}{-y}=\dfrac{dv}{v}$

第一組 $\qquad \dfrac{dx}{x}=\dfrac{dy}{-y}\quad$ 或 $\quad \dfrac{dx}{x}+\dfrac{dy}{y}=0$

積分 $\qquad \ln x+\ln y=\ln(xy)=c\ $ 或 $\ xy=c_1$

第二組 $\qquad \dfrac{dx}{x}=\dfrac{dv}{v}$

積分 $\quad \ln v = \ln x + c$ 或 $v = c_2 x = xf(c_1) = xf(xy)$

通解 $\quad v = \dfrac{\partial u}{\partial y} = xf(xy)$

對 y 偏積分 $\quad u = \int xf(xy)dy + c_2 = \int f(xy)d(xy) + G(x)$

通解 $\quad u = F(xy) + G(x)$

範例 26：

解偏微分方程式 $x\dfrac{\partial^2 u}{\partial x^2} - y\dfrac{\partial^2 u}{\partial y \partial x} + \dfrac{\partial u}{\partial x} = 0$

【72 中央土研】

解答：

已知 $\quad x\dfrac{\partial}{\partial x}\left(\dfrac{\partial u}{\partial x}\right) - y\dfrac{\partial}{\partial y}\left(\dfrac{\partial u}{\partial x}\right) + \left(\dfrac{\partial u}{\partial x}\right) = 0$

令 $\quad v = \dfrac{\partial u}{\partial x}$

代入上式 $\quad x\dfrac{\partial v}{\partial x} - y\dfrac{\partial v}{\partial y} + v = 0$

特徵方程式 $\quad \dfrac{dx}{x} = \dfrac{dy}{-y} = \dfrac{dv}{-v}$

第一組 $\quad \dfrac{dx}{x} = \dfrac{dy}{-y}$ 或 $\dfrac{dx}{x} + \dfrac{dy}{y} = 0$

積分 $\quad \ln x + \ln y = \ln(xy) = c$ 或 $xy = c_1$

第二組 $\quad \dfrac{dy}{y} = \dfrac{dv}{v}$

積分 $\quad \ln v = \ln y + c$ 或 $v = c_2 y$

解 $\quad v = \dfrac{\partial u}{\partial x} = yf(xy)$

對 y 偏積分 $\quad u = \int yf(xy)dx + c_2 = \int f(xy)d(xy) + G(y)$

通解 $\quad u = F(xy) + G(y)$

範例 27：二階變係數偏微分方程之通解(二)直接偏積分法

若 $\dfrac{\partial^2 u(x,y)}{\partial x \partial y} = 0$，$0 \leq x, y \leq 1$，且 $u(x,0) = x(1-x)$，$u(0,y) = y$，$u(1,y) = y$，求 $u(x,y)$

成大資源所

解答：

$$\dfrac{\partial^2 u(x,y)}{\partial x \partial y} = \dfrac{\partial}{\partial x}\left(\dfrac{\partial u}{\partial y}\right) = 0$$

對 x 偏積分 $\quad \dfrac{\partial u}{\partial y} = f(y)$

對 y 偏積分 $\quad u(x,y) = F(y) + G(x)$

代入 $\quad u(x,0) = F(0) + G(x) = x(1-x)$，或 $G(x) = x(1-x) - F(0)$

代入 $\quad u(0,y) = F(y) + G(0) = y$，或 $F(y) = y - G(0)$

$\quad u(x,y) = y + x(1-x) - F(0) - G(0)$

check $\quad u(x,0) = x(1-x) - F(0) - G(0) = x(1-x)$，得 $F(0) + G(0) = 0$

得 $\quad u(x,y) = y + x(1-x)$

考題集錦

1. Solve $\dfrac{\partial u}{\partial t} + 3\dfrac{\partial u}{\partial x} + 5u = 0$，$0 < t < \infty$，$-\infty < x < \infty$, with I.C. $u(x,0) = \cos x$

淡大環工所

2. 請解 partial Equation $\dfrac{\partial u}{\partial x}+\dfrac{\partial u}{\partial y}=0$。

【中央光電所】

3. （10%）Please solve $x\dfrac{\partial u}{\partial x}+\dfrac{\partial u}{\partial t}=xt$，$u(x,0)=0$，if $x\geq 0$，$u(0,t)=0$，if $t\geq 0$，

【交大土木丙所、中山光電所】

4. Find the solution of $\dfrac{\partial u}{\partial x}+\dfrac{\partial u}{\partial y}=2(x+y)u$ with B.C. $u(0,0)=2$，$u(1,0)=2$

【逢甲 IC 產碩、台大造船所】

5. Determine the general solution of $u(x,t)$ in $y\dfrac{\partial u}{\partial x}-x\dfrac{\partial u}{\partial y}=0$.

【大同通訊所、嘉義土木與水資源所】

6. Solve the following Partial differential equation.

$2\dfrac{\partial u}{\partial x}-3\dfrac{\partial u}{\partial y}+2u=2x$

where the initial condition $u(x,y)=x^2$ for the line $2y+x=0$

【台科大自控所】

7. Solve the following partial differential equation $\dfrac{\partial w}{\partial x}+x\dfrac{\partial w}{\partial t}=0$, with the initial and boundary conditions: $w(x,0)=0$；$w(0,t)=2t$，$t\geq 0$

【交大土木所】

8. Find the following boundary value problem by separation of variables

$\dfrac{\partial u}{\partial x}=4\dfrac{\partial u}{\partial y}$，B.C. $u(0,y)=8e^{-3y}$

【中原電機系轉】

9. (a) Setting $\varphi(x,y) = e^{-(ax+by)}U(x,y)$ transform the partial differential equation

$$\frac{\partial^2 \varphi}{\partial x^2} + \frac{\partial^2 \varphi}{\partial y^2} + 2a\frac{\partial \varphi}{\partial x} + 2b\frac{\partial \varphi}{\partial y} = 0$$

into a different partial differential equation with unknown $U(x,y)$

(b) Find the general solution of $z(x,y)$

$$\frac{\partial^2 z}{\partial x^2} - 2\frac{\partial^2 z}{\partial x \partial y} + \frac{\partial^2 z}{\partial y^2} = 0$$

成大土木所甲

10. Find all solution of the differential equation $\dfrac{\partial^2 u}{\partial x^2} = 2\dfrac{\partial^2 u}{\partial y^2}$

台大土木所 A

11. 解偏微分方程式 $2y\dfrac{\partial^2 u}{\partial y^2} - x\dfrac{\partial^2 u}{\partial y \partial x} + 2\dfrac{\partial u}{\partial y} = 0$

12. (a) Solve the equation $\dfrac{\partial^2 z}{\partial x \partial y} = x^2 y$

    (b) Find the particular solution for which $z(x,0) = x^2$，$z(1,y) = \cos y$

北科大高分子所、北科自動所

13. Solve the following differential equations

$x^2 u_{xy} + 3y^2 u = 0$ （10%）

彰師光電所

第十三章
熱傳方程式

本章針對前幾章所介紹的 Fourier 級數及 Fourier 積分式，在工程上的諸多應用，如：熱傳問題、波動問題之穩態與動態分析，介紹其 Fourier 分析結果與此類偏微分方程式之解間關係。

利用 Fourier 級數或積分式求解偏微分方程式之解的方法稱為變數分離法 (Separation Variables Method)或乘積解(Production Method)，其所得到之解為全解。

第一節　工程上常用偏微分方程

現在只針對工程上最常見的五類二階偏微分方程及其特定邊界條件作討論，其標準式如下：

1. Laplace 方程式

$$\nabla^2 u = \frac{\partial^2 u}{\partial x^2} + \frac{\partial^2 u}{\partial y^2} + \frac{\partial^2 u}{\partial z^2} = 0$$

2. Poisson 方程式

$$\nabla^2 u = \frac{\partial^2 u}{\partial x^2} + \frac{\partial^2 u}{\partial y^2} + \frac{\partial^2 u}{\partial z^2} = c$$

3. Helmholtz 方程式

$$\nabla^2 u = \frac{\partial^2 u}{\partial x^2} + \frac{\partial^2 u}{\partial y^2} + \frac{\partial^2 u}{\partial z^2} = ku$$

4. 熱傳方程式或擴散方程式

$$\nabla^2 u = \frac{\partial^2 u}{\partial x^2} + \frac{\partial^2 u}{\partial y^2} + \frac{\partial^2 u}{\partial z^2} = \frac{1}{\alpha^2}\frac{\partial u}{\partial t}$$

5. 波動方程式(Wave Equation)

$$\nabla^2 u = \frac{\partial^2 u}{\partial x^2} + \frac{\partial^2 u}{\partial y^2} + \frac{\partial^2 u}{\partial z^2} = \frac{1}{a^2}\frac{\partial^2 u}{\partial t^2}$$

第二節　熱傳方程式之推導積分法

熱傳方程式(Heat conduction)之推導方法有積分法與微分法，可參考熱傳學專門書籍，現將其節錄微分法於下：

已知$u(x,t)$為物體溫度分布函數(Temperature distribution at position x, at time t)，$q(x,t)$為熱通量或熱流率(heat flux or heat flow rate)，它是服從 Fourier 定律，即，熱流率與溫度梯度成正比。表示如下

$$\vec{q}(\vec{r},t) = -k\nabla u$$

或表成一維純量形式

$$q = -k\frac{\partial u}{\partial x}$$

其中負號表示熱量是從高溫往低溫流。

考慮熱流入一長方立體盒$\Delta x \Delta y \Delta z$之熱流率守恆定律：

1. 熱從盒背面$\Delta y \Delta z$流入之熱流率：

$$-k\frac{\partial u(x,y,z)}{\partial x}\Delta y \Delta z$$

2. 熱從盒前面$\Delta y \Delta z$流出之熱流率：

$$-k\frac{\partial u(x+\Delta x, y, z)}{\partial x}\Delta y\Delta z$$

3. 流經這兩面之淨流入率：

$$-k\frac{\partial u(x, y, z)}{\partial x}\Delta y\Delta z + k\frac{\partial u(x+\Delta x, y, z)}{\partial x}\Delta y\Delta z$$

整理

$$k\frac{\partial}{\partial x}[u(x+\Delta x, y, z) - u(x, y, z)]\Delta y\Delta z \approx k\frac{\partial}{\partial x}\left[\frac{\partial u(x, y, z)}{\partial x}\Delta x\right]\Delta y\Delta z$$

最後，得

$$-k\frac{\partial u(x, y, z)}{\partial x}\Delta y\Delta z + k\frac{\partial u(x+\Delta x, y, z)}{\partial x}\Delta y\Delta z \approx k\frac{\partial^2 u(x, y, z)}{\partial x^2}\Delta x\Delta y\Delta z$$

4. 同理，流經這盒子六面之淨流入率：

$$k\left[\frac{\partial^2 u(x, y, z, t)}{\partial x^2} + \frac{\partial^2 u(x, y, z, t)}{\partial y^2} + \frac{\partial^2 u(x, y, z, t)}{\partial z^2}\right]\Delta x\Delta y\Delta z = k\nabla^2 u\Delta x\Delta y\Delta z$$

5. 這些流入之熱量，會使盒內物體溫度升高：

假設比熱(specific heat) c 為使一單位質量升高 $1°C$ 所需熱量。ρ 為密度(density)，則一熱量守恆定律，得流入盒子淨流入率，會等於使物體溫度升高率，得

$$k\nabla^2 u\Delta x\Delta y\Delta z = c\Delta m\frac{\partial u}{\partial t} = c\rho\Delta x\Delta y\Delta z\frac{\partial u}{\partial t}$$

或得三維熱傳方程式：

$$\nabla^2 u = \frac{\rho c}{k}\frac{\partial u}{\partial t} = \frac{1}{\alpha^2}\frac{\partial u}{\partial t} \tag{1}$$

其中 $\alpha = \sqrt{\dfrac{k}{\rho c}}$ 為熱傳導係數(the thermal diffusivity)。

第三節　熱傳方程式邊界值問題

已知 3-D 熱傳方程式，通式：

$$\frac{\partial^2 u}{\partial x^2}+\frac{\partial^2 u}{\partial y^2}+\frac{\partial^2 u}{\partial z^2}=\frac{1}{\alpha^2}\frac{\partial u}{\partial t}$$

或

$$\nabla^2 u=\frac{1}{\alpha^2}\frac{\partial u}{\partial t}$$

其中 α 為熱傳導係數。欲求上述偏微分方程之解，有幾種方法可使用，除上一章所介紹的幾種方法之外，本章介紹一種被廣泛使用的變數分離法(Separation Variables Method)或乘積解(Production Method)。

先整理出可使用變數分離法或乘積解的邊界值問題，然後在逐步從一維桿件、二為平板至三維圓柱等熱傳問題。

先考慮一維（即桿件結構）之熱傳問題，其熱傳方程式通式：

$$\frac{\partial^2 u}{\partial x^2}=\frac{1}{\alpha^2}\frac{\partial u}{\partial t}$$

上式中須給定一些特定邊界條件，大致上可適用變數分離法解，其種類可分如下幾種：

1. 第一種：齊性邊界值問題。內含齊性偏微分方程式與如下齊性邊界條件：

   $u(0,t)=0$ 及 $u(l,t)=0$

   或

   $u_x(0,t)=0$ 及 $u_x(l,t)=0$

2. 第二種：非齊性邊界值問題。內含非齊性偏微分方程式或如下非齊性邊界條件：

   $u(0,t)=u_0$ 及 $u(l,t)=u_1$

或

$$u_x(0,t) = u_0 \text{ 及 } u_x(l,t) = u_1$$

3. 第三種：暫態邊界問題。內含非齊性偏微分方程式或如下非齊性邊界條件(均含有變數 t)：

$$u(0,t) = f_1(t) \text{ 及 } u(l,t) = f_2(t)$$

或

$$u_x(0,t) = f_1(t) \text{ 及 } u_x(l,t) = f_2(t)$$

上式中須有一個初始條件，如下：

$$u(x,0) = f(x)$$

第四節　兩端零溫端之一維棒之熱傳問題

現在先考慮最簡單的工程熱傳問題開始，介紹 Fourier 首先使用的變數分離法 (Separation Variables Method) 或乘積解 (Production Method) 之概念及其詳解過程。

首先考慮一維有限長桿件，長為 l，長度方向為 x 軸，桿件側邊假設為絕緣，如此，可將此之有限長桿件視為一維熱傳問題，先假設有限長桿件兩端分別為溫度永遠為 0 之邊界條件，開始時桿件已有溫度分布函數 $f(x)$，桿件之熱傳導係數為 α，則可將上述熱傳問題之數學建模方程式為下所示。

兩端為零溫端一維有限長桿件之熱傳問題，滿足下列方程組：

偏微分方程： $\dfrac{\partial u}{\partial t} = \alpha^2 \dfrac{\partial^2 u}{\partial x^2}$ ， $0 < x < l,\ t > 0$

邊界條件： $u(0,t) = 0,\ u(l,t) = 0$

初始條件： $u(x,0) = f(x)$

```
          u(0,t)=0              u(x,t)              u(l,t)=0
          ──────▶  ┌─────────────────────────────────┐ ◀──────
                   └─────────────────────────────────┘
                     x = 0                              x = l
```

根據上述偏微分方程式中 x,t 兩變數分開在方程式兩邊之特殊狀況，可假設溫度分布函數 $u(x,t)$ 也是為 x,t 兩變數分開相乘形式，亦即

(1) 令變數直接分離 $u(x,t) = X(x)T(t)$

(2) 代入原微分方程，得

$$X(x)T'(t) = \alpha^2 X''(x)T(t)$$

兩邊同除 $X(x)T(t)$，得變數分離

$$\frac{X''(x)}{X(x)} = \frac{1}{\alpha^2}\frac{T'(t)}{T(t)}$$

上式兩邊已變數分離，因此要成立，兩者只能等於任意常數，假設為 p

$$\frac{X''(x)}{X(x)} = \frac{1}{\alpha^2}\frac{T'(t)}{T(t)} = p$$

及代入原邊界條件

$$u(0,t) = X(0)T(t) = 0$$

$$u(l,t) = X(l)T(t) = 0$$

因上式為齊性邊界條件，又 $T(t) \neq 0$，故可得 $X(0) = 0$ 及 $X(l) = 0$。

因此，可將此方程組，分成下列兩組常微分方程：

第一組：

(a) $\dfrac{X''(x)}{X(x)} = p$ 或 $X'' - pX = 0$

及

邊界條件： $X(0) = 0$， $X(l) = 0$

第二組：

(b) $\dfrac{1}{\alpha^2}\dfrac{T'(t)}{T(t)} = p$ 或 $T' - \alpha^2 pT = 0$

(3) 先解第一組二階常微分方程組，即

$X'' - pX = 0$ 及邊界條件： $X(0) = 0$，$X(l) = 0$

令 $X = e^{mx}$ 代入，得特徵方程式

$m^2 = p$，或 $m = \pm\sqrt{p}$

(i) 當 $p = 0$ 得通解 $X(x) = c_1 x + c_2$

代入邊界條件：(1) $X(0) = 0$ 得 $X(0) = c_2 = 0$

代入邊界條件：(2) $X(l) = 0$ 得 $X(l) = c_1 l = 0$ 或 $c_1 = 0$

此為零解 $X(x) = 0$

(ii) 當 $p > 0$，取 $p = \lambda^2$ ，得通解 $X(x) = c_1 e^{\lambda x} + c_2 e^{-\lambda x}$

代入邊界條件：(1) $X(0) = 0$ 得 $X(0) = c_2 + c_1 = 0$ 或 $c_2 = -c_1$

代入邊界條件：(2) $X(l) = 0$ 得 $X(l) = c_1 \left(e^{\lambda l} - e^{-\lambda l}\right) = 0$

得 $c_1 = 0$，及 $c_2 = -c_1 = 0$

此也為零解 $X(x) = 0$。

(iii) 令 $p = < 0$，取 $p = -\lambda^2$， 得通解 $X(x) = c_1 \cos \lambda x + c_2 \sin \lambda x$

代入邊界條件：(1) $X(0) = 0$ 得 $X(0) = c_1 = 0$

代入邊界條件：(2) $X(l) = 0$ 得 $X(l) = c_2 \sin \lambda l = 0$

當 $\sin \lambda l = 0$，此時 c_2 為常數

得 $\lambda l = n\pi$，亦即，得特徵值 $\lambda_n = \dfrac{n\pi}{l}$, $n = 1, 2, \cdots$

特徵函數 $X_n(x) = \sin \lambda_n x = \sin\left(\dfrac{n\pi}{l} x\right)$，$n = 1, 2, \cdots$

(4) 再解第二組　$T' - \alpha^2 pX = 0$

只取特徵值　$p = -\lambda_n^2 = -\left(\dfrac{n\pi}{l}\right)^2$ 代入解即可

得一階常微分方程

$$T' + \left(\dfrac{\alpha n\pi}{l}\right)^2 X = 0$$

得通解

$$T_n(t) = c_1 e^{-\left(\dfrac{\alpha n\pi}{l}\right)^2 t}, \quad n = 1, 2, \cdots$$

(5) 利用重疊原理，將上述所得無窮多個特解全部線性組合成

$$u(x,t) = \sum_{n=1}^{\infty} c_n \sin\left(\dfrac{n\pi x}{l}\right) e^{-\left(\dfrac{\alpha n\pi}{l}\right)^2 t}$$

(6) 最後再代入初始條件：$u(x,0) = f(x)$

代入得　$u(x,0) = f(x) = \sum_{n=1}^{\infty} c_n \sin\left(\dfrac{n\pi x}{l}\right)$

利用 Fourier 級數展開，得　$c_n = \dfrac{2}{l} \int_0^l f(x) \sin\left(\dfrac{n\pi x}{l}\right) dx$

最後得解　$u(x,t) = \sum_{n=1}^{\infty} c_n \sin\left(\dfrac{n\pi x}{l}\right) e^{-\left(\dfrac{\alpha n\pi}{l}\right)^2 t}$

其中　$c_n = \dfrac{2}{l} \int_0^l f(x) \sin\left(\dfrac{n\pi x}{l}\right) dx$

【分析】

1. 由以上分析知，兩端零溫端之一維棒之熱傳問題，其結果為 Fourier Sine 級數。

2. 上述解答結果，含有 $e^{-\left(\dfrac{\alpha n\pi}{l}\right)^2 t}$ 項，故當 $t \to \infty$，亦即穩態狀態時，

$$u(x,\infty) = \lim_{t \to \infty} \sum_{n=1}^{\infty} c_n \sin\left(\frac{n\pi x}{l}\right) e^{-\left(\frac{\alpha n\pi}{l}\right)^2 t} \to 0$$

亦即，此部分解，稱為暫態解(Transient Solution)。

3. 當偏微分方程式更複雜時，但需仍為齊性偏微分方程式，此時上述變數分離法仍適用，已下例說明如下：

範例 01：

For a partial differential equation
$$\frac{\partial u}{\partial t} = k\left(\frac{\partial^2 u}{\partial x^2} + A\frac{\partial u}{\partial x} + Bu\right)$$

(a) (10%) Try the transformation $u(x,t) = e^{\alpha x + \beta t} v(x,t)$ to determine suitable values of α and β in terms of k、A、B so that the above equation can be transformed into $\dfrac{\partial v}{\partial t} = k\dfrac{\partial^2 v}{\partial x^2}$

(b) (10%) Use the previous idea to solve $\dfrac{\partial u}{\partial t} = \dfrac{\partial^2 u}{\partial x^2} + 4\dfrac{\partial u}{\partial x} + 2u$

$u(0,t) = u(\pi,t) = 0$, for $t \geq 0$
$u(x,0) = x(\pi - x)$, for $0 \leq x \leq \pi$

清大動機工數、中興機械所

解答：

(a) 已知 $u(x,t) = e^{\alpha x + \beta t} v(x,t)$

(b) 偏微分

$$\frac{\partial u(x,t)}{\partial t} = e^{\alpha x + \beta t}\frac{\partial v(x,t)}{\partial t} + \beta e^{\alpha x + \beta t} v(x,t)$$

$$\frac{\partial u(x,t)}{\partial x} = e^{\alpha x+\beta t}\frac{\partial v(x,t)}{\partial x} + \alpha e^{\alpha x+\beta t}v(x,t)$$

$$\frac{\partial^2 u(x,t)}{\partial x^2} = e^{\alpha x+\beta t}\frac{\partial^2 v(x,t)}{\partial x^2} + 2\alpha e^{\alpha x+\beta t}\frac{\partial v(x,t)}{\partial x} + \alpha^2 e^{\alpha x+\beta t}v(x,t)$$

代入原齊性偏微分方程式 $\quad \dfrac{\partial u}{\partial t} = k\left(\dfrac{\partial^2 u}{\partial x^2} + A\dfrac{\partial u}{\partial x} + Bu\right)$

得

$$e^{\alpha x+\beta t}\frac{\partial v}{\partial t} + \beta e^{\alpha x+\beta t}v =$$
$$k\left(e^{\alpha x+\beta t}\frac{\partial^2 v}{\partial x^2} + 2\alpha e^{\alpha x+\beta t}\frac{\partial v}{\partial x} + \alpha^2 e^{\alpha x+\beta t}v + Ae^{\alpha x+\beta t}\frac{\partial v}{\partial x} + A\alpha e^{\alpha x+\beta t}v + Be^{\alpha x+\beta t}v\right)$$

或整理得

$$\frac{\partial v}{\partial t} + \beta v = k\left(\frac{\partial^2 v}{\partial x^2} + (2\alpha + A)\frac{\partial v}{\partial x} + (\alpha^2 + A\alpha + B)v\right)$$

與 $\dfrac{\partial v}{\partial t} = k\dfrac{\partial^2 v}{\partial x^2}$ 比較

得

$$k(2\alpha + A) = 0, \quad \alpha = -\frac{A}{2}$$

$$k(\alpha^2 + A\alpha + B) = \beta, \quad \frac{A^2}{4} - \frac{A^2}{2} + B = \frac{1}{k}\beta$$

$$\beta = kB - \frac{kA^2}{4}$$

代入，可得 $\quad \dfrac{\partial v}{\partial t} = k\dfrac{\partial^2 v}{\partial x^2}$

其中　　$u(x,t) = e^{-\frac{A}{2}x + \left(kB - \frac{kA^2}{4}\right)t} v(x,t)$

(b) $\dfrac{\partial u}{\partial t} = \dfrac{\partial^2 u}{\partial x^2} + 4\dfrac{\partial u}{\partial x} + 2u$

令　$A = 4$,　$B = 2$, 代入

$\alpha = -\dfrac{A}{2} = -2$

$\beta = -\dfrac{4^2}{4} + 2 = -2$

亦即　　$u(x,t) = e^{-2(x+t)} v(x,t)$

化簡得　$\dfrac{\partial v}{\partial t} = \dfrac{\partial^2 v}{\partial x^2}$

$v(0,t) = v(\pi,t) = 0$

得其乘積解

$$v(x,t) = \sum_{n=1}^{\infty} b_n \sin(nx) e^{-n^2 t}$$

代回

$u(x,0) = x(\pi - x) = e^{-2x} v(x,0),\ \text{for}\ 0 \le x \le \pi$

或

$$v(x,0) = x(\pi - x)e^{2x} = \sum_{n=1}^{\infty} b_n \sin(nx)$$

利用 Fourier Sine 級數解

$$b_n = \dfrac{2}{\pi} \int_0^{\pi} x(\pi - x) e^{2x} \sin(nx) dx$$

第五節　兩端為絕緣端之一維棒之熱傳問題

考慮一維有限長桿件，長為 l，長度方向為 x 軸，桿件側邊假設為絕緣，如此，可將此之有限長桿件視為一維熱傳問題，若假設有限長桿件兩端分別為永遠絕緣之邊界條件，開始時桿件已有溫度分布函數 $f(x)$，桿件之熱傳導係數為 α，則可將上述熱傳問題之數學建模方程式為下所示。

兩端為絕緣端一維有限長桿件之熱傳問題，滿足下列方程組：

偏微分方程： $\dfrac{\partial u}{\partial t} = \alpha^2 \dfrac{\partial^2 u}{\partial x^2}$， $0 < x < l$， $t > 0$

邊界條件： $u_x(0,t) = 0$， $u_x(l,t) = 0$

初始條件： $u(x,0) = f(x)$

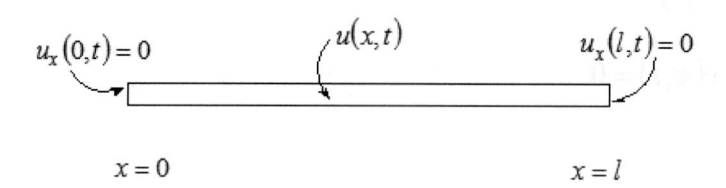

---

(1) 令變數直接分離 $u(x,t) = X(x)T(t)$
(2) 代入原微分方程，得

$$X(x)T'(t) = \alpha^2 X''(x)T(t)$$

兩邊同除 $X(x)T(t)$，得變數分離

$$\frac{X''(x)}{X(x)} = \frac{1}{\alpha^2} \frac{T'(t)}{T(t)}$$

上式兩邊已變數分離，因此要成立，兩者只能等於任意常數，假設為 p

$$\frac{X''(x)}{X(x)} = \frac{1}{\alpha^2} \frac{T'(t)}{T(t)} = p$$

及代入原邊界條件

$$u_x(0,t) = X'(0)T(t) = 0$$
$$u_x(l,t) = X'(l)T(t) = 0$$

因上式為齊性邊界條件，又 $T(t) \neq 0$，故可得 $X'(0) = 0$ 及 $X'(l) = 0$。

因此，可將此方程組，分成下列兩組常微分方程：

　　第一組：

(a) $\dfrac{X''(x)}{X(x)} = p$ 或 $X'' - pX = 0$

　　及

　　邊界條件. $X'(0) = 0$ 及 $X'(l) = 0$

　　第二組：

(b) $\dfrac{1}{\alpha^2} \dfrac{T'(t)}{T(t)} = p$ 或 $T' - \alpha^2 pT = 0$

(3) 先解第一組二階常微分方程組，即

$$X'' - pX = 0 \text{ 及 B.C. } X'(0) = 0 \text{ 及 } X'(l) = 0$$

　　令　$X = e^{mx}$ 代入，得特徵方程式

$$m^2 = p，或 \ m = \pm\sqrt{p}$$

(i) 當 $p = 0$ 得通解 $X(x) = c_1 x + c_2$

　　　　代入邊界條件：(1) $X'(0) = 0$ 得 $X'(0) = c_1 = 0$

　　　　代入邊界條件：$X'(l) = 0$ 得 $X'(l) = c_1 = 0$

　　　　c_2 為常數

　　得　　非零解 $X(x) = c_2$

　　亦即，此時，得特徵值 $p_0 = 0$ 及特徵函數 $X_0(x) = 1$

(ii) 當 $p > 0$，取 $p = \lambda^2$，得通解 $X(x) = c_1 e^{\lambda x} + c_2 e^{-\lambda x}$

代入邊界條件：(1) $X'(0) = 0$ 得 $X'(0) = (c_2 - c_1)\lambda = 0$ 或 $c_2 = c_1$

代入邊界條件：(2) $X'(l) = 0$ 得 $X'(l) = \lambda c_1 (e^{\lambda l} + e^{-\lambda l}) = 0$

得 $c_1 = 0$，及 $c_2 = c_1 = 0$

此也為零解 $X(x) = 0$。

(iii) 令 $p = < 0$，取 $p = -\lambda^2$，得通解 $X(x) = c_1 \cos \lambda x + c_2 \sin \lambda x$

代入邊界條件：(1) $X'(0) = 0$ 得 $X'(0) = c_2 \lambda = 0$

代入邊界條件：(2) $X(l) = 0$ 得 $X'(l) = -c_1 \lambda \sin \lambda l = 0$

當 $\sin \lambda l = 0$，此時 c_1 為常數

得 $\lambda l = n\pi$，亦即，得特徵值 $\lambda_n = \dfrac{n\pi}{l}$，$n = 1, 2, \cdots$

特徵函數 $X_n(x) = \cos \lambda_n x = \cos\left(\dfrac{n\pi}{l} x\right)$，$n = 1, 2, \cdots$

(4) 再解第二組 $T' - \alpha^2 p X = 0$

只取特徵值

(1) $p_0 = 0$，代入

$$T' = 0$$

得解 $T_0 = c_1$

(2) 當 $p = -\lambda_n^2 = -\left(\dfrac{n\pi}{l}\right)^2$ 代入，得一階常微分方程

$$T' + \left(\dfrac{\alpha n \pi}{l}\right)^2 X = 0$$

得通解

$$T_n(t) = c_1 e^{-\left(\frac{\alpha n \pi}{l}\right)^2 t} \; , \; n = 1, 2, \cdots$$

(5) 利用重疊原理，將上述所得特解全部線性組合成

$$u(x,t) = c_0 X_0 T_0 + \sum_{n=1}^{\infty} c_n X_n(x) T_n(t)$$

或

$$u(x,t) = c_0 + \sum_{n=1}^{\infty} c_n \cos\left(\frac{n\pi x}{l}\right) e^{-\left(\frac{\alpha n \pi}{l}\right)^2 t}$$

(6) 最後再代入初始條件： $u(x,0) = f(x)$

代入得
$$u(x,0) = f(x) = c_0 + \sum_{n=1}^{\infty} c_n \cos\left(\frac{n\pi x}{l}\right)$$

利用 Fourier Cosine 級數展開，得

$$c_0 = \frac{1}{l} \int_0^l f(x) dx$$

及

$$c_n = \frac{2}{l} \int_0^l f(x) \cos\left(\frac{n\pi x}{l}\right) dx$$

最後得解
$$u(x,t) = c_0 + \sum_{n=1}^{\infty} c_n \cos\left(\frac{n\pi x}{l}\right) e^{-\left(\frac{\alpha n \pi}{l}\right)^2 t}$$

其中 $c_0 = \dfrac{1}{l} \int_0^l f(x) dx$

及

$$c_n = \frac{2}{l} \int_0^l f(x) \cos\left(\frac{n\pi x}{l}\right) dx \; , \; n = 1, 2, \cdots$$

【分析】

1. 由以上分析知,兩端絕緣端之一維棒之熱傳問題,其結果為 Fourier Cosine 級數。

2. 上述解答結果,也含有 $e^{-\left(\frac{\alpha n\pi}{l}\right)^2 t}$ 項,故當 $t \to \infty$,亦即穩態狀態時,

$$u(x,\infty) = c_0 + \lim_{t\to\infty}\sum_{n=1}^{\infty} c_n \cos\left(\frac{n\pi x}{l}\right) e^{-\left(\frac{\alpha n\pi}{l}\right)^2 t} \to c_0$$

亦即,此部分解,稱為穩態解(Steady State Solution)。

3. 因此,結論是一桿件的溫度分布函數 $u(x,t)$ 中至少含有下列兩部分之解:
$$u(x,t) = v(x) + w(x,t)$$
其中
(1) $v(x)$ 為穩態解(Steady State Solution),與時間 t 無關。
(1) $w(x,t)$ 為暫態解(Transition State Solution),與時間 t 有關。

第六節　無窮長一維棒之熱傳問題

　　現在考慮一維兩邊都是無窮長桿件,長度方向為 x 軸,桿件側邊假設為絕緣,如此,可將此之兩邊無窮長桿件視為一維熱傳問題,假設兩邊無窮長桿件開始時桿件已有溫度分布函數 $f(x)$,桿件之熱傳導係數為 α,則可將上述熱傳問題之數學建模方程式為下所示。

　　兩邊無窮長之一維桿件之熱傳問題,滿足下列方程組:

偏微分方程：　　$\dfrac{\partial u}{\partial t} = \alpha^2 \dfrac{\partial^2 u}{\partial x^2}$, $-\infty < x < \infty$, $t > 0$

邊界條件：　　（沒有）

初始條件：　　$u(x,0) = f(x)$, $-\infty < x < \infty$,

台大應力 G 工數、中央土木所、台科大化工所

【分析】

在解此題之前，須先討論上述方程組中，缺少了兩個邊界條件，必須從物理意義上去求得兩個等校邊界條件，否則無法解。

任何物體上之溫度必須滿足下列兩個基本限制：

(1) 任一點或任何時刻，其溫度必須為一個有限值，不可以是無界值，尤其是在無窮遠處，亦即，當 $x \to \infty$ 或 $x \to -\infty$，$|u(x,t)| < \infty$

(2) 任一點或任何時刻，其溫度必須為一個單值函數，亦即認一點不可以有兩個不同溫度，此條件在這裡不需特別規範，因她以滿足。

將方程組，補上邊界條件後，如下：

兩邊無窮長之一維桿件之熱傳問題，滿足下列方程組：

偏微分方程： $\dfrac{\partial u}{\partial t} = \alpha^2 \dfrac{\partial^2 u}{\partial x^2}$，$-\infty < x < \infty$，$t > 0$

邊界條件： （沒有）當 $x \to \infty$ 或 $x \to -\infty$，$|u(x,t)| < \infty$

初始條件： $u(x,0) = f(x)$，$-\infty < x < \infty$，

---

(1) 令變數直接分離 $u(x,t) = X(x)T(t)$

(2) 代入原微分方程，得

$$X(x)T'(t) = \alpha^2 X''(x)T(t)$$

兩邊同除 $X(x)T(t)$，得變數分離

$$\dfrac{X''(x)}{X(x)} = \dfrac{1}{\alpha^2}\dfrac{T'(t)}{T(t)}$$

上式兩邊已變數分離，因此要成立，兩者只能等於任意常數，假設為 p

$$\dfrac{X''(x)}{X(x)} = \dfrac{1}{\alpha^2}\dfrac{T'(t)}{T(t)} = p$$

及代入原邊界條件

$$x \to \infty, \ |u(x,t)| < \infty$$
$$x \to -\infty, \ |u(x,t)| < \infty$$

因此，可將此方程組，分成下列兩組常微分方程：

第一組：

(a) $\dfrac{X''(x)}{X(x)} = p$ 或 $X'' - pX = 0$

及

邊界條件． $x \to \infty, \ |u(x,t)| < \infty$ 及 $x \to -\infty, \ |u(x,t)| < \infty$

第二組：

(b) $\dfrac{1}{\alpha^2} \dfrac{T'(t)}{T(t)} = p$ 或 $T' - \alpha^2 pT = 0$

(3) 先解第一組二階常微分方程組，即

$X'' - pX = 0$ 及邊界條件： $x \to \infty, \ |u(x,t)| < \infty$ 及 $x \to -\infty, \ |u(x,t)| < \infty$

令 $X = e^{mx}$ 代入，得特徵方程式

$m^2 = p$，或 $m = \pm\sqrt{p}$

(i) 當 $p = 0$ 得通解 $X(x) = c_1 x + c_2$

代入邊界條件：(1) $x \to \infty, \ |u(x,t)| < \infty$ 得 $c_1 = 0$

代入邊界條件：(2) $x \to -\infty, \ |u(x,t)| < \infty$ 得 $c_1 = 0$

c_2 為常數

得 非零解 $X(x) = c_2$

亦即，此時，得特徵值 $p_0 = 0$ 及特徵函數 $X_0(x) = 1$

(ii) 當 $p > 0$，取 $p = \lambda^2$，得通解 $X(x) = c_1 e^{\lambda x} + c_2 e^{-\lambda x}$

代入邊界條件：(1) $x \to \infty, \ |u(x,t)| < \infty$

因 $\lim\limits_{x \to \infty} e^{px} = \infty$,得 $c_1 = 0$

代入邊界條件:(2) $x \to -\infty$,$|u(x,t)| < \infty$

因 $\lim\limits_{x \to -\infty} e^{-px} = \infty$,得 $c_2 = 0$

此為零解 $X(x) = 0$。

(iii) 令 $p =< 0$,取 $p = -\lambda^2$, 得通解 $X(x) = c_1 \cos \lambda x + c_2 \sin \lambda x$

代入邊界條件:(1) $x \to \infty$,$|u(x,t)| < \infty$

代入邊界條件:(2) $x \to -\infty$,$|u(x,t)| < \infty$

上述解都滿足,因解得非零解

$$X(x) = c_1 \cos \lambda x + c_2 \sin \lambda x$$

亦即,得特徵值 λ,$\lambda > 0$

特徵函數 $X(x) = c_1 \cos \lambda x + c_2 \sin \lambda x$

(4) 再解第二組 $T' - \alpha^2 pX = 0$

只取特徵值

(1) $p_0 = 0$,代入

$$T' = 0$$

得解 $T_0 = c_1$

(2) 當 $p = -\lambda^2$ 代入,得一階常微分方程

$$T' + (\alpha\lambda)^2 X = 0$$

得通解 $T(t) = c_1 e^{-(\alpha\lambda)^2 t}$,

(5) 因為上述解的之特徵值,都為連續分布,不再是離散分布,故須用積分作

線性組合，亦即利用積分重疊原理，將上述所得特解全部線性組合成

$$u(x,t) = \int_0^\infty (c_1 \cos \lambda x + c_2 \sin \lambda x) e^{-\alpha^2 \lambda^2 t} d\lambda$$

(6) 最後再代入初始條件： $u(x,0) = f(x)$

代入得 $u(x,0) = f(x) = \int_0^\infty (c_1 \cos \lambda x + c_2 \sin \lambda x) d\lambda$

利用 Fourier 三角積分式展開，得

$$c_1 = \frac{1}{\pi} \int_{-\infty}^\infty f(x) \cos(\lambda x) dx$$

及

$$c_2 = \frac{1}{\pi} \int_{-\infty}^\infty f(x) \sin(\lambda x) dx$$

最後得解

$$u = \frac{1}{\pi} \int_0^\infty \left[\left(\int_{-\infty}^\infty f(x) \cos(\lambda x) dx \right) \cos \lambda x + \left(\int_{-\infty}^\infty f(x) \sin(\lambda x) dx \right) \sin \lambda x \right] e^{-\alpha^2 \lambda^2 t} d\lambda$$

或

$$u(x,t) = \frac{1}{\pi} \int_0^\infty \left(\int_{-\infty}^\infty f(s) \cos \lambda(s-x) e^{-\alpha^2 \lambda^2 t} ds \right) d\lambda$$

【分析】

1. 上式通解可繼續化簡，即變換積分次序得

$$u(x,t) = \frac{1}{\pi} \int_{-\infty}^\infty f(s) \left(\int_0^\infty e^{-\alpha^2 \lambda^2 t} \cos \lambda(s-x) d\lambda \right) ds$$

其中（ ）內積分項為

$$F(s) = \int_0^\infty e^{-\alpha^2 \lambda^2 t} \cos \lambda(s-x) d\lambda$$

2. 上式積分式之計算，可由計算 e^{-ax^2} 之 Fourier Cosine 變換而得，計算如下：

依定義知 $$F(\omega) = \int_0^\infty e^{-ax^2} \cos(\omega x)dx$$

兩邊微分 $$\frac{d}{d\omega}F(\omega) = \frac{d}{d\omega}\int_0^\infty e^{-ax^2}\cos(\omega x)dx$$

得 $$\frac{d}{d\omega}F(\omega) = \int_0^\infty e^{-ax^2}\frac{d}{d\omega}[\cos(\omega x)]dx$$

或 $$\frac{d}{d\omega}F(\omega) = \int_0^\infty e^{-ax^2}(-x)\sin(\omega x)dx$$

整理 $$\frac{d}{d\omega}F(\omega) = \frac{1}{2a}\int_0^\infty \sin(\omega x)\cdot e^{-ax^2}(-2ax)dx$$

令 $u = \sin(\omega x)$，$dv = e^{-ax^2}(-2ax)dx$，分部積分

得 $$\frac{d}{d\omega}F(\omega) = \frac{1}{2a}\left\{\left[\sin(\omega x)e^{-ax^2}\right]_0^\infty - \int_0^\infty \omega\cos(\omega x)\cdot e^{-ax^2}dx\right\}$$

或 $$\frac{d}{d\omega}F(\omega) = -\frac{\omega}{2a}\int_0^\infty \cos(\omega x)\cdot e^{-ax^2}dx = -\frac{\omega}{2a}F(\omega)$$

移項 $$\frac{dF(\omega)}{F(\omega)} = -\frac{\omega}{2a}d\omega$$

積分得 $$\ln(F(\omega)) = -\frac{\omega^2}{4a} + c_1$$

取指數 $$F(\omega) = ce^{-\frac{\omega^2}{4a}}$$

其中常數求法如下

已知 $$F(\omega) = \int_0^\infty e^{-ax^2}\cos(\omega x)dx$$

令 $\omega = 0$ 代入 $$F(0) = \int_0^\infty e^{-ax^2}\cos(0)dx = \int_0^\infty e^{-ax^2}dx = \frac{\sqrt{\pi}}{2\sqrt{a}} = c$$

最後得 $$F(\omega) = \frac{1}{2}\sqrt{\frac{\pi}{a}}e^{-\frac{\omega^2}{4a}}$$

或

$$F(\omega) = \int_0^\infty e^{-ax^2}\cos(\omega x)dx = \frac{1}{2}\sqrt{\frac{\pi}{a}}e^{-\frac{\omega^2}{4a}}$$

3. 最後令 $a \sim \alpha^2 t$，及 $\omega \sim s-x$ 代入上式，得

$$F(s) = \int_0^\infty e^{-\alpha^2\lambda^2 t}\cos\lambda(s-x)d\lambda = \frac{1}{2}\sqrt{\frac{\pi}{\alpha^2 t}}e^{-\frac{(s-x)^2}{4\alpha^2 t}}$$

4. 代入一維兩邊無限長桿件之熱傳溫度分布函數中，得

$$u(x,t) = \frac{1}{\pi}\int_{-\infty}^{\infty} f(s)\left(\int_0^\infty e^{-\alpha^2\lambda^2 t}\cos\lambda(s-x)d\lambda\right)ds$$

或

$$u(x,t) = \frac{1}{\pi}\int_{-\infty}^{\infty} f(s)\left(\frac{1}{2}\sqrt{\frac{\pi}{\alpha^2 t}}e^{-\frac{(s-x)^2}{4\alpha^2 t}}\right)ds$$

整理得

$$u(x,t) = \frac{1}{2\alpha\sqrt{\pi t}}\int_{-\infty}^{\infty} f(s)e^{-\frac{(s-x)^2}{4\alpha^2 t}}ds \tag{1}$$

5. 再令 $\eta = \dfrac{s-x}{2\alpha\sqrt{t}}$，代入得

$$u(x,t) = \frac{1}{\sqrt{\pi}}\int_{-\infty}^{\infty} f(x+2\alpha\sqrt{t}\eta)e^{-\eta^2}d\eta$$

第七節　傅立葉變換法解無窮長一維棒之熱傳問題

已知兩邊無窮長之一維桿件之熱傳問題，滿足下列方程組：

偏微分方程： $\dfrac{\partial u}{\partial t} = \alpha^2 \dfrac{\partial^2 u}{\partial x^2}$ ， $-\infty < x < \infty$, $t > 0$

邊界條件： （沒有）

初始條件： $u(x,0) = f(x)$ ， $-\infty < x < \infty$,

利用 Fourier 變換　　$U(\omega,t) = \int_{-\infty}^{\infty} u(x,t) e^{-i\omega x} dx$

$$F\left[\dfrac{\partial u}{\partial t}\right] = \alpha^2 F\left[\dfrac{\partial^2 u}{\partial x^2}\right]$$

得

$$\dfrac{d}{dt}U = \alpha^2(-\omega^2)U \ ; \ \dfrac{dU}{dt} + \omega^2 \alpha^2 U = 0$$

通解

$$U(\omega,t) = c_1 e^{-\omega^2 \alpha^2 t}$$

令　　$t=0$，$U(\omega,0) = c_1 = \int_{-\infty}^{\infty} u(x,0) e^{-i\omega x} dx$

其中　　$u(x,0) = f(x)$

$$c_1 = \int_{-\infty}^{\infty} f(x) e^{-i\omega x} dx$$

代回

$$U(\omega,t) = \int_{-\infty}^{\infty} f(x) e^{-i\omega x} e^{-\omega^2 \alpha^2 t} dx$$

逆變換公式

$$u(x,t) = \dfrac{1}{2\pi} \int_{-\infty}^{\infty} U(\omega,t) e^{i\omega x} d\omega$$

或

$$u(x,t) = \dfrac{1}{2\pi} \int_{-\infty}^{\infty} \left(\int_{-\infty}^{\infty} f(x) e^{-i\omega x} e^{-\omega^2 \alpha^2 t} dx \right) e^{i\omega x} d\omega$$

或

$$u(x,t) = \frac{1}{2\pi} \int_{-\infty}^{\infty} \left(\int_{-\infty}^{\infty} f(s) e^{-i\omega s} e^{-\omega^2 kt} ds \right) e^{i\omega x} d\omega$$

變換積分次序

$$u(x,t) = \frac{1}{2\pi} \int_{-\infty}^{\infty} \left(f(s) \int_{-\infty}^{\infty} e^{-i\omega(s-x)} e^{-\omega^2 \alpha^2 t} d\omega \right) ds$$

已知

$$F\left[e^{-ax^2}\right] = \int_{-\infty}^{\infty} e^{-ax^2} e^{-i\omega x} dx = \sqrt{\frac{\pi}{a}} e^{-\frac{\omega^2}{4a}}$$

或 $\omega \sim t$

$$\int_{-\infty}^{\infty} e^{-ax^2} e^{-itx} dx = \sqrt{\frac{\pi}{a}} e^{-\frac{t^2}{4a}}$$

$x \sim \omega$

$$\int_{-\infty}^{\infty} e^{-a\omega^2} e^{-it\omega} d\omega = \sqrt{\frac{\pi}{a}} e^{-\frac{t^2}{4a}}$$

再 $t \sim s-x$

$$\int_{-\infty}^{\infty} e^{-a\omega^2} e^{-i(s-x)\omega} d\omega = \sqrt{\frac{\pi}{a}} e^{-\frac{(s-x)^2}{4a}}$$

$a \sim kt$

$$\int_{-\infty}^{\infty} e^{-t\omega^2 \alpha^2} e^{-i(s-x)\omega} d\omega = \sqrt{\frac{\pi}{\alpha^2 t}} e^{-\frac{(s-x)^2}{4\alpha^2 t}}$$

代入

$$u(x,t) = \frac{1}{2\pi} \int_{-\infty}^{\infty} \left(f(s) \int_{-\infty}^{\infty} e^{-i\omega(s-x)} e^{-\omega^2 \alpha^2 t} d\omega \right) ds$$

$$u(x,t) = \frac{1}{2\pi} \int_{-\infty}^{\infty} \left(f(s) \sqrt{\frac{\pi}{\alpha^2 t}} e^{-\frac{(s-x)^2}{4\alpha^2 t}} \right) ds$$

最後得

$$u(x,t) = \frac{1}{2\alpha\sqrt{\pi t}} \int_{-\infty}^{\infty} f(s) e^{-\frac{(s-x)^2}{4\alpha^2 t}} ds$$

與上一節所得結果式(1)比較，得相同答案。

第八節　一維棒之非齊性邊界熱傳問題

現在再考慮一維有限長桿件，長為 l，長度方向為 x 軸，桿件側邊假設為絕緣，如此，可將此之有限長桿件視為一維熱傳問題，現在假設有限長桿件兩端分別為溫度不再為 0 之齊性邊界條件，而改成有限長桿件兩端分別為溫度 T_1 及 T_2 之非齊性邊界條件，開始時桿件仍已有初始溫度分布函數 $f(x)$，桿件之熱傳導係數為 α，則可將上述熱傳問題之數學建模方程式為下所示。

兩端為非零溫端一維有限長桿件之熱傳問題，滿足下列方程組：

偏微分方程：　$\dfrac{\partial u}{\partial t} = \alpha^2 \dfrac{\partial^2 u}{\partial x^2}$，$0 < x < l$，$t > 0$

邊界條件：　$u(0,t) = T_0$，$u(l,t) = T_1$

初始條件：　$u(x,0) = f(x)$

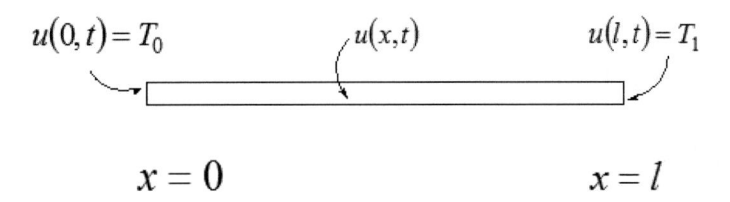

$u(0,t) = T_0$　　　　　$u(x,t)$　　　　　$u(l,t) = T_1$

$x = 0$　　　　　　　　　　　　　　　　　$x = l$

【討論】

此時，若仍假設 $u(x,t) = X(x)T(t)$ 之形式，則代入邊界條件：

$u(0,t) = X(0)T(t) = T_0$，與 $u(l,t) = X(l)T(t) = T_1$，

則上述無法滿足，除非 $T(t) = 0$，但這是不可能，因若 $T(t) = 0$，則 $u(x,t) = X(x)T(t) = 0$，假設不合理。

因此，此題由於非齊性邊界條件之存在，必須將依溫度分布函數至少含有暫態解與穩態解兩部分的特性，將假設溫度分布函數為下列形式：

1. 假設溫度分布函數 $u(x,t)$ 為

$$u(x,t) = v(x) + w(x,t)$$

其中 $v(x)$ 為穩態解部分，$w(x,t)$ 為暫態解部分。

2. 代入原偏微分方程，$\dfrac{\partial u}{\partial t} = \alpha^2 \dfrac{\partial^2 u}{\partial x^2}$，得

$$\frac{\partial w}{\partial t} = \alpha^2 \left(\frac{\partial^2 w}{\partial x^2} + \frac{d^2 v}{dx^2} \right)$$

將 $u(x,t) = v(x) + w(x,t)$ 代入邊界條件中，得

$$u(0,t) = v(0) + w(0,t) = T_0$$

及

$$u(l,t) = v(l) + w(l,t) = T_1$$

因假設項中 $v(x)$ 為穩態解，故其滿足邊界條件：

$$v(0) = T_0 \text{，} w(0,t) = 0$$

及

$$v(l) = T_1 \text{，} w(l,t) = 0$$

綜合得兩組微分方程組，如下：

(a) 齊性邊界條件部分：

$$\frac{\partial w}{\partial t} = \alpha^2 \frac{\partial^2 w}{\partial x^2} \text{ 及邊界條件 } w(0,t) = 0 \text{，} w(l,t) = 0$$

(b) 非齊性邊界條件之穩態解部分：

$$\frac{d^2v}{dx^2}=0 \text{ 及邊界條件 } v(0)=T_0 \text{ , } v(l)=T_1$$

3. 先解第一組，此為 Sturm-Liouville 邊界值問題。（同前第四節之解）

   微分方程： $\dfrac{\partial w}{\partial t}=\alpha^2 \dfrac{\partial^2 w}{\partial x^2}$ 及邊界條件 $w(0,t)=0$ ， $w(l,t)=0$

   (1) 假設溫度分布函數 $w(x,t)$ 為變數分離，即令

   $$w(x,t)=X(x)T(t)$$

   (2) 代入原偏微分方程， $\dfrac{\partial w}{\partial t}=\alpha^2 \dfrac{\partial^2 w}{\partial x^2}$ ，得

   $$X(x)T'(t)=\alpha^2 X''(x)T(t)$$

   兩邊同除 $X(x)T(t)$ ，變數分離後得

   $$\frac{X''(x)}{X(x)}=\frac{1}{\alpha^2}\frac{T'(t)}{T(t)}$$

   上式兩邊會等於任意常數，即令

   $$\frac{X''(x)}{X(x)}=\frac{1}{\alpha^2}\frac{T'(t)}{T(t)}=p$$

   同樣，將 $w(x,t)=X(x)T(t)$ 代入邊界條件中，得

   $w(0,t)=X(0)T(t)=0$ ，因 $T(t)$ 為 t 之函數， $T(t)\neq 0$ ，亦即 $X(0)=0$

   及

   $w(l,t)=X(l)T(t)=0$ ，因 $T(t)$ 為 t 之函數， $T(t)\neq 0$ ，亦即 $X(l)=0$

   綜合得兩組常微分方程組，如下：

   (i) $X''-pX=0$ 及邊界條件 $X(0)=0$ ， $X(l)=0$

   (ii) $T'-\alpha^2 pT=0$

   (3) 先解第一組：

   微分方程： $X''-pX=0$ 及 邊界條件： $X(0)=0$ ， $X(l)=0$

令　$X = e^{mx}$，代入得

$$e^{mx}(m^2 - p) = 0$$

或　$m = \pm\sqrt{p}$

(i) 令 $p = 0$ 得通解　$X(x) = c_1 x + c_2$

代入邊界條件：$X(0) = 0$ 得 $X(0) = c_2 = 0$
代入邊界條件：$X(l) = 0$ 得 $X(l) = c_1 l = 0$ 或 $c_1 = 0$
得零解　$X(x) = 0$。

(ii) 令 $p > 0$，（取 $p = \lambda^2$ 及 $\lambda > 0$），得通解 $X(x) = c_1 e^{\lambda x} + c_2 e^{-\lambda x}$

代入邊界條件：$X(0) = 0$ 得

$X(0) = c_2 + c_1 = 0$ 或 $c_2 = -c_1$

代入邊界條件：$X(l) = 0$ 得

$X(l) = \lambda c_1 (e^{\lambda l} - e^{-\lambda l}) = 0$ 或 $c_1 = c_2 = 0$

得零解　$X(x) = 0$。

(iii) 令 $p < 0$，（取 $p = -\lambda^2$ 及 $\lambda > 0$），得通解

$$X(x) = c_1 \cos \lambda x + c_2 \sin \lambda x$$

代入邊界條件：$X(0) = 0$ 得 $X(0) = c_1 = 0$
代入邊界條件：$X(l) = 0$ 得 $X(l) = c_2 \sin \lambda l = 0$
其中 c_2 為常數，故需 $\sin \lambda l = 0$
得 $\lambda l = n\pi$，或特徵值 $\lambda_n = \dfrac{n\pi}{l}$，$n = 1, 2, \cdots$

特徵函數：$X_n(x) = \sin \lambda_n x = \sin\left(\dfrac{n\pi}{l} x\right)$，$n = 1, 2, \cdots$

(4) 再解第二組 方程組：　$T' - \alpha^2 p T = 0$

因為要求非零解特徵函數 $w(x,t)$，因此若 $X(x)=0$，則 $w(x,t)=0$，為零解。因此只需討論非零解 $X_n(x)$ 時之非零解 $T_n(t)$ 即可。

因此令特徵值 $p=-\lambda_n^2=-\left(\dfrac{n\pi}{l}\right)^2$ 代入 得

$$T'+\left(\dfrac{\alpha n\pi}{l}\right)^2 T=0$$

得解 $T_n(t)=c_1 e^{-\left(\dfrac{\alpha n\pi}{l}\right)^2 t}$，$n=1,2,\cdots$

(5) 再利用線性重疊原理（Superposition Principle） 將上面求得之無限多個非零特徵函數線性組合成 一無窮級數，亦即

$$w(x,t)=\sum_{n=1}^{\infty} c_n \sin\left(\dfrac{n\pi x}{l}\right) e^{-\left(\dfrac{\alpha n\pi}{l}\right)^2 t}$$

4. 再解第二組 方程組：$\dfrac{d^2 v}{dx^2}=0$ 及邊界條件 $v(0)=T_0$，$v(l)=T_1$

先求通解
$$v(x)=c_1 x+c_2$$

代入邊界條件
$$v(0)=T_0=c_2$$

及 $\quad v(l)=T_1=c_1 l+T_0$ 或 $c_1=\dfrac{T_1-T_0}{l}$

得解 $v(x)=\dfrac{T_1-T_0}{l}x+T_0$

5. 再利用線性重疊原理（Superposition Principle） 將上面求得之無限多個非零特徵函數線性組合成 一無窮級數，亦即

$$u(x,t)=\dfrac{T_1-T_0}{l}x+T_0+\sum_{n=1}^{\infty} c_n \sin\left(\dfrac{n\pi x}{l}\right) e^{-\left(\dfrac{\alpha n\pi}{l}\right)^2 t}$$

6. 代入初始條件： $u(x,0) = f(x)$

 代入得

$$u(x,0) = f(x) = \frac{T_1 - T_0}{l}x + T_0 + \sum_{n=1}^{\infty} c_n \sin\left(\frac{n\pi x}{l}\right)$$

利用 Fourier 級數展開公式，得

$$c_n = \frac{2}{l}\int_0^l [f(x) - v(x)]\sin\left(\frac{n\pi x}{l}\right)dx$$

或

$$c_n = \frac{2}{l}\int_0^l \left[f(x) - \frac{T_1 - T_0}{l}x - T_0\right]\sin\left(\frac{n\pi x}{l}\right)dx$$

第九節　含穩態熱源一維棒之熱傳邊界值問題

　　現在再考慮一維有限長桿件，長為 l，長度方向為 x 軸，桿件側邊假設為絕緣，如此，可將此之有限長桿件視為一維熱傳問題，現在假設有限長桿件兩端分別為溫度不再為 0 之齊性邊界條件，而改成有限長桿件兩端分別為溫度 T_1 及 T_2 之非齊性邊界條件，開始時桿件仍已有溫度分布函數 $f(x)$，桿件之熱傳導係數為 α，若桿件本身有一個穩態熱源(Heat Source) $F(x)$ 存在，則可將上述熱傳問題之數學建模方程式為下所示。

兩端為含熱源且為非零溫端一維有限長桿件之熱傳問題，滿足下列方程組：
偏微分方程：(非齊性偏微分方程)

$$\frac{\partial u}{\partial t} = \alpha^2 \frac{\partial^2 u}{\partial x^2} + F(x)，0 < x < l，t > 0$$

邊界條件：(非齊性邊界條件)

$u(0,t) = T_0，u(l,t) = T_1$

初始條件： $u(x,0) = f(x)$

1. 假設溫度分布函數 $u(x,t)$ 為

    $u(x,t) = v(x) + w(x,t)$

    其中 $v(x)$ 為穩態解以及非齊性解(Non-homogeneous Solution)部分，$w(x,t)$ 為暫態解或齊性解(Homogeneous Solution)部分。

2. 代入原偏微分方程，$\dfrac{\partial u}{\partial t} = \alpha^2 \dfrac{\partial^2 u}{\partial x^2} + F(x)$，得

    $$\frac{\partial w}{\partial t} = \alpha^2 \left(\frac{\partial^2 w}{\partial x^2} + \frac{d^2 v}{dx^2} \right) + F(x)$$

    將 $u(x,t) = v(x) + w(x,t)$ 代入邊界條件中，得

    $u(0,t) = v(0) + w(0,t) = T_0$

    及

    $u(l,t) = v(l) + w(l,t) = T_1$

    因假設項中 $v(x)$ 為穩態解及非齊性解部分，故其滿足邊界條件：

    $v(0) = T_0$，$w(0,t) = 0$

    及

    $v(l) = T_1$，$w(l,t) = 0$

    綜合得兩組微分方程組，如下：

    (a) 齊性解部分：

    $\dfrac{\partial w}{\partial t} = \alpha^2 \dfrac{\partial^2 w}{\partial x^2}$ 及邊界條件 $w(0,t) = 0$，$w(l,t) = 0$

    (b) 非齊性解與穩態解部分：

$$\frac{d^2v}{dx^2} = -\alpha^2 F(x) \text{ 及邊界條件 } v(0) = T_0 \text{ , } v(l) = T_1$$

3. 先解第一組，此為 Sturm-Liouville 邊界值問題。(此部分同第四節結果)

   微分方程：$\frac{\partial w}{\partial t} = \alpha^2 \frac{\partial^2 w}{\partial x^2}$ 及邊界條件 $w(0,t) = 0$ ， $w(l,t) = 0$

   (1) 假設溫度分布函數 $w(x,t)$ 為變數分離，即令
   $$w(x,t) = X(x)T(t)$$

   (2) 代入原偏微分方程，$\frac{\partial w}{\partial t} = \alpha^2 \frac{\partial^2 w}{\partial x^2}$ ，得
   $$X(x)T'(t) = \alpha^2 X''(x)T(t)$$

   兩邊同除 $X(x)T(t)$ ，變數分離後得
   $$\frac{X''(x)}{X(x)} = \frac{1}{\alpha^2}\frac{T'(t)}{T(t)}$$

   上式兩邊會等於任意常數，即令
   $$\frac{X''(x)}{X(x)} = \frac{1}{\alpha^2}\frac{T'(t)}{T(t)} = p$$

   同樣，將 $w(x,t) = X(x)T(t)$ 代入邊界條件中，得

   $w(0,t) = X(0)T(t) = 0$ ，因 $T(t)$ 為 t 之函數，$T(t) \neq 0$ ，亦即 $X(0) = 0$

   及

   $w(l,t) = X(l)T(t) = 0$ ，因 $T(t)$ 為 t 之函數，$T(t) \neq 0$ ，亦即 $X(l) = 0$

   綜合得兩組常微分方程組，如下：

   (i) $X'' - pX = 0$ 及邊界條件 $X(0) = 0$ ， $X(l) = 0$

   (ii) $T' - \alpha^2 pT = 0$

   (3) 先解第一組，此為 Sturm-Liouville 邊界值問題。

   微分方程：$X'' - pX = 0$ 及 邊界條件：$X(0) = 0$ ， $X(l) = 0$

令　　$X = e^{mx}$，代入得

$$e^{mx}(m^2 - p) = 0$$

或　　$m = \pm\sqrt{p}$

(i) 令 $p = 0$　得通解　$X(x) = c_1 x + c_2$

代入邊界條件：$X(0) = 0$　得 $X(0) = c_2 = 0$

代入邊界條件：$X(l) = 0$ 得 $X(l) = c_1 l = 0$ 或 $c_1 = 0$

得零解　$X(x) = 0$。

(ii) 令 $p > 0$，（取 $p = \lambda^2$ 及 $\lambda > 0$），得通解　$X(x) = c_1 e^{\lambda x} + c_2 e^{-\lambda x}$

代入邊界條件：$X(0) = 0$　得

$X(0) = c_2 + c_1 = 0$ 或 $c_2 = -c_1$

代入邊界條件：$X(l) = 0$　得

$X(l) = \lambda c_1 (e^{\lambda l} - e^{-\lambda l}) = 0$ 或　$c_1 = c_2 = 0$

得零解　$X(x) = 0$。

(iii) 令 $p < 0$，（取 $p = -\lambda^2$ 及 $\lambda > 0$），得通解

$$X(x) = c_1 \cos \lambda x + c_2 \sin \lambda x$$

代入邊界條件：$X(0) = 0$　得 $X(0) = c_1 = 0$

代入邊界條件：$X(l) = 0$　得 $X(l) = c_2 \sin \lambda l = 0$

其中 c_2 為常數，故需 $\sin \lambda l = 0$

得　$\lambda l = n\pi$，或特徵值 $\lambda_n = \dfrac{n\pi}{l}$，$n = 1, 2, \cdots$

特徵函數：$X_n(x) = \sin \lambda_n x = \sin\left(\dfrac{n\pi}{l} x\right)$，$n = 1, 2, \cdots$

(4) 再解第二組 方程組：　$T' - \alpha^2 p T = 0$

因為要求非零解特徵函數 $w(x,t)$，因此若 $X(x)=0$，則 $w(x,t)=0$，為零解。因此只需討論非零解 $X_n(x)$ 時之非零解 $T_n(t)$ 即可。

因此令特徵值 $p=-\lambda_n^2=-\left(\dfrac{n\pi}{l}\right)^2$ 代入 得

$$T' + \left(\dfrac{\alpha n\pi}{l}\right)^2 T = 0$$

得解 $T_n(t) = c_1 e^{-\left(\frac{\alpha n\pi}{l}\right)^2 t}$，$n=1,2,\cdots$

(5) 再利用線性重疊原理（Superposition Principle）將上面求得之無限多個非零特徵函數線性組合成 一無窮級數，亦即

$$w(x,t) = \sum_{n=1}^{\infty} c_n \sin\left(\dfrac{n\pi x}{l}\right) e^{-\left(\frac{\alpha n\pi}{l}\right)^2 t}$$

4. 再解第二組 方程組：$\dfrac{d^2 v}{dx^2} = -\alpha^2 F(x)$ 及邊界條件 $v(0)=T_0$，$v(l)=T_1$

先求通解　　　$v(x) = c_1 x + c_2 - \alpha^2 \dfrac{1}{D^2} F(x)$

或　　　　　　$v(x) = c_1 x + c_2 - \alpha^2 \iint F(x)\,dx\,dx$

代入邊界條件　$v(0)=T_0$ 及 $v(l)=T_1$
得解 $v(x)$

5. 再利用線性重疊原理（Superposition Principle）將上面求得之無限多個非零特徵函數線性組合成 一無窮級數，亦即

$$u(x,t) = v(x) + \sum_{n=1}^{\infty} c_n \sin\left(\dfrac{n\pi x}{l}\right) e^{-\left(\frac{\alpha n\pi}{l}\right)^2 t}$$

6. 代入初始條件：　$u(x,0)=f(x)$

代入得

$$u(x,0) = f(x) = v(x) + \sum_{n=1}^{\infty} c_n \sin\left(\frac{n\pi x}{l}\right)$$

利用 Fourier 級數展開公式，得

$$c_n = \frac{2}{l} \int_0^l [f(x) - v(x)] \sin\left(\frac{n\pi x}{l}\right) dx$$

第十節　含暫態熱源一維棒之熱傳邊界值問題

現在再考慮一維有限長桿件，長為 l，長度方向為 x 軸，桿件側邊假設為絕緣，如此，可將此之有限長桿件視為一維熱傳問題，現在假設有限長桿件兩端分別為溫度不再為 0 之齊性邊界條件，而改成有限長桿件兩端分別為溫度 T_1 及 T_2 之非齊性邊界條件，開始時桿件仍已有溫度分布函數 $f(x)$，桿件之熱傳導係數為 α，若桿件本身有一個暫態熱源(Heat Source) $F(x,t)$ 存在，不僅與位置 x 有關也與時間 t 有關，則可將上述熱傳問題之數學建模方程式為下所示。

兩端為含熱源且為非零溫端一維有限長桿件之熱傳問題，滿足下列方程組：
偏微分方程：(非齊性偏微分方程)

$$\frac{\partial^2 u}{\partial x^2} = \frac{1}{\alpha^2} \frac{\partial u}{\partial t} + F(x,t)，0 < x < l,\ t > 0$$

邊界條件：(齊性邊界條件)

$$u(0,t) = 0，u(l,t) = 0$$

初始條件：$\quad u(x,0) = f(x)$

---

1. 假設溫度分布函數 $u(x,t)$ 由齊性解 $u_h(x,t) = w(x,t)$ 與非齊性解部分 $u_p(x,t) = v(x,t)$ 組成，即令

$$u(x,t) = v(x,t) + w(x,t)$$

2. 代入原偏微分方程，$\dfrac{\partial u}{\partial t} = \alpha^2 \dfrac{\partial^2 u}{\partial x^2} + F(x,t)$，得

$$\frac{\partial w}{\partial t} + \frac{\partial v}{\partial t} = \alpha^2 \left(\frac{\partial^2 w}{\partial x^2} + \frac{\partial^2 v}{\partial x^2} \right) + F(x,t)$$

將 $u(x,t) = v(x,t) + w(x,t)$ 代入邊界條件中，得

$$u(0,t) = v(0,t) + w(0,t) = 0$$

及

$$u(l,t) = v(l,t) + w(l,t) = 0$$

因假設項中 $v(x,t)$ 為穩態解惑非齊性解部分，故其滿足邊界條件：

$$v(0,t) = 0 \text{，} w(0,t) = 0$$

及

$$v(l,t) = 0 \text{，} w(l,t) = 0$$

接著再將 $u(x,t) = v(x,t) + w(x,t)$ 代入初始條件中，得

$$u(x,0) = v(x,0) + w(x,0) = f(x)$$

由於非齊性解 $v(x,t)$ 是針對非齊性項 $F(x,t)$ 之解，故其初始條件簡化為 0，因此，取下列初始條件：

$$v(0,t) = 0 \text{，} v(l,t) = 0 \text{ 及 } w(x,0) = f(x)$$

綜合得兩組偏微分方程組，如下：

(a) 齊性解部分：(同第五節部分)

$$\frac{\partial w}{\partial t} = \alpha^2 \frac{\partial^2 w}{\partial x^2}$$

邊界條件：$w(0,t) = 0$，$w(l,t) = 0$
初始條件：$w(x,0) = f(x)$

(b) 非齊性解部分：$\dfrac{\partial v}{\partial t} = \alpha^2 \dfrac{\partial^2 v}{\partial x^2} + F(x,t)$

邊界條件：$v(0,t) = 0$，$v(l,t) = 0$

初始條件：$v(x,0) = 0$

3. 先解第一組，此為 Sturm-Liouville 邊界值問題。(同第四節部分結果)

微分方程：$\dfrac{\partial w}{\partial t} = \alpha^2 \dfrac{\partial^2 w}{\partial x^2}$

邊界條件：$w(0,t) = 0$，$w(l,t) = 0$

初始條件：$w(x,0) = f(x)$

(1) 假設溫度分布函數 $w(x,t)$ 為變數分離，即令

$$w(x,t) = X(x)T(t)$$

(2) 代入原偏微分方程，$\dfrac{\partial w}{\partial t} = \alpha^2 \dfrac{\partial^2 w}{\partial x^2}$，得

$$\dfrac{X''(x)}{X(x)} = \dfrac{1}{\alpha^2} \dfrac{T'(t)}{T(t)} = p$$

可得兩組常微分方程組，如下：

(i) $X'' - pX = 0$ 及邊界條件 $X(0) = 0$，$X(l) = 0$

(ii) $T' - \alpha^2 pT = 0$

(3) 先解第一組，此為 Sturm-Liouville 邊界值問題。

微分方程：$X'' - pX = 0$ 及 邊界條件：$X(0) = 0$，$X(l) = 0$

令　　$X = e^{mx}$，代入得

$$e^{mx}(m^2 - p) = 0$$

或 $m = \pm\sqrt{p}$

(i) 令 $p = 0$　　得通解　$X(x) = c_1 x + c_2$

代入邊界條件：$X(0) = 0$　　得 $X(0) = c_2 = 0$

代入邊界條件： $X(l)=0$ 得 $X(l)=c_1 l=0$ 或 $c_1=0$
得零解 $X(x)=0$。

(ii) 令 $p>0$，（取 $p=\lambda^2$ 及 $\lambda>0$），得通解 $X(x)=c_1 e^{\lambda x}+c_2 e^{-\lambda x}$

代入邊界條件：$X(0)=0$ 得

$X(0)=c_2+c_1=0$ 或 $c_2=-c_1$

代入邊界條件：$X(l)=0$ 得

$X(l)=\lambda c_1\left(e^{\lambda l}-e^{-\lambda l}\right)=0$ 或 $c_1=c_2=0$

得零解 $X(x)=0$。

(iii) 令 $p<0$，（取 $p=-\lambda^2$ 及 $\lambda>0$），得通解

$$X(x)=c_1\cos\lambda x+c_2\sin\lambda x$$

代入邊界條件：$X(0)=0$ 得 $X(0)=c_1=0$
代入邊界條件：$X(l)=0$ 得 $X(l)=c_2\sin\lambda l=0$
其中 c_2 為常數，故需 $\sin\lambda l=0$

得 $\lambda l=n\pi$，或特徵值 $\lambda_n=\dfrac{n\pi}{l}$，$n=1,2,\cdots$

特徵函數：$X_n(x)=\sin\lambda_n x=\sin\left(\dfrac{n\pi}{l}x\right)$，$n=1,2,\cdots$

(4) 再解第二組 方程組： $T'-\alpha^2 pT=0$

因為要求非零解特徵函數 $w(x,t)$，因此若 $X(x)=0$，則 $w(x,t)=0$，為零解。因此只需討論非零解 $X_n(x)$ 時之非零解 $T_n(t)$ 即可。

因此令特徵值 $p=-\lambda_n^2=-\left(\dfrac{n\pi}{l}\right)^2$ 代入 得

$$T'+\left(\dfrac{\alpha n\pi}{l}\right)^2 X=0$$

得解 $T_n(t) = c_1 e^{-\left(\frac{\alpha n \pi}{l}\right)^2 t}$ ，$n = 1, 2, \cdots$

(5) 再利用線性重疊原理（Superposition Principle）將上面求得之無線多個非零特徵函數線性組合成 一無窮級數，亦即

$$w(x,t) = \sum_{n=1}^{\infty} c_n \sin\left(\frac{n \pi x}{l}\right) e^{-\left(\frac{\alpha n \pi}{l}\right)^2 t}$$

(6) 代入初始條件： $w(x,0) = f(x)$

代入得

$$w(x,0) = f(x) = \sum_{n=1}^{\infty} c_n \sin\left(\frac{n \pi x}{l}\right)$$

利用 Fourier 級數展開公式，得

$$c_n = \frac{2}{l} \int_0^l f(x) \sin\left(\frac{n \pi x}{l}\right) dx$$

4. 再解第二組 方程組： $\dfrac{\partial v}{\partial t} = \alpha^2 \dfrac{\partial^2 v}{\partial x^2} + F(x,t)$

邊界條件： $v(0,t) = 0$ ， $v(l,t) = 0$

初始條件： $v(x,0) = 0$

(1) 解此題，須利用 $w(x,t)$ 所得特徵函數為基礎，假設非齊性解 $v(x,t)$，為

$$v(x,t) = \sum_{n=1}^{\infty} a_n(t) \sin\left(\frac{n \pi x}{l}\right)$$

其中 $a_n(t)$ 為待定係數。上述假設解之最大理由，就是它已經自動滿足兩個邊界條件了，即

$$v(0,t) = \sum_{n=1}^{\infty} a_n(t) \sin(0) = 0$$

及

$$v(l,t) = \sum_{n=1}^{\infty} a_n(t)\sin(n\pi) = 0$$

接著只剩下要滿足微分方程：$\dfrac{\partial v}{\partial t} - \alpha^2 \dfrac{\partial^2 v}{\partial x^2} = F(x,t)$ 與初始條件 $v(x,0) = 0$ 即可以。

代入得微分方程，得

$$\sum_{n=1}^{\infty} \dot{a}_n(t)\sin\left(\frac{n\pi x}{l}\right) + \sum_{n=1}^{\infty} a_n(t)\left(\frac{\alpha n\pi}{l}\right)^2 \sin\left(\frac{n\pi x}{l}\right) = F(x,t)$$

兩邊欲相等，可將右邊展開成 Fourier Sine 級數，即

$$F(x,t) = \sum_{n=1}^{\infty} b_n(t)\sin\left(\frac{n\pi x}{l}\right)$$

其中 $\quad b_n(t) = \dfrac{2}{l}\int_0^l F(x,t)\sin\left(\dfrac{n\pi x}{l}\right)dx$

代回原式，得

$$\sum_{n=1}^{\infty} \dot{a}_n(t)\sin\left(\frac{n\pi x}{l}\right) + \sum_{n=1}^{\infty} a_n(t)\left(\frac{\alpha n\pi}{l}\right)^2 \sin\left(\frac{n\pi x}{l}\right) = \sum_{n=1}^{\infty} b_n(t)\sin\left(\frac{n\pi x}{l}\right)$$

利用係數關係，得

$$\dot{a}_n(t) + a_n(t)\left(\frac{\alpha n\pi}{l}\right)^2 = b_n(t)$$

為一階常微分方程，需一個初始條件，即

$$v(x,0) = \sum_{n=1}^{\infty} a_n(0)\sin\left(\frac{n\pi x}{l}\right) = 0$$

即
$$a_n(0) = 0$$

將一階常微分方程 $\quad \dot{a}_n(t) + a_n(t)\left(\dfrac{\alpha n\pi}{l}\right)^2 = b_n(t)$

由於，非齊性項 $b_n(t)$ 為任意函數型式，故為一般性，本題取拉氏變換法

$$sL[a_n(t)] - a_n(0) + \left(\dfrac{\alpha n\pi}{l}\right)^2 L[a_n(t)] = L[b_n(t)]$$

或

$$L[a_n(t)] = \dfrac{1}{s + \left(\dfrac{\alpha n\pi}{l}\right)^2} \cdot L[b_n(t)]$$

利用結合式積分(Convolution Integral)，得

$$a_n(t) = \int_0^t e^{-\left(\frac{\alpha n\pi}{l}\right)^2 \tau} b_n(t-\tau) d\tau$$

得通解 $\quad v(x,t) = \displaystyle\sum_{n=1}^{\infty} a_n(t)\sin\left(\dfrac{n\pi x}{l}\right)$

其中 $\quad a_n(t) = \displaystyle\int_0^t e^{-\left(\frac{\alpha n\pi}{l}\right)^2 \tau} b_n(t-\tau)d\tau$ 及 $b_n(t) = \dfrac{2}{l}\displaystyle\int_0^l F(x,t)\sin\left(\dfrac{n\pi x}{l}\right)dx$

5. 最後得解 $u(x,t) = v(x,t) + w(x,t)$，亦即

$$u(x,t) = \sum_{n=1}^{\infty} a_n(t)\sin\left(\dfrac{n\pi x}{l}\right) + \sum_{n=1}^{\infty} c_n \sin\left(\dfrac{n\pi x}{l}\right) e^{-\left(\frac{\alpha n\pi}{l}\right)^2 t}$$

其中 $\quad a_n(t) = \displaystyle\int_0^t e^{-\left(\frac{\alpha n\pi}{l}\right)^2 \tau} b_n(t-\tau)d\tau$

$$b_n(t) = \dfrac{2}{l}\int_0^l F(x,t)\sin\left(\dfrac{n\pi x}{l}\right)dx$$

$$c_n = \frac{2}{l}\int_0^l f(x)\sin\left(\frac{n\pi x}{l}\right)dx$$

【觀念分析】

1. 若上述方成組之邊界條件不再是 0，而是等於一個常數，即

$$u(0,t)=T_0 \text{ 及 } u(l,t)=T_1$$

則分成兩組方程組時，需修正如下：

(a) $\dfrac{\partial w}{\partial t} = \alpha^2 \dfrac{\partial^2 w}{\partial x^2}$ ，（同第八節部分結果）

邊界條件：$w(0,t)=T_0$，$w(l,t)=T_1$
初始條件：$w(x,0)=f(x)$

(b) $\dfrac{\partial v}{\partial t} = \alpha^2 \dfrac{\partial^2 v}{\partial x^2} + F(x,t)$

邊界條件：$v(0,t)=0$，$v(l,t)=0$
初始條件：$v(x,0)=0$

2. 再利用前幾節方法分別求解，

範例 02：

(20%) 求擴散方程式 $\dfrac{\partial u}{\partial t} = \dfrac{\partial^2 u}{\partial x^2} + e^{-2t}$，$0 \le x \le 1$，$t > 0$

而邊界條件為 $u(0,t)=u(1,t)=0$，與起始條件為 $u(x,0)=0$。

成大工科、地科所乙

解答：

令解得形式為 $\quad u(x,t) = \sum_{n=1}^{\infty} v(t)\sin n\pi x$

滿足齊性界條件 $\quad u(0,t)=u(1,t)=0$

代入原偏微分方程

$$\sum_{n=1}^{\infty}\frac{dv}{dt}\sin n\pi x = \sum_{n=1}^{\infty}v(t)(-n^2\pi^2)\sin n\pi x + e^{-2t}$$

$$\sum_{n=1}^{\infty}\left[\frac{dv}{dt}+v(t)(n^2\pi^2)\right]\sin n\pi x = e^{-2t} = \sum_{n=1}^{\infty}b_n(t)\sin n\pi x$$

其中將函數 e^{-2t} 展開乘 Fourier Sine 級數，即

$$b_n(t) = \frac{2}{1}\int_0^1 e^{t^2}\sin n\pi x\,dx = 2e^{-2t}\left(-\frac{\cos n\pi x}{n\pi}\right)_0^1 = 2e^{-2t}\left(\frac{1-\cos n\pi}{n\pi}\right)$$

代回上式，令係數相等，得一常微分方程

$$\frac{dv}{dt}+(n^2\pi^2)v(t) = 2e^{-2t}\left(\frac{1-(-1)^n}{n\pi}\right)$$

取拉氏變換法解上式

$$(s+n^2\pi^2)L[v(t)] = 2\left(\frac{1-(-1)^n}{n\pi}\right)L[e^{-2t}]$$

移項

$$L[v(t)] = 2\left(\frac{1-(-1)^n}{n\pi}\right)\frac{1}{s+n^2\pi^2}L[e^{-2t}] = 2\left(\frac{1-(-1)^n}{n\pi}\right)L[e^{-n^2\pi^2 t}]L[e^{-2t}]$$

逆變換，得

$$v(t) = 2\left(\frac{1-(-1)^n}{n\pi}\right)\int_0^t e^{-n^2\pi^2\tau}e^{-2(t-\tau)}d\tau$$

最後得解 $\quad u(x,t) = \sum_{n=1}^{\infty}v(t)\sin n\pi x$

其中 $v(t) = 2\left(\dfrac{1-(-1)^n}{n\pi}\right)\displaystyle\int_0^t e^{-n^2\pi^2\tau}e^{-2(t-\tau)}d\tau$

第十一節　含暫態熱源一維棒之熱傳邊界值問題

現在再考慮一維有限長桿件，長為 l，長度方向為 x 軸，桿件側邊假設為絕緣，如此，可將此之有限長桿件視為一維熱傳問題，現在假設有限長桿件兩端分別為溫度不再為 0 之齊性邊界條件，而改成有限長桿件兩端分別為暫態溫度分布 $f_1(t)$ 及 $f_2(t)$ 之非齊性邊界條件，開始時桿件仍已有溫度分布函數 $f(x)$，桿件之熱傳導係數為 α，若桿件本身有一個暫態熱源(Heat Source) $F(x,t)$ 存在，不僅與位置 x 有關也與時間 t 有關，則可將上述熱傳問題之數學建模方程式為下所示。

兩端為含熱源且為非零溫端一維有限長桿件之熱傳問題，滿足下列方程組：

偏微分方程：（非齊性偏微分方程）

$\dfrac{\partial^2 u}{\partial x^2} = \dfrac{1}{\alpha^2}\dfrac{\partial u}{\partial t} + F(x,t)$，$0 < x < l$，$t > 0$

邊界條件：（非齊性邊界條件）

$u(0,t) = f_1(t)$，$u(l,t) = f_2(t)$

初始條件：　$u(x,0) = f(x)$

根據上述非齊性偏微分方程式之通解特性知，通解有兩部分解存在，即齊性解 $u_h(x,t)$ 與非齊性解 $u_p(x,t)$。

但是因為邊界條件與時間 t 有關，因此先試誤法，先將邊界條件化成齊性邊界條件，如此就可化成上一節之暫態齊性邊界值問題，再利用上一節的分析方法進一步求解即可。

要將給定之非齊性暫態邊界條件，如

$$u(0,t) = f_1(t) \text{ 及 } u(l,t) = f_2(t) \text{ 或 } u_x(0,t) = f_1(t) \text{ 及 } u_x(l,t) = f_2(t)$$

化成齊性邊界條件的話，可利用下列通式，即

假設試誤函數為

$$u(x,t) = U(x,t) + A(t)\left(1 - \frac{x}{l}\right) + B(t)\left(\frac{x}{l}\right)$$

其中 $A(t)$ 與 $B(t)$ 為待定函數，決定如下。

代入第一個邊界條件

$$u(0,t) = U(0,t) + A(t) = f_1(t)$$

令　$A(t) = f_1(t)$，則就會得到齊性邊界條件：$U(0,t) = 0$

代入第二個邊界條件

$$u(l,t) = U(l,t) + B(t) = f_2(t)$$

令　$B(t) = f_2(t)$，則就會得到齊性邊界條件：$U(l,t) = 0$

綜合上述：

首先令　$u(x,t) = U(x,t) + f_1(t)\left(1 - \frac{x}{l}\right) + f_2(t)\left(\frac{x}{l}\right)$

代入偏微分方程式，$\dfrac{\partial^2 u}{\partial x^2} = \dfrac{1}{\alpha^2}\dfrac{\partial u}{\partial t} + F(x,t)$，得

$$\frac{\partial^2 U}{\partial x^2} = \frac{1}{\alpha^2}\left[\frac{\partial U}{\partial t} + \dot{f}_1\left(1 - \frac{x}{l}\right) + \dot{f}_2\left(\frac{x}{l}\right)\right] + F(x,t)$$

整理成

$$\frac{\partial^2 U}{\partial x^2} = \frac{1}{\alpha^2}\frac{\partial U}{\partial t} + F^*(x,t)$$

其中　$F^*(x,t) = \dfrac{1}{\alpha^2}\left[\dot{f}_1\left(1 - \dfrac{x}{l}\right) + \dot{f}_2\left(\dfrac{x}{l}\right)\right] + F(x,t)$

配合邊界條件：

(1) $U(0,t) = 0$
(2) $U(l,t) = 0$

最後代入初始條件，$u(x,0) = f(x)$，得

$$u(x,0) = U(x,0) + f_1(0)\left(1 - \frac{x}{l}\right) + f_2(0)\left(\frac{x}{l}\right) = f(x)$$

移項得

$$U(x,0) = f^*(x)$$

其中 $\quad f^*(x) = f(x) - f_1(0)\left(1 - \frac{x}{l}\right) - f_2(0)\left(\frac{x}{l}\right)$

接著再利用上一節的分析方法進一步求解即可。假設溫度分布函數由齊性解部分 $w(x,t)$ 與非齊性解部分 $v(x,t)$ 組成，如：

$$U(x,t) = v(x,t) + w(x,t) = v(x,t) + X(x)T(t)$$

代回齊性熱傳邊界值問題中，可得兩組微分方程組，可分開求解。

第十二節　1-D 圓柱座標之熱傳邊界值問題

已知熱傳方程式之卡氏座標系統，三維通式：

$$\frac{\partial^2 u}{\partial x^2} + \frac{\partial^2 u}{\partial y^2} + \frac{\partial^2 u}{\partial z^2} = \frac{1}{\alpha^2}\frac{\partial u}{\partial t}$$

或

$$\nabla^2 u = \frac{1}{\alpha^2}\frac{\partial u}{\partial t}$$

其中 α 為熱傳導係數。溫度分布函數為 $u = u(x,y,z,t)$。由於變數分離法受邊界

條件之影響很大，太複雜之邊界條件，或不具正交特徵函數之邊界質問題，都無法利用變數分離法，因此，利用上述卡氏座標系熱傳方程式只能解正正方形狀之問題，若是圓盤、圓柱之熱傳方程式，則需改用圓柱座標系統，比較適當。

若轉換至圓柱座標系統，則 Laplae 運算子 $\nabla^2(\ )$ 可化成下列標準式：

$$\nabla^2 u = \frac{1}{\alpha^2}\frac{\partial u}{\partial t}$$

或

$$\frac{\partial^2 u}{\partial r^2} + \frac{1}{r}\frac{\partial u}{\partial r} + \frac{1}{r^2}\frac{\partial^2 u}{\partial \theta^2} + \frac{\partial^2 u}{\partial z^2} = \frac{1}{\alpha^2}\frac{\partial u}{\partial t}$$

其中溫度分布函數為 $u = u(r,\theta,z,t)$。

若只考慮一維圓柱座標系統，(r,t)，上式可簡化成下式：

$$\frac{\partial^2 u}{\partial r^2} + \frac{1}{r}\frac{\partial u}{\partial r} = \frac{1}{\alpha^2}\frac{\partial u}{\partial t}$$

邊界條件： $u(R,t) = 0$

初始條件： $u(r,0) = f(r)$

【觀念分析】

實心圓盤邊界條件中，所缺之一個邊界條件須由下列條件補足：

即溫度在圓心處 $r = 0$ 為有界值（Bounded Value）。

已知一維圓柱棒之熱傳方程式

$$\frac{\partial^2 u}{\partial r^2} + \frac{1}{r}\frac{\partial u}{\partial r} = \frac{1}{\alpha^2}\frac{\partial u}{\partial t}$$

1. 令變數分離　　$u(r,t) = R(r)T(t)$

2. 代入得　　$R''(r)T(t) + \dfrac{1}{r}R'(r)T(t) = \dfrac{1}{\alpha^2}R(r)T'(t)$

　　除以 $R(r)T(t)$，變數分離

$$\dfrac{R''(r)}{R(r)} + \dfrac{1}{r}\dfrac{R'(r)}{R(r)} = \dfrac{1}{\alpha^2}\dfrac{T'(t)}{T(t)} = p$$

　　分成兩組　　(a) $R''(r) + \dfrac{1}{r}R'(r) - pR(r) = 0$

　　及　　(b) $T'(t) - \alpha^2 pT(t) = 0$

3. 先解第一組

$$R''(r) + \dfrac{1}{r}R'(r) - pR(r) = 0$$

　　或

$$r^2 R''(r) + rR'(r) - pr^2 R(r) = 0$$

上述為 Bessel 常微分方程，直接取特徵值　　$p = -\lambda^2$

代入上式得解

$$R(r) = c_1 J_0(\lambda r) + c_2 Y_0(\lambda r)$$

其中 $J_0(\lambda r)$ 為第一類 Bessel 函數，$Y_0(\lambda r)$ 為第二類 Bessel 函數。

因溫度在圓心處 $r = 0$ 為有界值，

　　其中　　因 $Y_0(0) \sim -\infty$ 為無界函數

　　故得　　$c_2 = 0$

　　得　　$R(r) = c_1 J_0(\lambda r)$

又代入邊界條件 $u(R, t) = 0$

　　代入　　$R(r) = c_1 J_0(\lambda R) = 0$

　　得　　$\lambda R = \alpha_n$，$n = 1, 2, \cdots$（α_n 為 $J_0(x)$ 之零點）。

得特徵值　　　　　　$\lambda_n = \dfrac{\alpha_n}{R}$，$n = 1, 2, \cdots$

特徵函數　　　　　　$R_n(r) = J_0\left(\dfrac{\alpha_n}{R}r\right)$，$n = 1, 2, \cdots$

4. 再解第二組　　　　$T'(t) - \alpha p T(t) = 0$

   令 $p = -\lambda^2$ 代入　$T'(t) + \alpha \lambda^2 T(t) = 0$

   通解為　　　　　　$T(t) = c_1 e^{-\alpha \lambda^2 t}$

5. 重疊原理　　　　　$u(r,t) = \displaystyle\sum_{n=1}^{\infty} c_n J_0\left(\dfrac{\alpha_n}{R}r\right) e^{-\alpha \lambda^2 t}$

6. 代入初始條件　　　$u(r,0) = f(r)$

   得　　　　　　　　$u(r,0) = f(r) = \displaystyle\sum_{n=1}^{\infty} c_n J_0\left(\dfrac{\alpha_n}{R}r\right)$

   利用 Bessel 正交性得　$\displaystyle\int_0^1 r f(r) J_0\left(\dfrac{\alpha_m}{R}r\right) dr = c_m \int_0^1 r J_0^2\left(\dfrac{\alpha_m}{R}r\right) dr$

   或　　　　　　　　$c_n = \dfrac{\displaystyle\int_0^1 r f(r) J_0\left(\dfrac{\alpha_n}{R}r\right) dr}{\displaystyle\int_0^1 r J_0^2\left(\dfrac{\alpha_n}{R}r\right) dr}$

範例 03

Solve $\dfrac{\partial^2 u}{\partial r^2} + \dfrac{1}{r}\dfrac{\partial u}{\partial r} = \dfrac{\partial u}{\partial t}$，initial condition $u(1,t) = 0$，$u(r,0) = 1$。Note that you may need to use the following equations (a) $\dfrac{d}{dx}\left[x^p J_p(x)\right] = x^p J_{p-1}(x)$

(2) $\int_0^a x \left[J_0 \left(\frac{bx}{a} \right) \right]^2 dx = \frac{1}{2} a^2 [J_1(b)]^2$

台大機械所

解答：

假設解 $\quad u(r,t) = \sum_{n=1}^{\infty} c_n J_0(\alpha_n r) e^{-\alpha_n^2 t}$

代入初始條件：

$$u(r,0) = 1 = \sum_{n=1}^{\infty} c_n J_0(\alpha_n r)$$

利用正交性

$$\int_0^1 r J_0(\alpha_n r) J_0(\alpha_m r) dr \begin{cases} = 0, & n \neq m \\ \neq 0, & n = m \end{cases}$$

代入級數積分

$$\int_0^1 r J_0(\alpha_m r) dr = \sum_{n=1}^{\infty} c_n \int_0^1 r J_0(\alpha_n r) J_0(\alpha_m r) dr$$

得 $\quad \int_0^1 r J_0(\alpha_m r) dr = c_m \int_0^1 r J_0^2(\alpha_m r) dr$

或 $\quad c_n = \dfrac{\int_0^1 r J_0(\alpha_n r) dr}{\int_0^1 r J_0^2(\alpha_n r) dr}$

利用公式 $\int_0^a x \left[J_0 \left(\frac{bx}{a} \right) \right]^2 dx = \frac{1}{2} a^2 [J_1(b)]^2$

令 $\quad a = 1, b = \alpha_n$，代入

$$\int_0^1 x[J_0(\alpha_n)x]^2 dx = \frac{1}{2}[J_1(\alpha_n)]^2$$

及 $\dfrac{d}{dx}[x^p J_p(x)] = x^p J_{p-1}(x)$ ， $\int x^p J_{p-1}(x)dx = x^p J_p(x) + c$

令 $p = 1$，代入

$$\int x J_0(x) dx = x J_0(x) + c$$

分子積分式 $\quad \int_0^1 r J_0(\alpha_n r) dr$

令 $\quad x = \alpha_n r$ ， $r = \dfrac{x}{\alpha_n}$ ， $dr = \dfrac{dx}{\alpha_n}$

代入

$$\int_0^1 r J_0(\alpha_n r) dr = \int_0^{\alpha_n} \frac{x}{\alpha_n} J_0(x) \frac{1}{\alpha_n} dx = \frac{1}{\alpha_n^2} (x J_1(x))\Big|_0^{\alpha_n}$$

或

$$\int_0^1 r J_0(\alpha_n r) dr = \frac{1}{\alpha_n} J_1(\alpha_n)$$

代入上式，積分得

$$c_n = \frac{\int_0^1 r J_0(\alpha_n r) dr}{\int_0^1 r J_0^2(\alpha_n r) dr} = \frac{\dfrac{1}{\alpha_n} J_1(\alpha_n)}{\dfrac{1}{2} J_1^2(\alpha_n)} = \frac{2}{\alpha_n J_1(\alpha_n)}$$

考題集錦

1. (26%) Consider the following transient PDE

$$\frac{\partial x}{\partial t} = \frac{1}{\zeta}\frac{\partial}{\partial \zeta}\left(\zeta \frac{\partial x}{\partial \zeta}\right) + P\zeta^2 \text{,} \quad 0 < \zeta < 1$$

I.C.：$x(\zeta,0) = 1$

B.C.：$x(1,t) = 0$

Determine the steady state, $x_P(\zeta)$. Note that P is a constant.

中興精密所

2. (10%) Use separation variable to find the temperature $T(x,t)$ in a laterally insulated copper bar 0.8 m long if the initial temperature is $100\sin\left(\frac{\pi x}{0.8}\right)$ °C and the ends are kept at 0 °C. How long will it take for the maximum temperature in the bar to drop to 50 °C? Physical data for the copper：density $820\frac{kg}{m^3}$，specific heat $92\frac{cal}{kg°C}$，thermal conductivity $95\frac{cal}{m\sec°C}$.

清大動機所

3. (20%) Solve the following partial differential equation：

$$3\frac{\partial^2 u}{\partial x^2} = \frac{\partial u}{\partial t} \text{,} \quad 0 < x < 1 \text{,} \quad 0 < t$$

$u(0,t) = 0$，$0 < t$
$u(1,t) = 0$，$0 < t$
$u(x,0) = 1$，$0 < x < 1$

淡大化工所、台科大機械所

4. (20%) Solve the boundary value problem

$$\frac{\partial u}{\partial t} = k\frac{\partial^2 u}{\partial x^2} \text{, } 0 < x < L \text{, } t > 0$$

$$\frac{\partial u}{\partial x}(0,t) = \frac{\partial u}{\partial x}(L,t) = 0 \text{, } t > 0$$

$$u(x,0) = f(x) \text{, } 0 < x < L$$

淡大機械與機電所、交大土木所丙、清大原科所甲

5. 請解一維擴散方程 $\dfrac{\partial C}{\partial t} = \dfrac{\partial^2 C}{\partial x^2}$, $0 < x < L$, $t > 0$

邊界條件為 $\dfrac{\partial C}{\partial x}(0,t) = 0$, $\dfrac{\partial C}{\partial x}(L,t) = 0$

初始條件為 $C(x,0) = x$

中央土木所戊

6. 求下列偏微分方程之解

P.D.E. : $\dfrac{\partial u}{\partial t} = \dfrac{\partial^2 u}{\partial x^2}$, $0 < x < L$, $t > 0$

B.C. : $u_x(0,t) = 0$, $u(L,t) = 0$, $t > 0$
I.C. : $u(x,0) = f(x)$, $0 < x < L$

中興土木所工數

7. $\dfrac{\partial C}{\partial t} = D\dfrac{\partial^2 C}{\partial x^2}$ 是擴散問題中的 Fick's Second Law,其中 t 代表時間, x 代表半無限板從擴散端算起的距離, C 是濃度, D 是常數。假使

$C = C_0$ at $x = 0$, $t \geq 0$
$C = 0$ at $x \geq 0$, $t = 0$

請求出 Fick's Second Law 的一般解。

交大機械甲

8. (20%) Solve the differential equation

$$\frac{\partial u(x,t)}{\partial t} = \frac{\partial^2 u(x,t)}{\partial x^2}, \quad -1 < x < 1, \quad t > 0$$

$u(-1,t) = 2$，$u(1,t) = 4$，$t > 0$
$u(x,0) = 3 + x + \sin(2\pi x)$，$-1 < x < 1$

台大化工 E 工數

9. (15%) Solve the differential equation

$$\frac{\partial T}{\partial t} = \frac{\partial^2 T}{\partial x^2} - 1, \quad 0 < x < 1, \quad t > 0$$

$T(x,0) = \dfrac{x^2}{2} + \cos(\pi x)$，$0 < x < 1$

$\dfrac{\partial T(0,t)}{\partial x} = 0$，$\dfrac{\partial T(1,t)}{\partial x} = 1$，$t > 0$

中央機械所工數

10. (40%) 給予擴散方程式 $\dfrac{\partial u}{\partial t} = \dfrac{\partial^2 u}{\partial x^2}$，$0 \leq x \leq 1$，$t > 0$

邊界條件為 $u(0,t) = 100e^{-t}$，$u(1,t) = 0$，起始條件為 $u(x,0) = 0$。

(a) 假設 $u_1(x,t)$ 滿足 $u(0,t) = 100e^{-t}$，$u(1,t) = 0$，則 $u_1(x,t)$ 之解為何？

(b) 假設 $u(x,t)$ 可表成 $u(x,t) = u_1(x,t) + u_2(x,t)$，則 $u_2(0,t)$、$u_2(1,t)$ 及 $u_2(x,0)$ 各為何？

(c) 代入 $u(x,t) = u_1(x,t) + u_2(x,t)$ 原擴散方程式，其結果為何，並求 $u_2(x,t)$ 之解

(d) 合併 $u_1(x,t)$ 與 $u_2(x,t)$，則 $u(x,t)$ 之解為何？

成大地科所工數

11. (20%) 求擴散方程式 $\dfrac{\partial u}{\partial t} = \dfrac{\partial^2 u}{\partial x^2} + e^{-2t}$，$0 \leq x \leq 1$，$t > 0$

而邊界條件為 $u(0,t)=u(1,t)=0$，與起始條件為 $u(x,0)=0$。

成大工科、地科所乙

12. (a) Verify that $2x\dfrac{\partial F}{\partial x}-t\dfrac{\partial F}{\partial t}=0$ has a solution $F(x,t)=f(x^{\alpha}t)$, where f is arbitrary. Find the value of constant α.

    (b) Solve this equation by separation of variable. By using superposition, obtain again the result above for arbitrary f. How is the proper α obtained in this approach?

成大微機電所

第十四章
拉氏方程式

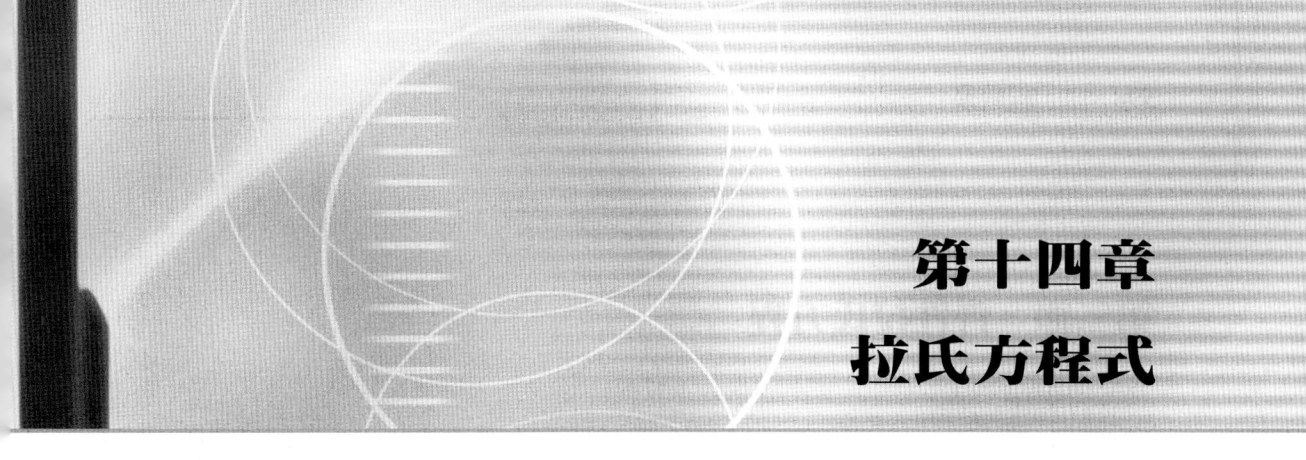

第一節　偏微分方程邊界值問題之分類

探討工程穩態問題時，常會得到 Laplace 方程式：

$$\nabla^2 u = \frac{\partial^2 u}{\partial x^2} + \frac{\partial^2 u}{\partial y^2} + \frac{\partial^2 u}{\partial z^2} = 0$$

滿足上式方程式之函數 $u(x, y)$ 稱之為諧和函數（Homonic Function）。此類方程式與勢能函數（Potential Energy）有密切關連。其邊界值問題常被分成下列三種

第一類邊界值問題：Dirichlet 問題：

滿足 $\nabla^2 u = 0$，且給定邊界上 $u(x, y)$ 之值者，稱之為 Dirichlet 邊界值問題。

第二類邊界值問題：Neumann 問題：

滿足 $\nabla^2 u = 0$，且給定邊界上梯度值 $\partial u / \partial n$ 者，稱之為 Neumann 邊界值問題。

第三類邊界值問題：Churchill 或 Robin 問題（或 Mix 邊界值問）

滿足 $\nabla^2 u = 0$，且給定邊界上混合一部份 $u(x, y)$ 之值與另一部份是 $u(x, y)$ 之梯度值 $\dfrac{\partial u}{\partial n}$ 者，稱之為 Churchill 或 Robin 邊界值問題。

針對每一種邊界值問題時，其解法常有些許差異，現在茲將整理出能用 Fourier 之變數分離法求解之拉氏邊界值問題，分述如下節。

第二節　齊性拉氏方程

已知 Laplace 方程式，首先考慮卡氏座標系統，適用於平板或長方體之幾何形狀之穩態熱傳問題，其統制方程式，如下所示：

$$\nabla^2 u = \frac{\partial^2 u}{\partial x^2} + \frac{\partial^2 u}{\partial y^2} + \frac{\partial^2 u}{\partial z^2} = 0$$

若考慮一維長棒之 Laplace 方程式工程問題，為

$$\frac{\partial^2 u}{\partial x^2} = 0$$

上式問題很簡單，其解為線性：$u(x) = c_1 x + c_2$。

接著討論二維長方形平板之 Laplace 方程式工程問題，其通式如下：

$$\frac{\partial^2 u}{\partial x^2} + \frac{\partial^2 u}{\partial y^2} = 0$$

上式須用到四個邊界條件：

$$u(0, y) = 0 \text{、} u(a, y) = 0 \text{ 及 } u(x, 0) = 0 \text{、} u(x, b) = f(x)$$

根據上述偏微分方程式中 x, y 兩變數分開之特殊狀況，可假設此平板之溫度分布函數為 $u(x, y)$，其中兩變數可分解成分開相乘形式，如：

$$u(x, y) = X(x)Y(y)$$

代回邊界值問題中，可得兩組 x, y 兩變數分開的常微分方程組，可分開求解。

上述所得之解可視為這類 Laplce 方程式之基本解，其他種類之邊界條件，可由此基本解為基礎，再利用重疊原理得其通解。詳細以飯粒說明如下：

範例 01：

解邊界值問題：

$$\frac{\partial^2 u}{\partial x^2} + \frac{\partial^2 u}{\partial y^2} = 0$$

邊界條件：
$u(0,y) = 0$, $u(a,y) = 0$
及
$u(x,0) = 0$ 及 $u(x,b) = f(x)$

清大原科所

解答：

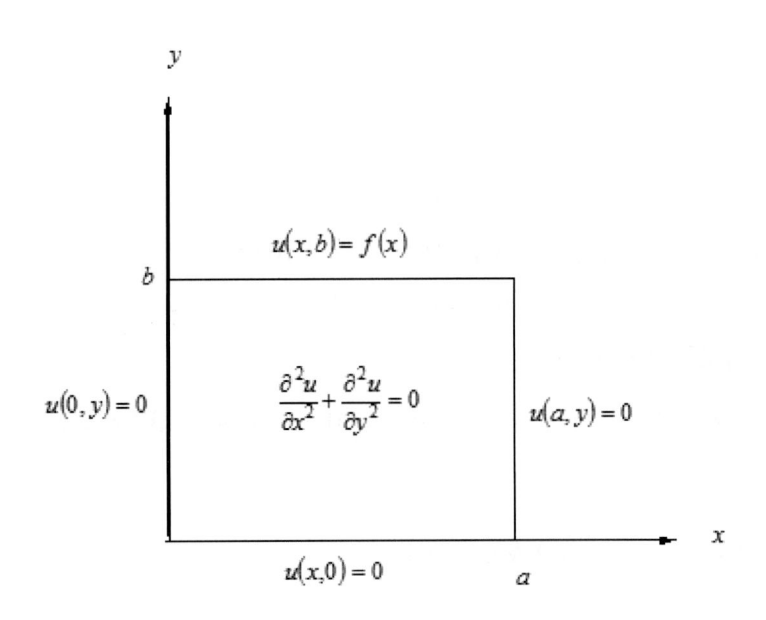

1. 因為邊界條件中 $x = 0$ 與 $x = a$ 之端，為齊性邊界條件，故可 假設函數 $u(x,y)$ 為變數分離，即令

   $u(x,y) = X(x)Y(y)$

2. 代入原偏微分方程，$\frac{\partial^2 u}{\partial x^2} + \frac{\partial^2 u}{\partial y^2} = 0$，得

   $X''(x)Y(y) + X(x)Y''(y) = 0$

兩邊同除 $X(x)Y(y)$，變數分離後，令其為任意常數，得

$$\frac{X''(x)}{X(x)} = -\frac{Y''(y)}{Y(y)} = p$$

則可分成兩組常微分方程，如下：
(a) $X'' - pX = 0$ 及邊界條件 $X(0) = 0$，$X(a) = 0$
(b) $Y'' + pY = 0$ 及邊界條件 $Y(0) = 0$

3. 先解第一組：如下

微分方程： $X'' - pX = 0$ 及 邊界條件： $X(0) = 0$，$X(a) = 0$
令　　　　$X = e^{mx}$，代入得

$$e^{mx}(m^2 - p) = 0$$

或　　　　$m = \pm\sqrt{p}$

(i) 令 $p = 0$ 得通解　$X(x) = c_1 x + c_2$
代入邊界條件： $X(0) = 0$　　得 $X(0) = c_2 = 0$
代入邊界條件： $X(a) = 0$　　得 $X(a) = c_1 a = 0$ 或 $c_1 = 0$
得零解　$X(x) = 0$。

(ii) 令 $p > 0$　，（取 $p = \lambda^2$ 及 $\lambda > 0$），得通解 $X(x) = c_1 e^{\lambda x} + c_2 e^{-\lambda x}$
代入邊界條件： $X(0) = 0$ 得

$$X(0) = c_2 + c_1 = 0 \text{ 或 } c_2 = -c_1$$

代入邊界條件： $X(a) = 0$ 得
$X(a) = \lambda c_1 (e^{\lambda a} - e^{-\lambda a}) = 0$ 或 $c_1 = c_2 = 0$
得零解　$X(x) = 0$。

(iii) 令 $p < 0$　，（取 $p = -\lambda^2$ 及 $\lambda > 0$），得通解

$$X(x) = c_1 \cos \lambda x + c_2 \sin \lambda x$$

代入邊界條件： $X(0) = 0$ 得 $X(0) = c_1 = 0$
代入邊界條件： $X(a) = 0$ 得 $X(a) = c_2 \sin \lambda a = 0$
其中 c_2 為常數，故取 $\sin \lambda a = 0$

得 $\lambda a = n\pi$，或特徵值 $\lambda_n = \dfrac{n\pi}{a}$，$n = 1, 2, \cdots$

特徵函數：$X_n(x) = \sin \lambda_n x = \sin\left(\dfrac{n\pi}{a} x\right)$，$n = 1, 2, \cdots$

4. 再解第二組 方程組： $Y'' - pY = 0$

令特徵值 $p = -\lambda_n^2 = -\left(\dfrac{n\pi}{a}\right)^2$ 代入 得

$$Y'' - \left(\dfrac{n\pi}{a}\right)^2 Y = 0$$

得解 $Y_n(y) = c_1 \cosh\left(\dfrac{n\pi}{a} y\right) + c_2 \sinh\left(\dfrac{n\pi}{a} y\right)$，$n = 1, 2, \cdots$

代入邊界條件：$Y(0) = 0$ 得 $c_1 = 0$

得解 $Y_n(y) = c_2 \sinh\left(\dfrac{n\pi}{a} y\right)$，$n = 1, 2, \cdots$

5. 再利用線性重疊原理（Superposition Principle） 將上面求得之無限多個非零特徵函數線性組合成一無窮級數，亦即

$$u(x, y) = \sum_{n=1}^{\infty} c_n \sinh\left(\dfrac{n\pi}{a} y\right) \sin\left(\dfrac{n\pi x}{a}\right) \qquad (1)$$

6. 代入 y 的邊界條件(2)： $u(x, b) = f(x)$
代入得

$$u(x, b) = f(x) = \sum_{n=1}^{\infty} c_n \sinh\left(\dfrac{n\pi b}{a}\right) \sin\left(\dfrac{n\pi x}{a}\right)$$

直接利用 Fourier 級數展開公式，得

$$c_n \sinh\left(\frac{n\pi b}{a}\right) = \frac{2}{a}\int_0^a f(x)\sin\left(\frac{n\pi x}{a}\right)dx$$

或 $$c_n = \frac{2}{a}\operatorname{csc}h\left(\frac{n\pi b}{a}\right)\int_0^a f(x)\sin\left(\frac{n\pi x}{a}\right)dx \quad (2)$$

範例 02：

解邊界值問題：

$$\frac{\partial^2 u}{\partial x^2} + \frac{\partial^2 u}{\partial y^2} = 0$$

邊界條件：

$$u(0,y) = 0, \quad u(a,y) = g(y)$$

及

$$u(x,0) = 0 \text{ 及 } u(x,b) = 0$$

〔中興機械所〕

解答：

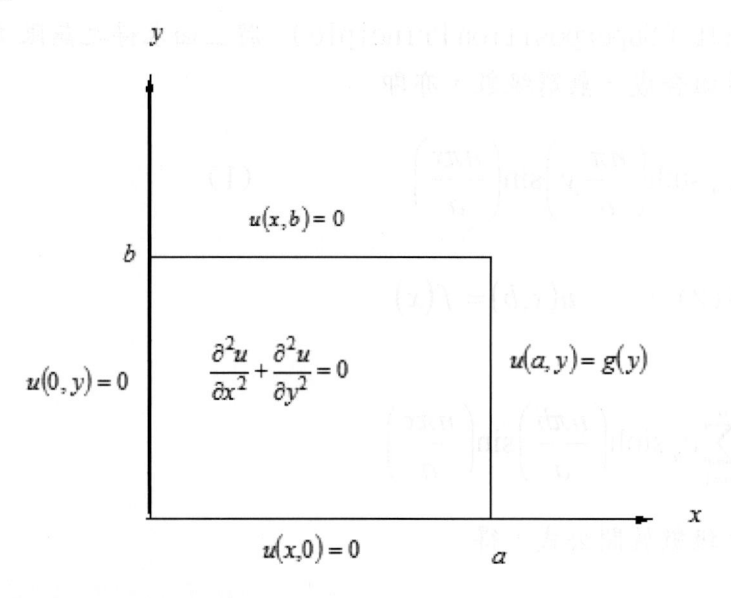

此題，也可重複上一題之相同解法，只是要改用 y 的齊性邊界條件，去求特徵值與特徵函數。

但是，較簡易的方法乃是利用上一題之最後解：

$$u(x,y) = \sum_{n=1}^{\infty} c_n \sinh\left(\frac{n\pi}{a}y\right)\sin\left(\frac{n\pi x}{a}\right) \quad (1)$$

其中

$$c_n = \frac{2}{a}\csc h\left(\frac{n\pi b}{a}\right)\int_0^a f(x)\sin\left(\frac{n\pi x}{a}\right)dx \quad (2)$$

利用座標旋轉兩次，將上式中之
(1) 變數 x 換成變數 y
(2) 變數 y 換成變數 x
(3) 變數 a 換成變數 b
(4) 變數 b 換成變數 a
(5) 函數 $f(x)$ 換成變數 $g(y)$

得本題通解

$$u(x,y) = \sum_{n=1}^{\infty} b_n \sinh\left(\frac{n\pi}{b}x\right)\sin\left(\frac{n\pi y}{b}\right) \quad (3)$$

其中

$$b_n = \frac{2}{b}\csc h\left(\frac{n\pi a}{b}\right)\int_0^b g(y)\sin\left(\frac{n\pi y}{b}\right)dy \quad (4)$$

範例 03：

解邊界值問題：

$$\frac{\partial^2 u}{\partial x^2} + \frac{\partial^2 u}{\partial y^2} = 0$$

邊界條件：
$$u(0,y)=0, \quad u(a,y)=g(y)$$
及
$$u(x,0)=0 \text{ 及 } u(x,b)=f(x)$$

解答：

此題，利用線性組合之觀念，將兩個非齊性邊界條件，亦即，可利用上面兩個範例 01 與範例 02 之解，線性組合成本題通解。

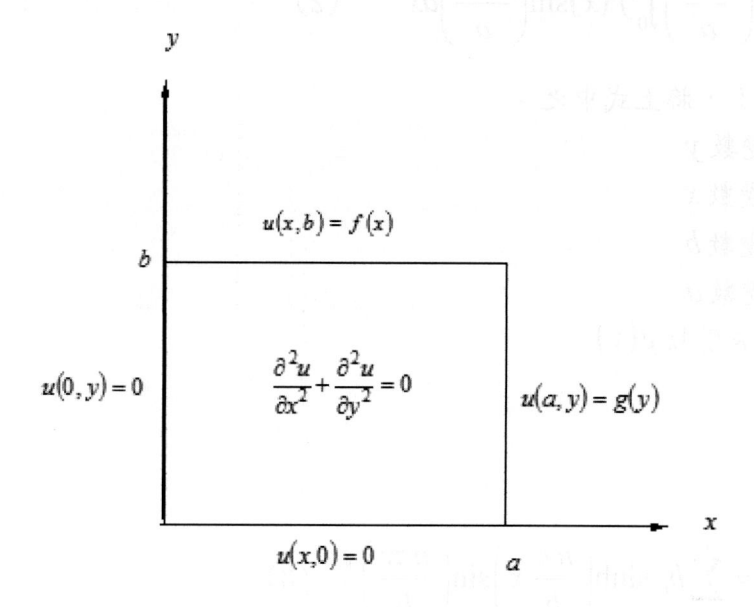

$$u(x,y)=u_1(x,y)+u_2(x,y)$$

其中

$$u_1(x,y)=\sum_{n=1}^{\infty}c_n\sinh\left(\frac{n\pi}{a}y\right)\sin\left(\frac{n\pi x}{a}\right) \qquad (1)$$

或 $\quad c_n=\dfrac{2}{a}\operatorname{csc}h\left(\dfrac{n\pi b}{a}\right)\displaystyle\int_0^a f(x)\sin\left(\dfrac{n\pi x}{a}\right)dx \qquad (2)$

$$u_2(x,y)=\sum_{n=1}^{\infty}b_n\sinh\left(\frac{n\pi}{b}x\right)\sin\left(\frac{n\pi y}{b}\right) \qquad (3)$$

其中

$$b_n = \frac{2}{b}\csc h\left(\frac{n\pi a}{b}\right)\int_0^b g(y)\sin\left(\frac{n\pi y}{b}\right)dy \quad (4)$$

第三節　二維浦松方程之邊界值問題

若拉氏運算子　　$\nabla^2 u = 0$，則稱為 Laplace 方程式。
若拉氏運算子　　$\nabla^2 u \neq 0$，則稱為 Poisson 方程式。

如下面幾種形式：

型 1：Poisson 方程式：$\dfrac{\partial^2 u}{\partial x^2} + \dfrac{\partial^2 u}{\partial y^2} = c$

可令　　$u(x, y) = v(x) + w(x, y)$ 求解

型 2：Poisson 方程式：$\dfrac{\partial^2 u}{\partial x^2} + \dfrac{\partial^2 u}{\partial y^2} = f(x)$

可令　　$u(x, y) = v(x) + w(x, y)$ 求解

型 3：Poisson 方程式：$\dfrac{\partial^2 u}{\partial x^2} + \dfrac{\partial^2 u}{\partial y^2} = g(y)$

可令　　$u(x, y) = v(y) + w(x, y)$ 求解

範例 04：含常數項

Solve the following differential equation：$\dfrac{\partial^2 \phi}{\partial x^2} + \dfrac{\partial^2 \phi}{\partial y^2} = 1$ with boundary condition：$\phi(0, y) = \phi(a, y) = \phi(x, 0) = \phi(x, b) = 0$.

成大土木所

解答：

1. 令 $\phi(x,y) = v(x) + w(x,y)$

2. 代原 Poisson 方程式

$$v''(x) + \frac{\partial^2 w}{\partial x^2} + \frac{\partial^2 w}{\partial y^2} = 1$$

與齊性邊界條件：

$$\phi(0,y) = v(0) + w(0,y) = 0$$
$$\phi(a,y) = v(a) + w(a,y) = 0$$

分成兩組為分方程組：

(a) $\dfrac{\partial^2 w}{\partial x^2} + \dfrac{\partial^2 w}{\partial y^2} = 0$，及 $w(0,y) = 0$，$w(a,y) = 0$

(b) $v''(x) = 1$，$v(0) = 0$，$v(a) = 0$

3. 先解 $w(x,y)$
（同第一節之解法）

得　特徵值　$p_n = -\lambda_n^2 = -\left(\dfrac{n\pi}{a}\right)^2$

　　特徵函數　$X_n(x) = \sin\left(\dfrac{n\pi}{a}x\right)$，$n = 1, 2, \cdots$

與通解

$$w(x,y) = \sum_{n=1}^{\infty}\left[c_n \cosh\left(\frac{n\pi}{a}y\right) + k_n \sinh\left(\frac{n\pi}{a}y\right)\right]\sin\left(\frac{n\pi}{a}x\right)$$

4. 再解第二組，非齊性解部分：

$$v''(x) = 1$$

積分兩次

$$v(x) = \frac{x^2}{2} + c_1 x + c_2$$

代入邊界條件

$$v(0) = c_2 = 0$$

及

$$v(a) = \frac{a^2}{2} + c_1 a = 0$$

得 $c_1 = -\frac{a}{2}$

最後得特解

$$v(x) = \frac{x^2}{2} - \frac{a}{2} x$$

5. 代回得通解

$$u(x,y) = \frac{x^2}{2} - \frac{a}{2} x + \sum_{n=1}^{\infty} \left[c_n \cosh\left(\frac{n\pi}{a} y\right) + k_n \sinh\left(\frac{n\pi}{a} y\right) \right] \sin\left(\frac{n\pi}{a} x\right)$$

6. 最後代回滿足剩下之兩個非齊性邊界條件部分：

(1) 當 $u(x,0) = 0$，得 $u(x,0) = 0 = \frac{x^2}{2} - \frac{a}{2} x + \sum_{n=1}^{\infty} c_n \sin\left(\frac{n\pi}{a} x\right)$

或

$$\frac{a}{2} x - \frac{x^2}{2} = \sum_{n=1}^{\infty} c_n \sin\left(\frac{n\pi}{a} x\right)$$

直接利用 Fourier 係數公式

$$c_n = \frac{2}{a} \int_0^a \left(\frac{a}{2} x - \frac{x^2}{2} \right) \sin\left(\frac{n\pi}{a} x\right) dx \qquad (5)$$

(2) 當 $u(x,b) = 0$，得

$$u(x,b)=0=\frac{x^2}{2}-\frac{a}{2}x+\sum_{n=1}^{\infty}\left[c_n\cosh\left(\frac{n\pi}{a}b\right)+k_n\sinh\left(\frac{n\pi}{a}b\right)\right]\sin\left(\frac{n\pi}{a}x\right)$$

直接利用 Fourier 係數公式

得 $$c_n\cosh\left(\frac{n\pi}{a}b\right)+k_n\sinh\left(\frac{n\pi}{a}b\right)=\frac{2}{a}\int_0^a\left(\frac{a}{2}x-\frac{x^2}{2}\right)\sin\left(\frac{n\pi}{a}x\right)dx$$

或代入式(5)，得

$$k_n\sinh\left(\frac{n\pi}{a}b\right)=c_n\left[1-\cosh\left(\frac{n\pi}{a}b\right)\right]$$

得 $$k_n=c_n\frac{1-\cosh\left(\frac{n\pi}{a}b\right)}{\sinh\left(\frac{n\pi}{a}b\right)}$$

範例 05：含函數項 $f(x)$

Find the solution of equation $\dfrac{\partial^2 u}{\partial x^2}+\dfrac{\partial^2 u}{\partial y^2}=\sin\omega x$，$\omega>0$ and $\omega\neq\dfrac{k\pi}{l}$, where k is an integer in the strip $0\leq x\leq l$，$0\leq y<\infty$，where satisfy the condition $u(0,y)=0$，$u(l,y)=0$，$u(x,0)=0$ and requirement that u be bounded as $y\to\infty$ in the strip.

清大動機所

解答：

【方法一】

假設解為下列形式　　　$u(x,y)=\sum_{n=1}^{\infty}a_n(y)\sin\left(\dfrac{n\pi}{l}x\right)$

【觀念分析】

1. 其中 $\sin\left(\dfrac{n\pi}{l}x\right)$ 為特徵函數。

2. 此假設式已自動滿足兩邊界條件：$u(0,y) = u(l,y) = 0$

   剩下只需滿足偏微分方程及 $u(x,0) = 0$ $|u(x,\infty)| < \infty$ 即可。

代入偏微分方程
$$\frac{\partial^2 u}{\partial x^2} + \frac{\partial^2 u}{\partial y^2} = \sin \omega x$$

得
$$\sum_{n=1}^{\infty}\left[a_n''(y) - \frac{n^2\pi^2}{l^2}a_n(y)\right]\sin\left(\frac{n\pi}{l}x\right) = \sin(\omega x)$$

再將右邊 Fourier 級數展開，即
$$\sin(\omega x) = \sum_{n=1}^{\infty} b_n \sin\left(\frac{n\pi}{l}x\right)$$

係數為
$$b_n = \frac{2}{l}\int_0^l \sin(\omega x)\sin\left(\frac{n\pi}{l}x\right)dx \text{ , } \omega \neq \frac{k\pi}{l}$$

代入原式後比較係數，可得一二階非齊性方程式
$$a_n''(y) - \frac{n^2\pi^2}{l^2}a_n(y) = b_n$$

上式須滿足邊界條件(1)：
$$u(x,0) = a_n(0) = 0$$

先求二階常微分方組通解為
$$a_n(y) = c_1 e^{\frac{n\pi}{l}y} + c_2 e^{-\frac{n\pi}{l}y} - \frac{l^2 b_n}{n^2\pi^2}$$

因 b_n 為常數。

代入邊界條件(2)：
$$y \to \infty \text{，函數唯有界，得 } c_1 = 0$$

代入邊界條件：

$$a_n(0) = 0 \text{ 或得 } a_n(0) = c_2 - \frac{l^2 b_n}{n^2 \pi^2} = 0$$

或得 $$c_2 = \frac{l^2 b_n}{n^2 \pi^2}$$

最後得解 $$u(x,y) = \sum_{i=1}^{\infty} \frac{l^2 b_n}{n^2 \pi^2} \left(e^{-\frac{n\pi}{l}y} - 1 \right) \sin\left(\frac{n\pi}{l} x\right)$$

其中 $$b_n = \frac{2}{l} \int_0^l \sin(\omega x) \sin\left(\frac{n\pi}{l} x\right) dx$$

範例 06：含函數項 $g(y)$

Solve the following differential equation： $\dfrac{\partial^2 \phi}{\partial x^2} + \dfrac{\partial^2 \phi}{\partial y^2} = \sin y$ with boundary condition： $\phi(0,y) = 0$，$\phi(1,y) = 0$，$\phi(x,0) = 0$，$\dfrac{\partial \phi}{\partial y}\left(x, \dfrac{\pi}{2}\right) = 0$

成大土木所工數乙、丁

解答：

【方法一】

1. 令 $\phi(x,y) = v(y) + w(x,y)$

2. 代入 PDE

$$\frac{\partial^2 w}{\partial x^2} + \frac{\partial^2 w}{\partial y^2} + v''(y) = \sin y$$

分成兩組 DE：

(a) $\dfrac{\partial^2 w}{\partial x^2} + \dfrac{\partial^2 w}{\partial y^2} = 0$，B.C.： $w(x,0) = 0$，$\dfrac{\partial w}{\partial y}\left(x, \dfrac{\pi}{2}\right) = 0$

(b) $v''(y) = \sin y$，B.C.：$v(0) = 0$，$v'\left(\dfrac{\pi}{2}\right) = 0$

3. 先解 $\phi(x, y) = w(x, y)$

此為直接可變數分離，同 Case I 之解：

$$w(x, y) = \sum_{n=1}^{\infty} (c_1 \cosh[(2n-1)x] + c_2 \sinh[(2n-1)x]) \sin[(2n-1)y]$$

4. 再解 $v''(y) = \sin y$，B.C.：$v(0) = 0$，$v'\left(\dfrac{\pi}{2}\right) = 0$

得解　　$v(y) = -\sin y + c_1 y + c_2$

$v(0) = 0 = c_2$

$v'\left(\dfrac{\pi}{2}\right) = c_1 = 0$

得解　　$v(y) = -\sin y$

5. 重疊原理

$$\phi(x, y) = -\sin y + \sum_{n=1}^{\infty} (c_1 \cosh[(2n-1)x] + c_2 \sinh[(2n-1)x]) \sin[(2n-1)y]$$

6. $\phi(0, y) = 0 = -\sin y + \sum_{n=1}^{\infty} c_1 \sin[(2n-1)y]$

$$\sum_{n=1}^{\infty} c_1 \sin[(2n-1)y] = \sin y$$

比較得　　$c_1 = 1$，$c_n = 0$，$n \neq 1$

代入得解

$$\phi(x,y) = (\cosh(x) + c_2 \sinh(x) - 1)\sin(y)$$
$$\phi(1,y) = 0 = (\cosh 1 + c_2 \sinh 1 - 1)\sin(y)$$
$$c_2 = \frac{1-\cosh 1}{\sinh 1}$$

最後得解
$$\phi(x,y) = \left(\cosh x + \frac{1-\cosh 1}{\sinh 1}\sinh x - 1\right)\sin y$$

【方法二】

假設 $\quad \phi(x,y) = A(x)\sin y$

因 上式滿足 $\quad \phi(x,0) = 0 \; , \; \dfrac{\partial \phi}{\partial y}\left(x, \dfrac{\pi}{2}\right) = 0$

代入 PDE
$$A''(x)\sin y - A(x)\sin y = \sin y$$

及 B.C. $\quad \phi(0,y) = A(0)\sin y = 0$

$$\phi(1,y) = A(1)\sin y = 0$$

或
$$A''(x) - A(x) = 1$$

及 $A(0) = 0 \; , \; A(1) = 0$

得通解
$$A(x) = c_1 \cosh x + c_2 \sinh x - 1$$
$$A(0) = c_1 - 1 = 0 \; , \; c_1 = 1$$
$$A(1) = \cosh 1 + c_2 \sinh 1 - 1 = 0 \; , \; c_2 = \frac{1-\cosh 1}{\sinh 1}$$

最後得解

$$\phi(x,y) = \left(\cosh x + \frac{1-\cosh 1}{\sinh 1}\sinh x - 1 \right)\sin y$$

第四節　拉氏方程之二維極座標形式推導

> We consider the relation $x = r\cos\theta$, $y = r\sin\theta$,
> then $r = \sqrt{x^2+y^2}$, $\theta = \tan^{-1}\frac{y}{x}$
> Obviously, we can see that $\frac{\partial x}{\partial r} = \cos\theta$
>
> (i) derive $\frac{\partial r}{\partial x}$
>
> (ii) Show that the Laplacian in polar coordinates may be written
> $$\nabla^2 u = \frac{1}{r}\frac{\partial}{\partial r}\left(r\frac{\partial u}{\partial r}\right) + \frac{1}{r^2}\frac{\partial^2 u}{\partial \theta^2}$$
>
> Where $\nabla^2 u = \frac{\partial^2 u}{\partial x^2} + \frac{\partial^2 u}{\partial y^2}$

成大土木所工數、彰師機電所

證明：

已知卡氏座標系統之拉氏方程式，為

$$\nabla^2 u = \frac{\partial^2 u}{\partial x^2} + \frac{\partial^2 u}{\partial y^2}$$

令極座標變換

$$x = r\cos\theta，及 \quad y = r\sin\theta \tag{6}$$

或表成

$$r = \sqrt{x^2 + y^2} \text{，及 } \theta = \tan^{-1}\frac{y}{x} \qquad (7)$$

現在利用兩種方法，推導拉氏方程式之極座標系統形式：

$$\frac{\partial^2 u}{\partial r^2} + \frac{1}{r}\frac{\partial u}{\partial r} + \frac{1}{r^2}\frac{\partial^2 u}{\partial \theta^2} = 0$$

【方法一】從 $u = u(x, y)$ 開始

取全微分

$$du = \frac{\partial u}{\partial x}dx + \frac{\partial u}{\partial y}dy$$

其中

$$x = r\cos\theta \text{，} \frac{\partial x}{\partial r} = \cos\theta \text{，} \frac{\partial x}{\partial \theta} = -r\sin\theta$$

$$y = r\sin\theta \text{，} \frac{\partial y}{\partial r} = \sin\theta \text{，} \frac{\partial y}{\partial \theta} = r\cos\theta$$

利用鏈微法則

$$\frac{\partial u}{\partial r} = \frac{\partial u}{\partial x}\frac{\partial x}{\partial r} + \frac{\partial u}{\partial y}\frac{\partial y}{\partial r} = \frac{\partial u}{\partial x}\cos\theta + \frac{\partial u}{\partial y}\sin\theta$$

且

$$\frac{1}{r}\frac{\partial u}{\partial r} = \frac{\partial u}{\partial x}\frac{\cos\theta}{r} + \frac{\partial u}{\partial y}\frac{\sin\theta}{r} \qquad (8)$$

第二次 $\frac{\partial}{\partial r}$

$$\frac{\partial^2 u}{\partial r^2} = \frac{\partial}{\partial r}\left(\frac{\partial u}{\partial r}\right) = \frac{\partial}{\partial r}\left(\frac{\partial u}{\partial x}\right)\cos\theta + \frac{\partial}{\partial r}\left(\frac{\partial u}{\partial y}\right)\sin\theta$$

其中 $\frac{\partial}{\partial r}\left(\frac{\partial u}{\partial x}\right)$ 項，計算如下

$$d\left(\frac{\partial u}{\partial x}\right) = \frac{\partial}{\partial x}\left(\frac{\partial u}{\partial x}\right)dx + \frac{\partial}{\partial y}\left(\frac{\partial u}{\partial x}\right)dy$$

或

$$\frac{\partial}{\partial r}\left(\frac{\partial u}{\partial x}\right) = \frac{\partial}{\partial x}\left(\frac{\partial u}{\partial x}\right)\frac{\partial x}{\partial r} + \frac{\partial}{\partial y}\left(\frac{\partial u}{\partial x}\right)\frac{\partial y}{\partial r} = \frac{\partial^2 u}{\partial x^2}\cos\theta + \frac{\partial^2 u}{\partial x \partial y}\sin\theta$$

同理，$\dfrac{\partial}{\partial r}\left(\dfrac{\partial u}{\partial y}\right)$ 項，計算如下

$$\frac{\partial}{\partial r}\left(\frac{\partial u}{\partial y}\right) = \frac{\partial}{\partial x}\left(\frac{\partial u}{\partial y}\right)\frac{\partial x}{\partial r} + \frac{\partial}{\partial y}\left(\frac{\partial u}{\partial y}\right)\frac{\partial y}{\partial r} = \frac{\partial^2 u}{\partial x \partial y}\cos\theta + \frac{\partial^2 u}{\partial y^2}\sin\theta$$

代回上式

$$\frac{\partial^2 u}{\partial r^2} = \left(\frac{\partial^2 u}{\partial x^2}\cos\theta + \frac{\partial^2 u}{\partial x \partial y}\sin\theta\right)\cos\theta + \left(\frac{\partial^2 u}{\partial x \partial y}\cos\theta + \frac{\partial^2 u}{\partial y^2}\sin\theta\right)\sin\theta$$

或

$$\frac{\partial^2 u}{\partial r^2} = \frac{\partial^2 u}{\partial x^2}\cos^2\theta + \frac{\partial^2 u}{\partial x \partial y}\sin\theta\cos\theta + \frac{\partial^2 u}{\partial x \partial y}\sin\theta\cos\theta + \frac{\partial^2 u}{\partial y^2}\sin^2\theta \qquad (9)$$

同理，求 $\dfrac{\partial^2 u}{\partial \theta^2}$

$$du = \frac{\partial u}{\partial x}dx + \frac{\partial u}{\partial y}dy$$

其中
利用鏈微法則

$$\frac{\partial u}{\partial \theta} = \frac{\partial u}{\partial x}\frac{\partial x}{\partial \theta} + \frac{\partial u}{\partial y}\frac{\partial y}{\partial \theta} = -\frac{\partial u}{\partial x}r\sin\theta + \frac{\partial u}{\partial y}r\cos\theta$$

第二次 $\dfrac{\partial}{\partial \theta}$

$$\frac{\partial}{\partial \theta}\left(\frac{\partial u}{\partial \theta}\right) = -\frac{\partial}{\partial \theta}\left(\frac{\partial u}{\partial x}\right) r\sin\theta - \frac{\partial u}{\partial x} r\cos\theta + \frac{\partial}{\partial \theta}\left(\frac{\partial u}{\partial y}\right) r\cos\theta - \frac{\partial u}{\partial y} r\sin\theta$$

其中 $\dfrac{\partial}{\partial \theta}\left(\dfrac{\partial u}{\partial x}\right)$ 項，計算如下

$$d\left(\frac{\partial u}{\partial x}\right) = \frac{\partial}{\partial x}\left(\frac{\partial u}{\partial x}\right) dx + \frac{\partial}{\partial y}\left(\frac{\partial u}{\partial x}\right) dy$$

或

$$\frac{\partial}{\partial \theta}\left(\frac{\partial u}{\partial x}\right) = \frac{\partial}{\partial x}\left(\frac{\partial u}{\partial x}\right)\frac{\partial x}{\partial \theta} + \frac{\partial}{\partial y}\left(\frac{\partial u}{\partial x}\right)\frac{\partial y}{\partial \theta} = -\frac{\partial^2 u}{\partial x^2} r\sin\theta + \frac{\partial^2 u}{\partial x \partial y} r\cos\theta$$

同理，$\dfrac{\partial}{\partial \theta}\left(\dfrac{\partial u}{\partial y}\right)$ 項，計算如下

$$\frac{\partial}{\partial \theta}\left(\frac{\partial u}{\partial y}\right) = \frac{\partial}{\partial x}\left(\frac{\partial u}{\partial y}\right)\frac{\partial x}{\partial \theta} + \frac{\partial}{\partial y}\left(\frac{\partial u}{\partial y}\right)\frac{\partial y}{\partial \theta} = -\frac{\partial^2 u}{\partial x \partial y} r\sin\theta + \frac{\partial^2 u}{\partial y^2} r\cos\theta$$

代回上式

$$\begin{aligned}\frac{\partial^2 u}{\partial \theta^2} =& -\left(-\frac{\partial^2 u}{\partial x^2} r\sin\theta + \frac{\partial^2 u}{\partial x \partial y} r\cos\theta\right) r\sin\theta - \frac{\partial u}{\partial x} r\cos\theta \\ & +\left(-\frac{\partial^2 u}{\partial x \partial y} r\sin\theta + \frac{\partial^2 u}{\partial y^2} r\cos\theta\right) r\cos\theta - \frac{\partial u}{\partial y} r\sin\theta\end{aligned}$$

或

$$\begin{aligned}\frac{1}{r}\frac{\partial^2 u}{\partial \theta^2} =& \left(\frac{\partial^2 u}{\partial x^2}\sin^2\theta - \frac{\partial^2 u}{\partial x \partial y}\cos\theta\sin\theta\right) - \frac{\partial u}{\partial x}\frac{\cos\theta}{r} \\ & +\left(-\frac{\partial^2 u}{\partial x \partial y}\sin\theta\cos\theta + \frac{\partial^2 u}{\partial y^2}\cos^2\theta\right) - \frac{\partial u}{\partial y}\frac{\sin\theta}{r}\end{aligned} \quad (10)$$

三式，式(8)、式(9)與式(10)相加，得

得

$$\frac{\partial^2 u}{\partial r^2}+\frac{1}{r}\frac{\partial u}{\partial r}+\frac{1}{r^2}\frac{\partial^2 u}{\partial \theta^2}=\frac{\partial^2 u}{\partial x^2}\left(\cos^2\theta+\sin^2\theta\right)+\frac{\partial^2 u}{\partial y^2}\left(\cos^2\theta+\sin^2\theta\right)$$

或

$$\frac{\partial^2 u}{\partial x^2}+\frac{\partial^2 u}{\partial y^2}=\frac{\partial^2 u}{\partial r^2}+\frac{1}{r}\frac{\partial u}{\partial r}+\frac{1}{r^2}\frac{\partial^2 u}{\partial \theta^2}$$

【方法二】從 $u=u(r,\theta)$ 開始

取全微分

$$du=\frac{\partial u}{\partial r}dr+\frac{\partial u}{\partial \theta}d\theta$$

利用鏈微法則,得

$$\frac{\partial u}{\partial x}=\frac{\partial u}{\partial r}\frac{\partial r}{\partial x}+\frac{\partial u}{\partial \theta}\frac{\partial \theta}{\partial x}$$

第二次 $\dfrac{\partial}{\partial x}$

$$\frac{\partial^2 u}{\partial x^2}=\frac{\partial}{\partial x}\left(\frac{\partial u}{\partial r}\right)\frac{\partial r}{\partial x}+\frac{\partial u}{\partial r}\frac{\partial^2 r}{\partial x^2}+\frac{\partial}{\partial x}\left(\frac{\partial u}{\partial \theta}\right)\frac{\partial \theta}{\partial x}+\frac{\partial u}{\partial \theta}\frac{\partial^2 \theta}{\partial x^2}$$

其中

$$\frac{\partial}{\partial x}\left(\frac{\partial u}{\partial r}\right)=\frac{\partial^2 u}{\partial r^2}\frac{\partial r}{\partial x}+\frac{\partial^2 u}{\partial r\partial \theta}\frac{\partial \theta}{\partial x}$$

及

$$\frac{\partial}{\partial x}\left(\frac{\partial u}{\partial \theta}\right)=\frac{\partial^2 u}{\partial \theta \partial r}\frac{\partial r}{\partial x}+\frac{\partial^2 u}{\partial \theta^2}\frac{\partial \theta}{\partial x}$$

代回得

$$\frac{\partial^2 u}{\partial x^2} = \left[\frac{\partial^2 u}{\partial r^2}\frac{\partial r}{\partial x} + \frac{\partial^2 u}{\partial r \partial \theta}\frac{\partial \theta}{\partial x}\right] \cdot \frac{\partial r}{\partial x} + \frac{\partial u}{\partial r}\frac{\partial^2 r}{\partial x^2} + \left[\frac{\partial^2 u}{\partial \theta \partial r}\frac{\partial r}{\partial x} + \frac{\partial^2 u}{\partial \theta^2}\frac{\partial \theta}{\partial x}\right]\frac{\partial \theta}{\partial x} + \frac{\partial u}{\partial \theta}\frac{\partial^2 \theta}{\partial x^2}$$

其中利用偏微分 $r = \sqrt{x^2 + y^2}$，及 $\theta = \tan^{-1}\frac{y}{x}$

$$\frac{\partial r}{\partial x} = \frac{x}{\sqrt{x^2+y^2}} = \frac{x}{r}$$

及

$$\frac{\partial \theta}{\partial x} = \frac{\frac{-y}{x^2}}{1+\left(\frac{y}{x}\right)^2} = -\frac{y}{r^2}$$

再微

$$\frac{\partial^2 r}{\partial x^2} = \frac{\partial}{\partial x}\left(\frac{\partial r}{\partial x}\right) = \frac{r - x r_x}{r^2} = \frac{1}{r} - \frac{x^2}{r^3} = \frac{y^2}{r^3}$$

同理

$$\frac{\partial r}{\partial y} = \frac{y}{\sqrt{x^2+y^2}} = \frac{y}{r}$$

及

$$\frac{\partial^2 r}{\partial y^2} = \frac{r - y r_y}{r^2} = \frac{1}{r} - \frac{y^2}{r^3} = \frac{x^2}{r^3}$$

及

$$\frac{\partial^2 \theta}{\partial x^2} = +\frac{y 2 r r_x}{r^4} = \frac{2xy}{r^4}$$

$$\frac{\partial \theta}{\partial y} = \frac{\frac{1}{x}}{1+\left(\frac{y}{x}\right)^2} = \frac{x}{r^2}$$

及

$$\frac{\partial^2 \theta}{\partial x \partial y} = \frac{x(2r)r_y}{r^4} = \frac{-2xy}{r^4}$$

最後得

$$\frac{\partial^2 u}{\partial x^2} = \frac{\partial^2 u}{\partial r^2}\frac{x^2}{r^2} - 2\frac{\partial^2 u}{\partial r\partial \theta}\cdot\frac{xy}{r^3} + \frac{\partial u}{\partial r}\frac{y^2}{r^3} + \frac{\partial^2 u y^2}{\partial \theta^2 r^4} + \frac{\partial u}{\partial \theta}\cdot\frac{2xy}{r^4}$$

同理得

$$\frac{\partial^2 u}{\partial y^2} = \frac{\partial^2 u}{\partial r^2}\frac{y^2}{r^2} + 2\frac{\partial^2 u}{\partial r\partial \theta}\frac{xy}{r^3} + \frac{\partial u}{\partial r}\frac{x^2}{r^3} + \frac{\partial^2 u}{\partial \theta^2}\frac{x^2}{r^4} - \frac{\partial u}{\partial \theta}\frac{2xy}{r^4}$$

相加得極座標之拉氏方程式

$$\frac{\partial^2 u}{\partial x^2} + \frac{\partial^2 u}{\partial y^2} = \frac{\partial^2 u}{\partial r^2} + \frac{1}{r}\frac{\partial u}{\partial r} + \frac{1}{r^2}\frac{\partial^2 u}{\partial \theta^2}$$

第五節　拉氏方程之二維極座標基本解

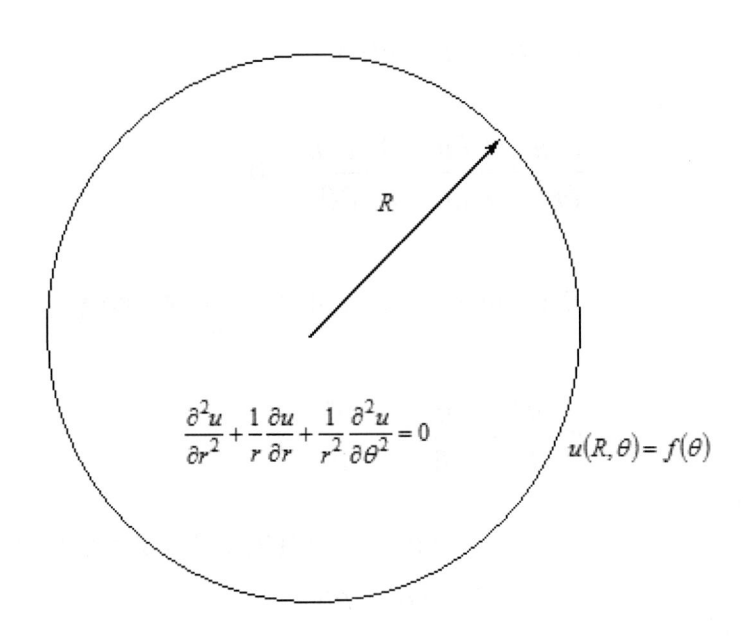

$$\frac{\partial^2 u}{\partial r^2} + \frac{1}{r}\frac{\partial u}{\partial r} + \frac{1}{r^2}\frac{\partial^2 u}{\partial \theta^2} = 0 \qquad u(R,\theta) = f(\theta)$$

已知一半徑為 R 之實心圓柱形棒，其滿足熱傳方程式，亦即

$$\frac{\partial^2 u}{\partial r^2} + \frac{1}{r}\frac{\partial u}{\partial r} + \frac{1}{r^2}\frac{\partial^2 u}{\partial \theta^2} = 0$$

假設　　圓柱形棒外面，暴露在溫度場 $f(\vartheta)$ 內，其棒內溫度分布函數，亦

即,邊界條件:
$$u(R,\theta) = f(\theta)$$

【觀念分析】
1. 要解本題,r 方向,須要兩個邊界條件,但本題為實心圓柱,只給一個就可以,所以再需補上一個邊界條件,及在 $r=0$,$|u(0,\theta)| < \infty$
2. 本題,θ 方向,亦須要兩個條件,但本題為實心圓柱,不會給 θ 方向之邊界條件,所以再需補上二個邊界條件。
3. 溫度分布函數 $u(r,\theta)$,不管是什麼狀況,都需滿足下列兩基本條件:
   (1) $u(r,\theta)$ 為有界函數
   (2) $u(r,\theta)$ 為單值函數
4. 在 θ 方向,$u(r,\theta)$ 仍為單值函數,亦即 $u(r,\theta) = u(r,\theta+2\pi)$,所以再需補上邊界條件:$u(r,\theta)$ 要為 $\theta = 2\pi$ 之週期函數。

1. 令變數分離 $\quad u(r,\theta) = R(r)\Phi(\theta)$
2. 代入偏微分方程
$$\frac{\partial^2 u}{\partial r^2} + \frac{1}{r}\frac{\partial u}{\partial r} + \frac{1}{r^2}\frac{\partial^2 u}{\partial \theta^2} = 0$$
得
$$R''(r)\Phi(\theta) + \frac{1}{r}R'(r)\Phi(\theta) + \frac{1}{r^2}R(r)\Phi''(\theta) = 0$$
變數分離,得
$$r^2 \frac{R''}{R} + r\frac{R'}{R} = -\frac{\Phi''}{\Phi} = p$$
分成兩組方程組:
(a) $\Phi'' + p\Phi = 0$,$\Phi(\theta)$ 為 $T = 2\pi$ 之週期函數
(b) $r^2 R'' + rR' - pR = 0$

3. 先解第一組

$\Phi'' + p\Phi = 0$ $\Phi(\theta)$ 為 $T = 2\pi$ 之週期函數

令 $\quad \Phi = e^{m\theta}$

特徵方程式 $\quad m = \pm\sqrt{-p}$

(1) $p = 0$ $\quad\quad\quad \Phi(\theta) = c_1\theta + c_2$

$\Phi(\theta)$ 為 $T = 2\pi$ 之週期函數，得 $c_1 = 0$

得特徵值 $\quad\quad p_0 = 0$
特徵函數 $\quad\quad \Phi_0(\theta) = 0$

(2) $p < 0$，取 $p = -\lambda^2$，$\quad \Phi(\theta) = c_1 e^{\lambda\theta} + c_2 e^{-\lambda\theta}$

$\Phi(\theta)$ 為 $T = 2\pi$ 之週期函數，得 $c_1 = c_2 = 0$

(3) $p > 0$，取 $p = \lambda^2$，$\quad \Phi(\theta) = c_1\cos(\lambda\theta) + c_2\sin(\lambda\theta)$

$\Phi(\theta)$ 為 $T = 2\pi$ 之週期函數

得特徵值 $\quad\quad \lambda_n = n$
特徵函數 $\quad\quad \Phi_n(\theta) = c_1\cos(n\theta) + c_2\sin(n\theta)$，$n = 1, 2, \cdots$

4. 再解第二組 $\quad r^2 R'' + rR' - pR = 0$

(1) $p_0 = 0$ $\quad\quad r^2 R'' + rR' = 0$

通解 $\quad\quad R_0(r) = c_1 + c_2\ln r$

(2) $p = n^2$ $\quad\quad r^2 R'' + rR' - n^2 R = 0$

令 $\quad\quad R = r^m$

特徵方程式

$$m(m-1) + m - n^2 = 0$$

或

$$m = n, -n$$

通解 $\quad\quad R_n(r) = c_1 r^n + c_2 r^{-n}$

5. 重疊原理 $u(r,\theta) = c_0 R_0 \Phi_0 + \sum_{n=1}^{\infty} c_n R_n \Phi_n$

代入，得

$$u(r,\theta) = A + B\ln r + \sum_{n=1}^{\infty}\left[\left(A_n r^n + B_n r^{-n}\right)\cos n\theta + \left(C_n r^n + D_n r^{-n}\right)\sin n\theta\right] \quad (11)$$

6. 代入邊界條件，聯立解 A, B, A_n, B_n, C_n, D_n

若為實心圓柱棒，則

(1) $r = 0$，$|u(0,\theta)| < \infty$

因此，上式(11)中，$\ln r$ 與 r^{-n} 在 $r=0$，都是無界值，因此，這些項都不可存在，亦即

$$B=0 \text{，} B_n=0 \text{，} D_n=0$$

代入

$$u(r,\theta)=A+\sum_{n=1}^{\infty}\left[(A_n r^n)\cos n\theta+(C_n r^n)\sin n\theta\right]$$

(2) 邊界條件：$u(R,\theta)=f(\theta)$

代入，得

$$u(R,\theta)=f(\theta)=A+\sum_{n=1}^{\infty}\left[A_n R^n\cos n\theta+C_n R^n\sin n\theta\right]$$

再利用 Fourier 級數係數公式，得

$$A=\frac{1}{2\pi}\int_0^{2\pi}f(\theta)d\theta$$

$$A_n R^n=\frac{1}{\pi}\int_0^{2\pi}f(\theta)\cos(n\theta)d\theta$$

及

$$C_n R^n=\frac{1}{\pi}\int_0^{2\pi}f(\theta)\sin(n\theta)d\theta$$

第六節　拉氏方程之無限二維空洞解

在一無窮大平板中，挖一個半徑為 R 之圓洞，其穩態熱傳問題方程組，如下所示：

已知　$\dfrac{\partial^2 u}{\partial r^2}+\dfrac{1}{r}\dfrac{\partial u}{\partial r}+\dfrac{1}{r^2}\dfrac{\partial^2 u}{\partial \theta^2}=0$，$R<r<\infty$

邊界條件：$u(R,\theta)=f(\theta)$

【分析】 須增加一邊界條件：$r \to \infty$，$u(r,\theta)$為有界。

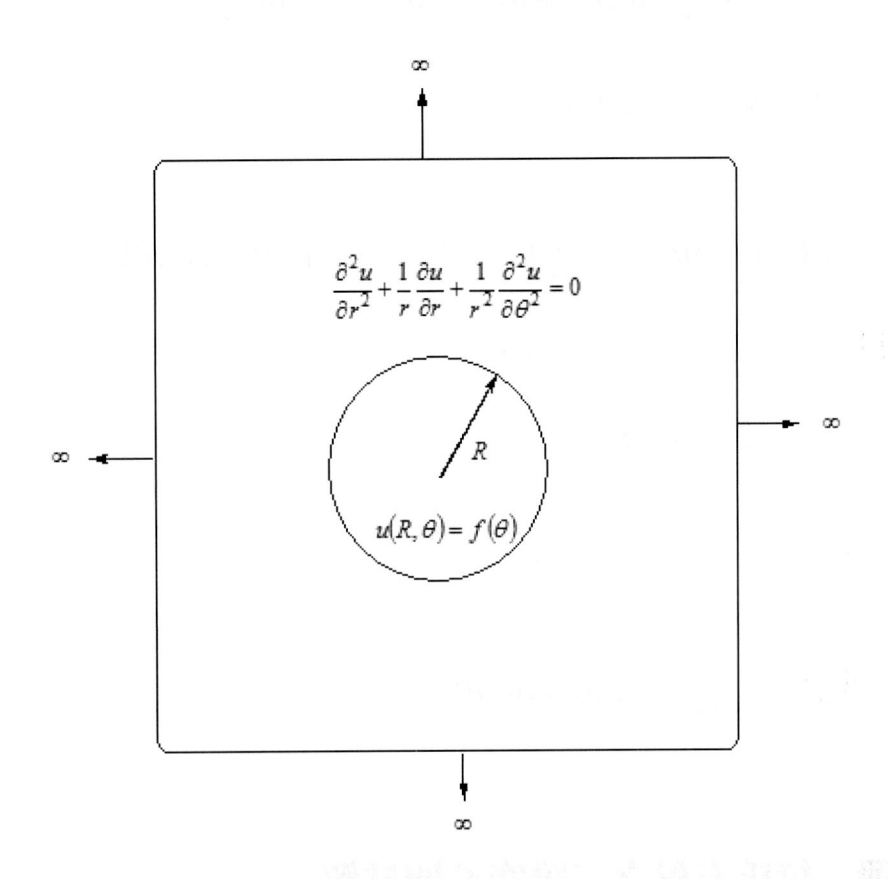

$$\frac{\partial^2 u}{\partial r^2} + \frac{1}{r}\frac{\partial u}{\partial r} + \frac{1}{r^2}\frac{\partial^2 u}{\partial \theta^2} = 0$$

$u(R,\theta) = f(\theta)$

此題通解可直接利用上一節式(11)

即

$$u(r,\theta) = A + B\ln r + \sum_{n=1}^{\infty}\left[(A_n r^n + B_n r^{-n})\cos n\theta + (C_n r^n + D_n r^{-n})\sin n\theta\right]$$

接著，代入第一個邊界條件

(1) $r \to \infty$時，$u(r,\theta)$為有界

因此，上式(11)中，$\ln r$與r^n在$r = \infty$，都是無界值，因此，這些項都不可存在，亦即

$B = 0$，$A_n = 0$，$C_n = 0$

代入

$$u(r,\theta) = A + \sum_{n=1}^{\infty}\left[\left(B_n r^{-n}\right)\cos n\theta + \left(D_n r^{-n}\right)\sin n\theta\right]$$

(2) 邊界條件：$u(R,\theta) = f(\theta)$

代入，得

$$u(R,\theta) = f(\theta) = A + \sum_{n=1}^{\infty}\left[B_n R^{-n}\cos n\theta + D_n R^{-n}\sin n\theta\right]$$

再利用 Fourier 級數係數公式，得

$$A = \frac{1}{2\pi}\int_0^{2\pi} f(\theta)d\theta$$

$$B_n R^{-n} = \frac{1}{\pi}\int_0^{2\pi} f(\theta)\cos(n\theta)d\theta$$

及

$$D_n R^{-n} = \frac{1}{\pi}\int_0^{2\pi} f(\theta)\sin(n\theta)d\theta$$

第七節　拉氏方程之二維空心圓柱解

在一圓柱形板中，挖一個半徑為 R 之圓洞，其穩態熱傳問題方程組，如下所示：

已知　$\dfrac{\partial^2 u}{\partial r^2} + \dfrac{1}{r}\dfrac{\partial u}{\partial r} + \dfrac{1}{r^2}\dfrac{\partial^2 u}{\partial \theta^2} = 0$，$\dfrac{1}{2} < r < 1$

邊界條件：$u(1,\theta) = 0$

$u\left(\dfrac{1}{2},\theta\right) = \cos^2\theta$

$$u(1,\theta) = 0$$

$$r = 1$$

$$r = \frac{1}{2}$$

$$u\left(\frac{1}{2}, \theta\right) = \cos^2\theta$$

$$\frac{\partial^2 u}{\partial r^2} + \frac{1}{r}\frac{\partial u}{\partial r} + \frac{1}{r^2}\frac{\partial^2 u}{\partial \theta^2} = 0$$

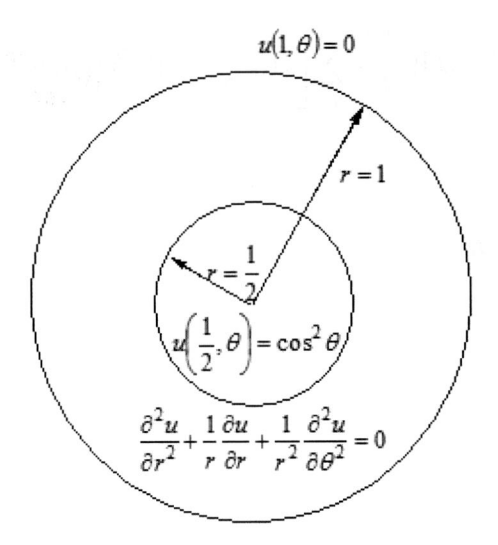

此題通解可直接利用上一節式(11)

即

$$u(r,\theta) = A + B\ln r + \sum_{n=1}^{\infty}\left[(A_n r^n + B_n r^{-n})\cos n\theta + (C_n r^n + D_n r^{-n})\sin n\theta\right]$$

接著，代入第一個邊界條件

(1) $u(1,\theta) = 0$

$$u(1,\theta) = A + \sum_{n=1}^{\infty}\left[(A_n + B_n)\cos n\theta + (C_n + D_n)\sin n\theta\right] = 0$$

得

$$A = 0 \quad , \quad A_n + B_n = 0 \, , \, C_n + D_n = 0$$

或

$$A = 0 \quad , \quad B_n = -A_n \, , \, D_n = -C_n$$

代入

$$u(r,\theta) = B\ln r + \sum_{n=1}^{\infty}\left[A_n(r^n - r^{-n})\cos n\theta + C_n(r^n - r^{-n})\sin n\theta\right]$$

(2) 邊界條件(2)：$u\left(\frac{1}{2}, \theta\right) = \cos^2\theta$

代入，得

$$u\left(\frac{1}{2},\theta\right) = \cos^2\theta = B\ln\frac{1}{2} + \sum_{n=1}^{\infty}\left[A_n\left(\frac{1}{2^n}-2^n\right)\cos n\theta + C_n\left(\frac{1}{2^n}-2^n\right)\sin n\theta\right]$$

得

令 $\cos^2\theta = \dfrac{1}{2} + \dfrac{1}{2}\cos 2\theta$

比較得

(1) $\dfrac{1}{2} = B\ln\dfrac{1}{2}$ 或 $B = -\dfrac{1}{2\ln 2}$

(2) 令 $n = 2$，

$$A_2\left(\frac{1}{2^2}-2^2\right) = \frac{1}{2} \text{ 或 } A_2 = -\frac{2}{15}$$

其餘　　$A_n = 0$，及 $C_n = D_n = 0$，$n = 1,2,3,\cdots$

最後得

$$u(r,\theta) = -\frac{1}{\ln 4}\ln r - \frac{2}{15}(r^2 - r^{-2})\cos 2\theta$$

第八節　拉氏方程之二維半圓形平板解

在一圓柱形板中，挖一個半徑為 R 之圓洞，其穩態熱傳問題方程組，如下所示：

已知　$\dfrac{\partial^2 u}{\partial r^2} + \dfrac{1}{r}\dfrac{\partial u}{\partial r} + \dfrac{1}{r^2}\dfrac{\partial^2 u}{\partial \theta^2} = 0$ ，　$0 < r \leq R$，$0 \leq \theta \leq \pi$

邊界條件：

(1) $u(R,\theta) = f(\theta)$
(2) $u(r,0) = 0$，$u(r,\pi) = 0$

【分析】 須增加一邊界條件：$r \to 0$，$u(r,\theta)$ 為有界。

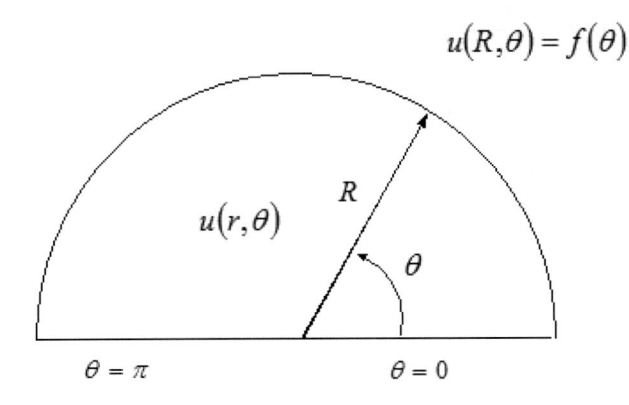

$$u(R,\theta) = f(\theta)$$

1. 令變數分離　　$u(r,\theta) = R(r)\Phi(\theta)$
2. 代入偏微分方程

$$\frac{\partial^2 u}{\partial r^2} + \frac{1}{r}\frac{\partial u}{\partial r} + \frac{1}{r^2}\frac{\partial^2 u}{\partial \theta^2} = 0$$

及

$$u(r,0) = R(r)\Phi(0) = 0$$
$$u(r,\pi) = R(r)\Phi(\pi) = 0$$

得

$$R''(r)\Phi(\theta) + \frac{1}{r}R'(r)\Phi(\theta) + \frac{1}{r^2}R(r)\Phi''(\theta) = 0$$

變數分離，得

$$r^2\frac{R''}{R} + r\frac{R'}{R} = -\frac{\Phi''}{\Phi} = p$$

分成兩組方程組：

(a) $\Phi'' + p\Phi = 0$，$\Phi(0) = 0$，$\Phi(\pi) = 0$

(b) $r^2 R'' + rR' - pR = 0$

3. 先解第一組

$\Phi'' + p\Phi = 0$，$\Phi(0) = 0$，$\Phi(\pi) = 0$

令　$\Phi = e^{m\theta}$

特徵方程式　$m = \pm\sqrt{-p}$

(1) $p = 0$　　　　$\Phi(\theta) = c_1\theta + c_2$

　　$\Phi(0) = 0$，$c_2 = 0$
　　$\Phi(\pi) = 0$，得 $c_1 = 0$

　得零解　　　　$\Phi(\theta) = 0$

(2) $p < 0$，取 $p = -\lambda^2$，$\Phi(\theta) = c_1 e^{\lambda\theta} + c_2 e^{-\lambda\theta}$

　　$\Phi(0) = 0$，$c_2 = -c_1$
　　$\Phi(\pi) = 0$，$\Phi(\pi) = c_1\left(e^{\lambda\pi} - e^{-\lambda\pi}\right) = 0$，
　　得 $c_1 = 0$ 與 $c_2 = 0$

　得零解　　　　$\Phi(\theta) = 0$

(3) $p > 0$，取 $p = \lambda^2$，$\Phi(\theta) = c_1\cos(\lambda\theta) + c_2\sin(\lambda\theta)$

　　$\Phi(0) = 0$，$c_1 = 0$

　　$\Phi(\pi) = 0$，$\Phi(\pi) = c_2\sin(\lambda\pi) = 0$，

　得特徵值　　　$\lambda_n = n$

　特徵函數　　　$\Phi_n(\theta) = \sin(n\theta)$，$n = 1, 2, \cdots$

4. 再解第二組　$r^2 R'' + rR' - pR = 0$

令　$p = n^2$　　　$r^2 R'' + rR' - n^2 R = 0$

令　　　　　　　$R = r^m$

特徵方程式

$$m(m-1) + m - n^2 = 0$$

或

$$m = n, -n$$

　通解　　　　$R_n(r) = c_1 r^n + c_2 r^{-n}$

5. 重疊原理 $u(r,\theta) = c_0 R_0 \Phi_0 + \sum_{n=1}^{\infty} c_n R_n \Phi_n$

代入，得

$$u(r,\theta) = \sum_{n=1}^{\infty} \left[\left(A_n r^n + B_n r^{-n}\right) \sin n\theta \right] \qquad (12)$$

6. 代入邊界條件，聯立解 A_n, B_n

    (1) $r = 0$，$|u(0,\theta)| < \infty$

    因此，上式(11)中，r^{-n} 在 $r = 0$，是無界值，因此，這些項都不可存在，亦即

    $$B_n = 0$$

    代入

    $$u(r,\theta) = \sum_{n=1}^{\infty} \left[A_n r^n \sin n\theta \right]$$

    (2) 邊界條件：$u(R,\theta) = f(\theta)$

    代入，得

    $$u(R,\theta) = f(\theta) = \sum_{n=1}^{\infty} A_n R^n \sin n\theta$$

再利用 Fourier Sine 級數係數公式，得

$$B_n R^n = \frac{2}{\pi} \int_0^{\pi} f(\theta) \sin(n\theta) d\theta$$

第九節　拉氏方程之二維扇形平板解

1. Consider the Laplace's equation in Polar coordinates $\frac{\partial^2 u}{\partial r^2} + \frac{1}{r}\frac{\partial u}{\partial r} + \frac{1}{r^2}\frac{\partial^2 u}{\partial \theta^2} = 0$ Find a solution $u(r,\theta)$ of the Laplace's equation inside a region $r \leq a$，$0 \leq \theta \leq \alpha$ that satisfies the

boundary conditions

$$u(r,0)=0 \;,\; u(r,\alpha)=f(r) \;,\; \frac{\partial u}{\partial r}(1,\theta)=0 \;,\; \frac{\partial u}{\partial r}(2,\theta)=0$$

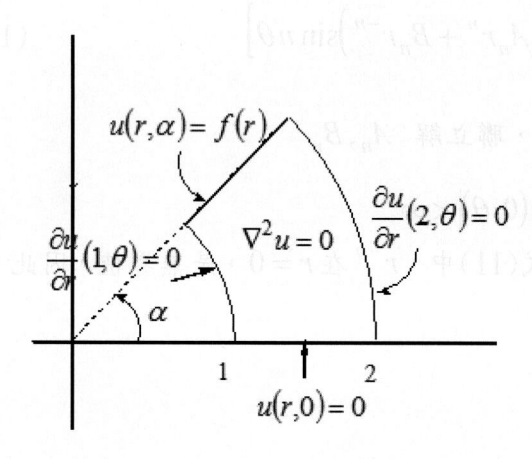

解答：

1. 令變數分離　　　$u(r,\theta)=R(r)\Phi(\theta)$

2. 代入偏微分方程　$\dfrac{\partial^2 u}{\partial r^2}+\dfrac{1}{r}\dfrac{\partial u}{\partial r}+\dfrac{1}{r^2}\dfrac{\partial^2 u}{\partial \theta^2}=0$

$$r^2 \frac{R''}{R}+r\frac{R'}{R}=-\frac{\Phi''}{\Phi}=p$$

分成兩組　　(a) $r^2 R''+rR'-pR=0$，$R'(1)=0$，$R'(2)=0$

(b) $\Phi''+p\Phi=0$，$\Phi(0)=0$

3. 先解第一組　$r^2 R''+rR'-pR=0$，$R'(1)=0$，$R'(2)=0$

(1) $p=0$　　$R(r)=c_1+c_2\ln r$

$R'(r)=c_2\dfrac{1}{r}$

代入　　$R'(1)=0$，得 $c_2=0$

代入　　$R'(2)=0$，得 $c_2=0$

得特徵值　$p_0=0$

特徵函數 $\quad R_0(r) = 1$

(2) $p = \lambda^2 > 0 \quad R(r) = c_1 r^\lambda + c_2 r^{-\lambda}$

$\qquad\qquad\qquad R'(r) = c_1 \lambda r^{\lambda-1} - c_2 \lambda r^{-\lambda-1}$

代入 $\quad R'(1) = 0$，得 $c_2 = c_1$

代入 $\quad R'(2) = c_1 \dfrac{\lambda}{2}\left(2^\lambda - 2^{-\lambda}\right) = 0$，得 $c_2 = c_1 = 0$

得零解 $\quad R(r) = 0$

(3) $p = -\lambda^2 < 0 \quad R(r) = c_1 \cos(\lambda \ln r) + c_2 \sin(\lambda \ln r)$

$\qquad\qquad\qquad R'(r) = -c_1 \dfrac{\lambda}{r} \sin(\lambda \ln r) + c_2 \dfrac{\lambda}{r} \cos(\lambda \ln r)$

代入 $\quad R'(1) = c_2 \lambda = 0$，得 $c_2 = 0$

代入 $\quad R'(r) = -c_1 \dfrac{\lambda}{2} \sin(\lambda \ln 2) = 0$，得

得特徵值 $\quad \lambda \ln 2 = n\pi$，$\lambda_n = \dfrac{n\pi}{\ln 2}$

特徵函數 $\quad R_n(r) = c_1 \cos\left(\dfrac{n\pi}{\ln 2} \ln r\right)$，$n = 1, 2, \cdots$

4. 再解第二組 $\quad \Phi'' + p\Phi = 0$，$\Phi(0) = 0$

(1) $p_0 = 0 \qquad \Phi'' = 0$

通解 $\quad \Phi(\theta) = c_1 + c_2 \theta$

代入 $\quad \Phi(0) = 0 = c_1$

得解 $\quad \Phi_0(\theta) = 1$

(2) $p = -\lambda^2 = -\left(\dfrac{n\pi}{\ln 2}\right)^2 \quad \Phi'' - \left(\dfrac{n\pi}{\ln 2}\right)^2 \Phi = 0$

通解 $\quad \Phi(\theta) = c_1 \cosh\left(\dfrac{n\pi}{\ln 2}\theta\right) + c_2 \sinh\left(\dfrac{n\pi}{\ln 2}\theta\right)$

代入 $\quad \Phi(0) = c_1 = 0$

得解 $\quad \Phi_n(\theta) = \sinh\left(\dfrac{n\pi}{\ln 2}\theta\right)$

5. 重疊原理

$$u(r,\theta) = A_0\theta + \sum_{n=1}^{\infty} A_n \sinh\left(\frac{n\pi}{\ln 2}\theta\right)\cos\left(\frac{n\pi}{\ln 2}\ln r\right)$$

6. 代入邊界條件，$u(r,\alpha) = f(r)$

得 $$u(r,\alpha) = f(r) = A_0\alpha + \sum_{n=1}^{\infty} A_n \sinh\left(\frac{n\pi}{\ln 2}\alpha\right)\cos\left(\frac{n\pi}{\ln 2}\ln r\right)$$

【分析】

$\cos\left(\frac{n\pi}{\ln 2}\ln r\right)$ 之正交性如下：

微分方程　　$r^2 R'' + rR' - \lambda R = 0$

化成 Sturm-Liouville 標準式：

$$rR'' + R' - \frac{\lambda}{r}R = 0$$

或

$$\frac{d}{dr}(rR') - \frac{\lambda}{r}R = 0$$

得 Weighting function 為 $W(r) = \frac{1}{r}$

正交式　$\int_1^2 W(r)R_n(r)R_m(r)dr \begin{cases} = 0; & n \neq m \\ \neq 0; & n = m \end{cases}$

或

$$\int_1^2 \frac{1}{r}\cos\left(\frac{n\pi}{\ln 2}\ln r\right)\cos\left(\frac{m\pi}{\ln 2}\ln r\right)dr \begin{cases} = 0; & n \neq m \\ \neq 0; & n = m \end{cases}$$

(1) $\int_1^2 \frac{1}{r}(\quad)dr$

$$\int_1^2 \frac{1}{r} f(r) dr = A_0 \alpha \int_1^2 \frac{1}{r} dr + \sum_{n=1}^{\infty} A_n \sinh\left(\frac{n\pi}{\ln 2}\alpha\right) \int_1^2 \frac{1}{r} \cos\left(\frac{n\pi}{\ln 2}\ln r\right) dr$$

積分得

$$\int_1^2 \frac{1}{r} f(r) dr = A_0 \alpha \ln 2$$

或

$$A_0 = \frac{1}{\alpha \ln 2} \int_1^2 \frac{1}{r} f(r) dr$$

(2) $\int_1^2 \frac{1}{r} (\ ) \cos\left(\frac{m\pi}{\ln 2}\ln r\right) dr$

$$\int_1^2 \frac{1}{r} f(r) \cos\left(\frac{m\pi}{\ln 2}\ln r\right) dr = A_0 \alpha \int_1^2 \frac{1}{r} \cos\left(\frac{m\pi}{\ln 2}\ln r\right) dr$$
$$+ \sum_{n=1}^{\infty} A_n \sinh\left(\frac{n\pi}{\ln 2}\alpha\right) \int_1^2 \frac{1}{r} \cos\left(\frac{n\pi}{\ln 2}\ln r\right) \cos\left(\frac{m\pi}{\ln 2}\ln r\right) dr$$

積分得

$$\int_1^2 \frac{1}{r} f(r) \cos\left(\frac{m\pi}{\ln 2}\ln r\right) dr = A_n \sinh\left(\frac{m\pi}{\ln 2}\alpha\right) \int_1^2 \frac{1}{r} \cos^2\left(\frac{m\pi}{\ln 2}\ln r\right) dr$$

或

$$A_n = \frac{1}{\sinh\left(\frac{n\pi}{\ln 2}\alpha\right)} \frac{\int_1^2 \frac{1}{r} f(r) \cos\left(\frac{m\pi}{\ln 2}\ln r\right) dr}{\int_1^2 \frac{1}{r} \cos^2\left(\frac{n\pi}{\ln 2}\ln r\right) dr}$$

代入積分 $\quad \int_1^2 \frac{1}{r} \cos^2\left(\frac{n\pi}{\ln 2}\ln r\right) dr = \frac{\ln 2}{n\pi} \int_0^{n\pi} \cos^2(u) du = \frac{\ln 2}{2}$

$$A_n = \frac{2}{\sinh\left(\frac{n\pi}{\ln 2}\alpha\right) \ln 2} \int_1^2 \frac{1}{r} f(r) \cos\left(\frac{n\pi}{\ln 2}\ln r\right) dr$$

考題集錦

1. Solve the boundary value problem

   $\dfrac{\partial^2 u}{\partial x^2}+\dfrac{\partial^2 u}{\partial y^2}=0$，$u(0,y)=0$，$u(a,y)=0$，$u(x,b)=0$ 及 $u(x,0)=f(x)$

   中央電機所電波組、台科大自動化

2. Given a rectangular region as seen in the following figure, find the solution for Laplace equation $\nabla^2 T(x,y,z)=0$ subject to the boundary conditions $T(0,y)=0$，$T(a,y)=T_0$，$0<y<b$ and $T(x,0)=0$，$T(x,b)=0$，$0<x<a$?

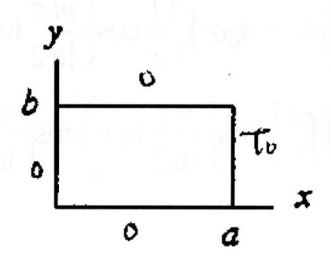

   中興應數應用數學甲

3. (15%) Consider the region enclosed on the three sides by the grounded conducting planes in fig. The end plate on the right has a potential $\phi=V_0\sin\dfrac{3\pi}{b}y$. All plane are assumed to be infinite in extent in the z-direction. Find the potential distribution within the region.

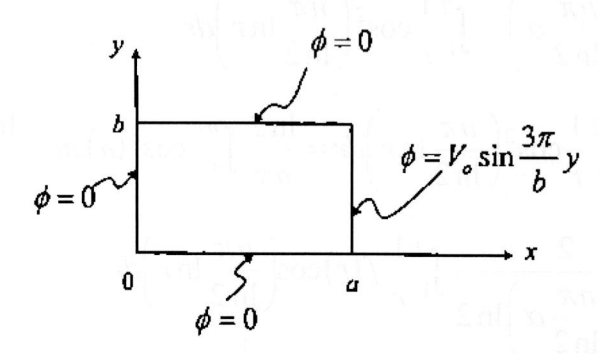

   中興機械所

4. Solve the partial differential equation(20%)

$$\frac{\partial^2 \phi}{\partial x^2} + \frac{\partial^2 \phi}{\partial y^2} = 0$$

$$\phi(0,y) = 0 \text{ , } \phi(a,y) = \sin\left(\frac{5\pi y}{b}\right)$$

$$\phi(x,0) = 0 \text{ , } \phi(x,b) = \sin\left(\frac{3\pi x}{a}\right)$$

台大工科與海洋所 F

5. (15%) The following eigen value problem is given as $\nabla^2 \phi = 0$, in the domain $0 \le x \le \pi$, $-h \le y \le 0$, where h is positive constant, with the boundary conditions:

$$\frac{\partial \phi}{\partial x} = 0 \text{ ; for } x = 0, -h \le y \le 0 \text{ ; } x = \pi, -h \le y \le 0$$

$$\frac{\partial \phi}{\partial y} = 0 \text{ ; for } 0 \le x \le \pi, y = -h$$

$$\frac{\partial \phi}{\partial y} = \lambda \phi \text{ ; for } 0 \le x \le \pi, y = 0$$

(1) Find all the eigen values λ_n and corresponding eigen function ϕ_n in terms of h

(2) Find λ_n in the limits $h \to 0$, and also $h \to \infty$

成大微機電所

6. (15%) A vertical cross section of a long high wall 30 cm thick has the shape of the semi-infinite strip $0 < x < 30$, $y > 0$. The face $x = 0$ is held at temperature zero, while the face $x = 30$ is insulted. Given temperature $u(x,0) = 25$. Find the steady state temperature within the wall.

交大電信所

7. By using the method of separation of variables, solve the following 2-D Laplace equation in polar coordinates:

$$\frac{\partial^2 u}{\partial r^2} + \frac{1}{r}\frac{\partial u}{\partial r} + \frac{1}{r^2}\frac{\partial^2 u}{\partial \theta^2} = 0, \quad 0 < r \leq R, \quad 0 \leq \theta \leq 2\pi$$

subject to the boundary condition $u(R,\theta) = 1 - \cos^2 \theta$ (10%)

台大 B 機械所

8. $\dfrac{\partial^2 u}{\partial r^2} + \dfrac{1}{r}\dfrac{\partial u}{\partial r} + \dfrac{1}{r^2}\dfrac{\partial^2 u}{\partial \theta^2} = 0, \quad 0 < r \leq c, \quad 0 \leq \theta \leq \pi$

$$u(c,\theta) = u_0, \quad u(r,0) = u(r,\pi) = 0, \quad u(0,\theta) < \infty \quad (15\%)$$

台科大電子所、北科大光電所

9. Consider the Laplace's equation in Polar coordinates $\dfrac{\partial^2 u}{\partial r^2} + \dfrac{1}{r}\dfrac{\partial u}{\partial r} + \dfrac{1}{r^2}\dfrac{\partial^2 u}{\partial \theta^2} = 0$ Find a solution $u(r,\theta)$ of the Laplace's equation inside a region $r \leq a$, $0 \leq \theta \leq \alpha$ that satisfies the boundary conditions

$$u(r,0) = 0, \quad u(r,\alpha) = f(r), \quad \frac{\partial u}{\partial r}(1,\theta) = 0, \quad \frac{\partial u}{\partial r}(2,\theta) = 0$$

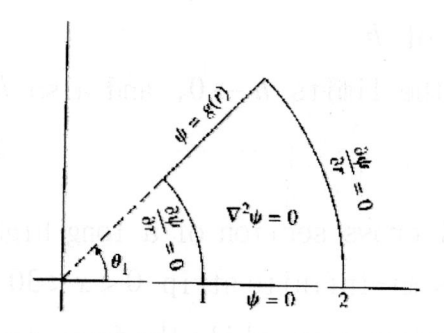

10. Solve the boundary value problem

$$\frac{\partial^2 \phi}{\partial x^2} + \frac{\partial^2 \phi}{\partial y^2} = -2, \quad X \in \Omega; \quad \phi(X) = 0, \quad X \in \partial\Omega$$

where Ω is a circle centered at the point X_0 with radius R . i. e.

$\Omega : |X - X_0| \leq R$, $\partial \Omega : |X - X_0| = R$

Express $\phi(X)$ in terms of X, X_0, R

成大土木所甲

where Ω is a circle centered at the point X_0 with radius R, i.e.,

$$\Omega : |X - X_0| \leq R ; \partial\Omega : |X - X_0| = R$$

Express $\phi(X)$ in terms of X, X_0, R.

第十五章
波動方程式

第一節　波動邊界值問題

已知一維細弦之波動方程式，通式為

$$\frac{\partial^2 u}{\partial t^2} = \frac{T}{\rho(x)}\frac{\partial^2 u}{\partial x^2} + F(x,t)$$

上式欲得到解函數必須有二個邊界條件（與 x 有關）以及二個初始條件（與 t 有關）

一、常見的邊界條件有：

(1) 二端為固定端：

   $u(0,t) = 0$，$u(l,t) = 0$

(2) 二端為自由端

   $u_x(0,t) = 0$，$u_x(l,t) = 0$

(3) 一端為自由端，另一端為固定端

   $u(0,t) = 0$，$u_x(l,t) = 0$

或

   $u_x(0,t) = 0$，$u(l,t) = 0$

(4) 不同高度之固定端（非齊性）之邊界條件

   $u(0,t) = u_1$，$u(l,t) = u_2$

（5）振動端（隨時間而變的端點）邊界條件

$$u(0,t) = f_1(t)，u(l,t) = f_2(t)$$

（6）一端為固定端之半無窮長：

$$u(0,t) = 0 \text{ 及 } \lim_{x \to \infty} u(l,t) \text{ 存在（有界）}$$

（7）一端為自由端之半無窮長：

$$u_x(0,t) = 0 \text{ 及 } \lim_{x \to \infty} u(l,t) \text{ 存在（有界）}$$

（8）全無窮長

$$\lim_{x \to -\infty} u(x,t) \text{ 存在}，\lim_{x \to \infty} u(x,t) \text{ 存在}$$

二、所需的二個初始條件為：

1. 初始位移(Initial Displacement)：

$$u(x,0) = f(x)$$

2. 初始速度(Initial Velocity)

$$u_t(x,0) = g(x)$$

第二節　兩端固定端之波動問題

　　一根細弦，其兩端固定，細弦上之波動問題，其數學模式方程組，如下所示：

偏微分方程式：

$$\frac{\partial^2 u}{\partial x^2} = \frac{1}{a^2}\frac{\partial^2 u}{\partial t^2}，\quad 0 < x < l，\quad t > 0$$

邊界條件：$u(0,t) = u(a,t) = 0$

初始條件：

$u(x,0) = f(x)$，$\dfrac{\partial u}{\partial t}(x,0) = g(x)$，其中 $f(x)$，$g(x)$ 為已知函數，a 為常數。

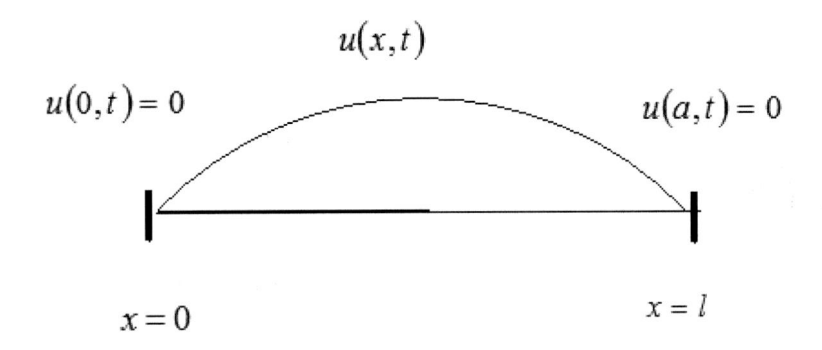

$u(x,t)$

$u(0,t) = 0$ $u(a,t) = 0$

$x = 0$ $x = l$

1. 假設垂直振幅函數 $u(x,t)$ 為變數可分離，即令

   $u(x,t) = X(x)T(t)$

2. 代入原偏微分方程：$\dfrac{\partial^2 u}{\partial x^2} = \dfrac{1}{a^2}\dfrac{\partial^2 u}{\partial t^2}$，得

   $$X''(x)T(t) = \dfrac{1}{a^2} X(x)T''(t)$$

   兩邊同除 $X(x)T(t)$，變數分離後得

   $$\dfrac{X''(x)}{X(x)} = \dfrac{1}{a^2}\dfrac{T''(t)}{T(t)}$$

   上式兩邊會同時等於任意常數，即令

   $$\dfrac{X''(x)}{X(x)} = \dfrac{1}{a^2}\dfrac{T''(t)}{T(t)} = p，p\ \text{為一任意常數。}$$

   則可分成兩組常微分方程，如下：

(a) $X'' - pX = 0$

(b) $T'' - a^2 pT = 0$

同樣，將 $u(x,t) = X(x)T(t)$ 代入邊界條件中，得

$u(0,t) = X(0)T(t) = 0$，因 $T(t)$ 為 t 之函數，即 $T(t) \neq 0$，亦即 $X(0) = 0$

同理

$u(l,t) = X(l)T(t) = 0$，因 $T(t)$ 為 t 之函數，$T(t) \neq 0$，亦即 $X(l) = 0$

綜合得兩組常微分方程組，如下：

(a) $X'' - pX = 0$ 及 邊界條件 $X(0) = 0$，$X(l) = 0$
(b) $T'' - a^2 pT = 0$

3. 先解第一組常微分方程：

$X'' - pX = 0$ 及 邊界條件：$X(0) = 0$，$X(l) = 0$

令 $X = e^{mx}$，代入得

$$e^{mx}(m^2 - p) = 0$$

或 $m = \pm\sqrt{p}$

(i) 令 $p = 0$ 得通解 $X(x) = c_1 x + c_2$

代入邊界條件：$X(0) = 0$ 得 $X(0) = c_2 = 0$

代入邊界條件：$X(l) = 0$ 得 $X(l) = c_1 l = 0$ 或 $c_1 = 0$

得零解 $X(x) = 0$。

(ii) 令 $p > 0$ ，（取 $p = \lambda^2$ 及 $\lambda > 0$），得通解 $X(x) = c_1 e^{\lambda x} + c_2 e^{-\lambda x}$

代入邊界條件(1)：$X(0) = 0$ 得

$X(0) = c_2 + c_1 = 0$ 或 $c_2 = -c_1$

代入邊界條件(2)：$X(l) = 0$ 得

$$X(l) = c_1\left(e^{\lambda l} - e^{-\lambda l}\right) = 0 \text{，得 } c_1 = c_2 = 0$$

得零解 $X(x) = 0$。

(iii) 令 $p < 0$ ，(取 $p = -\lambda^2$ 及 $\lambda > 0$)，得通解

$$X(x) = c_1 \cos \lambda x + c_2 \sin \lambda x$$

代入邊界條件(1)： $X(0) = 0$ 　　得 $X(0) = c_1 = 0$

代入邊界條件(2)： $X(l) = 0$ 　　得 $X(l) = c_2 \sin \lambda l = 0$

其中 c_2 為常數，故取 $\sin \lambda l = 0$

得 $\lambda l = n\pi$，或特徵值 $\lambda_n = \dfrac{n\pi}{l}$ ， $n = 1, 2, \cdots$

特徵函數： $X_n(x) = \sin \lambda_n x = \sin\left(\dfrac{n\pi}{l}x\right)$ ， $n = 1, 2, \cdots$

4. 再解第二組 方程組： $T'' - a^2 pT = 0$

因為要求非零特徵函數 $u(x,t)$，因此若 $X(x) = 0$，則 $u(x,t) = 0$，為零解。因此只需討論非零解 $X_n(x)$ 時之非零解 $T_n(t)$ 即可。

因此取特徵值 $p = -\lambda_n^2 = -\left(\dfrac{n\pi}{l}\right)^2$ 代入 　　得

$$T'' + \left(\dfrac{an\pi}{l}\right)^2 T = 0$$

得解 $T_n(t) = c_1 \cos\left(\dfrac{an\pi}{l}t\right) + c_2 \sin\left(\dfrac{an\pi}{l}t\right)$ ， $n = 1, 2, \cdots$

5. 再利用線性重疊原理（Superposition Principle）將上面求得之無限多個非零特徵函數線性組合成一無窮級數，亦即

$$u(x,t) = \sum_{n=1}^{\infty}\left[c_n \cos\left(\dfrac{an\pi}{l}t\right) + k_n \sin\left(\dfrac{an\pi}{l}t\right)\right]\sin\left(\dfrac{n\pi x}{l}\right)$$

6. 代入初始條件(1)： $u(x,0) = f(x)$

代入得

$$u(x,0) = f(x) = \sum_{n=1}^{\infty} c_n \sin\left(\frac{n\pi x}{l}\right)$$

利用 Fourier 級數展開公式，得

$$c_n = \frac{2}{l} \int_0^l f(x) \sin\left(\frac{n\pi x}{l}\right) dx$$

代入初始條件(2)： $u_t(x,0) = g(x)$

代入得

$$u_t(x,0) = g(x) = \sum_{n=1}^{\infty} k_n \frac{an\pi}{l} \sin\left(\frac{n\pi x}{l}\right)$$

利用 Fourier 級數展開公式，得

$$k_n = \frac{2}{an\pi} \int_0^l g(x) \sin\left(\frac{n\pi x}{l}\right) dx$$

範例 01：

(17%) Solve the following partial differential equation $u(x,t)$

$$a^2 \frac{\partial^2 u}{\partial x^2} = \frac{\partial^2 u}{\partial t^2}, \quad 0 < x < L, \; t > 0$$

with boundary conditions： $u(0,t) = u(L,t) = 0$

initial conditions： $u(x,0) = \sin\left(\frac{2\pi}{L} x\right)$, $\frac{\partial}{\partial t} u(x,0) = 0$ where L and a are coefficients.

交大機械丁、交大聲音與音樂創意碩甲工數

解答：

已知兩端固定端之細弦振動,其解為

$$u(x,t) = \sum_{n=1}^{\infty} \left[c_n \cos\left(\frac{an\pi}{L}t\right) + k_n \sin\left(\frac{an\pi}{L}t\right) \right] \sin\left(\frac{n\pi x}{L}\right)$$

1. 代入初始條件(1): $u(x,0) = \sin\left(\frac{2\pi}{L}x\right)$

   代入得

   $$u(x,0) = \sin\left(\frac{2\pi}{L}x\right) = \sum_{n=1}^{\infty} c_n \sin\left(\frac{n\pi x}{L}\right)$$

   得 $n = 2$,$c_2 = 1$; 其餘 $c_n = 0$,$n \neq 2$

   再代入初始條件(2): $u_t(x,0) = 0$

   代入得

   $$u_t(x,0) = 0 = \sum_{n=1}^{\infty} k_n \frac{cn\pi}{L} \sin\left(\frac{n\pi x}{L}\right)$$

   得 $k_n = 0$

最後得特解

$$u(x,t) = \cos\left(\frac{2a\pi}{L}t\right) \sin\left(\frac{2\pi x}{L}\right)$$

第三節　穩態負載下之細弦波動問題

若一維波動問題,其波動方程式通式為:

$$\frac{\partial^2 u}{\partial x^2} = \frac{1}{a^2} \frac{\partial^2 u}{\partial t^2} + f(x)$$

上式稱為非齊性偏微分方程式（Nonhomogeneous Partial Differential Equation），其中 $F(x)$ 表穩態負載，如樓板上之固定傢俱負載

若給定之邊界條件為非齊性邊界條件如下：

$$u(0,t) = u_0 \text{ 及 } u(l,t) = u_1$$：表固定端之不同高度位置之邊界條件

或

$$u_x(0,t) = u_0 \text{ 及 } u_x(l,t) = u_1$$：表自由端之受不同力或力矩之邊界條件

初始條件，如下：

$$u(x,0) = f(x) \text{ 及 } u_t(x,0) = g(x)$$

則稱上述波動邊界值問題為非齊性波動邊界值問題。

根據上述非齊性偏微分方程式之通解特性知，通解有兩部分解存在，即齊性解 $u_h(x,t)$ 與非齊性解 $u_p(x)$。

因此，可假設位移分布函數由暫態解部分 $w(x,t)$ 與穩態解部分 $v(x)$ 組成，如：

$$u(x,t) = v(x) + w(x,t) = v(x) + X(x)T(t)$$

代回非齊性波動邊界值問題中，可得兩組微分方程組，可分開求解。

綜合整理，本節之數學模式如下：

偏微分方程

$$\frac{1}{a^2}\frac{\partial^2 u}{\partial t^2} = \frac{\partial^2 u}{\partial x^2} + F(x), \quad 0 < x < l, \quad t > 0$$

滿足邊界條件：

$$u(0,t) = u_1$$
$$u(l,t) = u_2$$

初始條件：

$$u(x,0) = f(x), \quad 0 < x < l$$

$$u_t(x,0) = g(x), \quad 0 < x < l$$

變數分離法求解過程如下：

1. 假設細弦振幅函數 $u(x,t)$，具有下列變數分離形式，即令

$$u(x,t) = v(x) + w(x,t)$$

其中 $v(x)$ 表非齊性解部分，$w(x,t)$ 表齊性解部分。

2. 代入原偏微分方程，$\dfrac{1}{a^2}\dfrac{\partial^2 u}{\partial t^2} = \dfrac{\partial^2 u}{\partial x^2} + F(x)$，得

$$\frac{1}{a^2}\frac{\partial^2 w}{\partial t^2} = \frac{\partial^2 w}{\partial x^2} + \frac{d^2 v}{dx^2} + F(x)$$

分成兩組為分方程：

$$(\text{i})\ \frac{1}{a^2}\frac{\partial^2 w}{\partial t^2} = \frac{\partial^2 w}{\partial x^2} \quad \text{及}(\text{ii})\ \frac{d^2 v}{dx^2} + F(x) = 0$$

也將 $u(x,t) = v(x) + w(x,t)$ 代入邊界條件中，得

$$u(0,t) = v(0) + w(0,t) = u_1 \qquad (1)$$

及

$$u(l,t) = v(l) + w(l,t) = u_2 \qquad (2)$$

因假設項中 $v(x)$ 為穩態解或非齊性解部分，其不含變數 t，故分別取式(1) 中邊界條件如下：

$$v(0) = u_1, \quad w(0,t) = 0$$

及取式(2) 中邊界條件如下：

$$v(l) = u_2, \quad w(l,t) = 0$$

綜合得兩組微分方程組，如下：

(a) $\dfrac{1}{a^2}\dfrac{\partial^2 w}{\partial t^2}=\dfrac{\partial^2 w}{\partial x^2}$ 及邊界條件 $w(0,t)=0$，$w(l,t)=0$

(b) $\dfrac{d^2 v}{dx^2}=F(x)$ 及邊界條件 $v(0)=u_1$，$v(l)=u_2$

3. 先解第一組，其統制微分方程式如下

$$\dfrac{1}{a^2}\dfrac{\partial^2 w}{\partial t^2}=\dfrac{\partial^2 w}{\partial x^2}$$

邊界條件 $w(0,t)=0$，$w(l,t)=0$

此部分解同上一節結果。

(1) 假設函數 $w(x,t)$ 為變數分離，即令

$$w(x,t)=X(x)T(t)$$

(2) 代入原偏微分方程，$\dfrac{1}{a^2}\dfrac{\partial^2 w}{\partial t^2}=\dfrac{\partial^2 w}{\partial x^2}$

則可分成兩組常微分方程，如下：

(i) $X''-pX=0$ 及邊界條件：$X(0)=0$，$X(l)=0$

(ii) $T''-a^2 pT=0$

(3) 先解第一組，即微分方程：

$$X''-pX=0 \text{ 及 邊界條件：} X(0)=0 \text{，} X(l)=0$$

(i) 令 $p=0$ 得通解 $X(x)=c_1 x+c_2$

代入邊界條件： $X(0)=0$ 得 $X(0)=c_2=0$
代入邊界條件： $X(l)=0$ 得 $X(l)=c_1 l=0$ 或 $c_1=0$
得零解 $X(x)=0$。

(ii) 令 $p>0$，（取 $p=\lambda^2$ 及 $\lambda>0$），得通解 $X(x)=c_1 e^{\lambda x}+c_2 e^{-\lambda x}$

代入邊界條件：$X(0)=0$ 得

$$X(0)=c_2+c_1=0 \text{ 或 } c_2=-c_1$$

代入邊界條件：$X(l)=0$ 得

$$X(l)=\lambda c_1\left(e^{\lambda l}-e^{-\lambda l}\right)=0 \text{ 或 } c_1=c_2=0$$

得零解 $X(x)=0$。

（iii）令 $p<0$，（取 $p=-\lambda^2$ 及 $\lambda>0$），得通解

$$X(x)=c_1\cos\lambda x+c_2\sin\lambda x$$

代入邊界條件：$X(0)=0$ 得 $X(0)=c_1=0$
代入邊界條件：$X(l)=0$ 得 $X(l)=c_2\sin\lambda l=0$
其中 c_2 為常數，故需 $\sin\lambda l=0$

得 $\lambda l=n\pi$，或特徵值 $\lambda_n=\dfrac{n\pi}{l}$，$n=1,2,\cdots$

特徵函數：$X_n(x)=\sin\lambda_n x=\sin\left(\dfrac{n\pi}{l}x\right)$，$n=1,2,\cdots$

(4) 再解第二組 方程組：$T''-a^2pT=0$

令特徵值 $p=-\lambda_n^2=-\left(\dfrac{n\pi}{l}\right)^2$ 代入 得

$$T''+\left(\dfrac{an\pi}{l}\right)^2 T=0$$

得解 $T_n(t)=c_1\cos\left(\dfrac{an\pi}{l}t\right)+c_2\sin\left(\dfrac{an\pi}{l}t\right)$，$n=1,2,\cdots$

(5) 再利用線性重疊原理（Superposition Principle）將上面求得之無限多個非零特徵函數線性組合成一無窮級數，亦即

$$w(x,t)=\sum_{n=1}^{\infty}\left[c_n\cos\left(\frac{an\pi}{l}t\right)+k_n\sin\left(\frac{an\pi}{l}t\right)\right]\sin\left(\frac{n\pi x}{l}\right)$$

2. 再解第二組 方程組： $\dfrac{d^2v}{dx^2}=-F(x)$ 及邊界條件 $v(0)=0$，$v(l)=0$

先求通解 $\quad v(x)=c_1x+c_2-\dfrac{1}{D^2}F(x)=c_1x+c_2-\iint F(x)dxdx$

代入邊界條件 $\quad v(0)=u_1$ 及 $\quad v(l)=u_2$

得解 $v(x)$

3. 再代回原振幅函數 $u(x,t)=v(x)+w(x,t)$，亦即

$$u(x,t)=v(x)+\sum_{n=1}^{\infty}\left[c_n\cos\left(\frac{an\pi}{l}t\right)+k_n\sin\left(\frac{an\pi}{l}t\right)\right]\sin\left(\frac{n\pi x}{l}\right)$$

4. 代入初始條件： $\quad u(x,0)=f(x)$

代入得

$$u(x,0)=f(x)=v(x)+\sum_{n=1}^{\infty}c_n\sin\left(\frac{n\pi x}{l}\right)$$

利用 Fourier 級數展開公式，得

$$c_n=\frac{2}{l}\int_0^l[f(x)-v(x)]\sin\left(\frac{n\pi x}{l}\right)dx$$

代入初始條件： $\quad u_t(x,0)=g(x)$

代入得

$$u_t(x,0)=g(x)=\sum_{n=1}^{\infty}k_n\frac{an\pi}{l}\sin\left(\frac{n\pi x}{l}\right)$$

利用 Fourier 級數展開公式，得

$$k_n = \frac{2}{an\pi} \int_0^l g(x)\sin\left(\frac{n\pi x}{l}\right)dx$$

範例 02： 自重負載

(20%) Solve $\dfrac{\partial^2 u}{\partial t^2} = c^2 \dfrac{\partial^2 u}{\partial x^2} - g$

(1) Interpret the physical meaning of this equation
(2) Solve the equation subjected to the following boundary and initial condition：
$u(0,t) = 0$, $u(L,t) = 0$
$u(x,0) = f(x)$
$u_t(x,0) = g(x)$, $0 < x < L$
(2) Discuss the eigenvalues and eigenfunction in the problem(2)

中興土木所丙組

解答

已知偏微分方程 $\dfrac{\partial^2 u}{\partial t^2} = c^2 \dfrac{\partial^2 u}{\partial x^2} - g$

1. 表示一細弦在考慮自重之情況下之振動。
2. 假設細弦振幅函數，令 $u(x,t) = v(x) + w(x,t)$
3. 代入原式：

$$\frac{\partial^2 w}{\partial t^2} = c^2 \frac{\partial^2 w}{\partial x^2} + c^2 \frac{d^2 v}{dx^2} - g$$

分成兩組微分方程：

(i) $\dfrac{\partial^2 w}{\partial t^2} = c^2 \dfrac{\partial^2 w}{\partial x^2}$ 及 (ii) $c^2 \dfrac{d^2 v}{dx^2} = g$

其中 $w(x,t)$ 為齊性解部分，同上一節之解法，得

$$w(x,t) = \sum_{n=1}^{\infty}\left[c_n \cos\left(\frac{cn\pi}{L}t\right) + k_n \sin\left(\frac{cn\pi}{L}t\right)\right]\sin\left(\frac{n\pi x}{L}\right)$$

及 $v(x)$ 表非齊性解部分，其統制方程式與邊界條件，如下方程組：

$$\frac{d^2v}{dx^2} = \frac{g}{c^2}$$

邊界條件 $v(0) = 0$，$v(L) = 0$

先求通解，積分兩次，得

$$v = \frac{g}{2c^2}x^2 + c_1 x + c_2$$

代入邊界條件

$$v(0) = 0 = c_2$$

及 $\quad \dfrac{g}{2c^2}L^2 + c_1 L = 0$，$c_1 = -\dfrac{g}{2c^2}L$

得解 $v(x) = \dfrac{g}{2c^2}x(x-L)$

4. 代回上式，$u(x,t) = v(x) + w(x,t)$，亦即

$$u(x,t) = \frac{g}{2c^2}x(x-L) + \sum_{n=1}^{\infty}\left[c_n \cos\left(\frac{cn\pi}{L}t\right) + k_n \sin\left(\frac{cn\pi}{L}t\right)\right]\sin\left(\frac{n\pi x}{L}\right)$$

5. 代入初始條件： $u(x,0) = f(x)$

代入得

$$u(x,0) = f(x) = \frac{g}{2c^2}x(x-L) + \sum_{n=1}^{\infty}c_n \sin\left(\frac{n\pi}{L}x\right)$$

利用 Fourier 級數展開公式，得

$$c_n = \frac{2}{L}\int_0^L \left[f(x) - \frac{g}{2c^2}x(x-L)\right]\sin\left(\frac{n\pi x}{L}\right)dx$$

代入初始條件：　　$u_t(x,0) = g(x)$

代入得

$$u_t(x,0) = g(x) = \sum_{n=1}^{\infty} k_n \frac{cn\pi}{L}\sin\left(\frac{n\pi x}{L}\right)$$

利用 Fourier 級數展開公式，得

$$k_n = \frac{2}{cn\pi}\int_0^L g(x)\sin\left(\frac{n\pi x}{L}\right)dx$$

(3) 特徵值，$\lambda_n = \dfrac{n\pi}{L}$，即為細弦之固有頻率，特徵值，$\sin\left(\dfrac{n\pi x}{L}\right)$，即為細弦之振動模態。

第四節　外力作用下細弦振動

當一細弦上承受有一暫態外力作用時，$F(x,t)$，如風吹力等，此時，細弦波動之數學模式方程組及邊界條件，如下例：

範例 03：　移動負載

Solve　$\dfrac{\partial^2 u}{\partial t^2} = a^2 \dfrac{\partial^2 u}{\partial x^2} + F(x,t)$,　$0 < x < l$,　$t > 0$

滿足邊界條件 $u(0,t) = 0$,　$u(l,t) = 0$

及初始條件 $u(x,0) = f(x)$,　$u_t(x,0) = g(x)$, $0 < x < l$

交大機械所

解答：
1. 假設細弦振幅函數 $u(x,t)$ 由齊性解 $u_h(x,t) = w(x,t)$ 與非齊性解部分

$u_p(x,t) = v(x,t)$ 組成，即令

$$u(x,t) = v(x,t) + w(x,t)$$

2. 代入原偏微分方程，$\dfrac{\partial^2 u}{\partial t^2} = a^2 \dfrac{\partial^2 u}{\partial x^2} + F(x,t)$，得

$$\frac{\partial^2 w}{\partial t^2} + \frac{\partial^2 v}{\partial t^2} = a^2 \left(\frac{\partial^2 w}{\partial x^2} + \frac{\partial^2 v}{\partial x^2} \right) + F(x,t)$$

分成兩組微分方程：

（i）$\dfrac{\partial^2 w}{\partial t^2} = a^2 \dfrac{\partial^2 w}{\partial x^2}$ 及 （ii）$\dfrac{\partial^2 v}{\partial t^2} = a^2 \dfrac{\partial^2 v}{\partial x^2} + F(x,t)$

再將 $u(x,t) = v(x,t) + w(x,t)$ 代入邊界條件中，得

$$u(0,t) = v(0,t) + w(0,t) = 0$$

及

$$u(l,t) = v(l,t) + w(l,t) = 0$$

分別取其各自滿足邊界條件：

$$v(0,t) = 0 \text{，} w(0,t) = 0$$

及

$$v(l,t) = 0 \text{，} w(l,t) = 0$$

接著再將 $u(x,t) = v(x,t) + w(x,t)$ 代入初始條件中，得

$$u(x,0) = v(x,0) + w(x,0) = f(x)$$

及

$$u_t(x,0) = v_t(x,0) + w_t(x,0) = g(x)$$

由於 $v(x,t)$ 是針對非齊性項 $F(x,t)$ 之非齊性解部分，故其初始條件簡化為 0，因此，取下列初始條件：

$$v(x,0)=0 \quad 及 \quad w(x,0)=f(x)$$

及

$$v_t(x,0)=0 \quad 及 \quad w_t(x,0)=g(x)$$

綜合得兩組偏微分方程組，如下：

第一組：

(a) $\dfrac{\partial^2 w}{\partial t^2} = a^2 \dfrac{\partial^2 w}{\partial x^2}$

　　邊界條件：$w(0,t)=0$，$w(l,t)=0$
　　初始條件：$w(x,0)=f(x)$，$w_t(x,0)=g(x)$

第二組：

(b) $\dfrac{\partial^2 v}{\partial t^2} = a^2 \dfrac{\partial^2 v}{\partial x^2} + F(x,t)$

　　邊界條件：$v(0,t)=0$，$v(l,t)=0$
　　初始條件：$v(x,0)=0$，$v_t(x,0)=0$

3. 先解第一組，即

　　微分方程：$\dfrac{\partial^2 w}{\partial t^2} = a^2 \dfrac{\partial^2 w}{\partial x^2}$

　　邊界條件：$w(0,t)=0$，$w(l,t)=0$
　　初始條件：$w(x,0)=f(x)$，$w_t(x,0)=g(x)$

利用第二節之結果，可得
齊性解部分　$w(x,t)$ 為

$$w(x,t) = \sum_{n=1}^{\infty}\left[c_n \cos\left(\frac{an\pi}{l}t\right) + k_n \sin\left(\frac{an\pi}{l}t\right)\right]\sin\left(\frac{n\pi x}{l}\right)$$

其中

代入初始條件(1)： $w(x,0) = f(x)$

代入得

$$w(x,0) = f(x) = \sum_{n=1}^{\infty} c_n \sin\left(\frac{n\pi x}{l}\right)$$

利用 Fourier 級數展開公式，得

$$c_n = \frac{2}{l}\int_0^l f(x)\sin\left(\frac{n\pi x}{l}\right)dx$$

代入初始條件(2)： $w_t(x,0) = g(x)$

代入得 $w_t(x,0) = g(x) = \sum_{n=1}^{\infty} k_n \frac{an\pi x}{l}\sin\left(\frac{n\pi x}{l}\right)$

利用 Fourier 級數展開公式，得

$$k_n = \frac{2}{an\pi}\int_0^l g(x)\sin\left(\frac{n\pi x}{l}\right)dx$$

4. 再解第二組 方程組：

$$\frac{\partial v}{\partial t} = \alpha^2 \frac{\partial^2 v}{\partial x^2} + F(x,t)$$

邊界條件： $v(0,t) = 0$，$v(l,t) = 0$
初始條件： $v(x,0) = 0$

(1) 利用 $w(x,t)$ 所得特徵函數為基礎，假設非齊性解 $v(x,t)$，為下列形式

$$v(x,t) = \sum_{n=1}^{\infty} a_n(t)\sin\left(\frac{n\pi x}{l}\right)$$

其中 $a_n(t)$ 為待定係數。上述假設之最大特色,就是上述解已經自動滿足兩個邊界條件了,即

$$v(0,t) = \sum_{n=1}^{\infty} a_n(t)\sin(0) = 0$$

及

$$v(l,t) = \sum_{n=1}^{\infty} a_n(t)\sin(n\pi) = 0$$

接著只要再滿足微分方程: $\dfrac{\partial v}{\partial t} - \alpha^2 \dfrac{\partial^2 v}{\partial x^2} = F(x,t)$ 及初始條件即可。

代入得

$$\sum_{n=1}^{\infty} \dot{a}_n(t)\sin\left(\frac{n\pi x}{l}\right) + \sum_{n=1}^{\infty} a_n(t)\left(\frac{\alpha n\pi}{l}\right)^2 \sin\left(\frac{n\pi x}{l}\right) = F(x,t)$$

為了兩邊相等,可將右邊展開成 Fourier Sine 級數,即

令 $\quad F(x,t) = \sum_{n=1}^{\infty} b_n(t)\sin\left(\dfrac{n\pi x}{l}\right)$

其中 $\quad b_n(t) = \dfrac{2}{l}\int_0^l F(x,t)\sin\left(\dfrac{n\pi x}{l}\right)dx$

代回原式,得

$$\sum_{n=1}^{\infty} \dot{a}_n(t)\sin\left(\frac{n\pi x}{l}\right) + \sum_{n=1}^{\infty} a_n(t)\left(\frac{\alpha n\pi}{l}\right)^2 \sin\left(\frac{n\pi x}{l}\right) = \sum_{n=1}^{\infty} b_n(t)\sin\left(\frac{n\pi x}{l}\right)$$

取係數關係等式,為

$$\dot{a}_n(t) + a_n(t)\left(\frac{\alpha n\pi}{l}\right)^2 = b_n(t)$$

為一階常微分方程,需一個初始條件,即

$$v(x,0) = \sum_{n=1}^{\infty} a_n(0)\sin\left(\frac{n\pi x}{l}\right) = 0$$

或

$$a_n(0) = 0$$

將一階常微分方程

$$\dot{a}_n(t) + a_n(t)\left(\frac{\alpha n\pi}{l}\right)^2 = b_n(t)$$

由於式中 $b_n(t)$ 積分式中，含有未定函數 $F(x,t)$。故為一般性，採取拉氏變換求解，可寫成公式形式

$$L[\dot{a}_n(t)] + \left(\frac{\alpha n\pi}{l}\right)^2 L[a_n(t)] = L[b_n(t)]$$

或

$$sL[a_n(t)] - a_n(0) + \left(\frac{\alpha n\pi}{l}\right)^2 L[a_n(t)] = L[b_n(t)]$$

或

$$L[a_n(t)] = \frac{1}{s + \left(\frac{\alpha n\pi}{l}\right)^2} \cdot L[b_n(t)]$$

利用結合式積分公式，得逆變換

$$a_n(t) = \int_0^t e^{-\left(\frac{\alpha n\pi}{l}\right)^2 \tau} b_n(t-\tau)d\tau$$

最後得通解 $\quad v(x,t) = \sum_{n=1}^{\infty} a_n(t)\sin\left(\frac{n\pi x}{l}\right)$

其中 $\quad a_n(t) = \int_0^t e^{-\left(\frac{\alpha n\pi}{l}\right)^2 \tau} b_n(t-\tau)d\tau$

及

$$b_n(t) = \frac{2}{l}\int_0^l F(x,t)\sin\left(\frac{n\pi x}{l}\right)dx$$

5. 再代回原式 $u(x,t) = v(x,t) + w(x,t)$，亦即

$$u(x,t) = \sum_{n=1}^{\infty} a_n(t)\sin\left(\frac{n\pi x}{l}\right) + \sum_{n=1}^{\infty}\left[c_n\cos\left(\frac{an\pi}{l}t\right) + k_n\sin\left(\frac{an\pi}{l}t\right)\right]\sin\left(\frac{n\pi x}{l}\right)$$

其中

$$a_n(t) = \int_0^t e^{-\left(\frac{an\pi}{l}\right)^2 \tau} b_n(t-\tau)d\tau$$

$$b_n(t) = \frac{2}{l}\int_0^l F(x,t)\sin\left(\frac{n\pi x}{l}\right)dx$$

$$c_n = \frac{2}{l}\int_0^l f(x)\sin\left(\frac{n\pi x}{l}\right)dx$$

及

$$k_n = \frac{2}{an\pi}\int_0^l g(x)\sin\left(\frac{n\pi x}{l}\right)dx$$

第五節　無窮長細弦波動方程式之 D'Alembert 解

已知波動方程式　$\dfrac{\partial^2 u}{\partial x^2} = \dfrac{1}{a^2}\dfrac{\partial^2 u}{\partial t^2}$　若利用變數分離法，如前各節所示，得到的是全解，其物理意義為駐波（Stand Wave）的解。若是利用變數代換法，會得到的是通解，其物理意義為行進波（Propagation Wave）的解。其詳細過程如下：

令變數變換，亦即取　$\xi = x - at, \eta = x + at$

代入波動方程式，知 $u = u(x,t) = u(\xi, \eta)$

全微分 $du = \dfrac{\partial u}{\partial \xi} d\xi + \dfrac{\partial u}{\partial \eta} d\eta$

除以 dt $\dfrac{\partial u}{\partial t} = \dfrac{\partial u}{\partial \xi}\dfrac{\partial \xi}{\partial t} + \dfrac{\partial u}{\partial \eta}\dfrac{\partial \eta}{\partial t}$

其中 $\dfrac{\partial \eta}{\partial t} = a$ ， $\dfrac{\partial \xi}{\partial t} = -a$

代入得 $\dfrac{\partial u}{\partial t} = -a\left(\dfrac{\partial u}{\partial \xi} - \dfrac{\partial u}{\partial \eta}\right)$

再一次連微法則

$$\dfrac{\partial^2 u}{\partial t^2} = a^2\left(\dfrac{\partial^2 u}{\partial \xi^2} - 2\dfrac{\partial^2 u}{\partial \xi \partial \eta} + \dfrac{\partial^2 u}{\partial \eta^2}\right)$$

同理 $\dfrac{\partial u}{\partial x} = \dfrac{\partial u}{\partial \xi}\dfrac{\partial \xi}{\partial x} + \dfrac{\partial u}{\partial \eta}\dfrac{\partial \eta}{\partial x}$

其中 $\dfrac{\partial \eta}{\partial x} = 1$ ， $\dfrac{\partial \xi}{\partial x} = 1$

代入得 $\dfrac{\partial u}{\partial x} = \dfrac{\partial u}{\partial \xi} + \dfrac{\partial u}{\partial \eta}$

再一次連微法則

$$\dfrac{\partial^2 u}{\partial x^2} = \left(\dfrac{\partial^2 u}{\partial \xi^2} + 2\dfrac{\partial^2 u}{\partial \xi \partial \eta} + \dfrac{\partial^2 u}{\partial \eta^2}\right)$$

代入原式，得 $\dfrac{\partial^2 u}{\partial \xi \partial \eta} = 0$ 或 $\dfrac{\partial}{\partial \xi}\left(\dfrac{\partial u}{\partial \eta}\right) = 0$

對 ξ 偏積分，得 $\dfrac{\partial u}{\partial \eta} = f(\eta)$

再積分 $u = \int f(\eta) d\eta + \phi_1(\xi) = \phi_1(\xi) + \phi_2(\eta)$

最後得波動方程式之通解

$$u(x,t) = \phi_1(x-at) + \phi_2(x+at)$$

代入初始條件　$u(x,0) = f(x) = \phi_1(x) + \phi_2(x)$

及　$u_t(x,0) = a(\phi_2'(x) - \phi_1'(x)) = g(x)$

積分　$-\phi_1(x) + \phi_2(x) = \dfrac{1}{a}\displaystyle\int_{x_0}^{x} g(x)dx$

聯立解

$$\phi_1(x) + \phi_2(x) = f(x)$$
$$-\phi_1(x) + \phi_2(x) = \dfrac{1}{a}\int_{x_0}^{x} g(x)dx$$

相減得　$\phi_1(x) = \dfrac{1}{2}\left[f(x) - \dfrac{1}{a}\displaystyle\int_{x_0}^{x} g(x)dx\right]$

相加得　$\phi_2(x) = \dfrac{1}{2}\left[f(x) + \dfrac{1}{a}\displaystyle\int_{x_0}^{x} g(x)dx\right]$

代回通解　$u(x,t) = \phi_1(x-at) + \phi_2(x+at)$

其中　$\phi_1(x-at) = \dfrac{1}{2}\left[f(x-at) - \dfrac{1}{a}\displaystyle\int_{x_0}^{x-at} g(x)dx\right]$

及　$\phi_2(x+at) = \dfrac{1}{2}\left[f(x+at) + \dfrac{1}{a}\displaystyle\int_{x_0}^{x+at} g(x)dx\right]$

相加整理得

$$u(x,t) = \dfrac{1}{2}\left[f(x-at) - \dfrac{1}{a}\int_{x_0}^{x-at} g(x)dx\right] + \dfrac{1}{2}\left[f(x+at) + \dfrac{1}{a}\int_{x_0}^{x+at} g(x)dx\right]$$

或

$$u(x,t) = \dfrac{1}{2}[f(x-at) + f(x+at)] - \dfrac{1}{2a}\int_{x_0}^{x-at} g(x)dx + \dfrac{1}{2a}\int_{x_0}^{x+at} g(x)dx$$

或

$$u(x,t) = \dfrac{1}{2}[f(x-at) + f(x+at)] + \dfrac{1}{2a}\int_{x-at}^{x_0} g(x)dx + \dfrac{1}{2a}\int_{x_0}^{x+at} g(x)dx$$

通解

$$u(x,t) = \frac{1}{2}[f(x-at)+f(x+at)] + \frac{1}{2a}\int_{x-at}^{x+at} g(x)dx$$

以上方法稱之為 D'Alembert 方法。

【觀念分析】

1. 通解中任意函數 $\phi_1(x-at)$ 及 $\phi_2(x+at)$ 之物理意義，討論如下：

   a. 令 $t=0$，得原始波形　　$\phi_1(x)$ 為給定函數。

   b. 令 $t=t$ 任一時刻時，$\phi = \phi_1(x-at)$

   當取 $x=at$ 時，$\phi = \phi_1(at-at) = \phi_1(0)$

   亦即與 $\phi_1(x)$，取 $x=0$ 是相同的，亦即表示，$\phi = \phi_1(x-at)$ 是原始波形 $\phi_1(x)$，將 x 座標往右平移 at 後得到的一樣。其傳播速度為

   $$v = \frac{x}{t} = \frac{at}{t} = a$$

   最後得知：$\phi = \phi_1(x-at)$，為以 $\phi_1(x)$ 為原始波形，a 為波速，往右行進之波。

2. 同理，$\phi = \phi_2(x+at)$，為以 $\phi_2(x)$ 為原始波形，a 為波速，往左行進之波。

範例 04：

> (15%) (a) Find the solution of the following wave equation
> $\dfrac{\partial^2 u}{\partial t^2} = \dfrac{\partial^2 u}{\partial x^2}$，$-\infty < x < \infty$，$0 < t < \infty$，$u(x,0) = f(x)$，$u_t(x,0) = g(x)$
>
> (b) If $f(x) = 0$，$g(x) = x$，$0 \leq x \leq 1$，Find the solution of $u\left(-\dfrac{1}{2}, \dfrac{1}{3}\right)$，$u(2,5)$，$u\left(\dfrac{1}{2}, \dfrac{1}{6}\right)$。

台大工科海洋所 F

解答：

(a) 由課文知通解為

$$u(x,t) = \frac{1}{2}[f(x-t) + f(x+t)] + \frac{1}{2}\int_{x-t}^{x+t} g(x)dx$$

(b) 已知 $f(x) = 0$，$g(x) = x$，$0 \leq x \leq 1$

$$u\left(-\frac{1}{2}, \frac{1}{3}\right) = \frac{1}{2}[0+0] + \int_{-\frac{1}{2}-\frac{1}{3}}^{-\frac{1}{2}+\frac{1}{3}} g(x)dx$$

代入 $\quad g(x) = x$，$0 \leq x \leq 1$

$$u\left(-\frac{1}{2}, \frac{1}{3}\right) = \int_{-\frac{5}{6}}^{-\frac{1}{6}} g(x)dx = \int_{-\frac{5}{6}}^{-\frac{1}{6}} 0 dx = 0$$

$$u(2,5) = \frac{1}{2}\int_{2-5}^{2+5} g(x)dx = \frac{1}{2}\int_{-3}^{7} g(x)dx$$

代入 $\quad g(x) = x$，$0 \leq x \leq 1$

$$u(2,5) = \frac{1}{2}\int_0^1 x dx = \frac{1}{4}$$

及

$$u\left(\frac{1}{2}, \frac{1}{6}\right) = \frac{1}{2}\int_{\frac{1}{2}-\frac{1}{6}}^{\frac{1}{2}+\frac{1}{6}} g(x)dx = \frac{1}{2}\int_{\frac{1}{3}}^{\frac{2}{3}} g(x)dx = \frac{1}{2}\int_{\frac{1}{3}}^{\frac{2}{3}} x dx = \frac{1}{12}$$

範例 05

(20%) Solving $\dfrac{\partial^2 u(x,t)}{\partial t^2} - c^2 \dfrac{\partial^2 u(x,t)}{\partial x^2} = 0$，with $u(x,0) = x^2$ and $\dfrac{\partial u(x,0)}{\partial t} = cx$，where c is a constant.

北科大電腦通訊所丙

解答：
由課文知通解為
$$u = f(x+ct) + g(x-ct)$$

I.C.
$$f(x) + g(x) = x^2$$
$$cf'(x) - cg'(x) = cx \text{，或 } f'(x) - g'(x) = x$$

積分　　$f(x) - g(x) = \dfrac{x^2}{2} + 2c_1$

$$f(x) = \dfrac{3x^2}{4} + c_1$$

$$g(x) = x^2 - f(x) = x^2 - \dfrac{3x^2}{4} - c_1 = \dfrac{x^2}{4} - c_1$$

$$u = f(x+ct) + g(x-ct) = \dfrac{3(x+ct)^2}{4} + \dfrac{(x-ct)^2}{4}$$

範例 06：已知解 驗證 PDE

(10%)　(1) 證明 函數 $z(x,y,t) = \sin(mx)\cos(ny)\cos\left(\sqrt{m^2+n^2}\,ct\right)$ 滿足二維波動方程式，m, n 為任意正整數。

(2) 若 f 為一單變數的二次可微分函數，證明 $y(x,t) = \dfrac{1}{2}[f(x+ct) + f(x-ct)]$ 滿足一維波動方程式。

北科大光電所

解答：

(1) $\dfrac{\partial^2 z}{\partial x^2}(x,y,t) = -m^2 \sin(mx)\cos(ny)\cos\left(\sqrt{m^2+n^2}\,ct\right)$

$\dfrac{\partial^2 z}{\partial y^2}(x,y,t) = -n^2 \sin(mx)\cos(ny)\cos\left(\sqrt{m^2+n^2}\,ct\right)$

$$\frac{\partial^2 z}{\partial t^2}(x,y,t) = -\left(\sqrt{m^2+n^2}\,c\right)^2 \sin(mx)\cos(ny)\cos\left(\sqrt{m^2+n^2}\,ct\right)$$

$$\frac{1}{c^2}\frac{\partial^2 z}{\partial t^2}(x,y,t) = -\left(m^2+n^2\right)^2 \sin(mx)\cos(ny)\cos\left(\sqrt{m^2+n^2}\,ct\right)$$

滿足 $\quad \dfrac{\partial^2 z}{\partial x^2}(x,y,t) + \dfrac{\partial^2 z}{\partial y^2}(x,y,t) = \dfrac{1}{c^2}\dfrac{\partial^2 z}{\partial t^2}(x,y,t)$

(2)

$$\frac{\partial^2}{\partial x^2} y(x,t) = \frac{1}{2}\left[f''(x+ct) + f''(x-ct)\right]$$

$$\frac{\partial^2}{\partial t^2} y(x,t) = \frac{1}{2}\left[f''(x+ct)c^2 + f''(x-ct)(-c)^2\right]$$

$$\frac{1}{c^2}\frac{\partial^2}{\partial t^2} y(x,t) = \frac{1}{2}\left[f''(x+ct) + f''(x-ct)\right]$$

得 $\quad \dfrac{1}{c^2}\dfrac{\partial^2 y}{\partial t^2}(x,t) = \dfrac{\partial^2 y}{\partial x^2}(x,t)$

第六節　有限長固定端細弦波動方程式之 D'Alembert 解

在有限區間上的波動方程式，D'Alembert Method 仍能應用

已知波動方程式 $\quad \dfrac{\partial^2 u}{\partial x^2} = \dfrac{1}{a^2}\dfrac{\partial^2 u}{\partial t^2}$

其邊界條件為兩端固定：$u(0,t) = 0$，$u(l,t) = 0$

初始條件仍為：$u(x,0) = f(x)$，$u_t(x,0) = g(x)$

　　現討論波在兩端固定之細弦中行進波之變化情況，其 D'Alembert solution 之推導如上節，亦即，其通解為

$$u(x,t) = \phi_1(x-at) + \phi_2(x+at)$$

1. 現代入第一個邊界條件：
$$u(0,t) = 0 = \phi_1(0-at) + \phi_2(0+at)$$
或
$$\phi_1(-at) = -\phi_2(at) \tag{1}$$
上式表示　$\phi_1(x)$ 與 $\phi_2(x)$ 互為奇函數(Odd Function)。

2. 再代入第二個邊界條件：
$$u(l,t) = 0 = \phi_1(l-at) + \phi_2(l+at)$$
或
$$\phi_1(l-at) = -\phi_2(l+at)$$
同時代入奇函數條件(1)，得
$$\phi_1(-x) = -\phi_2(x) \text{ 或 } \phi_2(x) = -\phi_1(-x)$$
得
$$\phi_1(l-at) = \phi_1(-l-at)$$
令　$x = -l - at$，則　$x + 2l = 2 + -l - at = l - at$

代回上式：
$$\phi_1(x+2l) = \phi_1(x) \tag{2}$$
上式表示　$\phi_1(x)$ 與 $\phi_2(x)$ 為週期 $T = 2l$ 之週期函數。

3. 利用上節無窮長所得通解形式，結果如下
$$u(x,t) = \frac{1}{2}[F(x-at) + F(x+at)] + \frac{1}{2a}\int_{x-at}^{x+at} G(x)dx$$

微分
$$u_t(x,t) = \frac{1}{2}[F'(x-at)\cdot(-a) + F'(x+at)\cdot a] + \frac{1}{2a}[G(x+at)\cdot a - G(x-at)\cdot(-a)]$$

代入初始條件
$$u(x,0) = f(x) = \frac{1}{2}[F(x) + F(x)] + \frac{1}{2a}\int_x^x G(x)dx$$

得

$$f(x) = F(x)$$

及

$$u_t(x,0) = g(x) = \frac{1}{2}[-F'(x)a + F'(x)a] + \frac{1}{2a}[G(x)a + G(x)a]$$

得

$$g(x) = G(x)$$

由於 邊界條件知：$u(x,t)$ 必須為週期 $T = 2l$ 之週期奇函數。因此須再利用 Fourier Sine 級數展開，得

$$F(x) = f(x) = \sum_{n=1}^{\infty} b_n \sin\left(\frac{n\pi x}{l}\right)$$

其中

$$b_n = \frac{2}{L} \int_0^l f(x) \sin\left(\frac{n\pi x}{l}\right) dx$$

及

$$G(x) = g(x) = \sum_{n=1}^{\infty} c_n \sin\left(\frac{n\pi x}{l}\right)$$

其中

$$c_n = \frac{2}{L} \int_0^l g(x) \sin\left(\frac{n\pi x}{l}\right) dx$$

最後得通解

$$u(x,t) = \frac{1}{2}\left[\sum_{n=1}^{\infty} b_n \sin\left(\frac{n\pi}{l}(x-at)\right) + \sum_{n=1}^{\infty} b_n \sin\left(\frac{n\pi}{l}(x+at)\right)\right]$$

$$+ \frac{1}{2a} \sum_{n=1}^{\infty} \int_{x-at}^{x+at} c_n \sin\left(\frac{n\pi}{l}x\right) dx$$

第七節　無限長細弦承受一定點負荷之波動問題

考慮一個開始時是靜止的半無窮長細弦，其左邊為固定端，若有一橫向大小為 F_0 之力，以一個等速 v，在 $t=0$，沿細弦 x 正方向移動，此問題之統制方程式，如下例：

範例 07：

$$\frac{\partial^2 y}{\partial t^2} = a^2 \frac{\partial^2 y}{\partial x^2} - \frac{g}{w} F_0 \delta\left(t - \frac{x}{v}\right)$$

其中 a, g 及 w 為常數，分別為 傳播速度(the propagation speed for the string)、重力加速度(gravity)、單位長度細弦重(the weight of the string per unit length). $\delta\left(t - \frac{x}{v}\right)$ 為單位脈衝函數（the unit impulse）.

邊界條件：

$$y(0,t) = 0 \text{ 及當 } x \to \infty, \ y(x,t) \text{ 有界值}$$

初始 條件

$$y(x,0) = 0 \text{ and } \left.\frac{\partial y}{\partial t}\right|_{t=0} = 0$$

(a) 求位移函數 $y(x,t)$，當 $v \neq a$.
(b) 求位移函數 $y(x,t)$，當 $v = a$.

解答：

假設　　$y(x,t) = \int_0^\infty b(t) \sin \lambda x \, d\lambda$

其中　$b(t)$ 為待定係數

自動滿足　　$y(0,t)=0$ 與 $y(x,t)$ 為有界。

代入 PDE　$\dfrac{\partial^2 y}{\partial t^2} = a^2 \dfrac{\partial^2 y}{\partial x^2} - \dfrac{g}{w} F_0 \delta\left(t - \dfrac{x}{v}\right)$

$$\int_0^\infty \ddot{b}(t)\sin\lambda x\, d\lambda = a^2 \int_0^\infty b(t)\cdot(-\lambda^2)\sin\lambda x\, d\lambda - \dfrac{g}{w} F_0 \delta\left(t - \dfrac{x}{v}\right)$$

$$\int_0^\infty \left[\ddot{b}(t) + a^2 \lambda^2 b(t)\right]\sin\lambda x\, d\lambda = -\dfrac{g}{w} F_0 \delta\left(t - \dfrac{x}{v}\right)$$

再將右邊脈衝函數展開成 Fourier 積分式，得

$$-\dfrac{g}{w} F_0 \delta\left(t - \dfrac{x}{v}\right) = \dfrac{2}{\pi} \int_0^\infty \left(\int_0^\infty \left(-\dfrac{g}{w} F_0 \delta\left(t - \dfrac{x}{v}\right)\right)\sin(\lambda x)\, dx\right)\sin(\lambda x)\, d\lambda$$

得

$$-\dfrac{g}{w} F_0 \delta\left(t - \dfrac{x}{v}\right) = -\dfrac{2g}{\pi w} F_0 \int_0^\infty (\sin(\lambda v t))\sin(\lambda x)\, d\lambda$$

代回上式

$$\int_0^\infty \left[\ddot{b}(t) + a^2 \lambda^2 b(t)\right]\sin\lambda x\, d\lambda = -\dfrac{2}{\pi}\dfrac{g}{w} F_0 \int_0^\infty (\sin(\lambda v t))\sin\lambda x\, d\lambda$$

得二階常微分方程式

$$\ddot{b}(t) + a^2 \lambda^2 b(t) = -\dfrac{2}{\pi}\dfrac{g}{w} F_0 \sin(\lambda v t)$$

利用逆運算子法解

$$b(t) = -\dfrac{2}{\pi}\dfrac{g}{w} F_0 \cdot \dfrac{1}{D^2 + a^2 \lambda^2}\sin(\lambda v t)$$

得解

$$b(t) = -\frac{2}{\pi}\frac{g}{w}F_0 \cdot \frac{1}{-(\lambda v)^2 + a^2\lambda^2}\sin(\lambda vt)$$

或

$$b(t) = -\frac{2}{\pi}\frac{g}{w}F_0 \cdot \frac{1}{\lambda^2(a^2 - v^2)}\sin(\lambda vt)，v \neq a$$

(b) $\displaystyle b(t) = -\frac{2}{\pi}\frac{g}{w}F_0 \cdot \frac{1}{D^2 + a^2\lambda^2}\sin(\lambda vt)，v = a$

$$b(t) = \frac{2}{\pi}\frac{g}{w}F_0 \cdot \frac{t}{2\lambda v}\cos(\lambda vt)$$

最後得解

$$y(x,t) = \int_0^\infty b(t)\sin\lambda x\, d\lambda$$

其中

$$b(t) = \begin{cases} -\dfrac{2}{\pi}\dfrac{g}{w}F_0 \cdot \dfrac{1}{\lambda^2(a^2 - v^2)}\sin(\lambda vt); & v \neq a \\ \dfrac{2}{\pi}\dfrac{g}{w}F_0 \cdot \dfrac{t}{2\lambda v}\cos(\lambda vt); & v = a \end{cases},$$

第八節　長方形平板之波動問題

現在探討波在一長方形薄膜上之波振動傳播情形，其行為數學建模為下列方程組：

波動方程式：

$$\frac{1}{c^2}\frac{\partial^2 u}{\partial t^2} = \frac{\partial^2 u}{\partial x^2} + \frac{\partial^2 u}{\partial y^2}$$

邊界條件：

$$u(0,y,t) = 0$$
$$u(a,y,t) = 0$$
$$u(x,0,t) = 0$$
$$u(x,b,t) = 0$$

初始條件：

$$u(x,y,0) = f(x,y)$$
$$u_t(x,y,0) = g(x,y)$$

因為四個邊界條件，均為齊性邊界條件，故可假設函數 $u(x,y,t)$ 為直接變數分離形式，即

令 $u(x,y,t) = X(x)Y(y)T(t)$

1. 代入原偏微分方程，$\dfrac{1}{c^2}\dfrac{\partial^2 u}{\partial t^2} = \dfrac{\partial^2 u}{\partial x^2} + \dfrac{\partial^2 u}{\partial y^2}$，得

$$\frac{1}{c^2}X(x)Y(y)T''(t) = X''(x)Y(y)T(t) + X(x)Y''(y)T(t)$$

兩邊同除 $X(x)Y(y)T(t)$，變數分離後得

$$\frac{X''(x)}{X(x)} + \frac{Y''(x)}{Y(x)} = \frac{1}{c^2}\frac{T''(t)}{T(t)}$$

以上三式，唯一可能，就是都等於常數，亦即，取

$$\frac{X''(x)}{X(x)} = p \text{，及 } \frac{Y''(x)}{Y(x)} = q$$

則

$$\frac{1}{c^2}\frac{T''(t)}{T(t)} = p + q$$

則可分成三組常微分方程，如下：

(a) $X'' - pX = 0$，$X(0) = X(a) = 0$
(b) $Y'' - qY = 0 =$，$Y(0) = Y(b) = 0$
(c) $T'' - c^2(p+q)T = 0$

2. 先解第一組微分方程：

$$X'' - pX = 0，X(0) = X(a) = 0$$

只有當 $p = -\lambda^2$ 時有非零解，或

$X'' + \lambda^2 X = 0$ 及 邊界條件：$X(0) = 0$，$X(a) = 0$

得通解　　　$X(x) = c_1 \cos \lambda x + c_2 \sin \lambda x$

代入邊界條件(1)：$X(0) = 0$　　得 $X(0) = c_1 = 0$
代入邊界條件(2)：$X(a) = 0$　　得 $X(a) = c_2 \sin \lambda a = 0$

其中 c_2 為常數，故需 $\sin \lambda a = 0$

得 $\lambda a = n\pi$，或特徵值 $\lambda_n = \dfrac{n\pi}{a}$，$n = 1, 2, \cdots$

特徵函數：$X_n(x) = \sin \lambda_n x = \sin\left(\dfrac{n\pi}{a} x\right)$，$n = 1, 2, \cdots$

3. 解第二組微分方程：

$Y'' - qY = 0 =$，

只有當 $q = -\mu^2$ 時有非零解，或

$Y'' + \mu^2 Y = 0$ 及 邊界條件：$Y(0) = 0$，$Y(b) = 0$

得通解

$$Y(y) = c_1 \cos \mu y + c_2 \sin \mu y$$

代入邊界條件(3)：$Y(0) = 0$ 得 $Y(0) = c_1 = 0$
代入邊界條件(4)：$Y(b) = 0$ 得 $Y(b) = c_2 \sin \mu b = 0$

其中 c_2 為常數，故需 $\sin\mu b = 0$

得 $\mu b = m\pi$，或特徵值 $\mu_m = \dfrac{m\pi}{b}$，$m = 1, 2, \cdots$

特徵函數：$Y_m(y) = \sin\mu_m y = \sin\left(\dfrac{m\pi}{b}y\right)$，$m = 1, 2, \cdots$

4. 再解第三組 方程組： $T'' - c^2(p+q)T = 0$

   因為要求非零解特徵函數 $u(x, y, t)$，因此只需討論非零解 $T_{mn}(t)$ 即可。

   因此，取特徵值 $p = -\lambda_n^2 = -\left(\dfrac{n\pi}{l}\right)^2$ 及 $q = -\mu^2 = -\left(\dfrac{m\pi}{b}\right)^2$，代入 得

$$T'' + \left[\left(\dfrac{cn\pi}{a}\right)^2 + \left(\dfrac{cm\pi}{b}\right)^2\right]T = 0$$

   其中 令 $\omega_{mn}^2 = \left(\dfrac{cn\pi}{a}\right)^2 + \left(\dfrac{cm\pi}{b}\right)^2$，得

$$T'' + \omega_{mn}^2 T = 0$$

得通解

$$T_{mn}(t) = c_1\cos(\omega_{mn}t) + c_2\sin(\omega_{mn}t)$$

5. 再利用線性重疊原理（Superposition Principle） 將上面求得之無限多個非零特徵函數線性組合成一無窮級數，亦即

$$u(x, y, t) = \sum_{m=1}^{\infty}\sum_{n=1}^{\infty}\left[c_{mn}\cos(\omega_{mn}t) + k_{mn}\sin(\omega_{mn}t)\right]\sin\left(\dfrac{n\pi x}{a}\right)\sin\left(\dfrac{m\pi y}{b}\right)$$

6. 代入初始條件(1)： $u(x, y, 0) = f(x, y)$

   代入得

$$u(x,y,0) = f(x,y) = \sum_{m=1}^{\infty}\sum_{n=1}^{\infty}\left[c_{mn}\sin\left(\frac{n\pi x}{a}\right)\sin\left(\frac{m\pi y}{b}\right)\right]$$

利用 Fourier 級數展開公式，得

$$c_{mn} = \frac{4}{ab}\int_0^a\int_0^b f(x,y)\sin\frac{n\pi x}{a}\sin\frac{m\pi y}{b}dydx$$

初始條件(6)： $u_t(x,y,0) = g(x,y)$

代入得

$$u_t(x,y,0) = g(x,y) = \sum_{m=1}^{\infty}\sum_{n=1}^{\infty}\left[k_{mn}\omega_{mn}\sin\left(\frac{n\pi x}{a}\right)\sin\left(\frac{m\pi y}{b}\right)\right]$$

利用 Fourier 級數展開公式，得

$$k_{mn} = \frac{4}{ab\omega_{mn}}\int_0^a\int_0^b g(x,y)\sin\left(\frac{n\pi x}{a}\right)\sin\left(\frac{m\pi y}{b}\right)dydx$$

範例 08：特例

波動方程 $\dfrac{\partial^2 u}{\partial x^2} + \dfrac{\partial^2 u}{\partial y^2} = \dfrac{\partial^2 u}{\partial t^2}$ 滿足邊界條件 $u(0,y,t) = 0$，$u(1,y,t) = 0$，$u(x,0,t) = 0$，$u(x,1,t) = 0$ 及初始條件 $u(x,y,0) = 0$，$u_t(x,y,0) = g(x,y)$．設 $g(x,y)$ 為已知函數，而此解可表成

$$u(x,y,t) = \sum_{n=1}^{\infty}\sum_{m=1}^{\infty}D_{mn}\sin(k_{mn}t)\sin(m\pi y)\sin(n\pi x)$$

請找出 D_{mn} 和 k_{mn} 之數學表達式。

中央土木所、交大機械所

解答：

1. 假設函數 $u(x,y,t)$ 為變數分離，即令 $u(x,y,t) = X(x)Y(y)T(t)$

2. 代入原偏微分方程，$\dfrac{\partial^2 u}{\partial t^2} = \dfrac{\partial^2 u}{\partial x^2} + \dfrac{\partial^2 u}{\partial y^2}$，得

$$X(x)Y(y)T''(t) = X''(x)Y(y)T(t) + X(x)Y''(y)T(t)$$

兩邊同除 $X(x)Y(y)T(t)$，變數分離後得

$$\dfrac{X''(x)}{X(x)} + \dfrac{Y''(x)}{Y(x)} = \dfrac{T''(t)}{T(t)}$$

令

$$\dfrac{X''(x)}{X(x)} = p \text{ , 及 } \dfrac{Y''(x)}{Y(x)} = q \text{ 及 } \dfrac{T''(t)}{T(t)} = p + q$$

其中 p, q 為兩獨立變數。

可分成三組常微分方程，如下：

(a) $X'' - pX = 0$，$X(0) = X(1) = 0$
(b) $Y'' - qY = 0 =$ ，$Y(0) = Y(1) = 0$
(b) $T'' - (p+q)T = 0$

3. 先解第一組微分方程：

當 $p = -\lambda^2$ 時有非零解，$X'' + \lambda^2 X = 0$ 及 邊界條件：$X(0) = 0$，$X(1) = 0$

得通解
$$X(x) = c_1 \cos \lambda x + c_2 \sin \lambda x$$

代入邊界條件：$X(0) = 0$ 得 $X(0) = c_1 = 0$
代入邊界條件：$X(1) = 0$ 得 $X(1) = c_2 \sin \lambda = 0$
其中 c_2 為常數，故需 $\sin \lambda = 0$
得 $\lambda = n\pi$，或特徵值 $\lambda_n = n\pi$，$n = 1, 2, \cdots$
特徵函數：$X_n(x) = \sin \lambda_n x = \sin(n\pi x)$，$n = 1, 2, \cdots$

4. 解第二組微分方程：
當 $q = -\mu^2$ 時有非零解，$Y'' + \mu^2 Y = 0$ 及 邊界條件：$Y(0) = 0$，$Y(1) = 0$
得通解
$$Y(y) = c_1 \cos \mu y + c_2 \sin \mu y$$

代入邊界條件：$Y(0) = 0$　　得 $Y(0) = c_1 = 0$
代入邊界條件：$Y(1) = 0$　　得 $Y(1) = c_2 \sin \mu = 0$
其中 c_2 為常數，故需 $\sin \mu = 0$
得 $\mu = m\pi$，或特徵值 $\mu_m = m\pi$，$m = 1, 2, \cdots$
特徵函數：$Y_m(y) = \sin \mu_m y = \sin(m\pi y)$，$n = 1, 2, \cdots$

5. 再解第三組 方程組：　$T'' - (p+q)X = 0$
因為要求非零解特徵函數 $u(x, y, t)$，因此只需討論非零解 $T_{mn}(t)$ 即可。
因此令特徵值 $p = -\lambda_n^2 = -(n\pi)^2$ 及 $q = -\mu^2 = -(m\pi)^2$，代入 得

$$T'' + \left[(n\pi)^2 + (m\pi)^2 \right] T = 0$$

得解 $T(t) = c_1 \cos(k_{mn} t) + c_2 \sin(k_{mn} t)$
其中 $k_{mn}^2 = (n\pi)^2 + (m\pi)^2$ 或 $k_{mn} = \sqrt{(n\pi)^2 + (m\pi)^2}$

6. 再利用線性重疊原理（Superposition Principle）將上面求得之無限多個非零特徵函數線性組合成一無窮級數，亦即

$$u(x, y, t) = \sum_{m=1}^{\infty} \sum_{n=1}^{\infty} \left[C_{mn} \cos(k_{mn} t) + D_{mn} \sin(k_{mn} t) \right] \sin(n\pi x) \sin(m\pi y)$$

7. （i）代入初始條件：　　$u(x, y, 0) = 0$

代入得

$$u(x, y, 0) = 0 = \sum_{m=1}^{\infty} \sum_{n=1}^{\infty} C_{mn} \sin(n\pi x) \sin(m\pi y)$$

代入得 $C_{mn} = 0$

(ii) 初始條件：　　$u_t(x,y,0) = g(x,y)$

$$u_t(x,y,0) = g(x,y) = \sum_{m=1}^{\infty}\sum_{n=1}^{\infty} D_{mn} k_{mn} \sin(n\pi x)\sin(m\pi y)$$

利用 Fourier 級數展開公式，得

$$D_{mn} = \frac{4}{k_{mn}} \int_0^1 \int_0^1 g(x,y) \sin n\pi x \sin m\pi y\, dy\, dx$$

最後得解 $u(x,t) = \sum_{m=1}^{\infty}\sum_{n=1}^{\infty} D_{mn} \sin(k_{mn} t)\sin(n\pi x)\sin(m\pi y)$

其中 $D_{mn} = \dfrac{4}{k_{mn}} \int_0^1 \int_0^1 g(x,y) \sin n\pi x \sin m\pi y\, dy\, dx$

考題集錦

1. (20%) Solve for $u(x,t)$ that satisfies $\dfrac{\partial^2 u}{\partial t^2} = \dfrac{\partial^2 u}{\partial x^2}$ and the following conditions $u(0,t) = u(1,t) = 0$ for all t. $u(x,0) = 0$，$\dfrac{\partial}{\partial t} u(x,0) = 1$，for $0 < x < 1$.

台科大機械工數

2. (20%) Solve $\dfrac{\partial^2 u}{\partial x^2} = \dfrac{\partial^2 u}{\partial t^2}$ ，$0 < x < 1$，$t > 0$

Subject to：

　　$u(0,t) = 0$，$u(1,t) = 0$，$t > 0$
　　$u(x,0) = 0$，$u_t(x,0) = \sin \pi x$，$0 < x < 1$

台聯大大三轉工數

3. (10%) Solve for $u(x,t)$ that satisfies $\dfrac{\partial^2 u}{\partial t^2} = \dfrac{\partial^2 u}{\partial x^2}$ and the following conditions $u(0,t) = u(1,t) = 0$ for all t. $u(x,0) = \sum_{n=1}^{7} \dfrac{1}{n} \sin(n\pi x)$, $\dfrac{\partial}{\partial t} u(x,0) = 0$, for $0 < x < 1$. You need to show how you derive your answer. Partial points will be deducted for not writing your derivation.

清大電機領域

4. Consider one-dimensional wave equation,

$$\dfrac{\partial^2 u}{\partial t^2} = \dfrac{\partial^2 u}{\partial x^2}$$

where $u(x,t)$ is the deflection of the string and the length of string is l. The string is fixed at the ends and $x = l$ at all time. Please obtain the solution with the following initial conditions. (Please use separation of variable approach)

$$u(x,0) = \begin{cases} \dfrac{2}{l} x; & 0 < x < \dfrac{l}{2} \\ \dfrac{2}{l}(l - x); & \dfrac{l}{2} < x < l \end{cases}$$

and $\left. \dfrac{\partial u}{\partial t} \right|_{t=0} = 0$

清大動機所

5. (15%) The vibration of an elastic string is governed by the one-dimensional wave equation. Find the solution of the wave equation corresponding to the following conditions: $c^2 \dfrac{\partial^2 u}{\partial x^2} = \dfrac{\partial^2 u}{\partial t^2}$, with $u(0,t) = 0$, $u(L,t) = 0$ for all t, and $u(x,0) = f(x)$, $u_t(x,0) = 0$, where

$$f(x) = \begin{cases} \dfrac{2kx}{L}; & 0 < x < \dfrac{L}{2} \\ \dfrac{2k}{L}(L-x); & \dfrac{L}{2} < x < L \end{cases}.$$

清大原科所

6. For the partial differential equation

$$\frac{\partial^2 u}{\partial x^2} = \frac{1}{c^2}\frac{\partial^2 u}{\partial t^2}, \quad 0 \le x \le L, \quad t > 0,$$

$$u(0,t) = u(L,t) = 0$$

$$u(x,0) = 1, \quad \frac{\partial u}{\partial t}(x,0) = 3$$

Find the solution $u(x,t)$

成大工科所

7. Solve the following Partial differential equation.

$$\frac{\partial^2 u}{\partial t^2} = 3\frac{\partial^2 u}{\partial x^2} + 2x, \quad 0 < u < 2, \quad t > 0$$

with $u(0,t) = 0$, $u(2,t) = 0$, $u(x,0) = \dfrac{\partial u}{\partial t}(x,0) = 0$

成大製造所、台科大機械所

8. he equation for force vibration of a string is $\dfrac{\partial^2 y}{\partial t^2} = a^2 \dfrac{\partial^2 y}{\partial x^2} + f(x,t)$ Find the solution for initial conditions $y(x,0) = \dfrac{\partial y}{\partial t}(x,0) = 0$ with boundary conditions $y(0,t) = y(L,t) = 0$. When the forcing function is given by $f(x,t) = \sin\left(\dfrac{n\pi x}{L}\right)\sin \omega t$

成大微機電所

9. Consider the initial-boundary-value problem

PDE: $\dfrac{\partial^2 y(x,t)}{\partial t^2} = 4\dfrac{\partial^2 y(x,t)}{\partial x^2}$, $\quad 0 < x < \infty$, $\quad 0 < t < \infty$

ICs: $y(x,0) = \begin{cases} x(1-x), & 0 \le x \le 1 \\ 0, & 1 < x < \infty \end{cases}$ and $\dfrac{\partial y(x,0)}{\partial t} = 0$, $\quad 0 < x < \infty$.

Compute $y\left(0, \dfrac{3}{8}\right)$ using the D'Alembert solution.

台大機械所

10. 試以分離變數法與 D'Alembert 法解波動方程式

$\dfrac{\partial^2 y}{\partial t^2} = \dfrac{\partial^2 y}{\partial x^2}$, $\quad 0 < x < l$, $\quad t > 0$

其邊界條件：$y(0,t) = y(l,t) = 0$

其起始條件：$y(x,0) = \begin{cases} 0, & 0 < x < \dfrac{l}{4} \\ 4k\left(x - \dfrac{l}{4}\right), & \dfrac{l}{4} < x < \dfrac{l}{2} \\ 4k\left(\dfrac{3l}{4} - x\right), & \dfrac{l}{2} < x < \dfrac{3l}{4} \\ 0, & \dfrac{3l}{4} < x < l \end{cases}$

$\dfrac{\partial y}{\partial t}(x,0) = g(x) = 0$

台大農工所

第十六章
向量代數運算與解析幾何應用

第一節　概論

　　「微積分」乃是針對一個(單變數及多變數)實數純量函數之微分與積分特性的研討。惟純量(Scalar)乃是一個只具有「大小」特性的量,如:溫度(Temperature)、質量(Mass)、時間(Time)等。

　　實際生活周遭,如汽車的穿梭街道、飛機的翱翔天際、氣象颱風的預報等等,對這些事物的了解與掌控,變成保障生命財產之首要任務。這些特性量中,如:力(Force)、位移(Displacement)、速度(Velocity)、加速度(Acceleration)等,稱為向量(Vector)。

　　這些向量的特性,除具有「大小」特性之外,多了「方向」特性,兩個同大小,但方向不同之力,分別作用在汽車上,汽車移動的目的地是不同的。

　　因此,有必要對「向量」的代數運算法則、微分運算法則、積分運算法則等作一完整的介紹,希望以後對攻讀動力學、流力學、電磁學等學科,奠立一個堅實基礎。

第二節　兩向量加法法則

　　首先,對「向量」作一個明確的定義,以便進行其代數運算法則的介紹。基於我們對兩力的合成力的實驗,分別在左右兩個無磨擦之定滑輪上各吊掛一個質量 m_1 與 m_2,在中央兩細弦(無質量)交點處,再掛上第三個質量為 m_3,然

後左右微調至平衡時為止，結果發現三個不同質量的重力，在交點上，滿足平行四邊形法則，或封閉三角形法則，根據此項實驗結果，定義「向量」如下：

1. 向量定義：

    「凡具有大小及方向的量，且兩向量之合成，滿足平行四邊形加法法則者，稱之為向量」。

2. 向量符號與表示法：如圖表一向量 $\vec{A}$

    大小：箭頭長度，表成 $|\vec{A}| = A$。

    方向：箭頭指向。

3. 向量加法運算規則：（根據力學之力合成特性）

    已知兩向量 $\vec{A}$ 與 $\vec{B}$ 相加，其合力為 $\vec{C}$，則 $\vec{A}$、$\vec{B}$ 與 $\vec{C}$ 遵從平行四邊形法則，或滿足封閉三角形法則。如下圖所示：

    封閉三角形法則：也稱為兩向量之加法法則

    表成　　　$\vec{A} + \vec{B} = \vec{C}$ 　　　　　　　　　　　(1)

    圖示：

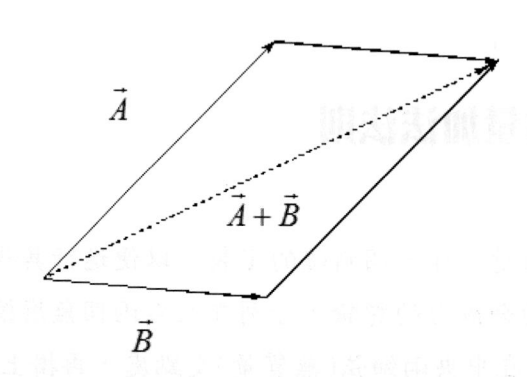

同理,也可反向分解運算,亦即,可將向量 $\vec{C}$ 分解成兩力 $\vec{A}$、$\vec{B}$,稱為力之分解。

如此,若規定將空間中任一向量 $\vec{A}$,都分解成三個互相垂直方向,分別以 x、y 與 z 軸表示,且三軸右分別取其單位方向 $\vec{i}$、$\vec{j}$ 與 $\vec{k}$ 純代表其方向。

則可將 $\vec{A}$ 分解成三個軸方向之向量,如

$$\vec{A} = \vec{A}_1 + \vec{A}_2 + \vec{A}_3$$

再將各向量分別標成大小乘單位方向之形式,稱為向量分量形式。如

$$\vec{A} = A_1\vec{i} + A_2\vec{j} + A_3\vec{k}$$

同理,可將兩向量之加法法則式(1),表成向量的分量表示:

$$\vec{A} = A_1\vec{i} + A_2\vec{j} + A_3\vec{k} \tag{2}$$

及

$$\vec{B} = B_1\vec{i} + B_2\vec{j} + B_3\vec{k} \tag{3}$$

式(2)加式(3),得

$$\vec{A} + \vec{B} = (A_1 + B_1)\vec{i} + (A_2 + B_2)\vec{j} + (A_3 + B_3)\vec{k}$$

或以序對表示

$$\vec{A} + \vec{B} = (A_1, A_2, A_3) + (B_1, B_2, B_3) = (A_1 + B_1, A_2 + B_2, A_3 + B_3)$$

4. 向量減法:可利用向量加法式 $\vec{A} + (-\vec{B}) = \vec{D}$

其中

$-\vec{B}$:表大小與 $\vec{B}$ 相同,只是方向相反。
$\vec{A} - \vec{B}$ 可視為向量加法運算:$\vec{A} + (-\vec{B})$

範例 01:向量加法之計算

> The center of gravity of an object is located at the origin $(0,0,0)$ of a Cartesian coordinate system in space. The center of gravity of this object is subject to a force $\vec{F}_1$ in the $[5,2,-4]$ direction and another force $\vec{F}_2$ in the $[8,-6,5]$ direction. The magnitude of $\vec{F}_1$ is 6 Newton and that of $\vec{F}_2$ is 10 Newton.
> (a) (5%) What is the net force magnitude acting on the object?
> (b) (5%) In what direction is the net force?

中央電機所

解答：

利用向量加法公式　　$\vec{F}_1 + \vec{F}_2 = \vec{F}$

其中已知力的大小　　$|\vec{F}_1| = 6$，$|\vec{F}_2| = 10$

與方向 $\vec{F}_1$ 朝 $[5,2,-4]$ 方向，$\vec{F}_2$ 朝 $[8,-6,5]$ 方向

得向量　$\vec{F}_1 = |\vec{F}_1|\vec{n}_1 = 6 \cdot \left(\dfrac{5\vec{i} + 2\vec{j} - 4\vec{k}}{\sqrt{5^2 + 2^2 + 4^2}} \right) = \dfrac{2(5\vec{i} + 2\vec{j} - 4\vec{k})}{\sqrt{5}}$

及向量　$\vec{F}_2 = |\vec{F}_2|\vec{n}_2 = 10 \cdot \left(\dfrac{8\vec{i} - 6\vec{j} + 5\vec{k}}{\sqrt{8^2 + 6^2 + 5^2}} \right) = \dfrac{2(8\vec{i} - 6\vec{j} + 5\vec{k})}{\sqrt{5}}$

兩力之合力　$\vec{F}_1 + \vec{F}_2 = \dfrac{2(13\vec{i} - 4\vec{j} + \vec{k})}{\sqrt{5}}$

(a) 合力大小　　$|\vec{F}_1 + \vec{F}_2| = \dfrac{2}{\sqrt{5}}\sqrt{13^2 + 4^2 + 1^2} = \dfrac{2}{\sqrt{5}}\sqrt{186}$

(b) 其合力單位方向　$\vec{n} = \dfrac{13\vec{i} - 4\vec{j} + \vec{k}}{\sqrt{13^2 + 4^2 + 1}} = \dfrac{13\vec{i} - 4\vec{j} + \vec{k}}{\sqrt{186}}$

或朝 $[13,-4,1]$ 方向

※　　　　　※　　　　　※

第三節　兩向量點積(或內積)

　　兩向量間除合成特性之外，還有乘積之關係的物理量存在，亦即，功(Work)與力矩(Moment)之計算，惟其大小乘積值有些微差異，因此，分別以符號：「·」點積(Dot Product)與「×」叉積(Cross Product)表示，並分別定義如下：

已知要衡量一個力 F 對一物體作用，所作的功(Work)之大小，定義功計算式如下：

$$W = FS \qquad (4)$$

其中
　　W：外力所作的功。
　　F：作用在物體上之力，維持常數不變。
　　S：為物體在力 F 之方向，所移動之距離。

需要條件：
　　F 需大小不變，作用過程中維持常數，方向不變，且 F 與 S 方向相同。
　　若 F 作用在物體上之方向與 S 垂直，該體不會移動，因此 F 沒作功。
　　若 F 作用在物體上之方向與 S 夾角為 θ，則 F 在 S 方向的分量，為 $F\cos\theta$，此時

$$W = FS\cos\theta \qquad (5)$$

為方便記，將上式定義為兩向量之點積形式，即

$$W = \vec{F} \cdot \vec{S} = |\vec{F}||\vec{S}|\cos\theta$$

但是：作用在物體上之力，還是須維持常數不變。

已知兩非零向量 $\vec{A}, \vec{B}$ 之點積（Dot Product）或純量積（Scalar Product）或內積（Inner Product），定義如下：

$$\vec{A} \cdot \vec{B} = |\vec{A}||\vec{B}|\cos\theta \qquad (6)$$

其中 θ 為兩向量 $\vec{A}, \vec{B}$ 之夾角，$0 \leq \theta \leq \pi$。

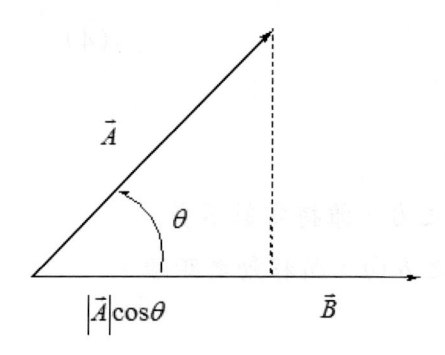

根據式(6)定義，兩向量點積 $\vec{A} \cdot \vec{B}$ 為一純量，並可推到出下列**向量點積特性**：

若 $\vec{A}, \vec{B}, \vec{C} \in V$，為非零向量，$r \in R$ 為非零實數，則兩向量 $\vec{A}, \vec{B}$ 之點積或內積滿足下列特性：

根據式(6)定義，$\vec{B} \cdot \vec{A} = |\vec{B}||\vec{A}|\cos\theta = |\vec{A}||\vec{B}|\cos\theta = \vec{A} \cdot \vec{B}$，稱為交換性，亦即

1. 交換性：$\vec{A} \cdot \vec{B} = \vec{B} \cdot \vec{A}$ \qquad (7)

已知 $\vec{A}, \vec{B}$ 為非零向量，若 $\vec{A} \cdot \vec{B} = 0$，則 $\cos\theta = 0$，即 $\theta = 90°$，兩向量垂直，表成 $\vec{A} \perp \vec{B}$，此時稱 $\vec{A}, \vec{B}$ 為正交向量(Orthogonal Vector)。意即，

2. 正交性： 若兩向量 $\vec{A}, \vec{B}$ 垂直，則 $\vec{A} \cdot \vec{B} = 0$ \qquad (8)

因此，從正交卡氏座標系統 $(\vec{i}, \vec{j}, \vec{k})$ 而言，得三座標軸兩兩垂直，即得

從式(8)，得

$$\vec{i}\cdot\vec{j}=0,\ \vec{j}\cdot\vec{k}=0,\ \vec{i}\cdot\vec{k}=0$$

又根據定義(6)得

$$\vec{i}\cdot\vec{i}=1,\ \vec{j}\cdot\vec{j}=1,\ \vec{k}\cdot\vec{k}=1$$

或可將以上六個向量方程式，表成一個張量方程式(Tensor Equation)，即

$$\vec{e}_i\cdot\vec{e}_j=\delta_{ij}=\begin{cases}1; & i=j\\0; & i\neq j\end{cases} \quad (9)$$

其中 $\vec{e}_1=\vec{i}$，$\vec{e}_2=\vec{j}$，$\vec{e}_3=\vec{k}$，δ_{ij} 為 kronecker Delta 函數，定義如下

$$\delta_{ij}=\begin{cases}1; & i=j\\0; & i\neq j\end{cases}。$$

又已知向量 $\vec{A}=A_1\vec{i}+A_2\vec{j}+A_3\vec{k}$ 及 $\vec{B}=B_1\vec{i}+B_2\vec{j}+B_3\vec{k}$，代入得向量點積之分量展開式，依乘法對加法分配律，及式(9)，得

3. 向量點積之分量形式如下：

$$\vec{A}\cdot\vec{B}=\left(A_1\vec{i}+A_2\vec{j}+A_3\vec{k}\right)\cdot\left(B_1\vec{i}+B_2\vec{j}+B_3\vec{k}\right)=A_1B_1+A_2B_2+A_3B_3 \quad (10)$$

最後，從定義式(6)，移項，得

$$\cos\theta=\frac{\vec{A}\cdot\vec{B}}{|\vec{A}||\vec{B}|}$$

其中　θ 為兩向量之夾角(Angle between two vectors)
計算時，須代入以及式(10)，得

4. 兩向量之夾角 θ

$$\cos\theta = \frac{\vec{A}\cdot\vec{B}}{|\vec{A}||\vec{B}|} = \frac{A_1B_1 + A_2B_2 + A_3B_3}{\sqrt{A_1^2+A_2^2+A_3^2}\sqrt{B_1^2+B_2^2+B_3^2}} \qquad (11)$$

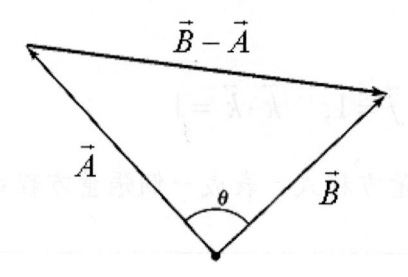

範例 02：點積之基本運算

(10%) Let two vectors $\vec{P}=(2,2,1)$ and $\vec{Q}=(1,-2,0)$. Calculate $\vec{P}\cdot\vec{Q}$

台大土木所 K

解答：二向量乘積

$$\vec{P}\cdot\vec{Q} = 2\times 1 + 2\times(-2) + 1\times 0 = -2$$

範例 03：兩直線夾角

The angle between the straight line of $\dfrac{x-1}{2} = \dfrac{y-2}{-1} = \dfrac{z-3}{2}$, and $\dfrac{x-3}{2} = \dfrac{y+2}{3} = \dfrac{z-1}{6}$ is _____.

解答：

已知兩向量夾角公式為 $\cos\theta = \dfrac{\vec{n}_1\cdot\vec{n}_2}{|\vec{n}_1||\vec{n}_2|}$

其中 $\vec{s}_1$ 為直線 $\dfrac{x-1}{2} = \dfrac{y-2}{-1} = \dfrac{z-3}{2}$ 之平行向量，

$$\vec{s}_1 = 2\vec{i} - \vec{j} + 2\vec{k}$$

其中 $\vec{s}_2$ 為直線 $\dfrac{x-3}{2} = \dfrac{y+2}{3} = \dfrac{z-1}{6}$ 之平行向量，

$$\vec{s}_2 = 2\vec{i} + 3\vec{j} + 6\vec{k}$$

代入得

$$\cos\theta = \frac{\vec{s}_1 \cdot \vec{s}_2}{|\vec{s}_1||\vec{s}_2|} = \frac{2\cdot 2 + (-1)\cdot(3) + 2\cdot 6}{\sqrt{9}\cdot\sqrt{49}} = \frac{13}{21}$$

夾角

$$\theta = \cos^{-1}\frac{13}{21}$$

第四節　兩向量叉積

已知兩向量間之點乘積，亦即，功(Work)之計算式，為

$$W = \vec{F} \cdot \vec{S} = |\vec{F}||\vec{S}|\cos\theta$$

其中 兩向量須同方向，其值最大。

但是力矩(Moment)之計算，亦即，轉動一個門，憑經驗知道，若力量與門垂直，其轉動越容易，亦即，兩向量須垂直方向，其力矩值才最大。因此，以符號：「×」叉積(Cross Product)來表示力矩之算法，並定義如下：

力矩(Moment，M)之定義：

旋轉門：逆時針與順時針。

$$M = F \cdot L$$

其中

M：旋轉之力矩大小。

L：為力 F 作用點離旋轉軸之距離。

F：作用在 L 上之力，且 F 必須與 L 垂直，因 F 與 L 同方向，則沒有旋轉效果。

若 F 與 L 夾一角度 θ，則

$$M = F \cdot L \sin\theta$$

因為，憑經驗知，門之旋轉有兩種，不是關上，就是打開門，因此數學上之處理，必須連帶考慮旋轉方向，因此將力矩表成向量表示式：（注意次序，因為它會影響旋轉方向，旋轉方向以順時針方向及逆時針方向來定義）

$$\vec{M} = \vec{L} \times \vec{F} = FL\sin\theta\,\vec{n}$$

其中三個向量，$\vec{L}, \vec{F}, \vec{n}$，以右手定則決定旋轉方向 $\vec{n}$。

表成一般向量數學式，亦即，兩向量 $\vec{A}, \vec{B}$ 之叉積定義，如下

$$\vec{A} \times \vec{B} = |\vec{A}||\vec{B}|\sin\theta\,\vec{n} \qquad (12)$$

其中 $\vec{n}$ 為右手定則決定，一般以逆時針為正。亦即，$\vec{A} \times \vec{B}$ 仍為一向量。

如圖：

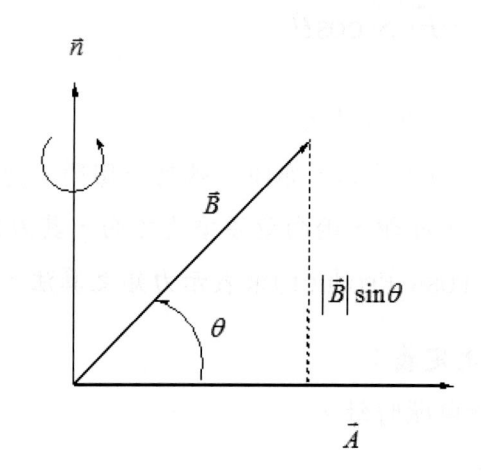

接著，根據定義式(12)，可推導初若干下列特性：

若已知 $\vec{A}, \vec{B}$ 為兩非零向量，$r \in R$ 為實常數，則兩向量 $\vec{A}, \vec{B}$ 之叉積次序對調，得

$$\vec{B} \times A = |\vec{B}||\vec{A}|\sin\theta\,(-\vec{n})$$

$$\vec{P}\times\vec{Q} = \begin{vmatrix} \vec{i} & \vec{j} & \vec{k} \\ 2 & 2 & 1 \\ 1 & -2 & 0 \end{vmatrix} = \vec{i}\begin{vmatrix} 2 & 1 \\ -2 & 0 \end{vmatrix} - \vec{j}\begin{vmatrix} 2 & 1 \\ 1 & 0 \end{vmatrix} + \vec{k}\begin{vmatrix} 2 & 2 \\ 1 & -2 \end{vmatrix} = 2\vec{i}+\vec{j}-6\vec{k}$$

範例 05：求單位垂直向量

Find the unit vector $(\vec{e})$ that is perpendicular to the plane determined by $\vec{A}=2\vec{i}-6\vec{j}-3\vec{k}$ and $\vec{B}=4\vec{i}+3\vec{j}-\vec{k}$

台大工數 K 土木

解答：單位垂直向量

平面之垂直向量　　$\vec{n} = \vec{A}\times\vec{B} = \begin{vmatrix} \vec{i} & \vec{j} & \vec{k} \\ 2 & -6 & -3 \\ 4 & 3 & -1 \end{vmatrix} = 15\vec{i}-10\vec{j}+30\vec{k}$

平面之單位垂直向量 $\vec{e} = \dfrac{\vec{A}\times\vec{B}}{|\vec{A}\times\vec{B}|} = \dfrac{3\vec{i}-2\vec{j}+6\vec{k}}{\sqrt{3^2+2^2+6^2}} = \dfrac{3}{7}\vec{i}-\dfrac{2}{7}\vec{j}+\dfrac{6}{7}\vec{k}$

範例 06：兩向量夾角

What (acute) angle does $\vec{A}=\vec{i}-2\vec{k}$ make with the normal to the plane containing the vectors $\vec{B}=\vec{j}-\vec{k}$ and $\vec{C}=\vec{i}+\vec{j}+\vec{k}$

交大土木己數學

解答：夾角

先求垂直向量

$$\vec{n} = \vec{B}\times\vec{C} = \begin{vmatrix} \vec{i} & \vec{j} & \vec{k} \\ 0 & 1 & -1 \\ 1 & 1 & 1 \end{vmatrix} = 2\vec{i}-\vec{j}-\vec{k}$$

先兩向量夾角

$$\cos\theta = \frac{\vec{A}\cdot\vec{n}}{|\vec{A}||\vec{n}|} = \frac{1\cdot 2 + 0\cdot(-1) + (-2)\cdot(-1)}{\sqrt{1+0+2^2}\sqrt{2^2+1+1}} = \frac{4}{\sqrt{30}}$$

範例 07

(10%) Find the area if the vertices are $(1,1,1) \cdot (4,4,4) \cdot (8,-3,14) \cdot (11,0,17)$

成大系統與船機電所

解答：

四頂點 $A:(1,1,1)$，$B:(4,4,4)$，$C:(8,-3,14)$，$D:(11,0,17)$ 為一四面體，故總面積為三個側面積與底面積之和，即 $A = A_1 + A_2 + A_3 + A_B$

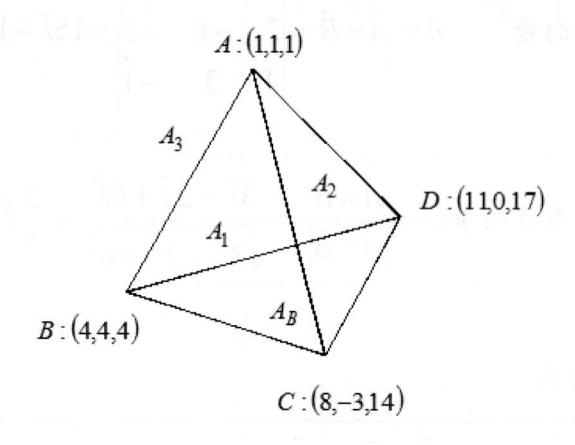

$$\overrightarrow{AB} \times \overrightarrow{AC} = \begin{vmatrix} \vec{i} & \vec{j} & \vec{k} \\ 3 & 3 & 3 \\ 7 & -4 & 13 \end{vmatrix} = 51\vec{i} - 18\vec{j} - 33\vec{k}$$

$$A_1 = \frac{1}{2}|\overrightarrow{AB} \times \overrightarrow{AC}| = \frac{1}{2}\sqrt{51^2 + 18^2 + 33^2} = \frac{1}{2}\sqrt{4014}$$

$$\overrightarrow{AC} \times \overrightarrow{AD} = \begin{vmatrix} \vec{i} & \vec{j} & \vec{k} \\ 7 & -4 & 13 \\ 10 & -1 & 16 \end{vmatrix} = -51\vec{i} + 18\vec{j} + 33\vec{k}$$

$$A_2 = \frac{1}{2}\left|\overrightarrow{AC} \times \overrightarrow{AD}\right| = \frac{1}{2}\sqrt{51^2 + 18^2 + 33^2} = \frac{1}{2}\sqrt{4014}$$

$$\overrightarrow{AD} \times \overrightarrow{AB} = \begin{vmatrix} \vec{i} & \vec{j} & \vec{k} \\ 10 & -1 & 16 \\ 3 & 3 & 3 \end{vmatrix} = -51\vec{i} + 18\vec{j} + 33\vec{k}$$

$$A_3 = \frac{1}{2}\left|\overrightarrow{AD} \times \overrightarrow{AB}\right| = \frac{1}{2}\sqrt{51^2 + 18^2 + 33^2} = \frac{1}{2}\sqrt{4014}$$

$$\overrightarrow{BC} \times \overrightarrow{BD} = \begin{vmatrix} \vec{i} & \vec{j} & \vec{k} \\ 4 & -1 & 10 \\ 7 & -4 & 13 \end{vmatrix} = 27\vec{i} + 18\vec{j} - 9\vec{k}$$

$$A_B = \frac{1}{2}\left|\overrightarrow{BC} \times \overrightarrow{BD}\right| = \frac{1}{2}\sqrt{27^2 + 18^2 + 9^2} = \frac{1}{2}\sqrt{1062}$$

$$A = \frac{3}{2}\sqrt{4014} + \frac{1}{2}\sqrt{1062}$$

範例 08：三角形面積

Compute the area of the triangle with the following three vertices：
$P(2,3,5)$、$Q(4,2,-1)$ and $R(3,6,4)$

台大工數 K 土木

解答：三角面積

$$\overrightarrow{PQ} = 2\vec{i} - \vec{j} - 6\vec{k}$$

$$\overrightarrow{PR} = \vec{i} + 3\vec{j} - \vec{k}$$

叉積 $$\overrightarrow{PQ} \times \overrightarrow{PR} = \begin{vmatrix} \vec{i} & \vec{j} & \vec{k} \\ 2 & -1 & -6 \\ 1 & 3 & -1 \end{vmatrix} = 19\vec{i} - 4\vec{j} + 7\vec{k}$$

三角形面積 $\Delta PQR = \dfrac{1}{2}\left|\overrightarrow{PQ}\times\overrightarrow{PR}\right| = \dfrac{1}{2}\sqrt{19^2+4^2+7^2} = \dfrac{\sqrt{426}}{2}$

第五節　三向量純量積

介紹完兩向量之點積與叉積之定義後，憑著這兩個基本式，可依序推導出，三個非零向量以及四向量或多向量之點積與叉積組合。

本節先推導三個非零向量 $\vec{A},\vec{B},\vec{C}$ 之點積與叉積組合中之三個向量純量積 (Triple Scalar Product)，

$$\vec{A}\cdot(\vec{B}\times\vec{C}) \text{ 或 } (\vec{A}\times\vec{B})\cdot\vec{C}$$

已知三非零向量 $\vec{A},\vec{B},\vec{C}$，先利用兩向量叉積 $\vec{B}\times\vec{C}$ 之運算行列式，為

$$\vec{B}\times\vec{C} = \begin{vmatrix} \vec{i} & \vec{j} & \vec{k} \\ B_1 & B_2 & B_3 \\ C_1 & C_2 & C_3 \end{vmatrix}$$

然後再利用兩向量點積 $\vec{A}\cdot(\vec{B}\times\vec{C})$，代入上式，得

可推得三向量純量積(The Triple Scalar Product)之計算公式，如下：

$$\vec{A}\cdot(\vec{B}\times\vec{C}) = (A_1\vec{i}+A_2\vec{j}+A_3\vec{k})\cdot\begin{vmatrix} \vec{i} & \vec{j} & \vec{k} \\ B_1 & B_2 & B_3 \\ C_1 & C_2 & C_3 \end{vmatrix}$$

上式乘積之非零項，為 $A_1\vec{i}\cdot\vec{i}=A_1$，同理，$A_2\vec{j}\cdot\vec{j}=A_2$ 及 $A_3\vec{k}\cdot\vec{k}=A_3$
最後得

$$\vec{A}\cdot(\vec{B}\times\vec{C}) = \begin{vmatrix} A_1 & A_2 & A_3 \\ B_1 & B_2 & B_3 \\ C_1 & C_2 & C_3 \end{vmatrix} \tag{13}$$

或

$$\vec{A}\cdot(\vec{B}\times\vec{C}) = A_1B_2C_3 + A_2B_3C_1 + A_3B_1C_2 - A_1B_3C_2 - A_2B_1C_3 - A_3B_2C_1$$

上式為一純量，故稱三向量純量積。

上式三個向量純量積可簡化寫法：

$$\vec{A}\cdot(\vec{B}\times\vec{C}) = \vec{A}\cdot\vec{B}\times\vec{C} \text{ 或 } \vec{A}\cdot(\vec{B}\times\vec{C}) = (\vec{A}\vec{B}\vec{C})$$

根據三個向量純量積計算式(13)，它為一個行列式，根據行列式之特性一：

「已知行列式中任意兩列元素相同，其行列式值為0」

得知若 $\vec{A},\vec{B},\vec{C}$ 中任兩個向量相同，則 $\vec{A}\cdot(\vec{B}\times\vec{C}) = 0$

如：$\vec{A}\cdot(\vec{B}\times\vec{A}) = \vec{C}\cdot(\vec{C}\times\vec{B}) = 0$。

根據行列式之特性二：

「已知行列式中任意兩列元素互換，其行列式值會差一負號」

亦即；若能互換偶數次，則其行列式值不變，根據此特性，可推得下列三個向量純量積之循環式成立：即

$$\vec{A}\cdot(\vec{B}\times\vec{C}) = \vec{C}\cdot(\vec{A}\times\vec{B}) = \vec{B}\cdot(\vec{C}\times\vec{A}) \tag{14}$$

三向量純量積之計算公式中，取絕對值，得

$$\left|\vec{A}\cdot(\vec{B}\times\vec{C})\right| = \vec{A}\cdot(|\vec{B}\times\vec{C}|\vec{n}) = |\vec{B}\times\vec{C}|(\vec{A}\cdot\vec{n}) = |\vec{A}||\vec{B}\times\vec{C}|\cos\theta$$

其中 $|\vec{B}\times\vec{C}| = \vec{B},\vec{C}$ 平面之平行四邊形面積，而 $(\vec{A}\cdot\vec{n}) = |\vec{A}|\cos\theta$ 為高，因此，得

三向量純量積之物理意義：(Volume of a parallelepiped and tetrahedron)，為

$$\left|\vec{A}\cdot(\vec{B}\times\vec{C})\right| = 以 \vec{A},\vec{B},\vec{C} 為稜邊之平行六面體體積。 \qquad (15)$$

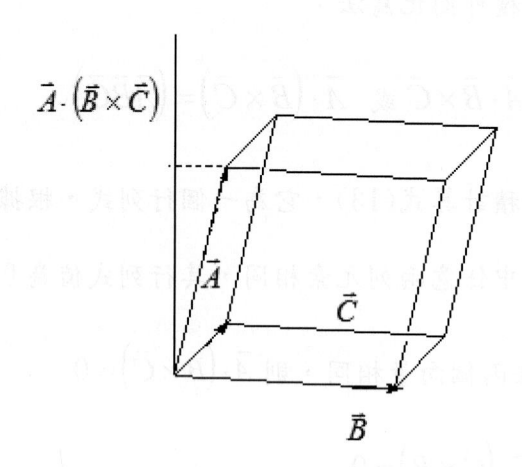

同理，若要求 $\vec{A}$，$\vec{B}$，$\vec{C}$ 為稜邊之四面體體積，則為

$$A = \frac{1}{6}\left|\vec{A}\cdot(\vec{B}\times\vec{C})\right| \qquad (16)$$

根據上式，若 $\vec{A},\vec{B},\vec{C}$ 為共平面，則其四面體體積為

$$\left|\vec{A}\cdot(\vec{B}\times\vec{C})\right| = 0 \qquad (17)$$

因此，上式也是三向量共平面的條件，也因此，平面為二維空間，因此贏面上之線性獨立向量最多只有兩個，其他平面上之任一向量，都可表成此兩線性獨立向量之線性組合。

因此，若滿足下列式子，

$$\vec{A} \cdot (\vec{B} \times \vec{C}) = 0$$

則 $\vec{A}$，$\vec{B}$，$\vec{C}$ 為共平面且線性相關(Linear Dependent)，反之，若

$$\vec{A} \cdot (\vec{B} \times \vec{C}) \neq 0$$

則 $\vec{A}$，$\vec{B}$，$\vec{C}$ 為不共平面且線性獨立(Linear Independent)。

範例 08 叉積之基本運算

$\vec{A} = \vec{i} + 2\vec{j} - 3\vec{k}$，$\vec{B} = \vec{i} + 2\vec{j}$，
(a) 求 $\vec{A} \cdot \vec{B}$ (b) 求 $\vec{A} \times \vec{B}$ 值 (c) $\vec{A} \cdot (\vec{A} \times \vec{B})$

中央物理所

解答：

已知 $\qquad \vec{A} = \vec{i} + 2\vec{j} - 3\vec{k}$，$\vec{B} = \vec{i} + 2\vec{j}$

點積之定義 $\qquad \vec{A} \cdot \vec{B} = A_1 B_1 + A_2 B_2 + A_3 B_3 = 1 + 4 = 5$

叉積之定義 $\qquad \vec{A} \times \vec{B} = \begin{vmatrix} \vec{i} & \vec{j} & \vec{k} \\ A_1 & A_2 & A_3 \\ B_1 & B_2 & B_3 \end{vmatrix} = \begin{vmatrix} \vec{i} & \vec{j} & \vec{k} \\ 1 & 2 & -3 \\ 1 & 2 & 0 \end{vmatrix} = 6\vec{i} - 3\vec{j}$

再點積得 $\qquad \vec{A} \cdot (\vec{A} \times \vec{B}) = 1 \cdot 6 + 2 \cdot (-3) + (-3) \cdot 0 = 0$

【方法二】利用恆等式 $\vec{A} \cdot (\vec{A} \times \vec{B}) = 0$

範例 09

There vectors are given by $\vec{a} = 3\vec{i} + 3\vec{j} - 2\vec{k}$，$\vec{b} = -\vec{i} - 4\vec{j} + 2\vec{k}$，$\vec{c} = 2\vec{i} + 2\vec{j} + \vec{k}$，求 $\vec{a} \cdot (\vec{b} \times \vec{c})$ (10%)

交大光電所

解答：

叉積計算式 $\vec{a}\cdot(\vec{b}\times\vec{c})=\begin{vmatrix} 3 & 3 & -2 \\ -1 & -4 & 2 \\ 2 & 2 & 1 \end{vmatrix}=-21$

範例10：給三向量之算法：純量積法

(10%) One corner of a rectangular parallelepiped is at $(-1,2,2)$, and three incident sides extended from this point to $(0,1,1)$、$(-4,6,8)$, and $(-3,-1,4)$. Please find the volume of this solid.

中興精密所工數

解答：六面體積

令 $A=(-1,2,2)$，$B=(0,1,1)$，$C=(-4,6,8)$，$D=(-3,-1,4)$

$\vec{a}=\overrightarrow{AB}=\vec{i}-\vec{j}-\vec{k}$

$\vec{b}=\overrightarrow{AC}=-3\vec{i}+4\vec{j}+6\vec{k}$

$\vec{c}=\overrightarrow{AD}=-2\vec{i}-3\vec{j}+2\vec{k}$

$\vec{a}\cdot(\vec{b}\times\vec{c})=\begin{vmatrix} 1 & -1 & -1 \\ -3 & 4 & 6 \\ -2 & -3 & 2 \end{vmatrix}=15$

平行六面體積 $V=|\vec{a}\cdot(\vec{b}\times\vec{c})|=15$

範例11

Given three vectors $\vec{v}_1=(1,1,1)$，$\vec{v}_2=(1,0,1)$ and $\vec{v}_3=(1,-1,0)$. Find the volume formed by these vectors. (10%)

成大工科所乙

解答：即四面體體積

$$V = \frac{1}{6}\vec{v}_1 \cdot (\vec{v}_2 \times \vec{v}_3) = \frac{1}{6}\begin{vmatrix} 1 & 1 & 1 \\ 1 & 0 & 1 \\ 1 & -1 & 0 \end{vmatrix} = \frac{1}{6}$$

範例 12：金字塔體積算法

(20%) 有一角錐體，底部在 xy 平面上之 $A:(-4,1)$，$B:(1,-3)$，$C:(5,1)$，$D:(2,6)$ 四個點，其頂點在空間座標為 $(1,1,5)$，求該四角錐之體積。

中興土木所丙組

解答：

四角錐之體積可由兩個四面體合成。

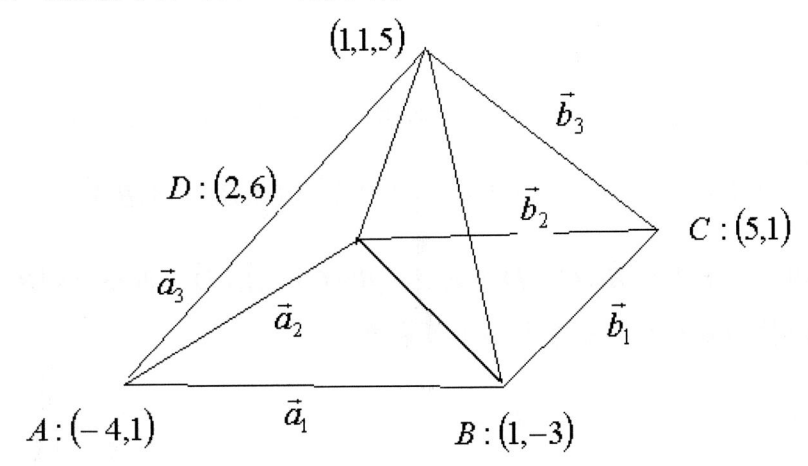

第一個四面體　　$\vec{a}_1$，$\vec{a}_2$，$\vec{a}_3$

$$V_1 = \frac{1}{6}\begin{vmatrix} 5 & -4 & 0 \\ 6 & 5 & 0 \\ 5 & 0 & 5 \end{vmatrix} = \frac{5}{6} \cdot 49 = \frac{245}{6}$$

第二個四面體　　$\vec{b}_1$，$\vec{b}_2$，$\vec{b}_3$

$$V_2 = \frac{1}{6}\begin{vmatrix} -4 & -4 & 0 \\ -3 & 5 & 0 \\ -4 & 0 & 5 \end{vmatrix} = \left|\frac{5}{6} \cdot (-32)\right| = \frac{160}{3}$$

四角錐之體積 $\quad V = V_1 + V_2 = \dfrac{245}{6} + \dfrac{160}{6} = \dfrac{135}{2}$

第六節　三向量向量積

　　三個非零向量 $\vec{A}, \vec{B}, \vec{C}$ 之點積與叉積組合中，除上節介紹的三向量純量積 (Triple Scalar Product) 之外，還有一個，三向量向量積 (Triple Vector Product)

$$\vec{A} \times (\vec{B} \times \vec{C}) \text{ 或 } (\vec{A} \times \vec{B}) \times \vec{C}$$

其展開式之推導，如下過程。

　　已知三非零向量 $\vec{A}, \vec{B}, \vec{C}$，利用已知兩向量叉積之分量展開式，為

$$\vec{A} \times \vec{B} = (A_2 B_3 - A_3 B_2)\vec{i} + (A_3 B_1 - A_1 B_3)\vec{j} + (A_1 B_2 - A_2 B_1)\vec{k}$$

為方便說明，令上式中 $\vec{B} \times \vec{C} = \vec{D}$，則 $\vec{A} \times (\vec{B} \times \vec{C}) = \vec{A} \times \vec{D}$，再令 $\vec{A} \times (\vec{B} \times \vec{C}) = \vec{E}$，因此，三向量向量積之 $\vec{i}$ 分量大小，可表為

$$\vec{A} \times (\vec{B} \times \vec{C}) = E_1 \vec{i} + E_2 \vec{j} + E_3 \vec{k}$$

首先計算 E_1 分量，利用兩向量叉積，$\vec{E} = \vec{A} \times \vec{D}$，得

$$E_1 = A_2 D_3 - A_3 D_2$$

其中，再利用兩向量叉積分量 $\vec{B} \times \vec{C} = \vec{D}$，其中 $\vec{D}$ 的兩分量 D_3, D_2 分別為

$$D_3 = B_1 C_2 - B_2 C_1 \text{ 及 } D_2 = B_3 C_1 - B_1 C_3$$

代回　E_1 分量，得

$$E_1 = A_2(B_1 C_2 - B_2 C_1) - A_3(B_3 C_1 - B_1 C_3)$$

乘開

$$E_1 = A_2 C_2 B_1 + A_3 C_3 B_1 - A_2 B_2 C_1 - A_3 B_3 C_1$$

整理得

$$E_1 = (A_2C_2 + A_3C_3)B_1 - (A_2B_2 + A_3B_3)C_1$$

上式中兩括號內分別加一項 A_1C_1，及 A_1B_1，湊成點積形式，但上式 E_1 中需先加一向 $A_1B_1C_1$，再減一項 $A_1B_1C_1$，得恆等式

$$E_1 = A_1C_1B_1 + (A_2C_2 + A_3C_3)B_1 - A_1B_1C_1 - (A_2B_2 + A_3B_3)$$

整理得

$$E_1 = (A_1C_1 + A_2C_2 + A_3C_3)B_1 - (A_1B_1 + A_2B_2 + A_3B_3)C_1$$

或表成

$$E_1 = (\vec{A}\cdot\vec{C})B_1 - (\vec{A}\cdot\vec{B})C_1$$

同理，可得三向量向量積之 $\vec{j}$ 與 $\vec{k}$ 分量大小，為

$$E_2 = (\vec{A}\cdot\vec{C})B_2 - (\vec{A}\cdot\vec{B})C_2$$

及

$$E_3 = (\vec{A}\cdot\vec{C})B_3 - (\vec{A}\cdot\vec{B})C_3$$

最後得證 $\quad \vec{A}\times(\vec{B}\times\vec{C}) = \vec{B}(\vec{A}\cdot\vec{C}) - \vec{C}(\vec{A}\cdot\vec{B}) \qquad (18)$

【速記法】

（前項減後項）

$$\vec{A}\times(\vec{B}\times\vec{C}) = \vec{B}(\vec{A}\cdot\vec{C}) - \vec{C}(\vec{A}\cdot\vec{B})$$

（內項減外項）

$$(\vec{A}\times\vec{B})\times\vec{C} = (\vec{A}\cdot\vec{C})\vec{B} - (\vec{B}\cdot\vec{C})\vec{A}$$

範例 12

(10%) 若向量 $\vec{a} = [1,8,0]$，$\vec{b} = [3,2,7]$，$\vec{c} = [6,5,-4]$，求

(a) $\vec{a} \times (\vec{b} \times \vec{c})$ (b) $(\vec{a} \times \vec{b}) \times \vec{c}$

中興水保甲-工程數學

解答：

$\vec{a} \times (\vec{b} \times \vec{c}) = (\vec{a} \cdot \vec{c})\vec{b} - (\vec{a} \cdot \vec{b})\vec{c}$

$\vec{a} \cdot \vec{b} = 3 + 16 = 19$，$\vec{b} = [3, 2, 7]$，$\vec{c} = [6, 5, -4]$

$\vec{a} \cdot \vec{c} = 6 + 40 = 46$

$\vec{a} \times (\vec{b} \times \vec{c}) = 46\vec{b} - 19\vec{c}$

範例 13

下列何者為真？
(A) $(\vec{A} \times \vec{B}) \cdot \vec{C} = (\vec{B} \times \vec{C}) \cdot \vec{A}$
(B) $(\vec{A} \times \vec{B}) \times \vec{C} = (\vec{A} \cdot \vec{C})\vec{B} - (\vec{C} \cdot \vec{B})\vec{A}$
(C) $(\vec{A} \times \vec{C}) \cdot \vec{B} = (\vec{A} \times \vec{B}) \cdot \vec{C}$
(D) $(\vec{A} \times \vec{C}) \times \vec{B} = (\vec{B} \cdot \vec{C})\vec{A} - (\vec{A} \cdot \vec{B})\vec{C}$
(E) 以上皆不正確

中山機械所

解答：(A) (B) 為真

其他應修正如下：
(C) $(\vec{A} \times \vec{C}) \cdot \vec{B} = (\vec{C} \times \vec{B}) \cdot \vec{A}$
(D) $(\vec{A} \times \vec{C}) \times \vec{B} = (\vec{A} \cdot \vec{B})\vec{C} - (\vec{B} \cdot \vec{C})\vec{A}$

範例 14

下列何者為真？
(A) $\vec{A} \times \vec{B} = -\vec{B} \times \vec{A}$
(B) $(\vec{A} \times \vec{B}) \cdot \vec{C} = \vec{A} \cdot (\vec{B} \times \vec{C})$
(C) $(\vec{A} \times \vec{B}) \times \vec{C} = (\vec{A} \cdot \vec{C})\vec{B} - (\vec{C} \cdot \vec{B})\vec{A}$

(D) $\vec{A} \times (\vec{B} \times \vec{C}) = (\vec{A} \times \vec{B}) \times \vec{C}$

(E) $\vec{A} \times (\vec{B} \times \vec{C}) = (\vec{A} \cdot \vec{C})\vec{B} + (\vec{A} \cdot \vec{B})\vec{C}$

〔台大工工所〕

解答：(A)(B)(C) 為真

其他應修正如下：

(D) $\vec{A} \times (\vec{B} \times \vec{C}) = (\vec{C} \times \vec{B}) \times \vec{A}$

(E) $\vec{A} \times (\vec{B} \times \vec{C}) = (\vec{A} \cdot \vec{C})\vec{B} - (\vec{A} \cdot \vec{B})\vec{C}$

範例 15

There vectors are given by $\vec{a} = 3\vec{i} + 3\vec{j} - 2\vec{k}$，$\vec{b} = -\vec{i} - 4\vec{j} + 2\vec{k}$，$\vec{c} = 2\vec{i} + 2\vec{j} + \vec{k}$，求 $\vec{a} \times (\vec{b} \times \vec{c})$（10%）

〔交大光電所〕

解答：

叉積計算式

【方法一】：

$$\vec{b} \times \vec{c} = \begin{vmatrix} \vec{i} & \vec{j} & \vec{k} \\ -1 & -4 & 2 \\ 2 & 2 & 1 \end{vmatrix} = -8\vec{i} + 5\vec{j} + 6\vec{k}$$

$$\vec{a} \times (\vec{b} \times \vec{c}) = \begin{vmatrix} \vec{i} & \vec{j} & \vec{k} \\ 3 & 3 & -2 \\ -8 & 5 & 6 \end{vmatrix} = 28\vec{i} - 2\vec{j} + 39\vec{k}$$

$$\vec{a} \times (\vec{b} \times \vec{c}) = 28\vec{i} - 2\vec{j} + 39\vec{k}$$

【方法二】：利用公式 $\vec{a} \times (\vec{b} \times \vec{c}) = (\vec{a} \cdot \vec{c})\vec{b} - (\vec{a} \cdot \vec{b})\vec{c}$

$$\vec{a} \times (\vec{b} \times \vec{c}) = 10\vec{b} - (-19)\vec{c}$$

$$\vec{a} \times (\vec{b} \times \vec{c}) = (-10\vec{i} - 40\vec{j} + 20\vec{k}) + (38\vec{i} + 38\vec{j} + 19\vec{k})$$

$$\vec{a} \times (\vec{b} \times \vec{c}) = 28\vec{i} - 2\vec{j} + 39\vec{k}$$

範例 16

(10%) An unknown vector $\vec{x}$ satisfies the relations: $\vec{x} \cdot \vec{b} = \beta$ and $\vec{x} \times \vec{b} = \vec{c}$. Try to express $\vec{x}$ in terms of $\beta, \vec{b}$ and $\vec{c}$.

清大物理所

解答：

已知 $\qquad \vec{x} \times \vec{b} = \vec{c}$

與 $\vec{b}$ 叉積 $\qquad \vec{b} \times (\vec{x} \times \vec{b}) = \vec{b} \times \vec{c}$

展開 $\qquad (\vec{b} \cdot \vec{b})\vec{x} - (\vec{b} \cdot \vec{x})\vec{b} = \vec{b} \times \vec{c}$

代入 $\vec{x} \cdot \vec{b} = \beta \qquad (\vec{b} \cdot \vec{b})\vec{x} - \beta \vec{b} = \vec{b} \times \vec{c}$

移項得 $\qquad \vec{x} = \dfrac{\beta \vec{b} + \vec{b} \times \vec{c}}{\vec{b} \cdot \vec{b}} = \dfrac{\beta}{|\vec{b}|^2} \vec{b} + \dfrac{1}{|\vec{b}|^2} \vec{b} \times \vec{c}$

範例 17

試使用幾何向量運算特性，避免使用向量分量，將下式定義之 $\vec{J}$ 以 κ，$\vec{E}$ 及 $\vec{B}$ 向量表示，其中 $\vec{J} = \vec{E} - \kappa \vec{J} \times \vec{B}$

台大機械所

【解答】

已知 $\qquad \vec{J} = \vec{E} - \kappa \vec{J} \times \vec{B}$

對 $\vec{B}$ 叉積，得 $\qquad \vec{J} \times \vec{B} = \vec{E} \times \vec{B} - \kappa (\vec{J} \times \vec{B}) \times \vec{B}$

或 $\qquad \vec{J} \times \vec{B} = \vec{E} \times \vec{B} + \kappa \vec{B} \times (\vec{J} \times \vec{B})$

最後一項三向量積公式代入得

$$\vec{J} \times \vec{B} = \vec{E} \times \vec{B} + \kappa (\vec{B} \cdot \vec{B})\vec{J} - \kappa (\vec{J} \cdot \vec{B})\vec{B} \quad (1)$$

原式在對 $\vec{B}$ 點積，得 $\quad \vec{J}\cdot\vec{B} = \vec{E}\cdot\vec{B} - \kappa\left(\vec{J}\times\vec{B}\right)\cdot\vec{B}$

其中 $\quad\left(\vec{J}\times\vec{B}\right)\cdot\vec{B} = 0$

故得 $\quad \vec{J}\cdot\vec{B} = \vec{E}\cdot\vec{B}$

代入式(1) 中得 $\quad \vec{J}\times\vec{B} = \vec{E}\times\vec{B} + \kappa\left(\vec{B}\cdot\vec{B}\right)\vec{J} - \kappa\left(\vec{E}\cdot\vec{B}\right)\vec{B}$

再代回原式

$$\vec{J} = \vec{E} - \kappa\,\vec{J}\times\vec{B} = \vec{E} - \kappa\left(\vec{E}\times\vec{B} + \kappa\left(\vec{B}\cdot\vec{B}\right)\vec{J} - \kappa\left(\vec{E}\cdot\vec{B}\right)\vec{B}\right)$$

整理得 $\quad \vec{J} = \vec{E} - \kappa\vec{E}\times\vec{B} - \kappa^2\,B^2\vec{J} + \kappa^2\left(\vec{E}\cdot\vec{B}\right)\vec{B}$

移項 $\quad \vec{J} + \kappa^2\,B^2\vec{J} = \vec{E} - \kappa\vec{E}\times\vec{B} + \kappa^2\left(\vec{E}\cdot\vec{B}\right)\vec{B}$

最後得 $\quad \vec{J} = \dfrac{\vec{E} - \kappa\vec{E}\times\vec{B} + \kappa^2\left(\vec{E}\cdot\vec{B}\right)\vec{B}}{1 + \kappa^2\,B^2}$

第七節　點積與叉積有關之定律

　　以上所介紹的兩向量與三向量之乘積，可整理為向量運算的五大基本公式，當作以後各章向量為分法則之推導基本公式。

　　本節再利用兩向量之點積與叉積為基礎，其所衍伸出來之定理，整理推導如下，以便記憶。

1. 餘弦定律（Cosine Law）與畢氏定理：

　　「若三角形三邊邊長分別為，a,b,c，則其長度間之關係滿足下式：

　　$c^2 = a^2 + b^2 - 2ab\cos\theta$」. (19)

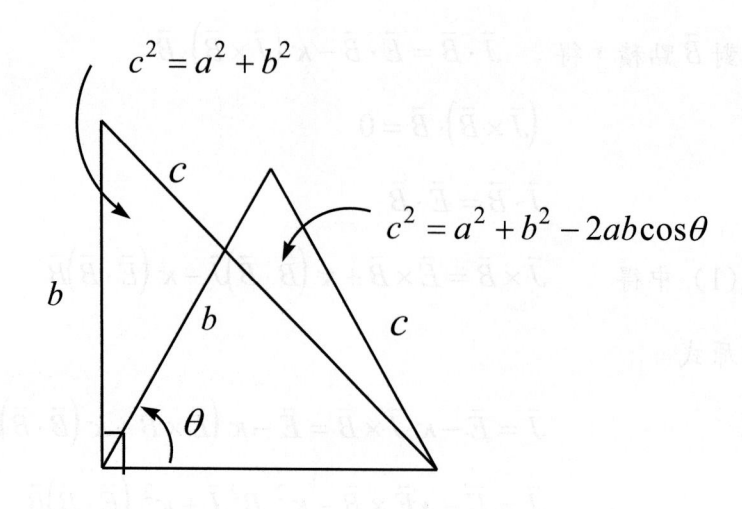

【證明】

已知三角形三邊長分別為 a,b,c，其所對應之向量分別為 $\vec{A},\vec{B},\vec{C}$，依向量三角形加法法則，得 $\vec{A}=\vec{B}+\vec{C}$

移項 $\vec{C}=\vec{A}-\vec{B}$

依點積定義 $\vec{C}\cdot\vec{C}=(\vec{A}-\vec{B})\cdot(\vec{A}-\vec{B})=\vec{A}\cdot\vec{A}-2\vec{A}\cdot\vec{B}+\vec{B}\cdot\vec{B}$

代入 Norm，得 $|\vec{C}|^2=|\vec{A}|^2+|\vec{B}|^2-2|\vec{A}||\vec{B}|\cos\theta$

得證 $c^2=a^2+b^2-2ab\cos\theta$

【分析】若 $\theta=\dfrac{\pi}{2}$ 時，得證畢氏定理：$c^2=a^2+b^2$

2. 正弦定律(Cosine Law)或拉密定理：

「若已知三角形三邊長分別為 a,b,c，其每邊長所對應之內角，分別為 α,β,γ，則每邊長與其所對應之內角正弦成比例，意即：$\dfrac{\sin\alpha}{a}=\dfrac{\sin\beta}{b}=\dfrac{\sin\gamma}{c}$」
(20)

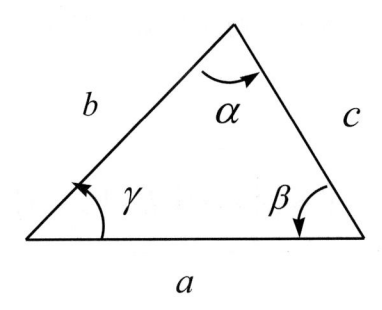

【證明】

　　已知三角形三邊長分別為 a,b,c，其所對應之向量分別為 $\vec{A},\vec{B},\vec{C}$，由三角形面積為任兩邊之叉積特性知，三角形面積為

$$\Delta = \frac{1}{2}\left|\vec{A}\times\vec{B}\right| = \frac{1}{2}\left|\vec{B}\times\vec{C}\right| = \frac{1}{2}\left|\vec{C}\times\vec{A}\right|$$

代入定義　　$\Delta = \frac{1}{2}a\cdot b\cdot\sin\gamma = \frac{1}{2}b\cdot c\cdot\sin\alpha = \frac{1}{2}c\cdot a\cdot\sin\beta$

同除 $\frac{1}{2}a\cdot b\cdot c$，得

$$\frac{\frac{1}{2}a\cdot b\cdot\sin\gamma}{\frac{1}{2}a\cdot b\cdot c} = \frac{\frac{1}{2}b\cdot c\cdot\sin\alpha}{\frac{1}{2}a\cdot b\cdot c} = \frac{\frac{1}{2}c\cdot a\cdot\sin\beta}{\frac{1}{2}a\cdot b\cdot c}$$

得證　　$\dfrac{\sin\alpha}{a} = \dfrac{\sin\beta}{b} = \dfrac{\sin\gamma}{c}$

3. 三向量純量積與向量積之循環特性：

(1) 三向量純量積循環特性：

$$\vec{A}\cdot(\vec{B}\times\vec{C}) = \vec{C}\cdot(\vec{A}\times\vec{B}) = \vec{B}\cdot(\vec{C}\times\vec{A})$$

(2) 三向量向量積循環特性：又稱 Jacobi 恆等式

將三向量之向量積中三向量照順時針繞一圈後之和，得 Jacobi 恆等式，即

$$\vec{A}\times(\vec{B}\times\vec{C})+\vec{C}\times(\vec{A}\times\vec{B})+\vec{B}\times(\vec{C}\times\vec{A})=0 \qquad (21)$$

中央物理所

【證明】

利用三向量之有向積公式，得

$$\vec{A}\times(\vec{B}\times\vec{C})=\vec{B}(\vec{A}\cdot\vec{C})-\vec{C}(\vec{A}\cdot\vec{B})$$

及

$$\vec{B}\times(\vec{C}\times\vec{A})=\vec{C}(\vec{A}\cdot\vec{B})-\vec{A}(\vec{B}\cdot\vec{C})$$

與

$$\vec{C}\times(\vec{A}\times\vec{B})=\vec{A}(\vec{B}\cdot\vec{C})-\vec{B}(\vec{A}\cdot\vec{C})$$

將上述三式相加，右邊六項剛好抵消，得證

$$\vec{A}\times(\vec{B}\times\vec{C})+\vec{B}\times(\vec{C}\times\vec{A})+\vec{C}\times(\vec{A}\times\vec{B})=0$$

4. Lagrange 恆等式：兩向量之叉積與點積之關係式：

$$(\vec{A}\times\vec{B})\cdot(\vec{A}\times\vec{B})=(\vec{A}\cdot\vec{A})(\vec{B}\cdot\vec{B})-(\vec{A}\cdot\vec{B})^2 \qquad (22)$$

交大土木己數學

【證明】

依定義 $\vec{A}\times\vec{B}=|\vec{A}||\vec{B}|\sin\theta\,\vec{n}$，取其大小之平方，得

$$|\vec{A}\times\vec{B}|^2=(|\vec{A}||\vec{B}|\sin\theta)^2=|\vec{A}|^2|\vec{B}|^2\sin^2\theta$$

利用三角恆等式，$\sin^2\theta=1-\cos^2\theta$

代入
$$|\vec{A}\times\vec{B}|^2 = |\vec{A}|^2|\vec{B}|^2(1-\cos^2\theta)$$

或
$$|\vec{A}\times\vec{B}|^2 = |\vec{A}|^2|\vec{B}|^2 - |\vec{A}|^2|\vec{B}|^2\cos^2\theta$$

再利用點積定義
$$\vec{A}\cdot\vec{B} = |\vec{A}||\vec{B}|\cos\theta$$

代入得
$$|\vec{A}\times\vec{B}|^2 = |\vec{A}|^2|\vec{B}|^2 - (|\vec{A}||\vec{B}|\cos\theta)^2$$

得證
$$|\vec{A}\times\vec{B}|^2 = (\vec{A}\times\vec{B})\cdot(\vec{A}\times\vec{B}) = (\vec{A}\cdot\vec{A})(\vec{B}\cdot\vec{B}) - (\vec{A}\cdot\vec{B})^2$$

5. Genaralized Lagrange 恆等式：四向量之純量積公式

$$\boxed{(\vec{A}\times\vec{B})\cdot(\vec{C}\times\vec{D}) = (\vec{A}\cdot\vec{C})(\vec{B}\cdot\vec{D}) - (\vec{B}\cdot\vec{C})(\vec{A}\cdot\vec{D})} \quad (23)$$

電機高考、台大材研所

【證明】

令
$$\vec{R} = \vec{A}\times\vec{B}$$

代入得
$$(\vec{A}\times\vec{B})\cdot(\vec{C}\times\vec{D}) = \vec{R}\cdot(\vec{C}\times\vec{D})$$

利用三向量純量積循環特性，得

$$(\vec{A}\times\vec{B})\cdot(\vec{C}\times\vec{D}) = \vec{R}\cdot(\vec{C}\times\vec{D}) = \vec{C}\cdot(\vec{D}\times\vec{R})$$

或 $\vec{R} = \vec{A}\times\vec{B}$ 代回，得

$$(\vec{A}\times\vec{B})\cdot(\vec{C}\times\vec{D}) = \vec{C}\cdot(\vec{D}\times(\vec{A}\times\vec{B}))$$

再利用三向量之有向積，$\vec{D}\times(\vec{A}\times\vec{B}) = (\vec{B}\cdot\vec{D})\vec{A} - (\vec{A}\cdot\vec{D})\vec{B}$，得

$$(\vec{A}\times\vec{B})\cdot(\vec{C}\times\vec{D}) = \vec{C}\cdot[(\vec{B}\cdot\vec{D})\vec{A} - (\vec{A}\cdot\vec{D})\vec{B}]$$

乘開，可得證

$$(\vec{A}\times\vec{B})\cdot(\vec{C}\times\vec{D})=(\vec{A}\cdot\vec{C})(\vec{B}\cdot\vec{D})-(\vec{B}\cdot\vec{C})(\vec{A}\cdot\vec{D})$$

上式結果,令 $\vec{C}=\vec{A}$ 及 $\vec{D}=\vec{B}$,代入得 Lagrange 恆等式

$$(\vec{A}\times\vec{B})\cdot(\vec{A}\times\vec{B})=(\vec{A}\cdot\vec{A})(\vec{B}\cdot\vec{B})-(\vec{A}\cdot\vec{B})^2$$

故上式又稱為廣義 Lagrange 恆等式

6. 四向量向量積:

$$(\vec{A}\times\vec{B})\times(\vec{C}\times\vec{D})=(\vec{D}\cdot(\vec{A}\times\vec{B}))\vec{C}-(\vec{C}\cdot(\vec{A}\times\vec{B}))\vec{D} \quad (24)$$

【證明】

令 $\vec{R}=\vec{A}\times\vec{B}$

代入 $(\vec{A}\times\vec{B})\times(\vec{C}\times\vec{D})=\vec{R}\times(\vec{C}\times\vec{D})$

利用三向量向量積公式,得

$$(\vec{A}\times\vec{B})\times(\vec{C}\times\vec{D})=(\vec{D}\cdot\vec{R})\vec{C}-(\vec{C}\cdot\vec{R})\vec{D}$$

再將 $\vec{R}=\vec{A}\times\vec{B}$,代回可得證

$$(\vec{A}\times\vec{B})\times(\vec{C}\times\vec{D})=(\vec{D}\cdot(\vec{A}\times\vec{B}))\vec{C}-(\vec{C}\cdot(\vec{A}\times\vec{B}))\vec{D}$$

範例 18:

If $\vec{A},\vec{B},\vec{C},\vec{D}$ are coplanar, show that $(\vec{A}\times\vec{B})\times(\vec{C}\times\vec{D})=0$

〔交大土木所〕

【證明】

令 $\vec{R}=\vec{A}\times\vec{B}$

代入 $(\vec{A}\times\vec{B})\times(\vec{C}\times\vec{D})=\vec{R}\times(\vec{C}\times\vec{D})$

利用三向量向量積公式，得

$$(\vec{A}\times\vec{B})\times(\vec{C}\times\vec{D})=(\vec{D}\cdot\vec{R})\vec{C}-(\vec{C}\cdot\vec{R})\vec{D}$$

代入 $(\vec{A}\times\vec{B})\times(\vec{C}\times\vec{D})=(\vec{D}\cdot(\vec{A}\times\vec{B}))\vec{C}-(\vec{C}\cdot(\vec{A}\times\vec{B}))\vec{D}$

因已知 $\vec{A},\vec{B},\vec{C},\vec{D}$ 共平面，故得 $\vec{D}\cdot(\vec{A}\times\vec{B})=0$ 及 $\vec{C}\cdot(\vec{A}\times\vec{B})=0$

代入上式得證 $(\vec{A}\times\vec{B})\times(\vec{C}\times\vec{D})=0$

第八節　向量點積與叉積之應用(空間解析幾何)

　　空間中之幾何圖形，最基本之三元素，分別為點、線、面三個，其方程式表示式，以及點、線、面三者間之相對關係，將分成下列五大部分再本節介紹：
1. 直線方程式
2. 平面方程式
3. 點到線最短距離：含兩平行線最短距離(相交、歪斜)
4. 點到面最短距離：含兩平行面最短距離、一線到平面最短距離
5. 歪斜線最短距離

空間中之曲線與曲面，其方程式表示及其特性，不在此章討論，將於下兩章中再分別介紹。

第九節　空間直線方程式

　　抬頭仰望天空，有機會看到國際航線之飛機，在天空中拉出一條白色直線軌跡，此軌跡為空間中直線，要表示出此直線方程式(Parameter Equation of a Line in Space)，至少(也是至多)需要下兩條件即可，亦即
已知
　　(1) 此直線通過空間任一點座標，令其為 $P:(x_0,y_0,z_0)$，

(2) 與直線相同之方向平行向量(parallel direction) $\vec{S} = a\vec{i} + b\vec{j} + c\vec{k}$

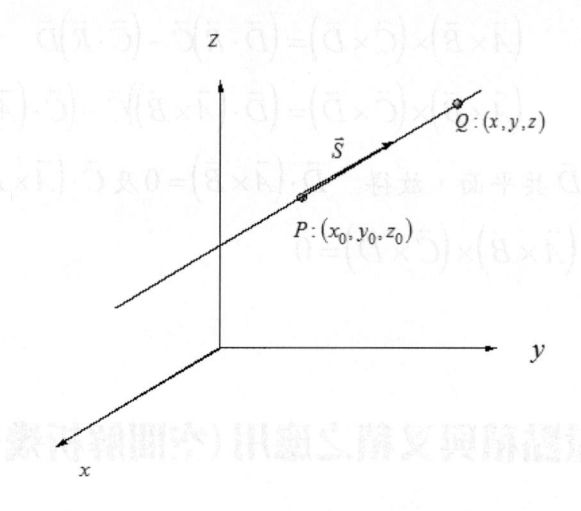

則取此直線上除 P 點外任一點，假設其為 $Q(x, y, z)$ 為其餘線上點所成集合，得

$$\overrightarrow{PQ} = (x - x_0)\vec{i} + (y - y_0)\vec{j} + (z - z_0)\vec{k}$$

上式與平行向量 $\vec{S} = a\vec{i} + b\vec{j} + c\vec{k}$ 方向相同，亦即 $\overrightarrow{PQ} // \vec{S}$，則其兩向量之分量會成比例，即得直線方程式為

$$\frac{x - x_0}{a} = \frac{y - y_0}{b} = \frac{z - z_0}{c} \tag{25}$$

或令上式等於 t，可得空中直線之參數方程式 (Parameter Equation)：

$$x = at + x_0 \,,\, y = bt + y_0 \,,\, z = ct + z_0 \tag{26}$$

範例 19

(8%) Find the angle between the lines：
$x = 1 + 5t \,,\, y = 2 - 3t \,,\, z = -1 + 3t$
And
$x = 5 - 2p \,,\, y = 4p \,,\, z = 6 + 2p$
Where they intersect.

中興精密所

解答：

已知直線　　　　　$x = 1+5t$，$y = 2-3t$，$z = -1+3t$

平行向量　　　　　$\vec{s}_1 = 5\vec{i} - 3\vec{j} + 3\vec{k}$

已知直線　　　　　$x = 5-2p$，$y = 4p$，$z = 6+2p$

平行向量　　　　　$\vec{s}_2 = -2\vec{i} + 4\vec{j} + 2\vec{k}$

夾角　　　　　$\cos\theta = \dfrac{\vec{s}_1 \cdot \vec{s}_2}{|\vec{s}_1|\cdot|\vec{s}_2|} = \dfrac{-10-12+6}{\sqrt{5^2+3^2+3^2}\sqrt{2^2+4^2+2^2}}$

$\theta = \cos^{-1}\left(\dfrac{-16}{\sqrt{43}\sqrt{24}}\right)$

範例 20

Two lines L_1 and L_2 are given respectively by parametric equations:
$x = 1+6t, y = 2-4t, z = -1+3t$　and　$x = 4-3p, y = 2p, z = 4p-5$
the parameters t and p vary over all real values. Please calculate the angle between these two lines.

成大製造所

解答：

已知 L_1　　　　$x = 1+6t, y = 2-4t, z = -1+3t$

平行方向　　　　$\vec{s}_1 = 6\vec{i} - 4\vec{j} + 3\vec{k}$

已知 L_2　　　　$x = 4-3p, y = 2p, z = 4p-5$

平行方向　　　　$\vec{s}_2 = -3\vec{i} + 2\vec{j} + 4\vec{k}$

夾角　　　　　$\cos\theta = \dfrac{\vec{s}_1 \cdot \vec{s}_2}{|\vec{s}_1|\cdot|\vec{s}_2|} = \dfrac{-14}{\sqrt{61}\sqrt{29}}$

範例 21　直線方程式之兩點式

(5%)　求通過點 $A(1,-2,4)$ 與點 $B(6,1,1)$ 之直線參數式。

成大製造所工數

解答：

直線方程為 $\dfrac{x-x_1}{x_2-x_1}=\dfrac{y-y_1}{y_2-y_1}=\dfrac{z-z_1}{z_2-z_1}$

得　$\dfrac{x-1}{6-1}=\dfrac{y+2}{1+2}=\dfrac{z-4}{1-4}$

$\dfrac{x-1}{5}=\dfrac{y+2}{3}=\dfrac{z-4}{-3}$

第十節　空間平面方程式

要決定通過空間之一平面方程式(Standard Equation of a plane in Space)，需要知道下列條件：

已知 (1) 平面通過點 $P:(x_0,y_0,z_0)$
　　 (2) 與平面垂直的向量　　$\vec{N}=a\vec{i}+b\vec{j}+c\vec{k}$

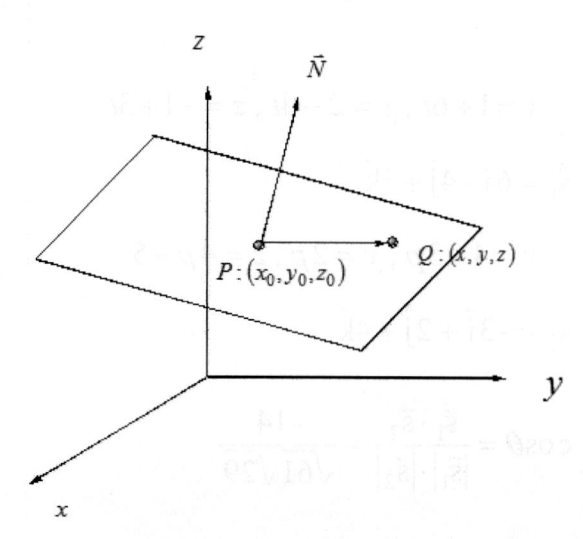

取此平面上除 P 點外任一點，假設其為 $Q(x,y,z)$ 為其餘平面上點所成集合，得

$$\overrightarrow{PQ} = (x-x_0)\vec{i} + (y-y_0)\vec{j} + (z-z_0)\vec{k}$$

上式與平面垂直向量 $\vec{N} = a\vec{i} + b\vec{j} + c\vec{k}$ 方向垂直，亦即 $\overrightarrow{PQ} \perp \vec{N}$，則其兩向量之點積為

$$\overrightarrow{PQ} \cdot \vec{N} = [(x-x_0)\vec{i} + (y-y_0)\vec{j} + (z-z_0)\vec{k}] \cdot (a\vec{i} + b\vec{j} + c\vec{k}) = 0$$

得其平面方程式為

$$a(x-x_0) + b(y-y_0) + c(z-z_0) = 0$$

或 $\quad ax + by + cz = d(= ax_0 + by_0 + cz_0)$

範例 22

求取通過下面三點的平面方程式
$(1,6,1)$、$(9,1,-31)$、$(-5,-2,25)$

交大土木所丁

解答：

已知 P: $(1,6,1)$ 及 Q: $(9,1,-31)$，得 $\vec{A} = \overrightarrow{PQ} = 8\vec{i} - 5\vec{j} - 32\vec{k}$

已知 P: $(1,6,1)$ 及 R: $(-5,-2,25)$，得 $\vec{B} = \overrightarrow{PR} = -6\vec{i} - 8\vec{j} + 24\vec{k}$

平面之垂直向量為 $\quad \vec{n} = \vec{A} \times \vec{B} = \begin{vmatrix} \vec{i} & \vec{j} & \vec{k} \\ 8 & -5 & -32 \\ -6 & -8 & 24 \end{vmatrix} = -376\vec{i} - 94\vec{k}$

代入平面方程式 $\quad 376(x-1) + 94(z-1) = 0$

或 $\quad\quad\quad\quad\quad\quad 376x + 94z = 470$

$\quad\quad\quad\quad\quad\quad\quad\quad 4x + z = 5$

【方法二】

$$\begin{vmatrix} x-x_1 & y-y_1 & z-z_1 \\ x_2-x_1 & y_2-y_1 & z_2-z_1 \\ x_3-x_1 & y_3-y_1 & z_3-z_1 \end{vmatrix} = 0$$

代入得

$$\begin{vmatrix} x-1 & y-6 & z-1 \\ 9-1 & 1-6 & -31-1 \\ -5-1 & -2-6 & 25-1 \end{vmatrix} = \begin{vmatrix} x-1 & y-6 & z-1 \\ 8 & -5 & -32 \\ -6 & -8 & 24 \end{vmatrix} = 0$$

得 $-376x - 94z + 470 = 0$

$$4x + z = 5$$

【方法三】

$$\begin{vmatrix} x & y & z & 1 \\ x_1 & y_1 & z_1 & 1 \\ x_2 & y_2 & z_2 & 1 \\ x_3 & y_3 & z_3 & 1 \end{vmatrix} = \begin{vmatrix} x & y & z & 1 \\ 1 & 6 & 1 & 1 \\ 9 & 1 & -31 & 1 \\ -5 & -2 & 25 & 1 \end{vmatrix} = 0$$

或 $\begin{vmatrix} 6 & 1 & 1 \\ 1 & -31 & 1 \\ -2 & 25 & 1 \end{vmatrix} x - \begin{vmatrix} 1 & 1 & 1 \\ 9 & -31 & 1 \\ -5 & 25 & 1 \end{vmatrix} y + \begin{vmatrix} 1 & 6 & 1 \\ 9 & 1 & 1 \\ -5 & -2 & 1 \end{vmatrix} z - \begin{vmatrix} 1 & 6 & 1 \\ 9 & 1 & -31 \\ -5 & -2 & 25 \end{vmatrix} = 0$

得 $376x + 94z - 470 = 0$

$$4x + z = 5$$

範例 23

Find an equation of the plane containing $(1, 7, -1)$ that is perpendicular to the line of intersection of $-x + y - 8z = 4$ and $3x - y + 2z = 0$

成大水利與海洋所工數

解答:

1. 先求兩平面之交線：

   $-x+y-8z=4$ 與 $3x-y+2z=0$

   相加：$2x-6z=4$，得

   $x=2+3z$

   $y=6+11z$

   取參數：令 $z=t$

   $x=2+3t$

   $y=6+11t$

   $z=t$

2. 得直線平行向量

   $\vec{S}=3\vec{i}+11\vec{j}+\vec{k}$

3. 依題意，平面垂直向量為

   $\vec{n}=\vec{S}=3\vec{i}+11\vec{j}+\vec{k}$

4. 代入平面方程式：

   $3(x-1)+11(y-7)+(z+1)=0$

範例 24：求交線方程(Intersection of two plane)

Given Points $A:(1,0,2)$，$B:(4,5,0)$，$C:(0,-3,5)$，$D:(-2,0,7)$ and $E:(0,-1,7)$ in the space, please find：

(a) The normal vector of plane CDE(5%)

(b) The equation, which is the perpendicular bisector of line AB. (5%)

(c) The coordinate of piercing point M, where the line AB intersects the plane CDE. (5%)

清大動機所

解答：

(a) 向量 $\overrightarrow{CD} = -2\vec{i} + 3\vec{j} + 2\vec{k}$

及 $\overrightarrow{CE} = 2\vec{j} + 2\vec{k}$

垂直向量 $\vec{n}_1 = \overrightarrow{CD} \times \overrightarrow{CE} = \begin{vmatrix} \vec{i} & \vec{j} & \vec{k} \\ -2 & 3 & 2 \\ 0 & 2 & 2 \end{vmatrix} = 2\vec{i} + 4\vec{j} - 4\vec{k}$

或單位垂直向量 $\vec{n} = \dfrac{\vec{n}_1}{|\vec{n}_1|} = \dfrac{1}{3}\vec{i} + \dfrac{2}{3}\vec{j} - \dfrac{2}{3}\vec{k}$

(b) 直線 $\overrightarrow{AB}$

平行方向 $\vec{s} = \overrightarrow{AB} = 3\vec{i} + 5\vec{j} - 2\vec{k}$

二等份之中點為 $P : \left(\dfrac{5}{2}, \dfrac{5}{2}, 1\right)$

垂直直線 $\overrightarrow{AB}$ 之平面方程式 $3\left(x - \dfrac{5}{2}\right) + 5\left(y - \dfrac{5}{2}\right) - 2(z - 1) = 0$

或 $3x + 5y - 2z = 18$

(c)

$\overrightarrow{AB}$ 之方程式
$x = 3t + 1$
$y = 5t$
$z = 2 - 2t$

CDE 平面方程式 $1 \cdot x + 2(y + 3) - 2(z - 5) = 0$

代入得 $3t + 1 + 2(5t + 3) - 2(-2t - 3) = 0$

或 $t = -\dfrac{13}{17}$

交點得
$$x = 3t+1 = -\frac{22}{17}$$
$$y = 5t = -\frac{65}{17}$$
$$z = 2-2t = \frac{60}{17}$$

第十一節　點到平面之距離

空間中從一定點 P 到另一平面之最短距離(Distance between the point and the plane)，計算如下：

已知

(1) 平面外空間點 $P:(x_1, y_1, z_1)$

與

(2) 平面方程式為 $ax+by+cz=d$

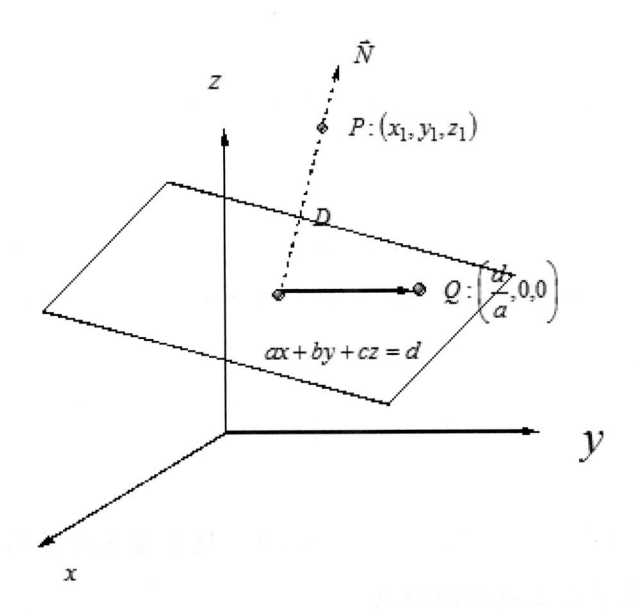

則在平面上任取一點，從平面方程式，取 $x=0, y=0$，則 $z = \frac{d}{c}$，令其為

$Q:\left(0,0,\dfrac{d}{c}\right)$，則得

$$\overrightarrow{PQ} = (-x_1)\vec{i} + (-y_1)\vec{j} + \left(\dfrac{d}{c} - z_1\right)\vec{k}$$

從一定點 P 到另一平面之最短距離，必須是垂直平面的方向，亦即上式在平面之垂直向量 $\vec{N} = a\vec{i} + b\vec{j} + c\vec{k}$ 方向之投影分量，亦即

$$\overrightarrow{PQ} \cdot \vec{N} = \left|\overrightarrow{PQ}\right| \cdot \left|\vec{N}\right|\cos\theta$$

則點至平面之最短距離為 $D = \left|\overrightarrow{PQ}\right| \cdot \cos\theta = \dfrac{\left|\overrightarrow{PQ} \cdot \vec{N}\right|}{\left|\vec{N}\right|}$

或

$$D = \dfrac{|ax_1 + by_1 + cz_1 - d|}{\sqrt{a^2 + b^2 + c^2}}$$

中央財管所

【分析】兩平行平面間最短距離與此平面上任一點至另一面之最短距離相同。

範例 25

> Evaluate the distance from the point $(1,3,0)$ to the plane：$x - 3y + \sqrt{6}z = 3$.

台大機械 B 工數

解答：

已知平面方程式為 $x - 3y + \sqrt{6}z - 3 = 0$，故其垂直向量為 $\vec{n} = \vec{i} - 3\vec{j} + \sqrt{6}\vec{k}$
則 $A(1, 3, 0)$ 點至平面之最短距離為

$$D = \frac{|ax+by+cz-d|}{\sqrt{a^2+b^2+c^2}} = \frac{|1-3\times 3-3|}{\sqrt{1^2+3^2+\sqrt{6}^2}} = \frac{11}{\sqrt{16}} = \frac{11}{4}$$

範例 26

(15%)Find the point $B(x,y,z)$ on the given plane $x-y+2z=4$, that is close to the point A(2, 0, -1), and the shortest distance.

中山光電工數

解答：$\left(\frac{8}{3}, -\frac{2}{3}, \frac{1}{3}\right)$，$\frac{1}{3}\sqrt{24}$

已知平面方程式為 $x-y+2z=4$，故其垂直向量為 $\vec{n} = \vec{i} - \vec{j} + 2\vec{k}$
而 $\overrightarrow{AB} = (x-2)\vec{i} + y\vec{j} + (z+1)\vec{k}$
則 $A(2, 0, -1)$點至平面之最短距離為 $\overrightarrow{AB}$ 向量至垂直向量上之投影量，即

$$D = \frac{|ax+by+cz-d|}{\sqrt{a^2+b^2+c^2}} = \frac{|1\times 2+(-1)\times 0+2\times(-1)|}{\sqrt{1^2+(-1)^2+2^2}} = \frac{4}{\sqrt{6}} = \frac{\sqrt{24}}{3}$$

而，因為 $\overrightarrow{AB}$ 與 $\vec{n}$ 平行，故

$$\vec{n} \times \overrightarrow{AB} = \begin{vmatrix} \vec{i} & \vec{j} & \vec{k} \\ 1 & -1 & 2 \\ x-2 & y & z+1 \end{vmatrix} = 0$$

$(-z-1-2y)\vec{i} + (2x-4-z-1)\vec{j} + (y+x-2)\vec{k} = 0$

得

$z + 2y + 1 = 0$
$2x - 4 - z - 1 = 0$
$y + x - 2 = 0$

聯立解，得

$$x = \frac{8}{3}, \quad y = -\frac{2}{3}, \quad z = \frac{1}{3}$$

故 B 點座標為 $\left(\frac{8}{3}, -\frac{2}{3}, \frac{1}{3}\right)$、A 點到平面的距離為 $D = \frac{\sqrt{24}}{3}$。

第十二節　點到線之距離

空間中從一定點 P 到另一線之距離 (Distance between a point and a line in space)，計算如下：

已知

(1) 線外空間 P 點 (x_1, y_1, z_1)

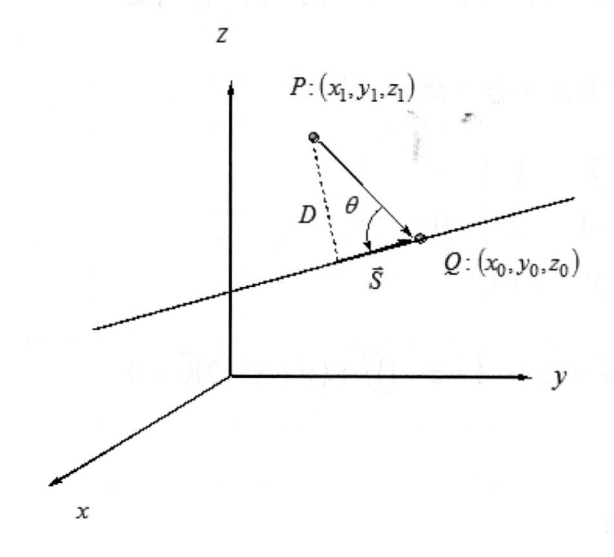

(2) 直線方程 $\dfrac{x - x_0}{a} = \dfrac{y - y_0}{b} = \dfrac{z - z_0}{c}$

則在線上任取一點，從直線方程式，取 $x = x_0, y = y_0$，則 $z = z_0$，令其為 $Q : (x_0, y_0, z_0)$，則得

$$\vec{PQ} = (x-x_0)\vec{i} + (y-y_0)\vec{j} + (z-z_0)\vec{k}$$

從一定點 P 到另一直線之最短距離，必須是垂直直線的方向，亦即上式在直之平行向量 $\vec{S} = a\vec{i} + b\vec{j} + c\vec{k}$ 垂直方向之投影分量，亦即

$$\left|\vec{PQ} \times \vec{S}\right| = \left|\vec{PQ}\right| \cdot \left|\vec{S}\right| \sin\theta$$

則得點至直線之距離為

$$D = \left|\vec{PQ}\right| \sin\theta = \frac{\left|\vec{PQ} \times \vec{S}\right|}{\left|\vec{S}\right|}$$

1. 空間兩平行線間最短距離與此線上任一點至另一線之最短距離相同。
2. 空間兩不平行線間最短距離不是相交（距離為 0）就是歪斜線。

範例 27

L 為下列二平面之交線：$x+y=3$，$2x-y+3z=2$，試求 A 點 $(1,-1,-1)$ 至 L 之最短距離

成大水利海洋所

解答：

二平面之交線：$x+y=3$，$2x-y+3z=2$

聯立解得
$$\begin{cases} x = t \\ y = 3-t \\ z = \dfrac{5}{3} - t \end{cases}$$

平行方向 $\vec{S} = \vec{i} - \vec{j} - \vec{k}$

令 $t = 0$ 得 $Q:\left(0, 3, \dfrac{5}{3}\right)$

$$\overrightarrow{AQ} = -\vec{i} + 4\vec{j} + \frac{8}{3}\vec{k}$$

$$\overrightarrow{AQ} \times \vec{S} = \begin{vmatrix} \vec{i} & \vec{j} & \vec{k} \\ -1 & 4 & \frac{8}{3} \\ 1 & -1 & -1 \end{vmatrix} = -\frac{4}{3}\vec{i} + \frac{5}{3}\vec{j} - 3\vec{k}$$

$$D = \frac{\left|\overrightarrow{AQ} \times \vec{S}\right|}{\left|\vec{S}\right|} = \frac{1}{3}\sqrt{\frac{122}{3}}$$

範例 28

> Find the distance between the two straight lines:
> $(x, y, z) = (3+t, 1-2t, 2+2t)$ and $(x, y, z) = (7+t, 1-2t, -3+2t)$,
> where t is a parameter.

清大動機所

解答：

兩直線之平行向量　　　$\vec{s} = \vec{i} - 2\vec{j} + 2\vec{k}$

第一條直線上任取一點　$P(t=0): (3,1,2)$

第二條直線上任取一點　$Q(t=0): (7,1,-3)$

得　　　　　　　　　　$\overrightarrow{PQ} = (7-3)\vec{i} + (1-1)\vec{j} + (-3-2)\vec{k} = 4\vec{i} - 5\vec{k}$

叉積　　　　　　　　　$\overrightarrow{PQ} \times \vec{s} = \begin{vmatrix} \vec{i} & \vec{j} & \vec{k} \\ 4 & 0 & -5 \\ 1 & -2 & 2 \end{vmatrix} = -10\vec{i} - 13\vec{j} - 8\vec{k}$

平行線間最短距離為 $D = \left|\overrightarrow{PQ}\right|\sin\theta = \dfrac{\left|\overrightarrow{PQ} \times \vec{s}\right|}{\left|\vec{s}\right|} = \dfrac{\sqrt{333}}{3}$

第十三節　歪斜線間之距離

在空間中不相交於一點，也不平行的兩直線，稱為歪斜線，則

(1) 相交於一點的兩直線，其兩直線間最短距離為 0
(2) 兩平行之空間直線，其兩直線間最短距離，可在第一條線上任取一定點，在求此定點到另一直線間之最短距離即可。
(3) 歪斜線於空間中兩直線之最短距離，其計算如下：

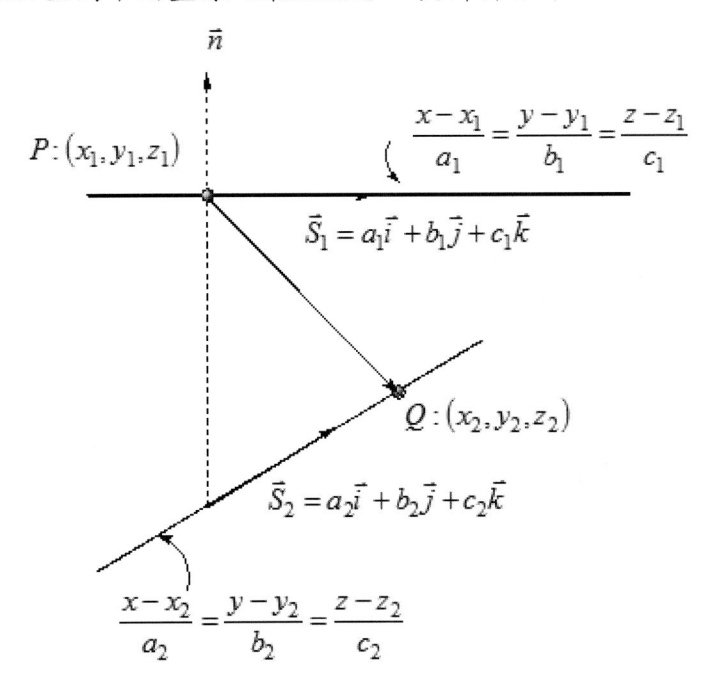

已知空間兩歪斜直線方程式為

(1) L_1 直線方程 $\dfrac{x-x_1}{a_1} = \dfrac{y-y_1}{b_1} = \dfrac{z-z_1}{c_1}$

(2) L_2 直線方程 $\dfrac{x-x_2}{a_2} = \dfrac{y-y_2}{b_2} = \dfrac{z-z_2}{c_2}$

先在 L_1 直線上任取一定點 $P:(x_1, y_1, z_1)$，及在 L_2 直線上任取一定點 $Q:(x_2, y_2, z_2)$，上式兩點，都是分別取參數 $t=0$ 分別代入 L_1、L_2 得到的。

得

$$\overrightarrow{PQ} = (x_1 - x_0)\vec{i} + (y_1 - y_0)\vec{j} + (z_1 - z_0)\vec{k}$$

則空間中歪斜線之最短距離，$\overrightarrow{PQ}$ 在同時垂直兩直線之公垂向量上分量，亦即與直線 L_1（平行向量為 $\vec{S}_1$）及 L_2（平行向量為 $\vec{S}_2$），同時垂直的向量 $\vec{n}$ 為

$$\vec{n} = \vec{S}_1 \times \vec{S}_2$$

則 $\overrightarrow{PQ}$ 在同時垂直兩直線之公垂向量上分量，為

$$\overrightarrow{PQ} \cdot \vec{n} = \overrightarrow{PQ} \cdot (\vec{S}_1 \times \vec{S}_2) = |\overrightarrow{PQ}||\vec{n}|\cos\theta$$

則

$$D = |\overrightarrow{PQ}|\cos\theta = \frac{|\overrightarrow{PQ} \cdot \vec{n}|}{|\vec{n}|}$$

或得點至直線之距離為

$$D = \frac{|\overrightarrow{PQ} \cdot (\vec{S}_1 \times \vec{S}_2)|}{|\vec{S}_1 \times \vec{S}_2|}$$

範例 29

(15%) Two straight lines, L_1 and L_2, in space are defined as the following. L_1 is the line passing through points $(0,0,0)$ and $(1,1,1)$; and L_2 is the line passing through points $(3,4,1)$ and $(0,0,1)$. Find the minimum distance between L_1 and L_2。

台大土木所 M

解答：$\dfrac{1}{\sqrt{26}}$

L_1：(P：$(0,0,0)$，Q：$(1,1,1)$)上平行向量 $\vec{S}_1 = \overrightarrow{PQ} = \vec{i} + \vec{j} + \vec{k}$

L_2：A$(3,4,1)$，B$(0,0,1)$ 上平行向量 $\vec{S}_2 = \overrightarrow{AB} = -3\vec{i} - 4\vec{j}$

$$\vec{n} = \vec{S}_1 \times \vec{S}_2 = \begin{vmatrix} \vec{i} & \vec{j} & \vec{k} \\ 1 & 1 & 1 \\ -3 & -4 & 0 \end{vmatrix} = 4\vec{i} - 3\vec{j} - \vec{k}$$

歪斜線間最短距離：$\overrightarrow{PA} = 3\vec{i} + 4\vec{j} + \vec{k}$

$$D = |\overrightarrow{PA}|\cos\theta = \frac{|\overrightarrow{PA} \cdot \vec{n}|}{|\vec{n}|} = \frac{1}{\sqrt{26}}$$

範例 30：兩線間最短距離

設直線 L_1 通過 $A:(1,2,4)$ 與 $B:(4,2,4)$，直線 L_2 通過 $C:(3,-1,-1)$ 與 $D:(3,1,0)$，請找出直線 L_1 與 L_2 間最短垂直距離。

中央土木所

【解答】：

直線 L_1 通過 $A:(1,2,4)$ 與 $B:(4,2,4)$

參數方程式　　$L_1 : \dfrac{x-1}{4-1} = \dfrac{y-2}{2-2} = \dfrac{z-4}{4-4}$ 或 $L_1 : \dfrac{x-1}{3} = \dfrac{y-2}{0} = \dfrac{z-4}{0}$

上式中分母為 0 者，分子也須為 0，即得直線參數方程式

$y = 2;\ \ z = 4;\ \ x = 1 + 3t$

直線 L_2 通過 $C:(3,-1,-1)$ 與 $D:(3,1,0)$ 之直線參數方程式為

參數方程式　　$L_2 : \dfrac{x-3}{3-3} = \dfrac{y+1}{1+1} = \dfrac{z+1}{0+1}$ 或 $L_2 : \dfrac{x-3}{0} = \dfrac{y+1}{2} = \dfrac{z+1}{1}$

上式中分母為 0 者，分子也須為 0，即得直線參數方程式

$$x = 3; \quad y = 2t - 1; \quad z = t - 1$$

最短距離為 $\quad D = \dfrac{7}{\sqrt{5}}$

範例 31：兩平面夾角

The angle between the planes $2x - y + 2z = 1$, and $x - y = 2$ is _____.

成大工設所

解答：

兩平面之夾角即為兩垂直向量之夾角。

已知兩向量夾角公式為 $\quad \cos\theta = \dfrac{\vec{n}_1 \cdot \vec{n}_2}{|\vec{n}_1||\vec{n}_2|}$

其中 $\vec{n}_1$ 為平面 $2x - y + 2z = 1$ 之垂直向量，

$$\vec{n}_1 = 2\vec{i} - \vec{j} + 2\vec{k}$$

其中 $\vec{n}_2$ 為平面 $x - y = 2$ 之垂直向量，

$$\vec{n}_2 = \vec{i} - \vec{j}$$

代入得 $\quad \cos\theta = \dfrac{\vec{n}_1 \cdot \vec{n}_2}{|\vec{n}_1||\vec{n}_2|} = \dfrac{2 \cdot 1 + (-1) \cdot (-1) + 0}{\sqrt{9} \cdot \sqrt{2}} = \dfrac{3}{3\sqrt{2}} = \dfrac{1}{\sqrt{2}}$

故得夾角為 $\quad \theta = \dfrac{\pi}{4}$

範例 32：綜合題

(a) Find the area of the parallelogram ABCD

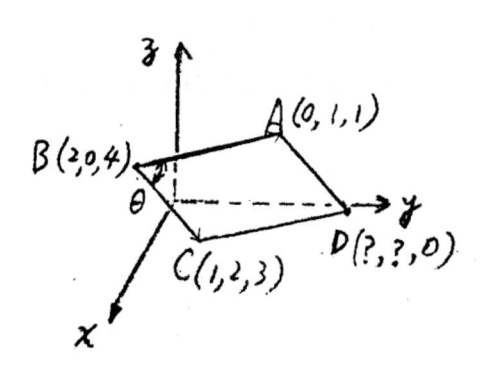

(b) Find the equation of plane passing through the fourth corner points of the parallelogram

(c) Find the angle θ and coordinate of the fourth corner points D of the parallelogram, assuming its z-coordinate is known to b 0.

交大環工所

解答：

(a) $\qquad \overrightarrow{BA} = -2\vec{i} + 1\vec{j} - 3\vec{k}$, $\overrightarrow{BC} = -1\vec{i} + 2\vec{j} - 1\vec{k}$

$$\overrightarrow{BA} \times \overrightarrow{BC} = \begin{vmatrix} \vec{i} & \vec{j} & \vec{k} \\ -2 & 1 & -3 \\ -1 & 2 & -1 \end{vmatrix} = 5\vec{i} + 1\vec{j} - 3\vec{k}$$

平行四邊形面積　$A = \left| \overrightarrow{BA} \times \overrightarrow{BC} \right| = \sqrt{35}$

(b) 令　　　　　$P = C : (1,2,3)$

垂直向量　　　$\vec{n} = \overrightarrow{BA} \times \overrightarrow{BC} = 5\vec{i} + 1\vec{j} - 3\vec{k}$

平面方程式　　$5(x-1) + (y-2) - 3(z-3) = 0$

(c) $\overrightarrow{CD} = \overrightarrow{BA}$　$\dfrac{x-1}{-2} = \dfrac{y-2}{1} = \dfrac{-3}{-3} = 1$

得　　　　　　$x = -1$，$y = 3$

(d) 求角 $\angle ABC$ $\cos\theta = \dfrac{\overrightarrow{BA}\cdot\overrightarrow{BC}}{|\overrightarrow{BA}||\overrightarrow{BC}|} = \dfrac{2+2+3}{\sqrt{6}\sqrt{14}} = \dfrac{7}{2\sqrt{21}}$

$$\theta = \cos^{-1}\left(\dfrac{7}{2\sqrt{21}}\right)$$

(e) D 點座標

$$\overrightarrow{BA} = \overrightarrow{CD}$$

意即 $\overrightarrow{BA} = -2\vec{i} + 1\vec{j} - 3\vec{k} = (x-1)\vec{i} + (y-2)\vec{j} - 3\vec{k}$

或 $x - 1 = -2$，$x = -1$
    $y - 2 = 1$，$y = 3$

考題集錦

1. $\vec{a} = -2\vec{i} + 4\vec{j} + \vec{k}$，$\vec{b} = 3\vec{i} + \vec{j} + 5\vec{k}$，find (a) $\vec{a}\cdot\vec{b}$ (b) $\vec{a}\times\vec{b}$ (c) norm of $\vec{a}$ and $\vec{b}$

   交大運輸所

2. What (acute) angle does $\vec{A} = \vec{i} - 2\vec{k}$ make with the normal to the plane containing the vectors $\vec{B} = \vec{j} - \vec{k}$ and $\vec{C} = \vec{i} + \vec{j} + \vec{k}$

   交大土木己數學

3. The points $A:(1,-2,1)$，$B:(0,1,6)$ and $C:(-3,4,-2)$ form a triangle. Find the angle between the line AB and the line from A to midpoint of the line BC.

   交大機械所

4. (15%) Given that $\vec{A} = \hat{a}_x + 2\hat{a}_y - 3\hat{a}_z$, $\vec{B} = -4\hat{a}_y + \hat{a}_z$. Find the component of $\vec{A}\times\vec{B}$ in the direction of $\vec{B}$?

   逢甲 IC 產碩工數

5. Find the unit vector that is orthogonal to both $\vec{u} = \vec{i} - 4\vec{j} + \vec{k}$, $\vec{v} = 2\vec{i} + 3\vec{j}$

　　　　　　　　　　　　　　　　　　　　　　　　　　　　中山環工所

6. 已知三角形之三頂點為 $A:(1,1,1)$，$B:(2,2,2)$ 及 $C:(3,4,c)$，求此三角形之最小面積

　　　　　　　　　　　　　　　　　　　　　　　　　　　　清大電機所

7. 平行六邊形體積之三邊等長為 30，且三邊兩兩夾角均為 $60°$，求此平行六邊形體積

8. Find the volume of the tetrahedron (not parallelepiped) with $\vec{A} = \vec{i} + 2\vec{k}$，$\vec{B} = 4\vec{i} + 6\vec{j} + 2\vec{k}$，$\vec{C} = 3\vec{i} + 3\vec{j} - 6\vec{k}$ as adjacent edges w. r. t. right-handed Cartesian coordinates.

　　　　　　　　　　　　　　　　　　　　　　　　　　　　中山材工所

9. The Levi-Civita Symbol is defined by

$$\varepsilon_{ijk} = \begin{cases} 1; & i, j, k \text{ clockwise} \\ -1; & i, j, k \text{ counterclockwise} \\ 0; & \text{any two of } i, j, k \text{ are identical} \end{cases}$$

kronecker Delta is defined by $\delta_{ij} = \begin{cases} 1; & i = j \\ 0; & i \neq j \end{cases}$

(a) (5%) Show that $\varepsilon_{ijk}\varepsilon_{imn} = \delta_{jm}\delta_{kn} - \delta_{jn}\delta_{km}$

(b) (5%) Show that $\vec{A} \times (\vec{B} \times \vec{C}) = \vec{B}(\vec{A} \cdot \vec{C}) - \vec{C}(\vec{A} \cdot \vec{B})$

　　　　　　　　　　　　　　　　　　　　　　　　　　　　中山資工所

10. 求垂直平面 $x - 2y + 2 = 0$ 且過 $(1,3)$ 之直線

　　　　　　　　　　　　　　　　　　　　　　　　　　　　台大環工所

11. (25%) The position vector of point $A, B,$ and C are given $\vec{r}_A = \{3 \ -2 \ 7\}$, $\vec{r}_B = \{1 \ 2 \ 3\}$ and $\vec{r}_C = \{2 \ 4 \ 5\}$, respectively. Please determine
    (a) the area of the triangle ΔABC
    (b) the equation of the plane ΔABC
    (c) the equation of the angle bisector of $\angle ABC$
    (d) the coordinates of the intersection of the angle bisector of $\angle ABC$ and the side AC of the triangle ΔABC

    交大機械丙

12. Find the plane equation that passing through the point $(1,-1,2)$、$(3,0,0)$、$(4,2,1)$。

13. (a) 求以 $(-1 \ 0 \ 1)$、$(2 \ -1 \ 4)$、$(2 \ 1 \ 5)$、$(-2 \ 1 \ 4)$ 為四頂點之四面體體積？
    (b) 求從 $(-2 \ 0 \ 1)$ 到 $(-1 \ 0 \ 1)$、$(0 \ -1 \ 1)$、$(1 \ 1 \ -2)$ 三點所成平面之最短距離？

    成大資源所

14. L 為下列二平面之交線：$x+y=3$，$2x-y+3z=2$，試求 A 點 $(1,-1,-1)$ 至 L 之最短距離

    成大水利海洋所

15. 設直線 L_1 通過 $A:(1,2,4)$ 與 $B:(4,2,4)$，直線 L_2 通過 $C:(3,-1,-1)$ 與 $D:(3,1,0)$，請找出直線 L_1 與 L_2 間最短垂直距離。

    中央土木所

第十七章
單變數向量函數之曲率與扭率

第一節　緒論

　　介紹完向量代數之運算：加減法、點叉積，及其應用之後，在本章中，先針對單變數向量函數之微分、積分特性作一完整探討，至於多變數向量函數之微分、積分特性則在下一章再介紹。

　　為兼顧工程數學在工程上之應用，本章就以空中任意曲線運動之數學描述為基礎，介紹運動學中非常重要的兩個概念：曲率與扭率之數學定義與計算。

第二節　空間曲線之位置向量

　　已知空間有一條曲線方程式(Space Curve)方程式，其參數形式如下：
$x = x(t)$，$y = y(t)$，$z = z(t)$，t 為參數。

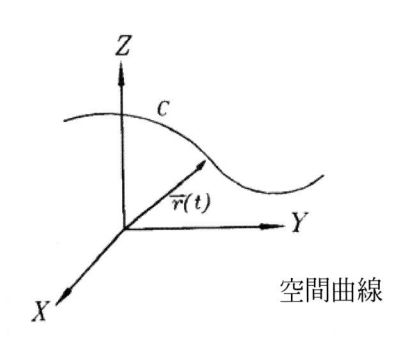

空間曲線

　　現將上面三個卡氏座標分量(x, y, z)組合成一向量的三個分量，則可得一個

單變數 t 之位置向量（Position Vector），為

$$\vec{r} = x\vec{i} + y\vec{j} + z\vec{k}$$

或代入曲線方程式，得

$$\vec{r}(t) = x(t)\vec{i} + y(t)\vec{j} + z(t)\vec{k} \qquad (1)$$

上式為一個單變數 t 之向量函數(Vector-Valued Function)。

範例 01

(20%) The following figure shows a northward-flowing river of width $w = 2a$. The line $x = \pm a$ represent the banks of the river, and the y-axis is its center. Support that the velocity with which the water flows increases as one approaches the center of the river, and indeed is given in terms of distance x from the center by

$$v_R = v\left(1 - \frac{x^2}{a^2}\right)$$

Support that a swimmer starts at the points $(-a, 0)$ on the west bank and swim due east (relative to the water) with a constant speed v_s. Determine the coordinate of the stop point given the river midstream velocity $v_0 = 9\frac{km}{hr}$, the swimmer's velocity $v_s = 3\frac{km}{hr}$, and the river width $w = 2a = 1km$

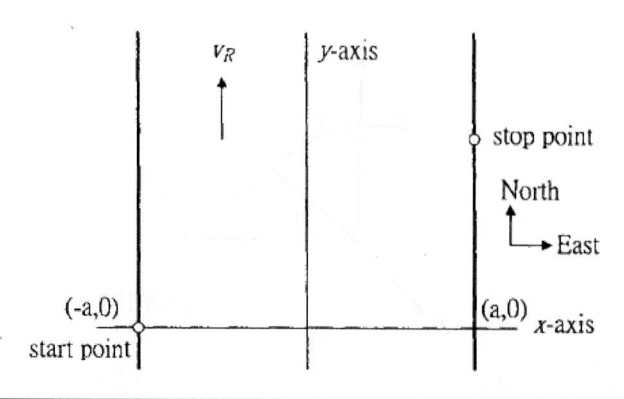

中央電機所電波組工數

解答：

x 方向為等速運動 $v_s = 3 \dfrac{km}{hr}$

$$x = v_s t - a = 3t - \dfrac{1}{2}$$

代入 $v_R = v_0 \left(1 - \dfrac{x^2}{a^2}\right)$

速度向量為 $\vec{v} = v_s \vec{i} + v_R \vec{j} = 3\vec{i} + 9\left(1 - \dfrac{\left(3t - \dfrac{1}{2}\right)^2}{\dfrac{1}{4}}\right)\vec{j}$

$$\vec{v} = 3\vec{i} + 9\left(1 - 36\left(t - \dfrac{1}{6}\right)^2\right)\vec{j}$$

位置向量

$$\vec{r}(t) = \int \vec{v}\, dt = 3t\vec{i} + 9\left(t - 12\left(t - \dfrac{1}{6}\right)^3\right)\vec{j} + \vec{c}$$

代入初始值

$$\vec{r}(0) = 9\left(-12\left(-\dfrac{1}{6}\right)^3\right)\vec{j} + \vec{c} = -a\vec{i} = -\dfrac{1}{2}\vec{i}$$

或

$$\dfrac{1}{2}\vec{j} + \vec{c} = -\dfrac{1}{2}\vec{i}$$

或

$$\vec{c} = -\dfrac{1}{2}\vec{i} - \dfrac{1}{2}\vec{j}$$

位置向量

$$\vec{r}(t) = 3t\vec{i} + 9\left(t - 12\left(t - \frac{1}{6}\right)^3\right)\vec{j} - \frac{1}{2}\vec{i} - \frac{1}{2}\vec{j}$$

或

$$\vec{r}(t) = \left(3t - \frac{1}{2}\right)\vec{i} + \left\{9\left(t - 12\left(t - \frac{1}{6}\right)^3\right) - \frac{1}{2}\right\}\vec{j}$$

當到達對岸時，$3t - \frac{1}{2} = \frac{1}{2}$

得　$t = \frac{1}{3}$

代入上式，最後得 Stop 座標

$$\vec{r}\left(\frac{1}{3}\right) = \frac{1}{2}\vec{i} + 2\vec{j}$$

範例 02

(10%) Please find a parametric position vector representation of the curve。
　　$x^2 + y^2 = 4$，$z = x^2$

交大機械所甲

解答：

　已知　$x^2 + y^2 = 4$ 與 $z = x^2$

　令 $x = 2\cos t$，$y = 2\sin t$，$z = 4\cos^2 t$，其中 t 為參數。

位置向量為

$$\vec{r} = x\vec{i} + y\vec{j} + z\vec{k} = 2\cos t\vec{i} + 2\sin t\vec{j} + 4\cos^2 t\vec{k}$$

範例 03

> 已知單位向量 $\vec{r}(t)$，求 $\vec{r}(t) \cdot \dfrac{d}{dt}\vec{r}(t)$

解答：

大小一定之向量函數，其微分與它自己必垂直。

單位向量 $\vec{r}(t)$，其大小為 1，即

$$|\vec{r}(t)|^2 = \vec{r}(t) \cdot \vec{r}(t) = 1$$

兩邊對 t 微分

$$\frac{d}{dt}\vec{r}(t) \cdot \vec{r}(t) + \vec{r}(t) \cdot \frac{d}{dt}\vec{r}(t) = 2\vec{r}(t) \cdot \frac{d}{dt}\vec{r}(t) = 0$$

得

$$\vec{r}(t) \cdot \frac{d}{dt}\vec{r}(t) = 0$$

或

$$\vec{r}(t) \text{ 與 } \frac{d}{dt}\vec{r}(t) \text{ 為正交。}$$

第三節　空間曲線長 (Arc Length) 之向量形式

已知空間一曲線或運動軌跡，可表成一個位置向量 (Position Vector)，如下

$$\vec{r} = x\vec{i} + y\vec{j} + z\vec{k}$$

或

$$\vec{r}(t) = x(t)\vec{i} + y(t)\vec{j} + z(t)\vec{k}$$

取全微分量，得微曲線段

$$d\vec{r} = dx\vec{i} + dy\vec{j} + dz\vec{k}$$

除以 dt，得單變數向量函數之微分為

$$\frac{d\vec{r}}{dt} = \frac{dx}{dt}\vec{i} + \frac{dy}{dt}\vec{j} + \frac{dz}{dt}\vec{k}$$

其物理意義為何？

1. 先看其大小 $\left|\dfrac{d\vec{r}}{dt}\right|$ 之意義：

空間中任一微曲線對之微長 ds，利用畢氏定理，得

$$ds^2 = dx^2 + dy^2 + dz^2 = d\vec{r}\cdot d\vec{r} = |d\vec{r}|^2$$

或 $\quad ds = \sqrt{dx^2 + dy^2 + dz^2} = |d\vec{r}|$

其中 ds 為空中曲線之微曲線段。

上式除 dt，得

$$\left|\frac{d\vec{r}}{dt}\right| = \sqrt{\left(\frac{dx}{dt}\right)^2 + \left(\frac{dy}{dt}\right)^2 + \left(\frac{dz}{dt}\right)^2} = \frac{ds}{dt}$$

上式中 $\dfrac{ds}{dt}$ 為速率(Speed)，因此 $\dfrac{d\vec{r}}{dt}$ 為速度(Velocity)。

或已知曲線長（Arc Length）之計算公式：

$$s = \int_C ds = \int_0^t \sqrt{\left(\frac{dx}{dt}\right)^2 + \left(\frac{dy}{dt}\right)^2 + \left(\frac{dz}{dt}\right)^2}\, dt$$

表成向量形式，得

$$s = \int_0^t \sqrt{\left|\frac{d\vec{r}}{dt}\right|^2}\, dt = \int_0^t \left|\frac{d\vec{r}}{dt}\right| dt = s(t)$$

利用微積分第一型原理，將上式兩邊對 t 微分，得速率（Speed）

$$\frac{ds}{dt} = \frac{d}{dt}\int_0^t \left|\frac{d\vec{r}}{dt}\right|dt = \left|\frac{d\vec{r}}{dt}\right|$$

從上式得知

$\frac{d\vec{r}}{dt} = \frac{dx}{dt}\vec{i} + \frac{dy}{dt}\vec{j} + \frac{dz}{dt}\vec{k}$ 為一速度向量(Velocity Vector)，其大小剛好為

速率意即 $\vec{v}(t) = \frac{d\vec{r}}{dt}$，$|\vec{v}(t)| = v(t) = \frac{ds}{dt}$。

2. 接著，推導 $\left|\frac{d\vec{r}}{dt}\right|$ 之方向為何？

依 $\vec{r}(t)$ 之微分定義式，為

$$\frac{d\vec{r}}{dt} = \lim_{\Delta t \to 0} \frac{\vec{r}(t+\Delta t) - \vec{r}(t)}{\Delta t} = \lim_{\Delta t \to 0} \frac{\Delta \vec{r}(t)}{\Delta t}$$

為曲線 $\vec{r}(t)$ 之切線方向。

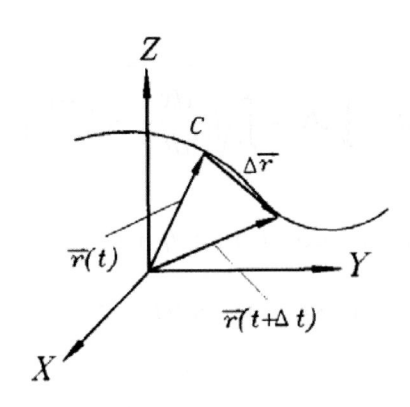

範例 04

(單選題) Find the arc length of a helix $\vec{r} = \cos t\vec{i} + \sin t\vec{j} + ct\vec{k}$, where c is a constant.

(a) $s = \sqrt{1+ct}$ (b) $s = t^2\sqrt{1+c^2}$ (c) $s = t\sqrt{1+c^2}$ (d) None

中山機電所

解答：(c) $s = t\sqrt{1+c^2}$

利用曲線長計算公式　$s = \int_C ds = \int_0^t \sqrt{\left(\dfrac{dx}{dt}\right)^2 + \left(\dfrac{dy}{dt}\right)^2 + \left(\dfrac{dz}{dt}\right)^2}\, dt$

已知曲線　　　　　　　$\vec{r}(t) = \cos t\,\vec{i} + \sin t\,\vec{j} + ct\,\vec{k}$

其中　　　　　　　　　$x = \cos t, \quad y = \sin t, \quad z = ct$

代入上式得　　　　　　$s = \int_0^t \sqrt{(-\sin t)^2 + (\cos t)^2 + c^2}\, dt = t\sqrt{1+c^2}$

範例 05：3-D 曲線長

> Find the length of the following curve $\vec{r} = (\cos t)\vec{i} + (\sin t)\vec{j} + t\,\vec{k}$ from $(1,0,0)$ to $(1,0,2\pi)$。

中央化工、材工所、成大電機所

解答：

利用曲線長計算公式　$s = \int_C ds = \int_0^t \sqrt{\left(\dfrac{dx}{dt}\right)^2 + \left(\dfrac{dy}{dt}\right)^2 + \left(\dfrac{dz}{dt}\right)^2}\, dt$

已知曲線　　　　　　　$\vec{r}(t) = \cos t\,\vec{i} + \sin t\,\vec{j} + t\,\vec{k}\,; \ 0 \le t \le 2\pi$

其中　　　　　　　　　$x = \cos t, \quad y = \sin t, \quad z = t$

代入上式得　　　　　　$s = \int_0^{2\pi} \sqrt{(-\sin t)^2 + (\cos t)^2 + 1}\, dt = 2\sqrt{2}\pi$

第四節　單位切線向量

已知空間曲線方程式之位置向量為

$$\vec{r}(t) = x(t)\vec{i} + y(t)\vec{j} + z(t)\vec{k}$$

由上節分析得知 $\dfrac{d\vec{r}}{dt}$ 之物理意義為速度向量(Velocity Vector)，如下：

$$\vec{v}(t) = \dfrac{d\vec{r}}{dt} = \dfrac{dx}{dt}\vec{i} + \dfrac{dy}{dt}\vec{j} + \dfrac{dz}{dt}\vec{k} \text{ , 且 } |\vec{v}(t)| = \left|\dfrac{d\vec{r}}{dt}\right| = \dfrac{ds}{dt}$$

現在利用單變數向量函數之微分定義，可得知 $\dfrac{d\vec{r}}{dt}$ 之意義為切線向量（Tangent Vector or Velocity vector），定義其為單位切線向量（Unit Tangent Vectir）如下：

$$\vec{T} = \dfrac{\dfrac{d\vec{r}}{dt}}{\left|\dfrac{d\vec{r}}{dt}\right|} = \dfrac{\dfrac{d\vec{r}}{dt}}{\dfrac{ds}{dt}} = \dfrac{d\vec{r}}{ds}$$

根據上式，若能將位置向量原來為 t 之函數 $\vec{r}(t)$，改表以曲線長 s 為參數之位置向量函數，$\vec{r} = \vec{r}(s)$，則利用直接對 s 微分，而求得單位切線向量 $\vec{T}$，簡便許多。其中變數變換用的參數 t 與 s 之關係式，可由下式計算推導得到，即

$$s(t) = \int_a^t \left|\dfrac{d\vec{r}(t)}{dt}\right| dt$$

利用上式積分得 $s = s(t)$，移項化成 $t = t(s)$，可得 s 為參數之位置向量，$\vec{r} = \vec{r}(s)$。

範例 06

(10%) Find a unit tangent vector to the curve of intersection of the plane $y - z + 2 = 0$ and the cylinder $x^2 + y^2 = 4$ at the point $(0,2,4)$

成大土木所

解答：
1. 先求交線方程式

聯立解 $y - z + 2 = 0$ 與 $x^2 + y^2 = 4$

令 $x = 2\cos t$，$y = 2\sin t$，$z = y + 2 = 2\sin t + 2$

2. 曲線位置向量　　$\vec{r}(t) = 2\cos t\vec{i} + 2\sin t\vec{j} + (2\sin t + 2)\vec{k}$

3. 切線向量　　$\dfrac{d\vec{r}(t)}{dt} = -2\sin t\vec{i} + 2\cos t\vec{j} + 2\cos t\vec{k}$

4. 點　　$(0,2,4)$，即 $t = \dfrac{\pi}{2}$

5. 代入

$$\dfrac{d\vec{r}}{dt}\left(\dfrac{\pi}{2}\right) = -2\sin\left(\dfrac{\pi}{2}\right)\vec{i} + 2\cos\left(\dfrac{\pi}{2}\right)\vec{j} + 2\cos\left(\dfrac{\pi}{2}\right)\vec{k}$$

或　　$\dfrac{d\vec{r}}{dt}\left(\dfrac{\pi}{2}\right) = -2\vec{i}$

6. 單位切線向量　　$\dfrac{\dfrac{d\vec{r}}{dt}\left(\dfrac{\pi}{2}\right)}{\left|\dfrac{d\vec{r}}{dt}\left(\dfrac{\pi}{2}\right)\right|} = -\vec{i}$

範例 07

(10%) At what point or points is the tangent to the curve $x = t^3$, $y = 5t^2$, $z = 10t$ perpendicular to the tangent at the point where $t = 1$?

成大奈米所（微機電所）

解答：

$\vec{r} = t^3\vec{i} + 5t^2\vec{j} + 10t\vec{k}$

$\dfrac{d\vec{r}}{dt} = 3t^2\vec{i} + 10t\vec{j} + 10\vec{k}$

令 $t = 1$，$\left(\dfrac{d\vec{r}}{dt}\right)_{t=1} = \vec{T}_1 = 3\vec{i} + 10\vec{j} + 10\vec{k}$

垂直　　$\dfrac{d\vec{r}}{dt} \cdot \vec{T}_1 = (3t^2\vec{i} + 10t\vec{j} + 10\vec{k}) \cdot (3\vec{i} + 10\vec{j} + 10\vec{k}) = 0$

得

$$9t^2 + 100t + 100 = (t+10)\cdot(9t+10) = 0$$

得

$t = -10$，點 $(-1000,\ 500,\ -100)$

$t = -\dfrac{10}{9}$，點 $\left(-\dfrac{1000}{729},\ \dfrac{500}{81},\ -\dfrac{100}{9}\right)$

範例 08

> For a curve $x = t^2 + 1$，$y = 4t - 3$，$z = 2t^2 - 6t$, determine the unit tangent vector at the point where $t = 2$.

成大土木所

解答：

$$\vec{r}(t) = (t^2+1)\vec{i} + (4t-3)\vec{j} + (2t^2-6t)\vec{k}$$

微分 $\quad \dfrac{d\vec{r}(t)}{dt} = 2t\vec{i} + 4\vec{j} + (4t-6)\vec{k}$

令 $t = 2 \quad \dfrac{d\vec{r}(2)}{dt} = 4\vec{i} + 4\vec{j} + 2\vec{k}$

$$\vec{T} = \dfrac{\dot{\vec{r}}(2)}{|\dot{\vec{r}}(2)|} = \dfrac{2}{3}\vec{i} + \dfrac{2}{3}\vec{j} + \dfrac{1}{3}\vec{k}$$

第五節　3D 空間曲線曲率(一般法)

已知空間曲線方程式之位置向量為

$$\vec{r}(t) = x(t)\vec{i} + y(t)\vec{j} + z(t)\vec{k}$$

令 $t = t(s)$，代入上式，得

$$\vec{r}(s) = x(s)\vec{i} + y(s)\vec{j} + z(s)\vec{k}$$

其單位切線向量（Unit Tangent Vectir），計算如下：

$$\vec{T} = \frac{\dfrac{d\vec{r}}{dt}}{\left|\dfrac{d\vec{r}}{dt}\right|} = \frac{\dfrac{d\vec{r}}{dt}}{\dfrac{ds}{dt}} = \frac{d\vec{r}(s)}{ds} \quad (2)$$

已知以 s 為參數之單位切線向量，定義如下式

$$\vec{T}(s) = \frac{d\vec{r}(s)}{ds}$$

再對參數 s 微分，計算式如下：

$$\frac{d\vec{T}(s)}{ds} = \frac{d}{ds}\left(\frac{d\vec{r}(s)}{ds}\right) = \frac{d^2\vec{r}(s)}{ds^2}$$

上式 $\dfrac{d\vec{T}(s)}{ds}$ 之實際含意，可分下面兩方面來探討：

1. 先討論 $\dfrac{d\vec{T}(s)}{ds}$ 方向之推導：

已知單位切線向量函數 $\vec{T}(s)$，其大小為 1，亦即，$\left|\vec{T}(s)\right| = 1$，利用點積，得

$$\left|\vec{T}(s)\right|^2 = \vec{T}(s) \cdot \vec{T}(s) = 1$$

兩邊對 s 微分，得

$$\frac{d\vec{T}(s)}{ds} \cdot \vec{T}(s) + \vec{T}(s) \cdot \frac{d\vec{T}(s)}{ds} = 0$$

整理得

$$2\frac{d\vec{T}(s)}{ds} \cdot \vec{T}(s) = 0$$

依兩向量之點積特性知，兩向量 $\dfrac{d\vec{T}(s)}{ds}$ 與 $\vec{T}(s)$ 互相垂直。

但，已知 $\vec{T}(s)$ 為切線方向，則 $\dfrac{d\vec{T}(s)}{ds}$ 與切線方向垂直，故我們將 $\dfrac{d\vec{T}(s)}{ds}$ 定義為法線方向。

2. 再討論 $\dfrac{d\vec{T}(s)}{ds}$ 之大小 $\left|\dfrac{d\vec{T}(s)}{ds}\right|$ 之意義：

先利用單變數向量函數之微分定義式，得知

$$\dfrac{d\vec{T}}{ds} = \lim_{\Delta t \to 0} \dfrac{\vec{T}(s+\Delta s) - \vec{v}(s)}{\Delta s} = \lim_{\Delta t \to 0} \dfrac{\Delta \vec{T}(s)}{\Delta s}$$

從上式知 $\Delta \vec{T}(s) = \vec{T}(s+\Delta s) - \vec{T}(s)$，其大小可由幾何圖形得知，當在 $s+\Delta s$ 處之單位切線向量 $\vec{T}(s+\Delta s)$，比在 s 處之 $\vec{T}(s)$ 方向變化大時（因為兩者之大小均為 1），亦即表示在 $s+\Delta s$ 處之曲線彎曲程度，比在 s 處之曲線彎曲程度大，故上式向量 $\dfrac{\Delta \vec{T}(s)}{\Delta s}$ 之大小，可作為曲線在該點處之曲率之評斷，故定義

曲率（Curvature）κ 如下：

$$\kappa = \left|\dfrac{d\vec{T}(s)}{ds}\right| \qquad (3)$$

亦即，$\dfrac{d\vec{T}(s)}{ds}$ 之大小 $\left|\dfrac{d\vec{T}(s)}{ds}\right|$ 之意義為曲率。工程上曲率較為抽象，因此，工程上都以曲率半徑 ρ 表示，其定義為曲率之倒數，意即

$$\kappa = \dfrac{1}{\rho}$$

亦為曲率為 κ 處那段曲線，近似於含該段曲線為其圓周一部分之圓半徑 ρ。

範例 09

Determine the unit tangent vector and the radius of curvature of a right circular helix; $\vec{r}(t) = a\cos t\vec{i} + a\sin t\vec{j} + ct\vec{k}$ where a and c are nonzero constant.

中央太空所、成大電機所

解答：

首先求參數關係式 $\quad s(t) = \int_0^t \sqrt{\left(\dfrac{dx}{dt}\right)^2 + \left(\dfrac{dy}{dt}\right)^2 + \left(\dfrac{dz}{dt}\right)^2}\, dt$

代入曲線 $\quad \vec{r}(t) = a\cos t\vec{i} + a\sin t\vec{j} + ct\vec{k}$

得 $\quad s(t) = \int_0^t \sqrt{(-a\sin t)^2 + (a\cos t)^2 + c^2}\, dt = \sqrt{a^2 + c^2}\, t$

再令 $t = \dfrac{s}{\sqrt{a^2 + c^2}} = \dfrac{s}{\omega}$，代回曲線 $\vec{r} = a\cos\dfrac{s}{\omega}\vec{i} + a\sin\dfrac{s}{\omega}\vec{j} + \dfrac{cs}{\omega}\vec{k}$

對 s 微分，得單位切線向量 $\vec{T}(t)$

$$\vec{T}(s) = \dfrac{d\vec{r}}{ds} = -\dfrac{a}{\omega}\sin\dfrac{s}{\omega}\vec{i} + \dfrac{a}{\omega}\cos\dfrac{s}{\omega}\vec{j} + \dfrac{c}{\omega}\vec{k}$$

再微分 $\quad \dfrac{d\vec{T}(s)}{ds} = -\dfrac{a}{\omega^2}\cos\dfrac{s}{\omega}\vec{i} - \dfrac{a}{\omega^2}\sin\dfrac{s}{\omega}\vec{j}$

曲率為 $\quad \kappa = \left|\dfrac{d\vec{T}(s)}{ds}\right| = \dfrac{a}{\omega^2} = \dfrac{a}{a^2 + c^2}$

範例 10

有一曲線 $x = 3\cos t$，$y = 3\sin t$，$z = 4t$，則這一曲線的曲率半徑為何？

中央土木所

解答：

首先求參數關係式 $s(t) = \int_0^t \sqrt{\left(\dfrac{dx}{dt}\right)^2 + \left(\dfrac{dy}{dt}\right)^2 + \left(\dfrac{dz}{dt}\right)^2}\, dt$

代入曲線 $\vec{r}(t) = 3\cos t\,\vec{i} + 3\sin t\,\vec{j} + 4t\,\vec{k}$

得 $s(t) = \int_0^t \sqrt{(-3\sin t)^2 + (3\cos t)^2 + 4^2}\, dt = 5t$

再令 $t = \dfrac{s}{5}$，代回曲線 $\vec{r} = 3\cos\dfrac{s}{5}\vec{i} + 3\sin\dfrac{s}{5}\vec{j} + 4\dfrac{s}{5}\vec{k}$

對 s 微分，得單位切線向量 $\vec{T}(t)$ $\vec{T}(s) = \dfrac{d\vec{r}}{ds} = -\dfrac{3}{5}\sin\dfrac{s}{5}\vec{i} + \dfrac{3}{5}\cos\dfrac{s}{5}\vec{j} + \dfrac{4}{5}\vec{k}$

再微分 $\dfrac{d\vec{T}(s)}{ds} = -\dfrac{3}{25}\cos\dfrac{s}{5}\vec{i} - \dfrac{3}{25}\sin\dfrac{s}{5}\vec{j}$

曲率為 $\kappa = \left|\dfrac{d\vec{T}(s)}{ds}\right| = \dfrac{3}{25}$

曲率半徑為 $\rho = \dfrac{1}{\kappa} = \dfrac{25}{3}$

第六節　單位主法線向量之定義

已知 $\vec{T}(s)$ 為切線方向，$\dfrac{d\vec{T}(s)}{ds}$ 為法線方向。但 $\left|\dfrac{d\vec{T}(s)}{ds}\right| = \kappa \neq 1$，故 $\dfrac{d\vec{T}(s)}{ds}$ 不是單位法線向量。因此可再定義單位主法線向量（Unit Principle Normal Vector）$\vec{N}$ 如下：

$$\vec{N} = \frac{\dfrac{d\vec{T}(s)}{ds}}{\left|\dfrac{d\vec{T}(s)}{ds}\right|} = \frac{1}{\kappa}\frac{d\vec{T}(s)}{ds} \qquad (4)$$

範例 11

(15%) Consider the curve given by the parametric equations as

$x = \cos t + t\sin t$
$y = \sin t - t\cos t$
$z = t^2$

(a) Find the length function $s(t)$ for the curve.
(b) Find the unit tangent vector and unit vector as a function of s

北科機電整合所工數

解答：

(a)

【方法一】以 s 為參數

已知曲線參數式

$x = \cos t + t\sin t$
$y = \sin t - t\cos t$
$z = t^2$

首先求參數關係式 $\quad s(t) = \int_0^t \sqrt{\left(\dfrac{dx}{dt}\right)^2 + \left(\dfrac{dy}{dt}\right)^2 + \left(\dfrac{dz}{dt}\right)^2}\, dt$

代入曲線 $\quad \vec{r}(t) = (\cos t + t\sin t)\vec{i} + (\sin t - t\cos t)\vec{j} + t^2\vec{k}$

得 $\quad s(t) = \int_0^t \sqrt{(t\cos t)^2 + (t\sin t)^2 + (2t)^2}\, dt = \int_0^t \sqrt{5t^2}\, dt$

$$s(t) = \frac{\sqrt{5}}{2}t^2$$

再令 $t = \left(\frac{2}{\sqrt{5}}\right)^{\frac{1}{2}}\sqrt{s} = \frac{\sqrt{s}}{\omega}$，其中 $\omega = \left(\frac{\sqrt{5}}{2}\right)^{\frac{1}{2}}$

代回曲線

$$\vec{r}(t) = \left(\cos\frac{\sqrt{s}}{\omega} + \frac{\sqrt{s}}{\omega}\sin\frac{\sqrt{s}}{\omega}\right)\vec{i} + \left(\sin\frac{\sqrt{s}}{\omega} - \frac{\sqrt{s}}{\omega}\cos\frac{\sqrt{s}}{\omega}\right)\vec{j} + \frac{s}{\omega^2}\vec{k}$$

對 s 微分，得單位切線向量 $\vec{T}(t)$

$$\vec{T}(s) = \frac{d\vec{r}}{ds} = \left(\frac{1}{2\omega^2}\cos\frac{\sqrt{s}}{\omega}\right)\vec{i} + \left(\frac{1}{2\omega^2}\sin\frac{\sqrt{s}}{\omega}\right)\vec{j} + \frac{1}{\omega^2}\vec{k}$$

再微分

$$\frac{d\vec{T}(s)}{ds} = -\frac{1}{4\omega^3\sqrt{s}}\sin\frac{\sqrt{s}}{\omega}\vec{i} + \frac{1}{4\omega^3\sqrt{s}}\cos\frac{\sqrt{s}}{\omega}\vec{j}$$

曲率為

$$\kappa = \left|\frac{d\vec{T}(s)}{ds}\right| = \frac{1}{4\omega^3\sqrt{s}}$$

單位主法線

$$\vec{N}(s) = \frac{1}{\kappa}\frac{d\vec{T}}{ds} = -\sin\frac{\sqrt{s}}{\omega}\vec{i} + \cos\frac{\sqrt{s}}{\omega}\vec{j}$$

範例 12

已知曲線 $\vec{r}(t) = 4\sin t\vec{i} + 4\cos t\vec{j} + 3t\vec{k}$，求單位切線向量 $\vec{T}(t)$ 及單位法線向量 $\vec{N}(t)$

中央土木所

解答：

首先求參數關係式 $s(t) = \int_0^t \sqrt{\left(\frac{dx}{dt}\right)^2 + \left(\frac{dy}{dt}\right)^2 + \left(\frac{dz}{dt}\right)^2}\,dt$

代入曲線 $$\vec{r}(t) = 4\sin t\vec{i} + 4\cos t\vec{j} + 3t\vec{k}$$

得 $$s(t) = \int_0 \sqrt{(4\cos t)^2 + (-4\sin t)^2 + 3^2}\,dt = 5t$$

再令 $t = \dfrac{s}{5}$，代回曲線 $$\vec{r}(s) = 4\sin\dfrac{s}{5}\vec{i} + 4\cos\dfrac{s}{5}\vec{j} + 3\dfrac{s}{5}\vec{k}$$

對 s 微分，得單位切線向量 $\vec{T}(t)$ $$\vec{T}(s) = \dfrac{d\vec{r}}{ds} = \dfrac{4}{5}\cos\dfrac{s}{5}\vec{i} - \dfrac{4}{5}\sin\dfrac{s}{5}\vec{j} + \dfrac{3}{5}\vec{k}$$

或 $$\vec{T}(t) = \dfrac{4}{5}\cos t\vec{i} - \dfrac{4}{5}\sin t\vec{j} + \dfrac{3}{5}\vec{k}$$

再微分 $$\dfrac{d\vec{T}(s)}{ds} = -\dfrac{4}{25}\sin\dfrac{s}{5}\vec{i} - \dfrac{4}{25}\cos\dfrac{s}{5}\vec{j}$$

曲率為 $$\kappa = \left|\dfrac{d\vec{T}(s)}{ds}\right| = \dfrac{4}{25}$$

歸一化得單位法線向量 $\vec{N}(t)$ $$\vec{N}(s) = \dfrac{1}{\kappa}\dfrac{d\vec{T}(s)}{ds} = -\sin\dfrac{s}{5}\vec{i} - \cos\dfrac{s}{5}\vec{j}$$

或 $$\vec{N}(t) = -\sin t\vec{i} - \cos t\vec{j}$$

第七節　單位雙法線向量之定義

利用 $\vec{T}, \vec{N}$ 之叉積，可定義出第三個同時與 $(\vec{T}, \vec{N})$ 都互相垂直的向量，同時定義同時垂直 $\vec{T}, \vec{N}$ 之向量歸一化成單位向量，稱單位雙法線向量（Unit Binormal Vector）$\vec{B}$，定義如下：

$$\vec{B} = \vec{T} \times \vec{N} \qquad (5)$$

或 $$\vec{B}(s) = \vec{T}(s) \times \vec{N}(s)$$

以上三個單位向量組成一座標系統 $(\vec{T},\vec{N},\vec{B})$，此座標系統稱之為切線法線座標系統，為一描述空間任意曲線運動之參考座標。

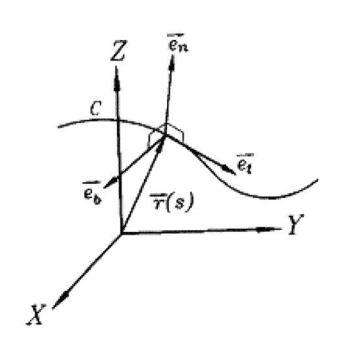

第八節　扭率（Torsion）之定義

已知切線法線座標系統之三個單位座標基底向量：$(\vec{T},\vec{N},\vec{B})$，須注意的是，它是一組動標系統，因此須再繼續推導其變化量計算公式。

第一個座標$\vec{T}$之微分為

$$\frac{d\vec{T}}{ds}=\kappa\vec{N} \qquad (6)$$

接著先討論單位雙法線向量（Unit Binormal Vector）$\vec{B}$，其微分$\dfrac{d\vec{B}(s)}{ds}$的意義，可分方向與大小兩項討論如下：

(a) 先討論$\dfrac{d\vec{B}(s)}{ds}$的方向，如何決定？

(1) 已知單位雙法線向量$\vec{B}$定義為

$$\vec{B}(s)=\vec{T}(s)\times\vec{N}(s)$$

兩邊對 S 微分，得

$$\frac{d\vec{B}(s)}{ds} = \frac{d\vec{T}}{ds} \times \vec{N} + \vec{T} \times \frac{d\vec{N}}{ds}$$

其中 $\frac{d\vec{T}}{ds} = \kappa\vec{N}$，代入得

$$\frac{d\vec{B}(s)}{ds} = (\kappa\vec{N}) \times \vec{N} + \vec{T} \times \frac{d\vec{N}}{ds}$$

上式中第一項 $\vec{N} \times \vec{N} = 0$，代入

得
$$\frac{d\vec{B}(s)}{ds} = \vec{T} \times \frac{d\vec{N}}{ds}$$

由兩向量之叉積特性知，可得 $\frac{d\vec{B}(s)}{ds}$ 同時與 $\vec{T}$ 與 $\frac{d\vec{N}}{ds}$ 垂直，或

$$\frac{d\vec{B}(s)}{ds} \perp \vec{T} \qquad (7)$$

與

$$\frac{d\vec{B}(s)}{ds} \perp \frac{d\vec{N}}{ds}$$

(2) 又已知單位雙法線向量之大小為 1，亦即

$$\left|\vec{B}(s)\right|^2 = \vec{B}(s) \cdot \vec{B}(s) = 1$$

兩邊對 s 微分得

$$\frac{d}{ds}\vec{B}(s) \cdot \vec{B}(s) + \vec{B}(s) \cdot \frac{d}{ds}\vec{B}(s) = 0$$

或

$$\frac{d}{ds}\vec{B}(s) \cdot \vec{B}(s) = 0$$

或兩向量垂直 $\quad \frac{d\vec{B}}{ds} \perp \vec{B} \qquad (8)$

綜合以上兩式，得知

$$\frac{d\vec{B}(s)}{ds} \perp \vec{T} \quad 且 \quad \frac{d\vec{B}}{ds} \perp \vec{B}$$

依 $(\vec{T}, \vec{N}, \vec{B})$ 之正交性，得 $\frac{d\vec{B}(s)}{ds}$ 的方向必與 $\vec{N}$ 平行或正反方向。

(b) 再討論大小 $\left|\frac{d\vec{B}(s)}{ds}\right|$：

利用 $\frac{d\vec{B}(s)}{ds}$ 之定義式為

$$\frac{d\vec{B}(s)}{ds} = \lim_{\Delta s \to 0} \frac{\vec{B}(s+\Delta s) - \vec{B}(s)}{\Delta s} = \lim_{\Delta s \to 0} \frac{\Delta \vec{B}(s)}{\Delta s}$$

從上式 $\Delta \vec{B}(s) = \vec{B}(s+\Delta s) - \vec{B}(s)$ 得幾何圖形關係知，空間曲線上任一點 ($s+\Delta s$) 處之扭轉程度愈大，則該處的 $\vec{B}(s+\Delta s)$ 方向變化，就會比 $\vec{B}(s)$ 大很多，此時 $\left|\frac{d\vec{B}(s)}{ds}\right|$ 之值就愈大，因此定義 $\left|\frac{d\vec{B}(s)}{ds}\right|$ 為扭率（Torsion），即令

扭率（Torsion）定義：

$$\tau = \left|\frac{d\vec{B}(s)}{ds}\right| \qquad (9)$$

從剛剛之分析得知 $\frac{d\vec{B}(s)}{ds}$ 的方向為 $\vec{N}$，從右手定則決定，定義當逆時針的扭轉時，為正之扭率，故得知 $\frac{d\vec{B}(s)}{ds}$ 之正確方向為 $\vec{N}$ 之反方向，故可知

$$\frac{d\vec{B}(s)}{ds} = -\tau \vec{N} \qquad (10)$$

範例 13：扭率之求法二：

> Determine (1) the unit tangent vector, (2) the radius of curvature and (3) torsion of a right circular helix; $\vec{r}(t) = a\cos t\vec{i} + a\sin t\vec{j} + ct\vec{k}$ where a and c are nonzero constant.

清大動機所、中央太空所、成大電機所

解答：

$$\vec{r}' = \vec{T}$$

$$\vec{r}'' = \kappa \vec{N}$$

$$\vec{r}''' = \kappa' \vec{N} + \kappa \frac{d}{ds}\vec{N} = \kappa' \vec{N} + \kappa(-\kappa \vec{T} + \tau \vec{B}) = -\kappa^2 \vec{T} + \kappa' \vec{N} + \kappa \tau \vec{B}$$

$$\vec{r}' \cdot (\vec{r}'' \times \vec{r}''') = \begin{vmatrix} 1 & 0 & 0 \\ 0 & \kappa & 0 \\ -\kappa^2 & \kappa' & \kappa\tau \end{vmatrix} = \kappa^2 \tau$$

$$\tau = \frac{|\vec{r}' \cdot (\vec{r}'' \times \vec{r}''')|}{\kappa^2} = \frac{|\vec{r}' \cdot (\vec{r}'' \times \vec{r}''')|}{|\vec{r}''|^2}$$

第九節　Frenet 公式 (T, N, B 之變率)

從以上各節之推導得知，切線法線座標系統 $(\vec{T}, \vec{N}, \vec{B})$，其中單位切線向量 $\vec{T}$ 之微分，利用其大小曲率 κ，可表為

$$\frac{d\vec{T}}{ds} = \kappa \vec{N} \qquad (7)$$

單位雙法線向量（Unit Binormal Vector）$\vec{B}$，其微分 $\frac{d\vec{B}(s)}{ds}$，利用扭率 τ，可

表為

$$\frac{d\vec{B}(s)}{ds} = -\tau\vec{N} \qquad (11)$$

現將探討最後一個單位法線向量 $\vec{N}$ 之微分，其分析如下：

已知　　$\vec{N}(s) = \vec{B}(s) \times \vec{T}(s)$

兩邊對 s 微分

$$\frac{d\vec{N}}{ds} = \frac{d\vec{B}}{ds} \times \vec{T} + \vec{B} \times \frac{d\vec{T}}{ds}$$

已知 $\dfrac{d\vec{T}(s)}{ds} = \kappa\vec{N}$ 及 $\dfrac{d\vec{B}(s)}{ds} = -\tau\vec{N}$，代入上式，得

$$\frac{d\vec{N}}{ds} = \left(-\tau\vec{N}\right) \times \vec{T} + \vec{B} \times \left(\kappa\vec{N}\right)$$

其中 $\vec{N} \times \vec{T} = -\vec{B}$ 及 $\vec{B} \times \vec{N} = -\vec{T}$，將上式化簡成

$$\frac{d\vec{N}}{ds} = -\kappa\vec{T} + \tau\vec{B} \qquad (12)$$

最後得切線法線座標系統 $(\vec{T}, \vec{N}, \vec{B})$ 之變量 $\left(\dfrac{d\vec{T}}{ds}, \dfrac{d\vec{N}}{ds}, \dfrac{d\vec{B}}{ds}\right)$ 計算式如下，稱之為 Frenet 公式；即

$$\frac{d\vec{T}}{ds} = \kappa\vec{N}$$

$$\frac{d\vec{N}}{ds} = -\kappa\vec{T} + \tau\vec{B}$$

$$\frac{d\vec{B}}{ds} = -\tau\vec{N}$$

表成矩陣形式，得反對稱矩陣，如：

$$\begin{bmatrix} \dfrac{d\vec{T}}{ds} \\ \dfrac{d\vec{N}}{ds} \\ \dfrac{d\vec{B}}{ds} \end{bmatrix} = \begin{bmatrix} 0 & \kappa & 0 \\ -\kappa & 0 & \tau \\ 0 & -\tau & 0 \end{bmatrix} \begin{bmatrix} \vec{T} \\ \vec{N} \\ \vec{B} \end{bmatrix}$$

上式中之係數矩陣為反對稱矩陣。

第十節　切線法線座標系統 (以 t 為參數)

以上式採用曲線長 s 為參數，用其表示這些曲線之特性與法線切線座標特性，較為簡易且易懂，但是實際生活中，觀察或描述一運動物體，取時間 t 較方便，因此十之八九，位置向量都表成參數 t 之形式，即

$$\vec{r}(t) = x(t)\vec{i} + y(t)\vec{j} + z(t)\vec{k}$$

先對 t 微分一次，亦即得速度向量

$$\frac{d\vec{r}(t)}{dt} = \dot{\vec{r}}(t) = \frac{dx(t)}{dt}\vec{i} + \frac{dy(t)}{dt}\vec{j} + \frac{dz(t)}{dt}\vec{k}$$

對 t 微分二次，亦即得加速度向量

$$\frac{d^2\vec{r}(t)}{dt^2} = \ddot{\vec{r}}(t) = \frac{d^2x(t)}{dt^2}\vec{i} + \frac{d^2y(t)}{dt^2}\vec{j} + \frac{d^2z(t)}{dt^2}\vec{k}$$

對 t 微分三次

$$\frac{d^3\vec{r}(t)}{dt^3} = \dddot{\vec{r}}(t) = \frac{d^3x(t)}{dt^3}\vec{i} + \frac{d^3y(t)}{dt^3}\vec{j} + \frac{d^3z(t)}{dt^3}\vec{k}$$

1. 單位切線向量：

$$\vec{T}(t) = \frac{\dot{\vec{r}}(t)}{\left|\dot{\vec{r}}(t)\right|} \qquad (13)$$

2. 曲率：

已知
$$\vec{T} = \frac{\dot{\vec{r}}(t)}{\left|\dot{\vec{r}}(t)\right|} = \frac{\dot{\vec{r}}}{\dot{s}}$$

移項得
$$\dot{\vec{r}} = \dot{s}\vec{T}$$

對 t 微分
$$\ddot{\vec{r}}(t) = \ddot{s}\vec{T} + \dot{s}\frac{d\vec{T}}{dt} = \ddot{s}\vec{T} + \dot{s}\frac{d\vec{T}}{ds}\frac{ds}{dt}$$

其中 $\dfrac{d\vec{T}}{ds} = \kappa\vec{N}$ 代入，得 $\ddot{\vec{r}}(t) = \ddot{s}\vec{T} + (\dot{s})^2 \kappa\vec{N}$

取叉積
$$\dot{\vec{r}}(t) \times \ddot{\vec{r}}(t) = \dot{s}\vec{T} \times \left(\ddot{s}\vec{T} + (\dot{s})^2 \kappa\vec{N}\right)$$

展開得
$$\dot{\vec{r}}(t) \times \ddot{\vec{r}}(t) = \dot{s} \cdot \ddot{s}\left(\vec{T} \times \vec{T}\right) + \dot{s} \cdot \kappa(\dot{s})^2\left(\vec{T} \times \vec{N}\right)$$

其中 $\vec{T} \times \vec{T} = 0$ 及 $\vec{T} \times \vec{N} = \vec{B}$，代入得

$$\dot{\vec{r}}(t) \times \ddot{\vec{r}}(t) = (\dot{s})^3 \kappa\vec{B} \qquad (14)$$

取絕對值
$$\left|\dot{\vec{r}}(t) \times \ddot{\vec{r}}(t)\right| = (\dot{s})^3 \kappa\left|\vec{B}\right| = (\dot{s})^3 \kappa$$

移項得曲率

$$\kappa = \frac{\left|\dot{\vec{r}}(t) \times \ddot{\vec{r}}(t)\right|}{\dot{s}^3}$$

或

$$\kappa = \frac{\left|\dot{\vec{r}}(t) \times \ddot{\vec{r}}(t)\right|}{\left|\dot{\vec{r}}(t)\right|^3} \qquad (14)$$

3. 單位雙法線向量

   利用式(14)　　　$\dot{\vec{r}}(t) \times \ddot{\vec{r}}(t) = (\dot{s})^3 \kappa \vec{B}$

   得單位雙法線向量，除以分子大小即可：

   $$\vec{B} = \frac{\dot{\vec{r}}(t) \times \ddot{\vec{r}}(t)}{\left|\dot{\vec{r}}(t) \times \ddot{\vec{r}}(t)\right|} \tag{15}$$

4. 單位主法線向量

   利用單位主法線向量關係　　$\vec{N} = \vec{B} \times \vec{T}$

   得　　$\vec{N} \propto (\dot{\vec{r}} \times \ddot{\vec{r}}) \times \dot{\vec{r}}$

   除以本身大小得

   $$\vec{N} = \frac{(\dot{\vec{r}} \times \ddot{\vec{r}}) \times \dot{\vec{r}}}{\left|(\dot{\vec{r}} \times \ddot{\vec{r}}) \times \dot{\vec{r}}\right|} \tag{16}$$

5. 扭率

   已知　　$\ddot{\vec{r}}(t) = \ddot{s}\vec{T} + (\dot{s})^2 \kappa \vec{N}$

   對 t 微分　　$\dddot{\vec{r}}(t) = \dddot{s}\vec{T} + \ddot{s}\dfrac{d\vec{T}}{dt} + 2(\dot{s})\ddot{s}\kappa\vec{N} + (\dot{s})^2 \dot{\kappa}\vec{N} + (\dot{s})^2 \kappa \dfrac{d\vec{N}}{dt}$

   其中 $\dfrac{d\vec{T}}{dt} = \dfrac{d\vec{T}}{ds} \cdot \dfrac{ds}{dt} = \dot{s}\kappa\vec{N}$ 及 $\dfrac{d\vec{N}}{dt} = \dfrac{d\vec{N}}{ds}\dfrac{ds}{dt} = \dot{s}(-\kappa\vec{T} + \tau\vec{B})$

   代入整理得

   $$\dddot{\vec{r}}(t) = \dddot{s}\vec{T} + \left[3(\dot{s})\ddot{s}\kappa + (\dot{s})^2\dot{\kappa}\right]\vec{N} + (\dot{s})^3 \kappa(\tau\vec{B} - \kappa\vec{T})$$

   或

   $$\dddot{\vec{r}}(t) = \left(\dddot{s} - (\dot{s})^3 \kappa^2\right)\vec{T} + \left[3(\dot{s})\ddot{s}\kappa + (\dot{s})^2\dot{\kappa}\right]\vec{N} + (\dot{s})^3 \kappa\tau\vec{B}$$

   三向量無向積　　$\dot{\vec{r}} \cdot (\ddot{\vec{r}} \times \dddot{\vec{r}}) = (\dot{s}\vec{T}) \cdot \left[(\ddot{s}\vec{T} + (\dot{s})^2 \kappa\vec{N}) \times \dddot{\vec{r}}\right]$

其中 $\vec{T}\cdot(\vec{T}\times\vec{N})=0$ 或 $\vec{T}\cdot(\vec{N}\times\vec{T})=0$ 或 $\vec{T}\cdot(\vec{N}\times\vec{N})=0$，故展開後只剩

$$\dot{\vec{r}}\cdot(\ddot{\vec{r}}\times\dddot{\vec{r}})=(\dot{s}\vec{T})\cdot\left\{\left[(\dot{s})^2\kappa\vec{N}\right]\times\left[(\dot{s})^3\kappa\tau\vec{B}\right]\right\}$$

整理得
$$\dot{\vec{r}}\cdot(\ddot{\vec{r}}\times\dddot{\vec{r}})=\dot{s}(\dot{s})^2\kappa(\dot{s})^3\kappa\tau(\vec{T}\cdot(\vec{N}\times\vec{B}))=(\dot{s})^6\kappa^2\tau$$

得扭率
$$\tau=\frac{\dot{\vec{r}}\cdot(\ddot{\vec{r}}\times\dddot{\vec{r}})}{(\dot{s})^6\kappa^2}$$

或
$$\tau=\frac{\dot{\vec{r}}\cdot(\ddot{\vec{r}}\times\dddot{\vec{r}})}{|\dot{\vec{r}}\times\ddot{\vec{r}}|^2} \qquad (17)$$

範例 14

(10%) The position of a moving particle is given by $\vec{r}=2\cos t\vec{i}+2\sin t\vec{j}+3t\vec{k}$. Find the unit tangent vector $\vec{T}(t)$ and the curvature $\kappa(t)$

中正光機電整合所工數

解答：

已知公式

1. 位置向量 $\quad \vec{r}=2\cos t\vec{i}+2\sin t\vec{j}+3t\vec{k}$

2. 切線向量 $\quad \dfrac{d\vec{r}}{dt}=-2\sin t\vec{i}+2\cos t\vec{j}+3\vec{k}$

3. 單位切線向量 $\quad \dfrac{\frac{d\vec{r}}{dt}}{\left|\frac{d\vec{r}}{dt}\right|}=-\dfrac{2\sin t}{\sqrt{13}}\vec{i}+\dfrac{2\cos t}{\sqrt{13}}\vec{j}+\dfrac{3}{\sqrt{13}}\vec{k}$

4. 曲率 $\quad \kappa=\dfrac{|\dot{\vec{r}}(t)\times\ddot{\vec{r}}(t)|}{|\dot{\vec{r}}(t)|^3}$

5. $$\frac{d^2\vec{r}}{dt^2} = -2\cos t\vec{i} - 2\sin t\vec{j}$$

6. $$\dot{\vec{r}}(t) \times \ddot{\vec{r}}(t) = \begin{vmatrix} \vec{i} & \vec{j} & \vec{k} \\ -2\sin t & 2\cos t & 3t \\ -2\cos t & -2\sin t & 0 \end{vmatrix}$$

或 $$\dot{\vec{r}}(t) \times \ddot{\vec{r}}(t) = 6t\sin t\vec{i} - 6t\cos t\vec{j} + 4\vec{k}$$

7. 曲率 $$\kappa = \frac{|\dot{\vec{r}}(t) \times \ddot{\vec{r}}(t)|}{|\dot{\vec{r}}(t)|^3} = \frac{\sqrt{36t^2+16}}{(\sqrt{13})^3}$$

範例 15：比較題

Determine (1) the unit tangent vector, (2) the radius of curvature and (3) torsion of a right circular helix; $\vec{r}(t) = a\cos t\vec{i} + a\sin t\vec{j} + ct\vec{k}$ where a and c are nonzero constant.

清大動機所、中央太空所、成大電機所

解答：

【方法一】以 s 為參數

首先求參數關係式 $$s(t) = \int_0^t \sqrt{\left(\frac{dx}{dt}\right)^2 + \left(\frac{dy}{dt}\right)^2 + \left(\frac{dz}{dt}\right)^2}\, dt$$

代入曲線 $$\vec{r}(t) = a\cos t\vec{i} + a\sin t\vec{j} + ct\vec{k}$$

得 $$s(t) = \int_0^t \sqrt{(-a\sin t)^2 + (a\cos t)^2 + c^2}\, dt = \sqrt{a^2+c^2}\, t$$

再令 $t = \dfrac{s}{\sqrt{a^2+c^2}} = \dfrac{s}{\omega}$，代回曲線 $\vec{r} = a\cos\dfrac{s}{\omega}\vec{i} + a\sin\dfrac{s}{\omega}\vec{j} + \dfrac{cs}{\omega}\vec{k}$

對 s 微分，得單位切線向量 $\vec{T}(t)$

$$\vec{T}(s) = \frac{d\vec{r}}{ds} = -\frac{a}{\omega}\sin\frac{s}{\omega}\vec{i} + \frac{a}{\omega}\cos\frac{s}{\omega}\vec{j} + \frac{c}{\omega}\vec{k}$$

再微分

$$\frac{d\vec{T}(s)}{ds} = -\frac{a}{\omega^2}\cos\frac{s}{\omega}\vec{i} - \frac{a}{\omega^2}\sin\frac{s}{\omega}\vec{j}$$

曲率為

$$\kappa = \left|\frac{d\vec{T}(s)}{ds}\right| = \frac{a}{\omega^2} = \frac{a}{a^2+c^2}$$

單位主法線

$$\vec{N}(s) = \frac{1}{\kappa}\frac{d\vec{T}}{ds} = -\cos\frac{s}{\omega}\vec{i} - \sin\frac{s}{\omega}\vec{j}$$

單位副法線

$$\vec{B} = \vec{T} \times \vec{N} = \begin{vmatrix} \vec{i} & \vec{j} & \vec{k} \\ -\frac{a}{\omega}\sin\frac{s}{\omega} & \frac{a}{\omega}\cos\frac{s}{\omega} & \frac{c}{\omega} \\ -\cos\frac{s}{\omega} & -\sin\frac{s}{\omega} & 0 \end{vmatrix} = \frac{c}{\omega}\sin\frac{s}{\omega}\vec{i} - \frac{c}{\omega}\cos\frac{s}{\omega}\vec{j} + \frac{a}{\omega}\vec{k}$$

微分

$$\frac{d}{ds}\vec{B} = \frac{c}{\omega^2}\cos\frac{s}{\omega}\vec{i} + \frac{c}{\omega^2}\sin\frac{s}{\omega}\vec{j}$$

大小

$$\tau = \left|\frac{d\vec{B}}{ds}\right| = \frac{c}{\omega^2} = \frac{c}{a^2+c^2}$$

【方法二】以 t 為參數

已知公式

曲率

$$\kappa = \frac{|\dot{\vec{r}}(t) \times \ddot{\vec{r}}(t)|}{|\dot{\vec{r}}(t)|^3}$$

扭率

$$\tau = \frac{\dot{\vec{r}} \cdot (\ddot{\vec{r}} \times \dddot{\vec{r}})}{|\dot{\vec{r}} \times \ddot{\vec{r}}|^2}$$

已知 $\vec{r}(t) = a\cos t\vec{i} + a\sin t\vec{j} + ct\vec{k}$

微分 $\dot{\vec{r}}(t) = -a\sin t\vec{i} + a\cos t\vec{j} + c\vec{k}$

再微分 $\ddot{\vec{r}}(t) = -a\cos t\vec{i} - a\sin t\vec{j}$

再微分 $\dddot{\vec{r}}(t) = a\sin t\vec{i} - a\cos t\vec{j}$

(1) 計算 $\dot{\vec{r}}(t) \times \ddot{\vec{r}}(t) = \begin{vmatrix} \vec{i} & \vec{j} & \vec{k} \\ -a\sin t & a\cos t & c \\ -a\cos t & -a\sin t & 0 \end{vmatrix} = ac\sin t\vec{i} - ac\cos t\vec{j} + a^2\vec{k}$

大小 $\left|\dot{\vec{r}}(t) \times \ddot{\vec{r}}(t)\right| = \sqrt{a^2c^2 + a^4} = \sqrt{a^2(c^2 + a^2)} = a\omega$

代入 $\kappa = \dfrac{\left|\dot{\vec{r}}(t) \times \ddot{\vec{r}}(t)\right|}{\left|\dot{\vec{r}}(t)\right|^3} = \dfrac{a\omega}{\omega^3} = \dfrac{a}{\omega^2} = \dfrac{a}{a^2 + c^2}$

(2) $\dot{\vec{r}}(t) \cdot \left[\ddot{\vec{r}}(t) \times \dddot{\vec{r}}(t)\right] = \begin{vmatrix} -a\sin t & a\cos t & c \\ -a\cos t & -a\sin t & 0 \\ a\sin t & -a\cos t & 0 \end{vmatrix} = ca^2$

代入 $\tau = \dfrac{\dot{\vec{r}} \cdot (\ddot{\vec{r}} \times \dddot{\vec{r}})}{\left|\dot{\vec{r}} \times \ddot{\vec{r}}\right|^2} = \dfrac{ca^2}{a^2\omega^2} = \dfrac{c}{\omega^2} = \dfrac{c}{a^2 + c^2}$

(3) $\vec{B} = \dfrac{\dot{\vec{r}} \times \ddot{\vec{r}}}{\left|\dot{\vec{r}} \times \ddot{\vec{r}}\right|}$

已知 $\dot{\vec{r}}(t) \times \ddot{\vec{r}}(t) = ac\sin t\vec{i} - ac\cos t\vec{j} + a^2\vec{k}$

$\left|\dot{\vec{r}}(t) \times \ddot{\vec{r}}(t)\right| = a\omega = a\sqrt{a^2 + c^2}$

代入 $\vec{B} = \dfrac{\dot{\vec{r}} \times \ddot{\vec{r}}}{\left|\dot{\vec{r}} \times \ddot{\vec{r}}\right|} = \dfrac{ac\sin t\vec{i} - ac\cos t\vec{j} + a^2\vec{k}}{a\sqrt{a^2 + c^2}} = \dfrac{c\sin t\vec{i} - c\cos t\vec{j} + a\vec{k}}{\sqrt{a^2 + c^2}}$

(4) $\vec{N} = \dfrac{(\dot{\vec{r}} \times \ddot{\vec{r}}) \times \dot{\vec{r}}}{|(\dot{\vec{r}} \times \ddot{\vec{r}}) \times \dot{\vec{r}}|}$

已知 $\quad\quad\quad\quad \dot{\vec{r}}(t) \times \ddot{\vec{r}}(t) = ac\sin t\,\vec{i} - ac\cos t\,\vec{j} + a^2\vec{k}$

及 $\quad \dot{\vec{r}}(t) = -a\sin t\,\vec{i} + a\cos t\,\vec{j} + c\vec{k}$

$[\dot{\vec{r}} \times \ddot{\vec{r}}] \times \dot{\vec{r}} = \begin{vmatrix} \vec{i} & \vec{j} & \vec{k} \\ -ac\sin t & -ac\cos t & a^2 \\ -a\sin t & a\cos t & c \end{vmatrix} = -(a^2c + a^3)\cos t\,\vec{i} - (a^2c + a^3)\sin t\,\vec{j}$

其中 $\quad |[\dot{\vec{r}}(t) \times \ddot{\vec{r}}(t)] \times \dot{\vec{r}}(t)| = (a^2c + a^3)$

代入 $\quad \vec{N} = \dfrac{(\dot{\vec{r}} \times \ddot{\vec{r}}) \times \dot{\vec{r}}}{|(\dot{\vec{r}} \times \ddot{\vec{r}}) \times \dot{\vec{r}}|} = -\cos t\,\vec{i} - \sin t\,\vec{j}$

範例 16

(10%) 假設 $\vec{r}(t) = a\cos t\,\vec{i} + a\sin t\,\vec{j}$，試求對應的
(1) 單位切線
(2) 曲率

中原轉工數

解答：

已知曲線 $\quad \vec{r}(t) = a\cos t\,\vec{i} + a\sin t\,\vec{j}$

微分 $\quad \dot{\vec{r}}(t) = -a\sin t\,\vec{i} + a\cos t\,\vec{j}$

大小 $\quad |\dot{\vec{r}}(t)| = \sqrt{(-a\sin t)^2 + (a\cos t)^2} = a$

(1) 單位切線 $\quad \vec{T} = \dfrac{\dot{\vec{r}}(t)}{|\dot{\vec{r}}(t)|} = -\sin t\,\vec{i} + \cos t\,\vec{j}$

(2) 曲率 $\kappa = \dfrac{\left|\dot{\vec{r}}(t)\times\ddot{\vec{r}}(t)\right|}{\left|\dot{\vec{r}}(t)\right|^3}$

其中

$$\ddot{\vec{r}}(t) = -a\cos t\,\vec{i} - a\sin t\,\vec{j}$$

$$\dot{\vec{r}}(t)\times\ddot{\vec{r}}(t) = \begin{vmatrix} \vec{i} & \vec{j} & \vec{k} \\ -a\sin t & a\cos t & 0 \\ -a\cos t & -a\sin t & 0 \end{vmatrix} = a^2 \vec{k}$$

代入

$$\kappa = \dfrac{\left|\dot{\vec{r}}(t)\times\ddot{\vec{r}}(t)\right|}{\left|\dot{\vec{r}}(t)\right|^3} = \dfrac{a^2}{a^3} = \dfrac{1}{a}$$

範例 17

(15%) 一運動曲線可以向量表示為 $\vec{r}(t) = 3t\vec{i} - 2\vec{j} + t^2\vec{k}$，試求(a)此曲線曲率半徑 ρ (b) 切線向量 T 之表示式 (c) 法線向量 N 之表示式？

成大製造所工數

解答：

$$\vec{r}(t) = 3t\vec{i} - 2\vec{j} + t^2\vec{k}$$

$$\dot{\vec{r}}(t) = 3\vec{i} + 2t\vec{k},\ \left|\dot{\vec{r}}(t)\right| = \sqrt{9 + 4t^2}$$

$$\ddot{\vec{r}}(t) = 2\vec{k}$$

$$\dot{\vec{r}}(t)\times\ddot{\vec{r}}(t) = \begin{vmatrix} \vec{i} & \vec{j} & \vec{k} \\ 3 & 0 & 2t \\ 0 & -0 & 2 \end{vmatrix} = -6\vec{j}$$

$$\kappa = \frac{\left|\dot{\vec{r}}(t) \times \ddot{\vec{r}}(t)\right|}{\left|\dot{\vec{r}}(t)\right|^3} = \frac{6}{\sqrt{9+4t^2}}$$

(a) $\rho = \dfrac{1}{\kappa} = \dfrac{\sqrt{9+4t^2}}{6}$

(b) $\vec{T} = \dfrac{\dot{\vec{r}}}{\left|\dot{\vec{r}}\right|} = \dfrac{3\vec{i} + 2t\vec{k}}{\sqrt{9+4t^2}}$

(c) $\vec{N} = \dfrac{(\dot{\vec{r}} \times \ddot{\vec{r}}) \times \dot{\vec{r}}}{\left|(\dot{\vec{r}} \times \ddot{\vec{r}}) \times \dot{\vec{r}}\right|} = \dfrac{(-6\vec{j}) \times (3\vec{i} + 2t\vec{k})}{\left|(-6\vec{j}) \times (3\vec{i} + 2t\vec{k})\right|} = \dfrac{-12t\vec{i} + 18\vec{k}}{\sqrt{144t^2 + 18^2}}$

第十一節　法向加速度

已知位置向量(Position)

$$\vec{r}(t) = x\vec{i} + y\vec{j} + z\vec{k}$$

位置(長度)

$$r(t) = \sqrt{x^2 + y^2 + z^2}$$

微分得速度向量(Velocity)

$$\vec{v}(t) = \dot{\vec{r}}(t) = \frac{d\vec{r}(t)}{ds}\frac{ds}{dt} = \dot{s}\vec{T}$$

速率為

$$\left|\vec{v}(t)\right| = v(t) = \dot{s}$$

再對 t 微分，得加速度向量(Acceleration)

$$\vec{a}(t) = \dot{\vec{v}}(t) = \ddot{s}\vec{T} + \dot{s}\frac{d\vec{T}}{dt} = \ddot{s}\vec{T} + \dot{s}\frac{d\vec{T}}{ds}\frac{ds}{dt}$$

其中
$$\frac{d\vec{T}}{ds} = \kappa \vec{N} = \frac{1}{\rho}\vec{N}$$

代入得
$$\vec{a}(t) = \ddot{s}\vec{T} + \kappa(\dot{s})^2 \vec{N} = \ddot{s}\vec{T} + \frac{(\dot{s})^2}{\rho}\vec{N}$$

其中第一個分量 $\ddot{s} = a_T$ 切線加速度分量，第二部分 $\dfrac{(\dot{s})^2}{\rho} = \dfrac{v^2}{\rho}$ 為法向加速度分量。

綜合：

位置向量(Position) $\vec{r}(t) = x\vec{i} + y\vec{j} + z\vec{k}$	
$v = \dfrac{ds}{dt} = \left\|\dfrac{d\vec{r}(t)}{ds}\right\|$	$\vec{v}(t) = \dot{\vec{r}}(t)$
$a_t = \dfrac{dv}{dt} = \dfrac{d^2 s}{dt^2}$	$\vec{a}(t) = \dfrac{d\vec{v}}{dt} = \ddot{s}\vec{T} + \kappa(\dot{s})^2 \vec{N} = \ddot{s}\vec{T} + \dfrac{(\dot{s})^2}{\rho}\vec{N}$
$a_n = \dfrac{(\dot{s})^2}{\rho} = \dfrac{v^2}{\rho}$	

範例 18

(12%) For a position vector, $\vec{r} = 3e^{-2t}(\vec{i} - \vec{j} + 2\vec{k})$, determine for the followings:
(a) Velocity, (b) speed, (c) acceleration, (d) unit tangent vector, and (e) curvature

台科大化工工數

解答：

位置向量 $\quad \vec{r} = 3e^{-2t}(\vec{i} - \vec{j} + 2\vec{k})$

Velocity 向量 $\quad \vec{v} = \dfrac{d\vec{r}}{dt} = -6e^{-2t}(\vec{i} - \vec{j} + 2\vec{k})$

speed $\quad v = \left|\dfrac{d\vec{r}}{dt}\right| = -6\sqrt{6}e^{-2t}$

acceleration 向量 $\quad \vec{a} = \dfrac{d\vec{v}}{dt} = 12e^{-2t}(\vec{i} - \vec{j} + 2\vec{k})$

Velocity 向量 $\quad \vec{v} = \dfrac{d\vec{r}}{dt} = -6e^{-2t}(\vec{i} - \vec{j} + 2\vec{k})$

單位切線向量 $\quad \vec{T} = \dfrac{\frac{d\vec{r}}{dt}}{\left|\frac{d\vec{r}}{dt}\right|} = \dfrac{\vec{i} - \vec{j} + 2}{\sqrt{6}}$

曲率 $\quad \kappa = \dfrac{\left|\dot{\vec{r}}(t) \times \ddot{\vec{r}}(t)\right|}{\left|\dot{\vec{r}}(t)\right|^3}$

$$\dot{\vec{r}}(t) \times \ddot{\vec{r}}(t) = \begin{vmatrix} \vec{i} & \vec{j} & \vec{k} \\ -6e^{-2t} & 6e^{-2t} & -12e^{-2t} \\ 12e^{-2t} & -12e^{-2t} & 24e^{-2t} \end{vmatrix}$$

或 $\quad \dot{\vec{r}}(t) \times \ddot{\vec{r}}(t) = 0$

曲率 $\quad \kappa = \dfrac{\left|\dot{\vec{r}}(t) \times \ddot{\vec{r}}(t)\right|}{\left|\dot{\vec{r}}(t)\right|^3} = 0$

範例 19：只求加速度(卡氏座標即可)

(10%) Imaging a particle moving along a path having position vector $\vec{F} = \sin t \vec{i} + 2e^t \vec{j} + t^2 \vec{k}$. Please write the velocity, acceleration, and speed of the particle.

中興精密所工數

解答：

位置向量；

$$\vec{F} = \sin t \vec{i} + 2e^t \vec{j} + t^2 \vec{k}$$

速度向量；

$$\vec{v} = \frac{d\vec{F}}{dt} = \cos t \vec{i} + 2e^t \vec{j} + 2t \vec{k}$$

速率(Speed)

$$v = |\vec{v}| = \sqrt{\cos^2 t + 4e^{2t} + 4t^2}$$

加速度向量；

$$\vec{a} = \frac{d\vec{v}}{dt} = -\sin t \vec{i} + 2e^t \vec{j} + 2\vec{k}$$

範例 20：求法向加速度(卡氏座標即可)

If $\vec{r}(t) = 5\cos t \vec{i} + 5\sin t \vec{j}$ is position vector of a moving particle, then the normal components of the acceleration at any time t $|\vec{a}_n(t)|$ is _____.

中山電機所

解答：

已知

$$\vec{r}(t) = 5\cos t \vec{i} + 5\sin t \vec{j}$$

速度向量
$$\dot{\vec{r}}(t) = -5\sin t\,\vec{i} + 5\cos t\,\vec{j}$$

$$|\dot{\vec{r}}(t)| = \sqrt{(5\sin t)^2 + (5\cos t)^2} = 5$$

加速度向量
$$\vec{a}(t) = \dot{\vec{v}}(t) = -5\cos\vec{i} - 5\sin t\,\vec{j}$$

$$\vec{T} = \frac{\dot{\vec{r}}}{|\dot{\vec{r}}|} = \frac{-5\sin t\,\vec{i} + 5\cos t\,\vec{j}}{5} = -\sin t\,\vec{i} + \cos t\,\vec{j}$$

切線加速度向量

【方法一】
$$\vec{a}_t(t) = (\vec{a}(t) \cdot \vec{T})\vec{T}$$

$$\vec{a}_t(t) = ((-5\cos t\,\vec{i} - 5\sin t\,\vec{j}) \cdot (-\sin t\,\vec{i} + \cos t\,\vec{j}))\vec{T} = 0$$

【方法二】
$$v = |\dot{\vec{r}}(t)| = 5$$

$$a_t = \frac{dv}{dt} = 0$$

法線加速度向量
$$\vec{a}_n(t) = \vec{a}(t) - \vec{a}_t(t) = -5\cos\vec{i} - 5\sin t\,\vec{j}$$

$$|\vec{a}_n(t)| = 5$$

範例 21：求法向加速度(卡氏座標即可)

The path of motion is given by a vector $\vec{r}(t) = t\,\vec{i} - t^2\,\vec{j}$. Find the corresponding tangential and normal acceleration.

交大土木所

解答：

已知 $\vec{r}(t) = t\vec{i} - t^2\vec{j}$

速度向量 $\vec{v}(t) = \dot{\vec{r}}(t) = \vec{i} - 2t\vec{j}$

其中 $\dfrac{ds}{dt} = \sqrt{1+4t^2}$

或 $\vec{v}(t) = \sqrt{1+4t^2}\, T$

已知加速度向量 $\vec{a}(t) = \ddot{s}\vec{T} + \kappa(\dot{s})^2\vec{N} = \ddot{s}\vec{T} + \dfrac{(\dot{s})^2}{\rho}\vec{N}$

其中 $\ddot{s} = \dfrac{4t}{\sqrt{1+4t^2}}$

及 $(\dot{s})^2 = 1+4t^2$

已知曲率 $\kappa = \dfrac{1}{\rho} = \dfrac{|\dot{\vec{r}}(t) \times \ddot{\vec{r}}(t)|}{|\dot{\vec{r}}(t)|^3}$

其中 $\ddot{\vec{r}}(t) = -2\vec{j}$

$\vec{v}(t) = \dot{\vec{r}}(t) = \vec{i} - 2t\vec{j}$

$\dot{\vec{r}}(t) \times \ddot{\vec{r}}(t) = (\vec{i} - 2t\vec{j}) \times (-2\vec{j}) = -2\vec{k}$

代回曲率 $\kappa = \dfrac{1}{\rho} = \dfrac{|\dot{\vec{r}}(t) \times \ddot{\vec{r}}(t)|}{|\dot{\vec{r}}(t)|^3} = \dfrac{2}{\sqrt{(1+4t^2)^3}}$

得加速度向量 $\vec{a}(t) = \dfrac{4t}{\sqrt{1+4t^2}}\vec{T} + \dfrac{2(1+4t^2)}{\sqrt{(1+4t^2)^3}}\vec{N}$

或 $$\vec{a}(t) = \frac{4t}{\sqrt{1+4t^2}}\vec{T} + \frac{2}{\sqrt{1+4t^2}}\vec{N}$$

【方法二】（表成卡氏座標分量）

已知 $$\vec{r}(t) = t\,\vec{i} - t^2\,\vec{j}$$

速度向量 $$\vec{v}(t) = \dot{\vec{r}}(t) = \vec{i} - 2t\,\vec{j}$$

$$|\dot{\vec{r}}(t)| = \sqrt{1+(-2t)^2}$$

或 $$|\dot{\vec{r}}(t)| = \sqrt{1+4t^2}$$

加速度向量 $$\vec{a}(t) = \dot{\vec{v}}(t) = -2\,\vec{j}$$

$$\vec{T} = \frac{\dot{\vec{r}}}{|\dot{\vec{r}}|} = \frac{\vec{i} - 2t\vec{j}}{\sqrt{1+4t^2}}$$

切線加速度向量

$$\vec{a}_t(t) = (\vec{a}(t)\cdot\vec{T})\vec{T}$$

$$\vec{a}_t(t) = \left(\frac{4t}{\sqrt{1+4t^2}}\right)\frac{\vec{i} - 2t\,\vec{j}}{\sqrt{1+4t^2}}$$

法線加速度向量

$$\vec{a}_n(t) = \vec{a}(t) - \vec{a}_t(t) = -2\,\vec{j} - \left(\frac{4t}{\sqrt{1+4t^2}}\right)\frac{\vec{i} - 2t\,\vec{j}}{\sqrt{1+4t^2}}$$

或 $$\vec{a}_n(t) = \vec{a}(t) - \vec{a}_t(t) = -2\,\vec{j} - \left(\frac{4t\vec{i} - 8t^2\vec{j}}{1+4t^2}\right)$$

$$\vec{a}_n(t) = \frac{-4t\vec{i} - 2\vec{j}}{1+4t^2}$$

考題集錦

1. (單選題) A curve in a space cannot be described by
   (a) $\vec{r}(t) = x(t)\vec{i} + y(t)\vec{j} + z(t)\vec{k}$ (b) $F(x,y,z) = 0$ and $G(x,y,z) = 0$ (c) $F(x(t), y(t), z(t)) = 0$ (d) $z = f(x), y = g(x)$

   中山機電所

2. Determine the curve length from point $(0,0,0)$ and $(8,4,0)$ for the function $\vec{r}(t) = t\vec{i} + t^{\frac{2}{3}}\vec{j} + 0\vec{k}$。

   中央化工所

3. 有一曲線 $x = 3\cos t$，$y = 3\sin t$，$z = 4t$，則這一曲線的曲率半徑為何？

   中央土木所

4. Find the curvature and torsion of the given position vector $\vec{r}(t) = \cos(t)\vec{i} + \sin(t)\vec{j} + e^t\vec{k}$

   中興應數應用數學甲

5. Find the unit tangent vector $\vec{T}$, normal vector $\vec{N}$, bi normal vector $\vec{B}$，curvature κ for a twisted cubic represented by $\vec{r}(t) = t\vec{i} + \frac{t^2}{2}\vec{j} + \frac{t^3}{3}\vec{k}$ at $t = 1$.

   中興應數所

6. Given a curve $C : \vec{r}(t)$, find (a) tangent vector $\vec{r}'(t)$ and corresponding unit tangent vector $\vec{u}(t)$ (b) $\vec{r}'(t)$ and $\vec{u}(t)$ at the given point P. $\vec{r}(t) = t\vec{i} + t^3\vec{j}$，$P : (1,1,0)$

   中山材料所

7. Given a curve $C : \vec{r}(t)$, $\vec{r}(t) = t\vec{i} + t^3\vec{j}$. Find (a) the curvature κ (b) the torsion τ at $P : (1,1,0)$

   中山材料所

8. Derive the equations centre by a force
$$\vec{v} = \dot{r}\vec{e}_r + r\dot{\theta}\cdot\vec{e}_\theta$$
$$\vec{a} = (\ddot{r} - r\dot{\theta}\cdot\dot{\theta}\cdot)\vec{e}_r + (2\dot{r}\dot{\theta} + r\ddot{\theta}\cdot)\cdot\vec{e}_\theta$$

8. Derive the equations centre by a force

$$\vec{v} = \dot{r}\vec{e}_r + r\dot{\theta}\cdot\vec{e}_\theta$$

$$\vec{a} = (\ddot{r} - r\dot{\theta}\cdot\dot{\theta})\vec{e}_r + (2\dot{r}\dot{\theta} + r\ddot{\theta})\cdot\vec{e}_\theta$$

第十八章
向量微分學

第一節　向量函數之流線

大氣中氣流的流場可以一個三變數之向量函數 $\vec{v}=\vec{v}(x,y,z)$ 來表示，若流場中氣流流經之路徑，稱為流線 (Flow line or stream line)，其流線之切線向量，應為該點之速度方向，因此，根據此特性，可求流場方程式

已知速度場為

$$\vec{v}(x,y,z) = v_1(x,y,z)\vec{i} + v_2(x,y,z)\vec{j} + v_3(x,y,z)\vec{k}$$

又流線上任一點之位置向量，為

$$\vec{r} = x\vec{i} + y\vec{j} + z\vec{k}$$

其切線向量，為

$$\frac{d\vec{r}}{ds} = \frac{dx}{ds}\vec{i} + \frac{dy}{ds}\vec{j} + \frac{dz}{ds}\vec{k}$$

與該點處之速度場方向相同，亦即，

$$\frac{d\vec{r}}{ds} = t\vec{v}$$

得分量程比例，其方程式為

$$\frac{dx}{v_1} = \frac{dy}{v_2} = \frac{dz}{v_3} \qquad (1)$$

範例 01

Find the streamlines of the 2-D vector field $\vec{F} = \sin 2y \vec{i} + \cos x \vec{j}$.

台大機械B工數

解答：

streamline $\dfrac{dx}{\sin 2y} = \dfrac{dy}{\cos x}$

$\cos x \, dx = \sin 2y \, dy$

積分　$\sin x = -\dfrac{1}{2}\cos 2y + c$

或

$\sin x + \dfrac{1}{2}\cos 2y = c$

範例 02

（單選題）Which of the following equations represents a possible streamline of the vector field $\vec{F} = \dfrac{1}{x}\vec{i} + e^x \vec{j}$

(a) $\begin{cases} y = e^x + 1 \\ z = 0 \end{cases}$　　(b) $\begin{cases} y = xe^x - e^x + 1 \\ z = 4 \end{cases}$　　(c) $\begin{cases} y = \dfrac{e^x}{x} - 1 \\ z = 0 \end{cases}$

(d) $\begin{cases} x^2 = 1 \\ y = e^x \end{cases}$　　(e) $\begin{cases} y = e^x \\ z = 4 \end{cases}$

台大機械所B

解答：(b)

streamline $\dfrac{dx}{F_1} = \dfrac{dy}{F_2} = \dfrac{dz}{F_3}$

$$\dfrac{dx}{\dfrac{1}{x}} = \dfrac{dy}{e^x} = \dfrac{dz}{0}$$

得　$z = c$，

$$\dfrac{dx}{\dfrac{1}{x}} = \dfrac{dy}{e^x}，\text{或}\quad xe^x dx = dy$$

積分得　$y = xe^x - e^x + c$

第二節　向量偏微運算子

對一個三變數純量函數 $F = F(x, y, z)$，其分別對三變數 x, y, z 偏微分，分別為

$$\dfrac{\partial F}{\partial x}，\dfrac{\partial F}{\partial y}，\dfrac{\partial F}{\partial z}$$

現將以上三個偏微分運算子：$\dfrac{\partial}{\partial x}$，$\dfrac{\partial}{\partial y}$，$\dfrac{\partial}{\partial z}$ 組合成一個有三個分量之向量運算子，定義如下：

$$\nabla(\ ) = \dfrac{\partial}{\partial x}\vec{i} + \dfrac{\partial}{\partial y}\vec{j} + \dfrac{\partial}{\partial z}\vec{k} \tag{2}$$

稱之為 Nabla or del。

根據定義，向量運算子 $\nabla(\ ) = \dfrac{\partial}{\partial x}\vec{i} + \dfrac{\partial}{\partial y}\vec{j} + \dfrac{\partial}{\partial z}\vec{k}$ 同時具有下列兩種特性：

(1) 向量特性
(2) 偏微分運算子特性。

因此，其運算規則與公式，其關鍵是要如何同時滿足上述兩個特性。

同時，∇( ) 後面可以乘上純量函數作運算，也可對向量函數作向量函數運算，但後面乘上向量函數時，須要確定是點積或叉積，因此，共有三種組合，即

1. $\nabla \phi(x, y, z)$，稱之為梯度（Gradient）
2. $\nabla \cdot \vec{F}(x, y, z)$，稱之為散度（Divergence）
3. $\nabla \times \vec{F}(x, y, z)$，稱之為旋度（Curl）

其特性與物理意義，將在以下幾節中介紹。

範例 03

Given $f(x, y, z) = xy + yz + zx$，$\vec{F} = xy\vec{i} + yz\vec{j} + zx\vec{k}$. Find ∇f，$\nabla \cdot \vec{F}$，$\nabla \times \vec{F}$，$(\nabla f) \times (\nabla \times \vec{F})$，$(\nabla f) \cdot (\nabla \times \vec{F})$

逢甲土木、水利大三轉

解答：$\nabla \phi(x, y, z) = \dfrac{\partial \phi}{\partial x}\vec{i} + \dfrac{\partial \phi}{\partial y}\vec{j} + \dfrac{\partial \phi}{\partial z}\vec{k}$

(1) $\nabla f = \dfrac{\partial}{\partial x}(xy + yz + zx)\vec{i} + \dfrac{\partial}{\partial y}(xy + yz + zx)\vec{j} + \dfrac{\partial}{\partial z}(xy + yz + zx)\vec{k}$

$\nabla f = (y + z)\vec{i} + (x + z)\vec{j} + (y + x)\vec{k}$

(2) $\nabla \cdot \vec{F} = \dfrac{\partial F_1}{\partial x} + \dfrac{\partial F_2}{\partial y} + \dfrac{\partial F_3}{\partial z} = \dfrac{\partial}{\partial x}(xy) + \dfrac{\partial}{\partial y}(yz) + \dfrac{\partial}{\partial z}(zx) = y + z + x$

(3) $\nabla \times \vec{F}(x, y, z) = \begin{vmatrix} \vec{i} & \vec{j} & \vec{k} \\ \dfrac{\partial}{\partial x} & \dfrac{\partial}{\partial y} & \dfrac{\partial}{\partial z} \\ xy & yz & zx \end{vmatrix} = -y\vec{i} - z\vec{j} - x\vec{k}$

(4) $(\nabla f) \times (\nabla \times \vec{F}) = \begin{vmatrix} \vec{i} & \vec{j} & \vec{k} \\ y+z & x+z & y+x \\ -y & -z & -x \end{vmatrix} = (yz - x^2)\vec{i} + (xz - y^2)\vec{j} + (xy - z^2)\vec{k}$

(5) $(\nabla f)\cdot(\nabla \times \vec{F}) = [(y+z)\vec{i} + (x+z)\vec{j} + (y+x)\vec{k}]\cdot(-y\vec{i} - z\vec{j} - x\vec{k})$

$(\nabla f)\cdot(\nabla \times \vec{F}) = -y(y+z) - z(x+z) - x(y+x)$

第三節　梯度運算法則

已知連續可微分之多變數純量函數 $\phi = \phi(x,y,z)$，其梯度之計算，依偏微分運算子的定義如下式：

$$\nabla \phi = \left(\frac{\partial}{\partial x}\vec{i} + \frac{\partial}{\partial y}\vec{j} + \frac{\partial}{\partial z}\vec{k}\right)\phi$$

得

$$\nabla \phi(x,y,z) = \frac{\partial \phi}{\partial x}\vec{i} + \frac{\partial \phi}{\partial y}\vec{j} + \frac{\partial \phi}{\partial z}\vec{k} \qquad (3)$$

根據上述定義，有關梯度之各種運算特性整理如下：

1. 若 $\phi = \phi(u)$，其中 $u = u(x,y,z)$，則 $\nabla \phi = \phi'(u)\nabla u$。

【證明】

已知　　　　　　　　$\phi = \phi(u)$

已知梯度定義　　　$\nabla \phi(x,y,z) = \dfrac{\partial \phi}{\partial x}\vec{i} + \dfrac{\partial \phi}{\partial y}\vec{j} + \dfrac{\partial \phi}{\partial z}\vec{k}$

利用全微分　　　　$d\phi = \phi'(u)du$

分別除以 ∂x，∂y，∂z，則分別可得

$$\frac{\partial \phi}{\partial x} = \phi'(u)\frac{\partial u}{\partial x}\ ,\ \frac{\partial \phi}{\partial y} = \phi'(u)\frac{\partial u}{\partial y}\ ,\ \frac{\partial \phi}{\partial z} = \phi'(u)\frac{\partial u}{\partial z}$$

代入梯度得　　　$\nabla \phi(x,y,z) = \phi'(u)\left(\dfrac{\partial u}{\partial x}\vec{i} + \dfrac{\partial u}{\partial y}\vec{j} + \dfrac{\partial u}{\partial z}\vec{k}\right) = \phi'(u)\nabla u$

或

$$\nabla\phi(x,y,z) = \phi'(u)\nabla u \qquad (4)$$

【分析】全微分與梯度關係 $d \sim \nabla$

$$d\phi = \phi'(u)du$$
$$\nabla\phi = \phi'(u)\nabla u$$

2. 若 $\phi = \phi(u,v,w)$，其中 $u = u(x,y,z); v = v(x,y,z); w = w(x,y,z)$，則

$$\nabla\phi = \frac{\partial\phi}{\partial u}\nabla u + \frac{\partial\phi}{\partial v}\nabla v + \frac{\partial\phi}{\partial w}\nabla w \qquad (5)$$

【證明】

已知　$\phi = \phi(u,v,w)$

由梯度定義　$\nabla\phi(x,y,z) = \frac{\partial\phi}{\partial x}\vec{i} + \frac{\partial\phi}{\partial y}\vec{j} + \frac{\partial\phi}{\partial z}\vec{k}$

利用全微分　$d\phi = \frac{\partial\phi}{\partial u}du + \frac{\partial\phi}{\partial v}dv + \frac{\partial\phi}{\partial w}dw$

分別除以 ∂x，∂y，∂z 或直接將 d 以 ∇ 取代

得證　$\nabla\phi = \frac{\partial\phi}{\partial u}\nabla u + \frac{\partial\phi}{\partial v}\nabla v + \frac{\partial\phi}{\partial w}\nabla w$

【分析】全微分與梯度關係 $d \sim \nabla$

$$d\phi = \frac{\partial\phi}{\partial u}du + \frac{\partial\phi}{\partial v}dv + \frac{\partial\phi}{\partial w}dw$$
$$\nabla\phi = \frac{\partial\phi}{\partial u}\nabla u + \frac{\partial\phi}{\partial v}\nabla v + \frac{\partial\phi}{\partial w}\nabla w$$

3. 若 $\phi = \phi(x,y,z)$，$\vec{r} = x\vec{i} + y\vec{j} + z\vec{k}$，則

$$d\phi = \frac{\partial\phi}{\partial x}dx + \frac{\partial\phi}{\partial y}dy + \frac{\partial\phi}{\partial z}dz = \nabla\phi \cdot d\vec{r} \qquad (6)$$

【證明】

已知 $\phi = \phi(x, y, z)$

全微分 $d\phi = \dfrac{\partial \phi}{\partial x}dx + \dfrac{\partial \phi}{\partial y}dy + \dfrac{\partial \phi}{\partial z}dz$

化成點積形式表示 $d\phi = \left(\dfrac{\partial \phi}{\partial x}\vec{i} + \dfrac{\partial \phi}{\partial y}\vec{j} + \dfrac{\partial \phi}{\partial z}\vec{k}\right) \cdot \left(dx\vec{i} + dy\vec{j} + dz\vec{k}\right)$

其中 $\vec{r} = x\vec{i} + y\vec{j} + z\vec{k}$

微分 $d\vec{r} = dx\vec{i} + dy\vec{j} + dz\vec{k}$

代入得 $d\phi = \nabla\phi \cdot d\vec{r}$

範例 04：

若 $\vec{r} = x\vec{i} + y\vec{j} + z\vec{k}$，$r = \sqrt{x^2 + y^2 + z^2}$，則
(1) $\nabla r = \dfrac{\vec{r}}{r}$ (2) $\nabla \cdot \vec{r} = 3$ (3) $\nabla \times \vec{r} = 0$。

【證明】

(1) 證 $\nabla r = \dfrac{\vec{r}}{r}$

已知 $\vec{r} = x\vec{i} + y\vec{j} + z\vec{k}$ 及 $r = \sqrt{x^2 + y^2 + z^2}$

依梯度定義知 $\nabla r = \dfrac{\partial r}{\partial x}\vec{i} + \dfrac{\partial r}{\partial y}\vec{j} + \dfrac{\partial r}{\partial z}\vec{k}$

其中 $\dfrac{\partial r}{\partial x} = \dfrac{\partial}{\partial x}\left(\sqrt{x^2 + y^2 + z^2}\right) = \dfrac{x}{\sqrt{x^2 + y^2 + z^2}} = \dfrac{x}{r}$

$\dfrac{\partial r}{\partial y} = \dfrac{\partial}{\partial y}\left(\sqrt{x^2 + y^2 + z^2}\right) = \dfrac{y}{\sqrt{x^2 + y^2 + z^2}} = \dfrac{y}{r}$

及 $$\frac{\partial r}{\partial z} = \frac{\partial}{\partial z}\left(\sqrt{x^2+y^2+z^2}\right) = \frac{z}{\sqrt{x^2+y^2+z^2}} = \frac{z}{r}$$

代入得 $$\nabla r = \frac{x\vec{i}+y\vec{j}+z\vec{k}}{r} = \frac{\vec{r}}{r}$$

(2) 證 $\nabla \cdot \vec{r} = 3$

依散度定義 $$\nabla \cdot \vec{r} = \left(\frac{\partial}{\partial x}\vec{i}+\frac{\partial}{\partial y}\vec{j}+\frac{\partial}{\partial z}\vec{k}\right) \cdot (x\vec{i}+y\vec{j}+z\vec{k})$$

代入得 $$\nabla \cdot \vec{r} = \frac{\partial x}{\partial x}+\frac{\partial y}{\partial y}+\frac{\partial z}{\partial z} = 3$$

(3) 證 $\nabla \times \vec{r} = 0$

依旋度定義 $$\nabla \times \vec{r} = \left(\frac{\partial}{\partial x}\vec{i}+\frac{\partial}{\partial y}\vec{j}+\frac{\partial}{\partial z}\vec{k}\right) \times (x\vec{i}+y\vec{j}+z\vec{k})$$

代入得 $$\nabla \times \vec{r} = \begin{vmatrix} \vec{i} & \vec{j} & \vec{k} \\ \frac{\partial}{\partial x} & \frac{\partial}{\partial y} & \frac{\partial}{\partial z} \\ x & y & z \end{vmatrix} = 0$$

【分析】上面三式很常用，須記住。

範例 05：

Let $\vec{c}$ be a constant vector and $\vec{r} = x\vec{i}+y\vec{j}+z\vec{k}$. Evaluate
(1) $\nabla\left(\dfrac{1}{r}\right)$ (2) $\nabla(\vec{c}\cdot\vec{r})$

成大機械所、台大應力所

解答：

已知 $\vec{r} = x\vec{i}+y\vec{j}+z\vec{k}$

大小為 $r = \sqrt{x^2+y^2+z^2}$

已知 $$\phi(r) = \frac{1}{r}$$

利用微分公式 $$\nabla\phi(r) = \phi'(r)\nabla r$$

代入 $\phi'(r) = -\frac{1}{r^2}$ 及 $\nabla r = \frac{\vec{r}}{r}$，得

$$\nabla\left(\frac{1}{r}\right) = \left(-\frac{1}{r^2}\right)\left(\frac{\vec{r}}{r}\right) = -\frac{\vec{r}}{r^3}$$

(2) 已知常數向量 $\vec{c} = c_1\vec{i} + c_2\vec{j} + c_3\vec{k}$

則點積 $$\vec{c}\cdot\vec{r} = (c_1\vec{i} + c_2\vec{j} + c_3\vec{k})\cdot(x\vec{i} + y\vec{j} + x\vec{k}) = c_1 x + c_2 y + c_3 z$$

依梯度定義

$$\nabla(\vec{c}\cdot\vec{r}) = \frac{\partial}{\partial x}(c_1 x + c_2 y c_3 z)\vec{i} + \frac{\partial}{\partial y}(c_1 x + c_2 y c_3 z)\vec{j} + \frac{\partial}{\partial z}(c_1 x + c_2 y + c_3 z)\vec{k}$$

得 $$\nabla(\vec{c}\cdot\vec{r}) = c_1\vec{i} + c_2\vec{j} + c_3\vec{k} = \vec{c}$$

範例 06：梯度 $\nabla(f(r))$ 運算法則

Let $\vec{r} = x\vec{i} + y\vec{j} + z\vec{k}$. Evaluate $\nabla(f(r))$

解答：

已知梯度微分公式 $\nabla\phi(u) = \phi'(u)\nabla u$。

令 $u = r$ $\quad \nabla\phi(r) = \phi'(r)\nabla r$

代入得 $\quad \nabla f(r) = f'(r)\nabla r$

又已知 $\nabla r = \frac{\vec{r}}{r}$ $\quad \nabla f(r) = f'(r)\frac{\vec{r}}{r} = \frac{f'(r)}{r}\vec{r}$

範例 07：

(15%) If $\vec{r} = x\vec{i} + y\vec{j} + z\vec{k}$ is the position vector of some space point and $r = |\vec{r}|$, consider a differentiable scalar function $\phi(f)$, where f is function of r only. Evaluate $\nabla\phi[f(r)]$

成大製造所

解答：

$$\nabla\phi[f(r)] = \phi'(f(r))\nabla f(r)$$

$$\nabla\phi[f(r)] = \phi'(f(r))f'(r)\nabla r$$

$$\nabla\phi[f(r)] = \phi'(f(r))f'(r)\frac{\vec{r}}{r}$$

第四節　梯度之垂直向量

已知雙變數函數 $z = f(x, y)$，其幾何意義代表空間中一曲面，若表成隱函數形式，則可得

$$z - f(x, y) = 0 \text{ 或 } \phi(x, y, z) = 0$$

其代表空間中一任意曲面。

現取全微分，得

$$d\phi(x, y, z) = \nabla\phi(x, y, z) \cdot d\vec{r} = 0$$

其中 $\nabla\phi(x, y, z)$ 為梯度，$\dfrac{d\vec{r}}{dt}$ 為曲面上之任意曲線：$x = x(t)$，$y = y(t)$，$z = z(t)$ 之切線向量，亦即梯度 $\nabla\phi(x, y, z)$ 與曲面上的任意曲線之切線向量垂直，或

$$\nabla\phi(x, y, z) \perp \frac{d\vec{r}}{dt}$$

故 $\nabla\phi(x, y, z)$ 為曲面上任一點處之垂直向量（Normal Vector），若化為單位垂

直向量（Unit Normal Vector），為

$$\vec{n} = \frac{\nabla \phi(x,y,z)}{|\nabla \phi(x,y,z)|} \tag{7}$$

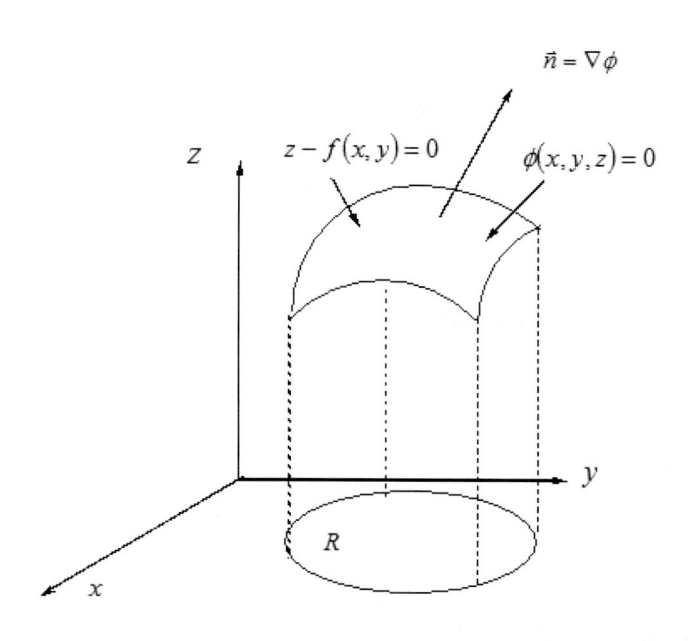

範例 08：

(10%) 函數 f 之梯度(gradient) ∇f 之意義為何？有一平面函數 $y = x^2$，則其上一點 (x_i, y_i) 之梯為何？

中興土木所丙．

解答：

$$f = x^2 - y = 0$$

$$\nabla f = \frac{\partial f}{\partial x}\vec{i} + \frac{\partial f}{\partial y}\vec{j}$$

代入，得

$$\nabla f = 2x\vec{i} - \vec{j}$$

範例 09：

(16%) Find the unit normal vector $\vec{n}$ on the plane $4x^2 + y^2 = z$ at the point $(1,-2,8)$

台科大電機工數

解答：

1. 已知 $\qquad 4x^2 + y^2 = z$

   或 $\qquad \phi = 4x^2 + y^2 - z = 0$

2. 梯度

$$\nabla \phi = 8x\vec{i} + 2y\vec{j} - \vec{k}$$

3. $(1,-2,8)$

$$\nabla \phi (1,-2,8) = 8\vec{i} - 4\vec{j} - \vec{k}$$

4.
$$\vec{n} = \frac{\nabla \phi (1,-2,8)}{|\nabla \phi (1,-2,8)|} = \frac{8}{9}\vec{i} - \frac{4}{9}\vec{j} - \frac{1}{9}\vec{k}$$

範例 10：

(8%) 錐形曲面 $z^2 = 4(x^2 + y^2)$ 於點 $P:(1,0,2)$ 之單位法線向量＝？
(A) $\frac{1}{\sqrt{5}}\vec{i} - \frac{2}{\sqrt{5}}\vec{k}$　(B) $\frac{2}{\sqrt{5}}\vec{i} - \frac{1}{\sqrt{5}}\vec{k}$　(C) $\frac{1}{\sqrt{5}}\vec{i} + \frac{2}{\sqrt{5}}\vec{k}$　(D) $\frac{2}{\sqrt{5}}\vec{i} + \frac{1}{\sqrt{5}}\vec{k}$

台科大高分子、清大工程系統

解答：(B) $\frac{2}{\sqrt{5}}\vec{i} - \frac{1}{\sqrt{5}}\vec{k}$

1. 已知 $\qquad z^2 = 4(x^2 + y^2)$

   或 $\qquad \phi = 4(x^2 + y^2) - z^2 = 0$

2. 梯度

$$\nabla\phi = 8x\vec{i} + 8y\vec{j} - 2z\vec{k}$$

3. $P:(1,0,2)$

$$\nabla\phi(1,0,2) = 8\vec{i} - 4\vec{k}$$

4.
$$\vec{n} = \frac{\nabla\phi(1,0,2)}{|\nabla\phi(1,0,2)|} = \frac{2}{\sqrt{5}}\vec{i} - \frac{1}{\sqrt{5}}\vec{k}$$

範例 11：

(14%) Find the unit normal $\vec{n}$ of the cone of revolution $z^2 = 16(x^2 + 4y^2)$ at the point $P:(1,0,4)$

成大機械所工數

解答：

令 $\phi = 16(x^2 + 4y^2) - z^2 = 0$

梯度

$$\nabla\phi = 32x\vec{i} + 128y\vec{j} - 2z\vec{k}$$
$$\nabla\phi(1,0,4) = 32\vec{i} - 8\vec{k} = 8(4\vec{i} - \vec{k})$$
$$\vec{n} = \frac{\nabla\phi(1,0,4)}{|\nabla\phi(1,0,4)|} = \frac{4}{\sqrt{17}}\vec{i} - \frac{1}{\sqrt{17}}\vec{k} \text{，朝下}$$

範例 12：

(10%) Find the unit vector normal to the surface $xy^3z^2 = 4$ at the point $(-1,-1,2)$.

成大奈米所(微機電所)

解答：

令　$\phi = xy^3z^2 - 4 = 0$

梯度　$\nabla\phi = \dfrac{\partial\phi}{\partial x}\vec{i} + \dfrac{\partial\phi}{\partial y}\vec{j} + \dfrac{\partial\phi}{\partial x}\vec{k} = y^3z^2\vec{i} + 3xy^2z^2\vec{j} + 2xy^3z\vec{k}$

在 $(-1,-1,2)$　$(\nabla\phi)_p = (-1)^3(2)^2\vec{i} + 3(-1)\cdot(-1)^2(2)^2\vec{j} + 2(-1)\cdot(-1)^3(2)\vec{k}$

　　　　　$(\nabla\phi)_p = -4\vec{i} - 12\vec{j} + 4\vec{k}$

單位法線向量　$\vec{n} = \dfrac{(\nabla\phi)_p}{|(\nabla\phi)_p|} = -\dfrac{1}{\sqrt{11}}\vec{i} - \dfrac{3}{\sqrt{11}}\vec{j} + \dfrac{1}{\sqrt{11}}\vec{k}$

第五節　梯度之切平面方程式與法線方程式

已知空間曲面方程式，如

$\phi(x, y, z) = 0$

則在曲面上 $P:(x_0, y_0, z_0)$ 處，其垂直向量為

$\vec{n} = \nabla\phi(x, y, z)|_P = \nabla\phi(x_0, y_0, z_0)$

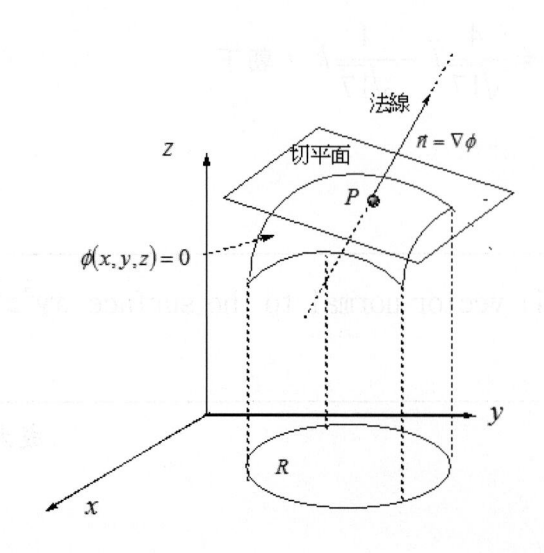

因此，通過該點處，並與該曲面相切之切平面（Tangent Plane），可由下列方程式求得，意即已知一平面方程式標準式，為

$$a(x-x_0)+b(y-y_0)+c(z-z_0)=0 \qquad (8)$$

其中 $\vec{n}=a\vec{i}+b\vec{j}+c\vec{k}$ 為平面之垂直向量，現在切平面上之垂直向量為

$$\vec{n}=a\vec{i}+b\vec{j}+c\vec{k}=\nabla\phi(x_0,y_0,z_0)$$

意即，將上式(8)中 (a,b,c) 三分量，用 $\left(\dfrac{\partial\phi}{\partial x}\right)_P,\left(\dfrac{\partial\phi}{\partial y}\right)_P,\left(\dfrac{\partial\phi}{\partial z}\right)_P$ 取代即可得經過切點 $P:(x_0,y_0,z_0)$ 且與曲面 $\phi(x,y,z)=0$ 相切之切平面（Tangent Plane）方程式，為

$$\left(\frac{\partial\phi}{\partial x}\right)_P(x-x_0)+\left(\frac{\partial\phi}{\partial y}\right)_P(y-y_0)+\left(\frac{\partial\phi}{\partial z}\right)_P(z-z_0)=0 \qquad (9)$$

同時，經過該切點 $P:(x_0,y_0,z_0)$ 且與其上之切平面垂直的線稱為法線方程式（Normal Line），為

$$\frac{(x-x_0)}{\left(\dfrac{\partial\phi}{\partial x}\right)_P}=\frac{(y-y_0)}{\left(\dfrac{\partial\phi}{\partial y}\right)_P}=\frac{(z-z_0)}{\left(\dfrac{\partial\phi}{\partial z}\right)_P} \qquad (10)$$

其中法線之平行向量，

$$\vec{S}=a\vec{i}+b\vec{j}+c\vec{k}=\nabla\phi(x_0,y_0,z_0)=\left(\frac{\partial\phi}{\partial x}\right)_P\vec{i}+\left(\frac{\partial\phi}{\partial y}\right)_P\vec{j}+\left(\frac{\partial\phi}{\partial z}\right)_P\vec{k}$$

範例 13：

Find the tangent plane and normal line to the surface $z=x^2+y^2$ at $(2,-2,8)$.

中山機電所

解答：

$$\phi = x^2 + y^2 - z = 0$$

$$\nabla\phi = 2x\vec{i} + 2y\vec{j} - \vec{k}$$

$$(\nabla\phi)_{(2,-2,8)} = 4\vec{i} - 4\vec{j} - \vec{k}$$

切平面（Tangent Plane）方程式，為

$$4(x-2) - 4(y+2) - (z-8) = 0$$

法線方程式（Normal Line），為 $\dfrac{(x-2)}{4} = \dfrac{(y+2)}{-4} = \dfrac{(z-8)}{-1}$

範例 14：

(17%) In the 3-D Cartesian coordinates, what is the plane equation that is tangential to the surface $xy^2 + yz^3 = 1$ at the point $(2,-1,1)$? What is the shortest distance from the origin to this plane?

〈交大機械丁工數〉

解答：

the surface $F = xy^2 + yz^3 - 1 = 0$

梯度

$$\nabla F(x,y,x) = y^2\vec{i} + (2xy + z^3)\vec{j} + 3yz^2\vec{k}$$

$$\nabla F(2,-1,1) = \vec{i} - 3\vec{j} - 3\vec{k}$$

the equation of tangent plane $(x-2) + (-3)(y+1) + (-3)(z-1) = 0$

$\therefore x - 3y - 3z - 2 = 0$

the shortest distance from the origin to this plane

$$d = \left|\frac{2}{\sqrt{1^2 + (-3)^2 + (-3)^2}}\right| = \frac{2}{\sqrt{19}}$$

範例 15：

（單選題）Find the tangent plane and normal line to the surface $z = x^2 + y^2$ *at* $(2,-2,8)$

中山機電所

解答：

$$f = x^2 + y^2 - z = 0$$

$$\nabla f = 2x\vec{i} + 2y\vec{j} - \vec{k}$$

因此通過 $(2, -2, 8)$ 的法線向量為 $4\vec{i} - 4\vec{j} - \vec{k}$，單位法向量

$$\hat{n} = \frac{\nabla f}{\|\nabla f\|} = \frac{2x\vec{i} + 2y\vec{j} - \vec{k}}{\sqrt{(4x^2 + 4y^2 + 1)}} = \frac{4\vec{i} - 4\vec{j} - \vec{k}}{\sqrt{(4 \times 2^2 + 4 \times 2^2 + 1)}}$$

$$\hat{n} = \frac{\sqrt{33}}{33}(4\vec{i} - 4\vec{j} - \vec{k})$$

$$\frac{x-2}{4} = \frac{y+2}{-4} = \frac{z-8}{-1} \text{，（法線的參數表示式）}$$

切平面

$$4(x-2) - 4(y+2) - (z-8) = 0$$

或

$$4x - 4y - z = 8$$

範例 16：

(15%) Find
(a) The unit normal vector of the surface $z^2 = xy$ at the point $(1,2,2)$.
(b) The tangent plane of the surface $x^2 = 1 - (y^2 + z^2)$ at the point $(1,1,1)$

中央通訊所工數甲

解答：

(a)

$\phi = xy - z^2$

$\nabla\phi = y\vec{i} + x\vec{j} - 2\vec{k}$

$\nabla\phi_{(1,2,2)} = 2\vec{i} + \vec{j} - 4\vec{k}$

the unit nomal vector $\vec{n} = \left|(\nabla\phi)_{(4,3,0)}\right| = \dfrac{2\vec{i}}{\sqrt{21}} + \dfrac{\vec{j}}{\sqrt{21}} - \dfrac{4\vec{k}}{\sqrt{21}}$

(b)

$\phi = 1 - (y^2 + z^2) - x^2 = 0$

$\phi = x^2 + y^2 + z^2 - 1 = 0$

$\nabla\phi = 2x\vec{i} + 2y\vec{j} + 2\vec{k}$

$(\nabla\phi)_{(1,1,1)} = 2\vec{i} + 2\vec{j} + 2\vec{k}$

切平面(Tangent Plane)方程式，為 $-2(x-1) - 2(y-1) - 2(z-1) = 0$

第六節　梯度之方向導數

已知空間中純量溫度分布函數

$\phi = \phi(x, y, z)$

在點 $P:(x_0, y_0, z_0)$ 處，朝 $\vec{S} = a\vec{i} + b\vec{j} + c\vec{k}$ 方向，其溫度分布函數之變化率為 $\left(\dfrac{d\phi}{ds}\right)_P$，稱為方向導數(Directional Derivative)，其計算公式推導如下：

已知　　$\phi = \phi(x, y, z)$

取全微分

$$d\phi = \nabla\phi(x,y,z) \cdot d\vec{r}$$

除以 ds，得

$$\frac{d\phi}{ds} = \nabla\phi(x,y,z) \cdot \frac{d\vec{r}}{ds}$$

代入 $P:(x_0, y_0, z_0)$，得

$$\left(\frac{d\phi}{ds}\right)_P = \nabla\phi(P) \cdot \frac{d\vec{r}}{ds} \tag{11}$$

其中 $\dfrac{d\vec{r}}{ds} = \dfrac{\vec{S}}{|\vec{S}|}$ 為單位方向

或

$$\frac{d\vec{r}}{ds} = \vec{T} = \frac{a\vec{i} + b\vec{j} + c\vec{k}}{\sqrt{a^2 + b^2 + c^2}}$$

$$\left(\frac{d\phi}{ds}\right)_P = \nabla\phi(P) \cdot \vec{T} \tag{12}$$

範例 17：

(3%) The directional derivative of the scalar function $\varphi(x,y,z) = xy - z^2$ evaluated at point $(1,-1,1)$ along the direction $3\vec{i} - 4\vec{k}$ is (a) 5 (b) 1 (c) $-\dfrac{11}{5}$ (d) $\dfrac{11}{5}$ (e) 11

台大機械所 B

解答：(b) 1

796 | 工程數學

已知 $\varphi(x,y,z) = xy - z^2$

$$\nabla\varphi(x,y,z) = y\vec{i} + x\vec{j} - 2z\vec{k}$$

$$\nabla\varphi(1,-1,1) = -\vec{i} + \vec{j} - 2\vec{k}$$

$$\vec{T} = \frac{\vec{v}}{|\vec{v}|} = \frac{3\vec{i} - 4\vec{k}}{5}$$

$$\nabla\varphi(1,-1,1) \cdot \vec{T} = \frac{-3+8}{5} = 1$$

範例 18：已知方向導數，求函數

(10%) The function f has at $(1,-1)$ a directional derivative equal to $\sqrt{2}$ in the direction toward $(3,1)$ and $\sqrt{10}$ in the direction toward $(0,2)$
(a) Find the value of $\dfrac{\partial f}{\partial x}$ and $\dfrac{\partial f}{\partial y}$ at $(1,-1)$.
(b) Determine the derivative of f at $(1,-1)$ in the direction toward $(2,3)$

成大土木所

解答：

(a) 已知 $\left(\dfrac{df}{ds}\right)_P = (\nabla f)_P \cdot \dfrac{\vec{S}}{|\vec{S}|}$

(1) $\left(\dfrac{df}{ds}\right)_{(1,-1)} = \left(\left(\dfrac{\partial f}{\partial x}\right)_{(1,-1)}\vec{i} + \left(\dfrac{\partial f}{\partial y}\right)_{(1,-1)}\vec{j}\right) \cdot \left(\dfrac{\vec{i}+\vec{j}}{\sqrt{2}}\right) = \sqrt{2}$

或

$\left(\dfrac{df}{ds}\right)_{(1,-1)} = \left(\dfrac{\partial f}{\partial x}\right)_{(1,-1)} + \left(\dfrac{\partial f}{\partial y}\right)_{(1,-1)} = 2$

(2) $\left(\dfrac{df}{ds}\right)_{(1,-1)} = \left(\left(\dfrac{\partial f}{\partial x}\right)_{(1,-1)} \vec{i} + \left(\dfrac{\partial f}{\partial y}\right)_{(1,-1)} \vec{j}\right) \cdot \left(\dfrac{-\vec{i}+3\vec{j}}{\sqrt{10}}\right) = \sqrt{10}$

或

$\left(\dfrac{df}{ds}\right)_{(1,-1)} = -\left(\dfrac{\partial f}{\partial x}\right)_{(1,-1)} + 3\left(\dfrac{\partial f}{\partial y}\right)_{(1,-1)} = 10$

聯立解

$\left(\dfrac{\partial f}{\partial y}\right)_{(1,-1)} = 3 \ ; \ \left(\dfrac{\partial f}{\partial x}\right)_{(1,-1)} = -1$

(b) $\left(\dfrac{df}{ds}\right)_{(1,-1)} = \left(-\vec{i}+3\vec{j}\right) \cdot \left(\dfrac{\vec{i}+4\vec{j}}{\sqrt{17}}\right) = \dfrac{11}{\sqrt{17}}$

範例 19

> Given a function $\phi(x,y) = k\left(\dfrac{x^2}{a^2} + \dfrac{y^2}{b^2} - 1\right)$, find the directional derivative of φ along its boundary curve $C: \dfrac{x^2}{a^2} + \dfrac{y^2}{b^2} = 1$

交大土木甲所工數

解答：

$\nabla \phi(x,y) = \dfrac{2xk}{a^2}\vec{i} + \dfrac{2yk}{b^2}\vec{j}$

$C: \dfrac{x^2}{a^2} + \dfrac{y^2}{b^2} = 1$ 之梯度

$\nabla C = \dfrac{2x}{a^2}\vec{i} + \dfrac{2y}{b^2}\vec{j}$

directional derivative

$$\nabla \phi(x,y) \cdot \nabla C = \left(\frac{2xk}{a^2}\vec{i} + \frac{2yk}{b^2}\vec{j} \right) \cdot \left(\frac{2x}{a^2}\vec{i} + \frac{2y}{b^2}\vec{j} \right)$$

$$\nabla \phi \cdot \nabla C = \frac{4x^2 k}{a^2} + \frac{4y^2 k}{b^2}$$

範例 20

> Let $G(\vec{x}, \vec{x}_s) = \dfrac{e^{-jkr}}{r}$, where $\vec{x}, \vec{x}_s$ are two position vectors in the three dimensional space, k is a constant, and $r = |\vec{x} - \vec{x}_s|$. Show that the directional derivative $\dfrac{\partial G}{\partial n}$ at the point $\vec{x}$ w.r.t. some direction specified by a unit vector $\vec{n}$ is $\dfrac{\partial G}{\partial n} = -\left(jk + \dfrac{1}{r} \right)\dfrac{e^{-jkr}}{r}\cos\theta$, where θ id the angle between the vector $\vec{n}$ and the vector $\vec{x} - \vec{x}_s$

交大機械所丁

解答：

$$\nabla G(\vec{x}, \vec{x}_s) = \nabla G(r) = \nabla \left(\frac{e^{-jkr}}{r} \right) = \left(\frac{-jke^{-jkr}}{r} - \frac{e^{-jkr}}{r^2} \right)\nabla r = \frac{-e^{-jkr}}{r}\left(jk + \frac{1}{r} \right)\frac{\vec{r}}{r}$$

$$\frac{\partial G}{\partial n} = \nabla G \cdot \vec{n} = -\left(jk + \frac{1}{r} \right)\frac{e^{-jkr}}{r} \cdot \frac{\vec{r}}{r} \cdot \vec{n} = -\left(jk + \frac{1}{r} \right)\frac{e^{-jkr}}{r}\cos\theta$$

$$\frac{\partial G}{\partial n} = \nabla G \cdot \vec{n} = -\left(jk + \frac{1}{r} \right)\frac{e^{-jkr}}{r} \cdot \left|\frac{\vec{r}}{r}\right||\vec{n}|\cos\theta = -\left(jk + \frac{1}{r} \right)\frac{e^{-jkr}}{r}\cos\theta$$

第七節　梯度之法向導數

已知空間中純量分布函數為

$$\phi = \phi(x, y, z)$$

同時在該點 $P:(x_0, y_0, z_0)$ 處之方向導數為

$$\left(\frac{d\phi}{ds}\right)_P = \nabla\phi(x_0, y_0, z_0) \cdot \vec{T}$$

或

展開得

$$\left(\frac{d\phi}{ds}\right)_P = \left|\nabla\phi(x_0, y_0, z_0)\right| \cdot \left|\vec{T}\right|\cos\theta$$

上式中 $\left|\vec{T}\right|=1$，且 $-1 \leq \cos\theta \leq 1$，亦即當 $\cos\theta = 1$ 會得到最大方向導數值，亦即

$$\left\{\left(\frac{d\phi}{ds}\right)_P\right\}_{max.} = \left|\nabla\phi(x_0, y_0, z_0)\right|$$

為最大之坊向導數值，此值又稱為法向導數（Normal Derivative），表成

$$\left(\frac{d\phi}{dn}\right)_P = \left|\nabla\phi(x_0, y_0, z_0)\right| \tag{13}$$

其中最大變化量方向為 $\vec{n} = \dfrac{\nabla\phi(x_0, y_0, z_0)}{\left|\nabla\phi(x_0, y_0, z_0)\right|}$。

　　上面是利用向量特性證明最大的方向導數就是法向導數，以本書較強調的邏輯推理架構而言，下面範例再利用純量函數微積分所介紹之極值求法 Lagrange 乘子法，證明最大的方向導數就是法向導數。

範例 21 Lagrange Multiplier Method

> Find the maximum value of directional derivative of $\varphi(x,y,z)$
>
> $$\frac{d\varphi}{ds} = \frac{\partial \varphi}{\partial x}\cos\alpha + \frac{\partial \varphi}{\partial y}\cos\beta + \frac{\partial \varphi}{\partial z}\cos\gamma$$
>
> subject to the constraint
>
> $$\cos^2\alpha + \cos^2\beta + \cos^2\gamma = 1$$

中央光電所

解答：

Lagrange Multiplier Method

$$f = \frac{\partial \varphi}{\partial x}\cos\alpha + \frac{\partial \varphi}{\partial y}\cos\beta + \frac{\partial \varphi}{\partial z}\cos\gamma + \lambda(\cos^2\alpha + \cos^2\beta + \cos^2\gamma - 1)$$

必要條件：

$$f_{\cos\alpha} = \frac{\partial \varphi}{\partial x} + \lambda(2\cos\alpha) = 0$$

$$f_{\cos\beta} = \frac{\partial \varphi}{\partial y} + \lambda(2\cos\beta) = 0$$

$$f_{\cos\gamma} = \frac{\partial \varphi}{\partial z} + \lambda(2\cos\gamma) = 0$$

得

$$f_\lambda = \cos^2\alpha + \cos^2\beta + \cos^2\gamma - 1 = 0$$

聯立解，得

$$\cos\alpha = -\frac{1}{2\lambda}\frac{\partial \varphi}{\partial x},\ \cos\beta = -\frac{1}{2\lambda}\frac{\partial \varphi}{\partial y},\ \cos\gamma = -\frac{1}{2\lambda}\frac{\partial \varphi}{\partial z}$$

代入

$$\left(-\frac{1}{2\lambda}\frac{\partial \varphi}{\partial x}\right)^2 + \left(-\frac{1}{2\lambda}\frac{\partial \varphi}{\partial y}\right)^2 + \left(-\frac{1}{2\lambda}\frac{\partial \varphi}{\partial z}\right)^2 = 1$$

或

$$\frac{1}{4\lambda^2}\left(\frac{\partial \varphi}{\partial x}\right)^2 + \left(\frac{\partial \varphi}{\partial y}\right)^2 + \left(\frac{\partial \varphi}{\partial z}\right)^2 = 1$$

或 $$2\lambda = \pm\sqrt{\left(\frac{\partial \varphi}{\partial x}\right)^2 + \left(\frac{\partial \varphi}{\partial y}\right)^2 + \left(\frac{\partial \varphi}{\partial z}\right)^2}$$

最後得最大值時 $$\cos\alpha = \frac{\frac{\partial \varphi}{\partial x}}{\sqrt{\left(\frac{\partial \varphi}{\partial x}\right)^2 + \left(\frac{\partial \varphi}{\partial y}\right)^2 + \left(\frac{\partial \varphi}{\partial z}\right)^2}}$$

$$\cos\beta = \frac{\frac{\partial \varphi}{\partial y}}{\sqrt{\left(\frac{\partial \varphi}{\partial x}\right)^2 + \left(\frac{\partial \varphi}{\partial y}\right)^2 + \left(\frac{\partial \varphi}{\partial z}\right)^2}}$$

$$\cos\gamma = \frac{\frac{\partial \varphi}{\partial z}}{\sqrt{\left(\frac{\partial \varphi}{\partial x}\right)^2 + \left(\frac{\partial \varphi}{\partial y}\right)^2 + \left(\frac{\partial \varphi}{\partial z}\right)^2}}$$

代入 $$\frac{d\varphi}{ds} = \frac{\partial \varphi}{\partial x}\cos\alpha + \frac{\partial \varphi}{\partial y}\cos\beta + \frac{\partial \varphi}{\partial z}\cos\gamma$$

得 $$\frac{d\varphi}{ds} = \frac{\left(\frac{\partial \varphi}{\partial x}\right)^2 + \left(\frac{\partial \varphi}{\partial y}\right)^2 + \left(\frac{\partial \varphi}{\partial z}\right)^2}{\sqrt{\left(\frac{\partial \varphi}{\partial x}\right)^2 + \left(\frac{\partial \varphi}{\partial y}\right)^2 + \left(\frac{\partial \varphi}{\partial z}\right)^2}} = \sqrt{\left(\frac{\partial \varphi}{\partial x}\right)^2 + \left(\frac{\partial \varphi}{\partial y}\right)^2 + \left(\frac{\partial \varphi}{\partial z}\right)^2}$$

或 $$\frac{d\varphi}{ds} = \sqrt{\left(\frac{\partial \varphi}{\partial x}\right)^2 + \left(\frac{\partial \varphi}{\partial y}\right)^2 + \left(\frac{\partial \varphi}{\partial z}\right)^2} = |\nabla\varphi|$$

範例 22

Heat will flow in the direction of maximum gradient of temperature decay. If a temperature potential can be represented by $T = \cos x \cosh y$.

(1) Find the direction of heat flow at a point of $\left(\dfrac{\pi}{2}, 2\right)$ (7%)

(2) Find the possible positions where the heat flows in the vertical direction. (8%)

交大土木丙所工數

解答：

(1) $T = \cos x \cosh y$

$$\dfrac{\partial T}{\partial x} = -\sin x \cosh y \; ; \; \left(\dfrac{\partial T}{\partial x}\right)_{\left(\frac{\pi}{2}, 2\right)} = -\cosh \dfrac{\pi}{2}$$

$$\dfrac{\partial T}{\partial y} = \cos x \sinh y \; ; \; \left(\dfrac{\partial T}{\partial y}\right)_{\left(\frac{\pi}{2}, 2\right)} = 0$$

$$-(\nabla T)\left(\dfrac{\pi}{2}, 2\right) = \cosh 2$$

故得 heat flow 之方向為

(2) the heat flows in the vertical direction

亦即，為 $-\nabla T \cdot \vec{j} = \dfrac{\partial T}{\partial y}$

得 $\dfrac{\partial T}{\partial x} = -\sin x \cosh y = 0$

得

(1) $\cosh y = 0$，無解

(2) $\sin x = 0$，$x = n\pi$，$n = 0, 1, 2, \cdots$

$\nabla T = -\sin x \cosh y \vec{i} + \cos x \sinh y \vec{j}$ 和 $\vec{j}$ 平行，

範例 23

> （10%）The temperature T at a point (x,y,z) in space is inversely proportional to the square of the distance from (x,y,z) to the origin. It is known that $T(0,0,1)=500$.
> (1) Find the rate of change of T at $(2,3,3)$ in the direction of $(3,1,1)$
> (2) In which direction from $(2,3,3)$ dos the temperature T increase most rapidly?
> (3) At $(2,3,3)$ What is the maximum rate of change of T

成大機械所

解答：

$$T = k\frac{1}{r^2}$$

$$T(0,0,1) = 500 = k$$

$$T = 500\frac{1}{r^2}$$

$$\nabla T = \nabla\left(\frac{500}{r^2}\right) = -\frac{1000}{r^3}\cdot\frac{\vec{r}}{r} = -\frac{1000}{r^4}\cdot\vec{r}$$

$$(\nabla T)_{(2,3,3)} = -\frac{250}{121}\cdot(2\vec{i}+3\vec{j}+3\vec{k})$$

$$\vec{T} = \frac{\vec{a}}{|\vec{a}|} = \frac{3}{\sqrt{11}}\vec{i} + \frac{1}{\sqrt{11}}\vec{j} + \frac{1}{\sqrt{11}}\vec{k}$$

(a) $(\nabla T)_{(2,3,3)}\cdot\vec{T} = -\dfrac{250\cdot 12}{121\sqrt{11}}$

(b) 方向　$-(2\vec{i}+3\vec{j}+3\vec{k})$

(c) $\left|(\nabla T)_{(2,3,3)}\right| = \dfrac{250\cdot\sqrt{22}}{121}$

第八節　散度

已知空間向量流場為

$$\vec{F}(x,y,z) = P(x,y,z)\vec{i} + Q(x,y,z)\vec{j} + R(x,y,z)\vec{k}$$

為一可微分函數，則依散度之定義，得散度（Divergence）為

$$\nabla \cdot \vec{F} = \left(\frac{\partial}{\partial x}\vec{i} + \frac{\partial}{\partial y}\vec{j} + \frac{\partial}{\partial z}\vec{k}\right) \cdot \left(P\vec{i} + Q\vec{j} + R\vec{k}\right)$$

或

$$\nabla \cdot \vec{F} = \frac{\partial P}{\partial x} + \frac{\partial Q}{\partial y} + \frac{\partial R}{\partial z} \qquad (14)$$

散度之物理意義：如圖表示空中任一點 P 處，曲一微體積 $dV = dxdydz$，並計算流出該 dV 之總淨流出量。

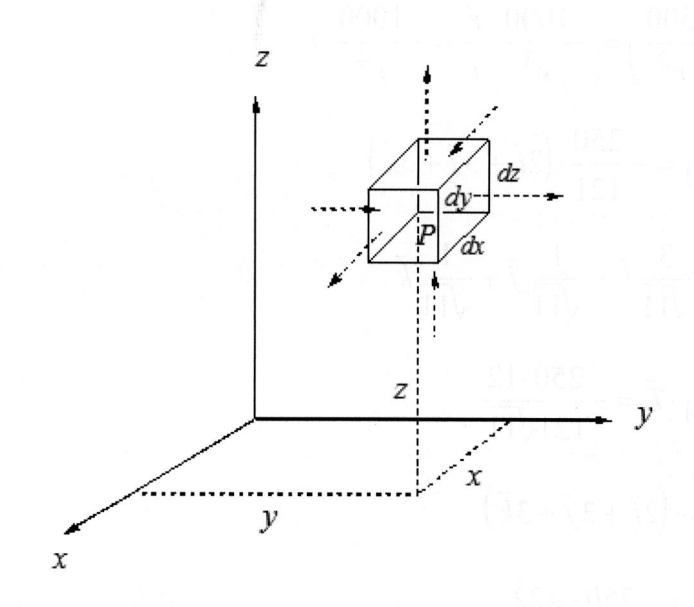

取空間一點　$\Delta V = \Delta x \Delta y \Delta z$

（1）先討論 x 方向之流量

流入後平面 (x, y, z) 之流量（單位時間）為 $P(x, y, z)\Delta y \Delta z$

流出前平面 $(x + \Delta x, y, z)$ 之流量（單位時間）為 $P(x + \Delta x, y, z)\Delta y \Delta z$

兩者相減得 $[P(x + \Delta x, y, z) - P(x, y, z)]\Delta y \Delta z$

利用 Taylor 級數

$$f(x) = f(a) + f'(a)(x - a) + \cdots$$

令 $x - a = \Delta x$，$x = a + \Delta x$

$$f(a + \Delta x) = f(a) + f'(a)\Delta x + \cdots$$

移項 $f(a + \Delta x) - f(a) = f'(a)\Delta x + \cdots \approx f'(a)\Delta x$

令 $a \sim x$

得

$$f(x + \Delta x) - f(x) \approx f'(x)\Delta x$$

可化簡上式

$$[P(x + \Delta x, y, z) - P(x, y, z)]\Delta y \Delta z \approx \left(\frac{\partial P(x, y, z)}{\partial x}\Delta x\right)\Delta y \Delta z$$

亦即，得 x 方向之淨流出量　$\left(\dfrac{\partial P}{\partial x}\Delta x\right)\Delta y \Delta z$

同理，再討論 y 方向之淨流出量 $\left(\dfrac{\partial Q}{\partial y}\Delta y\right)\Delta x \Delta z$

同理，z 方向之淨流出量　$\left(\dfrac{\partial R}{\partial z}\Delta z\right)\Delta x \Delta y$

(2) 流出空間一點 $\Delta V = \Delta x \Delta y \Delta z$ 之總淨流出量（單位體積），為

$$\frac{\left(\dfrac{\partial P}{\partial x} + \dfrac{\partial Q}{\partial y} + \dfrac{\partial R}{\partial z}\right)\Delta z \Delta x \Delta y}{\Delta V} = \frac{\partial P}{\partial x} + \frac{\partial Q}{\partial y} + \frac{\partial R}{\partial z} = \nabla \cdot \vec{F}$$

稱為散度。

若 $\nabla \cdot \vec{F} = 0$，則稱 $\vec{F}(x,y,z) = P(x,y,z)\vec{i} + Q(x,y,z)\vec{j} + R(x,y,z)\vec{k}$ 為不可壓縮場（Incompressible field），此時又稱 $\vec{F}(x,y,z)$ 為螺旋性向量（Solenoidal field）

範例 24

(15 %) Let $\vec{A}$ be constant vector and $\vec{R} = x\vec{i} + y\vec{j} + z\vec{k}$. Calculate
(a) $\nabla(\vec{R} \cdot \vec{A})$ (b) $\nabla \cdot (\vec{R} - \vec{A})$ (c) $\nabla \times (\vec{R} - \vec{A})$

高雄大應物所全工數

解答：

(a) $\nabla(\vec{R} \cdot \vec{A}) = \nabla(A_1 x + A_2 y + A_3 z) = A_1 \vec{i} + A_2 \vec{j} + A_3 \vec{k} = \vec{A}$

(b) $\nabla \cdot (\vec{R} - \vec{A}) = \nabla \cdot [(x - A_1)\vec{i} + (y - A_2)\vec{j} + (z - A_3)\vec{k}]$

$\nabla \cdot (\vec{R} - \vec{A}) = \dfrac{\partial}{\partial x}(x - A_1) + \dfrac{\partial}{\partial y}(y - A_2) + \dfrac{\partial}{\partial z}(z - A_3) = 3$

或 $\nabla \cdot (\vec{R} - \vec{A}) = \nabla \cdot \vec{R} - \nabla \cdot \vec{A} = 3 - 0 = 3$

(c) $\nabla \times (\vec{R} - \vec{A}) = \nabla \times \vec{R} - \nabla \times \vec{A} = 0$

範例 25

The directional derivative $\dfrac{df}{ds}$, where $ds = |d\vec{r}|$, is
(A) $\dfrac{\partial f}{\partial s}$ (B) $\dfrac{d\vec{r}}{ds} \times \nabla f$ (C) $\dfrac{d\vec{r}}{ds} \cdot \nabla f$ (D) $\nabla \cdot (f \vec{r})$

中山機電所

解答：(C) $\dfrac{d\vec{r}}{ds} \cdot \nabla f$

若 $\phi = \phi(x,y,z)$，則 $\nabla \phi = \dfrac{\partial \phi}{\partial x}\vec{i} + \dfrac{\partial \phi}{\partial y}\vec{j} + \dfrac{\partial \phi}{\partial z}\vec{k}$

若 $\phi = \phi(x,y,z)$，$\vec{r} = x\vec{i} + y\vec{j} + z\vec{k}$

則 $d\phi = \dfrac{\partial \phi}{\partial x}dx + \dfrac{\partial \phi}{\partial y}dy + \dfrac{\partial \phi}{\partial z}dz = \nabla \phi \cdot d\vec{r}$

$\Rightarrow \dfrac{d\phi}{ds} = \nabla \phi \cdot \dfrac{d\vec{r}}{ds}$ 把 ϕ 改成 f 即 $\Rightarrow \dfrac{df}{ds} = \nabla f \cdot \dfrac{d\vec{r}}{ds}$ #

範例 26

Calculate the divergence of
(a) $\vec{F} = 2yz\vec{i} + 3xz\vec{j} + xy\vec{k}$ (b) $\vec{F} = \dfrac{-3xy}{x^2+y^2}\vec{i} + \dfrac{x^2}{x^2+y^2}\vec{j}$, $(x,y) \neq (0,0)$

中央水文所應用數學

解答：

(a) $\nabla \cdot \vec{F} = \dfrac{\partial}{\partial x}(2yz) + \dfrac{\partial}{\partial y}(3xz) + \dfrac{\partial}{\partial z}(xy) = 0$

(b) $\nabla \cdot \vec{F} = \dfrac{\partial}{\partial x}\left(\dfrac{-3xy}{x^2+y^2}\right) + \dfrac{\partial}{\partial y}\left(\dfrac{x^2}{x^2+y^2}\right) = \dfrac{x^2y - 3y^3}{(x^2+y^2)^2}$

範例 27

$\vec{F} = (x+3y)\vec{i} + (y-2z)\vec{j} + (x+\alpha z)\vec{k}$，Calculate the value of α to vanish the Divergence of the vector $\vec{F}$, that is $\nabla \cdot \vec{F} = 0$。

中央環工所

解答：

$\nabla \cdot \vec{F} = \dfrac{\partial}{\partial x}(x+3y) + \dfrac{\partial}{\partial y}(y-2z) + \dfrac{\partial}{\partial z}(x+\alpha z) = 2 + \alpha = 0$

得 $\alpha = -2$

第九節　旋度

已知 $\vec{F}(x,y,z)$ 為可微分函數，根據定義，可求其旋度值為：

$$\nabla \times \vec{F} = \left(\frac{\partial}{\partial x}\vec{i} + \frac{\partial}{\partial y}\vec{j} + \frac{\partial}{\partial z}\vec{k}\right) \times \left(P\vec{i} + Q\vec{j} + R\vec{k}\right)$$

或

$$\nabla \times \vec{F} = \begin{vmatrix} \vec{i} & \vec{j} & \vec{k} \\ \frac{\partial}{\partial x} & \frac{\partial}{\partial y} & \frac{\partial}{\partial z} \\ P & Q & R \end{vmatrix} \quad (15)$$

展開得

$$\nabla \times \vec{F} = \begin{vmatrix} \vec{i} & \vec{j} & \vec{k} \\ \frac{\partial}{\partial x} & \frac{\partial}{\partial y} & \frac{\partial}{\partial z} \\ P & Q & R \end{vmatrix} = \left(\frac{\partial R}{\partial y} - \frac{\partial Q}{\partial z}\right)\vec{i} + \left(\frac{\partial P}{\partial z} - \frac{\partial R}{\partial x}\right)\vec{j} + \left(\frac{\partial Q}{\partial x} - \frac{\partial P}{\partial y}\right)\vec{k}$$

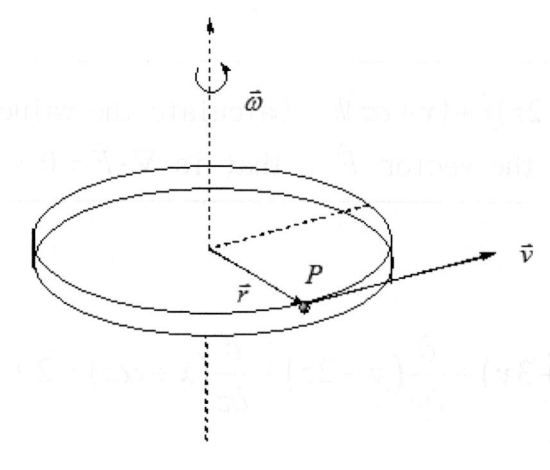

旋度之物理意義：如圖為一轉速 $\vec{\omega}$ 之轉盤，作一圓周運動：

考慮一旋轉之圓盤，轉速為 $\vec{\omega} = \omega_1 \vec{i} + \omega_2 \vec{j} + \omega_3 \vec{k}$

則在圓盤上任一點 P，其位置向量 $\vec{r} = x\vec{i} + y\vec{j} + z\vec{k}$ 處之速度向量為

$$\vec{v} = \vec{\omega} \times \vec{r} = (\omega_1 \vec{i} + \omega_2 \vec{j} + \omega_3 \vec{k}) \times (x\vec{i} + y\vec{j} + z\vec{k})$$

或

$$\vec{v} = \vec{\omega} \times \vec{r} = \begin{vmatrix} \vec{i} & \vec{j} & \vec{k} \\ \omega_1 & \omega_2 & \omega_3 \\ x & y & z \end{vmatrix} = (\omega_2 z - \omega_3 y)\vec{i} + (\omega_3 x - \omega_1 z)\vec{j} + (\omega_1 y - \omega_2 x)\vec{k}$$

同理，倒過來，若已知圓盤之任一點 P 處之速度場，為

$$\vec{v} = (\omega_2 z - \omega_3 y)\vec{i} + (\omega_3 x - \omega_1 z)\vec{j} + (\omega_1 y - \omega_2 x)\vec{k}$$

則此辭圓盤之轉速為

$$\nabla \times \vec{v} = \begin{vmatrix} \vec{i} & \vec{j} & \vec{k} \\ \dfrac{\partial}{\partial x} & \dfrac{\partial}{\partial y} & \dfrac{\partial}{\partial z} \\ \omega_2 z - \omega_3 y & \omega_3 x - \omega_1 z & \omega_1 y - \omega_2 x \end{vmatrix} = 2(\omega_1 \vec{i} + \omega_2 \vec{j} + \omega_3 \vec{k}) = 2\vec{\omega}$$

因此，$\nabla \times \vec{v}$ 表兩倍之轉盤的轉速。因此，$\nabla \times \vec{v}$ 之物理意義為旋轉之強度。

非旋場（Irrotational field）：

若 $\nabla \times \vec{F} = 0$，則稱 $\vec{F}(x, y, z) = P(x, y, z)\vec{i} + Q(x, y, z)\vec{j} + R(x, y, z)\vec{k}$，稱為非旋場（Irrotational field），又稱保守力場（Conservative Field）。

範例 28

(15%) Scratch a simple diagram to explain the geometrical meaning of the following quantities (a) $\vec{A} \cdot (\vec{B} \times \vec{C})$ (b) $\nabla \phi$ (c) $\nabla \cdot \vec{A}$ (d) $\nabla \times \vec{A}$

成大太空天文與電漿科學所

解答：

(a) $\vec{A} \cdot (\vec{B} \times \vec{C})$

$$\left|\vec{A}\cdot(\vec{B}\times\vec{C})\right| = \text{以 } \vec{A},\vec{B},\vec{C} \text{ 為稜邊之平行六面體體積。}$$

(b) $\nabla\phi$

$\nabla\phi(x, y, z)$ 為曲面上任一點處之垂直向量（Normal Vector）。

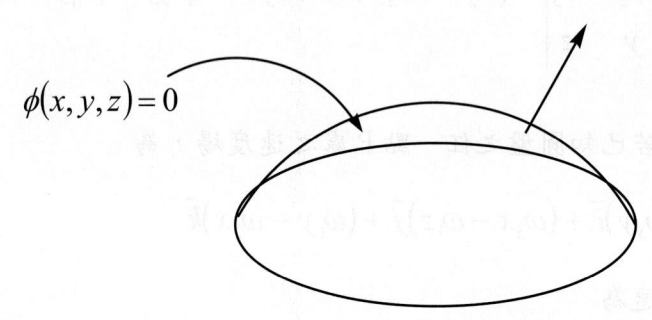

(c) $\nabla\cdot\vec{A}$

$$\nabla\cdot\vec{A} = \left(\frac{\partial}{\partial x}\vec{i} + \frac{\partial}{\partial y}\vec{j} + \frac{\partial}{\partial z}\vec{k}\right)\cdot\left(P\vec{i} + Q\vec{j} + R\vec{k}\right)$$

或 $\nabla\cdot\vec{A} = \frac{\partial P}{\partial x} + \frac{\partial Q}{\partial y} + \frac{\partial R}{\partial z}$：流出空間一點 $\Delta V = \Delta x \Delta y \Delta z$ 之總淨流出量（單位體積）

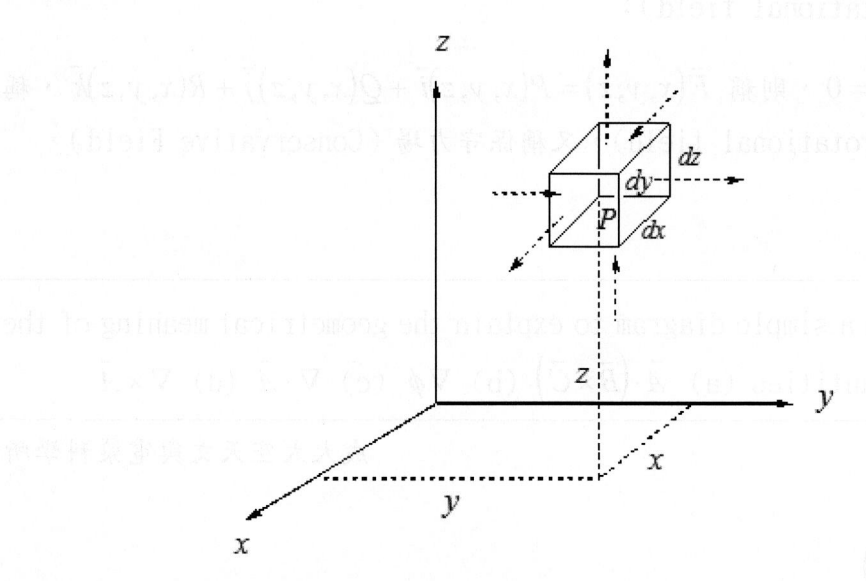

(d) $\nabla \times \vec{A}$

若已知圓盤之任一點 P 處之速度場，為

$\vec{A} = (\omega_2 z - \omega_3 y)\vec{i} + (\omega_3 x - \omega_1 z)\vec{j} + (\omega_1 y - \omega_2 x)\vec{k}$

則此圓盤之轉速為

$\nabla \times \vec{A} = \begin{vmatrix} \vec{i} & \vec{j} & \vec{k} \\ \dfrac{\partial}{\partial x} & \dfrac{\partial}{\partial y} & \dfrac{\partial}{\partial z} \\ \omega_2 z - \omega_3 y & \omega_3 x - \omega_1 z & \omega_1 y - \omega_2 x \end{vmatrix} = 2(\omega_1 \vec{i} + \omega_2 \vec{j} + \omega_3 \vec{k}) = 2\vec{\omega}$

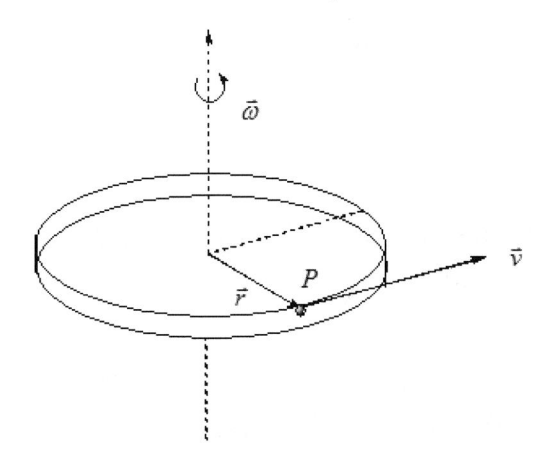

範例 29

The velocity of a rotating particle is given by a vector $\vec{V} = \vec{\omega} \times \vec{r}$, where $\vec{\omega}$ is a constant vector. Find the value of $\nabla \times \vec{V}$. (5%)

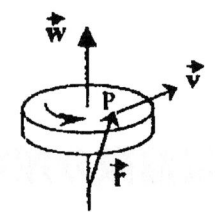

中山光電所、清大光電所

解答：

【方法二】直接向量展開

已知 $\quad\vec{V} = \vec{\omega} \times \vec{r}$

旋度 $\quad \nabla \times \vec{V} = \nabla \times (\vec{\omega} \times \vec{r})$

先利用函數積微分公式 $\quad \nabla \times \vec{V} = \nabla_\omega \times (\vec{\omega} \times \vec{r}) + \nabla_r \times (\vec{\omega} \times \vec{r}) = \nabla_r \times (\vec{\omega} \times \vec{r})$

因 $\quad \vec{\omega}$ is a constant vector,$\nabla_\omega \times (\vec{\omega} \times \vec{r}) = 0$

三向量有向積 $\quad \vec{A} \times (\vec{B} \times \vec{C}) = (\vec{A} \cdot \vec{C})\vec{B} - (\vec{A} \cdot \vec{B})\vec{C}$

代入得 $\quad \nabla \times \vec{V} = \nabla \times (\vec{\omega} \times \vec{r}) = (\nabla \cdot \vec{r})\vec{\omega} - (\vec{\omega} \cdot \nabla)\vec{r}$

得 $\quad \nabla \times \vec{V} = 3\vec{\omega} - \vec{\omega} = 2\vec{\omega}$

範例 30

Compute the curl of the vector $y^2\vec{i} + 2x^2\vec{j} - xyz\vec{k}$

中正應數所

解答：

已知 $\quad \vec{F} = y^2\vec{i} + 2x^2\vec{j} - xyz\vec{k}$

代入旋度定義 $\nabla \times \vec{F} = \begin{vmatrix} \vec{i} & \vec{j} & \vec{k} \\ \dfrac{\partial}{\partial x} & \dfrac{\partial}{\partial y} & \dfrac{\partial}{\partial z} \\ y^2 & 2x^2 & -xyz \end{vmatrix} = (-xz)\vec{i} + (-yz)\vec{j} + (4x - 2y)\vec{k}$

第十節　函數乘積之向量偏微分運算法則

任兩（純量、向量）函數間乘積之向量微分法則：

已知兩個純量場函數，$\phi(x, y, z)$ 與 $\varphi(x, y, z)$ 為連續且可微分純量函數，且

$\vec{A}(x,y,z)$ 與 $\vec{B}(x,y,z)$ 為連續且可微分向量函數，則這些含數乘積後之微分法則，討論如下：

首先討論兩純量函數乘積後之微分法則，利用微積分的函數積微分法則

$$d(\phi\varphi) = \varphi d\phi + \phi d\varphi$$

代入向量偏微分運算子，得公式

$$\nabla(\phi\varphi) = \varphi\nabla\phi + \phi\nabla\varphi \qquad (16)$$

接著討論純量函數 $\phi(x,y,z)$ 與向量函數 $\vec{A}(x,y,z)$ 點積後之微分法則，先利用微積分的函數積微分法則，

$$d(\phi\varphi) = \varphi d\phi + \phi d\varphi$$

代入向量偏微分運算子，得公式

$$\nabla \cdot (\phi\vec{A}) = \nabla\phi \cdot \vec{A} + \phi\nabla \cdot \vec{A} \qquad (17)$$

接著討論純量函數 $\phi(x,y,z)$ 與向量函數 $\vec{A}(x,y,z)$ 叉積後之微分法則，先利用微積分的函數積微分法則，

$$d(\phi\varphi) = \varphi d\phi + \phi d\varphi$$

代入向量偏微分運算子，取代 d，得公式

$$\nabla \times (\phi\vec{A}) = \nabla\phi \times \vec{A} + \phi\nabla \times \vec{A} \qquad (18)$$

接著討論兩個向量函數 $\vec{A}(x,y,z)$，$\vec{B}(x,y,z)$ 叉積後之散度微分法則，先利用微積分的函數積微分法則，

$$\nabla \cdot (\vec{A} \times \vec{B}) = \nabla_A \cdot (\vec{A} \times \vec{B}) + \nabla_B \cdot (\vec{A} \times \vec{B})$$

交換叉積次序

$$\nabla \cdot (\vec{A} \times \vec{B}) = \nabla_A \cdot (\vec{A} \times \vec{B}) - \nabla_B \cdot (\vec{B} \times \vec{A})$$

在利用向量代數循環公式：$\vec{C} \cdot (\vec{A} \times \vec{B}) = \vec{B} \cdot (\vec{C} \times \vec{A})$

代入上式，化簡成

$$\nabla \cdot (\vec{A} \times \vec{B}) = \vec{B} \cdot (\nabla_A \times \vec{A}) - \vec{A} \cdot (\nabla_B \times \vec{B})$$

再表成最後公式,為

$$\nabla \cdot (\vec{A} \times \vec{B}) = \vec{B} \cdot (\nabla \times \vec{A}) - \vec{A} \cdot (\nabla \times \vec{B}) \tag{19}$$

同理,接著討論兩個向量函數 $\vec{A}(x,y,z)$,$\vec{B}(x,y,z)$ 叉積後之旋度微分法則,先利用微積分的函數積微分法則,

$$\nabla \times (\vec{A} \times \vec{B}) = \nabla_A \times (\vec{A} \times \vec{B}) + \nabla_B \times (\vec{A} \times \vec{B})$$

在利用向量代數公式:$\vec{C} \times (\vec{A} \times \vec{B}) = (\vec{C} \cdot \vec{B})\vec{A} - (\vec{C} \cdot \vec{A})\vec{B}$

代入上式,化簡成

$$\nabla \times (\vec{A} \times \vec{B}) = (\vec{B} \cdot \nabla_A)\vec{A} - (\nabla_A \cdot \vec{A})\vec{B} + (\nabla_B \cdot \vec{B})\vec{A} - (\vec{A} \cdot \nabla_B)\vec{B}$$

再表成最後公式,為

$$\nabla \times (\vec{A} \times \vec{B}) = (\vec{B} \cdot \nabla)\vec{A} - (\nabla \cdot \vec{A})\vec{B} + (\nabla \cdot \vec{B})\vec{A} - (\vec{A} \cdot \nabla)\vec{B} \tag{16}$$

逢甲機械所

最後,討論兩個向量函數 $\vec{A}(x,y,z)$,$\vec{B}(x,y,z)$ 點積後之梯度微分法則,先利用微積分的函數積微分法則,

$$\nabla(\vec{A} \cdot \vec{B}) = \nabla_A(\vec{A} \cdot \vec{B}) + \nabla_B(\vec{A} \cdot \vec{B})$$

其中

$$\vec{B} \times (\nabla \times \vec{A}) = \vec{B} \times (\nabla_A \times \vec{A})$$

利用向量代數基本公式,三向量之向量公式,為

$$\vec{C} \times (\vec{A} \times \vec{B}) = (\vec{C} \cdot \vec{B})\vec{A} - (\vec{C} \cdot \vec{A})\vec{B} = \vec{A}(\vec{C} \cdot \vec{B}) - (\vec{C} \cdot \vec{A})\vec{B}$$

代入上式

$$\vec{B} \times (\nabla \times \vec{A}) = \vec{B} \times (\nabla_A \times \vec{A}) = \nabla_A(\vec{A} \cdot \vec{B}) - (\vec{B} \cdot \nabla_A)\vec{A}$$

同理

$$\vec{A} \times (\nabla \times \vec{B}) = \vec{A} \times (\nabla_B \times \vec{B}) = \nabla_B (\vec{A} \cdot \vec{B}) - (\vec{A} \cdot \nabla_B) \vec{B}$$

最後相加得公式

$$\nabla (\vec{A} \cdot \vec{B}) = \vec{A} \times (\nabla \times \vec{B}) + \vec{B} \times (\nabla \times \vec{A}) + (\vec{A} \cdot \nabla) \vec{B} + (\vec{B} \cdot \nabla) \vec{A} \qquad (20)$$

範例 31： 公式證明

請推導下列向量公式（$\vec{A}$，$\vec{B}$ 為向量，ϕ 為純量）
(10%) $\nabla \cdot (\phi \vec{A}) = \nabla \phi \cdot \vec{A} + \phi \nabla \cdot \vec{A}$

台大大氣所應數 B

解答：

$$\nabla \cdot (\phi \vec{A}) = \nabla \cdot (\phi A_1 \vec{i} + \phi A_2 \vec{j} + \phi A_3 \vec{k})$$

$$\nabla \cdot (\phi \vec{A}) = \frac{\partial}{\partial x}(\phi A_1) + \frac{\partial}{\partial y}(\phi A_2) + \frac{\partial}{\partial z}(\phi A_3)$$

$$\nabla \cdot (\phi \vec{A}) = \frac{\partial \phi}{\partial x} A_1 + \phi \frac{\partial A_1}{\partial x} + \frac{\partial \phi}{\partial y} A_2 + \phi \frac{\partial A_2}{\partial y} + \frac{\partial \phi}{\partial z} A_3 + \phi \frac{\partial A_3}{\partial z}$$

$$\nabla \cdot (\phi \vec{A}) = \frac{\partial \phi}{\partial x} A_1 + \frac{\partial \phi}{\partial y} A_2 + \frac{\partial \phi}{\partial z} A_3 + \phi \left(\frac{\partial A_1}{\partial x} + \frac{\partial A_2}{\partial y} + \frac{\partial A_3}{\partial z} \right)$$

$$\nabla \cdot (\phi \vec{A}) = \nabla \phi \cdot \vec{A} + \phi \nabla \cdot \vec{A}$$

範例 32： 公式證明

請推導下列向量公式（$\vec{A}$，$\vec{B}$ 為向量，ϕ 為純量）
(10%) $\nabla \cdot (\vec{A} \times \vec{B}) = \vec{B} \cdot (\nabla \times \vec{A}) - \vec{A} \cdot (\nabla \times \vec{B})$

台大大氣所應數 B

解答：

$$\nabla \cdot (\vec{A} \times \vec{B}) = \nabla_A \cdot (\vec{A} \times \vec{B}) + \nabla_B \cdot (\vec{A} \times \vec{B})$$
$$\nabla \cdot (\vec{A} \times \vec{B}) = \nabla_A \cdot (\vec{A} \times \vec{B}) - \nabla_B \cdot (\vec{B} \times \vec{A})$$
$$\nabla \cdot (\vec{A} \times \vec{B}) = \vec{B} \cdot (\nabla_A \times \vec{A}) - \vec{A} \cdot (\nabla_B \times \vec{B})$$

得證

$$\nabla \cdot (\vec{A} \times \vec{B}) = \vec{B} \cdot (\nabla \times \vec{A}) - \vec{A} \cdot (\nabla \times \vec{B})$$

範例 33

> Let ϕ and $\vec{F}$ be continuous and differentiable scalar and vector functions, then $\nabla \times (\phi \vec{F}) = ?$
> (a) $(\nabla \phi) \times \vec{F} + \phi \nabla \vec{F}$ (b) $(\nabla \phi) \cdot \vec{F} + \phi (\nabla \times \vec{F})$ (c) 0 (d) $(\nabla \phi) \vec{F} + \phi (\nabla \times \vec{F})$
> (e) $\phi (\nabla \times \vec{F}) - \vec{F} \times (\nabla \phi)$

台大工數 B

解答：(e) $\phi (\nabla \times \vec{F}) - \vec{F} \times (\nabla \phi)$

$$\nabla \times (\phi \vec{F}) = (\nabla \phi) \times \vec{F} + \phi (\nabla \times \vec{F}) = \phi (\nabla \times \vec{F}) - \vec{F} \times (\nabla \phi)$$

範例 34

> 已知 $\vec{r} = x\vec{i} + y\vec{j} + z\vec{k}$, $r = \sqrt{x^2 + y^2 + z^2}$，求 $\nabla \cdot [f(r)\vec{r}]$

台大機械所

解答：

$$\nabla \cdot [f(r)\vec{r}] = \nabla f(r) \cdot \vec{r} + f(r) \nabla \cdot \vec{r}$$

其中　　$\nabla \cdot \vec{r} = 3$

$$\nabla \cdot [f(r)\vec{r}] = f'(r) \nabla r \cdot \vec{r} + 3f(r) = rf'(r) + 3f(r)$$

範例 35

已知 $\vec{r} = x\vec{i} + y\vec{j} + z\vec{k}$, $r = \sqrt{x^2 + y^2 + z^2}$,求 $\nabla \times [f(r)\vec{r}]$

台大機械所

解答:

$$\nabla \times [f(r)\vec{r}] = \nabla f(r) \times \vec{r} + f(r) \nabla \times \vec{r}$$

其中　　$\nabla \times \vec{r} = 0$,$\vec{r} \times \vec{r} = 0$

$$\nabla \times [f(r)\vec{r}] = f'(r) \nabla r \times \vec{r} = 0$$

範例 36

已知 $\vec{r} = x\vec{i} + y\vec{j} + z\vec{k}$, $r = \sqrt{x^2 + y^2 + z^2}$,求 $\nabla \cdot \left[\dfrac{\vec{r}}{r^3}\right]$

解答:

$$\nabla \cdot \left[\dfrac{\vec{r}}{r^3}\right] = \nabla(r^{-3}) \cdot \vec{r} + r^{-3} \nabla \cdot \vec{r}$$

其中　　$\nabla \cdot \vec{r} = 3$

$$\nabla \cdot [r^{-3}\vec{r}] = -3r^{-4} \nabla r \cdot \vec{r} + 3r^{-3} = -3r^{-3} + 3r^{-3} = 0$$

範例 37

已知 $\vec{r} = x\vec{i} + y\vec{j} + z\vec{k}$, $r = \sqrt{x^2 + y^2 + z^2}$,求 $\nabla \times \left[\dfrac{\vec{r}}{r^3}\right]$

解答:

$$\nabla \times [r^{-3}\vec{r}] = \nabla(r^{-3}) \times \vec{r} + r^{-3} \nabla \times \vec{r}$$

其中　　$\nabla \times \vec{r} = 0$,$\vec{r} \times \vec{r} = 0$

$$\nabla \times [f(r)\vec{r}] = -3r^{-4}\nabla r \times \vec{r} = 0$$

第十一節 二階向量偏微分運算

向量偏微分運算子：$\nabla(\ )$、$\nabla\cdot(\ )$、$\nabla\times(\ )$ 之二階運算法則，共有 $3^2 = 9$ 個可能組合，其中有四個組合是沒有意義的，只有下列五個組合是有意義的：

1. $\nabla\cdot[\nabla(\ )] = \nabla^2(\ )$
2. $\nabla\times[\nabla(\ )] = 0$
3. $\nabla\cdot[\nabla\times(\ )] = 0$
4. $\nabla[\nabla\cdot(\ )]$
5. $\nabla\times[\nabla\times(\ )]$

二聯運算子 $\nabla(\ )$、$\nabla\cdot(\ )$、$\nabla\times(\ )$ 之關係組合表：

	$\nabla(\ )$	$\nabla\cdot(\ )$	$\nabla\times(\ )$
$\nabla(\ )$	×	$\nabla[\nabla\cdot(\ )]$	×
$\nabla\cdot(\ )$	$\nabla\cdot[\nabla(\ )] = \nabla^2(\ )$	×	$\nabla\cdot[\nabla\times(\ )] = 0$
$\nabla\times(\ )$	$\nabla\times[\nabla(\ )] = 0$	×	$\nabla\times[\nabla\times(\ )]$

第十二節　Laplacian 運算子

二階向量偏微分運算，先取梯度，再取散度運算，如下：

$$\nabla \cdot \nabla(\ ) = \left(\frac{\partial}{\partial x}\vec{i} + \frac{\partial}{\partial y}\vec{j} + \frac{\partial}{\partial z}\vec{k}\right) \cdot \left(\frac{\partial}{\partial x}\vec{i} + \frac{\partial}{\partial y}\vec{j} + \frac{\partial}{\partial z}\vec{k}\right)$$

得
$$\nabla \cdot \nabla(\ ) = \nabla^2(\ ) = \left(\frac{\partial^2}{\partial x^2} + \frac{\partial^2}{\partial y^2} + \frac{\partial^2}{\partial z^2}\right) \cdot (\ )$$

上式稱為 Laplace 運算子(Laplacian Operator)。

當一純量函數 $\phi(x, y, z)$，被 Laplace 運算子運算時，在卡氏座標系統內，得

$$\nabla \cdot \nabla \phi = \nabla^2 \phi = \left(\frac{\partial^2}{\partial x^2} + \frac{\partial^2}{\partial y^2} + \frac{\partial^2}{\partial z^2}\right) \cdot \phi$$

或

$$\nabla \cdot \nabla \phi = \nabla^2 \phi = \frac{\partial^2 \phi}{\partial x^2} + \frac{\partial^2 \phi}{\partial y^2} + \frac{\partial^2 \phi}{\partial z^2} \qquad (21)$$

當上式為零時，即

$$\nabla^2 \phi = 0$$

則稱上式為 Laplace 方程式。

同時，滿足 Laplace 方程式的函數 $\phi(x, y, z)$，稱為諧和函數(Harmonic Function)。

範例 38

(10%) 若函數 $f(x, y, z) = (x + y)z$，求 (a) $\nabla^2 f$ (b) $\nabla^2(f^2)$

中興水保甲-工程數學

解答：

(a) $\nabla^2 f = \dfrac{\partial^2 f}{\partial x^2} + \dfrac{\partial^2 f}{\partial y^2} + \dfrac{\partial^2 f}{\partial z^2} = 0$

(b) $\nabla^2(f^2) = \nabla \cdot \nabla(f^2)$

範例 39

若 $r^2 = x^2 + y^2 + z^2$，請證明 $\dfrac{1}{r}$ 為 Laplace equation 的解。

中央環工所

解答：

梯度 $\quad \nabla\left(\dfrac{1}{r}\right) = \dfrac{-1}{r^2}\nabla r = \dfrac{-1}{r^3}\vec{r}$

再取散度，$\nabla\left(\dfrac{-1}{r^3}\vec{r}\right) = \nabla\cdot\left(\dfrac{-1}{r^3}\right)\cdot\vec{r} - \dfrac{1}{r^3}\nabla\cdot(\vec{r})$

得 $\quad \nabla\left(\dfrac{-1}{r^3}\vec{r}\right) = \dfrac{3}{r^4}\nabla r\cdot\vec{r} - \dfrac{3}{r^3} = \dfrac{3}{r^3} - \dfrac{3}{r^3} = 0$

範例 40

Let vector $\vec{r} = x\vec{i} + y\vec{j} + z\vec{k}$ and $r = \sqrt{x^2+y^2+z^2}$.
Find $\nabla^2(r^n)$, $r \neq 0$, for $n = 1,2,3,\cdots$ (8%)

清大工程與系統所

解答：

依定義 $\quad \nabla^2(r^n) = \nabla\cdot\nabla(r^n)$

其中梯度 $\quad \nabla(r^n) = nr^{n-1}\nabla r = nr^{n-2}\vec{r}$

代入 $\quad \nabla^2(r^n) = \nabla\cdot(nr^{n-2}\vec{r}) = \nabla(nr^{n-2})\cdot\vec{r} + nr^{n-2}\nabla\cdot\vec{r}$

其中 $\nabla^2(r^n) = n(n-2)r^{n-3}\nabla r \cdot \vec{r} + 3nr^{n-2}$

代入得 $\nabla^2(r^n) = n(n-2)r^{n-2} + 3nr^{n-2}$

整理得 $\nabla^2(r^n) = n(n+1)r^{n-2}$

第十三節　零運算子 $\nabla \times (\nabla \phi)$

已知 $\phi(x, y, z)$ 為二次可微分函數，則 $\nabla \times (\nabla \phi) = 0$ （22）

台科大電子所、逢甲機械所

【證明】

已知
$$\nabla \times (\nabla \phi) = \begin{vmatrix} \vec{i} & \vec{j} & \vec{k} \\ \dfrac{\partial}{\partial x} & \dfrac{\partial}{\partial y} & \dfrac{\partial}{\partial z} \\ \dfrac{\partial \phi}{\partial x} & \dfrac{\partial \phi}{\partial y} & \dfrac{\partial \phi}{\partial z} \end{vmatrix}$$

展開得
$$\nabla \times (\nabla \phi) = \left(\frac{\partial^2 \phi}{\partial y \partial z} - \frac{\partial^2 \phi}{\partial z \partial y}\right)\vec{i} + \left(\frac{\partial^2 \phi}{\partial z \partial x} - \frac{\partial^2 \phi}{\partial x \partial z}\right)\vec{j} + \left(\frac{\partial^2 \phi}{\partial x \partial y} - \frac{\partial^2 \phi}{\partial y \partial x}\right)\vec{k}$$

因已知 $\phi(x, y, z)$ 為二次可微分函數，則 $\nabla \times (\nabla \phi) = 0$。

範例 41

> (10%) 已知 $g = x^4 + y^4 + z$，$\vec{v} = x^2\vec{i} + (y-z)^2\vec{j} + xy\vec{k}$，求 $curl(grad\ g) \cdot \vec{v}$

中興水保乙-工程數學

解答：

$curl(grad\ g) \cdot \vec{v} = \nabla \times (\nabla g) \cdot \vec{v} = 0$

範例 42

(15%) 若 $u = \sin(x+y+z)$，$\vec{s} = \vec{i} + \vec{j} + \vec{k}$，計算(a) $|\nabla u|$ 在 $(1,1,1)$ 處之極值？(b) u 在 $(2\pi, 0, \pi)$ 處往 $\vec{s}$ 之方向導數？(c) $\nabla \times \nabla u = ?$

成大資源所

解答：

(a) $u = \sin(x+y+z)$

$\nabla u = \cos(x+y+z)(\vec{i} + \vec{j} + \vec{k})$

$|\nabla u| = \sqrt{3} \cos(x+y+z)$

$|\nabla u|_{(1,1,1)} = \sqrt{3} \cos(3)$

(b) u 在 $(2\pi, 0, \pi)$ 處往 $\vec{s}$ 之方向導數

$\dfrac{du}{ds} = \nabla u \cdot \vec{T} = \cos(x+y+z)(\vec{i} + \vec{j} + \vec{k}) \cdot \left(\dfrac{\vec{i} + \vec{j} + \vec{k}}{\sqrt{3}} \right)$

$\dfrac{du}{ds} = \sqrt{3} \cos(x+y+z)$

$\left(\dfrac{du}{ds} \right)_{(2\pi, 0, \pi)} = \sqrt{3} \cos(2\pi + 0 + \pi) = -\sqrt{3}$

(c) $\nabla \times \nabla u = 0$ 零運算子。

範例 43

Let $f = 4x^2 + xy^2 + 9y^3 z^2$ and $\vec{V} = xz\vec{i} + (x-y)^2 \vec{j} + 2x^2 yz \vec{k}$，Find
(a) $\nabla^2 f$
(b) $curl(grad\ f)$
(c) $\nabla f \cdot curl\ \vec{V}$

清大微機電所

解答：

已知 $f = 4x^2 + xy^2 + 9y^3z^2$

(a) 拉氏運算子 $\nabla^2 f = \dfrac{\partial^2 f}{\partial x^2} + \dfrac{\partial^2 f}{\partial y^2} + \dfrac{\partial^2 f}{\partial z^2} = 8 + 2x + 54yz^2 + 18y^3$

(b) $curl(grad\ f)$

梯度 $\nabla f = \dfrac{\partial f}{\partial x}\vec{i} + \dfrac{\partial f}{\partial y}\vec{j} + \dfrac{\partial f}{\partial z}\vec{k} = (8x + y^2)\vec{i} + (2xy + 27y^2z^2)\vec{j} + 18y^3z\vec{k}$

旋度 $curl(grad\ f) = \nabla \times (\nabla f) = \begin{vmatrix} \vec{i} & \vec{j} & \vec{k} \\ \dfrac{\partial}{\partial x} & \dfrac{\partial}{\partial y} & \dfrac{\partial}{\partial z} \\ 8x+y^2 & 2xy+27y^2z^2 & 18y^3z \end{vmatrix}$

$\nabla \times (\nabla f) = \begin{vmatrix} \vec{i} & \vec{j} & \vec{k} \\ \dfrac{\partial}{\partial x} & \dfrac{\partial}{\partial y} & \dfrac{\partial}{\partial z} \\ 8x & 2xy & 18y^3z \end{vmatrix} = 0$

(c) $\nabla f \cdot curl\ \vec{V}$

旋度 $\nabla \times \vec{v} = \begin{vmatrix} \vec{i} & \vec{j} & \vec{k} \\ \dfrac{\partial}{\partial x} & \dfrac{\partial}{\partial y} & \dfrac{\partial}{\partial z} \\ xz & (x-y)^2 & 2x^2yz \end{vmatrix} = 2x^2z\vec{i} + (x - 4xyz)\vec{j} + 2(x-y)\vec{k}$

$\nabla f = (8x + y^2)\vec{i} + (2xy + 27y^2z^2)\vec{j} + 18y^3z\vec{k}$

$\nabla \times \vec{v} = 2x^2z\vec{i} + (x - 4xyz)\vec{j} + 2(x-y)\vec{k}$

$\nabla f \cdot curl\ \vec{V} = 2x^2z(8x + y^2) + (x - 4xyz)(2xy + 27y^2z^2) + 2(x-y)18y^3z$

第十四節　Potential 函數

已知　梯度的旋度一定為 0，意即

$$\nabla \times (\nabla \phi) = 0 \qquad (22)$$

若已知一向量函數場 $\vec{F}(x,y,z)$，為非旋場，意即

$$\nabla \times \vec{F} = 0 \qquad (23)$$

比較式(22)與式(23)，得

$$\vec{F} = \nabla \phi \qquad (24)$$

稱滿足上式中之純量場 $\phi(x,y,z)$ 為向量場 $\vec{F}(x,y,z)$ 之勢能場 (Potential Field)。

勢能場 $\phi(x,y,z)$，它與路徑無關，只與點位置有關。

範例 44：2-D Potential

(20%) Consider the vector field $\vec{F} = 3x^2(y^2 - 4y)\vec{i} + (2x^3 y - 4x^3)\vec{j}$

(a) Determine whether $\vec{F}$ is conservative.

(b) If it is, find the potential function ϕ

(c) Evaluate $\int_C \vec{F} \cdot d\vec{r}$ for C any path from point $P_A = (-1,1)$ to $P_B = (2,3)$

〔台科大機械所、淡大機械與機電所〕

解答：

(a) 已知　$\vec{F} = 3x^2(y^2 - 4y)\vec{i} + (2x^3 y - 4x^3)\vec{j}$

$$\nabla \times \vec{F} = \begin{vmatrix} \vec{i} & \vec{j} & \vec{k} \\ \dfrac{\partial}{\partial x} & \dfrac{\partial}{\partial y} & 0 \\ 3x^2(y^2-4y) & (2x^3y-4x^3) & 0 \end{vmatrix} = [6x^2y - 12x^2 - 3x^2(2y-4)]\vec{k} = 0$$

故 $\vec{F}$ is conservative

令 $\vec{F} = \nabla \phi$

$$\frac{\partial \phi}{\partial x} = 3x^2(y^2-4y), \quad \frac{\partial \phi}{\partial x} = 3x^2y^2 - 12x^2y$$

積分 $\quad \phi = x^3y^2 - 4x^3y + f(y)$

$$\frac{\partial \phi}{\partial y} = 2x^3y - 4x^3,$$

積分 $\quad \phi = x^3y^2 - 4x^3y + g(x)$

最後得 $\quad \phi = x^3y^2 - 4x^3y + c$

(b)
$$\int_C \vec{F} \cdot d\vec{R} = \int_C \nabla \phi \cdot d\vec{R} = \int_{(-1,1)}^{(2,3)} d\phi = \left(x^3y^2 - 4x^3y\right)\Big|_{(-1,1)}^{(2,3)} = 72 - 96 + 1 - 4 = -27$$

範例 45

Check if each of the following vector field is conservative. If it is conservative, find the corresponding potential function.

(a) $\vec{F}(x,y,z) = (yze^{xyz} - 4x)\vec{i} + (xze^{xyz} + z + \cos y)\vec{j} + xye^{xyz}\vec{k}$

(b) $\vec{G}(x,y,z) = (2xyze^{x^2yz} - 2x + y)\vec{i} + (x^2ze^{x^2yz} + x)\vec{j} + (x^2ye^{x^2yz} - \sin z)\vec{k}$

台大工數 E

解答：

(a) $\nabla \times \vec{F} = \begin{vmatrix} \vec{i} & \vec{j} & \vec{k} \\ \dfrac{\partial}{\partial x} & \dfrac{\partial}{\partial y} & \dfrac{\partial}{\partial z} \\ yze^{xyz} - 4x & xze^{xyz} + z + \cos y & xye^{xyz} \end{vmatrix}$

$$\nabla \times \vec{F} = \left(xe^{xyz} + x^2 yze^{xyz} - xe^{xyz} - x^2 yze^{xyz} - 1\right)\vec{i} + (\cdots)\vec{j} + (\cdots)\vec{k} \neq 0$$

(b)

$\nabla \times \vec{G} = \begin{vmatrix} \vec{i} & \vec{j} & \vec{k} \\ \dfrac{\partial}{\partial x} & \dfrac{\partial}{\partial y} & \dfrac{\partial}{\partial z} \\ 2xyze^{x^2 yz} - 2x + y & x^2 ze^{x^2 yz} + x & x^2 ye^{x^2 yz} - \sin z \end{vmatrix}$

$$\nabla \times \vec{G} = \left(x^2 e^{x^2 yz} + x^4 yze^{x^2 yz} - x^2 e^{x^2 yz} - x^4 yze^{x^2 yz}\right)\vec{i} + (\ )\vec{j} + (\ )\vec{k} = 0$$

求解 $\phi(x, y, z)$

$$\vec{G}(x, y, z) = \left(2xyze^{x^2 yz} - 2x + y\right)\vec{i} + \left(x^2 ze^{x^2 yz} + x\right)\vec{j} + \left(x^2 ye^{x^2 yz} - \sin z\right)\vec{k} = \nabla \phi$$

得

1. $\dfrac{\partial \phi}{\partial x} = 2xyze^{x^2 yz} - 2x + y$，偏積分 $\phi = e^{x^2 yz} - x^2 + yx + f(y, z)$

2. $\dfrac{\partial \phi}{\partial y} = x^2 ze^{x^2 yz} + x$，偏積分 $\phi = e^{x^2 yz} + yx + g(x, z)$

3. $\dfrac{\partial \phi}{\partial z} = x^2 ye^{x^2 yz} - \sin z$，偏積分 $\phi = e^{x^2 yz} + \cos z + h(x, y)$

比較得 Potential

$$\phi = e^{x^2 yz} - x^2 + yx + \cos z + c$$

範例 46 Path independent integral 之計算

Let $\phi(x,y) = \tan^{-1}\left(\dfrac{y}{x}\right)$ be a scalar field and $\vec{F}(x,y) = \dfrac{-y}{x^2+y^2}\vec{i} + \dfrac{x}{x^2+y^2}\vec{j}$ a vector field defined in (x,y) plane.

(a) Evaluate the directional derivative of ϕ at the point $(1,1)$ in the direction $\vec{n} = \dfrac{1}{\sqrt{2}}\vec{i} + \dfrac{1}{\sqrt{2}}\vec{j}$.

(b) Evaluate $\nabla \times (\nabla \phi)$.

(c) Evaluate the line integrals $\oint_C \vec{F} \cdot d\vec{r}$ over the two different closed curves C_1 and C_2 as indicated in the following figures.

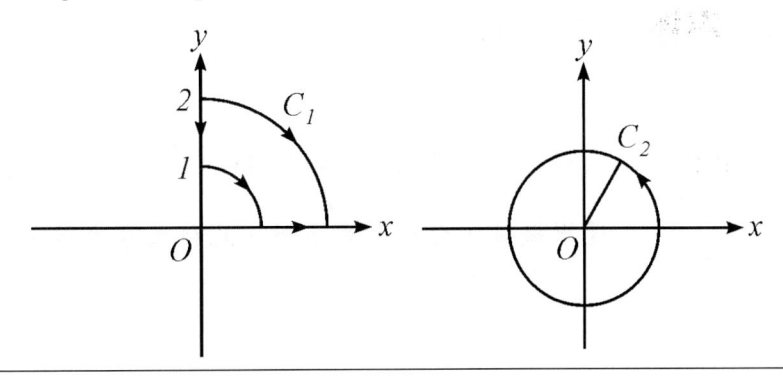

台大機械所

解答：

$$\nabla \phi(x,y) = \dfrac{-y}{x^2+y^2}\vec{i} + \dfrac{x}{x^2+y^2}\vec{j} = \vec{F}$$

(a) 方向導數 $\left.\dfrac{d\phi}{ds}\right|_{(1,1)} = \nabla\phi(1,1)\cdot\vec{n} = \left(\dfrac{-1}{2}\vec{i} + \dfrac{1}{2}\vec{j}\right)\cdot\left(\dfrac{1}{\sqrt{2}}\vec{i} + \dfrac{1}{\sqrt{2}}\vec{j}\right) = 0$

(b) $\nabla \times \nabla\phi(x,y) = \nabla \times \left(\dfrac{-y}{x^2+y^2}\vec{i} + \dfrac{x}{x^2+y^2}\vec{j}\right) = 0$

(c) $\oint_{C_1} \vec{F}\cdot d\vec{r} = \oint_{C_1} \nabla\phi\cdot d\vec{r} = \oint_{C_1} d\phi(x,y) = 0$

再 C_2 內含奇異點 $(0,0)$，故須直接積分

$$\oint_{C_2} \vec{F} \cdot d\vec{r} = \oint_{C_2} \frac{-y}{x^2+y^2}dx + \frac{x}{x^2+y^2}dy$$

令 $x = r\cos\theta$，$y = r\sin\theta$，$dx = -r\sin\theta d\theta$，$dy = r\cos\theta d\theta$

$$\oint_{C_2} \vec{F} \cdot d\vec{r} = \oint_{C_2} \frac{-y}{x^2+y^2}dx + \frac{x}{x^2+y^2}dy = \frac{1}{r^2}\int_0^{2\pi}\left[(-r\sin\theta)^2 + (r\cos\theta)^2\right]d\theta$$

或 $\quad \oint_{C_2} \vec{F} \cdot d\vec{r} = \int_0^{2\pi} d\theta = 2\pi$

第十五節　零運算子 $\nabla \cdot (\nabla \times \vec{A})$

已知 $\vec{A}(x,y,z)$ 為二次可微分向量函數，則 $\nabla \cdot (\nabla \times \vec{A}) = 0$　　　(25)

逢甲機械、台科大電子所、北科大冷凍所、台大應力所

【證明】

【方法一】

已知

$$\nabla \times \vec{A} = \begin{vmatrix} \vec{i} & \vec{j} & \vec{k} \\ \frac{\partial}{\partial x} & \frac{\partial}{\partial y} & \frac{\partial}{\partial z} \\ A_1 & A_2 & A_3 \end{vmatrix}$$

展開得 $\nabla \times \vec{A} = \left(\frac{\partial A_3}{\partial y} - \frac{\partial A_2}{\partial z}\right)\vec{i} + \left(\frac{\partial A_1}{\partial z} - \frac{\partial A_3}{\partial x}\right)\vec{j} + \left(\frac{\partial A_2}{\partial x} - \frac{\partial A_1}{\partial y}\right)\vec{k}$

代入得

$$\nabla \cdot (\nabla \times \vec{A}) = \frac{\partial}{\partial x}\left(\frac{\partial A_3}{\partial y} - \frac{\partial A_2}{\partial z}\right) + \frac{\partial}{\partial y}\left(\frac{\partial A_1}{\partial z} - \frac{\partial A_3}{\partial x}\right) + \frac{\partial}{\partial z}\left(\frac{\partial A_2}{\partial x} - \frac{\partial A_1}{\partial y}\right)$$

展開得

$$\nabla \cdot (\nabla \times \vec{A}) = \frac{\partial^2 A_3}{\partial x \partial y} - \frac{\partial^2 A_2}{\partial x \partial z} + \frac{\partial^2 A_1}{\partial y \partial z} - \frac{\partial^2 A_3}{\partial y \partial x} + \frac{\partial^2 A_2}{\partial z \partial x} - \frac{\partial^2 A_1}{\partial z \partial y}$$

已知 $\vec{A}(x,y,z)$ 為二次可微分函數，則 $\nabla \cdot (\nabla \times \vec{A}) = 0$。

第十六節　Vector Potential 函數

若已知 $\vec{F}(x,y,z)$ 為不可壓縮場（Incompressible field），即

$$\nabla \cdot \vec{F} = 0 \qquad (26)$$

比較式（25）與式（26）兩式，得知存在一向量勢能場（Vector Potential Field）$\vec{A}(x,y,z)$，使 $\vec{F} = \nabla \times \vec{A}$。

【定理】

向量勢能場（Vector Potential Field）不是唯一存在

【證明】

假設 $\vec{A}(x,y,z)$ 是 $\vec{F}(x,y,z)$ 向量勢能場，亦即 $\vec{F} = \nabla \times \vec{A}$

取另一個　　$\vec{B}(x,y,z) = \vec{A}(x,y,z) + \nabla \phi(x,y,z)$

取旋度　　$\nabla \times \vec{B}(x,y,z) = \nabla \times [\vec{A}(x,y,z) + \nabla \phi(x,y,z)]$

得　　　　$\nabla \times \vec{B}(x,y,z) = \nabla \times \vec{A}(x,y,z) + \nabla \times \nabla \phi(x,y,z)$

其中　　　$\nabla \times \nabla \phi(x,y,z) = 0$ 及 $\nabla \times \vec{A}(x,y,z) = \vec{F}(x,y,z)$

代入得　　$\nabla \times \vec{B}(x,y,z) = \vec{F}(x,y,z)$

故得證 $\vec{B}(x,y,z) = \vec{A}(x,y,z) + \nabla\phi(x,y,z)$ 仍為 $\vec{F}(x,y,z)$ 之向量勢能場，故向量勢能場不是唯一。

範例 47

Let $\vec{F} = x^2 e^x \ln y \sin z \vec{i} + e^{2x} \cos y \sin z \vec{j} + \ln x \sin y \cos z \vec{k}$ is a 3-D vector field, and $H = (a + bx + cx^2)e^x[\cos y + \sin z]$ is a scalar function, where a, b, c are constants. Evaluate (a) $\nabla \cdot \nabla \times \vec{F}$ and (b) $\nabla \times \nabla H$.

台大化工所 E

解答：零運算子

$$\nabla \cdot \nabla \times \vec{F} = 0$$

$$\nabla \times \nabla H = 0$$

範例 48

(15%) Consider the vector differential calculus, and to evaluate

(a) $curl[grad(x^2 yz^3)]$.

(b) $div[grad(x^2 yz^3)]$

(c) $div[cur(y^2 z\vec{i} + z^2 x\vec{j} + x^2 y\vec{k})]$

中興土木所丙組

解答：

(a) $curl[grad(x^2 yz^3)] = \nabla \times (\nabla(x^2 yz^3)) = \begin{vmatrix} \vec{i} & \vec{j} & \vec{k} \\ \dfrac{\partial}{\partial x} & \dfrac{\partial}{\partial y} & \dfrac{\partial}{\partial z} \\ 2xyz^3 & x^2 z^3 & 3x^2 yz^2 \end{vmatrix} = 0$.

(b) $div[grad(x^2 yz^3)] = \nabla \cdot [\nabla(x^2 yz^3)] = \dfrac{\partial}{\partial x}(2xyz^3) + \dfrac{\partial}{\partial y}(x^2 z^3) + \dfrac{\partial}{\partial z}(3x^2 yz^2)^2 yz$

$$div[grad(x^2yz^3)] = 2yz^3 + 6x^2yz$$

(c) $div[curl(y^2z\vec{i} + z^2x\vec{j} + x^2y\vec{k})] = \nabla \cdot [\nabla \times (y^2z\vec{i} + z^2x\vec{j} + x^2y\vec{k})]$

$$curl(y^2z\vec{i} + z^2x\vec{j} + x^2y\vec{k}) = \begin{vmatrix} \vec{i} & \vec{j} & \vec{k} \\ \frac{\partial}{\partial x} & \frac{\partial}{\partial y} & \frac{\partial}{\partial z} \\ y^2z & z^2x & x^2y \end{vmatrix} = (x^2 - 2zx)\vec{i} + (y^2 - 2xy)\vec{j} + (x^2 - 2yz)\vec{k}$$

$$div[curl(y^2z\vec{i} + z^2x\vec{j} + x^2y\vec{k})] = \frac{\partial}{\partial x}(x^2 - 2zx) + \frac{\partial}{\partial y}(y^2 - 2xy) + \frac{\partial}{\partial z}(x^2 - 2yz) = 0$$

範例 49

(10%) A vector field is given by $\vec{u} = y^2\vec{i} + 2xy\vec{j} - z^2\vec{k}$. Determine the divergence of $\vec{u}$ and curl of $\vec{u}$ at the point $(1,2,1)$. Also, determine if the vector field is solenoidal or irrotational.

台聯大大三轉工數

解答：

已知　　$\vec{u} = y^2\vec{i} + 2xy\vec{j} - z^2\vec{k}$

divergence of $\vec{u}$

$$\nabla \cdot \vec{u} = \frac{\partial}{\partial x}(y^2) + \frac{\partial}{\partial y}(2xy) - \frac{\partial}{\partial z}(z^2) = 2x$$

curl of $\vec{u}$

$$\nabla \times \vec{u} = \begin{vmatrix} \vec{i} & \vec{j} & \vec{k} \\ \frac{\partial}{\partial x} & \frac{\partial}{\partial y} & \frac{\partial}{\partial z} \\ y^2 & 2xy & -z^2 \end{vmatrix} = 0\vec{i} + 0\vec{j} + (2y - 2y)\vec{k} = 0$$

因　$\nabla \times \vec{u} = 0$，$\nabla \cdot \vec{u} \neq 0$

因 $\nabla \times \vec{u} = 0$，$\nabla \cdot \vec{u} \neq 0$

得 $\vec{u}$ 為 irrotational。

範例 50

> Show that $\vec{F} = (z-y)\vec{i} + (x-z)\vec{j} + (y-x)\vec{k}$ is solenoidal vector. (b) Find the vector potential of the $\vec{F} = \nabla \times \vec{A}$
>
> 交大電子所

解答：

取散度
$$\nabla \cdot \vec{F} = \frac{\partial}{\partial x}(z-y) + \frac{\partial}{\partial y}(x-z) + \frac{\partial}{\partial z}(y-x) = 0$$

令
$$\vec{F} = \nabla \times \vec{A} = \left(\frac{\partial A_3}{\partial y} - \frac{\partial A_2}{\partial z}\right)\vec{i} + \left(\frac{\partial A_1}{\partial z} - \frac{\partial A_3}{\partial x}\right)\vec{j} + \left(\frac{\partial A_2}{\partial x} - \frac{\partial A_1}{\partial y}\right)\vec{k}$$

聯立解
$$\frac{\partial A_3}{\partial y} - \frac{\partial A_2}{\partial z} = z - y \quad (1)$$
$$\frac{\partial A_1}{\partial z} - \frac{\partial A_3}{\partial x} = x - z \quad (2)$$
$$\frac{\partial A_2}{\partial x} - \frac{\partial A_1}{\partial y} = y - x \quad (3)$$

因 $\vec{A}$ 不是唯一，故為簡化求解，故令 $A_3 = 0$

由式(1)　　$\frac{\partial A_2}{\partial z} = y - z$，$A_2 = yz - \frac{1}{2}z^2 + f(x,y)$

由式(2)　　$\frac{\partial A_1}{\partial z} = x - z$，$A_1 = xz - \frac{1}{2}z^2 + g(x,y)$

代入式(3)　　$\frac{\partial A_2}{\partial x} - \frac{\partial A_1}{\partial y} = y - x = \frac{\partial f}{\partial x} - \frac{\partial g}{\partial y}$

取　　$\frac{\partial f}{\partial x} = y$ 及 $\frac{\partial g}{\partial y} = x$

積分得　　$f(x,y) = xy + c_1$ 及 $g(x,y) = xy + c_2$

最後得 $\vec{A} = \left(xz - \dfrac{1}{2}z^2 + xy + c_2 \right)\vec{i} + \left(yz - \dfrac{1}{2}z^2 + xy + c_1 \right)\vec{j}$

【分析】上述答案不是唯一。

範例 51

(20%) For a vector function $\vec{F}(x,y,z) = F_1\vec{i} + F_2\vec{j} + F_3\vec{k}$, it is known that

$Curl\vec{F} = \nabla \times \vec{F} = \left(-4y^3z^6 - 4x^5y^2\right)\vec{i} - 4z^3\vec{j} + \left(20x^4y^2z - 3x^2y^2\right)\vec{k}$

$div\vec{F} = \nabla \cdot \vec{F} = 2xy^3 + 8x^5yz - 6y^4z^5$

Find the possible F_1; F_2 and F_3. (Hint: There is no unique solution. The solution based on observation is recommended.)

台大土木所 A

解答：

已知 $Curl\vec{F} = \nabla \times \vec{F} = \left(-4y^3z^6 - 4x^5y^2\right)\vec{i} - 4z^3\vec{j} + \left(20x^4y^2z - 3x^2y^2\right)\vec{k}$

展開得，三個聯立 PDE：

(1) $\dfrac{\partial F_3}{\partial y} - \dfrac{\partial F_2}{\partial z} = -4y^3z^6 - 4x^5y^2$

(2) $\dfrac{\partial F_1}{\partial z} - \dfrac{\partial F_3}{\partial x} = -4z^3$

(3) $\dfrac{\partial F_2}{\partial x} - \dfrac{\partial F_1}{\partial y} = 20x^4y^2z - 3x^2y^2$

1. 先由第(2)式：$\dfrac{\partial F_1}{\partial z} - \dfrac{\partial F_3}{\partial x} = -4z^3$

令 $\dfrac{\partial F_3}{\partial x} = 0$ 及 $\dfrac{\partial F_1}{\partial z} = -4z^3$

積分　　$F_1 = -z^4 + f(x, y)$

$F_3 = g(y, z)$

2. 再利用（3）　$\dfrac{\partial F_2}{\partial x} - \dfrac{\partial F_1}{\partial y} = 20x^4 y^2 z - 3x^2 y^2$

代入 $F_1 = -z^4 + f(x, y)$

得　$\dfrac{\partial F_2}{\partial x} - \dfrac{\partial f(x, y)}{\partial y} = 20x^4 y^2 z - 3x^2 y^2$

令　$\dfrac{\partial F_2}{\partial x} = 20x^4 y^2 z$ 及 $\dfrac{\partial f(x, y)}{\partial y} = 3x^2 y^2$

積分得

$F_2 = 4x^5 y^2 z + h(y, z)$

$f(x, y) = x^2 y^3 + f(x)$

3. 再代入（1）　$\dfrac{\partial F_3}{\partial y} - \dfrac{\partial F_2}{\partial z} = -4y^3 z^6 - 4x^5 y^2$

$F_3 = g(y, z)$; $F_2 = 4x^5 y^2 z + h(y, z)$

得　$\dfrac{\partial g(y, z)}{\partial y} - 4x^5 y^2 - \dfrac{\partial h(y, z)}{\partial z} = -4y^3 z^6 - 4x^5 y^2$

比較得

$\dfrac{\partial g(y, z)}{\partial y} = -4y^3 z^6$，和 $\dfrac{\partial h(y, z)}{\partial z} = 0$

積分

$$g(y,z) = -y^4 z^6 + g(z)$$

及 $h(y,z) = h(y)$

綜合得

積分

$$F_1 = -z^4 + f(x,y) = -z^4 + x^2 y^3 + f(x)$$

$$F_2 = 4x^5 y^2 z + h(y,z) = 4x^5 y^2 z + h(y)$$

$$F_3 = g(y,z) = -y^4 z^6 + g(z)$$

最後再代入散度

$$div\vec{F} = \nabla \cdot \vec{F} = 2xy^3 + 8x^5 yz - 6y^4 z^5$$

或

$$\frac{\partial F_1}{\partial x} + \frac{\partial F_2}{\partial y} + \frac{\partial F_3}{\partial z} = 2xy^3 + 8x^5 yz - 6y^4 z^5$$

代入上式

$$2xy^3 + f'(x) + 8x^5 yz + h'(y) - 6y^4 z^5 + g'(z) = 2xy^3 + 8x^5 yz - 6y^4 z^5$$

得

$$f'(x) + h'(y) + g'(z) = 0$$

或

$$f(x) = c_1 , \ h(y) = c_2 , \ g(z) = c_3$$
$$f(x) = c_1 x + b_1 , \ h(y) = c_2 y + b_2 , \ g(z) = -(c_1 + c_2)z + b_3$$

綜合得解

$$F_1 = -z^4 + x^2 y^3 + c_1 x + b_1$$

$$F_2 = 4x^5y^2z + c_2y + b_2$$

$$F_3 = -y^4z^6 + -(c_1+c_2)z + b_3$$

第十七節　向量偏微分運算子恆等式

現將向量微分學中三大向量偏微分運算子：$\nabla(\ )$、$\nabla\cdot(\ )$、$\nabla\times(\ )$ 之函數乘積、二階等運算法則，綜合整理如下：其中 $\vec{A}(x,y,z)$、$\vec{B}(x,y,z)$ 均為連續且可微分之向量函數，$\phi(x,y,z)$、$\varphi(x,y,z)$ 均為連續且可微分之純量函數。

【運算題型】

1. 若 $\phi=\phi(u)$，其中 $u=u(x,y,z)$，則 $\nabla\phi=\phi'(u)\nabla u$。

2. 若 $\phi=\phi(u,v,w)$，其中 $u=u(x,y,z); v=v(x,y,z); w=w(x,y,z)$，則
$$\nabla\phi = \frac{\partial\phi}{\partial u}\nabla u + \frac{\partial\phi}{\partial v}\nabla v + \frac{\partial\phi}{\partial w}\nabla w。$$

3. $\nabla(\phi\varphi) = \varphi\nabla\phi + \phi\nabla\varphi$

4. $\nabla\cdot(\phi\vec{A}) = \nabla\phi\cdot\vec{A} + \phi\nabla\cdot\vec{A}$

5. $\nabla\times(\phi\vec{A}) = \nabla\phi\times\vec{A} + \phi\nabla\times\vec{A}$

6. $\nabla\cdot(\vec{A}\times\vec{B}) = \vec{B}\cdot(\nabla\times\vec{A}) - \vec{A}\cdot(\nabla\times\vec{B})$

7. $\nabla\times(\vec{A}\times\vec{B}) = (\vec{B}\cdot\nabla)\vec{A} - (\nabla\cdot\vec{A})\vec{B} + (\nabla\cdot\vec{B})\vec{A} - (\vec{A}\cdot\nabla)\vec{B}$

8. $\nabla(\vec{A}\cdot\vec{B}) = \vec{A}\times(\nabla\times\vec{B}) + \vec{B}\times(\nabla\times\vec{A}) + (\vec{A}\cdot\nabla)\vec{B} + (\vec{B}\cdot\nabla)\vec{A}$

9. $\nabla\cdot(\nabla\phi) = \nabla^2\phi$

10. $\nabla\times(\nabla\phi) = 0$

11. $\nabla\cdot(\nabla\times\vec{A}) = 0$

12. $\nabla\times(\nabla\times\vec{A}) = \nabla(\nabla\cdot\vec{A}) - \nabla^2\vec{A}$

範例 52

> If $\vec{V}$ is a vector function, show the following:
> (a) $\nabla \cdot (\nabla \times \vec{V}) = 0$. (5%)
> (b) $(\vec{V} \cdot \nabla)\vec{V} = (\nabla \times \vec{V}) \times \vec{V} + \nabla \left(\dfrac{V^2}{2}\right)$. (5%)
> (c) $(\nabla \times \vec{V}) \times \vec{V}$ is normal to $\vec{V}$. (5%)

清大微機電所

解答：

(a) $\nabla \cdot (\nabla \times \vec{V}) = 0$ (略)

(b) 已知公式　　$\nabla(\vec{A} \cdot \vec{B}) = \vec{A} \times (\nabla \times \vec{B}) + \vec{B} \times (\nabla \times \vec{A}) + (\vec{A} \cdot \nabla)\vec{B} + (\vec{B} \cdot \nabla)\vec{A}$

令 $\vec{A} = \vec{B} = \vec{V}$ 代入上式得

$$\nabla(\vec{V} \cdot \vec{V}) = \vec{V} \times (\nabla \times \vec{V}) + \vec{V} \times (\nabla \times \vec{V}) + (\vec{V} \cdot \nabla)\vec{V} + (\vec{V} \cdot \nabla)\vec{V}$$

或　$\dfrac{1}{2}\nabla(\vec{V} \cdot \vec{V}) = \vec{V} \times (\nabla \times \vec{V}) + (\vec{V} \cdot \nabla)\vec{V}$

移項　$(\vec{V} \cdot \nabla)\vec{V} = \dfrac{1}{2}\nabla(\vec{V} \cdot \vec{V}) - \vec{V} \times (\nabla \times \vec{V})$

或　$(\vec{V} \cdot \nabla)\vec{V} = (\nabla \times \vec{V}) \times \vec{V} + \nabla\left(\dfrac{V^2}{2}\right)$

(c) 利用叉積定義知

$$(\nabla \times \vec{V}) \times \vec{V} \perp \vec{V} \text{ 且垂直 } (\nabla \times \vec{V}) \times \vec{V} \perp \nabla \times \vec{V}$$

故得證。

考題集錦

1. Find the stream line of the vector field $\vec{F} = \dfrac{2}{x}\vec{i} + e^x \vec{j} - \vec{k}$ through point $(2,0,4)$

2. 令 $f(x,y) = x^2 e^y$ 求其在點 $(-2,0)$ 上的梯度 ∇f 為 (A) $-4\vec{i} + 4\vec{j}$ (B) 4 (C) $-4\vec{i} - 4\vec{j}$ (D) $(\nabla x)^2 e^{\nabla y}$

   朝科大進修部

3. (7%) Find a unit normal vector $\vec{n}$ of the cone of revolution $z^2 = 4(x^2 + y^2)$ at the point $(0,1,2)$

   台師大光電所

4. (10%) Determine the unit normal vector of the surface $x^2 + y^2 + z^2 - 25 = 0$ at point $(4,3,0)$.

   台大土木所 M

5. (20%) Find the tangent plane to the surface $\sin(x^2 + y^2) = z$ at the point $(1,1,\sin 2)$

   淡大電機所

6. (20%) 給予一個曲面方程式 $z = x^2 + y^2$，試求在 $(1,1,2)$ 處此曲面的法線及切面方程式。

   成大工科、地科所

7. The directional derivative $\dfrac{df}{ds}$, where $ds = |d\vec{r}|$, is (a) $\dfrac{\partial f}{\partial s}$ (b) $\dfrac{d\vec{r}}{ds} \times \nabla f$ (c) $\nabla f \cdot \dfrac{d\vec{r}}{ds}$ (d) $\nabla \cdot f\vec{r}$

   中山機電所

8. Find the directional derivative of $f(x,y,z) = 2x^2 + 3y^2 + z^2$，at the

point $p:(2,1,3)$ in the direction of the vector, $\vec{a} = \vec{i} - 2\vec{k}$

成大水利海洋所

9. Find the directional derivative of $f(x,y,z) = \dfrac{1}{\sqrt{x^2+y^2+z^2}}$ at the point $P = (1,2,4)$ in the direction of the vector $\vec{a} = \vec{i} + \vec{j} - \vec{k}$

中山海下技術所

10. （單選題） What is the directional derivative of the function $\phi(x,y,z) = 8xy^2 - xz$ at the point $(1, 0, 2)$ in the direction $\vec{u} = \vec{i} + \vec{j} + \vec{k}$
    (a) -3 (b) 3 (c) $-\sqrt{3}$ (d) $-\dfrac{1}{\sqrt{3}}$ (e) -1

台大機械所 B

11. (a) 求 $yz - \dfrac{x}{yz^2}$ 在點 $(2, 1, -1)$ 處與 x, y, z 座標正向夾相等角度方向之方向導數（directional derivatives）？

    (b) 求計算 $yz\vec{i} + xz\vec{j} - xy\vec{k}$ 在 $(2, 1, -1)$ 處之旋度(Curl)？

成大資源所

12. Compute the divergence and curl of the vector $y^2\vec{i} + 2x^2\vec{j} - xyz\vec{k}$

中正應數所

13. Find (a) the unit vector in the direction of the maximum rate of change of $\phi = x^2 - 2yz + xy$ at the point $(2, 1, -1)$ $(2,-1,-1)$, and
    (b) the divergence and the curl of the vector function $\vec{u} = x^2\vec{i} + 2yz\vec{j} + y^2\vec{k}$

中興土木所

14. Let $\vec{a}$ be a constant vector, $\vec{r} = x\vec{i} + y\vec{j} + z\vec{k}$, ∇ be gradient operator,

「×」be cross product, and「・」be dot product. Evaluate the followings:
(a) $(\vec{a}\times\nabla)\times\vec{r}$; (b) $\nabla\cdot(\vec{a}\times\vec{r})$; (c) $\vec{a}\times(\nabla\times\vec{r})$;

台大醫工、化工所

15. 已知 $\vec{A}=\nabla\phi$，證明 (a) $\nabla\times\vec{A}=0$ (b) $\nabla(A^2)=2(\vec{A}\cdot\nabla)\vec{A}$。

中央太空所

16. 函數 $u(x,y)=x^3-3xy^2$ 是否為諧和函數（Harmonic Function）？

中興土木所

17. Let $\vec{F}=x^2e^x\ln y\sin z\vec{i}+e^{2x}\cos y\sin z\vec{j}+\ln x\sin y\cos z\vec{k}$ is a 3-D vector field, and $H=(a+bx+cx^2)e^x[\cos y+\sin z]$ is a scalar function, where a,b,c are constants. Evaluate (a) $\nabla\cdot\nabla\times\vec{F}$ and (b) $\nabla\times\nabla H$.

台大化工所 E

18. Let $f(x,y,z)=x^2y^2+y^2z^2$
    (a) $\nabla\times\nabla f$ (b) $\nabla\cdot\nabla f$

交大環工所甲

19. Consider vector differential calculus. Let $f=xy^3z^2$, $g=x^2++9y^2+4z^2$ and $\vec{V}=xz\vec{i}+(y-z)^2\vec{j}+2xyz\vec{k}$, to evaluate (a) $\nabla^2 f$ (b) $curl(grad\ g)$ (c) $div(curl\ \vec{V})$

中興土木所工數乙

20. Check if each of the following vector field is conservative. If it is conservative, find the corresponding potential function.
    (a) $\vec{F}(x,y,z)=(yze^{xyz}-4x)\vec{i}+(xze^{xyz}+z+\cos y)\vec{j}+xye^{xyz}\vec{k}$
    (b) $\vec{G}(x,y,z)=(2xyze^{x^2yz}-2x+y)\vec{i}+(x^2ze^{x^2yz}+x)\vec{j}+(x^2ye^{x^2yz}-\sin z)\vec{k}$

台大工數 E

21. Consider the vector field $\vec{F} = (2xy + z^3)\vec{i} + x^2\vec{j} + 3xz^2\vec{k}$, and answer the following questions:

    (a) Show that this force is conservative.

    (b) Find the potential function $\phi(x, y, z)$ for this force field.

    (c) Calculate the work done by this field upon a particle moving from position $(1, -2, 1)$ to position $(3, 1, 4)$.

    成大微機電所

22. Consider the force field $\vec{F} = y^2\vec{i} + 2(xy + z)\vec{j} + 2y\vec{k}$,(a) Determine the potential function (10%) (b) Evaluate $\int_{(1,1,1)}^{(1,1,1)} \vec{F} \cdot d\vec{r}$ (10%)

    高一科大機械所